中 国 国 家 标 准 汇 编

2006 年修订-18

中国标准出版社　编

中 国 标 准 出 版 社

北 京

图书在版编目（CIP）数据

中国国家标准汇编：2006年修订．18/中国标准出版社编．—北京：中国标准出版社，2007

ISBN 978-7-5066-4584-3

Ⅰ．中… Ⅱ．中… Ⅲ．国家标准-汇编-中国-2006
Ⅳ．T-652.1

中国版本图书馆 CIP 数据核字（2007）第102603号

中 国 标 准 出 版 社 出 版 发 行
北京复兴门外三里河北街16号
邮政编码：100045
网址 www.spc.net.cn
电话：68523946 68517548
中国标准出版社秦皇岛印刷厂印刷
各地新华书店经销

*

开本 880×1230 1/16 印张 39.5 字数 1 192 千字
2007年8月第一版 2007年8月第一次印刷

*

定价 180.00 元

出 版 说 明

1.《中国国家标准汇编》是一部大型综合性国家标准全集，自 1983 年起，按国家标准顺序号以精装本、平装本两种装帧形式陆续分册汇编出版。《汇编》在一定程度上反映了我国建国以来标准化事业发展的基本情况和主要成就，是各级标准化管理机构，工矿企事业单位，农林牧副渔系统，科研、设计、教学等部门必不可少的工具书。

2. 由于标准的动态性，每年有相当数量的国家标准被修订，这些国家标准的修订信息无法在已出版的《汇编》中得到反映。为此，自 1995 年起，新增出版在上一年度被修订的国家标准的汇编本。

3. 修订的国家标准汇编本的正书名、版本形式、装帧形式与《中国国家标准汇编》相同，视篇幅分设若干册，但不占总的分册号，仅在封面和书脊上注明“2006 年修订-1，-2，-3，……”等字样，作为对《中国国家标准汇编》的补充。读者配套购买则可收齐前一年新制定和修订的全部国家标准。

4. 修订的国家标准汇编本的各分册中的标准，仍按顺序号由小到大排列(不连续)；如有遗漏的，均在当年最后一分册中补齐。

5. 2006 年度发布的修订国家标准分 27 册出版。本分册为“2006 年修订-18”，收入新修订的国家标准 38 项。

中国标准出版社

2007 年 6 月

目　录

ICS 29.120.60
K 30

中华人民共和国国家标准

GB/T 14048.7—2006
代替 GB 14048.7—1998

低压开关设备和控制设备 第7-1部分：辅助器件 铜导体的接线端子排

Low-voltage switchgear and controlgear—Part 7-1: Ancillary equipment —Terminal blocks for copper conductors

(IEC 60947-7-1:2002,MOD)

2006-09-14 发布 2007-04-01 实施

中华人民共和国国家质量监督检验检疫总局
中国国家标准化管理委员会 发布

前言

本部分是《低压开关设备和控制设备》的一部分。

本部分是对 GB 14048.7—1998《低压开关设备和控制设备　辅助电器　第 1 部分：铜导体的接线端子排》的修订。

本部分修改采用国际电工委员会 IEC 60947-7-1:2002《低压开关设备和控制设备　第 7-1 部分：辅助器件　铜导体的接线端子排》(英文版)。

本部分与 GB 14048.7—1998 的主要差异：

——标准的文本结构有较大变化；

——增加定义 2.2“额定截面积”、2.3“额定连接能力”，删除GB 14048.7—1998中“预制导体”和“额定冲击耐受电压”的定义；

——表 1、表 2、表 3 中增加 0.34 mm^2 档导线截面积；

——5.2“附加资料”中将“产品符合 GB/T 14048.7”作为附加标志内容，GB 14048.7—1998 中作为规定标志内容；

——取消漏电起痕指数(CTI)要求；

——增加 7.3“EMC”性能要求；

——增加 8.6“验证 EMC 性能”；

——8.4.7“非螺纹型接线端子排的老化试验”中，将温度循环次数由 200 次改为 192 次；

——附录 A 改为资料性附录；

——取消 GB 14048.7—1998 中附录 B，新版附录 B 改为“涉及制造商和用户协议的条款”；

——增加附录 C：用于验证螺纹型夹紧件机械强度的拧紧力矩。

本部分与 IEC 60947-7-1:2002 的主要差异：

——根据我国环境和材料要求，补充规定了相关耐湿热性能要求及其试验方法；

——为便于理解，在定义 2.1“接线端子块”中增加注，说明本部分出现的接线端子排是由多个接线端子块组合而成。

本部分的附录 C 是规范性附录，附录 A 和附录 B 是资料性附录。

本部分由中国电器工业协会提出。

本部分由全国低压电器标准化技术委员会归口。

本部分负责起草单位：上海电器科学研究所(集团)有限公司、成都瑞联电气股份有限公司。

本部分参加起草单位：杰特电子实业(深圳)有限公司。

本部分主要起草人：黄兢业、季慧玉、王化毅、徐鸿、程立峰。

本部分所代替标准的历次版本发布情况：GB 14048.7—1998。

低压开关设备和控制设备　第 7-1 部分：辅助器件　铜导体的接线端子排

1　基本要求

1.1　范围

本部分规定了主要用于工业或类似用途的安装在支架上为铜导线提供电气连接以及机械连接的螺纹型或非螺纹型接线端子排的要求。本部分适用于额定电压交流不超过 1 000 V[1)]、频率至 1 000 Hz 或直流不超过 1 500 V 电路中，用于连接截面积为 0.2 mm^2～300 mm^2（AWG 24/600 kcmil）经过或未经过特殊加工的圆铜导线的接线端子排。

注：AWG 是"美国线规"的缩写

kcmil＝1 000 cmil

lcmil＝1 圆密耳＝直径 1 密耳的圆面积

1mil＝1/1 000 英寸

下列产品可采用本部分作为指南：

——需要在导线上加装特殊装置的接线端子排，如快速连接端头或绕接连接等；

——借助棱边或尖端穿刺绝缘来实现与导线直接接触的接线端子排，如绝缘转移连接等；

——接线端子排的特殊型式，如隔离端子排等。

在引用 GB 14048.1 时，本部分中用术语"夹紧件"代替"端子"。

1.2　规范性引用文件

下列文件中的条款通过本部分的引用而成为本部分的条款。凡是注日期的引用文件，其随后所有的修改单（不包括勘误的内容）或修订版均不适用于本部分，然而，鼓励根据本部分达成协议的各方研究是否可使用这些文件的最新版本。凡是不注日期的引用文件，其最新版本适用于本部分。

GB/T 5169.5—1997　电工电子产品着火危险试验　第 2 部分：试验方法　第 2 篇：针焰试验（idt IEC 60695-2-2：1991）

GB 14048.1—2006　低压开关设备和控制设备　第 1 部分：总则（IEC 60947-1：2001，MOD）

GB/T 4687—1984　纸、纸板、纸浆的术语　第 1 部分（ISO 4046：1978）

2　术语和定义

本部分除采用 GB 14048.1—2006 的术语外，并采用下列术语及定义。

2.1

接线端子块　terminal block

具有一个或多个彼此绝缘的接线端子组件，且预定装在支架上的绝缘部件。

注：本部分出现的接线端子排（terminal blocks）是由多个接线端子块组合而成。

2.2

额定截面积　rated cross-section

制造商规定的所有可连接类型的导线的最大截面积值，导线为硬线（单芯线和多股线）和软线，某些发热、机械和电器的技术要求与此值有关。

2.3

额定连接能力　rated connecting capacity

接线端子块所设计连接导线的截面积的范围，如适合，也包括连接导线的根数。

1）交流额定电压 1 140 V 的电器可参照本部分执行。有关电器的性能等要求由制造商和用户协商确定。

2.4

接线端子组件 terminal assembly

安装到同一个导电部件上的两个或两个以上的夹紧件。

3 分类

根据下述准则区分不同类型接线端子排：

——接线端子块安装到支架上的方法；

——极数；

——夹紧件类型：螺纹型夹紧件或非螺纹型夹紧件；

——接入预制导体的能力(见 GB 14048.1—2006 中 2.3.27)；

——具有相同或不同夹紧件的接线端子组件；

——每个接线端子组件上的夹紧件的数目；

——工作条件。

4 特性

4.1 特性概述

接线端子块的特性是：

——接线端子块的型式(见 4.2)；

——额定值和极限值(见 4.3)。

4.2 接线端子块的型式

应规定以下内容：

——夹紧件的型式(如螺纹型、非螺纹型)；

——夹紧件的数目。

4.3 额定值和极限值

4.3.1 额定电压

GB 14048.1—2006 中 4.3.1.2 和 4.3.1.3 适用。

4.3.2 短时耐受电流

在规定的使用条件和特性下，接线端子块应能在规定的短时间内承受规定的电流有效值(见 7.2.3 和 8.4.6)。

4.3.3 标准截面积

所采用的圆铜导线的标准截面积数值列于表 1 中。

4.3.4 额定截面积

额定截面积应从表 1 给定的标准截面积中选取。

4.3.5 额定连接能力

对于额定截面积在 0.2 mm^2～35 mm^2 之间的接线端子排，可采用表 2 列出的最小范围的额定接线能力，导线可以是硬线(单芯线或多股线)或软线。制造商应规定夹紧件可接入的导线类型和导线的最大与最小截面积，以及可同时连接到每个夹紧件上的导线根数(如适用)，制造商也应说明需要对导线端部作何种预加工。

5 产品信息

5.1 标志

接线端子块应具有字迹清晰、经久耐用的标志，并标明下列内容：

a) 便于识别的制造商名称或商标；

b) 型号，据此可从制造商或其产品目录中查到有关数据。

表 1　圆铜导线的标准截面积

ISO 公制尺寸 mm^2	AWG/kcmil 制尺码与标准截面积的对应关系	
	AWG/kcmil 制尺寸	等效的公制截面积 mm^2
0.2	24	0.205
0.34	22	0.324
0.5	20	0.519
0.75	18	0.82
1	—	—
1.5	16	1.3
2.5	14	2.1
4	12	3.3
6	10	5.3
10	8	8.4
16	6	13.3
25	4	21.2
35	2	33.6
50	0	53.5
70	00	67.4
95	000	85
—	0000	107.2
120	250 kcmil	127
150	300 kcmil	152
185	350 kcmil	177
240	500 kcmil	253
300	600 kcmil	304

表 2　接线端子排的额定截面积与额定连接能力之间的关系

额定截面积		额定连接能力	
mm^2	AWG/kcmil	mm^2	AWG/kcmil
0.2	24	0.2	24
0.34	22	0.2～0.34	24～22
0.5	20	0.2～0.34～0.5	24～22～20
0.75	18	0.34～0.5～0.75	22～20～18
1	—	0.5～0.75～1	—
1.5	16	0.75～1～1.5	20～18～16
2.5	14	1～1.5～2.5	18～16～14
4	12	1.5～2.5～4	16～14～12
6	10	2.5～4～6	14～12～10
10	8	4～6～10	12～10～8
16	6	6～10～16	10～8～6
25	4	10～16～25	8～6～4
35	2	16～25～35	6～4～2

5.2 附加资料

适用时，制造商应在数据手册、产品目录中或包装上规定以下内容：

a) GB/T 14048.7，如果制造商声明产品符合本部分；

b) 额定截面积；

c) 额定连接能力，包括可同时连接的导线根数（如果与表 2 数据不同时）；

d) 额定绝缘电压；

e) 额定冲击耐受电压（当有规定时）；

f) 使用条件（如果与第 6 章的规定不同时）。

6 正常使用、安装和运输条件

GB 14048.1—2006 中第 6 章适用。

7 结构和性能的要求

7.1 结构要求

7.1.1 夹紧件

GB 14048.1—2006 中 7.1.7.1 适用并补充以下内容：

夹紧件应在确保可靠的机械联结及电接触的条件下才能允许接入导线。

注：螺纹型夹紧件不适用于连接末端焊锡的软导线。

夹紧件应能承受可能通过导体施加的力。

可通过检查和 8.3.3.1，8.3.3.2 和 8.3.3.3 的试验进行验证。

不应通过除陶瓷（或特性不比陶瓷差的其他材料）以外的绝缘材料传递接触压力，除非金属部件中有足够的弹性以补偿材料可能产生的收缩。

相应试验正在考虑之中。

7.1.2 安装

接线端子排应提供可靠地安装在安装轨上或安装表面上的措施。

试验应按 8.3.2 规定进行。

注：有关轨道安装的资料参照 GB/T 19334—2003。

7.1.3 电气间隙和爬电距离

对于制造商已规定额定冲击耐受电压 U_{imp} 和额定绝缘电压 U_i 的接线端子排其电气间隙和爬电距离最小值由 GB 14048.1—2006 中的表 13 和表 15 中给出。

对于制造商没有规定额定冲击耐受电压 U_{imp} 的接线端子排，关于其电气间隙和爬电距离最小值参见附录 A。

有关电气要求在 7.2.2 中规定。

7.1.4 接线端子的识别和标志

GB 14048.1—2006 中 7.1.7.4 适用并补充以下内容：

接线端子块应对每个夹紧件或构成电路部件的接线端子组件提供识别标志或编码或者至少有标上这些内容的部位。

注：这些标志内容由单独的标志件（如标志标签，识别标签等）提供。

7.1.5 耐非正常热和火

接线端子排的绝缘材料在非正常热和火的作用下不应产生不利影响。

按本部分 8.5 的规定，一致性验证可根据 GB/T 5169.5—1997（见 GB 14048.1—2006 中 7.1.1.1 注）的针焰试验进行。

7.1.6 额定截面积和额定连接能力

接线端子排应设计成能接入具有额定截面积的导线和具有额定连接能力，可根据 8.3.3.4 的规定进行验证。

额定截面积的验证可依据 8.3.3.5 的特殊试验进行。

7.1.7 耐湿热性能

接线端子排的绝缘应具有耐湿热性能，其要求应根据 GB 14048.1—2006 中附录 K 的 K.1.2“试验 Db：交变湿热试验”中的规定进行试验。

7.2 性能要求

7.2.1 温升

接线端子排应按 8.4.5 规定进行试验，接线端子的温升不应超过 45 K。

7.2.2 介电性能

如果制造商规定额定冲击耐受电压值 U_{imp}（见 GB 14048.1—2006 中 4.3.1.3），则 GB 14048.1—2006 中 7.2.3 和 7.2.3.1 规定适用。额定冲击耐受电压试验应根据 8.4.3 a)规定进行。

对于固体绝缘的验证，GB 14048.1—2006 中 7.2.3，7.2.3.2，7.2.3.5 要求适用。工频耐压试验应根据 8.4.3.b)的规定进行。

电气间隙和爬电距离的验证根据 8.4.2 的规定进行。如果没有明确 U_{imp} 值，则电气间隙和爬电距离的验证参见附录 A 的规定进行。

7.2.3 额定短时耐受电流

根据 8.4.6 接线端子块应能承受 1 s 额定短时耐受电流，此电流相当于在其额定截面积上的每平方毫米通以 120 A 的电流。

7.2.4 电压降

按照 8.4.4 的规定测量导线接入接线端子块中所产生的电压降，其值不得超过 8.4.4 及 8.4.7（如适用）规定的数值。

7.2.5 老化试验后的电性能（仅指非螺纹型接线端子排）

接线端子排应能耐受 8.4.7 规定的 192 次温度循环老化试验。

7.3 电磁兼容性（EMC）

GB 14048.1—2006 中 7.3 适用。

8 试验

8.1 试验类别

GB 14048.1—2006 中 8.1.1 适用，并补充下列内容：

本部分不规定常规试验。8.3.3.5 规定的额定截面积的验证是特殊试验，其他试验均为型式试验。

8.2 一般要求

除非另有规定，被试接线端子排应是新的、清洁的，并在正常使用条件下（见 GB 14048.1—2006 中 6.3）安装在周围温度为（20±5）℃的环境中。

注：“正常使用”是指五个接线端子块安装在支架上，如适用，在未封闭末端加一个挡板封闭并加固定器固定。

试验应按分条款次序进行。

每个试验都应在新的、独立的试品上进行。

8.3.3.2 和 8.3.3.3 规定的试验在同一样品上进行。

导线表面应无污染和腐蚀以免降低其性能。

剥离导线绝缘时应注意避免切断、划伤、刮擦导线或对导线产生其他损害。

在制造商规定必须对导线端部作特殊加工的情况下，应在试验报告中说明所采用的加工方法。

试验用的导线类型（硬线或软线）按照制造商的规定。

8.3 验证机械特性

8.3.1 一般要求

验证机械特性包括下列各项试验：

——接线端子块安装在支架上的试验(见 8.3.2)；

——夹紧件的机械强度试验(见 8.3.3.1)；

——导线接到夹紧件上的试验(见 8.3.3.2 和 8.3.3.3)；

——额定截面积和额定连接能力试验(见 8.3.3.4 和 8.3.3.5)；

——耐湿热性能试验(见 8.3.3.6)。

8.3.2 接线端子块安装在支架上的试验

试验应在五个接线端子块的中心端子块位置的两个夹紧件上进行，接线端子排应按制造商说明书的规定安装在合适的支架上。

将长度为 150 mm，直径按表 3 规定的钢插件依次夹紧在每个夹紧件中，拧紧力矩应按 GB 14048.1—2006中表 4 的规定值及表 C.1 中用于螺纹直径小于或等于 2.8 mm 螺纹型夹紧件的规定值，或为制造商规定的力矩值的 110%，按图 1 所示，在距夹紧件中心 100 mm 处，平稳无冲击地对钢插件施加一个与表 3 数值相符的力。

试验过程中，接线端子块不得从安装轨上或支架上松脱，也不允许有任何其他损坏。

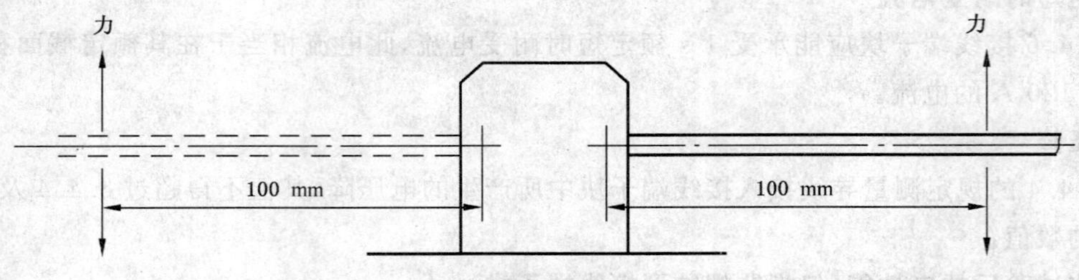

图 1 按 8.3.2 规定试验的试验布置图

表 3 安装试验参数

接线端子块的额定截面积 mm²	接线端子块的额定截面积 AWG/kcmil	力 N	插件直径 mm
0.2 0.34 0.5 0.75 1.0 1.5 2.5 4	24 22 20 18 — 16 14 12	1	1.0
6 10 16	10 8 6	5	2.8
25 35 50 70	4 2 0 00	10	5.7

表 3(续)

接线端子块的额定截面积		力 N	插件直径 mm
mm²	AWG/kcmil		
95 — 120 150 185	000 0000 250 kcmil 300 kcmil 350 kcmil	15	12.8
240 300	500 kcmil 600 kcmil	20	20.5

8.3.3 夹紧件的机械性能试验

8.3.3.1 夹紧件的机械强度试验

GB 14048.1—2006 中 8.2.4.1 和 8.2.4.2 适用,并补充下列内容:

GB 14048.1—2006 中 8.2.4.2 的试验适用于非螺纹型夹紧件。

试验应在五个接线端子块的中心端子块的位置的两个夹紧件上进行,接线端子排应按制造商说明书的规定如正常使用安装在合适的支架上。

对于螺纹直径小于或等于 2.8 mm 的螺纹型夹紧件,扭紧力矩应按表 C.1 规定或为制造商规定值的 110%,二者之中取其大者。

先用制造商规定的具有额定截面积的可连接硬导体,再用制造商规定的最小截面积的连接软导体(如合适)进行 8.4.4 的电压降验证试验后,应用具有额定截面积的硬导体在接线端子排上各拆装五次。

在试验结束时,接线端子排都应通过用制造商规定的具有额定截面积的连接硬导体线(之后如合适,用最小截面积的连接软导体)进行的 8.4.4 规定的电压降试验。

8.3.3.2 接线端子块中的导线偶然松脱或损坏试验(弯曲试验)

GB 14048.1—2006 中 8.2.4.1 和 8.2.4.3 适用并做以下修改:

每项试验都应在一个接线端子块的两个夹紧件上进行。

对于螺纹直径小于或等于 2.8 mm 的螺纹型夹紧件,扭紧力矩应按表 C.1 的规定或制造商的规定值。

应采用制造商规定的导线的种类(硬线和/或软线)和根数来进行如下试验:

——用规定的最小截面积的不同类型的导线(只连接一根导线);

——用规定的额定截面积的不同类型的导线(只连接一根导线);

和(如合适):

——如果大于额定截面积,用最大连接截面积的导线类型(只连接一根导线);

——用同时可连接的最小截面积导线的最多根数和不同类型的导线;

——用同时可连接的最大截面积导线的最多根数和不同类型的导线;

——用同时可连接的最小和最大截面积导线的最多根数和不同类型的导线。

8.3.3.3 拉出试验

GB 14048.1—2006 中 8.2.4.4 适用,并做以下修改:

对截面积为 0.34 mm²(AWG 22)的导体施加的拉力为 15 N,对截面积为 0.5 mm²(AWG 20)的导体施加的拉力为 20 N。

8.3.3.4　**验证额定截面积和额定连接能力**

试验应在一个接线端子块的每个夹紧件上进行。

对于具有额定连接能力至 35 mm^2 的端子块，一根比其小两个截面积等级的导线应能无阻碍地插入并连接至敞开的夹紧件中。

8.3.3.5　**验证额定截面积(使用量规特殊试验)**

GB 14048.1—2006 中 8.2.4.5 适用，并补充下列内容：

试验应在一个接线端子块的每个夹紧件上进行。

8.3.3.6　**验证耐湿热性能**

试验方法按照 GB 14048.1—2006 附录 K 中 K.3 b)的规定，试验结果的判定按照 K.4 中的规定。

8.4　**验证电气特性**

8.4.1　**一般要求**

验证电气特性包括以下各项试验：

——验证电气间隙和爬电距离(见 8.4.2 或附录 A)；

——介电试验(见 8.4.3)；

——验证电压降试验(见 8.4.4)；

——温升试验(见 8.4.5)；

——短时耐受电流试验(见 8.4.6)；

——非螺纹型接线端子排的老化试验(见 8.4.7)。

8.4.2　**验证电气间隙和爬电距离**

8.4.2.1　**一般要求**

在两个相邻的接线端子块之间和在一个接线端子块与安装此接线端子块的金属支架之间进行验证。

应在下列条件下测量电气间隙和爬电距离：

a)　接线端子排应用制造商提供的最不适宜的导线类型和导线截面积连接；

b)　导线末端应剥去制造商规定的一段长度；

c)　在制造商已规定可能使用不同金属支架的情况下，应选用最不适宜的支架。

测量电气间隙和爬电距离的方法在 GB 14048.1—2006 附录 G 中给出。

8.4.2.2　**电气间隙**

电气间隙的测量值应大于 GB 14048.1—2006 表 13：情况 B——均匀电场条件(见 GB 14048.1—2006 中 7.2.3.3)依据制造商规定的额定冲击耐受电压 U_{imp} 和污染等级而规定的值。

冲击耐受电压试验应按 8.4.3 a)进行，除非被测电气间隙值等于或大于 GB 14048.1—2006 表 13：情况 A——非均匀电场(见 GB 14048.1—2006 中 8.3.3.4.1 项 2))规定的值。

8.4.2.3　**爬电距离**

爬电距离的测量值应不小于 GB 14048.1—2006 中表 15 及 7.2.3.4 a)和 b)中依据制造商规定的额定绝缘电压、材料组别和污染等级而给定的值。

8.4.3　**介电试验**

a)　如果制造商已规定额定冲击耐受电压 U_{imp}，则按 GB 14048.1—2006 中 8.3.3.4.1 项 2)的规定进行试验(但 2)c)项不适用)；

b)　固体绝缘的工频耐压验证应按 GB 14048.1—2006 中 8.3.3.4.1 项 3)进行试验，试验电压值应依据 GB 14048.1—2006 中表 12A(见 GB 14048.1—2006,8.3.3.4.1 项 3)b)①的规定值。

在 8.4.2.1 项 a),b),c)规定的条件下,每项试验都应在安装在金属支架上并已接入导线的相邻的五个接线端子块上进行。

首先在相邻接线端子块之间施加电压,然后在全部连接在一起的接线端子排与安装接线端子排的支架之间施加电压。

8.4.4 验证电压降

应在下列情况下验证电压降:

a) 在夹紧件机械性能试验的前后(见 8.3.3.1);

b) 在温升试验的前后(见 8.4.5);

c) 在短时耐受电流试验的前后(见 8.4.6);

d) 在老化试验前后及其期间(见 8.4.7)。

应根据 8.3.3.1,8.4.5,8.4.6 和 8.4.7 进行验证。

按图 2 所示,测量各接线端子块的电压降,用直流电流进行测量,试验电流为表 4 或表 5 对额定截面积规定的电流值的 0.1 倍。

进行上述 a)、b)、c)、d)的试验前,所测电压降不得超过 3.2 mV。

如果测量超过 3.2 mV,则在独立的夹紧件上测量电压降,其值不应超过 1.6 mV。

进行上述 a)、b)、c)的试验后,所测电压降不得超过试验前测量值的 150%。

在 d)项试验期间及之后,所测电压降不能超过 8.4.7 规定的值。

表 4 对于公制尺寸导线进行温升试验、老化试验、电压降试验时的试验电流值

额定截面积 mm^2	0.2	0.34	0.5	0.75	1	1.5	2.5	4	6	10	16
试验电流 A	4	5	6	9	13.5	17.5	24	32	41	57	76
额定截面积 mm^2	25	35	50	70	95	120	150	185	240	300	
试验电流 A	101	125	150	192	232	269	309	353	415	520	

表 5 对于 AWG 或 kcmil 尺寸导线进行温升试验、老化试验、电压降试验时的试验电流值

额定截面积 AWG	24	22	20	18	16	14	12	10	8	6	4
试验电流 A	4	6	8	10	16	22	29	38	50	67	90
额定截面积 AWG/kcmil	2	1	0	00	000	0 000	250 kcmil	300 kcmil	350 kcmil	500 kcmil	600 kcmil
试验电流 A	121	139	162	185	217	242	271	309	353	415	520

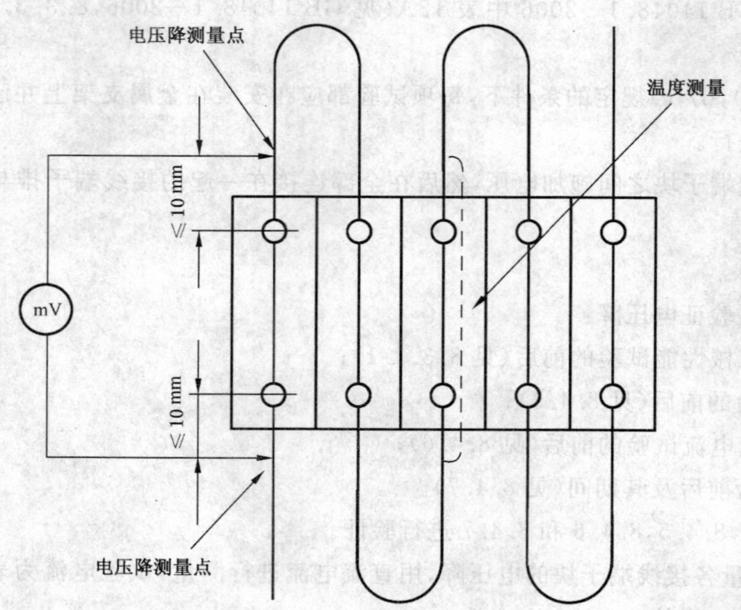

图 2 验证电压降的试验布置图

(根据 8.4.5 和 8.4.7)

8.4.5 温升试验

按图 2 所示，本试验应在五个用额定截面积的 PVC 绝缘导线串联的相邻接线端子块上同时进行，并应按 GB 14048.1—2006 中表 4 和表 C.1(用于螺纹直径小于或等于 2.8 mm 的螺纹型夹紧件)规定的力矩值或制造商规定的较大力矩值固定导线(如合适)，对接入的六根导线，其额定截面积小于或等于 10 mm^2(AWG 8)的，每根最短长度应为 1 m，额定截面积较大的(大于 10 mm^2)，每根最短长度为 2 m。

试验电路应按图 2 所示水平放置在木板表面(如桌面或地板表面)上，接线端子排应可靠固定在该表面上，导线则自由地放置在上面。

若导线的额定截面积小于 10 mm^2(AWG 8)，应采用单根导线，若额定截面积等于或大于 10 mm^2(AWG 8)，则采用多股硬导线。

试验过程中，不应再次拧紧夹紧件的螺钉。

在按 8.4.4 验证电压降之后，用单相交流电流进行本试验，试验电流为表 4 或表 5 对额定截面积规定的电流值，试验持续至达到稳定温度为止，连续测温 3 次，每次间隔 5 min，当任意两次所测温度的变化小于 1 K 时，则认为达到了稳定温度。

对于多层接线端子排，既可以根据表 4 或表 5 给定的单相交流电进行试验，也可根据制造商规定的值进行试验。

接线端子排中央任何部位(见图 2)的温升均不得超过 7.2.1 规定的极限值。

本试验结束，在冷却至周围空气温度以后，接线端子排在试验布置不做任何变动的情况下应能通过 8.4.4 规定的电压降试验。

8.4.6 短时耐受电流试验

本试验目的旨在验证接线端子块耐受热冲击的能力。

试验在一个接线端子块上进行，接线端子块按制造商说明书的要求安装，采用具有额定截面积的导线进行连接，并按 GB 14048.1—2006 中表 4 及表 C.1(用于螺纹直径小于或等于 2.8 mm 的螺纹型夹紧件)规定的力矩值或制造商规定的较大力矩值固定导线(如合适)。

若导线的额定截面积小于 10 mm^2(AWG 8)，应采用单根导线；若额定截面积等于或大于 10 mm^2(AWG 8)，则采用多股硬导线。

按 8.4.4 进行电压降试验之后，进行本试验，试验电流值与通电时间应与 7.2.3 规定一致。

试验结束，接线端子块的任何零件均不得出现可能影响其进一步使用的损坏，在冷却至周围空气温度之后，接线端子块在试验布置不作任何变动的情况下，应能通过 8.4.4 规定的电压降试验。

8.4.7 非螺纹型接线端子排的老化试验

按图 2 所示，试验在五个用额定截面积的导线串联的相邻接线端子块上同时进行。

若导线的额定截面积小于 10 mm^2(AWG 8)，应采用单根导线；若额定截面积等于或大于 10 mm^2(AWG 8)，则采用多股硬导线。

对于预期用于“正常使用条件”(根据 GB 14048.1—2006 中 6.1.1，最高值 40℃)的接线端子排，应采用 PVC 绝缘导线。

对于制造商已规定“最大使用条件超过 40℃”(见 GB 14048.1—2006 中 6.1.1 注)的接线端子排，应采用耐热的绝缘的或非绝缘导线。

连接导线的最短长度应为 300 mm。

将接线端子排放置在初始温度保持在(20±2)℃的加热箱内，然后进行 8.4.4 电压降验证。

试验过程中，在完成全部电压降试验前，整个试验装置(包括导线)不得移动。

接线端子排承受 192 次温度循环试验，过程如下：

加热箱内温度升至 40℃(按 GB 14048.1—2006 中 8.3.3.3.1 规定)，或升至制造商规定的“最高使用条件”温度值。

在此温度的±5℃范围内保温约 10 min。

试验过程中，电流根据 8.4.5 的规定施加。

然后使接线端子排冷却至接近 30℃，允许强迫冷却，并在此温度下保温约 10 min，如果需要测量电压降，允许继续冷却至 20℃±5℃。

注：加热箱中加热和冷却速度的指导值可以约为 1.5℃/min。

每个接线端子块每经过 24 次温度循环之后，以及完成 192 次温度循环之后，均应按 8.4.4 规定测定电压降，每次测定时的温度为 20℃±5℃。

不应出现电压降超过 4.8 mV 或第 24 次循环后测得的电压降的 1.5 倍的情况，二者之中取低值。

若其中有一个接线端子块不能通过此试验，则需在第二组接线端子排上重复试验，此时，全部接线端子块均应通过重复试验。

本试验后，用目测检查，不应发现有开裂、变形等影响其进一步使用的变化。

此后，再进行 8.3.3.3 规定的拉出试验。

8.5 耐非正常热和火

热特性用针焰试验检测。

试验应按 GB/T 5169.5—1997 的规定连续在三个接线端子块的一组夹紧件上依次进行。

试验室应无通风，并有足够大的空间，以确保适当的空气供应。

试验进行之前，接线端子排在周围空气温度 15℃～35℃之间，相对湿度 45%～75%之间的环境中存放 24 h。

经过预期处理后，接线端子块被安装在合适的支架上，并且用适当的方法固定以使绝缘侧壁平行于其下部的垫层(见图 3)。

不连接导线。

放在下面的垫层由约 10 mm 厚的松木板其上铺一层绢纸(根据 GB/T 4687—1984 中 6.86 g 重在 12 g/m^2～30 g/m^2 之间)构成，垫层被放置在连接端子块下距离接线端子块(200±5)mm。

试验火焰，按 GB/T 5169.5—1997 中图 1a)调整，推荐与绝缘侧壁成 45°角的范围内。

在夹紧件区域之内，应使火焰尖端和绝缘侧壁接触(见图 4)。

火焰施加 10 s，对于绝缘板厚度小于 1 mm 和/或其面积小于 100 mm^2，火焰施加 5 s。

在移开火焰之后，在点燃的情况下测量持续燃烧时间。

持续燃烧时间是指从火焰被移开的瞬间直至接线端子块的火焰或辉光熄灭的时间间隔。

在被点燃的情况下如果持续燃烧时间小于 30 s，则认为被试接线端子排通过本试验。

此外，如果从接线端子块上掉落的燃烧颗粒落至松木板的绢纸上，绢纸不应被点燃。

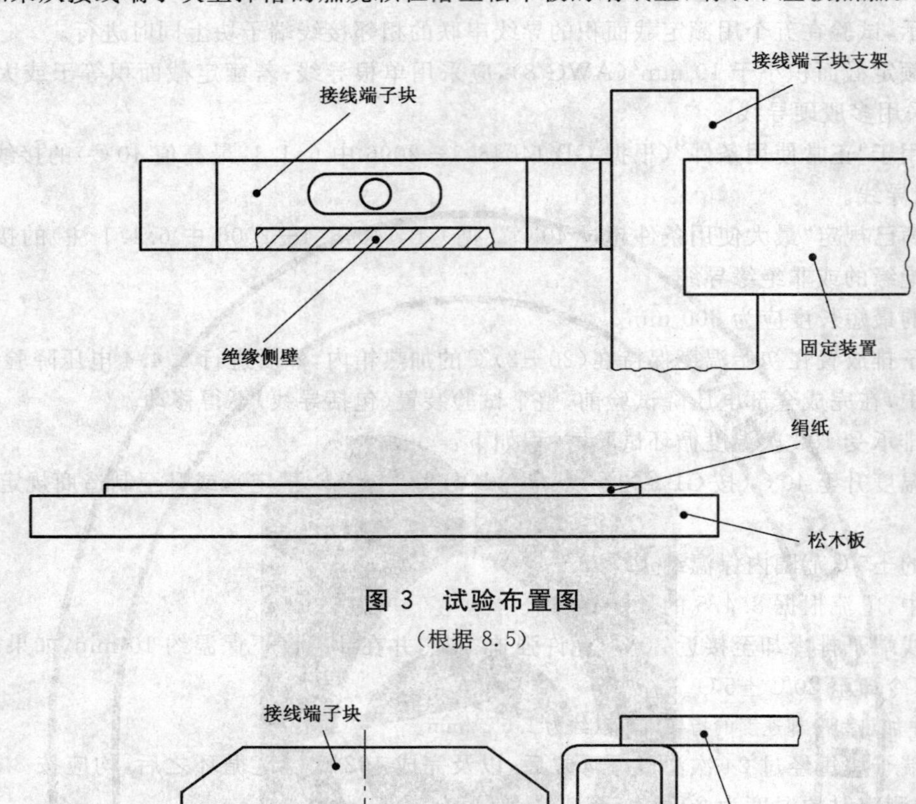

图 3 试验布置图

（根据 8.5）

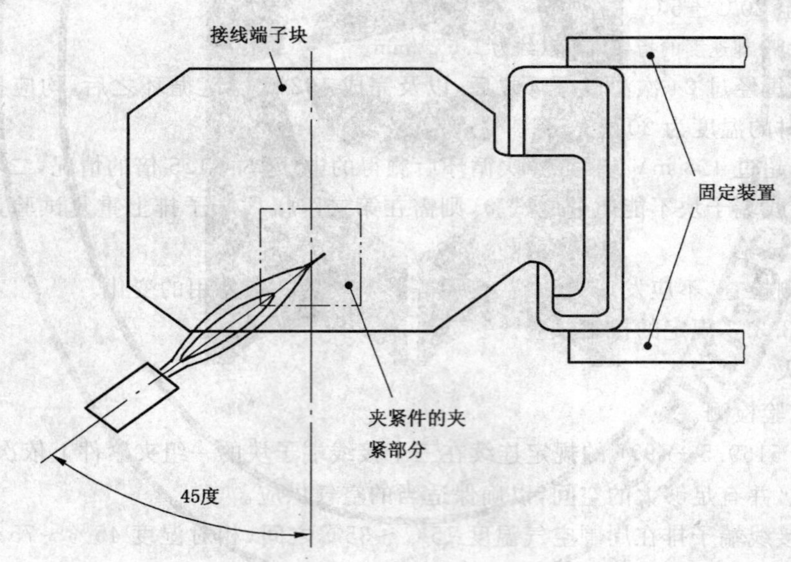

图 4 试验火焰接触点

（从放置在接线端子块下面的垫层观看）

8.6 验证 EMC 性能

GB 14048.1—2006 中 8.4 规定适用，并补充下列内容。

8.6.1 抗扰度

本部分范围内的接线端子排对电磁场干扰不敏感，因此无需进行抗扰度试验。

8.6.2 发射

本部分范围内的接线端子排不产生电磁干扰，因此无需进行发射试验。

附 录 A
（资料性附录）
电气间隙和爬电距离

A.1 总则

A.1.1 选用合适大小的电气间隙和爬电距离在很大程度上取决于多种可变因素，诸如大气条件，所用绝缘的类型、爬电途径的布局以及使用接线端子块的系统情况等，因此，选择合适大小的电气间隙和爬电距离是制造商的职责。

A.1.2 建议将绝缘件的表面设计成带筋的表面以阻断导电沉积物可能形成的通道。

A.1.3 从电气间隙和爬电距离的观点来看，仅仅涂有清漆或珐琅的导电件，或仅用氧化层或类似方法保护的导电件均不认为是绝缘的。

A.1.4 在下列情况下，仍必须保持推荐的电气间隙和爬电距离：

a) 在既无外部电气连接，又是按制造商说明书(若有的话)的规定，用接线端子块所规定的型式和尺寸的绝缘导线或裸导线安装时；

b) 考虑到由于温度、老化、冲击、振动的影响，或由于接线端子块预期承受的短路条件所产生的可能的变形。

A.2 确定电气间隙和爬电距离

确定电气间隙和爬电距离时，建议考虑以下几点：

A.2.1 确定爬电距离时，凡宽度和深度不小于 2 mm 的槽可以沿其轮廓线来测量，宽度和深度小于 2 mm的槽和容易堆积污物的槽应忽略不计，只测量其直线距离。

A.2.2 确定爬电距离时，高度小于 2 mm 的筋应忽略不计，对高度不小于 2 mm 的筋：

——如果筋是绝缘材料件整体中的一部分(例如用模压或焊接方法形成的筋)，则沿其轮廓线来测量；

——如果筋不是绝缘材料件整体中的一部分，则沿其接缝长度或轮廓线(两条途径中取其较短者)进行测量。

A.2.3 上述各点建议的应用可用 GB 14048.1—2006 中附录 G 中的例 1 至例 11 作图示说明。

附 录 B
（资料性附录）
涉及制造商和用户协议的条款

注：就本附录而言，“协议”用于广义的范围，“用户”包括试验站。

GB 14048.1—2006 中附录 J 均适用于本附录的条款及分条款，并做下列补充：

本部分条款及分条款编号	要 点
8.2	试验导线： ——末端特殊处理，如需要 ——类型（软线、硬线）
8.3.3.1	验证电压降用最小连接截面积
8.3.2 8.3.3 8.4.5 8.4.6	试验导线的拧紧力矩，如果其值不同于 GB 14048.1—2006 中表 4 及表 C.1 中（用于螺纹直径小于等于 2.8 mm 的螺纹型夹紧件）给定的值
8.3.3.5	特殊试验
8.4.7	老化试验的温度，如果不同于＋40℃
注：上述全部条款，如需要，由制造商规定。	

附 录 C
(规范性附录)
用于验证螺纹型夹紧件机械强度的拧紧力矩

表 C.1 用于验证螺纹型夹紧件机械强度的拧紧力矩

螺纹直径 mm		拧紧力矩 N·m		
公制标准值	直径(D)范围	Ⅰ[a]	Ⅱ[b]	Ⅲ[c]
1.6	$D \leqslant 1.6$	0.05	0.1	0.1
2.0	$1.6 < D \leqslant 2.0$	0.1	0.2	0.2
2.5	$2.0 < D \leqslant 2.8$	0.2	0.4	0.4

a 栏Ⅰ:适用于拧紧时不突出孔外的无头螺钉和不能用刀口宽度大于螺钉顶部直径的螺丝刀拧紧的其他螺钉。

b 栏Ⅱ:适用于可用螺丝刀拧紧的螺母和螺钉。

c 栏Ⅲ:适用于不可用螺丝刀拧紧的螺母和螺钉。

参 考 文 献

GB/T 19334—2003 低压开关设备和控制设备的尺寸 在成套开关设备和控制设备中作电器机械支承的标准安装轨(IEC 60715:1981,IDT)

ICS 29.120.60
K 30

中华人民共和国国家标准

GB/T 14048.8—2006
代替 GB 14048.8—1998

低压开关设备和控制设备 第7-2部分：辅助器件 铜导体的保护导体接线端子排

Low-voltage switchgear and controlgear—Part 7-2: Ancillary equipment —Protective conductor terminal blocks for copper conductors

(IEC 60947-7-2:2002,MOD)

2006-09-14 发布 2007-04-01 实施

中华人民共和国国家质量监督检验检疫总局
中国国家标准化管理委员会
发布

前　言

本部分是《低压开关设备和控制设备》的一部分。

本部分是对GB 14048.8—1998《低压开关设备和控制设备　辅助电器　第2部分：铜导体的保护导体接线端子排》的修订。

本部分修改采用国际电工委员会IEC 60947-7-2：2002《低压开关设备和控制设备　第7-2部分：辅助器件——铜导体的保护导体接线端子排》（英文版）。

本部分与GB 14048.8—1998的主要差异：

——标准的文本结构有较大变化；

——取消GB 14048.8—1998中表1、表2，新增表1“保护导体接线端子排的额定截面积和额定连接能力的关系”；

——5.2“附加资料”中将“产品符合GB/T 14048.8”作为附加标志内容，GB 14048.8—1998中作为规定标志内容；

——取消漏电起痕指数（CTI）要求；

——7.3增加“电磁兼容性”条款；

——增加图1“介电试验布置图”；

——增加8.6“验证EMC性能”；

——附录A标题改为“规定的安装轨的最大短时耐受电流和PEN汇流排的额定发热电流”；

——增加附录B“用于验证螺纹型夹紧件机械强度的拧紧力矩”。

本部分与IEC 60947-7-2：2002的主要差异：

——根据我国环境和材料要求，补充规定了相关耐湿热性能要求及其试验方法；

——为便于理解，在定义2.1“保护导体接线端子块”中增加注3，说明本部分出现的接线端子排是由多个接线端子块组合而成。

本部分与GB/T 14048.7—2006配合使用。

本部分中的附录A、附录B均为规范性附录。

本部分由中国电器工业协会提出。

本部分由全国低压电器标准化技术委员会归口。

本部分负责起草单位：上海电器科学研究所（集团）有限公司、成都瑞联电气股份有限公司。

本部分参加起草单位：杰特电子实业（深圳）有限公司。

本部分主要起草人：黄兢业、季慧玉、王化毅、徐鸿、程立峰。

本部分所代替标准的历次版本发布情况：GB 14048.8—1998。

低压开关设备和控制设备　第 7-2 部分：辅助器件　铜导体的保护导体接线端子排

1　基本要求

1.1　范围

本部分规定了主要用于工业的螺纹型或非螺纹型夹紧件的保护导体接线端子排的要求，具有 PE 保护功能的接线端子排不大于 120 mm^2（250kcmil），具有 PEN 保护功能的接线端子排大于或等于 10 mm^2（AWG8）。

注：AWG 是"美国线规"的缩写

kcmil＝1 000 cmil

lcmil＝1 圆密耳＝直径 1 密耳的圆面积

1 mil＝1/1 000 英寸

保护导体接线端子排用于铜导体和安装支架之间的电气和机械连接。

本部分适用于额定电压不超过 1 000 V[1)]，频率至 1 000 Hz 的交流电路以及不超过 1 500 V 的直流电路中连接截面积为 0.2 mm^2～120 mm^2（AWG24～250 kcmil）的预制或非预制圆铜导体的保护导体接线端子排，保护导体接线端子排与 GB/T 14048.7—2006 规定的接线端子排通常在一起使用。

下列产品可采用本部分作为指南：

——需要在导线上加装特殊装置的保护导体接线端子排，如快速连接端头或绕接连接等；

——借助棱边或尖端刺穿过绝缘来实现与导线直接接触的保护导体接线端子排，如绝缘转移连接等。

在引用 GB 14048.1 时，本部分用术语"夹紧件"代替"端子"。

1.2　规范性引用文件

下列文件中的条款通过本部分的引用而成为本部分的条款。凡是注日期的引用文件，其随后所有的修改单（不包括勘误的内容）或修订版均不适用于本部分，然而，鼓励根据本部分达成协议的各方研究是否可使用这些文件的最新版本。凡是不注日期的引用文件，其最新版本适用于本部分。

GB 7251.1—2005　低压成套开关设备和控制设备　第 1 部分：型式试验及部分型式试验成套设备（idt IEC 60439-1:1999）

GB 14048.1—2006　低压开关设备和控制设备　第 1 部分：总则（IEC 60947-1:2001，MOD）

GB/T 14048.7—2006　低压开关设备和控制设备　第 7-1 部分：辅助器件　铜导体的接线端子排（IEC 60947-7-1:2002，MOD）

GB/T 19334—2003　低压开关设备和控制设备的尺寸　在成套开关设备和控制设备中作电器机械支承的部分安装轨（IEC 60715:1981，IDT）

2　术语和定义

本部分术语除 GB/T 14048.7—2006 规定外，补充以下定义。

1）交流额定电压 1 140 V 的电器可参照本部分执行。有关电器的性能等要求由制造厂和用户协商确定。

2.1

保护导体接线端子块　protective conductor terminal block

具有一个或多个夹紧件，用于连接保护导体(PE和PEN导体)和(或)多根保护导体(PE和PEN导体)的相互连接并与支架具有电气连接的组件，可以设计成螺纹型或非螺纹型固定方式。

注1：支架可以是导轨、金属切割薄板、安装板等。

注2：保护导体接线端子块排可以是部分绝缘或完全无绝缘，它不要求任何功能绝缘。

注3：本部分出现的接线端子排(terminal blocks)是由多个接线端子块组合而成。

2.2

部分绝缘的保护导体接线端子块　partially insulated protective conductor terminal block

仅与其他装置的导电部件绝缘，而不与支架本身绝缘的组件。

2.3

PEN导体　PEN conductor

具有保护导体和中性导体两种功能的接地导体。

注：文字缩写PEN是由保护导体PE和中性导体N(见GB 14048.1—2006中2.1.15)两符号的组合。

3　分类

按以下准则区别不同类型的保护导体接线端子排：

——保护导体接线端子块安装到支架上的方法；

——夹紧件的型式：螺纹型夹紧件或非螺纹型夹紧件；

——接入预制(如电缆接片)或非预制导体的能力；

——具有相同或不同夹紧件的接线端子组件；

——每个接线端子组件上的夹紧件数目；

——使用条件；

——PE或PEN功能。

4　特性

4.1　特性概述

GB/T 14048.7—2006中4.1适用。

4.2　保护导体接线端子块的型式

GB/T 14048.7—2006中4.2适用。

4.3　额定值和极限值

4.3.1　空白

4.3.2　短时耐受电流

GB/T 14048.7—2006中4.3.2适用。

4.3.3　标准截面积

GB/T 14048.7—2006中4.3.3适用，并补充下列内容：

根据本部分的使用范围，GB/T 14048.7—2006表1中标准截面积小于或等于120 mm^2 (250 kcmil)的范围适用。

4.3.4　额定截面积

GB/T 14048.7—2006中4.3.4适用。

4.3.5　额定连接能力

GB/T 14048.7—2006中4.3.5适用，并按GB 7251.1—2005中7.4.3.1.6对每个夹紧件只连接一根导体的修改，表1适用。

表 1 保护导体接线端子排的额定截面积和额定连接能力之间的关系

额定截面积		额定连接能力	
mm²	AWG/kcmil	mm²	AWG/kcmil
0.2	24	0.2	24
0.34	22	0.2～0.34	24～22
0.5	20	0.2～0.34～0.5	24～22～20
0.75	18	0.34～0.5～0.75	22～20～18
1	—	0.5～0.75～1	—
1.5	16	0.75～1～1.5	20～18～16
2.5	14	1～1.5～2.5	18～16～14
4	12	1.5～2.5～4	16～14～12
6	10	2.5～4～6	14～12～10
10	8	4～6～10	12～10～8
16	6	6～10～16	10～8～6
25	4	10～16～25	8～6～4
35	2	16～25～35	6～4～2
50	0	25～35～50	4～2～0
70	00	35～50～70	2～0～00
95	000	50～70～95	0～00～000
120	250	70～95～120	00～000～250

5 产品信息

5.1 标志

保护导体接线端子块应具有字迹清晰、经久耐用的标志，并标明以下内容：

a) 便于识别的制造商名称或商标；

b) 型号，据此可从制造商或其产品目录中查到有关数据。

5.2 附加资料

适用时，制造商应该在数据手册、产品目录中或包装上规定以下内容：

a) GB/T 14048.8，如果制造商宣布产品符合本部分；

b) 额定截面积；

c) 额定连接能力，如果不同于表 1 的规定；

d) 使用条件，如果不同于第 6 章的规定。

如果额定截面积大于或等于 10 mm²(AWG8)的保护导体接线端子块仅用于 PE 功能，制造商应说明。

注：无标志则说明可用于 PEN+PE 两种功能。

6 正常使用、安装和运输条件

GB 14048.1—2006 中第 6 章适用。

7 结构要求和性能要求

7.1 结构要求

7.1.1 夹紧件

GB/T 14048.7—2006 中 7.1.1 适用并补充以下内容：

保护导体接线端子块应确保导体的夹紧件和支架的夹紧件间的可靠连接。

夹紧件应能承受被接导体和被接支架所施加的力。

可通过检查及 GB/T 14048.7—2006 中 8.3.3.1,8.3.3.2 和 8.3.3.3 规定的试验进行验证。

7.1.2 支架的连接

保护导体接线端子排应提供使其可靠地附装在相应支架上而不会发生电化腐蚀的措施。

保护导体接线端子块的设计应能明确显示必须如何安装才能确保导体与相应支架的正确连接。

与支架的夹紧连接必须借助工具才能拆除。

试验应按 GB/T 14048.7—2006 中 8.3.2 进行。

注:关于安装轨的资料可参照 GB/T 19334—2003。

7.1.3 电气间隙和爬电距离

对于保护导体接线端子排,电气间隙和爬电距离不适用。

注:保护导体接线端子排和接线端子排(根据 GB/T 14048.7)之间的电气间隙和爬电距离的值应按照 GB/T 14048.7—2006中 7.1.3 的规定。

7.1.4 接线端子块的识别和标志

GB/T 14048.7—2006 中 7.1.4 适用并补充以下内容。

部分绝缘的保护导体接线端子块必须用绿、黄双色标志。

7.1.5 耐非正常热和火

GB/T 14048.7—2006 中 7.1.5 适用。

7.1.6 额定截面积和额定连接能力

GB/T 14048.7—2006 中 7.1.6 适用。

7.1.7 保护导体安装轨

安装轨可用作保护导体汇流排,但汇流排的电流不得超过表 A.1 规定的热短时耐受电流和热额定发热电流值。

如果与表 A.1 的值相近,也可用其他类型的安装轨。

表 A.1 给出了满足这些要求的标准安装轨。

钢质的保护导体汇流排不允许用作 PEN 导体。

注:涉及到铝与铜连接或铝与铜合金连接的保护导体接线端子排需做特殊试验。

7.1.8 耐湿热性能

保护导体接线端子排的绝缘应具有耐湿热性能,其要求应根据 GB 14048.1—2006 中附录 K 的 K.1.2"试验 Db:交变湿热试验"中的规定进行试验。

7.2 性能要求

7.2.1 温升

具有 PEN 功能的保护导体接线端子排应按本部分 8.4.5 规定进行试验,接线端子的温升不应超过 45 K。

7.2.2 介电性能

保护导体接线端子排应直接安装在符合 GB/T 14048.7—2006 中规定的接线端子排旁边,并通过本部分 8.4.3 的介电试验。

7.2.3 额定短时耐受电流

保护导体接线端子排应能承受 1 s 额定短时耐受电流三次,此电流相当于其额定截面积上的每平方毫米通过 120 A 的电流,试验按本部分 8.4.6 进行。

7.2.4 电压降

在进行本部分 8.4.4 的测量时,由保护导体接线端子块上的导体连接和支架连接引起的电压降不得超过 8.4.4 和 8.4.7(如适用)的规定值。

7.2.5 老化试验后的电性能(仅指非螺纹型保护导体接线端子排)

保护导体接线端子排应能耐受本部分 8.4.7 规定的 192 次温度循环的老化试验。

7.3 电磁兼容性(EMC)

GB/T 14048.7—2006 中 7.3 适用。

8 试验

8.1 试验种类

GB/T 14048.7—2006 中 8.1 适用。

8.2 一般要求

GB/T 14048.7—2006 中 8.2 适用。

8.3 验证机械特性

GB/T 14048.7—2006 中 8.3 适用,但 8.3.3.1 作以下修改。

8.3.1 夹紧件机械强度试验

GB 14048.1—2006 中 8.2.4.1 和 8.2.4.2 适用,并补充下列内容:

GB 14048.1—2006 中 8.2.4.2 的试验要求适用于非螺纹型夹紧件。

试验应在五个保护导体接线端子块的中心端子块位置的两个导体夹紧件上进行,接线端子排应按制造商说明书的规定(如正常使用)安装在合适的支架上。

对于螺纹直径小于或等于 2.8 mm 的螺纹型夹紧件,拧紧力矩应按表 B.1 的规定或为制造商规定值的 110%,二者之中取其大者。

先用制造商规定的具有额定截面积的可连接硬导体,再用制造商规定的最小截面积的连接软导体线(如合适)进行 8.4.4 的电压降 U_{cc} 验证试验后,然后用具有额定截面积的硬导体在接线端子排上各拆装五次。

在试验结束时,接线端子排都应通过用制造商规定的具有额定截面积的连接硬导体(之后如合适,用最小截面积的连接软导体)进行的 8.4.4 规定的电压降(U_{cc})试验。

接着,用额定截面积的连接硬导体在保护导体接线端子块上进行电压降 U_{cs} 试验。

然后,保护导体接线端子排从其支架上安装、拆卸各五次。

在本试验后,保护导体接线端子排应通过 8.4.4 规定的电压降(U_{cs})试验。

8.4 验证电气特性

8.4.1 一般要求

试验电气特性包括以下试验:

——介电试验(与相邻的 GB/T 14048.7—2006 规定的接线端子排一起进行),见 8.4.3;

——验证电压降,见 8.4.4;

——温升试验(对于带 PEN 功能的保护导体接线端子排),见 8.4.5;

——短时耐受电流试验,见 8.4.6;

——老化试验(非螺纹型保护导体接线端子排),见 8.4.7。

8.4.2 空白

8.4.3 介电试验

本试验仅适用于直接安装在符合 GB/T 14048.7—2006 规定的接线端子排旁边的部分绝缘保护导体接线端子排。

试验在按制造商规定的同样系列和尺寸的接线端子排一起安装的保护导体接线端子排上进行。

a) 如果制造商已规定额定冲击耐受电压值 U_{imp},则冲击耐压试验可根据 GB 14048.1—2006 中 8.3.3.4.1 项 2)(但 2)c)不适用)进行;

b) 固体绝缘的工频耐压试验应根据 GB 14048.1—2006 中 8.3.3.4.1 项 3)进行,试验电压值应根据 GB 14048.1—2006 中表 12A(见 GB 14048.1—2006,8.3.3.4.1,项 3)b)①)的规定。

保护导体接线端子排和接线端子排应固定在金属支架上并接线,如图 1 所示,在 GB/T 14048.7—2006 的 8.4.2.1 a),b)和 c)规定的条件下进行试验。

试验电压应施加在保护导体接线端子排和接线端子排之间。

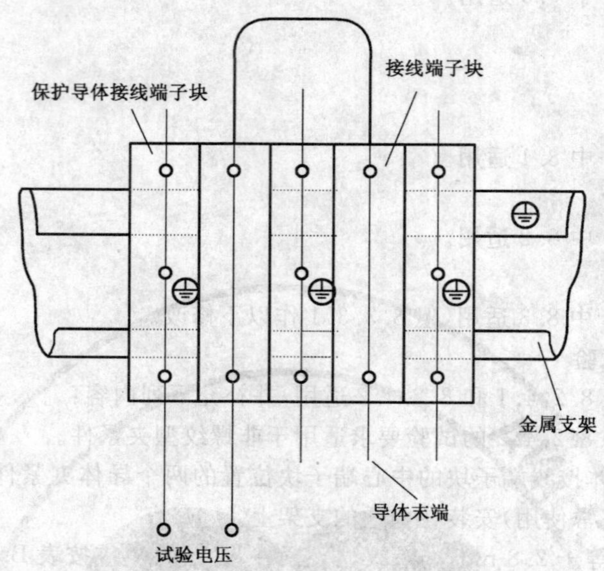

图 1　介电试验布置图

8.4.4　验证电压降

应在下列情况下验证电压降：

a)　在夹紧件机械性能试验的前后(见 8.3.3.1)；

b)　在温升试验的前后(见 8.4.5)；

c)　在短时耐受电流试验的前后(见 8.4.6)；

d)　在老化试验的前后及其期间(见 8.4.7)。

应根据 8.3.3.1，8.4.5，8.4.6 和 8.4.7 进行验证。

如果将保护导体与具有镀铬表面的钢支架相连接，试验时应去除连接处的镀铬层。但对 8.4.6 的短时耐受电流试验，镀铬层不去除，电压降只在试后测量。

电压降在图 2 所示的各片保护导体接线端子块上的测量，测量用直流电流进行，试验电流为 GB/T 14048.7—2006中表 4 或表 5 电流值的 0.1 倍。

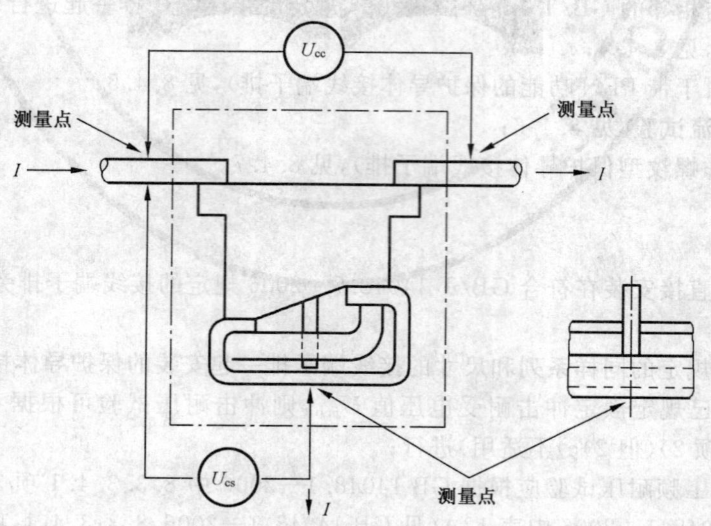

图 2　电压降试验布置图

依据 a)，b)，c) 和 d) 的规定进行试验之前，电压降 U_{cc} 不应超过 3.2 mV；电压降 U_{cs} 不应超过 6.4 mV，但试验 c) 除外，如果试验 c) 采用具有镀铬表面的钢支架，则电压降试验仅在试验 c) 之后进行。

如果测量值 U_{cc} 或 U_{cs} 分别超过 3.2 mV 或 6.4 mV，应分别单独测量夹紧件的电压降，其值各自不应超过 1.6 mV 或 4.8 mV。

依据 a)，b)，c) 和 d) 的规定进行试验后，电压降 U_{cc} 和 U_{cs} 的值分别不应超过 4.8 mV 或 9.6 mV，或测量值不超过试验前测量值的 150%，二者之间取值低者。

依据 d) 的规定进行试验期间及之后，电压降 U_{cc} 和 U_{cs} 不应超过 8.4.7 规定的值。

8.4.5 温升试验

本试验仅适用于额定截面积大于或等于 10 mm^2(AWG8)，具有 PEN 功能的保护导体接线端子排。为此，表 A.1 中对安装轨规定的额定发热电流值应作为极限值。

不允许采用钢支架。试验电路应如图 3 和图 4 所示水平放置在木质表面(如桌面或地板)。导线自由放置在上面。

试验应使用具有额定截面积的 PVC 绝缘导线。

如合适，导体进行连接和支架连接应按表 B.1(用于螺纹直径小于或等于 2.8 mm 的螺纹型夹紧件) 及 GB 14048.1—2006 中表 4 所规定的力矩或制造商规定的较大力矩值。

额定截面积为 10 mm^2(AWG8) 的导线最短长度 L 为 1 m，大于 10 mm^2 的导线最短为 2 m。

应采用多股硬导线。

试验过程中，夹紧件的螺钉不应被再次拧紧。

提供两种不同的试验组别：

a) 将五片相互绝缘的保护导体接线端子块相邻排列不用支架安装(见图 3)，在中间这片保护导体接线端子块上测量温升；

b) 将五片保护导体接线端子块相邻安装在支架上(见图 4)，外侧两片的保护导体接线端子块通过支架相连接，并在外侧两片保护导体接线端子块上测量温升。

在按 8.4.4 进行电压降验证后进行本试验，试验采用单相交流电流，试验电流为 GB/T 14048.7—2006 中表 4 和表 5 中对额定截面积规定的电流值，试验持续至达到稳定温度为止，连续测温三次，每次间隔 5 min，当任意两次所测量温度的变化小于 1 K 时，则认为达到了稳定温度。

温升不应超过 7.2.1 规定的极限值。

试验结束并冷却至周围空气温度后，保护导体接线端子排应能通过 8.4.4 规定的电压降试验，测试点按图 2 所示。

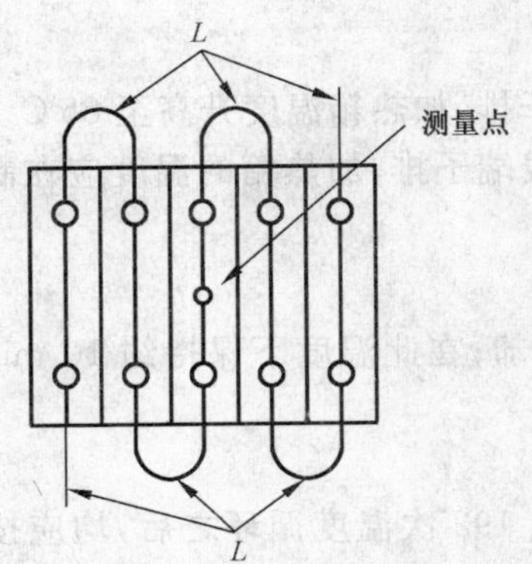

图 3　a) 组温升试验布置图

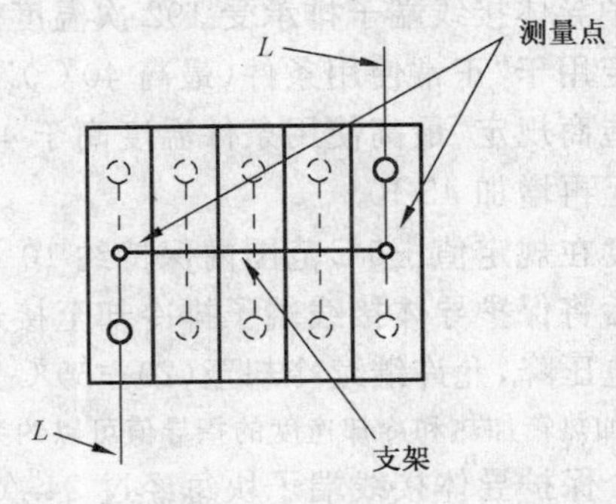

图 4　b) 组温升试验布置图

8.4.6 短时耐受电流试验

本试验目的在于验证接线端子块耐受热冲击的能力。

试验在一片保护导体接线端子块上进行，保护导体接线端块排按制造厂的说明书要求进行安装，采用额定截面积的导线接线，拧紧力矩根据 GB 14048.1—2006 中表 4 或附录 B 中的表 B.1(用于螺纹直径小于等于 2.8 mm 的螺纹型夹紧件)的规定或制造商规定的较大的力矩。

如果额定截面积小于 10 mm^2(AWG8),应采用单根导线,如果额定截面积大于或等于 10 mm^2(AWG8),应采用多股硬导线。

按 8.4.4 的规定进行电压降试验之后进行本试验,试验电流值和通电时间应与 7.2.3 的规定一致。

表 A.1 对安装轨规定的最大短时耐受电流应看作为极限值。

试验电流按图 5 先通过电流路径 1-1,接着通过电流路径 2-2。

两次电流浪涌之间允许有至少 6 min 的间隔。

试验结束后,保护导体接线端子块的任何部件均不得出现可能影响其继续使用的损坏。冷却到周围温度后,不改变布置,保护导体接线端子块应能通过 8.4.4 规定的电压降试验。

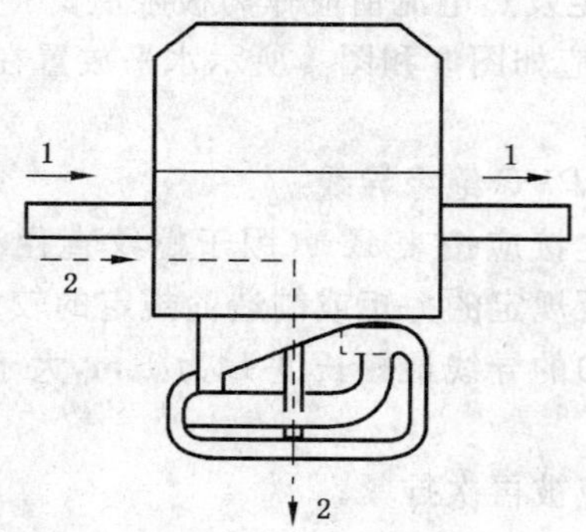

图 5　热短时耐受电流试验布置图

8.4.7　非螺纹型接线端子排的老化试验

将五片保护导体接线端子块相邻放置,不用支架安装(见图 3)。

如果额定截面积小于 10 mm^2(AWG8),应采用单根导线;如果额定截面积大于或等于 10 mm^2(AWG8),应采用多股硬导线。

连接导线的最小长度应为 300 mm。

如果与支架的连接也是非螺纹的,再采用五片保护导体接线端子块相邻安装到支架上(见图 4)。

试验采用额定截面积的耐热、绝缘或无绝缘导线。

将保护导体接线端子排放置在初始温度保持为(20±2)℃的加热箱中,然后进行 8.4.4 电压降验证。

整个试验布置(包括导线)在完成电压降试验前均不得移动。

保护导体接线端子排承受 192 次温度循环试验,过程如下:

指定用于“正常使用条件(最高 40℃)”的保护导体接线端子排,加热箱温度升高至 85℃。

制造商规定“最高使用条件温度高于 40℃”的保护导体接线端子排,加热箱的温度应在制造商规定的温度上再增加 45 K。

温度在规定值±5℃范围内保持约 10 min。

然后将保护导体接线端子排冷却至接近 30℃,允许强迫冷却;在此温度下保持约 10 min。如果需要测量电压降,允许继续冷却至(20±5)℃。

注:加热箱加热和冷却速度的指导值可以约为 1.5℃/min。

每个保护导体接线端子块每经过 24 次温度循环,以及完成 192 次温度循环之后,均应按 8.4.4 规定测电压降,每次测定时的温度为(20±5)℃。

铜导线夹紧件的电压降 U_{cc} 不允许超过 4.8 mV 或 24 次循环后测得的电压降的 1.5 倍,二者之中取值低者。

连至支架的夹紧件的电压降不超过 9.6 mV 或 24 次循环后测得的电压降的 1.5 倍,二者取低值。

如果有一片保护导体接线端子块试品不能通过本试验,则需要用第二组保护导体接线端子排重复试验,且全部试品均应通过重复试验。

本试验后，目测检查，不应发现开裂、变形等类似影响继续使用的变化。

此外，再进行 GB/T 14048.7—2006 中 8.3.3.3 规定的拉出试验。

8.5 耐非正常热和火

GB/T 14048.7—2006 中 8.5 适用。

8.6 验证 EMC 性能

GB/T 14048.7—2006 中 8.6 适用。

附 录 A
（规范性附录）
规定的安装轨的最大短时耐受电流和 PEN 汇流排的额定发热电流

表 A.1 规定的安装轨的最大短时耐受电流和 PEN 汇流排的额定发热电流

安装轨	材料	等效 E-Cu 额定截面积 mm^2	短时耐受电流(1 s) kA	PEN 汇流排的额定发热电流 A
“顶帽”型导轨 GB/T 19334/TH15-5.5	钢	10	1.2	—
	铜[a]	25	3	101
	铝[a]	16	1.92	76
G 型导轨 GB/T 19334/G32	钢	35	4.2	—
	铜[a]	120	14.4	269
	铝[a]	70	8.4	192
“顶帽”型导轨 GB/T 19334/TH35-7.5	钢	16	1.92	—
	铜[a]	50	6	150
	铝[a]	35	4.2	125
“顶帽”型导轨 GB/T 19334/TH35-15	钢	50	6	—
	铜[a]	150	18	309
	铝[a]	95	11.4	232

[a] 由接线端子块组件的制造商选用的铜或铝合金材料已达到表中的规定值。

附 录 B
（规范性附录）
用于验证螺纹型夹紧件机械强度的拧紧力矩

表 B.1 用于验证螺纹型夹紧件机械强度的拧紧力矩

螺纹直径 mm		拧紧力矩 N·m		
公制标准值	直径(*D*)范围	Ⅰ[a]	Ⅱ[b]	Ⅲ[c]
1.6	$D\leqslant1.6$	0.05	0.1	0.1
2.0	$1.6<D\leqslant2.0$	0.1	0.2	0.2
2.5	$2.0<D\leqslant2.8$	0.2	0.4	0.4

[a] 栏Ⅰ：适用于拧紧时不突出孔外的无头螺钉和不能用刀口宽度大于螺钉顶部直径的螺丝刀拧紧的其他螺钉。

[b] 栏Ⅱ：适用于可用螺丝刀拧紧的螺母和螺钉。

[c] 栏Ⅲ：适用于不可用螺丝刀拧紧的螺母和螺钉。

ICS 29.130.20
K 32

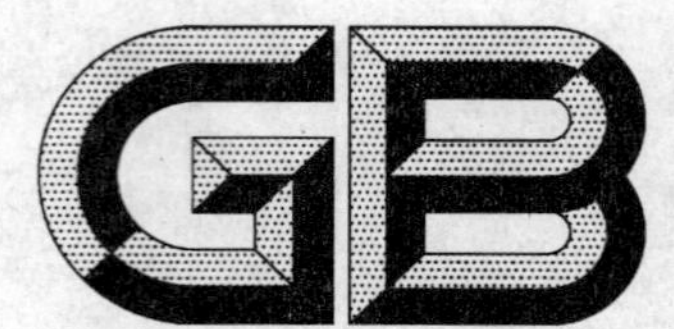

中华人民共和国国家标准

GB/T 14048.12—2006/IEC 60947-4-3:1999

低压开关设备和控制设备
第4-3部分:接触器和电动机起动器
非电动机负载用
交流半导体控制器和接触器

Low-voltage switchgear and controlgear—
Part 4-3:Contactors and motor-starters—
AC semiconductor controllers and contactors for non-motor loads

(IEC 60947-4-3:1999,IDT)

2006-09-14 发布　　2007-04-01 实施

中华人民共和国国家质量监督检验检疫总局
中国国家标准化管理委员会　发布

前　言

本部分等同采用 IEC 60947-4-3:1999《低压开关设备和控制设备　第 4-3 部分:接触器和电动机起动器　非电动机负载用交流半导体控制器和接触器》(以下简称“IEC”),并补充说明如下:

1) 条款 1,IEC 原文中为“本部分不适用于:交流电动机的持续控制”,本部分负载类型为“非电动机负载”,因此此处存在矛盾,经与 IEC 17B 分技术委员会有关专家沟通后,决定删除此句即删除“交流电动机的持续控制”;

2) 条款 3.1.14.4.3 中,为了容易理解,将对“定义点转换”的解释改为“即 3.1.14.4.1 所述的“定义点转换”能力”;

3) 条款 5.3.1 和 5.3.2,IEC 原文中为“控制器应规定以下……”,为表述全面,改为“控制器或接触器应规定以下……”;

4) 条款 5.4.1 第一句话,IEC 原文中为“对于特定的半导体接触器”,本部分改为“对于特定的半导体控制器或接触器”;

5) 表 3 注 1,IEC 原文中为$(XI)^2 \times T$ 及 XI,根据表中的内容将其改为$(XI_e)^2 \times T_x$ 及 XI_e;

6) 条款 5.8,IEC 原文中为“……SCPD 为控制器在短路电流出现时……”,改为“……SCPD 为控制器和接触器在短路电流出现时……”;

7) 表 6 中的注 a,原文中为“U/U 可以为任意值”,考虑到该注的内容,改为“U_r/U_e 可以为任意值”;

8) 条款 9.3.3.4.1 中 3)c),IEC 原文为“对于混合半导体控制器和起动器”,根据本部分所涉及的内容,改为“对于混合半导体控制器和接触器”;

9) 条款 9.3.3.6.1 中 7) b),IEC 原文为“若 $\Delta_n<0.05$”,根据上下文改为“若 $\Delta_n \leqslant 0.05$”;

10) 条款 9.3.3.6.3 中 4)中,IEC 原文为“通过控制电压 U_c 实现表 13 规定……”,而本部分中没有表 13,经与 IEC 17B 分技术委员会有关专家沟通后,改为“通过控制电压 U_c 实现表 7 规定……”;

11) 条款 9.3.4.1 中的“CO 操作”,IEC 原文中为“对于直接设备”,这样表述不易理解,根据分析,改为“用于具有接通功能的控制器或接触器”;

12) 表 16 中表头第二列,IEC 原文中没有角注,根据表中的注释内容,在表头第二列增加上标;

13) 条款 9.3.6.1 第二句话,IEC 原文中为“9.3.3.2 的验证动作范围……”,根据专家意见(9.3.3.2 内容为“空白”)和 IEC 最新 CD 文件的内容,改为“9.3.6.2 的验证动作范围……”;

14) 条款 9.3.6.3,IEC 原文中为“试验在干燥清洁的控制器和起动器上进行”,而本部分适用于非电动机负载,因此将“起动器”改为“接触器”;

15) 附录 F 的图 F.1 关于“温升的一般曲线”中,IEC 原文为$[(C_n - C_{n-1})(A_n - A_{n-1})]/(C_{n-1}) \leqslant 0.05$,与条款 9.3.3.6.1 中 7)a)矛盾,改为$[(C_n - C_{n-1}) - (A_n - A_{n-1})]/(C_{n-1}) \leqslant 0.05$;

16) 条款 9.1.4 中,IEC 原文中关于抽样试验的规定为“按 IEC 60410 中的规定(IEC 60410 中表 II-A)”,而 IEC 60410 没有转化为相应的国标,目前我国关于抽样的国家标准为 GB/T 2828.1—2003,且被广泛使用,经过对比,两项标准的内容基本相同,且被引用的“IEC 60410 中表 II-A”与“GB/T 2828.1—2003 中表 2-A”的内容完全一致,因此在本部分引用 GB/T 2828.1—2003 中表 2-A。

本部分在技术内容与编写格式上与 IEC 60947-4-3:1999《低压开关设备和控制设备　第 4-3 部分:接触器和电动机接触器　非电动机负载用交流半导体控制器和接触器》一致。

本部分是《低压开关设备和控制设备》的一部分，有关接触器和起动器的一般要求大量引用GB 14048.1—2006《低压开关设备和控制设备　总则》中的条款，故在使用中需与GB 14048.1—2006《低压开关设备和控制设备　总则》结合使用。

本部分所指“控制器”，其功能不止简单的接通和分断非电动机负载，关心的重点是功率半导体开关元件的特点；而“接触器”，其执行的功能与机械式接触器相同，但在其主电路中采用了一个或多个半导体开关器件，关心的重点是简单的接通和分断；对于特殊名称（如型式4，型式HxB等），标准关心的重点则是其多样的配置。

本部分的附录A、附录D是规范性附录，附录B、附录E、附录F、附录G和附录H是资料性附录。

本部分由中国电器工业协会提出。

本部分由全国低压电器标准化技术委员会归口。

本部分负责起草单位：上海电器科学研究所（集团）有限公司。

本部分参加起草单位：常熟开关制造有限公司、杭州之江开关股份有限公司、广东珠江开关有限公司、德力西集团有限公司。

本部分主要起草人：曾萍、宋伟宏、周建兴、贺贵兵、李富德、黄立耘。

低压开关设备和控制设备 第4-3部分:接触器和电动机起动器 非电动机负载用交流半导体控制器和接触器

1 范围

本部分适用于通过变换交流电路的导通状态和截止状态对其进行操作的非电动机负载用交流半导体控制器和接触器,典型应用见表2。

作为控制器,应能持续或在一特定的时间内降低负载端交流电压有效值的幅值,但由施加电压所确定的交流半波时间应保持不变。

本部分的电器可以带有一系列机械式开关电器且连接至电路的额定电压不超过交流1 000 V。

本部分范围内的控制器和接触器一般不用于分断短路电流,因此,控制器和接触器在安装时应配有适当的短路保护电器(见8.2.5)作为它们的一部分,但也可分立。

本部分规定了具有分离的短路保护电器的控制器和接触器的要求。

本部分不适用于:

——GB 14048.6中规定的低压交流半导体电动机控制器和起动器;

——IEC 60146中规定的电子式交流变流器;

——有或无固态继电器。

用于控制器和接触器中的接触器和控制电路元件应符合其相应的产品标准,所用的机械式开关元件应符合其相应的国家标准和本部分中附加的规定。

本部分的目的是规定以下内容:

a) 半导体控制器和接触器及其相应装置的特性。

b) 在以下几方面半导体控制器和接触器应满足的条件:

——操作性能;

——介电性能;

——防护等级(当带有外壳时);

——结构要求。

c) 用来验证满足这些条件的试验及所采用的试验方法。

d) 标志在产品上或由制造厂提供的资料。

2 规范性引用文件

下列文件中的条款通过本部分的引用而成为本部分的条款。凡是注日期的引用文件,其随后所有的修改单(不包括勘误的内容)或修订版均不适用于本部分,然而,鼓励根据本部分达成协议的各方研究是否可使用这些文件的最新版本。凡是不注日期的引用文件,其最新版本适用于本部分。

GB/T 2828.1—2003 计数抽样检验程序 第1部分:按接收质量限(AQL)检索的逐批检验抽样计划(ISO 2859-1:1999,IDT)

GB 4343.1—2003 电磁兼容 家用电器、电动工具和类似器具的要求 第一部分:发射(CISPR 14-1:2000+A1,IDT)

GB/T 4365—2003 电工术语 电磁兼容(IEC 60050-161:1990,IDT)

GB 4824—2004 工业、科学和医疗(ISM)射频设备 电磁骚扰特性限值和测量方法(CISPR 11:

2003,IDT)

GB 7251.1—2005 低压成套开关设备和控制设备 第一部分:型式试验和部分型式试验成套设备(idt IEC 60439-1:1999)

GB 13539.1—2002 低压熔断器 第1部分 基本要求(IEC 60269-1:1998,IDT)

GB 14048.1—2006 低压开关设备和控制设备 总则(IEC 60947-1:2001,MOD)

GB 14048.6—1998 低压开关设备和控制设备 接触器和电动机起动器 第2部分:交流半导体电动机控制器和起动器(idt IEC 60947-4-2:1995,Amendment No.1:1997)

GB/T 16935(所有部分) 低压系统内设备的绝缘配合(idt IEC 60664)

GB 17625.1—2003 电磁兼容 限值 谐波电流发射限值(设备每相输入电流≤16 A)(IEC 61000-3-2:2001,IDT)

GB/T 17626(所有部分) 电磁兼容 试验和测量技术(idt IEC 61000-4)

GB/T 17626.2—1998 电磁兼容 试验和测量技术 静电放电抗扰度试验(idt IEC 61000-4-2:1995)

GB/T 17626.3—1998 电磁兼容 试验和测量技术 射频电磁场辐射抗扰度试验(idt IEC 61000-4-3:1995)

GB/T 17626.4—1998 电磁兼容 试验和测量技术 快速瞬变/脉冲群抗扰度试验(idt IEC 61000-4-4:1995)

GB/T 17626.5—1999 电磁兼容 试验和测量技术 浪涌(冲击)抗扰度试验(idt IEC 61000-4-5:1995)

GB/T 17626.6—1998 电磁兼容 试验和测量技术 射频场感应的传导骚扰抗扰度(idt IEC 61000-4-6:1996)

GB/T 17626.11—1999 电磁兼容 试验和测量技术 电压暂降、短时中断和电压变化的抗扰度试验(idt IEC 61000-4-11:1994)

GB/Z 18039.5—2003 电磁兼容 环境 公用供电系统低频传导骚扰及信号传输的电磁环境(IEC 61000-2-1:1990,IDT)

3 术语和定义

GB 14048.1—2006 第2章中相应的术语和定义适用,并补充如下术语和定义。

3.1 有关交流半导体控制电器(非电动机负载)的定义

3.1.1 交流半导体控制器和接触器(固态接触器)(见图1)

3.1.1.1

交流半导体控制器 AC semiconductor controller

为交流电气负载(非电动机负载)提供通断功能和截止状态的半导体开关电器(见 GB 14048.1—2006 中2.2.3)。

注1:由于半导体控制器在截止状态时存在危险等级的漏电流(见3.1.13),负载端总被认为是带电的。

注2:在电流过零(交变或其他)的电路中,不"接通"该零值电流的结果是相当于分断电流。

3.1.1.1.1

半导体控制器(型式4) semiconductor controller(form 4)

该型式交流半导体控制器,其通断功能可以包括制造厂规定的任何一种起动方法,其控制功能则包括斜坡上升、负载控制或斜坡下降的任意组合。该型式控制器也可以提供全导通状态。

3.1.1.1.2

空白。

3.1.1.1.3

直接(DOL)半导体接触器(型式5)　semiconductor direct-on-line(DOL) contactor(form 5)

一种特殊型式的交流半导体控制器，其通断功能仅限于全导通、非斜坡方式，附加的控制功能仅限于提供全导通状态(也被称之为半导体接触器或固态接触器)。

是一种利用半导体开关电器(见 GB 14048.1—2006 中 2.2.3)完成接触器功能的电器(见 GB 14048.1—2006 中 2.2.13)，仅具有一个休止位置(截止状态或 HxB 型混合式控制器的断开状态)，并通过控制信号的使用完成操作，在正常电路条件包括过载条件下能够承载负载电流以及在全导通和截止(断开)之间变换上述负载(电路)的状态。

3.1.1.2

空白。

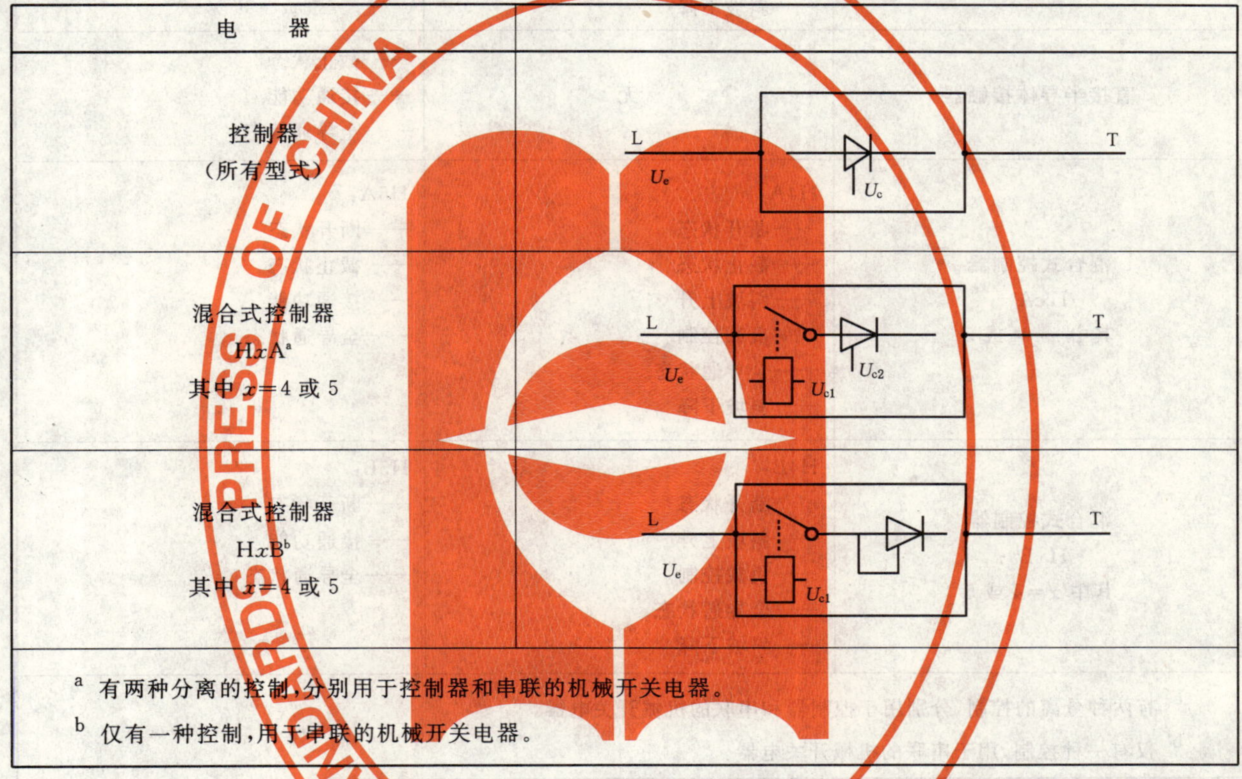

电　器	
控制器 (所有型式)	
混合式控制器 HxA[a] 其中 x=4 或 5	
混合式控制器 HxB[b] 其中 x=4 或 5	

a 有两种分离的控制，分别用于控制器和串联的机械开关电器。

b 仅有一种控制，用于串联的机械开关电器。

图1　控制器的图例

3.1.2　**混合式控制器和接触器(见图1)**

3.1.2.1

混合式控制器或接触器，型式 HxA(其中 x=4 或 5)　hybrid controllers or contactors, form HxA (where x=4 or 5)

与机械开关电器串联的型式4或型式5半导体控制器，其额定值按单一电器加以规定。对串联机械开关电器和半导体控制器或接触器提供分别的控制指令，能够提供与规定型式的控制器相应的所有控制功能，并带有断开位置。

3.1.2.2

混合式控制器或接触器，型式 HxB(其中 x=4 或 5)　hybrid controllers or contactors, form HxB (where x=4 or 5)

与机械开关电器串联的型式4或型式5半导体控制器，其额定值按单一电器加以规定。对串联机械开关电器和半导体控制器或接触器提供单一的控制指令。除了在截止位置以外，能够提供与规定型式的控制器相应的所有控制功能。

3.1.2.3

断开位置 OPEN position

混合半导体非电动机负载控制器或接触器当其串联机械开关电器处于断开位置时的状态(见 GB 14048.1—2006 中 2.4.21)。

表 1 控制器和接触器的功能

电 器	型式 4	型式 5
半导体控制器	——截止状态 ——斜坡上升 ——负载控制 ——全导通状态 ——斜坡下降	无
直接半导体接触器	无	——截止状态 ——接通功能 ——全导通状态
混合式控制器 HxA[a] 其中 x=4 或 5	H4A: ——断开状态 ——截止状态 ——斜坡上升 ——负载控制 ——全导通状态 ——斜坡下降	H5A: ——断开状态 ——截止状态 ——接通功能 ——全导通状态
混合式控制器 HxB[b] 其中 x=4 或 5	H4B: ——断开状态 ——斜坡上升 ——负载控制 ——全导通状态 ——斜坡下降	H5B: ——断开状态 ——接通功能 ——全导通状态

a 有两种分离的控制,分别用于控制器和串联的机械开关电器。

b 仅有一种控制,用于串联的机械开关电器。

3.1.3

限流功能 current-limit function

控制器限制负载电流至规定值的能力,但不包括限制短路条件下的瞬时电流的能力。

3.1.4

负载控制 load control

通过以下的改变,所有的可以使得负载发生有效变化的预定动作:

—— 施加的操作循环(例如改变负载因数 F 和/或每小时操作循环次数 S,见 5.3.4.6)

或

—— 负载端电压(例如,通过相角控制)

或

—— 上述二者的组合。

注 1:接通是一种单独考虑的强制性的负载控制。

注 2:如果外部开关设备或控制电路导致关断-全导通-关断的循环转换(例如通过操作周期进行负载控制),负载控制可由型式 5 控制器实现。

3.1.5

斜坡上升　ramp-up

在规定的时间内从截止状态(或从断开状态，当为 HxB 型混合控制器时)转换至导通状态(例如全导通状态或负载控制操作)的接通功能。

3.1.6

斜坡下降　ramp-down

在规定的时间内从导通状态(例如全导通状态或负载控制操作)转换至截止状态(或断开状态，当为 HxB 型混合控制器时)的关断(断开)功能。

3.1.7

可控操作　controlled operation

没有定义(见 3.1.4)。

3.1.8

空白。

3.1.9

导通状态　ON-state

当导通电流能够流过主电路时半导体控制器所处的状态。

3.1.10

(控制器的)全导通(状态)　FULL-ON(state of controllers)

当控制器的控制功能使负载处于施加全电压时的状态。

3.1.11

最小负载电流　minimum load current

控制器在导通状态能够正确工作时主电路所必需的最小工作电流。

注：最小负载电流应按有效值给出。

3.1.11.1

最小负载电流检测　minimum load current detection

当负载电流小于规定的最小值时，控制器所具有的检测并发出信号的能力，该信号可以通过截止或断开状态实现。

3.1.12

截止状态　OFF-state

不施加控制信号且通过主电路的电流不超过截止状态漏电流时控制器所处的状态。

3.1.13

截止状态漏电流　OFF-state leakage current

I_L

截止状态下通过半导体控制器主电路的电流。

3.1.14

(控制器的)操作　operation (of a controller)

从导通状态至截止状态或相反的转换。

3.1.14.1

通断功能　switching function

操作控制器时的接通或分断电流的功能。

3.1.14.2

斜坡通断功能　ramp switching function

见斜坡上升和斜坡下降。

3.1.14.3

瞬间通断功能 instantaneous switching function

从导通状态(例如全导通状态或负载控制操作)瞬时转换至截止状态(或断开状态,当为 HxB 型混合控制器时)或相反的通断功能。

在分断时,"瞬间"表示最小断开时间(见 GB 14048.1—2006 中 2.5.39)。

在接通时,"瞬间"表示接通时间(见 GB 14048.1—2006 中 2.5.43)加上由外部电路阻抗决定的瞬态时间。

3.1.14.4

转换点 switching point

外施电压(见 GB 14048.1—2006 中 2.5.32)波形上的点,在该点,半导体开关电器通过接通操作变为导通状态。

3.1.14.4.1

(半导体控制器的)定义点转换 defined-point switching (of a semiconductor controller)

半导体控制器的一种能力,该能力仅允许流过主电路的电流从外施交流电压(见 GB 14048.1—2006 中 2.5.32)瞬间或从交流控制电路电压瞬间达到其波形上一个特定的点。

这种最优化通断的型式可用于冲击电流衰减或变压器的"软变换"。

3.1.14.4.2

(半导体控制器的)零点转换 zero-point switching (of a semiconductor controller)

特殊型式的定义点转换,仅适用于非电动机负载的单极半导体控制器。

在此情况下,发出控制信号后截止状态向导通状态的转换,在外施交流电压(见 GB 14048.1—2006 中 2.5.32)过零瞬间,半导体开关电器变为导通状态。

注:这种型式的操作特别适用于电阻性负载和白炽灯负载。不适用于电容性或电感性负载,因为在电容性或电感性负载电路中负载电流和电压的夹角会导致严重的瞬态电流峰值。

3.1.14.4.3

(半导体控制器的)任意点转换 random point switching (of a semiconductor controller)

半导体控制器缺乏一种能力,即 3.1.14.4.1 所述的"定义点转换"能力。

3.1.15

(控制器的)操作循环 operating cycle (of a controller)

从一个状态到另一个状态再返回到初始状态的连续操作。

注:连续操作但没有构成操作循环被认为是操作系列。

3.1.16

操作性能 operating capability

在规定条件下,完成一系列操作循环而不失效的性能。

3.1.17

过电流特性 overload current profile

一组电流-时间坐标,用于规定在某一时间内的过电流的要求(见 5.3.5.1)。

3.1.18

额定参数(值) rating Index

以规定的格式将相应使用类别的额定工作电流、过电流曲线、工作循环或截止时间(见 6.1e))统一在一起的额定值信息。

3.1.19

(控制器的)脱扣操作 tripping operation (of a controller)

由控制信号激发使之产生并保持在截止状态的操作(若为型式 HxB 的控制器或接触器,则为断开位置)。

3.1.20

自由脱扣控制器　trip-free controller

当出现脱扣条件时，产生并保持不能取消的截止状态的控制器。

注：对于型式 HxB，术语“截止状态”由术语“断开位置”取代。

3.1.21

过电流保护方式(OCPM)　overcurrent protective means OCPM

当电流超过预定值时，使得开关电器延时或无延时返回至截止状态或断开位置的方式。

3.1.22

导通时间　ON-time

控制器处于导通状态时的时间，如附录 F 中的图 F.1。

3.1.23

截止时间　OFF-time

控制器处于截止状态时的时间，如附录 F 中的图 F.1。

3.2　**EMC 的定义**

EMC 的定义见 GB/T 4365。更进一步的解释在 GB/Z 18039.5 中给出。为了更方便并避免混淆，以下给出 GB/T 4365 中的一部分定义。

3.2.1

电磁兼容性，EMC(缩写)　electromagnetic compatibility；EMC(abbreviation)

装置或系统在其电磁环境中正常工作而不对该环境中其他设备造成不允许的电磁扰动的能力。

3.2.2

(电磁)发射　(electromagnetic)emission

从一个源发射电磁能量的现象(IEV 161-01-08)。

3.2.3

电磁骚扰　electromagnetic disturbance

所有使电器设备、装置或系统的性能下降或对活动或固定成分产生有害影响的电磁现象。

注：电磁骚扰可以是电磁噪声、非期望信号或传播介质本身的变化(IEV 161-01-05)。

3.2.4

无线电(频率)骚扰　radio(frequency)disturbance

带有无线电频率分量的电磁骚扰(IEV 161-01-13)。

3.2.5

无线电射频干扰，RFI(缩写)　radiofrequency interferece；RFI(abbreviation)

由于无线电骚扰引起的对有用信号接收性能的下降。

注：“射频干扰”通常也用于非期望信号的射频骚扰(IEV 161-01-14)。

3.2.6

瞬态(形容词和名词)　transient(adjective and noun)

有关或确定的在两相邻稳定状态之间变化的物理量或物理现象，其变化时间小于所关注的时间尺度(IEV 161-02-01)。

3.2.7

猝发(脉冲或振荡)　burst(of pulses or oscillations)

一串数量有限的清晰脉冲或一个持续时间有限的振荡(IEV 161-02-07)。

3.2.8

电压浪涌　voltage surge

沿线路或电路传播的瞬态电压波，其特征是电压快速上升后缓慢下降(IEV 161-08-11)。

3.2.9

抗扰性 immunity (to a disturbance)

使电器设备、装置或系统的性能在电磁干扰存在时不下降的能力(IEV 161-01-20)。

4 分类

5.2给出了可作为分类依据的数据。

5 交流半导体控制器和接触器的特性

5.1 特性概要

控制器和接触器的特性用下列(适用的)项目加以规定:

——电器类型(见5.2);

——主电路的额定值和极限值(见5.3);

——使用类别(见5.4);

——控制电路(见5.5);

——辅助电路(见5.6);

——继电器和脱扣器的型式和特性(见5.7);

——与短路保护电器的协调配合(见5.8);

——通断操作过电压(见5.9)。

5.2 电器类型

以下各项应予规定:

5.2.1 电器的型式

控制器和接触器的型式(见3.1.1和3.1.2)。

5.2.2 极数

5.2.2.1 主极数

5.2.2.2 由半导体开关器件控制的主极数

5.2.3 电流种类

仅交流适用。

5.2.4 分断(电弧)介质(空气、真空等)

仅适用于混合式控制器和接触器的机械开关电器。

5.2.5 电器的操作条件

5.2.5.1 操作方式

例如:

——对称控制的控制器(如全相控制的半导体器件);

——非对称控制的控制器(如可控硅和二极管)。

5.2.5.2 控制方式

例如:

——自动(由主令开关或程序控制器控制);

——非自动(即用按钮控制);

——半自动(即部分是自动的,部分是非自动的)。

5.2.5.3 连接方式

例如(见图2):

——负载星形,可控硅连接在负载与电源之间;

——负载三角形,可控硅连接在负载与电源之间;

——单相负载,可控硅连接在负载与电源之间。

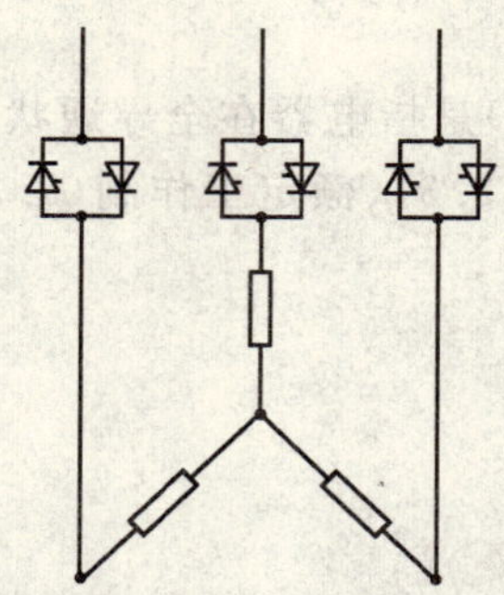

a) 负载星形，可控硅连接在负载与电源之间

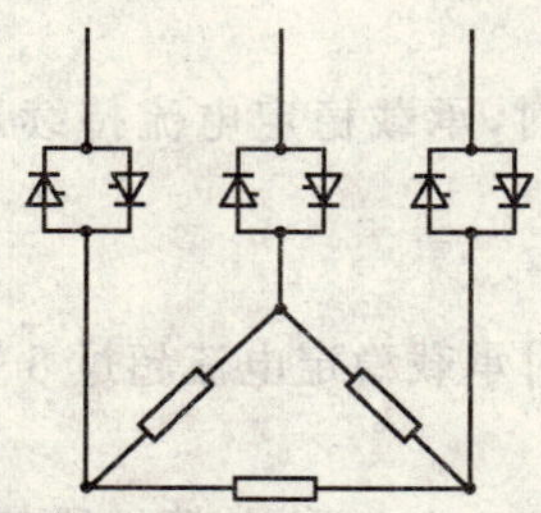

b) 负载三角形，可控硅连接在负载与电源之间

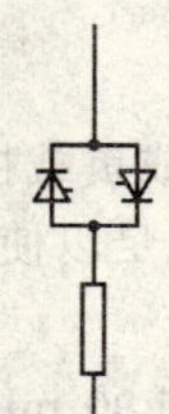

c) 单相负载，可控硅连接在负载与电源之间

图 2 连接方式

5.3 主电路的额定值和极限值

有关控制器和接触器的额定值和极限值应根据 5.3.1～5.3.6 加以规定，但不必规定适用于试验的所有值。

5.3.1 额定电压

控制器或接触器应规定以下电压：

5.3.1.1 额定工作电压(U_e)

GB 14048.1—2006 中 4.3.1.1 适用。

5.3.1.2 额定绝缘电压(U_i)

GB 14048.1—2006 中 4.3.1.2 适用。

5.3.1.3 额定冲击耐受电压(U_{imp})

GB 14048.1—2006 中 4.3.1.3 适用。

5.3.2 电流

控制器或接触器应规定以下电流：

5.3.2.1 约定自由空气发热电流(I_{th})

GB 14048.1—2006 中 4.3.2.1 适用。

5.3.2.2 约定封闭发热电流(I_{the})

GB 14048.1—2006 中 4.3.2.2 适用。

5.3.2.3 额定工作电流(I_e)

控制器和接触器的额定工作电流(I_e)是指电器在全导通状态下的正常工作电流,并应考虑到额定工作电压(见 5.3.1.1)、额定频率(见 5.3.3)、额定工作制(5.3.4)、使用类别(见 5.4)、过载特性(见 5.3.5) 以及防护等级(有外壳时)。

5.3.2.4 额定不间断电流(I_u)

GB 14048.1—2006 中 4.3.2.4 适用。

5.3.3 额定频率

GB 14048.1—2006 中 4.3.3 适用。

5.3.4 额定工作制

正常条件下的额定工作制规定如下。

5.3.4.1 8 h 工作制

此工作制指控制器处于全导通状态时,承载稳定电流持续足够长时间使电器达到热平衡,但超过 8 h 必须分断。

5.3.4.2 不间断工作制

此工作制指控制器处于全导通状态时承载稳定电流超过 8 h(数星期、数月、数年)而不分断。

5.3.4.3 断续周期工作制或断续工作制

除第一段外,GB 14048.1—2006 中 4.3.4.3 适用,第一段替代为如下:

“此工作制指控制器处于全导通状态时(或负载控制状态时)的有载时间与无载时间有一确定比例值,此两个时间都很短,不足以使电器达到热平衡。”

5.3.4.4 短时工作制

此工作制指半导体控制器处于全导通状态(或负载控制状态)的持续时间不足以使电器达到热平衡状态,有载时间之间被无载时间隔开,该无载时间足以使电器恢复到等于冷却介质的温度。短时工作制的通电时间标准值为:

30 s,1 min,3 min,10 min,30 min,60 min 和 90 min。

5.3.4.5 周期工作制

GB 14048.1—2006 中 4.3.4.5 适用。

5.3.4.6 工作制的周期值和符号

本部分用两个符号 F 和 S 来表示工作制的周期值,用这两个符号描述工作制以及冷却所需的时间。

负载因数(F)是通电时间与整个周期之比,用百分数表示。

F 的优选值为:

F=1%,5%,15%,25%,40%,50%,60%,70%,80%,90%,99%

S 是每小时操作循环次数。S 的优选值为:

S=1,2,3,4,5,6,10,20,30,40,50,60 次操作循环/小时

注:其他的 F 和(或)S 值由制造厂规定。

5.3.5 正常负载和过载特性

GB 14048.1—2006 中 4.3.5 适用,并补充如下:

5.3.5.1 过电流特性

过电流曲线用来表示控制过电流的电流-时间特性,用符号 X 和 T_x 表示。

表 4 中列出的 X 值用来表示过电流为 I_e 的倍数,并表示过载条件下最大工作电流。

预定的不超过 10 个工频循环的过电流可能会超过 XI_e 值,但这不在过载特性范围内考虑。

T_x 表示在通断功能(例如预热金属蒸汽灯)、负载控制和稳态工作时,操作过电流的持续时间累加值,见表 4。

5.3.5.2 操作性能

操作性能表示在全导通及正常负载和过载条件下，按使用类别、过电流特性和规定工作制周期值所确定的以下综合性能：

——导通状态时变换电流及承载电流；和

——建立及保持在截止状态(关断)的性能。

操作性能按以下规定：

——额定工作电压(见 5.3.1.1)；

——额定工作电流(见 5.3.2.3)；

——额定工作制(见 5.3.4)；

——过电流特性(见 5.3.5.1)；

——使用类别(见 5.4)。

相应的要求见 8.2.4.1。

5.3.5.3 接通、斜坡上升、斜坡下降和负载控制性能

控制器和接触器的典型使用条件见附录 B。

5.3.6 额定限制短路电流

GB 14048.1—2006 中 4.3.6.4 适用。

5.4 使用类别

GB 14048.1—2006 中 4.4 适用，并补充如下：

表 2 给出的使用类别被认为是控制器和接触器的标准使用类别。任何其他类型的使用类别应根据制造厂和用户的协议规定，但制造厂的样本或投标书给出的信息可作为这种协议。

每种使用类别(见表 2)都是用表 3、表 4、表 5、表 6 给出的电流、电压、功率因数和其他数据及本部分规定的试验条件表示其特征的。

使用类别代号的第 1 位数表示控制器(或半导体电动机控制器或起动器，见 GB 14048.6—1998)。第 2 位数表示典型用途。对于使用类别 AC-55 和 AC-56，后缀 a 和 b 定义了更为准确的用途。

注：与 GB 14048.6—1998 中交流半导体电动机控制器和起动器的使用类别不同，本部分中的后缀不表示使用了旁路开关电器。

表 2 使用类别

使用类别	典型用途
AC-51	无感或微感负载，电阻炉
AC-55a	控制放电灯的通断
AC-55b	白炽灯的通断
AC-56a	变压器的通断
AC-56b	电容器组的通断
注 1：应提供达到全导通条件后旁路半导体控制器的方式，可以与半导体接触器组装在一起也可以是分离安装。 注 2：如果仅提供注 1 中的旁路方式，制造厂应声明。见 6.1。	

5.4.1 基于试验结果选择使用类别

对于特定的半导体控制器或接触器，规定了一种使用类别的额定值并已进行了验证试验后，只要满足下述条件即可选用于其他的额定值而不必再进行试验：

——验证试验的额定工作电流和电压不应低于所选用的不进行试验的额定值；

——验证试验的使用类别和工作循环应等于或严酷于所选用的不进行试验的额定值，相应的严酷度见表 3；

——验证试验的过电流特性应等于或严酷于所选用的不进行试验的额定值，相应的严酷度见表3。仅当 X 值小于已试验的 X 值时才可不进行试验。

表3 相应的严酷度等级

严酷度等级	使用类别	过电流特性	导通时间、截止时间要求
最严酷	AC-51 AC-55a AC-55b AC-56a AC-56b 以上均不采用旁路开关电器	$(XI_e)^2\times T_x$ 的最大值(注1)	$F\times S$ 的最大值(注2)
	AC-55a 仅用于采用旁路开关电器	$(XI_e)^2\times T_x$ 的最大值(注1)	截止时间的最小值(注3)

注1：当 $(XI_e)^2\times T_x$ 的最大值出现在多于一个的 XI_e 值时，采用 XI_e 最大值。

注2：当 $F\times S$ 的最大值出现在多于一个的 S 值时，采用 S 的最大值。

注3：当 $(XI_e)^2\times T_x$ 的最大值出现在多于一个的截止时间时，采用截止时间的最小值。

5.5 控制电路

GB 14048.1—2006 中 4.5.1 适用，并补充如下：

参考附录G给出的示例，电子式控制电路的特性为：

——电流种类；

——功耗；

——额定频率(或直流)；

——额定控制电路电压，U_c(性质：交流/直流)；

——额定控制电源电压，U_s(性质：交流/直流)；

——控制电路电器的种类(接触器、传感器)。

注：控制电路电压 U_c 与控制电源电压 U_s 是有区别的，U_c 是控制输入信号的电压，U_s 是施加到控制电路电器电源端的电压，由于控制电路中设有的变压器、整流器、电阻器等，U_s 可能与 U_c 不同。

5.6 辅助电路

GB 14048.1—2006 中 4.6 适用，并补充如下：

电子式辅助电路实现的实用功能(如监控、数据采集等)，对于控制规定工作特性的直接任务而言并非必需。

正常情况下，辅助电路的特性的规定方式与控制电路的相同，并应符合相同的要求，如果辅助功能包括非正常的工作特性，建议制造厂规定临界特性。

5.7 空白

5.8 与短路保护电器(SCPD)的协调配合

控制器和接触器的特性是由SCPD的型式、额定值和特性来表征的，选用的SCPD为控制器和接触器在短路电流出现时提供适当的保护。

本部分中8.2.5和GB 14048.1—2006中4.8给出了具体的规定。

5.9 通断操作过电压

在考虑中。

6 产品的资料

6.1 资料的种类

制造厂应提供下列资料：

识别标志：

a) 制造厂的名称或商标；

b) 产品的设计型号或系列号；

c) 本标准号。

特性、主要的额定值和使用类别：

d) 额定工作电压(见 5.3.1.1)；

e) 相应使用类别(见 5.4)的额定工作电流、过电流特性(见 5.3.5.1)、工作制的周期值(见 5.3.4.6 或截止时间构成的额定值参数。

用于 AC-51 的规定格式示例如下：

100 A：AC-51：1.5×I_e-46 s：50-30

表示用于电流额定值为 100 A 的一般用途的无感或微感负载，电器在 150 A 下能够承受的时间为 46 s，负载因数为 50%；每小时 30 次标准的操作循环。

如果控制器用于旁路，以 AC-55a 的情况为例表示如下：

100 A：AC-55a：2×I_e-30 s：180 s

表示用于电流额定值为 100 A 的放电灯控制，电器在 200 A 下能够承受的时间为 30 s，在任何其他的接通程序之前的截止时间不小于 180 s。

f) 额定频率值，如 50 Hz 或 50 Hz/60 Hz；

g) 额定工作制(见 5.3.4.3)；

h) 设计型式(如型式 4 或型式 H4A 等，见表 1)。

安全性及安装：

j) 额定绝缘电压(见 5.3.1.2)；

k) 额定冲击耐受电压(见 5.3.1.3)；

l) IP 代号，当带有外壳时(见 8.1.11)；

m) 污染等级(见 7.1.3.2)；

n) 额定限制短路电流和相应的 SCPD 的型式、电流额定值和特性以及和控制器协调配合型式(见 5.8)；

p) 通断操作过电压(见 5.9)。

控制电路：

q) 额定控制电路电压 U_c、电流性质和额定频率(适用时)、额定控制电源电压 U_s，电流种类和额定频率以及保证控制电路正常工作所需(如符合要求的阻抗值)的其他资料(见附录 G 给出的控制电路示例)。

辅助电路：

r) 辅助电路的性质和额定值(见 5.6)。

过电流保护方式：

s) 空白。

EMC 发射和抗干扰性水平

t) 设备等级及维持该等级(见 8.3.2)的特殊要求；

u) 抗扰性等级及维持该等级(见 8.3.3)的特殊要求。

6.2 标志

GB 14048.1—2006 中 5.2 适用于控制器和接触器，并补充如下：

上述 d)至 u)项数据应标志在铭牌上，或电器上，或制造厂的出版物上。

上述 c)和 l)项数据应优先标志在电器上。

6.3 安装、操作和维修说明

GB 14048.1—2006 中 5.3 适用，并补充如下：

制造厂应提供说明，建议用户在发生下列情况时应采取何种措施：

——发生短路情况时；

——涉及 EMC 的要求时(见 8.3.2)。

7 正常工作、安装和运输条件

除以下规定外，GB 14048.1—2006 中第 6 章适用。

7.1 正常工作条件

除以下规定外，GB 14048.1—2006 中 6.1 适用。

7.1.1 周围空气温度

周围空气温度不超过＋40℃，且 24 h 内的平均值不超过＋35℃。

周围空气温度的下限为 0℃。

对不具有外壳的电器，周围空气温度指电器周围的空气温度，而对具有外壳的电器，周围空气温度指外壳周围的空气温度。

注：电器用于周围空气温度高于＋40℃(如用于开关设备和控制设备装置内部，用在锻造冶炼车间、锅炉房、热带国家)或低于 0℃(如－25℃，用于 GB 7251.1—2005 中规定的户外安装的低压开关设备和控制设备装置中)时，制造厂和用户协议，制造厂样本中给出的数据可以作为这种协议。

7.1.2 海拔

安装地点的海拔不超过 1 000 m。

注：电器用于较高海拔时应考虑空气的冷却作用和介电强度的下降，电器用于这样的条件时，应根据制造厂和用户的协议进行设计或使用。

7.1.3 大气条件

7.1.3.1 湿度

GB 14048.1—2006 中 6.1.3.1 适用。

7.1.3.2 污染等级

除非制造厂另有规定，控制器和接触器用于污染等级 3 的环境条件下，见 GB 14048.1—2006 中 6.1.3.2 的定义。但根据微观环境，也可用于其他污染等级。

7.1.4 冲击和振动

GB 14048.1—2006 中 6.1.4.适用。

7.2 运输和储存条件

GB 14048.1—2006 中 6.2 适用。

7.3 安装

GB 14048.1—2006 中 6.3 适用，对于 EMC，见本部分的 8.3 和 9.3.5。

7.4 电气系统的骚扰和影响

对于 EMC，见 8.3 和 9.3.5。

8 结构和性能要求

8.1 结构要求

注：对于 GB 14048.1—2006 中 7.1.1 和 7.1.2 有关材料和载流部件的进一步要求正在考虑中。本部分中如何应用有待进一步考虑。

GB 14048.1—2006 中 7.1 适用并补充如下：

8.1.1 材料

GB 14048.1—2006 中 7.1.1 适用(见 8.1 的注)。

8.1.2 载流部件及其连接

GB 14048.1—2006 中 7.1.2 适用(见 8.1 的注)。

8.1.3 电气间隙和爬电距离

GB 14048.1—2006 中 7.1.3 适用并补充：当半导体控制器不用于隔离时，对控制器主电路相同极性的半导体元件导线之间的最小爬电距离不作要求。

8.1.4 空白

8.1.5 空白

8.1.6 空白

8.1.7 接线端子

GB 14048.1—2006 中 7.1.7 适用，并补充如下：

GB 14048.1—2006 中 7.1.7.4 适用，并补充附录 A 给出的要求。

8.1.8 空白

8.1.9 接地的规定

GB 14048.1—2006 中 7.1.9 适用。

8.1.10 电器外壳

GB 14048.1—2006 中 7.1.10 适用。

8.1.11 具有外壳的控制器和接触器的防护等级

GB 14048.1—2006 中 7.1.11 适用。

8.2 性能要求

8.2.1 动作条件

8.2.1.1 一般要求

用于控制器和接触器的辅助电器应按制造厂的说明书和其相应的产品标准进行操作。

8.2.1.1.1 控制器和接触器的结构应是：

a) 自由脱扣(见 3.1.20)；

b) 在从截止到导通状态的通断过程或全导通状态的任何时候，能够用所提供的方式返回到断开或截止状态。

按 9.3.3.6.3 进行验证。

8.2.1.1.2 控制器和接触器不应因其内部电器操作引起的机械冲击或电磁干扰而导致误动作。

按 9.3.3.6.3 进行验证。

8.2.1.1.3 无论人力或自动操作，混合控制器和接触器中串联的机械开关电器的动触头的结构设计应保证各极基本上同时接通和分断。

8.2.1.2 控制器的动作范围

按 9.3.3.6.3 进行试验时，控制器或接触器在其额定工作电压 U_e 和额定控制电源电压 U_s 的 85%～110%之间任何值均应可靠工作，此范围的 85%用于下限值，110%用于上限值。

8.2.1.3 空白

8.2.1.4 空白

8.2.1.5 空白

8.2.1.5.1 空白

8.2.1.5.2 与控制器相关联的继电器和脱扣器

与控制器相关联的用于保护负载的继电器和脱扣器在电流为 XI_e 时应在时间 T_x 内动作，X 和 T_x

是规定的额定值，当规定的额定值多于一个时，X 和 T_x 相应于给定$(XI_e)^2 \times T_x$ 最高的乘积值。

8.2.2 温升

GB 14048.1—2006 中 7.2.2、7.2.2.1、7.2.2.2 和 7.2.2.3 的规定适用于清洁的新的控制器和接触器。

在 9.3.3.3 规定条件下进行试验时所测得的半导体接触器各部件的温升不应超过 GB 14048.1—2006 中 7.2.2.1 和 7.2.2.2 规定的极限值。

在半导体装置的金属散热片表面上的温升允许的偏差范围：在正常操作中无需触及的壳体内为 50K。

8.2.2.1 空白

8.2.2.2 空白

8.2.2.3 空白

8.2.2.4 主电路

按 9.3.3.3.4 进行试验时，控制器或接触器在全导通状态时承载电流的主电路应能承载下述规定的电流而其温升不超过 GB 14048.1—2006 中 7.2.2.1 规定的极限值：

——用于 8 h 工作制的控制器或接触器：约定发热电流（见 5.3.2.1 和/或 5.3.2.2）；

——用于不间断工作制、断续工作制或短时工作制的控制器或接触器：相应的额定工作电流（见 5.3.2.3）。

8.2.2.5 控制电路

GB 14048.1—2006 中 7.2.2.5 适用。

8.2.2.6 空白

8.2.2.7 辅助电路

GB 14048.1—2006 中 7.2.2.7 适用。

8.2.2.8 其他部件

GB 14048.1—2006 中 7.2.2.8 适用。

8.2.3 介电性能

下列要求是基于 GB/T 16935 系列标准的原则并提供了在安装条件下获得绝缘配合的方法。

——根据 GB 14048.1—2006 中附录 H 规定的额定冲击耐受电压（见 5.3.1.3）；

——根据 GB 14048.1—2006 中表 14 给出的适用于隔离电器断开触头间的冲击耐受电压；

——工频耐受电压。

注 1：也可以用一个直流电压来替代上述电压，但条件是该电压值应不低于设计的交变电压峰值。

注 2：电源系统的名义电压与电器的额定冲击耐受电压的关系见 GB 14048.1—2006 中附录 H。

对于规定了额定工作电压（见 GB 14048.1—2006 中 4.3.1.1 的注 1 和注 2）的电器，其额定冲击耐受电压应不低于该电器所使用点线路的电源系统名义电压和相应的过电压类别所对应于 GB 14048.1—2006 中附录 H 的额定冲击耐受电压。

本要求采用 9.3.3.4 规定的试验方法验证。

8.2.3.1 冲击耐受电压

1) 主电路

GB 14048.1—2006 中 7.2.3.1 中 1）适用。

2) 辅助和控制电路

GB 14048.1—2006 中 7.2.3.1 中 2）适用，并对条款 2）a）作如下修改：

a) 直接从主电路引入额定工作电压的辅助电路和控制电路，从带电部件到接地部件之间的电气间隙及极与极之间的电气间隙应能承受 GB 14048.1—2006 中表 12 相应于额定冲击耐受电压的试验电压的考核。

注：相关电器的固体绝缘的电气间隙应能承受冲击耐受电压的考核。

8.2.3.2 主电路、辅助电路和控制电路的工频耐受电压

GB 14048.1—2006 中 7.2.3.2 适用。

8.2.3.3 电气间隙

GB 14048.1—2006 中 7.2.3.3 适用。

8.2.3.4 爬电距离

GB 14048.1—2006 中 7.2.3.4 适用。

8.2.3.5 固体绝缘

GB 14048.1—2006 中 7.2.3.5 适用。

8.2.3.6 分离电路间的空间

GB 14048.1—2006 中 7.2.3.6 适用。

8.2.4 正常负载和过载性能要求

8.2.4.1 和 8.2.4.2 给出了根据 5.3.5 规定的有关正常负载和过载特性的要求。

8.2.4.1 操作性能要求

按 9.3.3.6 进行试验时，控制器和接触器应能实现导通状态、状态转换、承载预定水平的负载和过电流(如适用)、以及实现并保持在截止状态的性能而无故障，并且无任何形式的损坏。

预定用于使用类别 AC-51、AC-55a、AC-55b、AC-56a、AC-56b 且不带有旁路电器的控制器和接触器，其相应于 X 值的 T_x 值不应小于表 4 规定的值。

预定用于使用类别 AC-55a 且带有旁路电器的控制器和接触器，应能满足在电流大于额定持续电流情况下所要求的长接通时间的要求(如接通灯负载时需要预热时间)。考虑到在接通负载时控制器的最大热容量会完全耗尽，为此，在接通负载结束后应立即为控制器提供适当的无载时间(例如采用旁路开关电器的方式)，其相应于 X 值的 T_x 值及最小无载时间应由制造商和用户协商，并将此协商结果以规定的格式(见 6.1)在额定值参数中明确。

对额定值的验证应在本部分表 5 和表 6 以及 GB 14048.1—2006 中 8.3.3.5.2、8.3.3.5.3、8.3.3.5.4 相应部分规定的条件下进行。

当 XI_e 超过 1 000 A 时，过载能力的验证应由制造厂和用户协议(例如采用计算机进行模拟)。

表 5 和表 6 中列出的使用类别 AC-51、AC-55a、AC-55b、AC-56a、AC-56b($F-S=50-1$)(均不采用旁路开关电器)的工作制及使用类别 AC-55a(采用旁路开关电器)的截止时间(截止时间=1 440 s)，是 8 h 工作制最低的严酷度，制造厂可以规定更苛刻的严酷度，且应对最严酷工作制按表 3 进行验证。

对于使用类别 AC-51、AC-55a、AC-55b、AC-56a、AC-56b($F-S=50-1$)(均不旁路)，用于更严酷的导通和截止时间试验参数按下式计算：

导通时间(s)$=36\ F/S$

截止时间(s)$=36(100-F)/S$

对于使用类别 AC-55a(采用旁路开关电器)，制造厂可以对其操作能力规定为操作时的截止时间少于本部分允许的 1 440 s，但应按制造厂规定的截止时间进行验证。

预定用于断续工作制、短时工作制或周期工作制的控制器或接触器，制造厂应按 5.3.4.6 规定的 F 和 S 值选取。

表 4 相应过电流倍数(X)的最小过电流耐受时间(T_x)

	$T_x=20$ ms	$T_x=200$ ms	$T_x=1$ s	$T_x=10$ s	$T_x=60$ s	$T_x=300$ s	持续
AC-51	$X=1.4$	$X=1.4$	$X=1.4$	$X=1.2$	$X=1.1$	$X=1$	$X=1$
AC-55a	$X=10$	$X=6$	$X=4$	$X=3$	$X=2$	$X=1.8$	$X=1$
AC-55b	$X=10$	$X=6$	$X=1.2$	$X=1.1$	$X=1$	$X=1$	$X=1$
AC-56a	$X=30$	$X=6$	$X=1.2$	$X=1.1$	$X=1$	$X=1$	$X=1$
AC-56b	$X=30$	$X=1.4$	$X=1.1$	$X=1$	$X=1$	$X=1$	$X=1$

表 5 热稳定性试验条件的最低要求

使用类别	控制器的型式	试验电流 I_T,操作循环导通时间 s		操作循环 截止时间 s
		试验水平		
不采用旁路开关电器		I_T	导通时间 s	
AC-51	4,H4 5,H5	XI_e	T_X	T_X
AC-55a				
AC-55b				
AC-56a				
AC-56b				
采用旁路开关电器		I_T	导通时间 s	
AC-55a	4,H4 5,H5	$3\times I_e$	240	≤1 440

试验电路参数:

I_e——额定工作电流;

I_T——试验电流;

U_T——试验电压(任意值);

cos φ——电路功率因数(任意值);

操作循环次数取决于控制器达到热平衡所需的时间。

表 6 过载能力试验条件的最低要求

使用类别	试验电路参数			操作循环[d] 导通时间 s	操作循环[d] 截止时间 s	操作循环次数
	I_c/I_e	U_r/U_e[a]	cosφ[b]			
AC-51	X	1.1	0.8	T_x[c]	≥10	5
AC-55a	3.0	1.1	0.45	0.05	≥10	5
AC-55b	1.5	1.1	[e]	0.05	60	50
AC-56a	30	1.1	≤1	0.05	≥10	5
AC-56b	[g]	1.1	[f]	0.05	≥10	1 000

I_c——试验电流;

I_e——额定工作电流;

U_e——额定工作电压;

U_r——工频恢复电压。

温度条件:

初始壳体温度 C,对每一试验应在以下二者中选一个,即不应低于+40℃加上温升试验(9.3.3.3)时的最高壳体温升值或相应于热稳定性试验条件的最低要求的壳体温度。试验过程中的周围空气温度应在+10℃~+40℃范围内。

表 6(续)

使用类别	试验电路参数			操作循环[d] 导通时间 s	操作循环[d] 截止时间 s	操作循环次数
	I_c/I_e	U_r/U_e[a]	$\cos\phi$[b]			

[a] 除了导通时间的最后 3 个工频周期加上截止时间的第一秒，U_r/U_e 可以为任意值。

[b] 对应减压周期时的 $\cos\varphi$ 可以为任意值。

[c] 见表 4。

[d] 转换时间不应大于工频的三个周期。

[e] 试验采用白炽灯负载。

[f] 试验采用电容性负载。

[g] 电容性的额定值可由通断电容器试验获得，或以试验或经验的基础加以确定。可参考下式作为一个指导：

$$I_{pmax} \leqslant I_{TSM} \times \sqrt{2}$$

其中 I_{pmax} 是电容的涌流峰值，I_{TSM} 是暂态浪涌导通电流。

表 7 包括关断和转换能力的性能试验的最低要求及条件

使用类别	试验电路负载参数			试验周期	
	U/U_e	功 率	$\cos\varphi$	导通时间 s	截止时间 s
AC-51	1.0	a	a	a	a
AC-55a	1.0	b	b	b	b
AC-55b	1.0	c	c	c	c
AC-56a	1.0	d	d	d	d
AC-56b	1.0	e	e	e	e

试验应按下述要求进行：

——试验 1：85%U_e 和 85%U_s 下 100 次操作循环；

——试验 2：110%U_e 和 110%U_s 下 1 000 次操作循环。

试验过程中：

——负载和周围空气温度允许在 10℃～40℃范围内任意值；

——电压的真有效值测量仪器应连接在试品每一极的电源侧接线端子和负载侧接线端子之间；

——试品整定仅限于制造厂正常供货的产品上带有外部可调功能时。具有斜坡上升功能的控制器应设定为斜坡时间的最大值或 10 s，选其小者。

判定合格的试验结果：

a) 对每一极：$|\Delta U|<0.10$，其中 $\Delta U=(U_F-U_0)/U_0$；

b) 无可见的损坏现象(如冒烟、变色)；

c) 制造厂规定的功能无丧失。

[a] 试验负载为任意的轻感负载。额定功率因数为 0.8～1.0。导通时间和截止时间应根据负载(使用类别)恰当选取。

[b] 试验负载为任意的放电灯。导通时间和截止时间应根据负载(使用类别)恰当选取。

[c] 试验负载为任意的白炽灯。导通时间和截止时间应根据负载(使用类别)恰当选取。

[d] 试验负载为任意的变压器。导通时间和截止时间应根据负载(使用类别)恰当选取。

[e] 试验负载为任意的电容器或电容器组。导通时间和截止时间应根据负载(使用类别)恰当选取。

8.2.4.2 混合控制器和接触器的接通和分断能力

混合控制器和接触器中串联的机械开关电器应能根据规定的使用类别，按表 8 和表 9 以及9.3.3.5 规定的试验条件和操作次数，接通和分断电流而不发生故障。

表 8 混合式半导体控制器和接触器 H4、H5
中串联的机械开关电器与其使用类别对应的接通和分断条件

使用类别	接通和分断条件					
	I_c/I_e	U_r/U_e	cos φ	导通时间 s	截止时间 s	操作循环次数
AC-51	1.5	1.05	0.80	0.05	[a]	50
AC-55a	3.0		0.45			
AC-55b	1.5[b]		[b]			
AC-56a	30		[c]			
AC-56b	[d]		[d]			

I_c——接通和分断电流，用交流有效值表示；
I_e——额定工作电流；
U_e——额定工作电压；
U_r——工频恢复电压。

电流 I_c A	截止时间 s
$I_c \leqslant 100$	10
$100 < I_c \leqslant 200$	20
$200 < I_c \leqslant 300$	30
$300 < I_c \leqslant 400$	40
$400 < I_c \leqslant 600$	60
$600 < I_c \leqslant 800$	80
$800 < I_c \leqslant 1\ 000$	100
$1\ 000 < I_c \leqslant 1\ 300$	140
$1\ 300 < I_c \leqslant 1\ 600$	180
$1\ 600 < I_c$	240

[a] 截止时间不应大于表中给出的值。
[b] 试验应采用白炽灯负载。
[c] $I_{c\,peak} = 30 \times I_e \times \sqrt{2}$
cos φ 的优选值为≤0.45。
[d] 电容性的额定值可由通断电容器试验获得，或以试验或经验的基础加以确定。

表 9 混合式半导体控制器和接触器 H4、H5
中串联的机械开关电器与其使用类别对应的约定操作性能的接通和分断条件

使用类别	接通和分断条件					
	I_c/I_e	U_r/U_e	cos φ	导通时间 s	截止时间 s	操作循环次数
AC-51	1.0	1.05	0.80	0.05	[a]	6 000[d]
AC-55a	2.0		0.45		[a]	
AC-55b	1.0[b]		[b]		60	
AC-56a	[c]		[c]			
AC-56b	[c]		[c]			

I_c——接通和分断电流，用交流有效值表示；
I_e——额定工作电流；
U_e——额定工作电压；
U_r——工频恢复电压。

[a] 截止时间不应大于表 8 中给出的值。
[b] 试验应采用白炽灯负载。
[c] 在考虑中。
[d] 对于人力操作的开关电器，进行 1 000 次有载操作循环，接着进行 5 000 次无载操作循环。

8.2.5 与短路保护电器的协调配合

8.2.5.1 短路条件下的性能

控制器和接触器由短路保护电器作为后备保护时的额定限制短路电流验证试验应按 9.3.4 规定的短路试验进行。该试验为强制性试验。

SCPD 的额定值应适用于所有给出的额定工作电流、额定工作电压和相应的使用类别。

允许有两种配合类型：型式 1 和型式 2。9.3.4.3 给出了两种类型的试验条件。

“1”型协调配合：要求在短路条件下，电器不应对人身或其安装设备引起危害，在未修理和更换零件前，允许不能够继续使用。

“2”型协调配合：要求在短路条件下，电器不应对人身或其安装设备引起危害，且能够继续使用。对于混合式控制器和接触器，允许触头熔焊，此时，制造厂应指明设备维修时所采用的方法。

注：选用不同于制造厂推荐的 SCPD 时，协调配合可能会无效。

8.2.5.2 空白

8.2.6 通断操作过电压

在考虑中。

8.3 电磁兼容性(EMC)的规定

8.3.1 一般要求

电器和电子器件之间应实现预期的电磁兼容性已被广泛接受，在许多国家存在强制性的 EMC 要求。实现一个可接受 EMC 水平的试验水平和要求见条款 8 和条款 9。

因为半导体控制器的特殊性，辐射发射试验的技术原理见附录 D。

下述条款中的规定用以实现控制器和接触器的电磁兼容性，包括所有有关抗干扰性和发射方面的要求以及不需要或者需要进行的附加试验。EMC 性能并不保证接触器中的电子器件不出现故障，对此情况不作考虑而且也不作为试验要求的内容。

所有现象，不论是发射还是抗干扰性，都被认为是相互独立的：即认为规定条件下的极限值不具有累积效应。

控制器和接触器是一种综合电器，即必须与其他设备(如负载、电缆等)组成系统。由于其他设备或连接器件可能并不受半导体接触器制造厂的控制，因此，进行下述试验的控制器和接触器应按独立的电器规定其特性，并应按制造厂的许可进行试验，或至少在制造厂选定的试验室中进行试验。系统的综合者(也可以是控制器和接触器制造厂)有责任保证装有控制器或接触器的系统符合适用的规范和条款的要求。

这些条款不描述或改变对半导体控制器或接触器的安全要求，如防电击、绝缘配合以及相应的介电试验，不安全的操作，或不安全的故障操作顺序。

当控制器或接触器用于离接收天线的距离少于 10 m 时，规定的发射极限值不提供无线电和电视接收的全面抗干扰保护。

8.3.2 发射

按 GB 4824，有两种设备等级。

a) 设备等级 A

设备等级 A 为通常的等级，且规定用于工业环境。

本等级规定的设备其安装位置不直接与公用低压配电网相连，但认为通过专用配电变压器与工业电力配电网相连。

设备等级 A 不适用于特殊要求的工业环境时，如当传感测量通道可能受影响时，用户应规定设备等级 B。

当可能使用于非工业环境时，任何等级 A 的半导体控制器或接触器应附带适当的标记以提醒：

当应用场合为家用时可能导致无线电干扰，例如：

> 注意：
> 本产品设计为设备等级 A，本产品应用场合为家用时可能会
> 导致无线电干扰，为此，可能要求用户采取附加的降低措施。

若产品上不能附带这一标记时，制造厂可选择在提供给用户的信息中给出这一信息，且该信息应以能引起注意的方式出现。

b) 设备等级 B

设备等级 B 的设备安装在商业或轻工业的场合，直接与公用低压配电网相连。

制造厂应在提供给用户的信息中规定设备等级。

8.3.2.1 相应于主工频的低频发射

8.3.2.1.1 谐波

控制器的额定值小于 16A 并接至公用低压配电网时，应符合 GB 17625.1—2003 的要求。GB 17625.1— 2003 范围以外的控制器的要求在考虑中。当控制器在全导通状态运行时不需要进行试验，如型式 5 和某些型式 4 的控制器，因为谐波发射仅在起动时短时出现，且在全导通状态时没有明显的谐波发射。

8.3.2.1.2 电压波动

半导体控制器的动作不会产生这种现象，因此不需要进行试验。

8.3.2.2 高频发射

8.3.2.2.1 传导射频(RF)发射

表 14 规定的极限值应按 9.3.5.1.1 规定的程序进行验证。

8.3.2.2.2 辐射发射

表 15 规定的极限值应按 9.3.5.1.2 规定的程序进行验证。

8.3.3 抗扰性

8.3.3.1 一般要求

根据其影响强度的大小，电气系统的影响可能是破坏性的或非破坏性的。破坏性的影响(电压或电流)导致控制器不可恢复的损坏，非破坏性的影响可能导致暂时故障或非正常的动作，但当影响减少或消除时能够恢复正常工作；有些情况下可能需要人为的干预。

制造厂应考虑到可能出现比控制器进行试验的等级更严酷的外部影响的情况，如安装在带有长电力传输线的远距离场合；紧靠于 GB 4824—2004 中规定的工业、科学和医疗射频设备(ISM)。

注：安装时采用适当的去耦合有助于减小外部传输影响，如控制电路接线应与主电路接线分离。当难免紧接时，控制电路的接线应采用双绞线或屏蔽线。

列出一系列的要求，试验结果的判定采用 GB/T 17626 系列标准中规定的性能指标，为了方便，以下列出性能判据，并在表 10 中列出更详细的规定。

这些判据为：

1) 在规定极值范围内的正常性能。

2) 能够自恢复的短时的性能下降、功能或性能丧失。

3) 要求操作者干预或系统复位的短时的性能下降、功能或性能丧失，通过简单的干预如人力复位或重起动即能恢复正常的功能，且不应有任何损坏的器件。

控制器整体进行试验时采用表 10 中描述整体性能的允许指标(A)，若不能对整体的控制器进行试验时，采用功能单元性能的允许指标(B、C)。

表 10 出现电磁骚扰时性能判据

项目	试验时的性能判据		
	1	2	3
A 整体性能	动作特性无显著的变化，能够按预定的进行操作	动作特性有显著的变化(可见或可听到) 能够自行复位	动作特性发生变化 保护电器触动 不能够自行复位
B 显示器和控制面板的动作	可视的显示信息不发生变化 发光二极管（LED)仅有轻微的光亮度脉动、或字母轻微的活动	短时的可视的变化或信息的丢失 非预定的 LED 发光	停机 信息永久丢失或显示错误 不允许的动作状态 不能够自行复位
C 信息处理和传感功能	与外部电器无骚扰地通信和数据交换	短时骚扰通信，对内部和外部电器产生可能是错误的通信	错误的信息处理 数据和/或信息丢失 通信错误 不能够自行复位

8.3.3.2 **静电放电**

试验值及程序见 9.3.5.2.1。

8.3.3.3 **射频电磁场**

试验值及程序见 9.3.5.2.2。

8.3.3.4 **快速瞬变**(5/50 ns)

试验值及程序见 9.3.5.2.3。

8.3.3.5 **浪涌**(1.2/50 μs～8/20 μs)

试验值及程序见 9.3.5.2.4。

8.3.3.6 **谐波和转换缺口**

试验值及程序见 9.3.5.2.5。

8.3.3.7 **电压瞬时跌落和短时中断**

试验值及程序见 9.3.5.2.6。

8.3.3.8 **工频磁场**

不需要进行试验。通过操作性能试验(见 9.3.3.6)可以证明其具有抗扰性。

9 试验

9.1 试验种类

9.1.1 一般规则

GB 14048.1—2006 中 8.1.1 适用。

9.1.2 型式试验

型式试验用于验证各种型式的控制器和接触器的设计是否符合本部分，验证试验包括：

a) 温升极限(见 9.3.3.3)；

b) 介电性能(见 9.3.3.4)；

c) 操作性能(见 9.3.3.6)；

d) 动作和动作范围(见 9.3.3.6.3)；

e) 混合式电器中串联的机械开关电器的额定接通和分断能力以及约定操作性能(见 9.3.3.5)；

f) 短路条件下的性能(见 9.3.4)；

g) 接线端子的机械性能(GB 14048.1—2006 中 8.2.4 适用);

h) 带外壳控制器和接触器的防护等级(GB 14048.1—2006 中附录 C 适用);

i) EMC 试验(见 9.3.5)。

9.1.3 常规试验

当不进行抽样试验(见 9.1.4)时,GB 14048.1—2006 中 8.1.3 适用。

控制器和接触器的常规试验包括:

——动作和动作范围(见 9.3.6.2);

——介电试验(见 9.3.6.3)。

9.1.4 抽样试验

控制器和接触器的抽样试验包括:

——动作和动作范围(见 9.3.6.2);

——介电试验(见 9.3.6.3)。

GB 14048.1—2006 中 8.1.4 适用,并补充如下:

制造厂可以自行决定用抽样试验取代常规试验。按 GB/T 2828.1—2003 中的规定(GB/T 2828.1—2003中表 2-A),抽样试验应满足或超过下述要求:

抽样的基础是接收质量限 AQL≤1:

——合格判定数 Ac=0(无缺陷验收);

——不合格判定数 Re=1(若一件缺陷,则整批全部检查)。

对每一检查批应固定间隔进行抽样。

允许采用其他的能够保证符合上述 GB/T 2828.1—2003 要求的统计方法,如控制连续生产的统计方法或性能指标的过程控制。

根据 GB 14048.1—2006 中 8.3.3.4.3 进行电气间隙抽样试验在考虑中。

9.1.5 特殊试验

在考虑中。

9.2 验证结构要求

GB 14048.1—2006 中 8.2 适用(但应注意 8.1 的注)。

9.3 验证性能要求

9.3.1 程序试验

任一程序试验均应在新试品上进行。

注 1:制造厂同意时,允许在同一台试品上进行多于一个或全部程序的试验,但每一试品必须按规定的顺序进行试验。

注 2:程序试验中的某些试验只是为了减少所需试品的数量;其结果对程序试验中的前项或后项试验不产生显著的影响,因此,为方便试验并经制造厂同意,允许这些试验在单独的新试品上进行并在相应的程序中取消,但这一规定仅适用于下述试验:

——GB 14048.1—2006 中 8.3.3.4.1 项 5):爬电距离检查;

——GB 14048.1—2006 中 8.2.4:接线端子的机械性能;

——GB 14048.1—2006 中附录 C:带外壳电器的防护等级。

为试验方便,在下列试验程序中省略了 8.2.4.2(混合控制器和接触器的接通和分断能力)的试验,但制造厂仍然应采用其他的方法进行验证。

程序试验如下:

a) 程序试验Ⅰ

1) 验证温升(见 9.3.3.3)

2) 验证介电性能(见 9.3.3.4)

b) 程序试验Ⅱ:验证操作性能(见9.3.3.6)

1) 热稳定性试验(见9.3.3.6.1)

2) 过载能力试验(见9.3.3.6.2)

3) 关断和变换能力试验(见9.3.3.6.3),包括动作和动作范围验证

c) 程序试验Ⅲ

短路条件下的性能(见9.3.4)

d) 程序试验Ⅳ

1) 接线端子机械性能验证(GB 14048.1—2006 中 8.2.4)

2) 带外壳电器的防护等级验证(GB 14048.1—2006 中附录C)

e) 程序试验Ⅴ

EMC试验(9.3.5)

9.3.2 一般试验条件

GB 14048.1—2006 中 8.3.2 适用,并补充如下:

除相应试验条款中另有规定外,连接中的拧紧力矩应按制造厂的规定,若无规定时,按 GB 14048.1—2006 中表 4 规定。

若规定了多种散热装置时,应采用热阻最高的一种。

应采用测量电压和电流的真有效值的方法。

9.3.3 空载、正常负载和过载条件下的性能

9.3.3.1 空白

9.3.3.2 空白

9.3.3.3 温升

9.3.3.3.1 周围空气温度

GB 14048.1—2006 中 8.3.3.3.1 适用。

9.3.3.3.2 部件温度的测量

GB 14048.1—2006 中 8.3.3.3.2 适用。

9.3.3.3.3 部件的温升

GB 14048.1—2006 中 8.3.3.3.3 适用。

9.3.3.3.4 主电路的温升

GB 14048.1—2006 中 8.3.3.3.4 适用,并补充如下:

进行本试验时,温度测量传感器应紧靠于可能产生最高温升的半导体开关电器的壳体外表面。应记录试验终了时的壳体温度 C_f 和终了周围空气温度 A_f,以用于 9.3.3.6.2 规定的试验。

主电路应按 8.2.2.4 的规定通电。

通常通电的所有辅助电路通以最大额定工作电流(见5.6),控制电路施加额定电压。

9.3.3.3.5 控制电路的温升

GB 14048.1—2006 中 8.3.3.3.5 适用,并补充如下:

温升应在 9.3.3.3.4 的试验中进行测量。

9.3.3.3.6 空白

9.3.3.3.7 辅助电路的温升

GB 14048.1—2006 中 8.3.3.3.7 适用,并补充如下:

温升应在 9.3.3.3.4 的试验中进行测量。

9.3.3.4 介电性能

9.3.3.4.1 型式试验的介电性能验证

1) 介电性能验证的一般条件

8.2.3 和 GB 14048.1—2006 中 8.3.3.4.1 中 1)适用(但最后一个注不适用)。

2) 冲击耐受电压的验证

a) 一般要求

GB 14048.1—2006 中 8.3.3.4.1 中 2)a)适用。

b) 试验电压值

GB 14048.1—2006 中 8.3.3.4.1 中 2)b)适用并补充:

对海拔不敏感的器件(如光耦合器、密封部件)可以不使用海拔修正系数。

c) 试验电压的施加

电器按上述条款 1)的规定安装和准备,试验电压按如下方法施加:

i) 触头(如果有)处于所有正常工作位置,主电路所有接线端子连接在一起(包括接至主电路的控制和辅助电路)与外壳或安装板之间;

ii) 对于与其他各极为电气上分开的主电路各极:触头(如果有)处于所有正常工作位置,主电路每极与其他连接至外壳或安装板的极之间;

iii) 正常工作不接至主电路的每个控制和辅助电路与以下部位之间:

——主电路;

——其他电路;

——外露导电部件;

——外壳或安装板,有可能连在一起;

iv) 对主电路用于隔离的电器,主电路电源端接线端子连接在一起,负载端连接在一起,试验电压应施加在触头处于隔离位置时的电源和负载接线端子之间,试验电压按 GB 14048.1—2006 中 7.2.3.1 中 1)b)。

d) 试验结果的判别

GB 14048.1—2006 中 8.3.3.4.1 中 2)d)适用。

3) 固体绝缘的工频耐受电压的验证

a) 一般要求

GB 14048.1—2006 中 8.3.3.4.1 中 3)a)适用。

b) 试验电压值

GB 14048.1—2006 中 8.3.3.4.1 中 3)b)适用,并在第一段最后增加:

如果不能施加交流试验电压(例如由于 EMC 滤波器件),可施加与交流试验电压峰值相等的直流电压进行试验。

c) 试验电压的施加

GB 14048.1—2006 中 8.3.3.4.1 中 3)c)适用,并在最后两句话作如下修改:

在以下条件下施加试验电压 5 s:

——按上述 2)c)的 i)、ii)、iii)规定;

——对混合式半导体控制器和接触器,将电源端接线端子和负载端接线端子分别连接在一起。

d) 试验结果的判别

GB 14048.1—2006 中 8.3.3.4.1 中 3)d)适用。

4) 电器分断试验和短路试验后耐受工频介电试验

a) 一般要求

GB 14048.1—2006 中 8.3.3.4.1 中 4)a)适用。

b) 试验电压值

GB 14048.1—2006 中 8.3.3.4.1 中 4)b)适用。

c) 试验电压的施加

GB 14048.1—2006 中 8.3.3.4.1 中 4)c)适用，并在段落最后增加：

GB 14048.1—2006 中 8.3.3.4.1 中 1)提及的金属箔无需使用。

d) 试验结果的判别

GB 14048.1—2006 中 8.3.3.4.1 中 4)d)适用。

5) 耐湿性能试验后的工频耐受电压验证

GB 14048.1—2006 中 8.3.3.4.1 中 5)适用。

6) 直流耐受电压验证

GB 14048.1—2006 中 8.3.3.4.1 中 6)适用。

7) 爬电距离的验证

GB 14048.1—2006 中 8.3.3.4.1 中 7)适用(并参见本部分中 8.1.3)。

8) 隔离电器的泄漏电流验证

最大泄漏电流不应超过 GB 14048.1—2006 中 7.2.7 的规定值。

9.3.3.4.2 空白

9.3.3.4.3 验证电气间隙的抽样试验

1) 一般要求

GB 14048.1—2006 中 8.3.3.4.3 中 1)适用。

2) 试验电压

试验电压应与额定冲击耐受电压相对应。

抽样方案和程序在考虑中。

3) 试验电压的施加

GB 14048.1—2006 中 8.3.3.4.3 中 3)适用。

4) 试验结果的判别

GB 14048.1—2006 中 8.3.3.4.3 中 4)适用。

9.3.3.5 混合式电器中串联的机械开关电器的额定接通和分断能力以及约定操作性能

应验证混合式电器中串联的机械开关电器是否符合 8.2.4.2 的要求。允许在单独的串联机械开关电器上或对半导体器件各极短接后进行本验证试验。如果串联机械开关电器已通过比表 8 和表 9 的规定更严酷的试验，则不需要进行本条款规定的试验。

9.3.3.6 操作性能

用以下三项试验验证操作性能是否符合 8.2.4.1 的规定：

a) 热稳定性试验；

b) 过载能力试验；

c) 关断和转换能力试验。

本试验模拟 8 h 工作制。

主电路的连接与电器在正常工作时的连接相似。控制电压应调整为额定控制电源电压 U_s 的 110%。

9.3.3.6.1 热稳定性试验程序

试验规程和合格判据见表 11，试验曲线示于图 F.1。

1) 对试验过程中每一通电周期规定序列数 n(如 $n=0,1,2\cdots n-1,N$)。

2) 记录初始壳体温度 C_0、初始周围空气温度 A_0。

3) 设置试验电流为 I_T(见表 5)，将 n 取为新值 $n=n+1$。

4) 施加试验电压 U_T 至试品主电路输入端，U_T 可以在试验过程中持续施加，也可以与控制电压 U_c 同步接通-断开。

使试品处于导通状态(试品控制电压 U_c 通电)。

5) 时间间隔 T_x(表 5)之后,将试品切换至截止状态。

6) 记录壳体温度 C_n、周围空气温度 A_n。

7) 确定是否结束(或继续)试验:

a) 计算壳体温升变化比值:

$$\Delta_n=(C_n-C_{n-1}-A_n+A_{n-1})/(C_{n-1})$$

b) 检查是否符合规定的试验结果(见表 11)

若 $\Delta_n>0.05$,总的试验时间小于 8 h,且试验结果(表 11 中的 a)和 b))未出现异常,则重复上述步骤 3~7。

若 $\Delta_n>0.05$,总的试验时间大于 8 h 或试验结果非正常,则结束试验,本试验不合格。

若 $\Delta_n\leqslant0.05$,总的试验时间小于 8 h 且试验结果未出现异常,则结束试验,本试验合格。

表 11 热稳定性试验规程

试验细节	水　平	说　明
试验目的	验证在 8 h 时间内按顺序进行连接的相同操作循环之间的温度变化减少至 5%以内	
试验持续时间	进行试验直至 $\Delta_n\leqslant0.05$ 或达到 8 h 后 $\Delta_n=(C_n-C_{n-1}-A_n+A_{n-1})/(C_{n-1})$	
试验条件	表 5	
EUT[a] 温度	C_n,壳体温度	温度测量传感器紧靠半导体开关电器的外表面(见 9.3.3.3 中 4),监测预计是最热的半导体开关电器
周围空气温度	A_n,任意方便的值	温度测量传感器监测周围空气温度的变化(GB 14048.1—2006 中 8.3.3.3.1 适用)
试验结果	a) 8 h 内:$\Delta_n\leqslant0.05$ b) 无可见的损坏现象(如冒烟、变色)	

a 进行试验的电器,即试品。

表 12 初始壳体温度的规定

操作循环次数	初始壳体温度 ℃
1	不低于 40℃
2	制造厂推荐的与控制器或接触器配套使用的过电流保护装置进行第一个操作循环后能够复位的最高温度
3 和 4	≥40℃加上进行温升试验时(见 9.3.3.3)的最高壳体温升

9.3.3.6.2 过载能力试验程序

1) 试验条件

a) 按表 6,试验曲线见图 F.2。

b) 当控制器和接触器除带有全导通状态时提供过载保护的过电流保护装置外,还带有电流型控制关断电器时,应带有此关断电器一起进行试验。进行本试验时,允许此关断电器在少于规定的通电时间时使试品处于截止状态。

2) 试品的调整

a) 试品的调整应当使达到试验电流水平的时间最短。

b) 试品带有限流功能时,对应规定的 I_e 将 X 设置为最大值。

3) 试验

a) 建立初始条件。

b) 施加试验电压至试品主电路输入端。

(对于型式 HxA，串联机械开关电器的触头应闭合。对于型式 HxB，串联机械开关电器应断开。)

试验电压应在试验过程中持续施加。

c) 将试品切换至导通状态。

d) 导通时间(见表 6)之后，将试品切换至截止状态。

注：对于型式 HxB，截止状态应为断开状态。

e) 重复步骤 c)和 d)两次。结束试验。

4) 验证性能指标(见 9.3.3.6.4)

a) 不丧失转换能力。

b) 不丧失关断能力。

c) 不丧失功能。

d) 无可见的损坏现象。

9.3.3.6.3 关断和转换能力试验

试验规程见表 7，试验曲线见图 F.3。

对型式 HxA，试验过程中串联机械开关电器的触头应处于闭合状态。

对型式 HxB，串联机械开关电器的触头的动作应能完成试验循环。但对于每一极的电压测量，串联触头应闭合且半导体开关电器处于截止状态。制造厂应对特定功能的试品提供必要的说明，以满足电压测量的要求。

1) 试品应和正常使用时一样安装和连接，试品和试验负载之间的接线长度不超过 10 m。

2) 试验过程中对试品持续施加电压 U_e 和电压 U_s。控制电压 U_c 断开。

3) 测量试品每一极上的电压 U 并记录为 U_0。

4) 通过控制电压 U_c 实现表 7 规定的导通状态和截止状态的循环操作，如果控制器不按规定工作或出现损坏现象，终止试验，认为试验不合格。

5) 进行规定次数的操作循环之后，接通 U_s 断开 U_c，重复步骤 3)的电压测量，并将这些读数记录为对应初始值 U_0 的终止值(U_F)。

6) 试验结果的判定

计算每一极上电压变化值：

$$\Delta U=(U_F-U_0)/U_0$$

试验结果合格的依据见表 7。

9.3.3.6.4 半导体控制器在操作性能试验过程中的性能和试后状态

a) 转换能力

如果半导体器件不能正常进行转换，早期故障表现为性能的下降，在此状态下继续工作就会出现热击穿，最终结果将是过热和失去关断性能。

b) 热稳定性

承受快速操作循环的半导体器件可能得不到适当的冷却，初始效应为可能导致失去关断性能的热击穿。

c) 关断性能

关断性能是指关断并保持在截止状态的能力。过度的热效应会降低关断性能，故障形态表现为部分或全部失控。

d) 功能

某些故障形态在开始时并不是很严重，这些故障表现为逐渐丧失其功能，早期检测和调整可以避免永久损坏。

e) 目测

过度高温热效应最终导致永久损坏，可见的损坏现象(冒烟或变色)是最终损坏的早期警告。

9.3.4 短路条件下的性能

本条款规定了验证符合 8.2.5.1 规定要求的试验条件。9.3.4.1 和 9.3.4.3 给出了有关试验程序、试验顺序、试后的设备状况、协调配合类型的要求。

9.3.4.1 短路试验的一般条件

短路试验的一般条件如下：

——"O"操作：控制器或接触器保持在全导通状态，电流至少等于最小负载电流，将短路电流施加到控制器或接触器上；

——"CO"操作：用于具有接通功能的控制器或接触器。

初始壳体温度不应超过 40℃。

9.3.4.1.1 短路试验的一般要求

GB 14048.1—2006 中 8.3.4.1.1 适用。

9.3.4.1.2 验证短路额定值的试验电路

除下述规定外，GB 14048.1—2006 中 8.3.4.1.2 适用。对于 1 型协调配合，用截面积为 6 mm^2、长度为 1.2 m～1.8 m 的硬导线替代熔断元件 F 和阻抗 R_L，接至中性点，若制造厂同意时可接至某一相。

注：这一较大尺寸的导线并非作为探测器，而是建立一种判定允许损坏程度的接地条件。

9.3.4.1.3 试验电路的功率因数

GB 14048.1—2006 中 8.3.4.1.3 适用。

9.3.4.1.4 空白

9.3.4.1.5 试验电路的校准

GB 14048.1—2006 中 8.3.4.1.5 适用。

9.3.4.1.6 试验过程

GB 14048.1—2006 中 8.3.4.1.6 适用，并补充如下：

控制器或接触器连同其相应的 SCPD 应按正常使用情况安装和接线。每一主电路采用最大长度为 2.4m 的电缆(相应于控制器或接触器的额定工作电流)进行连接。

如果 SCPD 与控制器或接触器是分离的，则采用上述电缆(总长度不超过 2.4 m)进行连接。

认为三相的试验结果对单相情况有效。

9.3.4.1.7 空白

9.3.4.1.8 试验报告说明

GB 14048.1—2006 中 8.3.4.1.8 适用。

9.3.4.2 空白

9.3.4.3 控制器和接触器的限制短路电流

控制器或接触器及其相应的 SCPD 应进行 9.3.4.3.1 规定的试验。

试验在相应使用类别 AC-51 的最大的 I_e 和最大的 U_e 的条件下进行。

若相同的半导体器件用于不同的额定值时，试验应在相应最高额定工作电流 I_e 的条件下进行。

在规定的电压下，采用独立的电源进行控制。所用的 SCPD 应符合 8.2.5.1 的规定。

如果 SCPD 是电流整定值可调的断路器，则对 1 型协调配合，应将断路器调整到最大整定值进行试验；对 2 型协调配合，应将断路器调整到最大规定值进行试验。

进行试验时，所有外壳的门均应像正常时一样关上，门或盖用提供的工具固紧。

对于适用于某一范围负载额定值和配有可更换过电流保护装置的控制器或接触器，试验应在装有最大阻抗的过电流保护装置和装有最小阻抗的过电流保护装置及其相应的 SCPD 上进行。

在 I_q 下对同一试品进行 O 或 CO 操作。

9.3.4.3.1 额定限制短路电流 I_q 试验

对电路进行调整使预期短路电流 I_q 等于额定限制短路电流。

若 SCPD 为熔断器且试验电流在熔断器电流极限范围以内，如有可能，则熔断器应按能够允许的最大分断电流(I_c)(根据 GB/T 13539.1—2002 中图 3)和最大允通电流 I^2t 选取。

除直接接触器外，SCPD 的一次分断操作应在接触器处于全导通状态且 SCPD 处于闭合位置时进行；短路电流由一独立的开关电器接通。

对于直接接触器，SCPD 的一次分断操作应是闭合接触器接通短路电流。

9.3.4.3.2 空白

9.3.4.3.3 试验结果的判别

根据规定的协调配合类型，若控制器或接触器满足下述条件，则认为其预期电流 I_q 试验合格。

对两种配合类型：

a) 故障电流由 SCPD 或接触器成功地分断且外壳与电源间的熔丝或熔断体或固体连接未熔断；

b) 外壳的门或盖未被吹开且能够打开门或盖。只要外壳的防护等级不小于 IP2X，则其变形是允许的；

c) 导线或接线端子不应损坏，且连接导线未与接线端子分离；

d) 绝缘基座的碎裂不应使安装带电体的整体遭到破坏；

1 型协调配合：

e) 壳体外的零件不应击穿。允许控制器和过电流保护装置损坏，试验之后的接触器或控制器允许不能够继续操作；

2 型协调配合：

f) 试验过程中，过电流保护装置或其他部件不应损坏且部件不应发生移位。如果容易分断(如用螺丝旋具)且无明显变形，则混合控制器和接触器的触头熔焊是允许的。对此熔焊触头，电器的功能应按表 6 相应使用类别进行 10 次操作循环(替代 3 次)的验证；

g) 在短路试验前及试验后，均应按 5.7 在过电流装置的一个电流整定值倍数上验证其脱扣特性与所提供的脱扣特性相符；

h) 用介电试验验证控制器或接触器的绝缘程度，试验电压的规定按 9.3.3.4.1 中 4)的规定。

9.3.5 EMC 试验

所有发射和抗扰性试验均为型式试验，且应在有代表性的工作条件和环境条件下进行试验。试验时采用制造厂推荐的接线方法并应采用制造厂规定的外壳。

所有试验应在稳定条件下进行。使用类别 AC-55b 和 AC-56b 的试验应分别采用白炽灯和电容性负载。但如果电器可用于多种使用类别，试验可仅在相应于 AC-51 的负载条件下进行。如果电器不用于 AC-51 使用类别，应按制造厂和用户定义的使用类别进行试验。除进行谐波发射试验外，不需要使用照明电路或电容器负载。试验中选用负载的功率小于半导体控制的规定功率时，试验报告中应予以注明。对使用类别 AC-51，应在额定工作电流和 $\cos\varphi=1_{-0.05}$ 的条件下进行试验。对 $I_e \leqslant 16$ A 的电器，试验电流为 I_e。对 $I_e > 16$ A 的电器，试验电流应由制造厂和用户协商确定，但应大于 16 A，且应在试验报告中注明。试验无需在功率输出端口上进行。除非制造厂另有规定，接至试验负载的连接线长度应为 3 m。

试验报告应给出有关试验的全部信息(如负载条件、电缆布置等)。功能的描述和允许的参数极限值的精度由制造厂提供且应在试验报告中注明，试验报告中应包括为达到兼容性而采取的任何措施，例如使用屏蔽线或特殊电缆。为使设备符合抗干扰性及发射要求所必需的与控制器共同使用的辅助设备也应包括在试验报告中，试验应在额定电源电压 U_s 和能够再现的方式下进行。

型式 4 的控制器，其中的电力开关器件如半导体晶闸管，在某些或全部稳态工作方式下并不是完全导通，其试验应在制造厂规定的最小导通条件下进行，该条件能够代表控制器获得最大发射点或敏感性点的工作条件。

9.3.5.1 **EMC 发射试验**

9.3.5.1.1 **传导射频发射试验**

有关试验描述、试验方法和试验装置见 GB 4824—2004。

对某一功率范围的控制器，仅需对能够代表这一功率范围的最大功率值和最小功率值的两台试品进行试验。

发射不应超过表 14 规定的水平。

表 14 传导射频发射的接线端子骚扰电压极限值

设备等级 (网络形式)	A[a] (工业)		B (公用)	
频率 MHz	准峰值 dB(μV)	平均值 dB(μV)	准峰值 dB(μV)	平均值 dB(μV)
0.15～0.5	100	90	66～56 (随频率的对数值降低)	56～46 (随频率的对数值降低)
0.5～5	86	76	56	46
5～30	90～70 (随频率的对数值降低)	80～60 (随频率的对数值降低)	60	50

[a] 极限值符合 GB 4824—2004 的组 2。

9.3.5.1.2 **辐射射频发射试验**

有关试验描述、试验方法、试验装置见 GB 4824—2004，可与附录 D 规定的程序二者选一。

注：在美国，功耗小于 6 nW 的数字式电器不进行 RF 发射试验。

对于不同功率范围的控制器和接触器，仅需对一台有代表性的试品进行试验。

发射不应超过表 15 规定的水平。

表 15 辐射发射试验极限值

频 带 MHz	场 强	
	设备等级 A[a]	设备等级 B
30～230	30 dB(μV/m) 30 m 处准峰值	30 dB(μV/m) 10 m 处准峰值
230～1 000	37 dB(μV/m) 30 m 处准峰值	37 dB(μV/m) 10 m 处准峰值

[a] 设备等级 A 试验允许在 10 m 处进行，其极限值增大 10 dB。

9.3.5.2 **EMC 抗扰性试验**

相同框架上某一范围内的控制器或接触器，其控制部分由相同形体的电子器件组成时，仅需在制造厂规定的一台有代表性的控制器或接触器上进行试验。

9.3.5.2.1 **静电放电**

控制器和接触器应按 GB/T 17626.2—1998 规定的方式进行试验。采用的电压等级为 4 kV 接触放电或 8 kV 空气放电电压，对每一选中的点施加 10 次正脉冲和 10 次负脉冲，每一相临的单个放电脉冲间的时间间隔为 1 s,试验不需要在电力接线端子上进行,放电仅在正常使用时容易触及的点上施加。

控制器应符合表 10 中性能判据 2 的规定。

当控制器为开启式或为底盘单元或防护等级为 IP00 时,不可能进行本试验。此时,制造厂应在设备上加标记以提示由于静电放电的可能造成的危险性。

9.3.5.2.2 射频电磁场

射频电磁场试验分成两种频率范围:0.15 MHz～80 MHz 和 80 MHz～1 000 MHz。对于 0.15 MHz～80 MHz 的范围,试验方法见 GB/T 17626.6—1998,试验水平为 140 dB(μV)(水平 3)。

频率由制造厂选定且应在试验报告中注明,控制器或接触器应满足表 10 中性能判据 1。

对于 80 MHz～1 000 MHz 的范围,试验方法见 GB/T 17626.3—1998,试验水平为 10 V/m,扫描频率范围为 80 MHz～1 000MHz,控制器或接触器应符合表 10 中性能判据 1 的规定。

当控制器或接触器是作为被安装在特定目的的 EMC 金属外壳内的元件提供时,不需进行本试验。此时,制造厂应提供书面的提示或说明以便规定打开外壳时应采取的预防措施。

9.3.5.2.3 快速瞬变(5/50 ns)

控制器或接触器按 GB/T 17626.4—1998 规定的方法进行试验。

通过耦合/去耦合网络的交流电力电源端的试验水平为 2.0 kV/5.0 kHz。试验电压施加 1 min。

用于连接导体的控制电路和辅助电路的接线端子,当其延伸超过 3 m 时,应通过耦合夹在 2.0 kV/5.0 kHz 下进行试验。

控制器或接触器应符合表 10 中性能判据 2 的规定。

9.3.5.2.4 浪涌(1.2/50 μs～8/20 μs)

控制器或接触器应按 GB/T 17626.5—1999 规定的方法进行试验。

电力端子的试验水平为线对地 2 kV 和线对线 1 kV。

用于连接导体的控制电路和辅助电路的接线端子,当其延伸超过 3 m 时,试验应在线对地 2 kV 和线对线 1 kV 下进行。试验不适用于保护电路。

重复速率为每分钟 1 次,脉冲数目为 5 正 5 负。

控制器或接触器应符合表 10 中性能判据 2 的规定。

当控制器需要安装在缺少保护的条件下运行时,如按 GB/T 17626.5—1999 的安装等级 4 或 5 下运行时,用户应予以注明。此时试验水平为线对地 4 kV 和线对线 2 kV。

9.3.5.2.5 谐波和转换缺口

在考虑中。

9.3.5.2.6 电压瞬时跌落和短时中断

采用 GB/T 17626.11—1999 规定的试验方法验证是否符合试验 A 的要求。验证试验 B 和 C 的方法在考虑中。

应符合表 16 规定的指标。

表 16 电压瞬时跌落和短时中断

试　　验	试验水平 % U_T [a]	持续时间	性能判据
A	0	5 000 ms	3
B	40	100 ms	在考虑中
C	70	半波	在考虑中

[a] 其中 U_T 表示相应的 U_e 和/或 U_s。

9.3.6 常规试验和抽样试验

常规试验是在装配过程中或装配后对每一台控制器或接触器进行的试验，以验证是否符合规定的要求。

9.3.6.1 一般要求

常规试验或抽样试验应在与 9.1.2 对应的型式试验相同或等效的条件下进行。9.3.6.2 的验证动作范围试验可在常温下及单独的过电流保护装置上进行，但可能需要对常温条件下进行校正。

9.3.6.2 动作和动作范围

应验证电器设备的工作符合 8.2.1.2 和 8.2.1.5 的规定。

8.2.1.2 规定的功能根据表 7 和 9.3.3.6.3 采用关断和转换能力试验进行验证，需要进行 2 个操作循环，一个为 85%U_e 和 85%U_s，另一个为 110% U_e 和 110% U_s。

8.2.1.5 规定的相应试验允许在任意方便的电压下仅在一种选定的相应的电流下进行（可以不同于本部分中规定的值）。

9.3.6.3 介电性能验证

无需使用金属箔，试验在干燥清洁的控制器和接触器上进行。

介电性能的验证允许在电器的最终装配之前（即在连接敏感电器例如滤波电器之前）进行。

1) 冲击耐受电压验证

GB 14048.1—2006 中 8.3.3.4.2 适用。

2) 工频耐受电压验证

GB 14048.1—2006 中 8.3.3.4.2 适用。

3) 冲击耐受电压和工频耐受电压的混合试验

上述 1)和 2)的试验可以仅用一个工频耐受试验替代，该正弦波的峰值为 1)和 2)中的较大者。

9.4 特殊试验

9.4.1 空白

附 录 A
（规范性附录）
接线端子的标志和识别

A.1 总则

接线端子识别的目的是提供关于每个接线端子功能的信息、或相对于其他接线端子的位置或其他用途。

A.2 控制器和接触器接线端子的标志和识别

A.2.1 主电路接线端子的标志和识别

主电路接线端子应由单独数字和字母数字系统标志。

表 A.1 主电路接线端子标志

接线端子	标 志
主电路	1/L1-2/T1 3/L2-4/T2 5/L3-6/T3 7/L4-8/T4

对于特殊形式的控制器和接触器(见 5.2.5.3)，制造厂应提供接线图。

A.2.2 控制电路接线端子的标志和识别

A.2.2.1 控制电路电源接线端子

在考虑中。

A.2.2.2 控制电路输入/输出信号接线端子

在考虑中。

A.2.3 辅助电路接线端子的标志和识别

辅助电路接线端子应在图表上用两位数标志或区别：

——个位数是功能数；

——十位数是序列数。

下列例子说明这种标志系统：

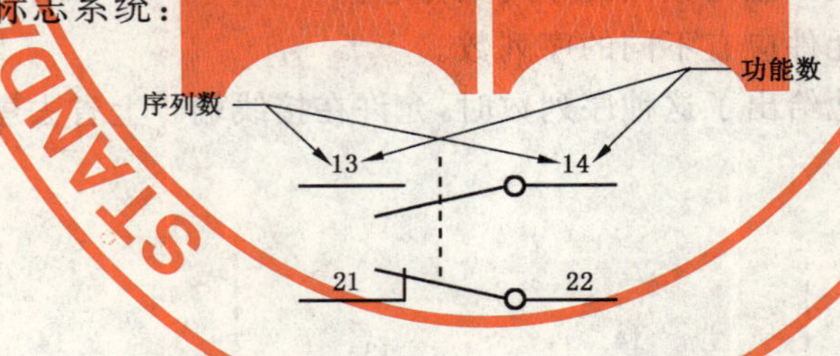

A.2.3.1 功能数

在电路中用功能数 1、2 表示分断触头，功能数 3、4 表示接通触头。

注：关于接通触头和分断触头的定义见 GB 14048.1—2006 中 2.3.12 和 2.3.13。

例如：

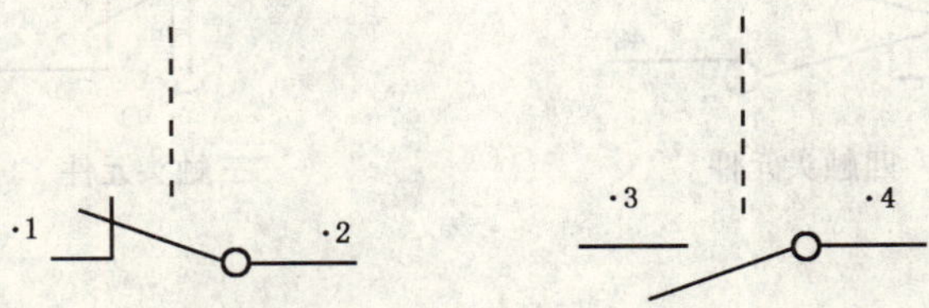

注：上例图中的点代表序列数，此位置应加上相应的适用的数字。

带转换触头元件电路的接线端子的功能数用1、2和4标志。

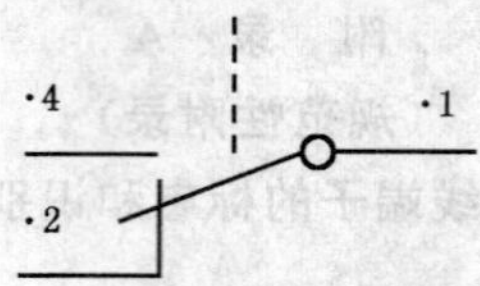

功能数5和6(对分断触头)、7和8(对接通触头)表示辅助电路中具有特殊功能的辅助触头的接线端子。

例如：

闭合延时分断触头　　闭合延时接通触头

具有特殊功能的转换触头元件电路的接线端子，应用功能数5、6和8标志。

例如：

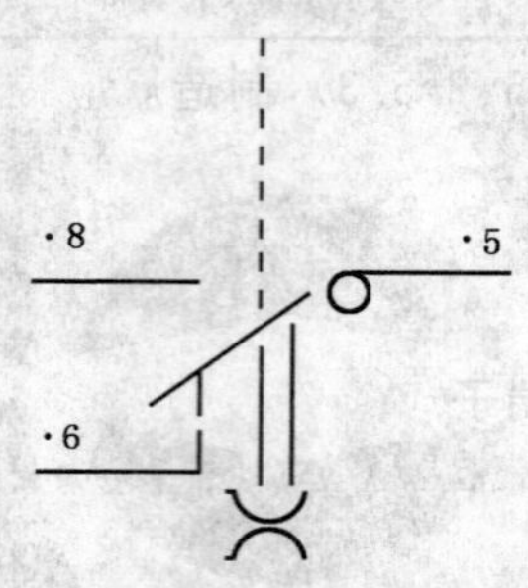

延时断开和延时闭合的转换触头

A.2.3.2　序列数

属于同一触头元件的接线端子应用相同的序列数标志。

所有具有相同功能的触头元件应有不同的序列数。

当制造厂提供的信息清楚地给出了这种序列数时，允许在接线端子上省去序列数。

例如：

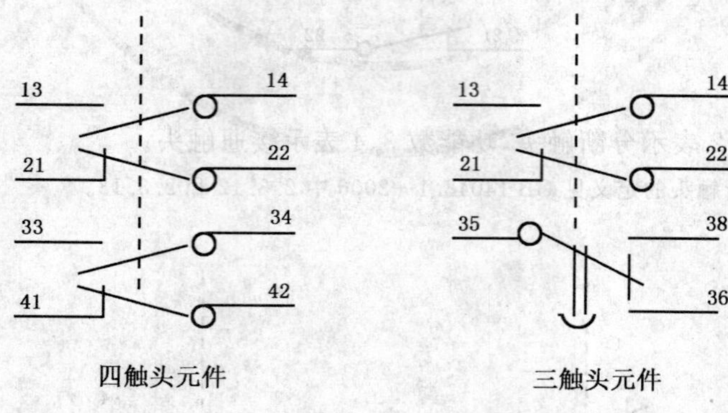

四触头元件　　三触头元件

附 录 B
（资料性附录）
控制器和接触器的典型使用条件

B.1 耐热元件的控制

a) 简单的接通与分断的接触器功能。过零点通断的单极半导体控制器或接触器（型式5控制器）可以使得接通瞬间时间最短（AC-51）。

b) 对于绕线式电阻器元件，接通电流可能会高达1.4倍的额定电流。通过逐渐增大端子电压的斜坡上升接通热元件可以将机械应力和电器应力减到最小。

c) 耐热元件的负载控制可以通过调整负载接线端子的电压（电压控制）和导通与截止时间的比值（全导通开关）或这二者的结合。负载控制可以通过从负载到比较电路或装置的反馈信号获得，反馈信号决定了操作周期和（或）半导体控制器的输出电压。该比较器或控制装置可以是在半导体控制器内部合为一体或仅用于产生通断信号（例如型式5控制器，半导体接触器）。

B.2 放电灯的通断控制

a) 在通常的接通阶段，没有功率因数修正的荧光灯或两个灯前后连接的情况，会出现预热电流，该电流值在短时间内会达到额定电流的两倍（AC-55a）。
对于并联补偿的荧光灯，会产生20倍于电容器额定电流的瞬态涌流（AC-56b）。
对于带电子镇流器单元的荧光灯，在短时间内可能会产生10倍于荧光灯额定电流的涌流。

b) 高压水银蒸汽和金属卤化灯（有或没有功率因数修正）在有串联感应器时是通过镇流器单元接通，对于金属卤化灯还需要点火装置的帮助。在接通后的最初3 min～5 min且其达到额定电流下正常工作状态之前，会出现一个感应电流，此电流可能达到灯的额定电流的2倍，半导体接触器所具有的过电流特性允许此电流的存在（AC-55a）。

c) 高压钠蒸汽灯（没有功率因数修正）在其达到正常工作状态之前的5 min～10 min，会出现约为其额定电流1.7～2.2倍的感应电流，半导体接触器所具有的过电流特性允许此电流的存在（AC-55a）。

d) 具有功率因数修正的高压水银蒸汽灯、金属卤化灯和钠蒸汽灯，会产生高的瞬态电容性涌流，这一点在选择半导体接触器时应加以考虑。

B.3 白炽灯的通断

半导体接触器可用于白炽灯电流的通断，但常伴随着高的瞬态通断电流（AC-55b）。

白炽灯的灯丝短路会造成巨大的过电流流过串联开关电器，这种情况属于短路。半导体接触器和短路保护电器（SCPD，可能与灯合为一体）的协调配合见8.2.5。

B.4 变压器的通断

由于与变压器接通有关的高瞬态涌流与导通角密切相关，因此具有在指定点通断及特殊的斜坡上升通断功能的半导体接触器可优化变压器负载的通断（浪涌限制）。

B.5 电容器组的通断

暂态接通电流的幅值和频率不仅与负载的电容有关，还与电路和电源线的电抗以及导通角有关。

对于电容器组(例如功率因数修正系统),电容器使电路中出现了一个附加的能源,并可以通过低感导线和开关设备(例如半导体接触器)对开关电容性负载放电。在选择开关电器(AC-56b)时应考虑这些高涌流的因素。

另外,应加强对过电压(电容器电压与电源电压之差)的注意。

附　录　C
空　　白

附　录　D
(规范性附录)
辐射发射试验的要求

D.1　控制器和接触器的特性

控制器和接触器的主电路包括与非电动机负载串联的半导体器体,通过在电源的一个周期或多个半周期中对导通角进行调整,半导体器件使得固定的或变化的能量由电源传到负载。负载馈电电源的基波频率与控制器接线端子上电源的基波频率相同。在该过程中,控制器不是将电能由一种型式转换成为另一种型式。

本附录中,控制器被认为包括以下的组成器件:

——主电路,包括将能量传递给负载的半导体开关器件;

——控制电路,包括产生控制功能所需的所有器件;

——辅助电路,实现诸如数字通信连接和电力线载波系统。

D.2　辐射发射

D.2.1　主电路

D.2.1.1　全导通状态

在全导通状态,负载的电压波形和电流波形实际上为正弦波,且为电源频率。因波形为正弦时没有高次谐波存在,所以在全导通状态工作时,不需要进行电路的 RF 发射试验。

D.2.1.2　相位控制状态

控制器主电路内 RF 能量的唯一来源,来自将电力半导体自导通状态切换至非导通状态或反之时所需要的能量。切换的特性是要保证当切换操作出现时(例如自然换向)电流总量等于或接近零;由于切换能量很小且产生 RF 发射的能力也很小,因此:

——产生 RF 发射的能力与主电路在全导通时出现的电流值无关,且与额定电流值 I_e 无关;

——不需要进行主电路的辐射试验。

D.2.2　控制和辅助电路

对于控制和辅助电路,以下规则适用:

它们会被认为与主电路是分离的。

按 GB 4343.1—2003 关于类似电器的规定,经验证明,对于控制器,骚扰能量主要由连接到控制器的外部端子进行辐射。因此,本部分中控制器的骚扰能力定义为提供到这些端子上的高频功率。

产生或在工作时带有正弦波的电路,当其所包含的最高基波频率是 30 MHz 或超过此值时,应进行试验。

在连接到控制电路或辅助电路端子的线路中处于 30 MHz 及以上任何频率时,没有功率超过 18 nW (设备等级 A)或 2.0 nW(设备等级 B)的器件时,不需要进行试验(见附录 E)。

附 录 E
（资料性附录）
将 GB 4824—2004 中辐射发射极限值转换为发射功率等效值的方法

根据众所周知和证实的包括 Lorentz 相互作用理论，达到 GB 4824—2004 规定的场强所必需的发射功率 P_T 可由下式求得：

$$P_T = E^2 d^2 / 30\,G$$

式中：

P_T——发射功率，W；

E——电磁场场强，V/m；

G——天线增益（对于理想的半波偶极，$G=1.64$）；

d——发射至接收天线间的距离，m。

当 $d=30$ m，$E=31.6$ μV/ m(30 dBμV/m)时，$P_T=18$ nW

当 $d=10$ m，$E=31.6$ μV/ m(30 dBμV/m)时，$P_T=2$ nW

由此可以计算，当理想的半波偶极适当地连接至能够产生 18 nW 或 2 nW 的任一源发射器时，辐射发射场强即分别等于 GB 4824—2004 中相应设备等级 A 和等级 B 的极限值。

附 录 F
（资料性附录）
操 作 能 力

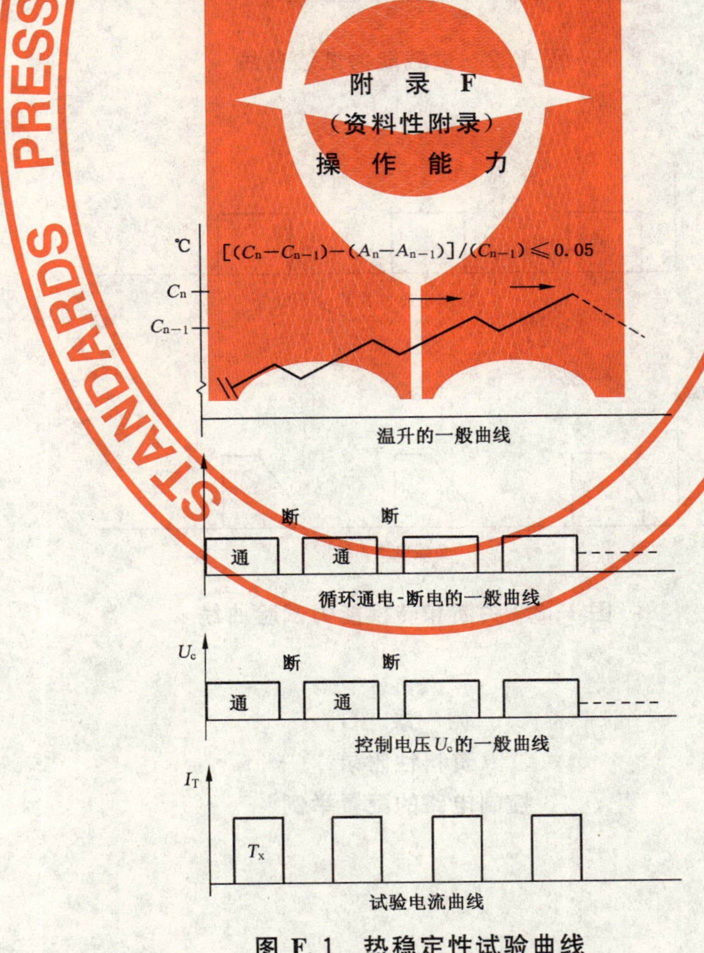

图 F.1 热稳定性试验曲线

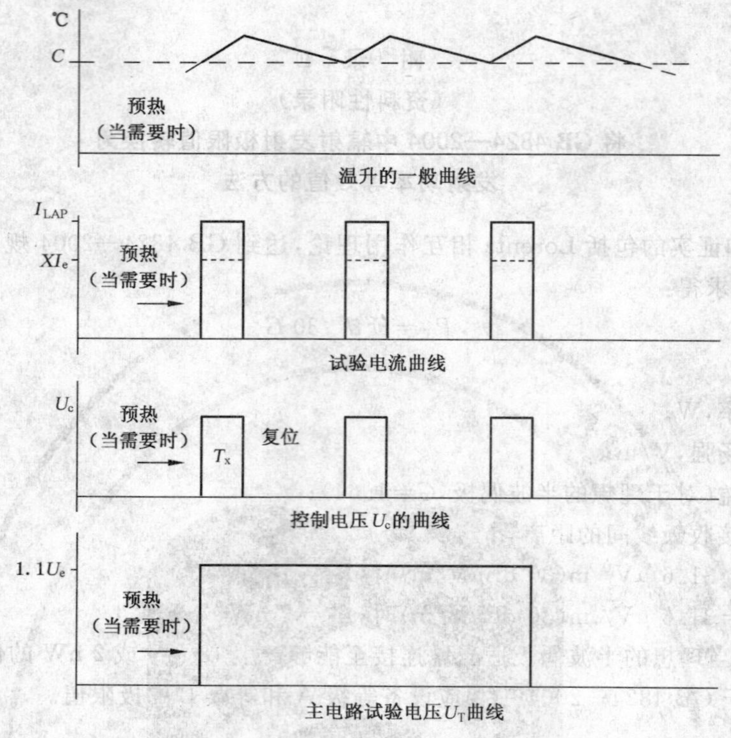

图 F.2 过载能力试验曲线

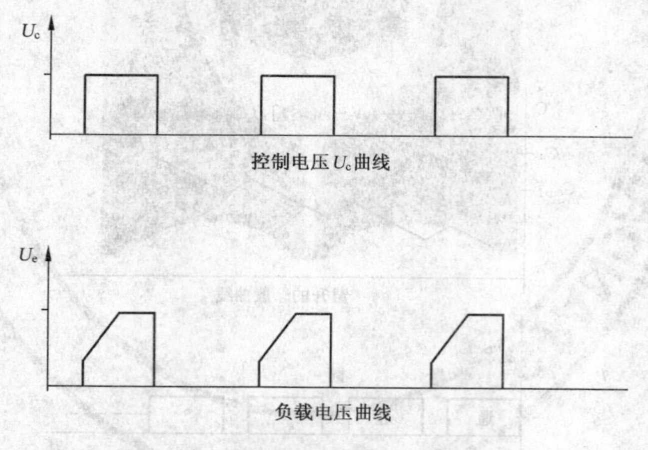

图 F.3 关断和转换能力试验曲线

附 录 G
（资料性附录）
控制电路的配置举例

G.1 外部控制电器（ECD）

G.1.1 ECD 的定义

用于对控制器产生控制功能的外部元件。

G.1.2 ECD的图示

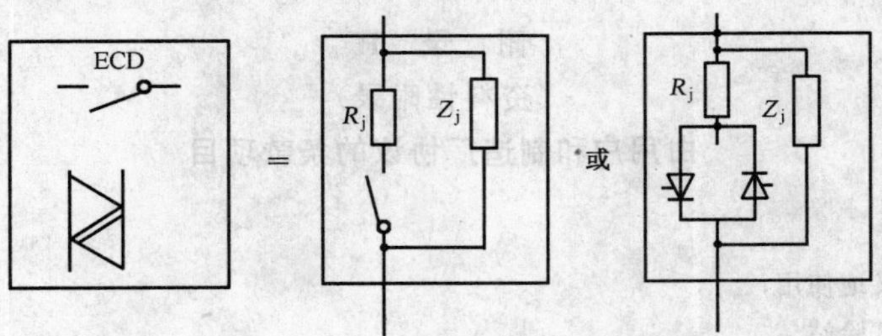

G.1.3 ECD的参数

——R_j:内部电阻;

——Z_j:内部泄漏阻抗。

注:当ECD为机械按钮时,R_j 通常忽略而 Z_j 通常认为∞。

G.2 控制电路的构成

G.2.1 带有外部控制电源的控制器

G.2.1.1 单一电源和控制输入

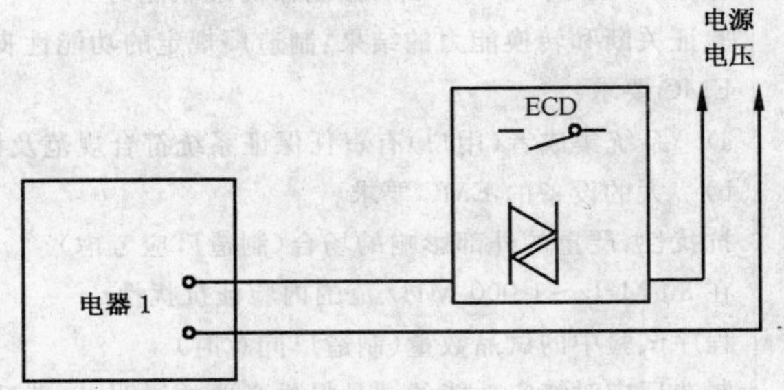

G.2.1.2 分离的电源和控制输入

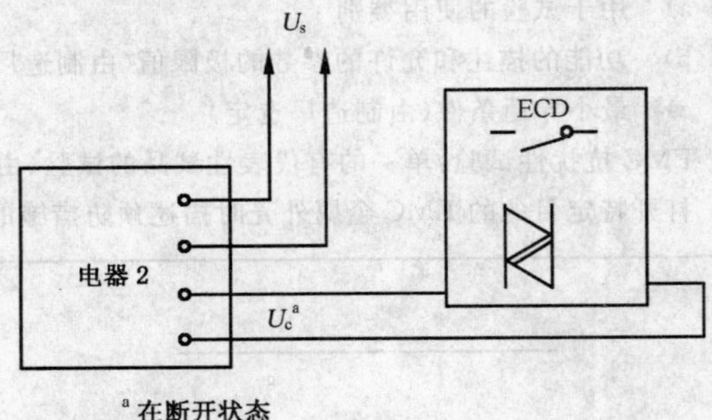

a 在断开状态

G.2.2 带有内部控制电源和仅带一个控制输入的控制器

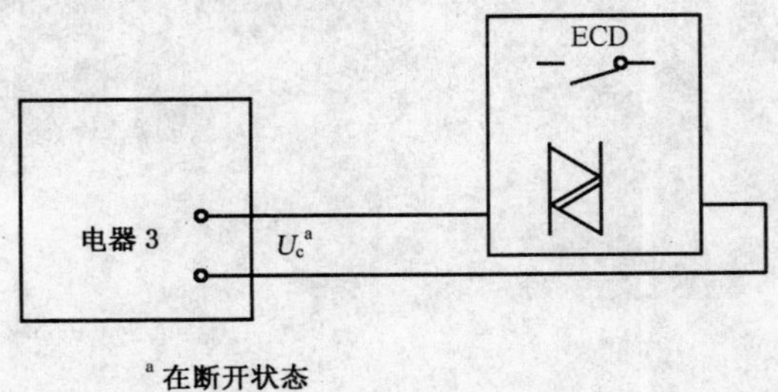

a 在断开状态

附 录 H
（资料性附录）
由用户和制造厂协议的条款项目

注：就本附录而言：

——“协议”被广义地使用；

——“用户”包括试验站。

GB 14048.1—2006 中附录 J 适用，本部分中所涉及的由制造厂和用户协商的项目条款如下表所示。

本部分的条款及分条款号	项　　目
5.3.4.6 注	其他的 F 和(或)S 值由制造厂规定
5.4	除表 2 规定使用类别外的其他使用类别
5.6	辅助功能或辅助电路的非正常性能
7.1.1 注	用于周围空气温度高于＋40℃的设备
7.1.2 注	用于海拔高于 1 000 m 的设备
8.2.4.1	验证 XI_e 大于 1 000 A 的控制器的过载能力
表 7	验证关断和转换能力的结果：制造厂规定的功能性丧失
8.3.1	EMC 要求：
	a) 系统集成者(用户)有责任保证系统符合规范及设备等级适用的要求
	b) 大的设备的 EMC 要求
8.3.3.1	抗扰性：严重的外部影响的场合(制造厂应考虑)
8.3.3.3	在 80 MHz～1 000 MHz 范围内验证抗扰性
9.3.1 注 1 和注 2	程序试验中的试品数量(制造厂同意时)
9.3.3.6.3	制造厂应对特定功能的试品提供必要的说明，以满足电压测量的要求
9.3.5	EMC 试验：
	a) 用于试验的使用类别
	b) 功能的描述和允许的参数的极限值(由制造厂提供)
	c) 最小导通条件(由制造厂选定)
9.3.5.2	EMC 抗扰性试验：单一的有代表性试品的试验(由制造厂制定)
9.3.5.2.2	打开特定目的的 EMC 金属外壳时描述预防措施的说明(由制造厂提供)

ICS 29.120.60
K 30

中华人民共和国国家标准

GB/T 14048.13—2006/IEC 60947-5-3:1999

低压开关设备和控制设备　第5-3部分：控制电路电器和开关元件　在故障条件下具有确定功能的接近开关（PDF）的要求

Low-voltage switchgear and controlgear—Part 5-3: Control circuit devices and switching elements—Requirements for proximity devices with defined behaviour under fault conditions (PDF)

(IEC 60947-5-3:1999, IDT)

2006-09-14 发布　　　　2007-04-01 实施

中华人民共和国国家质量监督检验检疫总局
中国国家标准化管理委员会　发布

前　言

本部分等同采用IEC 60947-5-3:1999《低压开关设备和控制设备　第5-3部分:控制电路电器和开关元件　在故障条件下具有确定功能的接近开关(PDF)的要求》。

由于本部分是《低压开关设备和控制设备》的一部分,因此本部分应与GB 14048.1—2006《低压开关设备和控制设备　总则》和GB/T 14048.10—1999《低压开关设备和控制设备　控制电路电器和开关元件　第2部分:接近开关》结合使用。

本部分1.2规范性引用文件中IEC原文有IEC 60664-3:1992《低压系统内设备的绝缘配合　第3部分:利用涂层、罐封和模压进行防污保护》,由于在正文中没被引用,删去。

本部分的附录A为规范性附录。

本部分由中国电器工业协会提出。

本部分由全国低压电器标准化技术委员会归口。

本部分起草单位:上海电器科学研究所(集团)有限公司。

本部分主要起草人:吴庆云、季慧玉。

低压开关设备和控制设备 第5-3部分：控制电路电器和开关元件 在故障条件下具有确定功能的接近开关(PDF)的要求

1 基本要求

本部分采用GB 14048.1和GB/T 14048.10的有关条款，当采用时，本部分将特别声明。本部分在采用总则的条款号以及表格、图、附录时，将标出所采用的具体条款号。

为了便于选用，本部分规定了不同型式的PDF。这些PDF考虑到了ISO/DIS 13849-1的基本原则，但它们不直接等同于该标准第6章所列的类型。

1.1 范围

本部分适用于具有良好抵御失效性能的接近开关(PDF)。

本部分规定了4种不同型式的PDF要求。

注：由于这些开关具有良好的抵御失效的性能，因此PDF适用于：

——连锁电器（见ISO 14119:1998）；

——检测保护设施是否存在的场合(见GB/T 15706.1—1995)。

对用于需要一些附加特性(由另外标准规定)的PDF，它应满足全部相关标准的要求。

1.2 规范性引用文件

下列文件中的条款通过本部分的引用而成为本部分的条款。凡是注日期的引用文件，其随后所有的修改单(不包括勘误的内容)或修订版均不适用于本部分，然而，鼓励根据本部分达成协议的各方研究是否可使用这些文件的最新版本。凡是不注日期的引用文件，其最新版本适用于本部分。

GB/T 2423.1—2001 电工电子产品环境试验 第2部分：试验方法 试验A：低温(idt IEC 60068-2-1:1990)

GB/T 2423.2—2001 电工电子产品环境试验 第2部分：试验方法 试验B：高温(idt IEC 60068-2-2:1974)

GB 4208—1993 外壳防护等级(IP代码)(eqv IEC 60529:1989)

GB 5226.1—2002 机械安全 机械电气设备 第1部分：通用技术条件(IEC 60204-1:2000, IDT)

GB 7947—1997 导体的颜色或数字标识(idt IEC 60446:1989)

GB 13028—1991 隔离变压器和安全变压器 技术要求(eqv IEC 60742:1983)

GB 14048.1—2006 低压开关设备和控制设备 总则(IEC 60947-1:2001,MOD)

GB 14048.5—2001 低压开关设备和控制设备 第5-1部分：控制电路电器和开关元件 机电式控制电路电器(eqv IEC 60947-5-1:1997)

GB/T 14048.10—1999 低压开关设备和控制设备 控制电路电器和开关元件 第2部分：接近开关(idt IEC 60947-5-2:1992)

GB/T 14733.3—1993 电信术语 可靠性、可维护性和业务质量(eqv IEC 60050-191:1990)

GB/T 15706.1—1995 机械安全 基本概念与设计通则 第1部分：基本术语、方法学(eqv ISO/TR 12100-1:1992)

GB/T 16935.1—1997 低压系统内设备的绝缘配合 第一部分：原理、要求和试验(idt IEC 60664-1:1992)

GB/T 19000.3—2001 质量管理和质量保证标准 第3部分：GB/T 19001在计算机软件开发、供

应、安装和维护中的使用指南(ISO 9000-3:1997,IDT)

GB/T 19436.1—2004 机械电气安全 电敏防护装置 第1部分:一般要求和试验(IEC 61496-1:1997,IDT)

IEC 60249-2(所有规范) 印制电路用基材 第2部分:规范

IEC 60812:1985 系统可靠性分析技术 失效模式和效应分析(FMEA)程序

IEC 60947-5-2:1997 低压开关设备和控制设备 第5-2部分:控制电路电器和开关元件-接近开关

IEC 61025 :1990 故障树分析(FTA)

IEC 61131-2:1992 可编程控制器 第2部分:设备要求和试验

IEC 61508(所有部分) 电气/电子/可编程电子安全相关系统的功能安全[1)]

ISO 9001:1994 质量体系 设计、开发、生产、安装和服务的质量保证模式

ISO/DIS 13849-1 机械的安全 有关控制系统部件的安全 第1部分:设计总则[1)]

ISO/TR 14119:1998 机械的安全 防护器的连锁装置 设计和选择原理

2 术语和定义

除 GB/T 14048.10—1999 第2章适用外,增加下列补充和修改。

2.1 基本定义

2.1.1.5

PDF

在故障条件下具有确定功能的接近开关。

2.1.1.5.1

具有预定可靠性的 PDF(PDF-D) PDF with designd reliability (PDF-D)

为了达到确定功能而具有高可靠性的接近开关。

2.1.1.5.2

具有试验能力的 PDF(PDF-T) PDF with test capability (PDF-T)

模拟标靶不存在的情况来验证其确定功能的接近开关。通过外部激发的方式进行模拟。

2.1.1.5.3

具有允许单个故障性能的 PDF(PDF-S) PDF with single fault tolerance (PDF-S)

在单个故障条件下不丧失确定功能的接近开关。

2.1.1.5.4

具有自我监测性能的 PDF(PDF-M) PDF with self-monitoring (PDF-M)

在多于一个故障条件下不丧失确定功能的接近开关。

2.2 PDF 的部件

2.2.16

感应件 sensing means

检测标靶存在与否的 PDF 部件。

2.2.17

输出信号开关装置 (OSSD) output signal switching device (OSSD)

根据确定功能到达截止状态的 PDF 元件。

2.2.18

控制和监测装置 control and monitoring device

接收和处理来自感应件信号的装置,该装置将信号提供给 OSSD 及监测运行是否正确。

---

1) 即将出版。

2.2.19

集成电路-复合式或程序式　integrated circuit-complex or programmable

单片式、混合式或微型混合集成电路，该电路的内部连接对外封闭，并满足下述一个或多个条件：

a) 用于数字模式的门多于1 000个；

b) 可供使用功能不同的外部电气连接多于24个；

c) 功能可编程。

注1：如 ASIC，PROM，EPROM，PAL，CPU，PLA 和 PLD。

注2：该电路可在模拟、数字或这两种模式的组合中使用。

2.2.20

集成电路-单一式　integrated circuit-simple

单片式、混合式或微型混合集成电路，该电路的内部连接对外封闭，它不满足2.2.19所列的任何一个条件。

注1：例如 SSI 或 MSI 逻辑集成电路，比较器。

注2：该电路可在模拟模式、数字模式或这两种模式的组合中使用。

2.3　PDF 的操作

2.3.6

(PDF 的)确定功能　defined behaviour(of PDF)

按照本部分要求，在标靶的确定位置情况下 OSSD 改变至截止状态。

2.3.7

截止状态　Off-state

在此状态下，输出电路截止除剩余电流(I_r)外的其他电流的流通。

2.3.8

接通状态　On-state

在此状态下，输出电路允许电流流通。

2.3.9

PDF 的确保动作距离　assured operating distance of a PDF

S_{ao}

离开感应面的一段距离，在此距离内，在全部规定的环境条件和制造公差下能正确检测标靶的存在。

2.3.10

PDF 的确保释放距离　assured release distance of a PDF

S_{ar}

离开感应面的一段距离，在此距离外，在全部规定的环境条件和制造公差下能正确检测标靶的不存在。

2.3.11

风险时间　risk time

OSSD 可能不符合确定功能的最大时间间隔。

2.3.12

锁定状态　lock-out state

由故障引起的阻止 PDF 正常动作而自动到达的状态。在锁定状态中，至少一个 OSSD 在截止状态，且保持在截止状态。

2.3.13

(设备的)失效　failure (of equipment)

零部件终止履行所规定的功能。

注1：失效后零部件产生故障。

注2："失效"是一个过程，它不同于"故障"，"故障"是一个状态。

注3：规定的"失效"概念不适用于仅有软件出现故障的情况。

[IEV 191-04-01]

2.3.14

故障 fault

零部件没有能力履行规定功能的状态，它不包括在定期检修或其他有计划的动作或缺乏外部资源期间所发生的情况。

注1：故障经常是零部件本身失效的结果。但没有早期的失效也可能存在。

注2：在英语中术语"fault"和它的定义与 IEV 191-05-01 规定的相同。在机械领域内，故障的术语法语中一般使用"défaut"，德语中一般使用"Fehler"，而不使用术语"panne"和"Fehl-zustand"。

3 分类

除 GB/T 14048.10—1999 第3章适用外，增加下列规定。

3.7 按确定功能分类

PDF 的确定功能用下表的一个大写字母表示，该表作为第7栏附于 GB/T 14048.10—1999 的表1。

第七个位置 1位数
确定功能 3.7
D=预定的可靠性 T=具有试验能力 S=允许单个故障 M=自我监测
M 自我监测

4 特性

除 GB/T 14048.10—1999 第4章适用外，增加下列补充规定：

4.5 结构特性

4.5.1 具有确定功能的接近开关

一个 PDF 由下列元件组成：

——感应件；

——OSSD；

——控制和监测装置(当需要时)。

这些元件可合并成一个电器，也可为分立部件。

4.5.2 标靶

制造厂应规定为达到 S_{ao} 和 S_{ar} 距离所必需的标靶。

5 产品资料

5.1 资料的性质

制造厂应提供下述资料。

5.1.1 识别

除 GB/T 14048.10—1999 中 5.1 适用外,补充下列规定:

aa) 确保的动作距离。

ab) 确保的释放距离。

ac) 标靶。

ad) 风险时间。

PDF 制造厂应提供能计算全部风险时间所需的资料。

5.2 标志

5.2.1 总则

除 GB/T 14048.10—1999 中 5.2.1 适用外,补充下列规定:

若 PDF 含有分立电器,GB/T 14048.10—1999 中 5.1 的 a)项和 b)项数据必须在每个电器上标志。

GB/T 14048.10—1999 中 5.1 的 c)项至 y)项及本部分的 aa)项至 ad)项数据若不在接近开关或任何分立电器上标志,则应列在制造厂的产品样本上。

5.2.2 接线端子的识别和标志

GB/T 14048.10—1999 中 7.1.7.4 适用。当接线端子不能按 GB/T 14048.10—1999 中 7.1.7.4 标志时,如当处于分开的外壳中,制造厂应提供适当的接线端子的识别方法。

5.3 安装、使用和维修说明

除 GB/T 14048.10—1999 中 5.3 适用外,补充下列规定。

对 S_{ao} 和/或 S_{ar} 可能起作用的已知的和能预测的外部影响应说明它们的作用。

对于 PDF-T,制造厂应给出下述信息:

——试验期间 OSSD 的工作情况;

——有关外部试验的输入和/或输出。

6 正常使用、安装和运输条件

6.1 正常使用条件

GB/T 14048.10—1999 中 6.1 适用。

6.2 运输和储存条件

GB/T 14048.10—1999 中 6.2 适用。

6.3 安装

制造厂应规定安装尺寸和条件。

7 结构和性能要求

7.1 结构要求

7.1.1 材料

GB 14048.1—2006 中 7.1.1 适用。

7.1.2 载流部件及其连接

GB 14048.1—2006 中 7.1.2 适用。

7.1.3 电气间隙和爬电距离

GB/T 14048.10—1999 中 7.1.3 适用。

7.1.4 空白

7.1.5 空白

7.1.6 空白

7.1.7 接线端子

7.1.7.1 结构要求

GB 14048.1—2006 中 7.1.7.1 适用。

7.1.7.2 连接能力

GB 14048.1—2006 中 7.1.7.2 适用。

7.1.7.3 连接方式

GB 14048.1—2006 中 7.1.7.3 适用。

7.1.7.4 连接的识别和标志

除 GB 14048.1—2006 中 7.1.7.4 适用外，补充下列规定。

表 1 所列的带整体连接导线的各式 PDF 其导线的颜色识别按表 1 规定。

表 1 所列的带接线端子连接的各式 PDF 其识别按表 1 规定。

表 1 导线的连接型式与标记

型 式	功 能	接线颜色	接线端编号
2 接线端、交流 和 2 接线端、直流 (不分极性)	NO (接通)	任何颜色[a]除黄、绿或 黄-绿双色	3 4
	NC (分断)		1 2
2 接线端、 直流 (分极性)	NO (接通)	+棕色 −蓝色	1 4
	NC (分断)	+棕色 −蓝色	1 2
3 接线端 直流 (分极性)	NO (接通) 输出	+棕色 −蓝色 黑色	1 3 4
	NC (分断) 输出	+棕色 −蓝色 黑色	1 3 2
4 接线端、 直流 (分极性)	通断转换(接通/分断) NO 输出 NC 输出	+棕色 −蓝色 黑色 白色	1 3 4 2
PDF-T 4 接线端 直流 (分极性)	 输出 试验	+棕色 −蓝色 黑色 白色	1 3 4 2
[a] 两根线推荐用相同颜色线。			

绿-黄双色线只用于标记保护导体(见 GB 7947—1997)。为了保持整体持久接地安全性，绿色除用于标记接地保护导体外不能用作其他用途。

7.1.8 空白

7.1.9 保护接地的规定

除 GB/T 14048.10—1999 中 7.1.9 适用外，补充下列规定。

具有Ⅱ级或Ⅲ级保护的 PDF 部件不应有保护接地连接。

7.1.10 IP保护等级(见GB 4208—1993)

PDF的感应面防护等级至少为IP65。

控制和监测装置的防护等级至少为IP54。

安装在防护等级至少为IP54外壳内的控制和监测装置可有较低的防护等级。

7.1.11 OSSD

PDF-S或PDF-M的输出至少应有2个OSSD。

7.1.12 控制和监测装置的设计

7.1.12.1 公共原因的失效

设计应减少由于公共原因的失效引起的确定功能的丧失的可能性,例如由下列情况引起的公共原因的失效:

——使用共用基体的多路系统;

——多路系统各路之间的短路。

注:公共原因的失效也可由误操作、制造错误而造成元件的性能降低等原因所引起。

共用的半导体基体中的元件在多路系统中只能用于一条线路。

7.1.12.2 程序式和复合式集成电路

当程序式或复合式集成电路用于PDF-S或PDF-M中,确定功能在具有防公共原因失效的两条独立的控制/监测线路中应保持稳定。应检测线路之间的差异,此差异应导致一个锁定状态并在全部合适的故障条件下维持该状态。这些要求应按8.8验证。

7.1.12.3 集成电路的软件、程序和功能设计

7.1.12.3.1

当PDF通过下述方式之一实现它的确定功能时,7.1.12.3.2的附加要求适用:

a) 在动作期间执行的软件程序;

b) 程序化装置,它的功能是在初期制造后设定的;如PAL,PLA,PLD,PROM;

c) 按特殊用户功能的规范制造的装置;如ASIC,掩模程序微处理器ROM。

按8.8评价是否符合上述要求。

7.1.12.3.2

a) 软件、装置程序或装置功能应在符合GB/T 19000.3—2001导则的质量管理体系中开发。

b) 按质量管理体系程序应提供文件证明,证实已达到了所需的性能水平。

c) 应制定质量计划,明确规定开发阶段及每个阶段的评判标准。开发阶段有性能要求规范、设计规范、验证和评价。

d) 任何开发的早期,应制定确定功能规范。适当时应细化如下要求:

——使PDF达到或保持确定功能的作用;

——在可编程硬件中故障的检测和管理的功能;

——有关感应功能故障的检测和管理功能;

——有关软件本身故障的检测和管理功能(软件自我监测);

——确定功能周期性试验的功能;

——允许维修PDF的功能;

——容量和响应时间特性;

——软件和可编程硬件之间的交界面。

e) 相应于7.1.12.3.1每个部分的软件、程序设计或功能设计的要求都应完整正确;
每个要求都能使鉴定者或评价者(即除设计者外的他人)很快追溯到确定功能规范,以便核实所需的功能已被适当地提出。

f) 应拟订一个综合试验计划,以证明产品设计正确执行了所要求的确定功能。软件试验、程序或功能规范应列入规划报告中，以证明设计符合确定功能规范。

注：在国家标准或工业标准中能找到相关资料。

g) 软件、程序设计或功能规范制订应服从有效的文件管理和更改控制。在开发期间，应有有效的程序来控制所需要的更改；规范、设计等都应尽量文件化，使得对所有的更改所产生的影响都能进行分析，并能证实确定功能规范可保持追溯至产品设计。产品设计未经授权不得更改，且应准确地记录它的精确的结构（如模块清单、版本号）。

h) 在 PDF 操作期间执行软件程序时，全部操作指示软件应保持在只读存储器中，且不能被信息处理器改写。应有适当的技术来监测正确的程序流动和确认软件的完整性；这些技术可以包括一个监控设备、RAM/ROM 检验、CPU 试验等等。

i) 在使用如程序编制器或译码器（但不是汇编程序）这类软件工具来开发软件时，不考虑软件存在差异，除非有下述情况之一：

——用于不同程序的软件工具完全无关联；

——软件工具具有符合认可的国家/国际标准的"有效证明"；

——试验计划包括适当的方法来检测由软件工具引入的公共原因错误。

注：本部分的 7.1.12.2 和 7.1.12.3 是基于 GB/T 19436.1—2004 中 4.2.9 和 4.2.10 而定，对于全部可编程电子系统和软件方面的适当的方法、技术和测量等，IEC 61508 正在考虑更多的建议。

7.1.12.4 元件特性变化引起的故障

PDF-S 和 PDF-M 的控制和监测功能的结构应设计成由元件特性变化引起的故障不会引起确定功能的丧失。

7.2 性能要求

7.2.1 动作条件

7.2.1.1 电磁兼容性要求

PDF 应符合 IEC 60947-5-2:1997 中 7.2.6 和 7.2.7 要求。

7.2.1.2 动作范围

GB/T 14048.10—1999 中 7.2.1.2 适用。

7.2.1.3 动作距离

调节动作距离的方法不作规定。

7.2.1.4 重复精度

GB/T 14048.10—1999 中 7.2.1.4 适用。

7.2.1.5 回差

GB/T 14048.10—1999 中 7.2.1.5 适用。

7.2.1.6 操作频率

PDF 应根据制造厂规定的最高操作频率检测制造厂标靶存在与否；其中，测量方法应按 GB/T 14048.10—1999 中 8.5 规定，靶子为标靶。

7.2.1.7 输出开关元件截止状态的响应时间

制造厂应规定响应时间，并按 GB/T 14048.10—1999 测量。

7.2.2 温升

GB 14048.1—2006 中 7.2.2 适用，并补充如下。

传感器的温升极限为 50 K，此温升值适用于外壳和接线端子。

此外，在选择和组装 PDF 全部元件时，应考虑到温升因素，使得在全部规定动作条件下这些元件的动作温度极限不会被超过。

7.2.3 介电特性

应符合 IEC 60947-5-2:1997 中 7.2.3 要求。

7.2.4 正常负载和非正常负载条件下的接通和分断能力

GB 14048.1—2006 中 7.2.4 适用。

7.3 机械结构尺寸

对具有标准机械结构尺寸的 PDF，除了分立的控制和监测装置外，GB/T 14048.10—1999 的 7.3 适用。

7.4 冲击和振动

除了分立的控制和监测装置外，GB/T 14048.10—1999 的 7.4 适用。

对于分立的控制和监测装置，IEC 61131-2：1992 的 2.1.3 适用。

7.5 功能要求

7.5.1 **PDF**

当标靶在 S_{ar}之外，PDF 的 OSSD 应进入和保持在截止状态。

7.5.1.1 **PDF-D**

PDF-D 的动作应使得一个可预见的故障不允许它进入或保持在接通状态。

7.5.1.2 **PDF-T**

PDF-T 应有一个试验输入口。应通过激发实际感应的方式（电感、电容等），模拟一个在 S_{ar}之外的标靶位置，将试验信号施加至试验输入口。

不应仅依靠 PDF-T 内部的逻辑开关进行试验。

注：当标靶在 S_{ar}之外时，PDF-T 的进入并保持在截止状态能力的监测是对一个外部系统的响应。

7.5.1.3 **PDF-S**

在单个内部故障情况下，PDF-S 应符合以下要求之一：

a） PDF-S 应根据规定的特性正确地动作；

b） 在规定的风险时间内，OSSD 应转换至截止状态，并与标靶的位置无关，保持在截止状态；

c） 在规定的风险时间内，在标靶移走后，OSSD 应转换至截止状态，并与标靶的位置无关，保持在截止状态。

7.5.1.4 **PDF-M**

7.5.1.3 要求适用；此外，故障的递加不应引起确定功能的丧失。

7.5.2 开关功能

当供给 PDF 的电源被切断时，至少一个 OSSD 应进至截止状态；如继电器触头打开，半导体输出开关元件处在高阻抗状态（电流小于或等于 I_r）。

注：电压下降和中断正在考虑中，含有 PDF 的控制系统的设计者应注意这些现象。

8 试验

8.1 试验的种类

8.1.1 一般要求

GB 14048.1—2006 的 8.1.1 适用。

8.1.2 型式试验

GB/T 14048.10—1999 的 8.1.2 适用，并补充如下：

1） 故障条件下的性能。

8.1.3 常规试验

GB/T 14048.10—1999 的 8.1.3 适用。

8.1.4 抽样试验

GB 14048.1—2006 的 8.1.4 适用。

8.2 验证结构要求

如合适,GB 14048.1—2006 的 8.2 适用。

8.3 性能

8.3.1 试验程序

GB/T 14048.10—1999 的 8.3.1 适用。

8.3.2 一般试验条件

8.3.2.1 一般要求

GB/T 14048.10—1999 的 8.3.2.1 适用。

8.3.2.2 试验参数

GB 14048.1—2006 的 8.3.2.2 适用。

8.3.2.3 试验报告

GB 14048.1—2006 的 8.3.2.4 适用。

8.3.3 空载、正常负载和非正常负载条件下的性能

8.3.3.1 动作

GB 14048.1—2006 的 8.3.3.1 适用。

8.3.3.2 动作范围

GB/T 14048.10—1999 的 8.3.3.2 适用。

8.3.3.3 温升

GB/T 14048.10—1999 的 8.3.3.3 适用。

8.3.3.4 介电特性

试验按 IEC 60947-5-2:1997 中 8.3.3.4 进行。

8.3.3.5 接通和分断能力

如合适,GB 14048.5—2001 和 GB/T 14048.10—1999 的 8.3.3.5 适用。

8.3.3.5.1 试验判别

试验期间不应出现下述情况:电气或机械故障,触头熔焊,持久的燃弧,熔断器熔化。试验中产生的开关过电压不应超过额定冲击耐受电压值;根据 2.3.9 和 2.3.10 规定的确保动作距离仍保持在规定范围内。

8.3.4 短路电流条件下的性能

如合适,GB 14048.5—2001 和 GB/T 14048.10—1999 的 8.3.4 适用。

8.4 动作距离的验证

PDF 应在制造厂规定的周围空气温度范围内,以最高的动作电压和额定动作电流在输出开关元件进行试验,直至达到下述热平衡:

a) 在额定周围空气温度下;

b) 在最高周围空气温度下;

c) 在最低周围空气温度下。

按 GB/T 2423.1—2001 和 GB/T 2423.2—2001 试验方法 B 测定周围空气温度。

随后,按 GB/T 14048.10—1999 的 8.4 测量确保动作和释放距离,所测得值应在制造厂规定范围内。

8.5 抗振动和冲击验证

除了分立的控制和监测装置,试验应按 GB/T 14048.10—1999 的 7.4 进行。每次试验期间,输出状态不应改变。

对分立的控制和监测装置,试验应按 IEC 61131-2:1992 的 6.3.5 进行,并增加下列补充:

每次试验期间,输出状态不应改变。

8.6 电磁兼容性验证

试验按 IEC 60947-5-2:1997 的 7.2.6 和 7.2.7 进行。此外，试验后应验证 S_{ar} 和 S_{ao}。

8.7 故障条件下确定功能的验证

8.7.1 一般要求

根据附录 A 选择的单个故障的效应试验应在 PDF-D、PDF-S 或 PDF-M 的全部相关元件上进行。如果由于第一个单个故障引起其他故障的产生，则第一个和全部接着发生的故障被视作为一个单个故障。

附录 A 列出了一些故障的排除方法及其基本原理。如果给出每个排除方法的基本原理(如基于故障的低概率)，还可允许有更多的排除方法。

全部试验结果和故障评定应备有证明文件。

在按 8.7.2、8.7.3、8.7.4 和 8.7.5 的规定进行试验时，如果故障组合的结果可从理论上精确地判定，为了减少不必要的试验，应给出分析报告，作为试验结果报告的组成部分。此分析报告应按 8.8 进行评估。在这种情况下，仅需进行选择的(随机)试验，以证实分析报告的正确性。

注 1：用于故障评估的典型方法包括按 IEC 60812:1985 进行的故障模式和效应分析(FMEA)及按照 IEC 61025:1990 的故障树分析。

注 2：在复杂的电路结构或元件(如微信息处理机、全部冗余信息)的情况下，故障的评估通常按结构水平进行，即基于组装种类进行(集成电路板短路的故障的排除见 A.1.2，用于外部连接的相邻接线端子之间的短路的排除见 A.1.3 和 A.1.4)。

8.7.2 PDF-D

检验 PDF-D 和故障评估结果(见图 A.1)。

8.7.3 PDF-T

通过检查验证 7.5.1.2 规定的要求。

8.7.4 PDF-S

PDF-S 应按图 A.2 承受单个故障，每个故障的影响应与 7.1.12.4 和 7.5.1.3 一致。

8.7.5 PDF-M

PDF-M 应按图 A.3 承受单个故障，每个故障的影响应与 7.1.12.4 和 7.5.1.4 一致。

当一个单个故障未被查出，试验应继续进行，且以施加的第一个故障和加上的全部其他故障及依次移走这些故障的方式进行。全部未被检测到的单个故障都应进行试验。

当连续两个故障未被查出，试验应继续进行，且以施加的这两个故障(依次施加)和加上的全部其他故障及依次移走这些故障的方式进行。全部未被检测到的两个故障都应进行试验。

假定超过两个以上故障(大部分互相独立并且以特别的顺序出现)的可能性不高(见 ISO/DIS 13849-1)，则对超过两个以上的故障不必进行试验。

8.8 程序式或复合式集成电路的评估

8.8.1 总则

本条款是对 7.1.12.2 和 7.1.12.3 要求的评估，任何分析报告均应作为 8.7.1 所要求的试验结果报告的一部分。

应由胜任的人员进行评估；该人员独立于任何系统设计、硬件设计和软件设计。应编写详细的评估报告。

注：此评估提供满足特殊的要求的独立证明。本过程是用以确认设计中的系统故障已被避免，保证产品生命周期内的安全性能(例如包括后来的改进)的操作措施已经到位，以及 PDF 符合其设计的故障要求。

8.8.2 PDF-S 和 PDF-M 的附加评估

对使用复合式或程序式集成电路的 PDF-S 和 PDF-M，7.1.12.2 要求通过分析进行评估。

8.8.3 集成电路的软件、程序和功能设计

对于质量体系(在此体系下开发系统设计和软件)应验证其程序和文件是否符合 ISO 9001 要求。

质量体系的运行应通过审核进行验证，包括对有关设备开发的文件记录的审核和产品周期期间质量保证程序的审核。

项目开发文件的合理性、完整性和可追溯性应通过审核进行验证。

应对确定功能规范进行分析，以证实未在此规定的软件、程序设计和功能设计的要求已在系统设计的别处作了规定。

应对试验计划进行分析，以证实确定功能规范的全部要求可通过连续的完整试验进行验证。

当用于故障检测的软件用于试验时，应对试验计划进行分析，以证实 A.4.4 内涉及的全部故障（此故障不能通过直接硬件故障模拟进行试验）由该软件进行试验。

应对最新设计的试验结果进行验证。为了评估，样品试验（随机抽取）应重新进行。试验结果在细节上应与规划记录内的结果一致。

当用于故障检测的软件用于动作时，应检查模拟故障的试验结果；检查其是否有足够的有效距离，并将该结果与作为试验结果报告一部分的任何分析报告相比较。

对用于动作的软件，应进行全部动作指示程序被包含于只读存储器的验证，该存储器不能被信息处理器改写。

对于可编程电器，应对验证该电器执行它的全部程序功能的方法进行评估。

注 1：不正确的或不完整的可编程电器可能使设备正确地执行主要的保护功能，但不能履行故障检测功能；特别是多个相似可编程电器用于故障检测取决于交叉监测的设计更不能履行故障检测功能。

应对用于监测流程和/或复合式/程序式电器动作的方法进行验证。此方法应与制造厂声明的与性能有关的安全等级和所使用的系统结构相适应。

注 2：IEC 61508 包括这方面更多的指导。

8.8.4 试验结果分析报告

用分析方法来确定 8.7 所需的任何试验的结果时，应对所使用技术的充分程度、合理性和有效性进行评估。所用方法是否正确应通过对随机选取的分析的某些部分重新分析进行验证。

附 录 A
（规范性附录）
按 8.7 和 8.8 所施加的影响 PDF 电气设备的单个故障一览表

A.1 导体和连接器

A.1.1 导体/电缆

设想的故障	排除方法
任何两根导体之间的短路	永久连接（如不使用插头/插座组合）的导体和受到保护、防止外部损伤（如通过电缆导管和铠装）的导体 分开的多芯电缆导体
任何导体的开路	无
任何裸露的导体与导电部件或保护导体之间的短路	无
任何裸露的导体与带电部件之间的短路	导体可通过多股导体接线端子组件支撑和/或端接，以此防止由接线端子点附近的机械失效引起的故障

A.1.2 印制电路和印制电路组件

设想的故障	排除方法
两根相邻导体之间的短路	——所用基材符合 IEC 60249-2 标准，爬电距离和电气间隙至少按 GB/T 16935.1 的污染等级 2 级和过电压类别Ⅲ级选定 和 ——组装板安装在防护等级至少 IP54 的外壳内，印制面具有覆盖全部导体路径的耐老化清漆或保护层
任何导体路径的开路	无

A.1.3 接线板

设想的故障	排除方法
相邻接线端子之间的短路	使用的接线端子符合有关的 IEC 标准及 GB 5226.1—2002 中 14.1.1 和 14.1.2 的要求得到满足
单个接线端子开路	无

A.1.4 多针连接器（如用于电缆、继电器、集成电路的插头和插座）

设想的故障	排除方法
任何两根相邻针之间的短路	相邻针符合 A.1.2
当没有通过机械方式进行防护时换接或不正确地插入导体	无
连接器针的开路	无

A.2 开关

A.2.1 机电式位置开关、手工操作开关和按钮(如复位按钮、嵌入式开关)

设想的故障	排除方法
触头不能闭合	无
触头不能断开	无
互相绝缘的相邻触头之间的短路	按 GB 14048.5—2001 规定使用开关及如果变成松动的导电部件也不能跨接相邻触头
转换触头的三个接线端子之间的同时短路	按 GB 14048.5—2001 规定使用开关及如果变成松动的导电部件也不能跨接相邻触头

A.2.2 机电式电器(如继电器、接触器)

设想的故障	排除方法
不能释放(全部触头保持在通电位置,如由于机械故障)	无
不能接通(全部触头保持在释放位置,如由于机械故障,线圈开路)	无
单个触头对不能闭合	无(见注)
单个触头对不能断开	无(见注)
一个转换触头的三个接线端子之间的同时短路	——如果爬电距离和电气间隙至少按 GB/T 16935.1—1997 的污染等级 2 级和过电压类别Ⅲ级选定 和 ——如果变成松动的导电部件也不能跨接相邻触头
触头回路之间的短路及触头和线圈接线端子之间的短路	——如果爬电距离和电气间隙至少按 GB/T 16935.1—1997 的污染等级 2 级和过电压类别Ⅲ级选定 和 ——如果变成松动的导电部件也不能跨接相邻触头
注：当使用具有正的导向触头的继电器或接触器时,通过监测组件内另一个触头的位置可能检测触头的不能断开状态。对这些组件的要求正在考虑中。	

A.3 分立的电器元件

A.3.1 变压器

设想的故障	排除方法
绕组匝间的短路	绕组根据 GB 13028—1991 进行隔开
单个绕组的开路	无

A.3.2 电感器

设想的故障	排除方法
开路	无
接线端子之间的短路	对具有轴向导线连接和轴向支架的扼流线圈进行单一分层,涂以清漆或进行封装
改变数值: $0.5\ L_N < L < 2L_N$ 式中 L_N 是电感的标称值	无

A.3.3 电阻器

设想的故障	排除方法
开路	无
短路	具有轴向导线连接、进行轴向安装和涂以清漆的薄膜型电阻器或绕线式电阻器(该电阻器具有在破损时防止导线松开的保护) 对用于表面安装技术的电阻器,无排除方法
改变数值: $0.5\ R_N < R < 2\ R_N$ 式中 R_N 是电阻的标称值	无

A.3.4 电阻器网络

设想的故障	排除方法
单个电阻器开路	无
任何两个连接之间的短路	无
改变单个电阻器数值: $0.5\ R_N < R < 2\ R_N$ 式中 R_N 是电阻的标称值	无

A.3.5 电位差计

设想的故障	排除方法
单个连接的开路	无
全部连接之间的同时短路	无
改变任何两个连接之间的数值: $0.5\ R_P < R < 2R_P$ 式中 R_P 是标称值	无

A.3.6 固定式或可调式电容器

设想的故障	排除方法
开路	无
短路	无,即使是具有自我恢复的电容器
改变数值: $0.5\ C_N < C < 2C_N$ +公差 式中 C_N 是标称值或设定值	无

A.4 固态电器元件

A.4.1 分立的半导体(如二极管、三极管、三端双向可控硅开关元件、稳压器、光电晶体管、发光二极管(LED))

设想的故障	排除方法
任何连接的开路	无
任何两个连接之间的短路	无
全部连接之间的短路	无
改变电气性能,引起安全有关的输出信号超出确定信号范围上限或下限的25%	无

A.4.2 光耦合器

设想的故障	排除方法
单个连接的开路	无
任何两个连接之间的短路 ——输入连接(变送器) ——输出连接(接收机) ——输入和输出之间	 无 无 具有符合 GB/T 16935.1—1997 表 1 相应于过电压类别Ⅲ的冲击电压耐受能力的元件
改变电气性能,引起安全有关的输出信号超出确定信号范围上限或下限的 25%	无

A.4.3 集成电路-单一式

设想的故障	排除方法
每单个连接的开路	无
任何两个连接之间的短路	无
单个或同时发生在全部输入和输出处的持久的"0"或"1"信号(即具有绝缘输入或断开输出的负极轨或正极轨的短路)	无
输出的寄生振荡[a]	无
[a] 试验频率选择和脉冲荷周比按开关技术和外部电路而定。试验时断开上述趋动平台。	

A.4.4 集成电路-复合式或程序式

设想的故障	排除方法
部分或全部功能的缺陷,缺陷可能是: ——处于静态 ——改变逻辑 ——依赖于二进制顺序	无
硬件故障,由于集成电路的复杂性,不能检测该故障	无
存储和加工元件时的缺陷,在程序全部执行过程中,这些缺陷没有暴露出来	无
A.4.3 中的全部	见 A.4.3

A.5 电动机

设想的故障	排除方法
电动机停转	无
超过正常速度	无
低于正常速度	无

以分立元件对每个PDF-D的构件进行确认和列表。
列出全部可能的故障。
然后对每个故障：

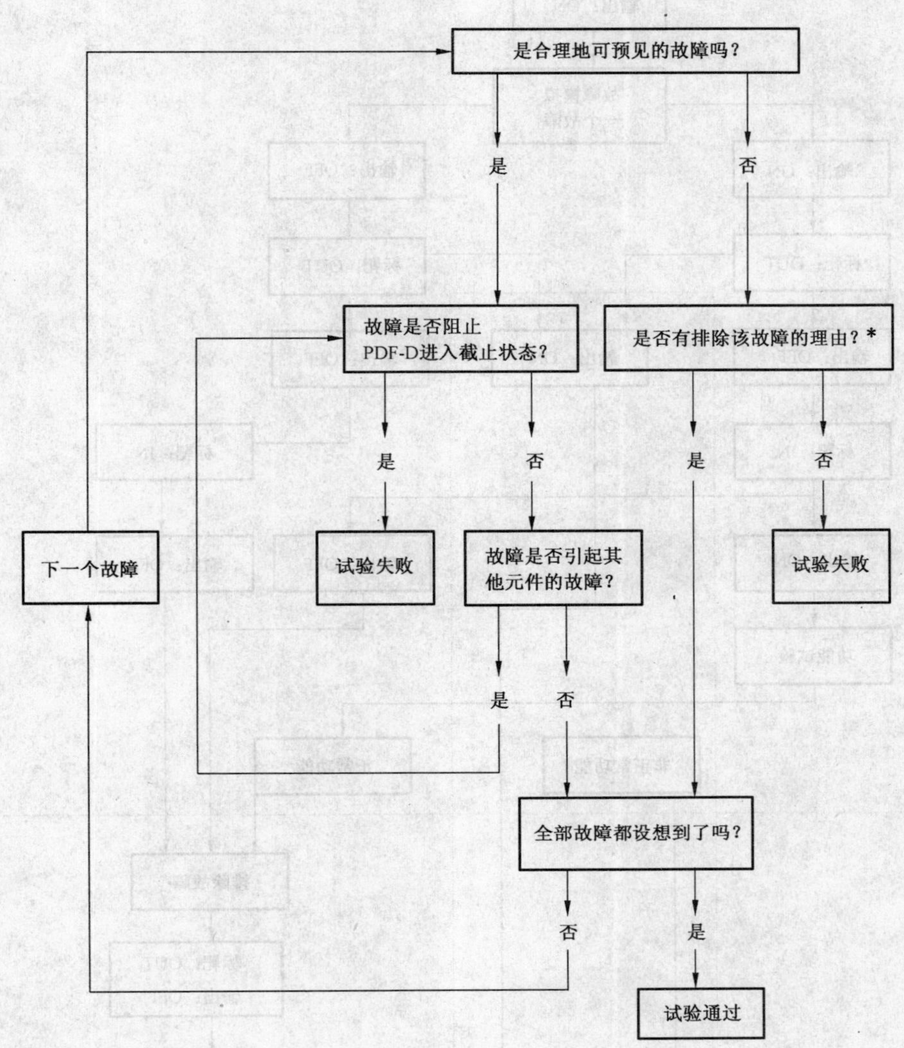

* 可证明的理由有：

- 在附录A内所确定的排除方法。
- 进行试验。
- 理论分析。
- 使用可靠性统计。
- 向使用者提供可预见的各种条件的资料。

图A.1 用于PDF-D的故障评定

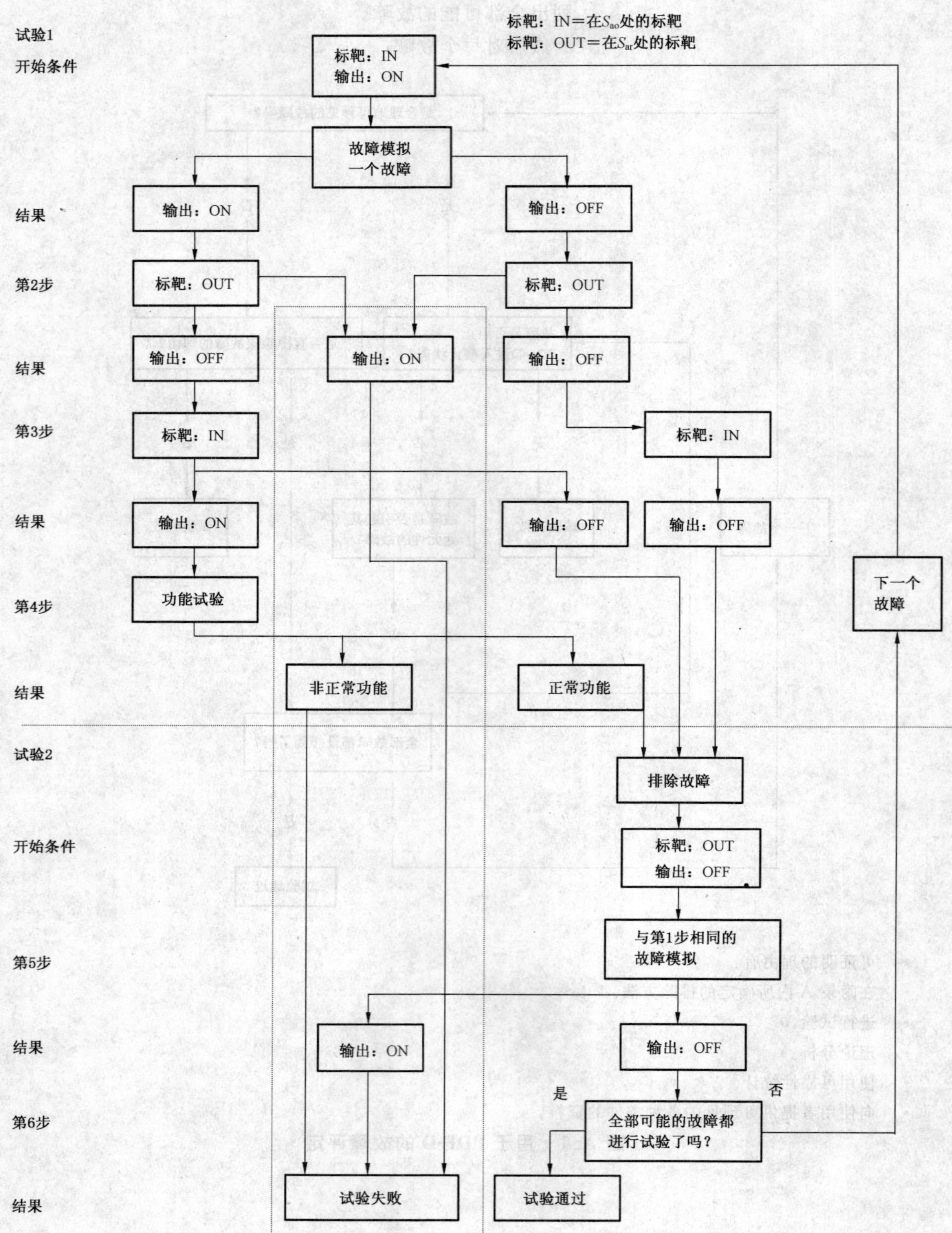

图 A.2 用于 PDF-S 的试验顺序

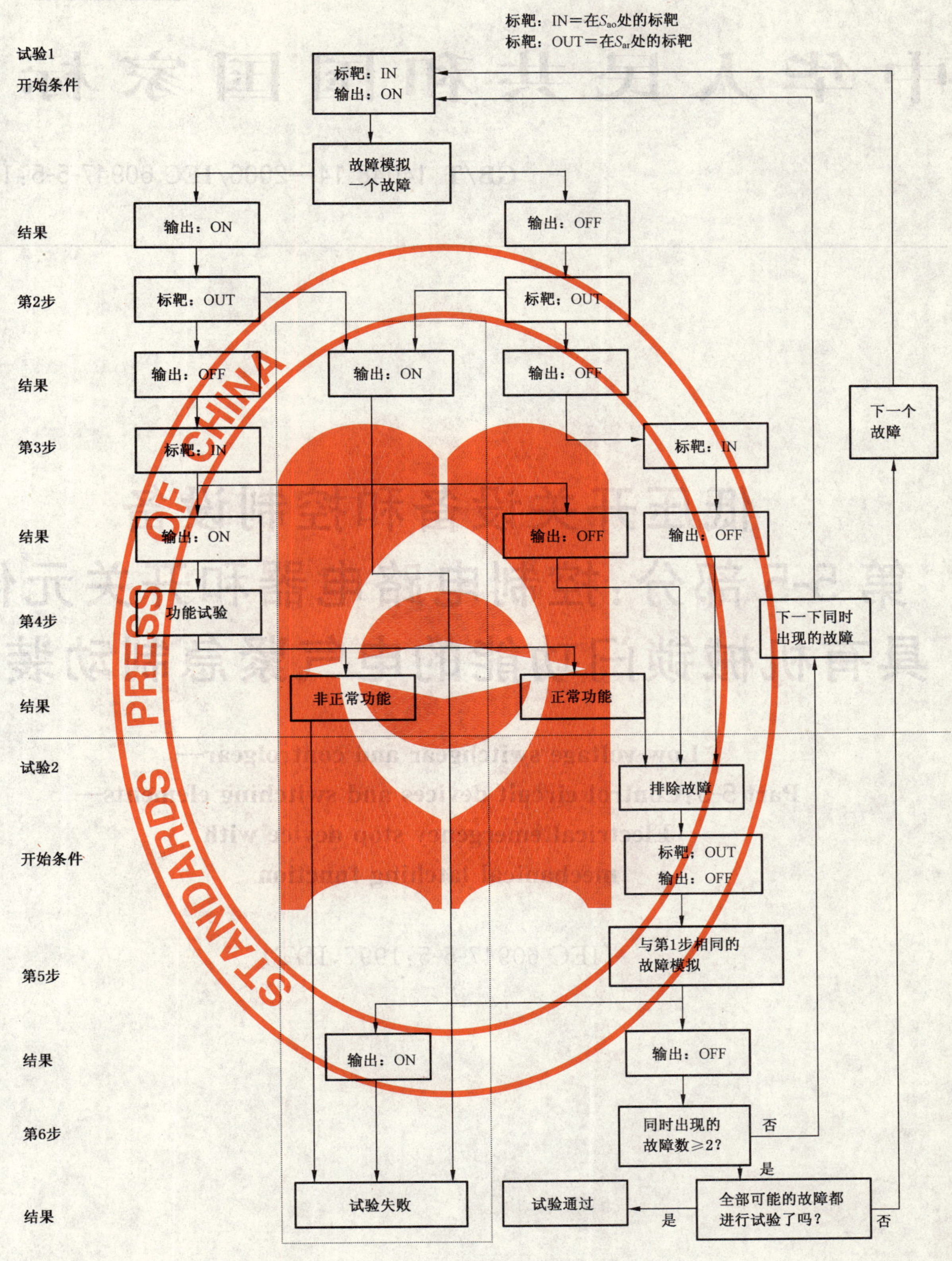

图 A.3　用于 PDF-M 的试验顺序

ICS 29.120.60
K 30

中华人民共和国国家标准

GB/T 14048.14—2006/IEC 60947-5-5:1997

低压开关设备和控制设备 第5-5部分:控制电路电器和开关元件 具有机械锁闩功能的电气紧急制动装置

Low-voltage switchgear and controlgear—
Part 5-5:Control circuit devices and switching elements—
Electrical emergency stop device with
mechanical latching function

(IEC 60947-5-5:1997,IDT)

2006-09-14 发布　　　　2007-04-01 实施

中华人民共和国国家质量监督检验检疫总局
中国国家标准化管理委员会　发布

前言

本部分等同采用IEC 60947-5-5:1997《低压开关设备和控制设备　第5-5部分:控制电路电器和开关元件　具有机械锁闩功能的电气紧急制动装置》。

由于本部分是《低压开关设备和控制设备》的一部分,因此本部分应与GB/T 14048.1—2006《低压开关设备和控制设备　第1部分:总则》和GB 14048.5—2001《低压开关设备和控制设备　第5-1部分:控制电路电器和开关元件　机电式控制电路电器》结合使用。

本部分3.4中IEC原文有"注2:本术语仅适用于法文版",由于不适用于本部分,删去;同时原"注1"改为"注"。

本部分中"按钮"按IEC原文应为"钮",不同于低压电器产品中的按钮,但为了便于阅读和理解,本部分全部称为按钮。

本部分的附录A为资料性附录。

本部分由中国电器工业协会提出。

本部分由全国低压电器标准化技术委员会归口。

本部分起草单位:上海电器科学研究所(集团)有限公司。

本部分主要起草人:吴庆云、季慧玉。

引　言

本部分涉及到具有机械锁闩功能的电气紧急制动装置，并对下述标准中的有关规定给出附加的电气和机械要求：

——ISO 13850，该标准对于机器的紧急制动功能（无论使用什么能量）规定了要求；

——IEC 60204-1，该标准对于由机器的电气设备所实现的紧急制动功能规定了附加要求；

——GB 14048.5，该标准对于机电式控制电路电器规定了电气特性。

低压开关设备和控制设备 第5-5部分:控制电路电器和开关元件 具有机械锁闩功能的电气紧急制动装置

1 范围

本部分对于具有机械锁闩功能的紧急制动装置的电气和机械结构以及试验规定了详细的技术要求。

本部分适用于提供紧急制动信号的电气控制电路电器和开关元件。这些电器可自带外壳,或按制造厂说明书安装。

本部分不适用于:

——用于非电气控制回路(如液压、气压)的紧急制动装置;

——无机械锁闩功能的紧急制动装置。

一个紧急制动装置也可用于提供一个紧急切断功能(见附录A)。

2 规范性引用文件

下列文件中的条款通过本部分的引用而成为本部分的条款。凡是注日期的引用文件,其随后所有的修改单(不包括勘误的内容)或修订版均不适用于本部分,然而,鼓励根据本部分达成协议的各方研究是否可使用这些文件的最新版本。凡是不注日期的引用文件,其最新版本适用于本部分。

GB/T 2423.1—2001 电工电子产品环境试验 第2部分:试验方法 试验A:低温(idt IEC 60068-2-1:1990)

GB/T 2423.2—2001 电工电子产品环境试验 第2部分:试验方法 试验B:高温(idt IEC 60068-2-2:1974)

GB/T 2423.4—1993 电工电子产品基本环境试验规程 试验Db:交变湿热试验方法(eqv IEC 60068-2-30:1980)

GB/T 2423.5—1995 电工电子产品环境试验 第2部分:试验方法 试验Ea和导则:冲击(idt IEC 60068-2-27:1987)

GB/T 2423.10—1995 电工电子产品环境试验 第2部分:试验方法 试验Fc和导则:振动(正弦)(idt IEC 60068-2-6:1995)

GB/T 2423.17—1993 电工电子产品基本环境试验规程 试验Ka:盐雾试验方法(eqv IEC 60068-2-11:1981)

GB 2893—2001 安全色(neq ISO 3864:1984)

GB 2894—1996 安全标志(neq ISO 3864:1984)

GB/T 2900.18—1992 电工术语 低压电器(eqv IEC 60050-441:1984)

GB/T 4025—2003 人-机界面标志标识的基本和安全规则 指示器和操作器的编码规则(IEC 60073:1996,IDT)

GB 5226.1—2002 机械安全 机械电气设备 第1部分:通用技术条件(IEC 60204-1:2000,IDT)

GB 14048.1—2006 低压开关设备和控制设备 第1部分:总则(IEC 60947-1:2001,MOD)

GB 14048.5—2001 低压开关设备和控制设备 第5-1部分:控制电路电器和开关元件 机电式

控制电路电器(eqv IEC 60947-5-1:1997)

GB 18209.1—2000 机械安全 指示、标志和操作 第1部分:关于视觉、听觉和触觉信号的要求(idt IEC 61310-1:1995)

IEC 60721-3-3:1994 环境条件分类 第3部分:环境参数组及其严酷程度的分类分级 第3节:在有气候防护场所的固定使用

ISO 13850:1996 机械的安全 紧急制动 设计原则

3 术语和定义

GB 14048.1—2006 和 GB 14048.5—2001 的术语和定义适用,并补充下列术语和定义。

3.1

紧急制动功能或信号 emergency stop function or signal

预定的功能或信号:

——避免或降低对人的伤害及对机械或工作过程的损害;

——由单人操作。[ISO/IEC 13850:3.1,经修改]

3.2

紧急制动装置 emergency stop device

用来产生一个紧急制动功能的人工操作的控制电路电器。[ISO/IEC 13850:3.2,经修改]

注:一个紧急制动装置也可提供辅助功能,如通过附加的触头元件用于冗余处理或发射信号。这些附加触头通常可能处在断开和/或闭合状态。

3.3

(紧急制动装置的)操作系统 actuating system(of an emergency stop device)

将操作力传递给触头元件的机械部件。[IEV 441-15-21,经修改]

3.4

(紧急制动装置的)操动器 actuator (of an emergency stop device)

由人力操作的操作系统的部件。[IEV 441-15-22,经修改]

注:操动器的例子可以是按钮、绳索、拉线、拉杆、脚踏板。

3.5

静止位置 rest position

紧急制动装置(或其部件)尚未动作的位置。

注:在停止位置时,机器(或设备)可以工作。

3.6

已动作位置 actuated position

紧急制动装置(或其部件)动作后的位置。

注:紧急制动装置在已动作位置时,机器(或设备)保持静止。

3.7

(紧急制动装置的)上锁 latching (of an emergency stop device)

将操作系统锁在已动作位置直至由单独的人工操作将其恢复的功能或手段。

3.8

(紧急制动装置的)恢复 resetting (of an emergency stop device)

在紧急制动装置移至已动作位置后使其操作系统返回至静止位置的人工操作。

注:恢复的例子包括钥匙或操动器的旋转、拉操动器或按特殊的恢复按钮。

3.9

(触头元件的)直接断开操作(确定的断开操作) direct opening action(positive opening action)(of a contact element)

开关的操动器通过无弹性部件(即不采用弹簧)做规定的动作直接使触头分离[GB 14048.5—2001的K.2.2]。

4 标志和产品资料

4.1 总则

应在紧急制动装置产品上或与产品一起(视情况而定)提供有关安装、运行、保养和/或周期试验的资料。

按7.2.1验证第4章。

注1:在某些情况下,有必要通过下述方法提供附加资料:

——通过标签;

——通过附在绳索或拉线上的标牌以提高它们的可见度;

——通过图形符号60417-IEC-5638(见GB 18209.1—2000中表6)。

注2:还可见GB 5226.1—2002中9.2.5.4。

4.2 按钮上的指示

4.2.1 用作紧急制动装置的操动器的按钮应为红色。当操动器的后面有底色时,该底色应尽可能为黄色。

4.2.2 当恢复是由转动按钮完成时,拉开锁闩的方向应被明确标识。

注:也可见GB/T 4025—2003和GB 2893—2001及GB 2894—1996。

4.3 拉线开关的附加要求

制造厂提供的资料应包括:

——拉线的最大长度;

——拉线的正常拉力;

——支撑件之间的距离;

——推荐仅使用直线;

——如适用,提供滑轮和铁环的保养指南,以及保证拉线保持在适当位置上的必要措施。

4.4 颜色编码的附加要求

一个恢复按钮(如适合于拉线开关)应为蓝色。

当颜色编码用于设置拉线开关时:

——绿色表示静止位置的正确设置;和

——黄色表示已动作位置的正确设置。

5 电气要求

5.1 按照GB 14048.5—2001,使用类别应为AC-15和/或DC-13和/或DC-14。

5.2 根据GB 14048.5—2001附录K,紧急制动开关的所有正常闭合的触头元件应有一个直接断开操作(确定的断开操作)。

试验按GB 14048.5—2001附录K进行。

5.3 紧急制动装置具有的防护等级应由制造厂根据GB 14048.1—2006附录C作出规定。

5.4 电气性能的试验应按GB 14048.5—2001进行。

6 机械要求

6.1 基本要求

6.1.1 应提供措施使紧急制动装置能可靠地装在所指定的安装位置。

试验应按 7.2.1 进行。

6.1.2 紧急制动装置应承受 7.3、7.4、7.5、7.6 和(如适用)7.8.1 规定的负载。

6.1.3 在全部正常使用条件(包括可预见的误用)下,应能操作和恢复紧急制动装置。

试验应按 7.2 至 7.7 进行。

6.1.4 振动或冲击不应引起处在闭合位置的触头断开或引起处在断开位置的触头闭合,也不应引起锁闩机械的动作。

试验应按 7.5、7.6 和(如适用)7.8.1 进行。

6.2 锁闩

6.2.1 根据 ISO 13850—1996 的 4.4.4*,在紧急制动装置动作期间,当紧急制动信号产生时,应通过锁住操作系统将紧急制动功能保持住。紧急制动信号应保持至紧急制动装置被恢复(被解开)为止。如果紧急制动信号没产生,紧急制动装置不可能被锁住。

一旦紧急制动装置(包括锁闩机构)发生故障,紧急制动信号的产生应优先于锁闩功能的产生。

试验应按 7.2、7.7.2 和 7.7.3 进行。

6.2.2 当紧急制动装置在 7.4 规定的条件下或在制造厂规定的条件下(二者取较严酷者)使用时,锁闩的动作应正确。

试验应按 7.3、7.4、7.5、7.6 和 7.7 进行。

6.2.3 锁闩机构的防护应符合 5.3 规定的 IP 等级。

试验应按 7.4 和 7.8.3 进行。

6.3 按钮型紧急制动装置的补充要求

6.3.1 锁闩机构的恢复应通过转动钥匙,按指定方向旋转按钮或拉动操作来进行。

试验应按 7.2.1 和 7.2.2.1 进行。

6.3.2 紧急制动装置应设计成仅能用专用工具才能从外壳内或外壳外拆除操动器。

试验应按 7.2.2.2 和 7.3.2 进行。

6.4 拉线开关的补充要求

6.4.1 紧急制动装置的结构应是如此:

——在拉线的设置及相应的调整时不会引起误动作;

——紧急制动装置的安装应符合 ISO/IEC 13850—1996 的 4.5.1 和 4.5.2,试验应按 7.2 和 7.3 进行。

6.4.2 当操动器按说明书安装时:

——为了产生紧急制动信号(断开触头)而必须施加于拉线的垂直拉力应小于 200 N;

——拉线应能承受为了产生紧急制动信号所必须的大于垂直拉力 10 倍的张力;

——为了产生紧急制动信号所必须的拉线的垂直偏移应小于 400 mm;

——拉线的断裂或脱离应产生紧急制动信号;

——试验应按 7.8.2 进行。

6.4.3 应考虑到拉线长度的改变(如温度,老化等引起的改变)。

试验应按 7.2.1 进行。

6.5 脚踏开关的补充要求

脚踏(脚踏开关)型紧急制动开关不应有罩盖。

---

* 相当于 EN 418 的 4.1.11

试验应按 7.2.1 进行。

7 机械设计的试验

7.1 总则

按照 GB 14048.1—2006 的 8.1.1 和 8.1.2 规定，应进行型式试验以验证紧急制动装置是否符合第 4、第 5 和第 6 章的要求。

一个紧急制动装置可以与主触头和辅助触头结合在一起。7.5 和 7.6 规定的试验是用来验证所有这类触头在经受机械冲击时是否会受到不利的影响。

一些试验，如基于目测，或检查由紧急制动装置提供的产品资料，仅需要一台试品。

对 7.3.2、7.4、7.5、7.6 和 7.7 规定的试验，应选择三台同样的紧急制动装置的试品。每台试品应按本章规定的顺序依次成功地通过试验。

当按照同样的基本原则设计的紧急制动装置不止一种类型时，在图纸审查过后，假定同族产品中有三个以上的产品进行过试验，则同样的试品可少于三台。此种情况应有文件记录。

7.2 一般设计检查

7.2.1 4.1、6.1.1、6.4.1 和(如适用)6.3、6.4.3 及 6.5 应通过紧急制动装置的机械结构的检查进行验证。

7.2.2 按钮型紧急制动装置

7.2.2.1 6.3.1 的要求应通过人工上锁和恢复操动器进行检查。

7.2.2.2 6.3.2 的要求应通过检查紧固部件和通过用手拉动和转动按钮及装置的其他部件来进行验证。

7.3 动作试验

7.3.1 一般要求

动作试验的目的是验证正常使用的锁闩部件(弹簧、球、针等)的耐久性。

本试验是用来验证 6.1.2、6.2.2 和 6.3 的要求。

本条款规定的动作试验可与电气试验(见第 5 章)结合进行。

7.3.2 耐久性试验

应有 3 个试品(见 7.1)承受下述试验：

移动紧急制动装置的操动器通过它的全部行程，然后以尽可能模仿人工操作的方式将其恢复。

本试验应进行 6 050 次循环，每次循环包括上锁和恢复。试验过程中移动和操作力应保持一致。为了保证一致性，应对这些参数进行监测。

如果每个紧急制动装置完成了 6 050 次循环而无故障，耐久性试验合格。

7.3.3 按钮操动器的机械强度

为了符合 6.1.2 要求，按钮操动器应承受：

——在三条互相垂直的轴线上承受 5 倍的安装孔直径值(单位 mm)的力(单位 N)；

——当恢复动作需要旋转按钮的场合，在旋转的二个方向上承受相当于 0.1 倍的安装孔直径值(单位 mm)的力矩(单位 N·m)。

7.4 环境程序试验

下列程序试验的目的是将紧急制动装置置于各种环境条件中，以验证经过此类试验后这些装置的性能。

3 个经 7.3.2 试验合格的紧急制动装置应承受下述的试验：

- 在+70℃干燥大气中 96 h(见 GB/T 2423.2—2001 试验 Ba 和 IEC 60721-3-3:1994 等级 3K7)；

• 在湿热交变的大气中 96 h(见 GB/T 2423.4—1993 和 IEC 60721-3-3:1994 等级 3K7):+25℃/+55℃ 97%/93% RH;

• 在−40℃中 96 h(见 GB/T 2423.1—2001 试验 Aa 和 IEC 60721-3-3:1994 等级 3K7);

• 在+35℃的 5%NaCl 溶液中 96 h(见 GB/T 2423.17—1993 和 IEC 60721-3-3:1994 等级 3C3)。

在环境试验结束、装置恢复至室温后,应进行 7.5、7.6 和 7.7 规定的程序试验。

7.5 冲击试验

7.5.1 3 个经 7.4 环境试验的紧急制动装置都应在 3 条互相垂直的轴线上承受试验。

7.5.2 每个紧急制动装置应在静止位置上进行试验,并在相应的轴的两个方向上承受 15 g 冲击(见 GB/T 2423.5—1995:11 ms:15 g)。

试验期间,闭合的触头不应断开,断开的触头(如适用)不应闭合,锁闩机构不应锁住。

检测装置应能检测大于 0.2 ms 的任何触头的断开和闭合。

7.5.3 上述程序试验在已动作位置上(操动器已被锁住)重复进行。

试验期间,断开的触头不应闭合;闭合的触头(如适用)不应断开,锁闩机构应被锁住。

7.6 振动试验

7.6.1 3 个经 7.5 试验的试品都应在 3 条互相垂直的轴线上进行试验。

7.6.2 每个紧急制动装置应在静止位置上按下述规定进行试验(见 GB/T 2423.10—1995):

——频率范围:10 Hz 至 500 Hz,对数返回;

——持续 2 h:10 个扫描周期,1 oct/min;

——最大峰值振幅:0.35 mm(从峰值至峰值 0.7 mm);

——最大加速度:50 m/s^2;

——交越频率在 58 Hz 和 62 Hz 之间。

试验期间,闭合的触头不应断开,断开的触头(如适用)不应闭合,锁闩机构不应锁住。

检测装置应能检测大于 0.2 ms 的任何触头的断开和闭合。

7.6.3 上述程序试验在已动作位置上(操动器已被锁住)重复进行。

试验期间,断开的触头不应闭合,闭合的触头(如适用)不应断开,锁闩机构应被锁住。

7.7 上锁和恢复试验

7.7.1 一般要求

3 个经 7.6 试验合格的紧急制动装置试品应承受下述试验。

6.2.1 的要求应按 7.7.2、7.7.3 和 7.7.4 的规定在每个试品上进行试验来验证。

7.7.2 断开试验

紧急制动装置的操动器应缓慢移动至上锁发生的那点为止。

正常闭合的触头应随后断开。此要求应通过 2 500 V 冲击电压试验进行验证(详细见 GB 14048.5—2001 的 K.8.3.4.4.1)。

7.7.3 上锁试验

为了模拟正常人的动作,应将紧急制动装置及其操动器安装在图 1 所示的锤子前面。

锤子应:

——首先放在 $h=75$ mm±1 mm 和 $V=0$ 处;然后

——释放去撞击操动器。

撞击后,操作系统应被锁住。

对于其他型式的紧急制动装置:在考虑中。

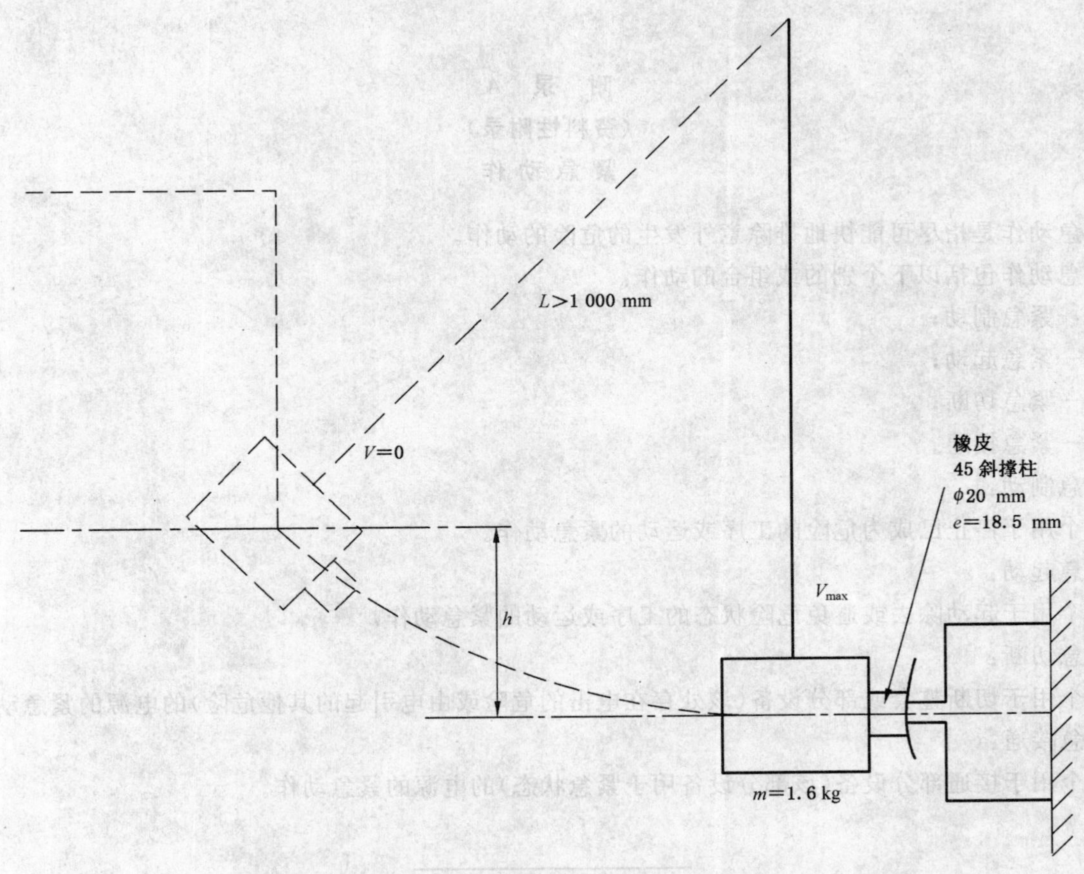

图 1　用于试验的锤子

7.7.4　**恢复试验**

a)　如果通过拉动进行恢复，拉力应小于 50 N；

b)　如果操动器通过转动进行恢复，力矩应小于 1 N·m；

c)　对于其他型式的恢复：在考虑中。

7.8　**其他试验**

7.8.1　**对于按钮型操动器的撞击试验**

为了验证 6.1.2 和 6.1.3，如适合，一个紧急制动装置操动器应承受三次撞击试验；试验所用锤子如图 1 所示，高度 $h=310$ mm±2 mm。

每次撞击后，紧急制动装置应被锁住。

三次撞击后，操动器不应损坏。

7.8.2　**拉线的脱离**

为了验证 6.4.2，如适合，紧急制动装置应装上制造厂说明书规定的拉线。

将拉线脱开。

主触头应断开，操作系统应锁在动作位置处。

7.8.3　**外部条件的影响**

特殊试验在考虑中。

附　录　A
（资料性附录）
紧急动作

紧急动作是指尽可能快地排除意外发生的危险的动作。

紧急动作包括以下个别的或组合的动作：

——紧急制动；

——紧急起动；

——紧急切断；

——紧急接通。

紧急制动：

一个用于停止已成为危险的工序或运动的紧急动作。

紧急起动：

一个用于起动除去或避免危险状态的工序或运动的紧急动作。

紧急切断：

一个用于切断整套或部分设备（该处存在电击的危险或由电引起的其他危险）的电源的紧急动作。

紧急接通：

一个用于接通部分设备（该部分设备用于紧急状态）的电源的紧急动作。

ICS 29.120.60
K 30

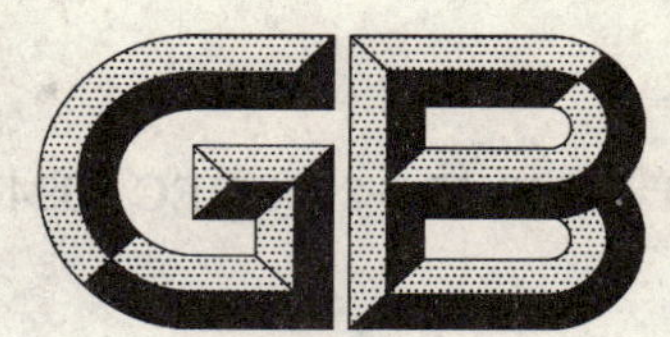

中华人民共和国国家标准

GB/T 14048.15—2006/IEC 60947-5-6:1999

低压开关设备和控制设备 第5-6部分：控制电路电器和开关元件 接近传感器和开关放大器的DC接口(NAMUR)

Low-voltage switchgear and controlgear—Part 5-6: Control circuit devices and switching elements—DC interface for proximity sensors and switching amplifiers(NAMUR)

(IEC 60947-5-6:1999,IDT)

2006-09-14 发布 2007-04-01 实施

中华人民共和国国家质量监督检验检疫总局
中国国家标准化管理委员会 发布

前 言

本部分等同采用 IEC 60947-5-6:1999《低压开关设备和控制设备 第 5-6 部分:控制电路电器和开关元件 接近传感器和开关放大器的 DC 接口(NAMUR)》。

由于本部分是《低压开关设备和控制设备》的一部分,因此本部分应与 GB/T 14048.1—2006《低压开关设备和控制设备 总则》和 GB/T 14048.10—1999《低压开关设备和控制设备 控制电路电器和开关元件 第 2 部分:接近开关》结合使用。

本部分涉及的是接近开关的一种类型,该接近开关主要有接近传感器和开关放大器两个元件组成。

本部分图 5 纵坐标 IEC 原文漏了 U 的单位,现补上“V”。

本部分由中国电器工业协会提出。

本部分由全国低压电器标准化技术委员会归口。

本部分负责起草单位:上海电器科学研究所(集团)有限公司。

本部分参加起草单位:广东珠江开关有限公司、北京 ABB 低压电器有限公司。

本部分主要起草人:吴庆云、季慧玉、李富德、王农。

低压开关设备和控制设备　第 5-6 部分：控制电路电器和开关元件　接近传感器和开关放大器的 DC 接口(NAMUR)

1　范围

本部分适用于通过双线连接电缆接至开关放大器控制输入端动作的接近传感器。该开关放大器含有一个向控制电路供电的直流电源，并且受接近传感器内电阻变化的控制。

如果本电器符合 GB 3836.4—2000 标准，则它们也可用于爆炸性空气中。

注：本电器由德国测量和调节技术标准化委员会(NAMUR)定义。

2　规范性引用文件

下列文件中的条款通过本部分的引用而成为本部分的条款。凡是注日期的引用文件，其随后所有的修改单(不包括勘误的内容)或修订版均不适用于本部分，然而，鼓励根据本部分达成协议的各方研究是否可使用这些文件的最新版本。凡是不注日期的引用文件，其最新版本适用于本部分。

GB 3836.4—2000　爆炸性气体环境用电气设备　第 4 部分：本质安全型“i”(eqv IEC 60079-11:1999)

GB 14048.1—2006　低压开关设备和控制设备　总则(IEC 60947-1:2001,MOD)

GB/T 14048.10—1999　低压开关设备和控制设备　控制电路电器和开关元件　第 2 部分：接近开关(idt IEC 60947-5-2:1992)

IEC 60947-5-2:1999　低压开关设备和控制设备　第 5-2 部分：控制电路电器和开关元件　接近开关

3　术语和定义

本部分下列术语和定义适用。

3.1

接近传感器　proximity sensor

将与之相关的感应物体的行程转换成一个输出信号的电器。

注 1：接近传感器优先考虑为无触头电器(如电感式的、电容式的、磁式的和光电式的)。

注 2：接近传感器可带或不带机械触头进行操作。

3.2

开关放大器　switching amplifier

将来自接近传感器的在控制输入端的信号转换成一个二进制输出信号的电器；该输出信号可由电磁继电器或半导体开关元件产生。

3.3

控制电路　control circuit

包括接近传感器、开关放大器的控制输入和双线连接电缆的系统。

3.4

接近传感器的输出信号　output signal of the proximity sensor

以可变内电阻作为函数的输出电流。

3.5

接近传感器的距离/电流特性　distance/current characteristic of the proximity sensor

稳态时的输出信号(电流值)和与传感器相关的感应物体的距离之间的关系。允许有连续的和非连续的特性(见5.3和5.4,图1和图2)。

3.6

动作范围　actuating range

ΔI_1

由开关放大器的控制输入的电流-电压图内四根直线所确定的范围;该范围确定了开关放大器的开关功能。

控制输入的电流-电压特性包括了三个动作范围(见图3的a、b和d)。

3.7

斜度　slope

接近传感器的连续特性在动作范围(ΔI_1)内的改变(见图1)。

注:此斜度在控制间距内可采用不同的值。

3.8

接近传感器的最大操作频率　maximum-operating frequency of the proximity sensor

通过周期感应获得的最大开关频率,在该频率下达到动作范围(ΔI_1)的极限值(见图1和图2)。

3.9

开关电流差　switching current difference

动作范围 ΔI_1 内的控制电流的改变,在 ΔI_1 内开关放大器改变它的输出信号(见图1、图2和图3)。

3.10

开关行程差　switching travel difference

改变开关放大器的输出信号的感应物体的行程。对于接近传感器的非连续特性,开关行程差等同于控制间距 Δs。

3.11

线电阻　line resistance

在开关放大器和接近感应器之间的双线连接电缆的有效电阻。

3.12

绝缘电阻　insulation resistance

在开关放大器连至接近传感器的双线电缆的导线之间的有效电阻。

3.13

准备延时时间　time delay before availability

t_v

在接通电源电压时和接近传感器准备正确动作时两者之间的时间。

3.14

控制间距　control span

Δs

感应物体的行程,在该行程内动作范围(ΔI_1)生效。对于非连续特性,此控制间距等同于开关行程差(见图1和图2)。

4　分类

接近开关按表1所示的各种基本特性分类。

符合本部分的要求应通过在第八个位置上的大写字母 N 表明。

表 1　接近开关的分类

第一个位置 1 位数	第二个位置 1 位数	第三个位置 3 位数	第四个位置 1 位数	第五个位置 1 位数	第六个位置 1 位数	第八个位置 1 位数
感应方式	机械安装方式	结构型式和尺寸	开关元件功能	输出型式	联接方式	NAMUR 功能
I＝电感式 C＝电容式 U＝超声波式 D＝散射光电式 R＝反射光电式 T＝对射光电式	1＝埋入式 2＝非埋入式 3＝埋入式或非埋入式	型式 (一个大写字母) A＝圆柱螺纹形 B＝圆柱光面形 C＝正方形 D＝矩形 尺寸(2 个数字) 表示直径或边长	A＝接通 NO B＝分断 NC P＝由用户编用 S＝其他	D＝2 线，直流 S＝其他	1＝固定接头式 2＝接插式 3＝螺旋式 9＝其他	N＝NAMUR 功能
注：本表是 GB/T 14048.10—1999 表 1 的扩展。						

5　特性

5.1　开关放大器的控制输入

开关放大器的二进制编码的输出信号仅当控制电路的动作点在相关的动作范围内才能改变(见图 3)。

5.2　接近传感器和开关放大器之间的相互作用

接近传感器应如此设计，当其被指定的感应驱动时，电流-电压特性应可靠地到达“高阻抗”和“低阻抗”状态。

“高阻抗”状态示于图 4；“低阻抗”状态示于图 5。

注：接近传感器和开关放大器的允许特性范围的极限应以提供一个安全边界的准则来选择。

5.3　连续特性

在动作范围(ΔI_1)内：

a)　接近传感器的输出信号应可调整；

b)　特性的斜度应是既可正也可负，且不应有滞后(见图 1 例子)。

5.4　非连续特性

在动作范围(ΔI_1)内：

a)　接近传感器的输出信号应不可调整，和

b)　特性应有滞后(见图 2 例子)。

5.5　开关电流差

开关电流差的优先值为 0.2 mA。开关电流差的优先位置在动作范围(ΔI_1)的中心。

5.6　线电阻

线电阻不应超过 50 Ω。

5.7　绝缘电阻

绝缘电阻不应小于 1 MΩ。

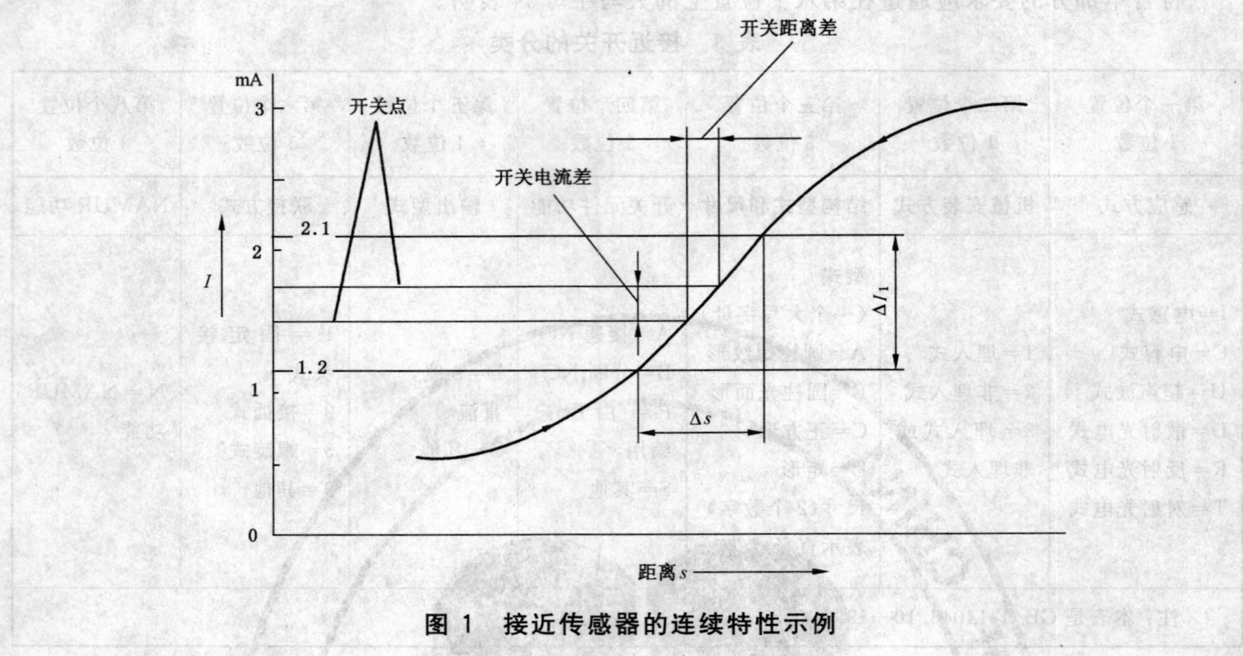

图 1 接近传感器的连续特性示例

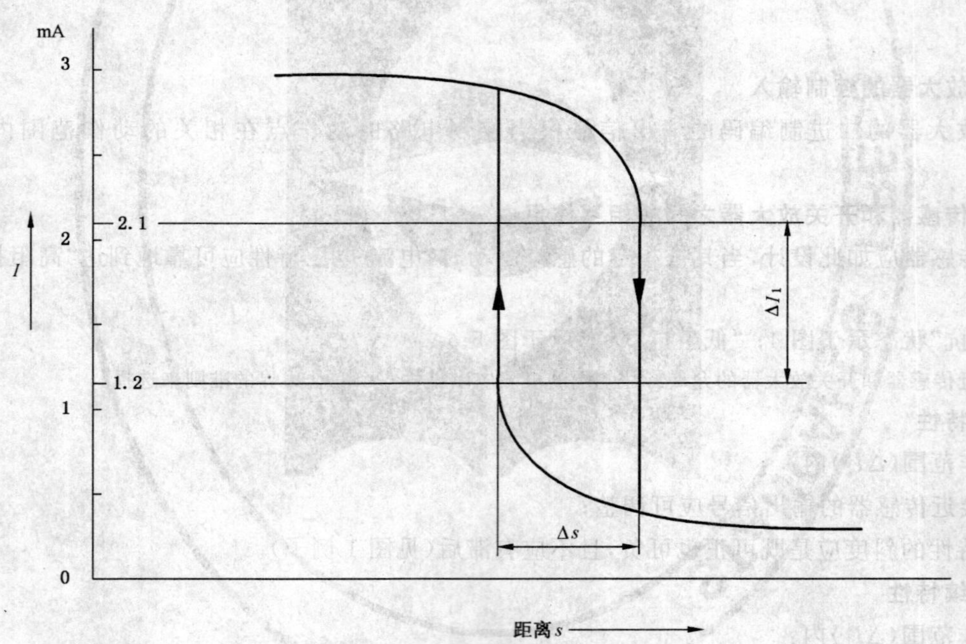

图 2 接近传感器的非连续特性示例

6 产品资料

制造厂应将产品的特性数据与测量程序的详细资料一起规定。

6.1 接近传感器

对于接近传感器，特性数据包括如下：

a) 操作频率；

b) 连续特性的斜度；

c) 非连续特性的开关行程差；

d) 额定动作距离；

e) 准备延时时间；

上述数据应与 9.2 的额定操作条件有关。

f) 操作、运输和贮存的温度范围；

g) 动作方向，即如何到达低阻抗或与阻抗状态的详细资料；

h) 安装说明书；

i) IP 防护等级(根据 GB 14048.1—2006 附录 C)；

j) 电源和周围环境温度的变化对特性数据的影响。

6.2 开关放大器

对于开关放大器，制造厂提供的数据包括如下：

a) 额定电源电压；

b) 操作频率和开关次数；

c) 开关电流差；

d) 用于与 c)一致的开关电流差的开关点的位置；

e) 操作、运输和贮存的温度范围；

f) 按监测范围和动作范围分配的输出信号；

g) 输出信号的说明；

h) 电源和周围环境温度的变化对特性数据的影响；

i) 安装说明书；

j) IP 防护等级(根据 GB 14048.1—2006 附录 C)。

7 正常使用、安装和运输条件

7.1 正常使用条件

符合本部分的接近传感器和开关放大器应能在下述条件下操作。

7.1.1 周围环境温度(操作期间)

在允许的周围环境温度范围内操作特性应保持稳定。

7.1.1.1 电感式、电容式和磁式接近传感器

这些传感器应在－25℃和＋70℃之间的周围环境温度范围内操作。

7.1.1.2 光电式接近传感器

这些传感器应在－5℃和＋55℃之间的周围环境温度范围内操作。

7.1.1.3 开关放大器

开关放大器应在－5℃和＋55℃之间的周围环境温度范围内操作。

7.1.2 海拔

GB 14048.1—2006 的 6.1.2 适用。

7.1.3 大气条件

7.1.3.1 湿度

空气的相对湿度(RH)在 70℃时不应超过 50％。在较低的温度下允许有较高的相对湿度，如在 20℃时为 90％。

注：感应面的冷凝和湿度的改变可能影响动作距离。应注意由于湿度的变化而引起的冷凝作用(在 70℃时的 50％相对湿度相当于在 54℃时的 100％相对湿度)。

7.1.3.2 污染等级

除非制造厂另有规定，接近传感器应根据 GB 14048.1—2006 的 6.1.3.2 规定安装在污染等级为 3 级的环境条件下。然而，根据微观环境情况，其他污染等级也可使用。

开关放大器的污染等级由制造厂规定。

7.2 连接的识别和标志

连接的识别和标志应符合表 2 规定。

表 2　导线的连接型式与标记

型式	功能	接线颜色	接线端编号或整体导线的针编号
NAMUR 传感器	高阻抗[a]	＋棕色	1
		－蓝色	4
	低阻抗[a]	＋棕色	1
		－蓝色	2
[a] 在标靶不在的情况下。			

7.3　运输和贮存条件

如果运输和贮存期间的条件(如温度和湿度条件)不同于 7.1 的规定,用户和制造厂应制定一份特殊协议。

7.4　电磁兼容性(EMC)

按 9.4 进行 EMC 要求验证。

8　结构和性能要求

GB/T 14048.10—1999 的 7.1.9.1 适用。

9　试验

9.1　开关放大器

应绘制控制输入的电流-电压特性曲线,核实动作范围(ΔI_1),同时应检查开关电流差,还包括检查控制电路的监测情况(见图 3)。

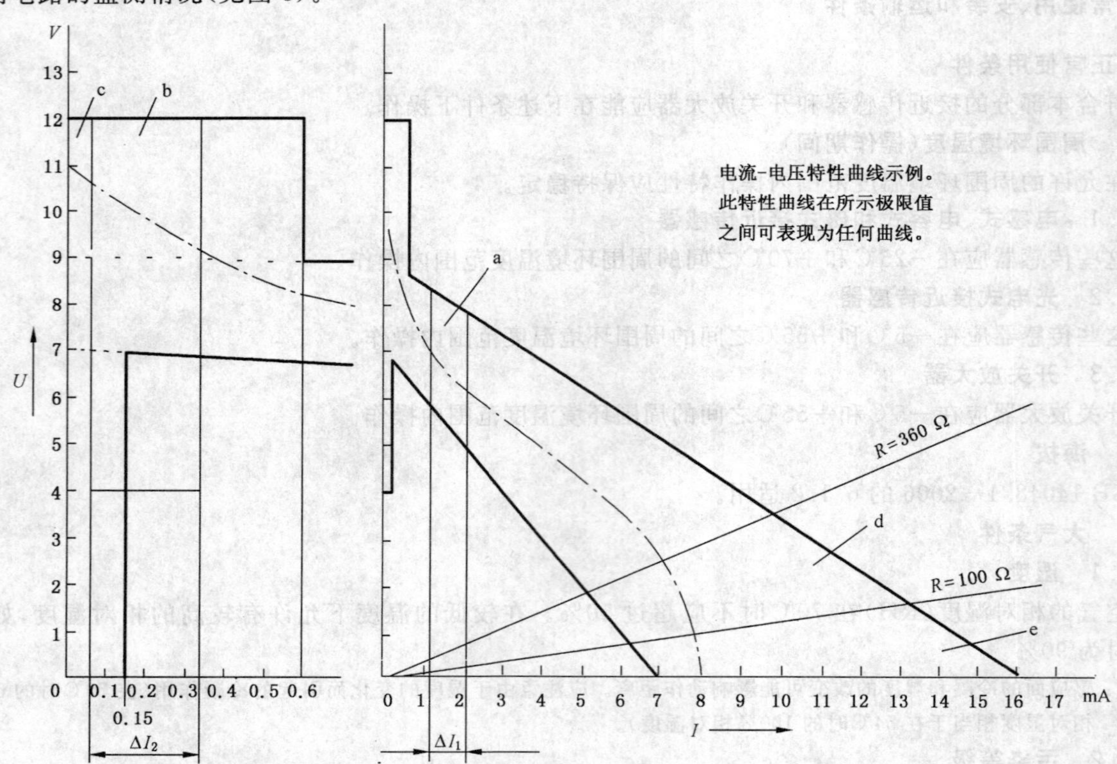

a　用于改变开关状态 ΔI_1:1.2 mA～2.1 mA 的动作范围;

b　用于控制电路 ΔI_2:0.05 mA～0.35 mA 内切断的动作范围;

c　用于切断:$I \leqslant 0.05$ mA 的监测范围;

d　用于控制电路 ΔR:100 Ω～360 Ω 的短路的动作范围;

e　用于短路:$R \leqslant 100$ Ω 的监测范围。

图 3　开关放大器的控制输入

9.2　接近传感器

按下述条件进行试验。

开路电压：直流(8.2±0.1)V；

开关放大器的电源电阻：(1 000±10)Ω；

周围空气温度：(23±5)℃；

操作元件：按照资料单或操作条件。

9.2.1　应测量和绘制相对于"低阻抗"状态和"高阻抗"状态的稳态电流值。

9.2.2　应绘制稳态距离-电流特性曲线。

9.3　试验结果的判别

结果应在图4和图5的极限范围内。

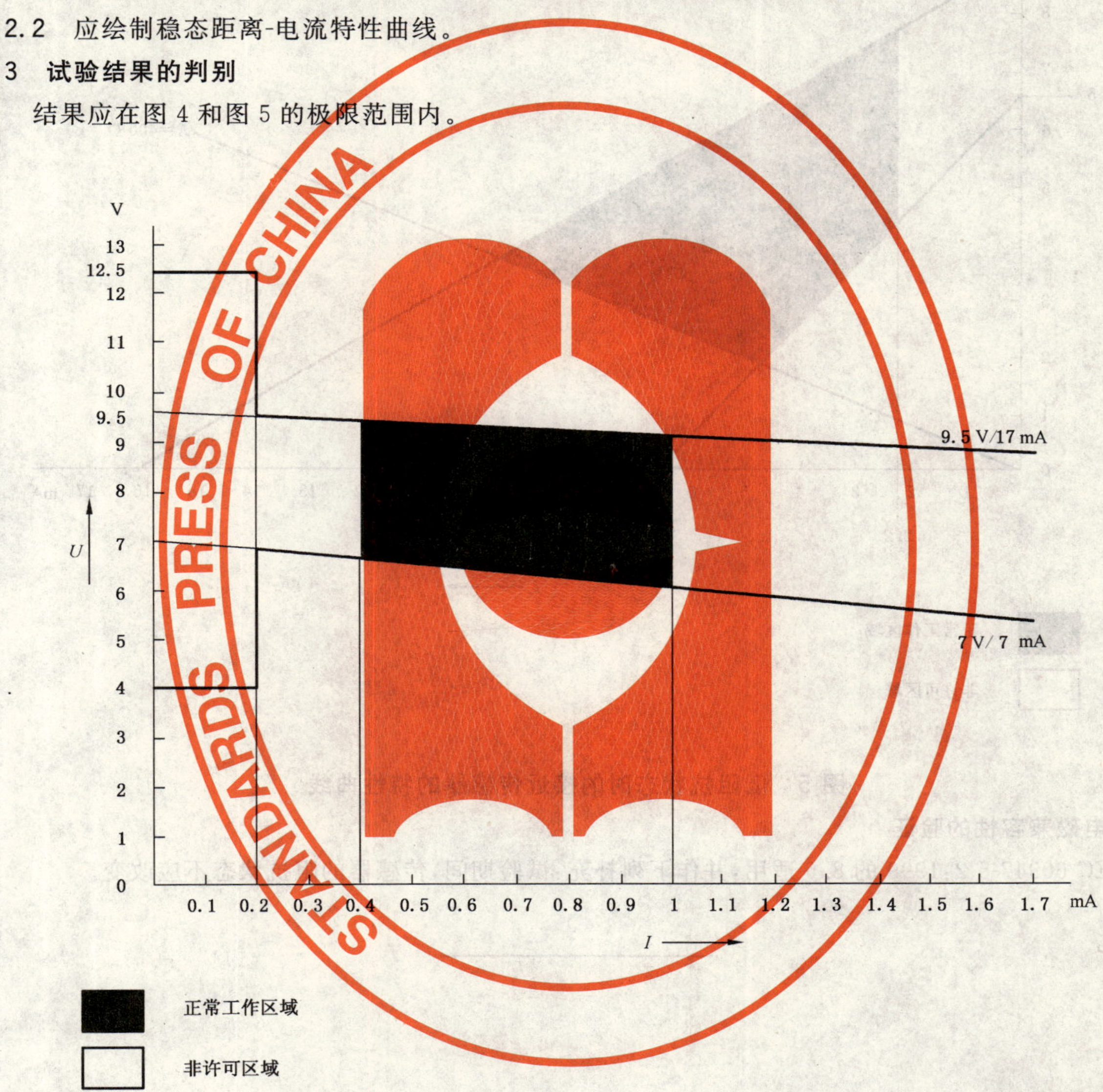

图4　高阻抗状态时的接近传感器的特性曲线

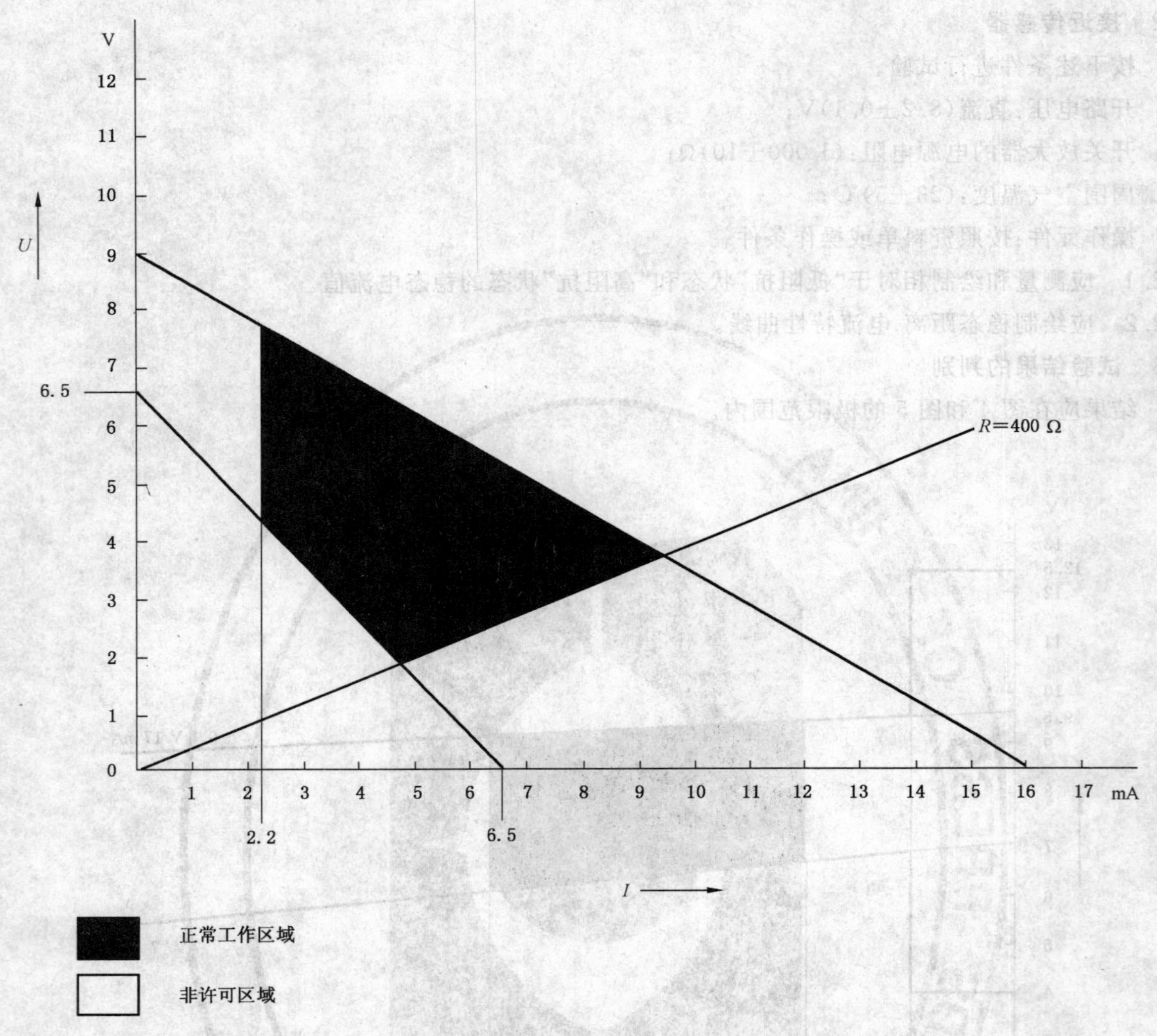

图 5 低阻抗状态时的接近传感器的特性曲线

9.4 电磁兼容性的验证

IEC 60947-5-2:1999 的 8.6 适用,并作下列补充:试验期间,传感器的阻抗状态不应改变。

ICS 29.130.20
K 31

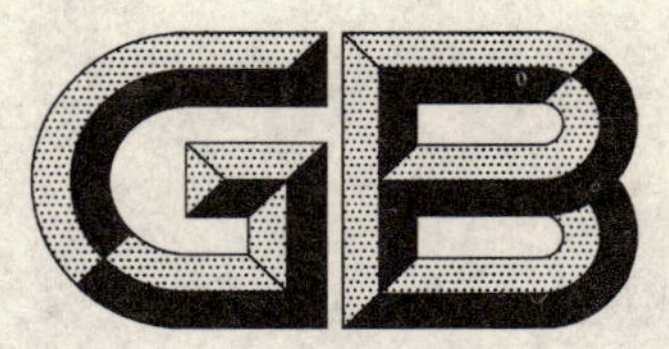

中华人民共和国国家标准

GB/T 14048.16—2006/IEC 60947-8:2003

低压开关设备和控制设备 第8部分:旋转电机装入式热保护(PTC)控制单元

**Low-voltage switchgear and controlgear—
Part 8:Control units for built-in thermal protection(PTC) for rotating electrical machines**

(IEC 60947-8:2003,IDT)

2006-09-14 发布　　　　2007-04-01 实施

中华人民共和国国家质量监督检验检疫总局
中国国家标准化管理委员会　发布

ICS 29.130.20
K 31

中华人民共和国国家标准

GB/T 14048.16—2006/IEC 60947-8:2003

低压开关设备和控制设备 第8部分：旋转电机用装入式热保护(PTC)控制单元

Low-voltage switchgear and controlgear—
Part 8: Control units for built-in thermal protection (PTC) for
rotating electrical machines

(IEC 60947-8:2003, IDT)

2006-09-14 发布　　　　2007-04-01 实施

中华人民共和国国家质量监督检验检疫总局
中国国家标准化管理委员会　发布

前　言

本部分是《低压开关设备和控制设备》的第 8 部分，要求大量引用 GB 14048.1—2006《低压开关设备和控制设备　总则》中的条款，故在使用中需与 GB 14048.1—2006 结合使用。

本部分等同采用 IEC 60947-8:2003《低压开关设备和控制设备　第 8 部分：旋转电机装入式热保护(PTC)控制单元》，并补充说明如下：

1) 本部分 9.1.4 中，IEC 原文中关于抽样试验的规定为“按 IEC 60410 中的规定(IEC 60410 中表Ⅱ-A)”，而 IEC 60410 没有转化为相应的国标，目前我国关于抽样的国家标准为 GB/T 2828.1—2003，且被广泛使用，经过对比，两份标准的内容基本相同，且被引用的“IEC 60410 中表Ⅱ-A”与“GB/T 2828.1—2003 中表 2-A”的内容完全一致，因此本部分引用 GB/T 2828.1—2003 中表 2-A。
2) 附录 B 的 B.1 中，IEC 原文内容为“在考虑中(见附录 C)”，而附录 C 中已详细规定了技术要求和试验方法，故本部分将“在考虑中”删除，直接为“见附录 C”。
3) 附录 B 的 B.3 中，IEC 原文内容为“在考虑中”，考虑到 GB 14048.1—2006 中附录 K 的内容为耐湿性能试验的相应要求，故本部分引用了 GB 14048.1—2006 中附录 K 的有关要求。

本部分的附录 A、附录 B 是规范性附录，附录 C 是资料性附录。

本部分由中国电器工业协会提出。

本部分由全国低压电器标准化技术委员会(SAC/TC 189)归口。

本部分负责起草单位：上海电器科学研究所(集团)有限公司。

本部分参加起草单位：杭申控股集团有限公司。

本部分主要起草人：曾萍、宋伟宏、贺贵兵。

引　言

本部分所指的热保护系统是基于监测被保护部件温度的原理，是防止旋转电机由于冷却系统故障或环境温度过高等引起的温升过高的简单而有效的措施，反之，仅仅依靠监测电流的保护系统不能确保此类型的保护。

由于热保护系统的动作温度和响应时间是预先确定的，不能按相应的电机使用条件进行调整，因此对于电机的所有故障状态或使用不当，其保护作用可能不完全有效。

符合本部分的热保护系统，可以由一个特性变化的热检测器组成，该检测器具有相关的控制单元并在检测器特性的某点上可以转变为开关功能。热保护系统被广泛使用，在所有情况下电机制造厂会在电机中安装检测器，电机制造厂不仅会随电机一起提供控制单元而且还会规定所使用的控制单元的详尽细节。

控制单元习惯上也被视为是控制系统的组成部分而不必随电机供应，因此可互换系统就非常必要，该可互换系统规定了检测器和控制单元之间的配合特性。不能认为该特定的系统优于符合本部分的其他系统，但在某些领域可能会用到该可互换系统，并用“A 型”来标志。

低压开关设备和控制设备 第8部分:旋转电机装入式热保护 (PTC)控制单元

1 范围

本部分规定了控制单元的规则和工业应用,控制单元响应于与旋转电机一体的热检测器并按照GB/T 13002—1991执行开关功能。

对于含有特殊特性的正温度系数(PTC)热敏电阻检测器的系统,本部分规定了该系统类型及其相关控制单元的规则。

PT100检测器符合IEC 60751:1983的规定,该标准中规定了相应于检测器温度的电阻值。

本部分列出了当这种特殊的正温度系数热敏电阻检测器与其关联控制单元(标志为"A型检测器"和"A型控制单元")用于热保护系统时的配合特性要求。

注:由于控制单元的操作特性取决于热检测器的某些方面,因此不可能规定控制单元操作特性的所有要求。热保护系统的某些要求仅在考虑被保护旋转电机的特性以及电机内检测器的安装方式的情况下才能确定。

鉴于以上原因,对于每种特性必须规定由哪一方负责规定特性值,由哪一方负责一致性验证,由哪一方负责进行确认试验。

2 规范性引用文件

下列文件中的条款通过本部分的引用而成为本部分的条款。凡是注日期的引用文件,其随后所有的修改单(不包括勘误的内容)或修订版均不适用于本部分,然而,鼓励根据本部分达成协议的各方研究是否可使用这些文件的最新版本。凡是不注日期的引用文件,其最新版本适用于本部分。

GB/T 2828.1—2003 计数抽样检验程序 第1部分:按接收质量限(AQL)检索的逐批检验抽样计划(ISO 2859-1:1999,IDT)

GB 4824—2004 工业、科学和医疗(ISM)射频设备 电磁骚扰特性 限值和测量方法(CISPR 11:2003,IDT)

GB/T 5465.2—1996 电气设备用图形符号(IEC 60417:1994,IDT)

GB/T 7153—2002 直热式阶跃型正温度系数热敏电阻器 第1部分:总规范(IEC 60738-1:1998,IDT)

GB 9254—1998 信息技术设备的无线电骚扰限值和测量方法(CISPR 22:1997,IDT)

GB/T 13002—1991 旋转电机 装入式热保护 旋转电机的保护规则(IEC 60034-11-1:1978,EQV)

GB 14048.1—2006 低压开关设备和控制设备 第1部分:总则(IEC 60947-1:2001,MOD)

GB 14048.5—2001 低压开关设备和控制设备 第5-1部分:控制电路电器和开关元件 机电式控制电路电器(IEC 60947-5-1:1997,EQV)

GB/T 17626.2—1998 电磁兼容 试验和测量技术 静电放电抗扰度试验(IEC 61000-4-2:1995,IDT)

GB/T 17626.3—1998 电磁兼容 试验和测量技术 射频电磁场辐射抗扰度试验(IEC 61000-4-3:1995,IDT)

GB/T 17626.4—1998 电磁兼容 试验和测量技术 电快速瞬变脉冲群抗扰度试验(IEC 61000-

4-4:1995,IDT)

GB/T 17626.5—1999 电磁兼容 试验和测量技术 浪涌(冲击)抗扰度试验(IEC 61000-4-5:1995,IDT)

GB/T 17626.6—1998 电磁兼容 试验和测量技术 射频场感应的传导骚扰抗扰度(IEC 61000-4-6:1996,IDT)

GB/T 17626.8—1998 电磁兼容 试验和测量技术 工频磁场抗扰度试验(IEC 61000-4-8:1993,IDT)

GB/T 17626.11—1999 电磁兼容 试验和测量技术 电压暂降、短时中断和电压变化的抗扰度试验(IEC 61000-4-11:1994,IDT)

IEC 60751-1:1983 工业铂金电阻温度传感计

IEC 60751-1 修正件 1(1986)

IEC 60751-1 修正件 2(1995)

IEC 61000-4-13:2002 电磁兼容 第 4-13 部分:试验和测量技术 包括交流电功率点主要信号的低频抗扰试验谐波和中间谐波

3 术语和定义

GB 14048.1—2006 中术语和定义适用,并补充以下术语和定义:

3.1

装入式热保护 built-in thermal protection

应用热保护系统保护旋转电机的某特定部分(称为被保护部件)以防止由于热过载的特定条件而引起的温度过高,该热保护系统的全部或一部分为安装在电机内部的热敏装置。

3.2

热保护系统 thermal protection system

通过装入式热检测器连同控制单元对旋转电机进行热保护的系统。

3.3

热检测器 thermal detector

仅对温度敏感的电气上绝缘的装置(元件),当温度达到设定值时,在控制系统内产生一开关动作。

3.4

开关型热检测器 switching type thermal detector

能使开关元件产生直接动作的热检测器。

注:热检测器和开关元件的组合被视为一个单元并安装在旋转电机内。

3.5

控制系统 control system

将热检测器特性上的某一特定点转换成通断旋转电机电源的开关功能的系统。

注:当温度降至复位温度时,系统可以复位(手动或自动)。

3.6

被保护部件 protected part

旋转电机的一部分,该部分的温度通过热保护系统的作用限制在预定值内。

3.7

慢变化热过载 thermal overload with slow variation

超过正常工作温度以上时温度缓慢上升。

注 1:被保护部件的温度变化足够慢,因而热检测器的温度无明显延时跟随被保护部件的温度变化。

注 2:慢变化热过载可由以下原因引起:

——通风或通风系统的故障，例如通风管道的局部阻塞，线圈或机座的散热片上过多的灰尘、污垢等；
——环境温度或冷却介质温度过高；
——逐步增加的机械过载；
——电机电源长时间欠电压或过电压；
——电机承受繁重的工作方式。

3.8

快变化热过载　thermal overload with rapid variation

超过正常工作温度以上时温度快速上升。

注1：被保护部件的温度变化过快以至于热检测器不能无延时地跟随被保护部件的温度变化。这样，可能会导致热检测器的温度和被保护部件的温度存在较大差别。

注2：快变化热过载可由以下原因引起：电机堵转，或在某些情况下的断相故障或在非正常条件下（惯量过高、电压过低、负载转矩异常升高）起动。

3.9

电机的热关键部件　thermally critical part of a machine

电机上温度最快达到危险值的部件。

注：在慢变化热过载情况下，电机的热关键部件可以不同于快速变化热过载情况下的热关键部件。

3.10

带检测器的热保护　thermal protection with detector

指这样一种保护形式：安装热检测器的部件是电机的热关键部件。

3.11

脱扣后的最高温度　maximum temperature after tripping

快变化热过载情况下电机被保护部件在热保护系统脱扣后的一段时间内所达到的最高温度值。

3.12

热保护的类别　category of thermal protection

指电机在承受热过载时，电机绕组所允许的温度水平。

3.13

特性变化型热检测器　characteristic variation thermal detector

特性随温度变化的热检测器，可按制造时预先规定的温度或控制单元整定的温度在控制系统中产生开关功能。

注：例如：电阻检测器、热电偶检测器、负温度系数热敏电阻检测器、正温度系数热敏电阻检测器。

3.14

特性突变型热检测器　abrupt characteristic change thermal detector

特性随制造时预先规定的温度发生突变，从而在控制系统中产生开关功能的热检测器。

3.15

控制单元　control unit

将热检测器的特性变化转换为开关功能的装置。

3.16

控制电路　control circuit

控制断开和接通电源的开关装置的电路。

3.17

检测器动作温度 TNF（标称功能温度）　detector operating temperature TNF（nominal function temperature）

温度上升过程中检测器动作时的温度，或特性随温度变化使得与检测器关联的控制单元动作的温度。

3.18

系统动作温度 TFS(系统功能温度)　system operating temperature TFS(system function temperature)

温度上升过程中,检测器及控制单元一起使得控制单元动作时的检测器温度。

3.19

复位温度　reset temperature

温度下降过程中,检测器动作时的检测器温度或者与温度相关的特性变化的检测器与控制单元一起能使控制单元复位时的检测器温度。

3.20

电气上分开的触头元件　electrically separated contract elements

同属于一个控制单元的触头元件,彼此间有足够的绝缘,它们能独立接入电气上分开的电路中。

3.21

PTC 热敏电阻检测器　PTC thermistor detector

用 PTC 热敏电阻制成的特性突变型热检测器,其热敏电阻部分的电阻温度特性称为 PTC。一旦温度超过规定值,在忽略功耗的条件下,电阻明显增大。

3.22

A 型检测器　mark A detedtor

具有附录 A 描述的特定特性的 PTC 热敏电阻检测器。

3.23

A 型控制单元　mark A control unit

具有本部分规定的特定特性的控制单元并预定与 A 型检测器一起使用。

3.24

热检测器电路中具有短路检测的控制单元　control unit with short-circuit detection within the thermal detector circuit

能够检测热检测器电路短路的控制单元。

3.25

动态断线检测控制单元　control unit with dynamic wire break detection

能够指示热检测器电路中断线的控制单元。

4　分类

在考虑中。

5　特性

5.1　概要

当适用时,控制单元的特性用下列项目加以说明:

——电器的类型(见 5.2);

——保护系统的电气额定值(见 5.3);

——特性变化型热检测器的电气额定值(见 5.4);

——控制单元检测器电路的额定电压(见 5.5)。

5.2　电器的类型

5.2.1　保护系统的动作温度

每一个检测器或检测器连同其控制单元,应明确 5.2.2(TNF)中规定的额定动作温度,或 5.2.3(TFS)中规定的系统动作温度,或两者兼有。例如:

a） 开关型热检测器：应标明 TNF；

b） 特性突变型热检测器：应标明 TNF（TFS 不适用）；

c） 特性突变型热检测器与控制单元的组合：应标明 TFS。在此情况下 TFS 值可与检测器本身的 TNF 值相一致；

d） 特性变化型热检测器与控制单元的组合：应标明 TFS。在此情况下检测器可以不规定 TNF 的限定值。

5.2.2 检测器额定动作温度

对于特性突变型热检测器应由检测器制造厂提供 TNF 值。

TNF 的标称值推荐以℃表示，并从 5 的倍数的数系中选取。

检测器制造厂应验证检测器的动作温度。

5.2.3 系统额定动作温度

如果检测器的保护系统和控制单元由单一的供应商提供，则供应商应给出 TFS 值。

其他情况下，控制单元制造厂应给出 TFS 值。

除非制造厂间另有规定，TFS 值的容差为±6 K。

注：容差为检测器和控制单元的容差之和。

给出 TFS 值的制造厂或供应商应确保该值是通过验证的，但经协议该试验可以由检测器制造厂或控制单元制造厂进行。

常规试验应由控制单元制造厂进行，以验证在 8.2.1 规定的正常工作条件下能够正确工作。

5.2.4 系统最大允许额定动作温度

对于特定的检测器或特定的控制单元的 TFS 最大允许值应分别由检测器制造厂或控制单元制造厂确定。

注：对一些特定的设备，TFS 最大值与检测器特性或制造所使用的材料有关，或与检测器的特性限值有关，该限值可根据控制单元设计的整定值范围修改。

5.2.5 复位温度

检测器的复位温度和容差由检测器制造厂确定，或者当复位温度和容差取决于检测器和控制单元组合时，由控制单元制造厂确定。

确定复位温度的检测器制造厂或控制单元制造厂应确保该值是根据 9.3.3.8 的规定通过验证的，但经协议该试验可以由两者中任意一方进行。

注：控制系统脱扣后重新起动电机，重要的是使电机绕组和热检测器充分冷却以保证正常的电机加速而无误动作，特别是承载高惯量负载时。重起动的温度取决于安装和使用条件。控制系统可以设计为多种温度值可供选择。

对于手动重起动系统，应考虑最大温度。对于自动重起动系统，电机制造厂应考虑最小和最大两种不同的温度，这些温度是由 TNF 或 TFS 值的选择及计及规定容差而余留下的温度而引起。最大和最小温度之间的差值太小，电机达不到充分冷却就重起动而会引起误动作，差值太大，电机的冷却时间过长，或在高环温场合将阻碍系统的复位。

5.2.6 A 型控制单元特性

当控制单元在正常工作条件下工作且检测器电路连接至控制单元端子时，应满足下列条件并按 9.3.3.10规定的试验条款进行验证。

a） 当检测器电路的电阻小于或等于 750 Ω 时，控制单元应闭合或能够复位；

b） 当热敏电阻检测器电路的电阻值由小增大到 1 650 Ω～4 000 Ω 的范围内时，控制单元应断开；

c） 当热敏电阻检测器电路的电阻值由大减小到 1 650 Ω～750 Ω 的范围内时，控制单元应闭合或能够复位；

d) 当把一个电阻值为 4 000 Ω 的电阻接至预定连接热敏电阻检测器电路的每对端子间，且控制单元在额定电压下工作时，每对端子上的电压应不超过 7.5 V(直流或交流峰值)；

e) 检测器电路的电容不大于 0.2 μF 时控制单元的工作不应有明显的改变。

5.3 保护系统的电气额定值

5.3.1 开关装置(即控制单元和开关型热检测器)的额定值

控制单元和开关型热检测器的开关装置的额定值应由控制单元制造厂按 5.3.2～5.3.4 的相应规定予以确定。

5.3.2 控制单元的额定电压

控制单元的额定电压包括额定绝缘电压(U_i)和额定工作电压(U_e)，定义见 GB 14048.1—2006 中 4.3.1.2 和 4.3.1.1。

5.3.3 控制单元的额定电流

控制单元的额定电流包括约定自由空气发热电流(I_{th})和额定工作电流(I_e)，定义见 GB 14048.1—2006 中 4.3.2.1 和 4.3.2.3。

注：一个控制单元可以规定多个额定工作电压和额定工作电流的组合。

5.3.4 控制单元的额定接通和分断能力

对已规定使用类别的控制单元或开关型热检测器，其使用类别应符合 GB 14048.5—2001 中 4.4 的规定。因额定接通和分断能力可直接由使用类别和额定工作电压和电流来确定，因此不必再规定额定接通和分断能力。

5.4 特性变化型热检测器的额定值

5.4.1 概要

应由制造厂规定特性变化型热检测器的额定值。

5.4.2 额定绝缘电压

额定绝缘电压(U_i)是与介电性能试验相关的电压值。

5.4.3 检测器的额定工作电压

对动作取决于施加电压的检测器，其额定工作电压(U_e)是检测器上所标明且能被承受的电压值。

注：对用于交流的检测器，额定工作电压是峰值电压，用 $\hat{U}_e$ 表示。

5.5 控制单元检测器电路的额定电压

预期使用具有额定工作电压的特性变化型热检测器的检测器电路，其额定电压(U_r)由控制单元制造厂确定。

当按下文确定的电阻接于预定连接检测器电路的一对端子间且控制单元施加额定电压时，电压 U_r 是该对接线端子之间的电压最大值。

控制单元断开，并计及电路中热检测器的数量，上述电阻应具有相应于特性曲线的数值，根据特性曲线的形状，此值可为最大值或最小值。

注：如果是交流电路，额定电压为峰值电压，用 $\hat{U}_r$ 表示。

6 产品资料

6.1 资料的内容

制造厂应规定下列资料：

6.1.1 铭牌：

a) 制造厂厂名或商标；

b) 设计型号或序列号；

c) 本标准号。

A 型控制单元的补充规定：

除了本标准号控制单元还应附加标志字母“A”。

6.1.2 特性、基本的额定值和使用类别：

d) 额定控制电源电压(U_s)；

e) 控制电源的额定频率；

f) 控制单元的额定工作电压(U_e)；

g) 控制单元的额定工作电流(I_e)；

h) 使用类别，或接通和分断能力；

i) 标明端子标志和检测器、控制单元及电源的接线的电路图；

j) 控制电路的额定绝缘电压(U_i)；

k) 与控制单元一起使用的热检测器的种类，如果适用，检测器电路的额定电压(U_r)；

l) 封闭式电器的 IP 代号；

m) 相应于 EMC 发射水平的设备等级及维持该等级所必需的特殊要求；

n) 抗扰性等级及维持该等级所必需的特殊要求；

o) 额定冲击耐受电压 U_{imp}；

p) 额定动作温度。

6.2 标志

GB 14048.1—2006 中 5.2 适用，并补充如下：

d)～p)的数据可以标志在电器上或制造厂发布的说明书中，但 c)和 l)的数据应标志在电器上。

6.3 安装、操作和维修说明

GB 14048.1—2006 中 5.3 适用，并补充如下：

制造厂应提供说明，建议用户在涉及到 EMC 要求时应采取何种措施。

7 正常的使用、安装和运输条件

GB 14048.1—2006 中第 6 章适用。

8 结构和性能要求

8.1 结构要求

GB 14048.1—2006 中 7.1 适用，并补充如下：

接线装置(如端子)，如适用，应能连接 0.5 mm^2～1.5 mm^2 的单股导线，并应有足够的数量以连接热检测器电路。

连接单个热检测器电路的接线端子用 T1 和 T2 标志。

连接多个热检测器电路的接线端子用 1T1 和 1T2、2T1 和 2T2 等标志。

接至框架的端子或接地端子应按 GB/T 5465.2—1996 的规定标以适当的标志。

应按照制造厂的说明进行安装，包括允许的冲击和振动水平及安装位置的限制。

8.2 性能要求

8.2.1 正常工作条件

在使用适当的检测器时，控制单元应能在第 7 章和下列条件下正常工作：

——电源电压在额定控制电源电压(U_s)的 85%～110%之间；

——电源频率(对于交流控制单元)为 50 Hz 或 60 Hz；

——清洁的空气且在最高 40℃的条件下相对湿度不超过 50%。

注 1：对于直流控制单元，波纹系数和波形因数由制造厂和用户双方协议。

注 2：超过上述正常工作条件的，由制造厂和用户双方协议。

8.2.2 非正常工作条件

在额定电压下控制单元能承受下列条件而不受到损坏：

——每对热检测器电路接线端子经短路插接件短接；

——每对热检测器电路接线端子开路。

应按 9.3.3.2 中规定的试验进行验证。

8.2.3 介电性能

GB 14048.1—2006 中 7.2.3 适用。

除非制造厂另有规定，控制单元的热检测器电路的工频介电性能试验应以额定绝缘电压 690 V 为依据。

8.2.4 温升

按 9.3.3.3 的规定试验时，电器的辅助电路包括其辅助开关应能承载其约定发热电流而温升不超过 GB 14048.1—2006 中表 2 和表 3 规定的极限值。

8.2.5 限制短路电流

开关元件在 9.3.4 规定的条件下应能承受短路电流引起的应力。

注：以上要求出自 GB 14048.5—2001。

8.2.6 控制电路和辅助电路的接通和分断能力

使用类别为 GB 14048.1—2006 中附录 A 规定的 AC-15 和 DC-13，按 9.3.3.5 规定的试验方法验证。

8.2.7 具有保护性隔离的电器的要求

GB 14048.1—2006 中附录 N 适用。

8.2.8 动作温度变化

除非电机制造厂和检测器和(或)控制单元制造厂另有协议，在正常和非正常使用条件下验证开关元件的额定接通和分断能力试前和试后，热检测器的动作温度(适用的 TNF 或 TFS)应满足 5.2.3 的要求。

按 9.3.3.6 规定试验方法验证。

8.2.9 湿热

见附录 B 的特殊试验。

8.2.10 冲击和振动

在考虑中。

8.2.11 传感器电路短路时的检验要求

见附录 C。

8.3 电磁兼容性(EMC)

8.3.1 一般要求

GB 14048.1—2006 中 7.3.1 适用。

8.3.2 抗扰性

8.3.2.1 无电子线路的电器

GB 14048.1—2006 中 7.3.2.1 适用。

8.3.2.2 具有电子线路的电器

GB 14048.1—2006 中 7.3.2.2 适用并补充如下：

验证这些要求的试验方法见 9.4.2.2。

验收判据见 GB 14048.1—2006 中表 24，一般情况下应满足验收标准 A，静电放电、浪涌、电压瞬时跌落和短时中断应满足验收标准 B。

具有电子线路的电器，当其使用的元件全部为无源器件时(例如二极管、电阻器、可变电阻、电容器、浪涌抑制器、电感器),不需进行试验。

8.3.3 发射

8.3.3.1 无电子线路的电器

GB 14048.1—2006 中 7.3.3.1 适用。

8.3.3.2 具有电子线路的电器

8.3.3.2.1 一般要求

如果电器仅按环境 A 进行验证,应向用户提出以下的警告(例如在使用指南中),以提醒用户将此电器使用于环境 B 时可能会产生无线电干扰,此时应可要求用户采取附加的缓解干扰措施。

注意:
本产品设计用于环境 A,若用于环境 B 时可能会导致有害的电磁干扰,为此,可能要求用户采取适宜的缓解干扰措施。

8.3.3.2.2 高频发射极限

具有电子线路的电器(例如开关电源、具有高频时钟微处理器的电路)可能产生不间断的电磁干扰。

对这类电器,其发射不应超过 GB 4824—2004 中 1 组 A 类规定的极限。

具有 GB 9254—1998 中规定的通信接口的产品,应符合 GB 9254—1998 中 A 类对这种特殊接口的要求。

上述试验只在控制电路和(或)辅助电路包含具有超过 9kHz 基本开关频率的电子元件时进行。

8.3.3.2.3 低频发射极限

GB 14048.1—2006 中 7.3.3.2.2 适用。

9 试验

9.1 试验分类

9.1.1 一般规定

GB 14048.1—2006 中 8.1.1 适用。

9.1.2 型式试验

型式试验用于验证控制单元的设计是否符合本部分。

试验包含以下项目:

a) 介电性能(见 9.3.3.4);

b) 动作性能(见 9.3.3.1 和 9.3.3.2);

c) 接通和分断能力(见 9.3.3.5);

d) 温升(见 9.3.3.3);

e) 结构要求(见 9.2);

f) 短路性能(见 9.3.4);

g) EMC(见 9.4)。

9.1.3 常规试验

不用抽样试验替代时,GB 14048.1—2006 中 8.1.3 适用。

9.1.4 抽样试验

控制单元的抽样试验包括介电试验。

GB 14048.1—2006 中 8.1.4 适用并补充如下:

如果工程和统计分析显示常规试验(在每一台产品上)没有必要进行,则制造厂可根据自己的判断用抽样试验代替常规试验。

抽样试验应满足或超过 GB/T 2828.1—2003(表 2-A)规定的下列要求:

——抽样基于接收质量限 AQL≤1；

——合格判定数 Ac=0(无缺陷验收)；

——不合格判定数 Re=1(若一件缺陷,则整批全部检查)。

对每一检查批应固定间隔进行抽样。

允许采用其他的能够保证符合上述 GB/T 2828.1—2003 要求的统计方法,如控制连续生产的统计方法或性能指标的过程控制。

9.2 验证结构要求

GB 14048.1—2006 中 8.2 适用并补充要求见 8.1。

9.3 验证性能要求

9.3.1 程序试验

试验的类型和顺序应按以下规定在有代表性的产品上进行。

a) 程序试验 1：

——1＃试验:温升(见 9.3.3.3)；

——2＃试验:介电性能(见 9.3.3.4)。

b) 程序试验 2：

——1＃试验:正常条件下的性能试验(见 9.3.3.1)；

——2＃试验:正常条件下的接通和分断能力(见 9.3.3.5.2)；

——3＃试验:介电性能(见 9.3.3.4)；

——4＃试验:动作温度变化验证(见 9.3.3.6)。

注 1:当程序试验 2 和程序试验 3 合并进行时,3＃试验和 4＃试验仅需在程序 3 最后进行一次。

c) 程序试验 3：

——1＃试验:非正常条件下的性能(见 9.3.3.2)；

——2＃试验:非正常条件下的接通和分断能力(见 9.3.3.5.3)；

——3＃试验:介电性能(见 9.3.3.4)；

——4＃试验:动作温度变化验证(见 9.3.3.6)。

注 2:当程序试验 2 和程序试验 3 合并进行时,3＃试验和 4＃试验仅需在程序 3 最后进行一次。

d) 程序试验 4：

——1＃试验:限制短路电流下的性能(见 9.3.4)；

——2＃试验:介电性能(见 9.3.3.4)。

e) 程序试验 5：

——1＃试验:A 型控制单元闭合和断开验证(见 9.3.3.10)；

——2＃试验:控制单元的检测器电路的额定电压验证(见 9.3.3.11)；

——3＃试验:传感器电路的短路检测验证,当需要时,见附录 C。

f) 程序试验 6：

——1＃试验:EMC 试验(见 9.4)。

每一程序均应在一个清洁的、新的试品上进行。

一个范围内的电器(同一壳架/框架的产品)仅需在一台电器上进行。

经制造厂要求,允许在一台试品上进行多于一个或全部的程序试验,但对于上述同一程序中的各项试验,必须按顺序在同一组试品上进行。

9.3.2 一般试验条件

GB 14048.1—2006 中 8.3.2 适用。

9.3.3 性能试验

9.3.3.1 正常工作条件下控制单元的性能验证

试验按 8.2.1 的规定进行，验证控制单元是否满足性能要求。

控制单元的试验应由控制单元制造厂进行，以验证 5.2.6 中定义的检测器特性。

9.3.3.2 非正常工作条件下控制单元的性能验证

试验应由控制单元制造厂进行。

8.2.2 中规定的非正常工作条件适用，在此之后，控制单元应能成完全满足 9.3.3.5.3 规定的在非正常使用条件下的接通和分断能力试验验证。

9.3.3.3 温升试验

GB 14048.1—2006 中 8.3.3.3 适用并补充如下：

控制单元所有的开关元件均应试验。所有可能同时闭合的开关元件应同时进行试验。但当构成动作系统整体部分的开关元件无法保持在闭合位置时，可免予进行该项试验。

注：如果开关元件在闭合位置时控制电路电器存在多种状态，则有必要进行多次温升试验。

端子到端子之间的临时接线最小长度为 1 m。

9.3.3.4 介电性能验证

GB 14048.1—2006 中 8.3.3.4 适用并补充要求见 8.2.3。

9.3.3.5 额定接通和分断能力验证

9.3.3.5.1 一般要求

通断能力验证试验应在热保护系统中承担通断功能的电器上进行，也就是控制单元。

通断能力试验旨在验证控制单元在其使用类别规定的正常和非正常使用条件下能够接通和分断规定工作电压下的工作电流。应在上述试验之前和之后检测动作温度（TNF 和 TFS）是否符合 8.2.8 的要求。

9.3.3.5.2 正常条件下开关元件的接通和分断能力

GB 14048.5—2001 中 8.3.3.5.2 适用。

9.3.3.5.3 非正常条件下开关元件的接通和分断能力

GB 14048.5—2001 中 8.3.3.5.3 适用。

9.3.3.6 动作温度变化验证

试验在检测器或与检测器相连的控制单元上进行，且试验应在进行 9.3.3.4 规定的介电性能试验及后续的 9.3.3.5 规定的正常和非正常条件下的接通和分断能力试验后进行。

如果元件圆满完成这些试验，动作温度检测应按照与通断性能试验之前类似的检测方法进行，即 GB/T 7153—2002 中的 TNF 检测或 9.3.3.7 中的 TFS 检测。

测得的最终动作温度应与初始值相比较，其差值不应超过 9.3.3.8 规定的限制。

9.3.3.7 系统额定动作温度（TFS）验证

系统动作温度验证试验应在规定了系统动作温度（见 5.2.3）的控制系统上进行。经检测器制造厂和控制单元制造厂协议，试验可由二者之一进行验证。被试系统应包括一个或多个检测器，并连接至控制单元，如有必要，该控制单元已经过预先的设置。被试控制系统应具有供使用系统的代表性。

控制单元应按正常使用条件施加电源，且应监控其输出信号电路以使流过控制单元开关电器的电流等于额定工作电流。

检测器应按 GB/T 7153—2002 中规定的其中一种方法进行试验，升高温度直至控制单元使信号回路动作为止。用热电偶测得的温度即视为 TFS 值，应符合 5.2.3 的要求。

9.3.3.8 复位温度验证

经协议，复位温度的验证试验可由检测器制造厂或控制单元制造厂进行。

对规定 TNF 值的检测器,除了允许温度按不超过 0.5 K/min 的速率下降直至检测器达到其动作点外,复位温度试验应按 GB/T 7153—2002 的规定进行。

对规定 TFS 值的控制系统,除了允许温度按不超过 0.5 K/min 的速率下降直至控制单元使信号回路动作外,复位温度试验应按 9.3.3.7 的规定进行。

复位温度值应符合 5.2.5 包括容差在内的规定。

9.3.3.9 具有保护性隔离的电器的试验

GB 14048.1—2006 中附录 N 适用。

9.3.3.10 A 型控制单元闭合和断开验证

对于 5.2.6 中规定的电阻值,控制单元的闭合和断开动作应按如下方法验证。

控制单元应按 8.2.1 规定的正常使用条件下最不利的组合情况工作。

将一可变电阻插入用于连接热敏电阻检测器的每对端子之间时,应满足下列条件:

a) 当电阻值小于或等于 750 Ω 时,控制单元应闭合或能够复位。为验证该性能,可将一个可变电阻设置为此值进行试验。如有疑问,也可设置在一个更小的电阻值上进行试验;

b) 增大电阻(约以 250 Ω/s 的速率匀速上升),当电阻值处于 1 650 Ω～4 000 Ω 范围内时控制单元应断开;

c) 使控制单元保持在脱扣状态约 1 min,之后电阻值应以不大于 250 Ω/s 的速率匀速下降。当阻值处于 1 650 Ω～750 Ω 范围内时控制单元应闭合或能够复位。

项 b)、项 c)规定的试验应在预定连接检测器的端子间并联接入一个 0.2 μF 的电容后重复进行,控制单元断开点的电阻值与前一次试验断开点的电阻值相差应不大于 5%。

9.3.3.11 控制单元检测器电路的额定电压验证

控制单元检测器电路的额定电压(见 5.5)应由控制单元制造厂验证。

9.3.4 限制短路电流性能

9.3.4.1 短路试验的一般条件

GB 14048.5—2001 中 8.3.4.1 适用。

9.3.4.2 试验程序

GB 14048.5—2001 中 8.3.4.2 适用。

9.3.4.3 试验电路和试验参数

GB 14048.5—2001 中 8.3.4.3 适用。

9.3.4.4 开关元件的试后状态

GB 14048.5—2001 中 8.3.4.4 适用。

9.4 EMC 试验

9.4.1 一般要求

发射和抗扰性试验为型式试验,应在有代表性的条件下进行,包括操作、环境条件。应按制造厂说明安装。

试验应按有关的 EMC 标准进行。

9.4.2 抗扰性

9.4.2.1 无电子线路的电器

无需进行试验。

9.4.2.2 具有电子线路的电器

试验应按表 1 的规定值进行。

表 1 EMC 抗扰度试验

试验类型	严酷度水平
静电放电抗扰性试验 GB/T 17626.2—1998	8 kV/空气放电，或 4 kV/接触放电
辐射射频电磁场抗扰性试验(80 MHz～1 GHz) GB/T 17626.3—1998	10 V/m[d]
快速瞬变脉冲群抗扰型试验 GB/T 17626.4—1998	2 kV/功率端口[a] 1 kV/信号端口[b]
1.2/50 μs～8/20 μs 浪涌抗扰性试验 GB/T 17626.5[c]—1999	2 kV/线对地 1 kV/线对线
传导射频抗扰性试验(150 kHz～80 MHz) GB/T 17626.6—1998	10
工频磁场抗扰性试验 GB/T 17626.8—1998	30 A/m
电压瞬时跌落和中断抗扰性试验 GB/T 17626.11—1999	0.5 个周期衰减 30% 5 个和 50 个周期衰减 60%
电源的谐波干扰 IEC 61000-4-13:2002	暂无要求[e]

a 功率端口：承载电器或相关电器工作时所需的主要电功率的导线或电缆连接至该点。

b 信号端口：承载传送数据或信号信息的导线或电缆在该点与电器相连。

c 对于直流 24 V 或更低的额定电压，本端口不适用。

d 国际电信联盟(ITU)的广播频段 87 MHz～108 MHz、174 MHz～203 MHz 及 470 MHz～790 MHz，严酷度水平为 3 V/m。

e 正在研究中。

9.4.3 发射

9.4.3.1 无电子线路的电器

无需进行试验。

9.4.3.2 具有电子线路的电器

试验按 8.3.3.2 和 GB 4824—2004 中 1 组 A 类规定进行。

9.5 常规和抽样试验

9.5.1 一般要求

常规试验应在生产后或生产过程中对逐台控制单元进行，以验证其符合规定的性能要求。

常规或抽样试验应在与型式试验条件相同或等同的条件下进行。动作极限可在通常的环境温度下验证，但有必要对应正常环境条件进行修正。

9.5.2 控制单元的动作试验

试验应由控制单元制造厂完成，以确保来自检测器电路输入信号在确定范围内时控制单元的正常动作。该输入信号的范围应能保证检测器加上控制单元在 9.3.3.6 规定的动作温度值内动作，该输入信号范围应由控制单元制造厂和检测器制造厂协商。

试验可在任意方便的电压下进行。

9.5.3 介电试验

不得使用金属箔。试验应在干燥、清洁的控制单元上进行。

介电耐受能力验证应在电器最后的装配之前进行(即在连接敏感器件如滤波电容器之前)。

1) 冲击耐受电压

GB 14048.1—2006 中 8.3.3.4.2 项 1)适用。

2) 工频耐受电压

GB 14048.1—2006 中 8.3.3.4.2 项 2)适用。

3) 冲击耐受电压和工频耐受电压的混合试验

上述 1)和 2)的试验可以仅用一个工频耐受试验替代,该正弦波的峰值为 1)和 2)中的较大者。

注:在包含半导体器件的控制单元上进行介电试验时应特别当心以避免该器件在试验过程中损坏。

9.5.4 A 型控制单元闭合和断开的常规试验

对 A 型控制单元,控制单元制造厂应进行以下的附加试验:

除控制单元应在室温下且应通以额定控制电源电压外,试验按 9.5.1 的条件进行。试验可在 750 Ω和 4 000 Ω 两个极限电阻值下进行,即不必连续改变阻值。

附　录　A
（规范性附录）
用于热保护系统的热检测器

A.1　A 型检测器的关联特性

为确保检测器连同其控制单元的的动作温度(TFS 和复位)符合本部分，检测器应满足以下要求：

A 型检测器的电阻－温度特性

每一单独检测器的电阻，在指定的温度(参考额定动作温度 TNF)下，应满足下列条件，并按照 A.2 规定的试验(见图 A.1)进行验证。

a)　当温度为 TNF－5 K，且所有的测量电压不大于 2.5 V(直流)时电阻值应≤550 Ω；

b)　当温度为 TNF＋5 K，且所有的测量电压不大于 2.5 V(直流)时电阻值应≥1 330 Ω；

c)　当温度为 TNF＋15 K，且所有的测量电压不大于 7.5 V(直流)时电阻值应≥4 000 Ω；

d)　当温度为－20℃～TNF－20 K，且所有的测量电压不大于 2.5 V(直流)时电阻值应≤250 Ω。

推荐三个检测器串联连接，若串联的检测器多于 3 个，则在温度为－20℃～TNF－20 K 的任何温度下，每一个检测器的最大电阻值应保证使多个检测器串联电路的总电阻值不超过 750 Ω。

注 1：－20℃～TNF－20 K 范围内的确切电阻值并不重要，但应注意在适用工作条件下所有检测器最小电阻值通常均大于 20 Ω。

注 2：温度低于－20℃时，电阻值可大于 250 Ω。

注 3：当施加的电压为 2.5 V 及以下时(TNF＋15 K 点除外，该点施加的电压允许达到 7.5 V)，以上电阻值和相应的动作特性容差是正确的。如果施加的电压超过上述值，则检测器及其控制单元的性能可能不符合正常的动作特性容差。

A.2　互换特性验证

A.2.1　A 型检测器的型式试验

检测器制造厂应进行适当的试验，以及下列试验：

电阻-温度特性验证

检测器的电阻-温度特性应在合适的条件下，对 A.1 中规定的 5 个温度点(－20℃，TNF－20 K，TNF－5 K，TNF＋5 K，TNF＋15 K)测量电阻值。

施加在检测器的电压为直流 2.5 V，TNF＋15 K 点除外，该点施加的电压为 7.5 V。

测得的电阻应符合 A.1 的要求。

A.2.2　A 型检测器的常规试验

常规试验按 9.5 的规定进行。

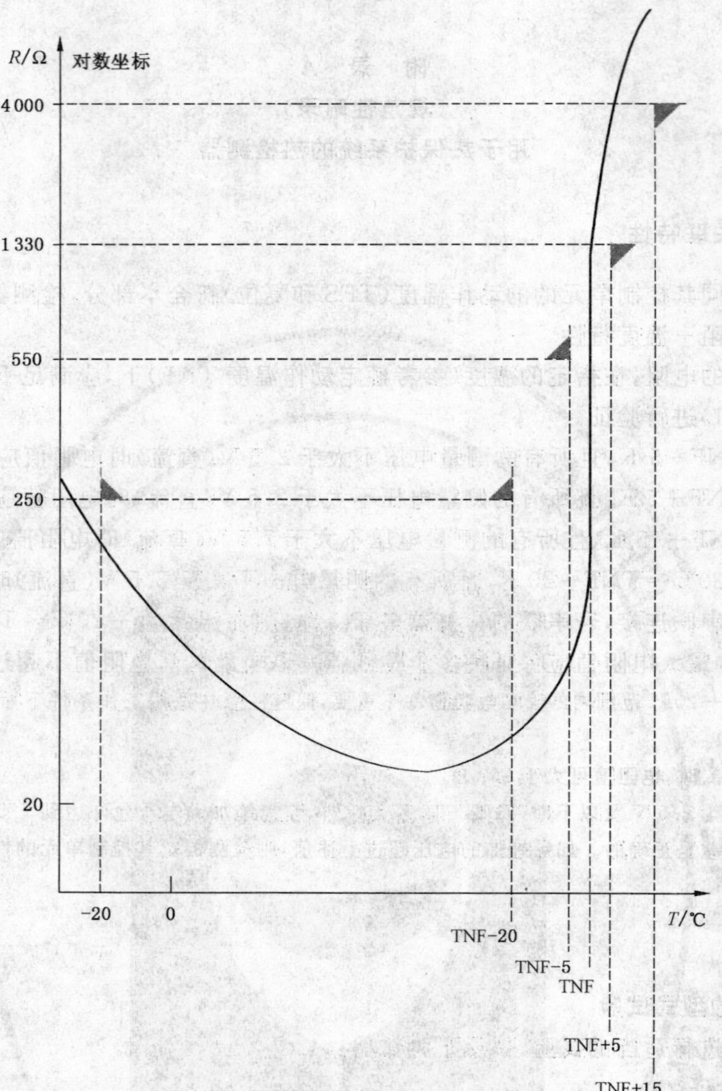

图 A.1 A 型检测器的典型特性曲线

附 录 B
（规范性附录）
特 殊 试 验

B.1 传感器电路的短路检测

见附录 C。

B.2 动态断线检测

在考虑中。

B.3 湿热

GB 14048.1—2006 中的附录 K 适用，并补充如下：

采用试验 Db：交变湿热试验，严酷度等级为高温温度 40℃、周期数 6 昼夜。

试验时将控制单元放入湿热试验室（或箱）。

试验结果的判定除进行 GB 14048.1—2006 附录 K 中 K.4 a）和 K.4 b）的试验外，还应在试验后进行控制单元的动作试验，试验应由控制单元制造厂完成，以确保来自检测器电路输入信号在确定范围内时控制单元能够正常动作。该输入信号的范围应能保证检测器加上控制单元在 9.3.3.6 规定的动作温度值内动作，该输入信号范围应由控制单元制造厂和检测器制造厂协商。

试验可在任意方便的电压下进行。

附 录 C
（资料性附录）
传感器电路短路时的验证要求

C.1 概述

热检测器具有低电阻值，因此有必要采取特殊措施以辨别短路时电阻减小到接近于零时的状态。为了安全，或延长旋转电机的寿命，在传感器电路中设置一个短路检测系统是有益的，特别是这样的短路检测也增强了热保护的安全性。

短路检测仅用于识别短路，而不会取代已设定的动作。下列动作取决于控制单元的接法和制造厂的应用。

C.2 传感器电路中短路检测的要求

当控制单元在正常使用条件下工作且检测器电路与控制单元端子连接时，应满足下列条件，并用C.3中规定的试验进行验证。

a) 当检测器电路的电阻值为20 Ω～750 Ω时，控制单元应闭合或能够复位；
b) 当检测器电路的电阻值从750 Ω下降至10 Ω时，控制单元应断开；
c) 当检测器电路的电阻值从10 Ω上升至20 Ω时，控制单元应闭合或能够复位；
d) 当检测器电路的电容值不大于0.2 μF时，控制单元的动作应无显著的改变。

C.3 传感器电路中短路检测的验证

C.2中控制单元相应于电阻值的闭合和断开动作，其验证方法如下：

控制单元应在8.2.1规定的最不利的正常使用条件工作。

当一个可变电阻插入用于连接热敏电阻检测器的每对端子之间时，应满足下列条件：

a) 当电阻为20 Ω～750 Ω的任意值时，控制单元应闭合或能够复位。为验证该性能，将一个可变电阻设置为此值进行试验；
b) 当电阻值下降至小于10 Ω时，控制单元应断开；
c) 使控制单元保持在脱扣状态约1 min，之后当电阻值处于10 Ω～20 Ω范围内时控制单元应闭合或能够复位。

项b)、项c)规定的试验应在预定连接检测器的端子间并联接入一个0.2 μF的电容后重复进行，控制单元断开点的电阻值应与前一次试验断开点的电阻值相差应不大于10%。

ICS 83.180
G 38

中华人民共和国国家标准

GB/T 14074—2006
代替 GB/T 14074.1～14074.18—1993

木材胶粘剂及其树脂检验方法

Testing methods for wood adhesives and their resins

2006-05-18 发布　　2006-10-15 实施

中华人民共和国国家质量监督检验检疫总局
中国国家标准化管理委员会　发布

前　言

本标准是对 GB/T 14074.1～14074.18—1993《木材胶粘剂及其树脂检验方法》的修订。与前一版标准相比，主要变化如下：

——外观测定中增加了取样方法，对所用仪器进行规范。

——密度测定中温度计精度修改为 0.5℃，密度测量改为精确到 0.01 g/cm^3，结果之差改为不超过 0.02 g/cm^3。

——粘度测定非等效采用 ASTM D1081—1988《胶粘剂粘度测定方法》，采用旋转粘度计法测定树脂粘度。

——pH 值测定非等效采用 NF 76-103—1972《胶粘剂与胶浆 pH 值的测定》。与前一版标准 GB/T 14074.4—1993 相比，主要技术变化为：增加了测试原理、精度要求和干性胶粘剂的测试方法。

——固体含量测定非等效采用 BS EN 827—1995《胶粘剂——常规固体含量与恒质量固体含量测定方法》中的常规固体含量测定方法。与前一版标准 GB/T 14074.5—1993 相比，主要技术变化为在样品数量、干燥温度和容器等方面做了修改。

——水混合性测定非等效采用 ISO 8989:1988《塑料——液体酚醛树脂——水混合性测定》。与前一版标准 GB/T 14074.6—1993 相比，主要技术变化为：测试仪器和操作程序不同。

——固化时间测定与前一版标准 GB/T 14074.7—1993 相比，主要技术变化为：取样数量和测试程序不同。

——适用期测定与前一版标准 GB/T 14074.8—1993 相比，主要技术变化为：采用液体固化剂。

——贮存稳定性测定与前一版标准 GB/T 14074.9—1993 相比，主要技术变化为：增加取样数量。

——胶合强度与内结合强度测定与前一版标准 GB/T 14074.10—1993 相比，主要技术变化为：增加了胶合强度试样制作和测定方法。

——取消了前一版标准 GB/T 14074.12—1993 聚合时间的测定方法，增加了凝胶时间的测定方法。该方法非等效采用 ISO 9396:1997《塑料——酚醛树脂——自动仪器凝胶时间测定方法》。

——游离苯酚含量测定与前一版标准 GB/T 14074.13—1993 相比，主要技术变化为：水蒸气蒸馏苯酚时的 pH 值由 9 以下调整为 4.0。

——游离甲醛含量测定部分等同采用 ISO 9397:1995《塑料——酚醛树脂——游离甲醛含量测定——盐酸羟胺法》和 ISO 9020:1994《油漆和清漆用粘合剂——氨基树脂游离甲醛含量测定——亚硫酸钠滴定法》，与前一版标准 GB/T 14074.16—1993 相比，主要技术变化为：采用国际标准的测定方法。

——含水率测定、碱量测定、可被溴化物测定、羟甲基含量测定、沉析温度测定与前一版标准相比，主要变化为文本格式。

本标准由国家林业局提出。

本标准由全国人造板标准化技术委员会归口。

本标准负责起草单位：华南农业大学林学院。

本标准参加起草单位：广州市长安粘胶制造有限公司、广东省木材及木制品质量监督检验中心、广州市好上好装饰材料制造有限公司东升胶粘剂分厂、北京太尔化工有限公司、吉林森林工业股份有限公司露水河刨花板分公司、福建福人木业有限公司、浙江升华云峰新材股份有限公司。

本标准主要起草人：高振忠、陈绍荣、黄志平、王晓波、郑玉华、王大张、毛陈居、王旭、顾水祥、李凯夫。

本标准于1993年首次发布，本次是第一次修订。

本标准委托全国人造板标准化技术委员会负责解释。

木材胶粘剂及其树脂检验方法

1 范围

本标准规定了木材胶粘剂及其树脂的测定方法。

本标准的3.1,3.2,3.3,3.4,3.5适用于木材胶粘剂用脲醛、酚醛、三聚氰胺甲醛树脂的测定。

本标准的3.6适用于木材胶粘剂用水溶性酚醛树脂和脲醛树脂的测定。

本标准的3.7,3.8,3.17,3.18适用于木材胶粘剂用脲醛树脂的测定。

本标准的3.9适用于木材胶粘剂用脲醛树脂和酚醛树脂的测定。

本标准的3.10适用于木材胶粘剂用脲醛树脂、酚醛树脂的测定。

本标准的3.11适用于醇溶性酚醛树脂的测定。

本标准的3.12适用于可溶性和低熔点可熔性酚醛树脂凝胶时间的测定;不适用于凝胶时间过短的粉状酚醛树脂、线性酚醛和像六甲撑三胺这样不能自身固化的树脂以及含有大量低沸点溶剂的树脂凝胶时间的测定。可以测定在有催化剂条件下的凝胶时间。催化剂可按固定的比例加入,使用催化剂固化的凝胶时间应在报告中说明使用固化剂的类型和样品处理方法。

本标准的3.13适用于酚醛树脂游离苯酚含量的测定。

本标准的3.14适用于水溶性酚醛树脂可被溴化物含量的测定。

本标准的3.15适用于水溶性酚醛树脂碱含量的测定。

本标准的3.16.1适用于游离甲醛含量不大于15%的酚醛树脂的游离甲醛含量的测定。对于游离甲醛含量在大于15%,而小于等于30%之间的酚醛树脂,有必要调整所使用的标准溶液浓度。本方法也不适用于树脂中含有六亚甲基四胺的酚醛树脂的游离甲醛含量的测定。

本标准的3.16.2适用于脲醛、尿素-三聚氰胺甲醛树脂游离甲醛含量的测定,此方法不适用于酚醛树脂改性的呋喃树脂游离甲醛含量的测定。

2 规范性引用文件

下列文件中的条款通过本标准的引用而成为本标准的条款。凡是注日期的引用文件,其随后所有的修改单(不包括勘误的内容)或修订版均不适用于本标准。然而,鼓励根据本标准达成协议的各方研究是否可使用这些文件的最新版本。凡是不注日期的引用文件,其最新版本适用于本标准。

GB/T 6678—2003 化工产品采样总则

GB/T 6680—2003 液体化工产品采样通则

GB/T 6682—1992 分析实验室用水规格和试验方法

GB/T 9724—1988 化学试剂 pH值测定通则

GB/T 17657—1999 人造板及饰面人造板理化性能试验方法

3 试验方法

3.1 外观检验

3.1.1 仪器和条件

3.1.1.1 仪器

试管:内径16 mm±0.2 mm,长150 mm。

3.1.1.2 条件

在自然光或日光灯下目视观察。

3.1.2 操作程序

3.1.2.1 取样

取样按 GB/T 6678—2003 和 GB/T 6680—2003 的规定进行。

取样时宜将试样搅拌均匀，保证样品的代表性。各单元被抽取数量应基本相同，总抽取样品数量不少于三次检验所需的量；若需保留样品则应再增加保留样品数量。

3.1.2.2 观察项目

外观检验应观察样品颜色、透明度、分层、机械杂质、浮游凝聚物。

3.1.3 操作步骤

将 20 mL 试样倒入干燥洁净的试管内，在 25℃±1℃的水浴中静置 5 min 后，在自然散射光或日光灯下对光观察。

如样品温度低于 10℃，试样产生异常时，允许用水浴将试样加热到 40℃～45℃，保持 5 min，自然冷却到 25℃±1℃，保持 5 min 后进行外观检验。

观察分层现象需静置 30 min 后进行。

3.1.4 结果表示

记录观察到的现象，并写入检验报告。

3.2 密度测定

3.2.1 仪器

3.2.1.1 密度计：精度 0.001 g/cm^3。

3.2.1.2 量筒：500 mL。

3.2.1.3 温度计：0℃～50℃水银温度计，精度 0.5℃。

3.2.2 操作程序

3.2.2.1 取样

取样按 GB/T 6678—2003 和 GB/T 6680—2003 的规定进行。

取样时宜将试样搅拌均匀，保证样品的代表性。各单元被抽取数量应基本相同，总抽取样品数量不少于三次检验所需的量；若需保留样品则应再增加保留样品数量。

3.2.2.2 操作步骤

预先将试样温度调至 20℃±1℃（此温度保持到测定结束），将试样沿玻璃棒慢慢地注入清洁干燥量筒中，不得使试样产生气泡和泡沫；拿住密度计上端，将其慢慢地放入试样中，注意不要接触筒壁（见图 1）。当密度计在试样中处于静止状态时，记下液面与密度计交接处的数据（试样为透明液体时记下液面水平线所通过密度计刻度的读数），精确到 0.01 g/cm^3。平行测定三次。测定结果之差不超过 0.02 g/cm^3。

3.2.3 结果表示

取三次有效测定结果的算术平均值，即为试样密度，精确到 0.01 g/cm^3。

注：当试样少时，允许用比重瓶或韦氏比重天平测定试样密度。

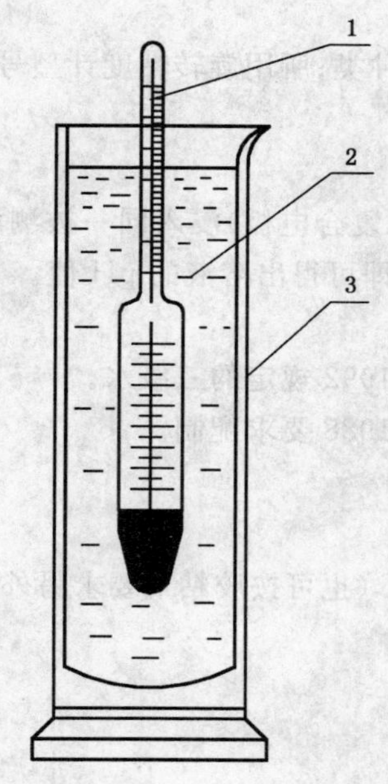

1——密度计；

2——试样；

3——量筒。

图 1 密度计放置示意图

3.3 粘度测定

3.3.1 原理

旋转粘度计测量的粘度是动力粘度，它是基于表观粘度随剪切速率变化而呈可逆变化的原理进行测定。

3.3.2 仪器和条件

3.3.2.1 旋转粘度计。

3.3.2.2 温度计：精度为 0.1℃。

3.3.2.3 恒温浴：能保持 23℃±0.5℃（也可按胶粘剂要求选用其他温度）。

3.3.2.4 容器：直径不小于 6 cm，高度不低于 11 cm 的容器或旋转粘度计上附带的容器。

3.3.3 操作程序

3.3.3.1 取样

取样按 GB/T 6678—2003 和 GB/T 6680—2003 规定进行。

取样时宜将试样搅拌均匀，保证样品的代表性。各单元被抽取数量应基本相同，总抽取样品数量不少于三次检验所需的量；若需保留样品则应再增加保留样品数量。

3.3.3.2 操作步骤

3.3.3.2.1 同种试样应该选择适宜的相同转子和转速，使读数在刻度盘的 20%～80%范围内。

3.3.3.2.2 将盛有试样的容器放入恒温浴中，使试样温度与试验温度平衡并保持试样温度均匀。

3.3.3.2.3 将转子垂直浸入试样中心部位，并使液面达到转子标线（有保护架应装上保护架）。

3.3.3.2.4 开动旋转粘度计，读取旋转时指针在圆盘上不变时的读数。

3.3.3.2.5 每个试样测定三次。

3.3.4 结果表示

取三次试样测试中最小一个读数值，精确到 1 mPa·s。结果按粘度计读数进行计算，以 Pa·s 或 mPa·s 表示。

3.3.5 试验报告

试验报告应包括样品来源、名称、种类；所用旋转粘度计型号、转子，转速；试验温度；粘度值。

3.4 pH 值测定

3.4.1 原理

将玻璃电极和甘汞电极（是否考虑复合电极）浸入同一被测溶液中构成原电池，其电动势与溶液的pH 值有关，通过测量原电池的电动势即可得出溶液的 pH 值。

3.4.2 试剂

3.4.2.1 蒸馏水：符合 GB/T 6682—1992 规定的三级水。

3.4.2.2 缓冲溶液：按 GB/T 9724—1988 要求配制。

3.4.3 仪器

3.4.3.1 酸度计：精度为 0.1pH 单位。

3.4.3.2 恒温水浴：能保持 25℃±1℃（也可按胶粘剂要求另外确定温度）。

3.4.3.3 烧杯：容积为 100 mL。

3.4.3.4 量筒：容积为 50 mL。

3.4.4 操作程序

3.4.4.1 取样

取样按 GB/T 6678—2003 和 GB/T 6680—2003 规定进行。

取样时宜将试样搅拌均匀，保证样品的代表性。各单元被抽取数量应基本相同，每个试样数量约为50 mL。

3.4.4.2 操作步骤

3.4.4.2.1 按酸度计说明书要求浸泡其玻璃电极，同种试样应选择与其 pH 值相近的两种标准缓冲溶液校正酸度计。

3.4.4.2.2 一般情况下用量筒量取 50 mL 试样倾入烧杯中，作为测定 pH 值的试样。

当试样粘度大于 20 Pa·s 时，则用量筒量取 25 mL 试样和 25 mL 蒸馏水倾入同一烧杯，用玻璃棒将其搅拌均匀后作为试样。

干性的树脂，称 5 g 粉碎的树脂试样在烧瓶中，用量筒量取 100 mL 蒸馏水倾入烧瓶，回流，回流约5 min 后作为试样。

3.4.4.2.3 将盛有试样的烧杯放入恒温水浴中，待其温度达到平衡后，将玻璃电极用蒸馏水冲洗干净并擦干，再用试液洗涤电极，然后插入试样中进行测定。

3.4.4.2.4 在连续三个试样中，若三个 pH 值的差大于 0.2，则应重新取三个试样再次测定，直至 pH 值的差值不大于 0.2 为止。

3.4.5 结果表示

取三个试样 pH 值的算术平均值作为试验结果，精确到 0.1 pH 单位。

3.4.6 试验报告

试验报告应包括试样名称、生产日期、试样加蒸馏水稀释或溶解情况、试验温度、pH 值的平均值、测试人员及测试日期。

3.5 固体含量测定

3.5.1 取样

取样按 GB/T 6678—2003 和 GB/T 6680—2003 规定进行。

取样时宜将试样搅拌均匀，保证样品的代表性。各单元被抽取数量应基本相同，总抽取样品数量不少于三次检验所需的量；若需保留样品则应再增加保留样品数量。

3.5.2 仪器和设备

3.5.2.1 恒温烘箱，保持试验温度波动在±1℃之内。

3.5.2.2 分析天平,精度为 0.000 1g。

3.5.2.3 不锈钢表面皿或用铝箔制成的容器,直径 60 mm±5 mm。

3.5.2.4 装有适量干燥剂的干燥器。

3.5.3 **操作步骤**

将试验用容器放入试验温度下的恒温烘箱中 30 min,取出后放入干燥器中冷却至少 15 min。称容器质量,精确到 0.001 g;用称过的容器取样,酚醛树脂的样品数量为 4 g±0.4 g,脲醛和三聚氰胺甲醛树脂的样品数量为 1 g±0.1 g,精确到 0.001 g。将样品放入恒温烘箱中,在 120℃±1℃干燥 120 min±1 min。取出容器后,放入干燥器中冷却至少 15 min,取出后立即称量,精确到 0.001 g。

注:酚醛树脂称量后,允许用乙醇稀释样品,以利于试样在容器表面铺展。

3.5.4 **结果表示**

每个试样的固体含量按式(1)计算:

$$C_1 = \frac{m_3 - m_1}{m_2 - m_1} \times 100\% \quad \cdots\cdots(1)$$

式中:

C_1——树脂固体含量,%;

m_1——容器质量,单位为克(g);

m_2——容器与干燥前树脂的质量,单位为克(g);

m_3——容器与干燥后树脂的质量,单位为克(g)。

平行测定三次,结果之差不大于 0.5%;否则应按 3.5.3 规定步骤重新测定。取三次有效测定结果算术平均值,精确到 0.1%。

3.6 **水混合性测定**

3.6.1 **试剂**

蒸馏水或者相当纯度的水。

3.6.2 **仪器**

3.6.2.1 烧杯:容量为 100 mL(如树脂的水混合性较高,可使用更大容量的容器)。

3.6.2.2 温度计:精度 0.5℃。

3.6.2.3 磁力搅拌器。

3.6.2.4 滴定管:容量 50 mL,精度 0.1 mL。

3.6.3 **测定条件**

测定应在 23℃±0.5℃条件下进行。测定前树脂和蒸馏水应已被置于该温度条件下达到恒温。

3.6.4 **原理**

测定在液态酚醛树脂或脲醛树脂中获得混浊液所需水的数量。

3.6.5 **操作程序**

3.6.5.1 **测定温度**

在 23℃±0.5℃的温度下进行。

3.6.5.2 **预测定**

当试样水混合性未知时,应进行预测定以了解水混合性值所处范围。

3.6.5.3 **实际测定**

根据预测定结果,用 100 mL 的烧杯量取试样 10 mL ～50 mL(精确到 0.1 mL)用于测定(如样品水混合性超过 9 倍 ,则用更大容量的容器)。用温度计确认试样温度在 23℃±0.5℃。将烧杯放在磁力搅拌器上并开动搅拌器,用滴定管加入事先恒温到 23℃±0.5℃的蒸馏水。

首先加入约为达到相溶极限所需要量 50%的蒸馏水,接下来分次加入所需蒸馏水量的 30%,然后逐滴加入蒸馏水直到混浊持续至少 30 s(酚醛树脂)或杯壁上出现微细不溶物(脲醛树脂),即记录加入

水的体积 V,单位:mL。

平行测定两次,测定结果之差应小于 0.1 倍。取两次有效测定结果算术平均值,精确到 0.1 倍。

3.6.6 结果表示

用式(2)计算树脂的水混合性。

$$W = \frac{V}{V_1} \tag{2}$$

式中

W——水混合性,倍;

V——加入蒸馏水的体积,单位为毫升(mL);

V_1——试样体积,单位为毫升(mL)。

3.7 固化时间测定

3.7.1 仪器及装置

3.7.1.1 平底或圆底短颈烧瓶:1 000 mL。

3.7.1.2 天平:精度 0.1 g。

3.7.1.3 秒表。

3.7.1.4 烧杯:100 mL。

3.7.1.5 试管:内径 25 mm±0.2 mm,长 150 mm。

3.7.1.6 移液管:5 mL,25 mL。

3.7.1.7 温度计。

3.7.1.8 测定装置:见图 2。

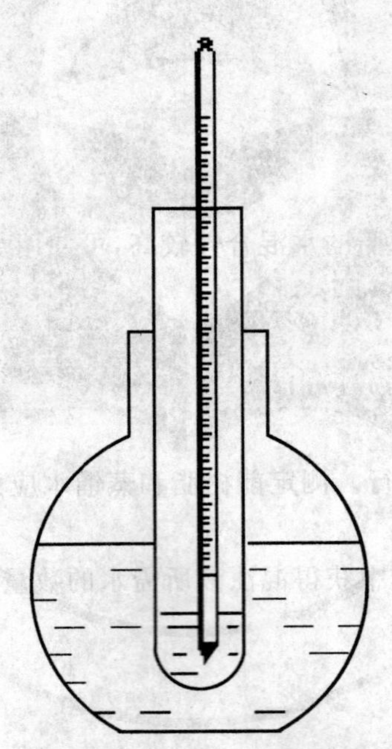

图 2 树脂固化时间测定装置

3.7.2 试剂

25%氯化铵(化学纯)水溶液或使用产品说明书要求的固化剂。

3.7.3 操作程序

3.7.3.1 取样

取样按 GB/T 6678—2003 和 GB/T 6680—2003 规定进行。

取样时宜将试样搅拌均匀,保证样品的代表性。各单元被抽取数量应基本相同,总抽取样品数量不少于三次检验所需的量;若需保留样品则应再增加保留样品数量。

3.7.3.2 操作步骤

测定宜在环境温度为 20℃～25℃条件下进行。

用烧杯称取 50 g(精确到 0.1 g)试样,用 5 mL 的移液管加入 2 mL 25%氯化铵溶液或产品说明书要求的固化剂,搅拌均匀后,立即向试管中移取 10 g 调制好的树脂(注意不要使试样粘在管壁上),将试管放入有沸水的短颈烧瓶中,开始计时。试管中试样液面要低于瓶中沸水水面 20 mm,迅速搅拌,直到搅拌棒突然不能提起或树脂突然变硬时,按停秒表,记录时间。测定过程应在加入氯化铵溶液(或其他固化剂)后 10 min 内完成。

3.7.4 结果表示

每个试样固化时间平行测定三次,平行测定结果之差不超过 5s,取三次有效测定结果算术平均值,精确到 1 s。

如测定中使用了产品说明书要求的固化剂,应在检验报告中说明固化剂种类和数量及加入的细节。

3.8 适用期测定

3.8.1 仪器

3.8.1.1 恒温水浴。

3.8.1.2 烧杯:100 mL。

3.8.1.3 搅拌棒:直径约 6 mm,长约 150 mm 玻璃棒。

3.8.1.4 天平:精度 0.1 g。

3.8.2 试剂

25%氯化铵(化学纯)水溶液或使用产品说明书要求的固化剂。

3.8.3 操作程序

3.8.3.1 取样

取样按 GB/T 6678—2003 和 GB/T 6680—2003 规定进行。

取样时宜将试样搅拌均匀,保证样品的代表性。各单元被抽取数量应基本相同,总抽取样品数量不少于三次检验所需的量;若需保留样品则应再增加保留样品数量。

3.8.3.2 操作步骤

称取 50 g 试样(精确到 0.1 g)放入烧杯中,用移液管加入 2 mL 25%的氯化铵(精确到 0.1 mL)或产品说明书要求的固化剂,用搅拌棒搅拌均匀,立即将烧杯置于水温为 25℃±0.5℃的恒温水浴中,试样液面应在水面下 20 mm 处,记录开始时间,经常观察试样粘度变化情况,直至用搅拌棒挑起树脂液时出现断丝,作为终点。记录时间,其结果用 min 表示。重复测定两次,结果之差不大于 5 min。否则应重新进行操作。

3.8.4 结果表示

取两次测定结果的平均值,精确到 1 min。

如测定中使用了产品说明书要求的固化剂,应在检验报告中说明固化剂种类和数量及加入的细节。

3.9 贮存稳定性测定

3.9.1 仪器

3.9.1.1 恒温水浴。

3.9.1.2 锥形烧瓶:500 mL,配有胶塞。

3.9.1.3 试管:内径 16 mm±0.2 mm,长 150 mm。

3.9.1.4 天平:精度 0.1 g。

3.9.1.5 温度计:0℃～100℃水银温度计,精度 0.2℃。

3.9.2 操作程序

3.9.2.1 取样

取样按 GB/T 6678—2003 和 GB/T 6680—2003 规定进行。

取样时宜将试样搅拌均匀,保证样品的代表性。各单元被抽取数量应基本相同,总抽取样品数量不少于三次检验所需的量;若需保留样品则应再增加保留样品数量。

3.9.2.2 操作步骤

试样在进行初始粘度测定后,分别称取试样 10 g(精确到 0.1 g)于试管中,试样 400 g(精确到 0.1 g)于锥形烧瓶中。按表 1 所规定的温度,将试管和锥形烧瓶放入恒温水浴中,试样的上液面应在低于水浴液面 20 mm 处。记下开始时间,约 10 min 后,盖紧塞子,每小时取出试管观察一次试样的流动性。每隔 1h 从锥形烧瓶中取出试样冷却至 20℃,测定粘度,计算粘度变化率。直至粘度增长到 200% 时为止。记录处理时间 t,以小时(h)为单位。

表 1 不同树脂处理温度

树脂类型	处理温度/℃
脲醛树脂	70±2
酚醛树脂	60±2

3.9.3 结果表示与计算

3.9.3.1 贮存天数计算

贮存稳定性测定按表 1 规定条件进行,树脂粘度增长到 200% 所需时间 t(h)即代表树脂贮存稳定性。脲醛树脂以 $t\times10$、酚醛树脂以 $t\times6$ 所得数值,即相当于密封包装的树脂在温度为 10℃～20℃,阳光不直接照射处贮存的天数。

3.9.3.2 粘度变化率计算

树脂粘度变化率按式(3)计算:

$$\varphi=\frac{\eta-\eta_0}{\eta_0}\times100\% \qquad\cdots\cdots(3)$$

式中:

φ——树脂粘度变化率,%;

η——处理后的粘度,单位为毫帕秒(mPa·s);

η_0——处理前的粘度,单位为毫帕秒(mPa·s)。

3.10 胶合强度和内结合强度测定

3.10.1 试样的制备

按供需双方协议或产品说明书要求制作试样。

3.10.2 胶合强度测定

3.10.2.1 胶合板胶合强度测定

按 GB/T 17657—1999 中 4.15 规定进行。其中:

用酚醛树脂制备的试件和用三聚氰胺改性的脲醛树脂制备的室外用试件按 GB/T 17657—1999 中 4.15.4.2 a)规定进行处理。

用脲醛树脂制备的试件和三聚氰胺改性的脲醛树脂制备的室内用试件按 GB/T 17657—1999 中 4.15.4.2 b)规定进行处理。

3.10.2.2 **中密度纤维板与刨花板内结合强度测定**

按 GB/T 17657—1999 中 4.8 规定进行。

3.10.3 **检验报告**

检验报告应包含以下内容：

——树脂类型；

——如按产品说明书进行树脂调制和热压，应注明固化剂种类、助剂名称、样板制作工艺条件及其他所有必要的细节；

——试件处理方法；

——胶合强度平均值和最小值；

——胶合板、细木工板胶粘剂用树脂的胶合强度测定还应注明试件合格率和有效试件数。

3.11 **含水率测定**

3.11.1 **仪器**

3.11.1.1 水分测定器：烧瓶容量 500 mL。

3.11.1.2 量筒：100 mL。

3.11.1.3 天平：精度 0.1 g。

3.11.1.4 电炉。

3.11.1.5 三角架、夹具等。

3.11.2 **试剂**

3.11.2.1 甲酚：分析纯(经过无水硫酸钠脱水)。

3.11.2.2 苯：分析纯(经过无水氯化钙脱水)。

3.11.3 **操作程序**

3.11.3.1 **取样**

取样按 GB/T 6678—2003 和 GB/T 6680—2003 规定进行。

取样时宜将试样搅拌均匀，保证样品的代表性。各单元被抽取数量应基本相同，总抽取样品数量不少于三次检验所需的量；若需保留样品则应再增加保留样品数量。

3.11.3.2 **操作步骤**

称取固体试样 10 g(精确到 0.1 g)，粉碎成小颗粒或剪成小块，放入水分测定器的圆底烧瓶中，加入 60 mL 的甲酚使其溶解。如不溶解，可在 50℃～60℃水浴中加热溶解。溶解后加入少量浮石(使其沸腾均匀)和 80 mL 的苯，并接上水分测定器的冷凝管及接收水分的弯管等，装置见图 3。将冷却水通入冷凝管中，开始加热至沸腾，起初回流速度每秒 2 滴，大部分水出来后，每秒 4 滴，直至接收管中的水量不再增加时，再回流 15 min 后，计量接收管中的水的体积(mL)，并将水的体积换算成水的质量。平行测定两次。两个结果之差不大于 0.05 mL，取两次有效测定结果的算术平均值，精确到 0.5%。

3.11.4 **结果表示**

树脂含水率按式(4)计算：

$$W = \frac{m_1}{m} \times 100\% \quad \cdots\cdots (4)$$

式中：

W——树脂含水率，%；

m_1——蒸馏接收管中水的质量，单位为克(g)；

m——试样质量，单位为克(g)。

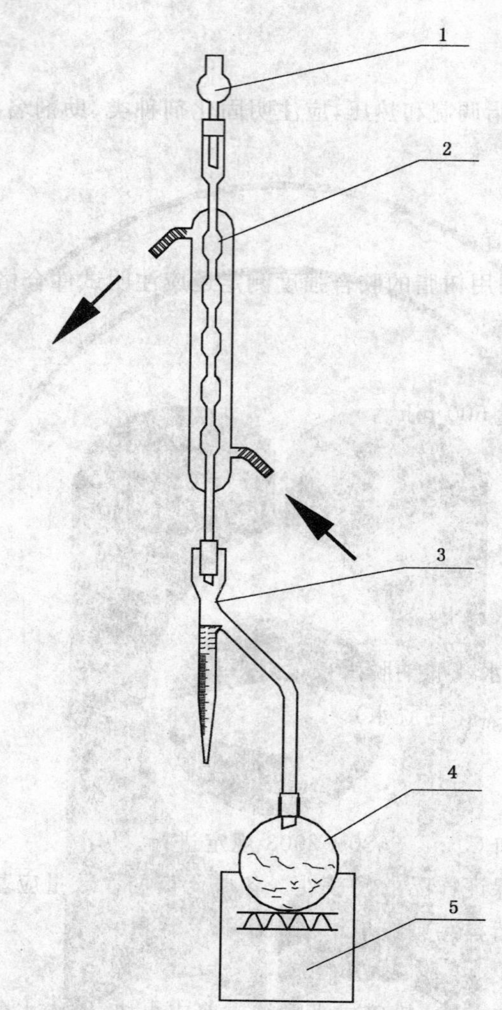

1——干燥管(以玻璃棉衬底,加上氯化钙);
2——冷凝器;
3——水分接收器;
4——烧瓶;
5——电炉。

图 3 树脂含水率测定装置

3.12 凝胶时间测定

3.12.1 原理

插头插入到试管内待测物质中(见图 4)并做上下往复运动。当试管中样品粘度增长到可将试管随插头一起拉起时即达到凝胶。

3.12.2 仪器

3.12.2.1 凝胶时间自动测量仪

插头的循环周期为 10 s 的仪器(见图 4)或性能相同的其他仪器,但要在试验报告中注明。

单位为毫米

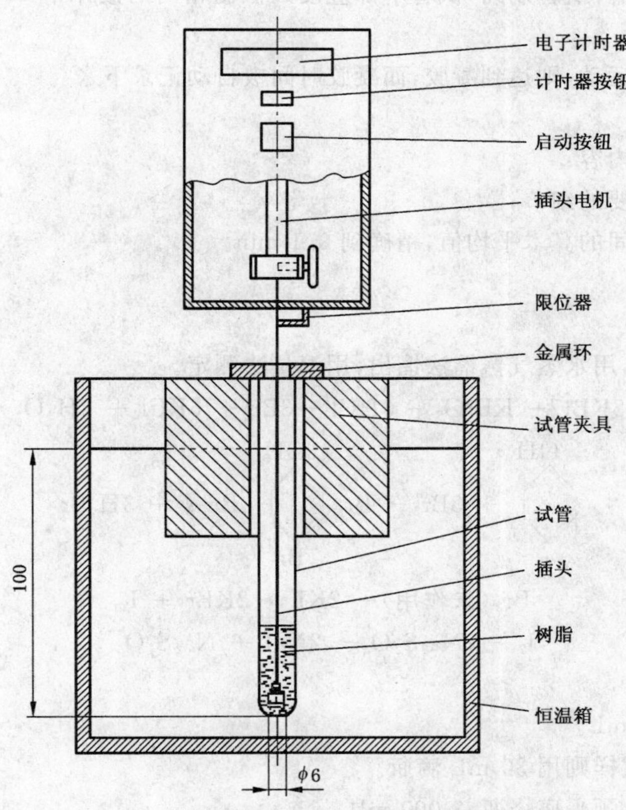

图 4 凝胶时间自动测定仪

3.12.2.2 恒温箱

最高温度 200℃，在所选测定温度点上的温度误差为 ±0.5℃。箱中液体（如硅油）的密度应为 1.0 g/cm^3 ±0.1 g/cm^3。

3.12.2.3 插头，带有螺旋线的金属线，长约 23 cm，直径约 1 mm；螺旋线在金属线的末端，高约 5 mm，直径 5 mm～6 mm。

3.12.2.4 试管

质量 10 g±1 g。内径 16 mm±0.2 mm；长度 160 mm±4 mm。

3.12.2.5 金属环

质量 10 g 或 20 g，并能固定恒温箱中的试管（见图 4）。

3.12.2.6 天平：精度 0.1 g。

3.12.3 操作程序

3.12.3.1 取样

取样按 GB/T 6678—2003 和 GB/T 6680—2003 规定进行。

取样时宜将试样搅拌均匀，保证样品的代表性。各单元被抽取数量应基本相同，总抽取样品数量不少于三次检验所需的量；若需保留样品则应再增加保留样品数量。

3.12.3.2 操作步骤

称 5.0 g±0.1 g 树脂，放入试管。用金属环固定住试管顶部，插入恒温箱。为防止胶在未达到凝胶点前由于粘度升高而被提起，当测液体树脂时，金属环的质量应为 10 g；当测固体可溶性树脂时，金属环的质量应为 20 g。

试验温度宜为 100℃、130℃、150℃。

盛有试样的试管一放入恒温箱中，就启动仪器进行试验。如果是液体树脂，立刻连接插头，对固体树脂,有必要等到树脂熔化。试验期间,试管下部应浸入恒温箱内的液体中 11 cm 深,部分夹具也应浸入(见图 4)。

如试管跟随插头上下运动,则达到凝胶,而凝胶时间被自动记录下来。

3.12.4 **检验报告**

检验报告应包括以下内容:

——被测试样全部必要的细节;

——被测试样凝胶时间的算术平均值,精确到 0.1 min。

3.13 **游离苯酚含量测定**

3.13.1 **原理**

树脂中未作用的苯酚,用水蒸气蒸馏法馏出,用溴量法测定。

$$5KBr + KBrO_3 + 6HCl \rightarrow 3Br_2 + 6KCl + 3H_2O$$

$$C_6H_5OH + 3Br_2 \rightarrow C_6H_2Br_3OH \downarrow + 3HBr$$

$$Br_2(\text{未作用}) + 2KI \rightarrow 2KBr + I_2$$

$$I_2 + 2Na_2S_2O_3 \rightarrow 2NaI + Na_2S_4O_6$$

3.13.2 **仪器**

3.13.2.1 容量瓶:1 000 mL。

3.13.2.2 称量瓶:液体试样则用 30 mL 滴瓶。

3.13.2.3 蒸汽发生器:长颈平底烧瓶,2 000 mL。

3.13.2.4 圆底短颈烧瓶:1 000 mL。

3.13.2.5 冷凝管:60 cm。

3.13.2.6 棕色滴定管:50 mL。

3.13.2.7 移液管:50 mL,25 mL。

3.13.2.8 量筒:20 mL。

3.13.2.9 碘量瓶:500 mL。

3.13.2.10 分析天平:精度 0.000 1 g。

3.13.2.11 pH 计:精度 0.1 pH 单位。

3.13.2.12 电炉:功率 2 000 W。

3.13.2.13 支架、夹具等。

3.13.3 **试剂与溶液**

3.13.3.1 碘化钾:分析纯。

3.13.3.2 盐酸:分析纯。

3.13.3.3 乙醇:分析纯。

3.13.3.4 $c(\frac{1}{6}KBrO_3)=0.1$ mol/L 溴酸钾-$c(\frac{1}{6}KBr)=0.5$ mol/L 溴化钾溶液:称取 2.8 g 溴酸钾(分析纯)和 10.0 g 溴化钾(分析纯)用适量蒸馏水溶解,加入 1 000 mL 容量瓶中,稀释至刻度。

3.13.3.5 0.5%淀粉指示剂:称取 1.0 g 可溶性淀粉,加水 10 mL,搅拌下注入 200 mL 沸腾蒸馏水中,微沸 2 min 后,放置待用。

3.13.3.6 $c(Na_2S_2O_3)=0.167$ mol/L 硫代硫酸钠标准溶液。

3.13.3.6.1 配制:称取 26.3 g 硫代硫酸钠($Na_2S_2O_3$,优级纯)置于 500 mL 烧杯中,加新煮沸已冷却的蒸馏水至完全溶解后,加入 1 000 mL 容量瓶中,稀释至刻度,加入 0.05 g 碳酸钠(防止分解)及

0.01 g碘化汞(防止发霉),贮存于棕色瓶中,静置14 d后标定。

3.13.3.6.2 标定:称取经120℃烘至恒重的重铬酸钾(优级纯)0.15 g(精确到0.000 1 g)置于500 mL碘量瓶中,加入25 mL蒸馏水、2.0 g碘化钾及5 mL浓盐酸,摇匀,在暗处放置10 min,加150 mL蒸馏水,用硫代硫酸钠待标液滴定,接近终点时加3 mL 0.5%淀粉指示剂,继续滴定至溶液由蓝色变为亮绿色。

3.13.3.6.3 硫代硫酸钠的浓度按式(5)计算:

$$c(Na_2S_2O_3)=\frac{m}{V\times 0.049\ 04} \qquad \cdots\cdots(5)$$

式中:

c——硫代硫酸钠标准溶液的浓度,单位为摩尔每升(mol/L);

m——重铬酸钾的质量,单位为克(g);

V——滴定所耗硫代硫酸钠待标液体积,单位为毫升(mL);

0.049 04——$\frac{1}{6}$重铬酸钾的摩尔质量,单位为克每毫摩尔(g/m mol)。

3.13.4 操作程序

3.13.4.1 取样

取样按GB/T 6678—2003和GB/T 6680—2003规定进行。

取样时宜将试样搅拌均匀,保证样品的代表性。各单元被抽取数量应基本相同,总抽取样品数量不少于三次检验所需的量;若需保留样品则应再增加保留样品数量。

3.13.4.2 操作步骤

称取试样2 g(精确到0.000 1 g),置于1 000 mL圆底烧瓶中,以100 mL蒸馏水溶解(如稀释液pH不是4.0,在搅拌下用1:4盐酸水溶液逐渐将pH调至4.0)。醇溶性固体树脂,则称取1 g(精确至0.000 1 g),用移液管吸取25 mL乙醇移入烧瓶,摇动至树脂完全溶解。然后连接蒸汽发生器、冷凝器及容量瓶,蒸馏装置见图5,装好后开始蒸馏,要求在40 min~50 min内馏出液达到500 mL,这时取出一滴蒸馏液,滴入少许饱和溴水中,如果不发生混浊即停止蒸馏。取下容量瓶加蒸馏水至刻度,用移液管吸取50 mL蒸馏液移入碘量瓶中,再用移液管移入25 mL溴酸钾-溴化钾溶液,加5 mL浓盐酸,迅速盖上瓶盖并用水封口,摇匀在暗处放置15 min,然后加入1.8 g固体碘化钾,用少许蒸馏水冲洗瓶口,再放置10 min用硫代硫酸钠标准溶液滴定,滴定至淡黄色时,加3 mL淀粉指示剂,继续滴定至蓝色消失,即为终点。同时进行空白试验(如测定醇溶性树脂,需配制2.5%乙醇水溶液,吸取50 mL做空白试验)。平行测定两次,计算结果精确到小数点后两位,取其平均值。

3.13.5 结果表示

树脂游离苯酚含量按式(6)计算:

$$p=\frac{(V_1-V_2)\times c\times 0.015\ 68\times 1\ 000}{m\times 50}\times 100\% \qquad \cdots\cdots(6)$$

式中:

p——游离苯酚含量,%;

V_1——空白试验所耗硫代硫酸钠标准溶液体积,单位为毫升(mL);

V_2——滴定试样所耗硫代硫酸钠标准溶液体积,单位为毫升(mL);

c——硫代硫酸钠标准溶液的浓度,单位为摩尔每升(mol/L);

0.015 68——1 mL浓度为$c(Na_2S_2O_3)=0.167$ mol/L硫代硫酸钠标准溶液相当于苯酚的摩尔质量,单位为克每毫摩尔(g/m mol);

m——试样质量,单位为克(g)。

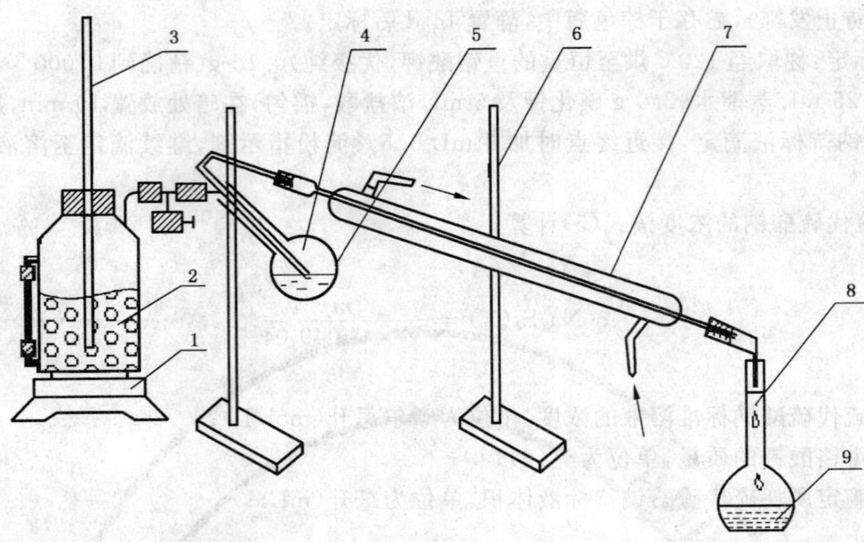

1——电炉；

2——水蒸气发生器；

3——安全导管；

4——圆底烧瓶；

5——试样；

6——支架；

7——直型冷凝管；

8——容量瓶；

9——蒸馏液。

图 5 游离苯酚测定蒸馏装置

3.14 可被溴化物含量测定

3.14.1 原理

把树脂中的游离酚和树脂分子中能被溴化的活性基团，折算成苯酚量，以此代表树脂的可被溴化物含量，用溴量法测定。

3.14.2 仪器

按 3.13.2 规定执行。

3.14.3 试剂与溶液

按 3.13.3 规定执行。

3.14.4 操作程序

3.14.4.1 取样

取样按 GB/T 6678—2003 和 GB/T 6680—2003 规定进行。

取样时宜将试样搅拌均匀，保证样品的代表性。各单元被抽取数量应基本相同，总抽取样品数量不少于三次检验所需的量；若需保留样品则应再增加保留样品数量。

3.14.4.2 操作步骤

称取 0.5 g(精确到 0.000 1 g)试样于 500 mL 容量瓶中，用蒸馏水稀释至刻度，摇匀，吸取 50 mL 试液于 500 mL 碘量瓶中，加 25 mL 溴酸钾-溴化钾溶液及 5 mL 盐酸，迅速盖上瓶塞，用水封瓶口，摇匀后放暗处静置 15 min，加入固体碘化钾 1.8 g(注意勿使溴气损失)，再放暗处 5 min，然后用硫代硫酸钠标准溶液滴定至淡黄色，加 3 mL 淀粉指示剂，滴定至蓝色消失。平行测定两次，计算结果精确到小数点后两位，取其平均值。

以 50 mL 蒸馏水代替试样进行空白试验。

3.14.5 结果表示

树脂可被溴化物含量按式(7)计算：

$$B=\frac{(V_1-V_2)\times c\times 0.01568\times 500}{m\times 50}\times 100\% \quad\cdots\cdots(7)$$

式中：

B——可被溴化物含量，%；

V_1——空白试验所耗硫代硫酸钠标准溶液体积，单位为毫升(mL)；

V_2——滴定试样所耗硫代硫酸钠标准溶液体积，单位为毫升(mL)；

c——硫代硫酸钠标准溶液的浓度，单位为摩尔每升(mol/L)；

0.015 68——1 mL 浓度 $c(Na_2S_2O_3)=0.167$ mol/L 硫代硫酸钠标准溶液相当于苯酚的摩尔质量，单位为克每毫摩尔(g/m mol)；

m——试样质量，单位为克(g)。

3.15 碱量测定

3.15.1 树脂中氢氧化钠含量测定

3.15.1.1 原理

用盐酸中和试样中的碱，以酚酞作指示剂。

$$NaOH+HCl\longrightarrow NaCl+H_2O$$

3.15.1.2 仪器

3.15.1.2.1 烧杯：150 mL。

3.15.1.2.2 滴定管：25 mL。

3.15.1.2.3 量筒：50 mL。

3.15.1.2.4 分析天平：精度 0.000 1 g。

3.15.1.3 试剂与溶液

3.15.1.3.1 1%酚酞指示剂：称取 1.0 g 酚酞，溶于乙醇，并用乙醇稀释至 100 mL。

3.15.1.3.2 溴甲酚绿-甲基红混合指示剂：三份 0.1%溴甲酚绿乙醇溶液与一份 0.2%甲基红乙醇溶液混合均匀。

3.15.1.3.3 $c(HCl)=0.1$ mol/L 盐酸标准溶液

a) 配制：用量筒量取 9 mL 盐酸（分析纯）加蒸馏水稀释至 1 000 mL。

b) 标定：称取 0.2 g（精确至 0.000 1 g），经 270℃～300 ℃灼烧至恒量的无水碳酸钠（优级纯），溶解于 50 mL 蒸馏水中，加 10 滴溴甲酚绿-甲基红混合指示剂，用配制的待标液滴定至溶液由绿色变成暗红色，煮沸 2 min，冷却后继续滴定至溶液呈暗红色，记录消耗待标液体积。

c) 盐酸标准溶液的浓度按式(8)计算：

$$c=\frac{m}{V\times 0.05299} \quad\cdots\cdots(8)$$

式中：

c——盐酸标准溶液的浓度，单位为摩尔每升(mol/L)；

m——无水碳酸钠的质量，单位为克(g)；

V——滴定所消耗盐酸待标液体积，单位为毫升(mL)；

0.052 99——$\frac{1}{2}$碳酸钠的摩尔质量，单位为克每毫摩尔(g/m mol)。

3.15.1.4 操作程序

3.15.1.4.1 取样

取样按 GB/T 6678—2003 和 GB/T 6680—2003 规定进行。

取样时宜将试样搅拌均匀，保证样品的代表性。各单元被抽取数量应基本相同，总抽取样品数量不少于三次检验所需的量；若需保留样品则应再增加保留样品数量。

3.15.1.4.2 操作步骤

准确称取试样 2 g（精确到 0.000 1 g）于烧杯中，加 50 mL 蒸馏水溶解，加 2 滴酚酞指示剂，用盐酸标准溶液滴定，与同浓度试样溶液对照，以微红色为滴定终点，记录所耗盐酸标准溶液体积，如试样颜色较深，可适当稀释。平行测定两次，计算结果精确到小数点后两位，取其平均值。

注：可用 pH 计代替指示剂进行滴定，其等当点的 pH 为 7.0。

3.15.1.5 结果表示

树脂中氢氧化钠含量按式（9）计算：

$$S = \frac{c \times V \times 0.040}{m} \times 100\% \qquad \cdots\cdots(9)$$

式中：

S——氢氧化钠含量，%；

c——盐酸标准溶液的浓度，单位为摩尔每升（mol/L）；

V——滴定试样所耗盐酸标准溶液体积，单位为毫升（mL）；

0.040——1 mL 浓度 $c(HCl)=1$ mol/L 盐酸标准溶液相当氢氧化钠的摩尔质量，单位为克每毫摩尔（g/m mol）；

m——试样质量，单位为克（g）。

3.15.2 树脂中氢氧化钠和碳酸钠含量测定

3.15.2.1 原理

树脂中氢氧化钠在酚酞指示剂存在下用盐酸中和。碳酸钠与盐酸反应到第一等当点时 pH 值为 8.3，可用酚酞作指示剂，第二等当点时 pH 值为 3.9，可用甲基橙作指示剂。

$$NaOH + HCl \rightarrow NaCl + H_2O$$

$$Na_2CO_3 + HCl \rightarrow NaHCO_3 + NaCl$$

$$NaHCO_3 + HCl \rightarrow NaCl + H_2O + CO_2\uparrow$$

3.15.2.2 仪器

3.15.2.2.1 容量瓶：250 mL。

3.15.2.2.2 锥形烧瓶：250 mL。

3.15.2.2.3 移液管：50 mL。

3.15.2.2.4 酸式滴定管：50 mL。

3.15.2.2.5 分析天平：精度 0.000 1 g。

3.15.2.3 试剂与溶液

3.15.2.3.1 1%酚酞指示剂：称 1.0 g 酚酞，溶于乙醇，用乙醇稀释至 100 mL。

3.15.2.3.2 0.1%甲基橙指示剂：称 0.1 g 甲基橙用蒸馏水稀释至 100 mL。

3.15.2.3.3 $c(HCl)=0.5$ mol/L 盐酸标准溶液

a) 配制：量取 45 mL 盐酸（分析纯）放入 1 000 mL 容量瓶中，加蒸馏水稀释刻度。

b) 标定：称取经 270℃～300℃灼烧至恒量的无水碳酸钠（优级纯）0.8 g（精确到 0.1 mg）。其他程序见 3.15.1.3.3 b)。

c) 计算：见 3.15.1.3.3 c)。

3.15.2.4 操作程序

3.15.2.4.1 取样

取样按 GB/T 6678—2003 和 GB/T 6680—2003 规定进行。

取样时宜将试样搅拌均匀，保证样品的代表性。各单元被抽取数量应基本相同，总抽取样品数量不少于三次检验所需的量；若需保留样品则应再增加保留样品数量。

3.15.2.4.2 操作步骤

称取试样 2 g(精确到 0.000 1 g)于 250 mL 容量瓶中，用蒸馏水稀释至刻度，摇匀，移取 50 mL 试液于 250 mL 锥形烧瓶中，加入 2 滴酚酞指示剂，用盐酸标准溶液滴定，以微红色为终点，记录消耗盐酸标准溶液体积 V_1。

在以上滴定完毕的溶液中，加入 2 滴甲基橙指示剂，摇匀，用盐酸标准溶液滴定至桔黄色为终点，记录耗用盐酸标准溶液体积 V_2。如试样颜色较深，可适当稀释。平行测定两次，计算结果精确到 0.01，取算术平均值。

可用 pH 计代替指示剂进行滴定，应将锥形烧瓶放在磁力搅拌器上进行。

3.15.2.5 结果表示

3.15.2.5.1 树脂中氢氧化钠含量按式(10)计算：

$$S_1 = \frac{(V_1 - V_2) \times c \times 0.040 \times 250}{m \times 50} \times 100\% \quad \cdots\cdots(10)$$

式中：

S_1——氢氧化钠含量，%；

c——盐酸标准溶液的浓度，单位为摩尔每升(mol/L)；

V_1——加酚酞指示剂时滴定所耗盐酸溶液体积，单位为毫升(mL)；

V_2——加甲基橙指示剂时滴定所耗盐酸标准溶液体积，单位为毫升(mL)；

m——试样质量，单位为克(g)；

0.040——1 mL 浓度 c(HCl)=1 mol/L 盐酸标准溶液相当于氢氧化钠的摩尔质量，单位为克每毫摩尔(g/m mol)。

3.15.2.5.2 树脂中碳酸钠含量按式(11)计算：

$$S_2 = \frac{2V_2 \times c \times 0.052\,99 \times 250}{m \times 50} \times 100\% \quad \cdots\cdots(11)$$

式中：

S_2——碳酸钠含量，%；

0.052 99——1 mL 浓度 c(HCl)=1 mol/L 盐酸标准溶液相当于 1/2 碳酸钠的摩尔质量，单位为克每毫摩尔(g/m mol)；

V_2，c，m——同式(10)。

3.16 游离甲醛含量测定

3.16.1 酚醛树脂中游离甲醛含量测定

3.16.1.1 原理

试样中的游离甲醛易与盐酸羟胺发生肟化反应。使用电位差计，用氢氧化钠滴定反应形成的盐酸。

$$CH_2O + H_2N—OH \cdot HCl \longrightarrow H_2CN—OH + HCl + H_2O \text{（肟化反应）}$$

3.16.1.2 试剂和溶液

3.16.1.2.1 盐酸羟胺，浓度为 10% 的溶液，其 pH 值用氢氧化钠溶液调整到 3.5。

3.16.1.2.2 氢氧化钠，分析纯，浓度 c(NaOH) = 1 mol/L 和 c(NaOH) = 0.1 mol/L 标准溶液。

3.16.1.2.3 盐酸，浓度 c(HCl) = 1 mol/L 和 c(HCl) = 0.1 mol/L 标准溶液。

3.16.1.2.4 甲醇，不含醛和酮。

3.16.1.2.5 异丙醇，分析纯，不含醛和酮。

3.16.1.2.6 蒸馏水。

3.16.1.3 仪器

3.16.1.3.1 天平，精确到 0.000 1 g。

3.16.1.3.2 pH 计，精度 0.1pH 单位，配有复合电极，或玻璃电极和标准甘汞参比电极。

3.16.1.3.3 磁力搅拌器

3.16.1.3.4 滴定管，容量为 5 mL、10 mL 和 25 mL，当游离甲醛含量可能大于 5%时用后者。

3.16.1.4 **操作程序**

3.16.1.4.1 **测定温度**

测定应在 23℃±1℃条件下进行。

3.16.1.4.2 **试样**

根据试样游离甲醛含量多少，称取 1 g～5 g(见表 2，精确到 0.000 1 g)试样放入 250 mL 的烧杯中。加入 50 mL 甲醇或 50 mL 由 3 体积异丙醇和 1 体积水组成的混合物，开动磁力搅拌器搅拌，直到树脂溶解和温度稳定在 23℃±1℃。

表 2 试样质量

甲醛含量/(%)	试样质量/g
<2	5.0 ±0.2
2 ～ 4	3.0 ±0.2
>4	1～2

3.16.1.4.3 **测定**

将 pH 计的电极插到溶液中，用浓度为 0.1 mol/L 的盐酸溶液(中性树脂)或 1 mol/L 的盐酸溶液(高碱性树脂)将 pH 值调到 3.5。

在 23℃±1℃条件下滴入大约 25 mL 10%的盐酸羟铵溶液。搅拌 10 min±1 min。用适当容量的滴定管以 1 mol/L 氢氧化钠溶液(如果试样游离甲醛含量较低，用 0.1 mol/L 的氢氧化钠溶液)将被测定液 pH 值迅速滴定到 3.5。

3.16.1.4.4 **空白试验**

用相同的步骤和相同的试剂(不加试样)做同样测定。

3.16.1.5 **结果表示**

用式(12)计算试样中游离甲醛含量(%)。

$$w = \frac{3c(V_1 - V_0)}{m} \times 100\% \qquad \cdots\cdots(12)$$

式中：

w——游离甲醛含量，%；

c——所使用的氢氧化钠溶液实际浓度，单位为摩尔每升(mol/L)；

V_0——空白试验所用的氢氧化钠溶液体积，单位为毫升(mL)；

V_1——测定所用的氢氧化钠溶液的体积，单位为毫升(mL)；

m——试样质量，单位为克(g)。

3.16.2 **脲醛、尿素-三聚氰胺甲醛树脂游离甲醛含量测定**

3.16.2.1 **原理**

本测定方法根据以下反应：

$$CH_2O + Na_2SO_3(\text{过量}) + H_2O \xrightarrow{pH=9.2\sim9.4,15\ min} HOCH_2-SO_3Na + NaOH$$

$$ROCH_2OH + Na_2SO_3(\text{过量}) + H_2O \xrightarrow{pH=9.2\sim9.4,15\ min} HOCH_2-SO_3Na + ROH + NaOH$$

$$>N-CH_2OH + Na_2SO_3 \xrightarrow{0℃} \text{试验条件下不反应}$$

$$Na_2SO_3(\text{过量}) + I_2 + H_2O \xrightarrow{pH\approx4.5} Na_2SO_4 + 2HI$$

$$HOCH_2—SO_3Na+I_2 \xrightarrow{pH\approx4.5} \text{试验条件下不反应}$$

$$HOCH_2-SO_3Na+Na_2CO_3 \xrightarrow{pH=9-10} CH_2O+Na_2SO_3+NaHCO_3$$

$$Na_2SO_3+I_2+H_2O \longrightarrow Na_2SO_4+2HI$$

试样中游离甲醛、半缩醛与过量的亚硫酸钠溶液在0℃反应，生成羟甲烷基磺酸盐。用碘溶液滴定过量的亚硫酸钠。用碳酸钠溶液使羟甲烷基磺酸盐分解，再用碘溶液滴定分解得到的亚硫酸钠。

3.16.2.2 **试剂与溶液**

3.16.2.2.1 亚硫酸钠溶液，$c(Na_2SO_3)$ = 1 mol/L。

3.16.2.2.2 乙酸，$c(CH_3COOH)$ = 1 mol/L。

3.16.2.2.3 碳酸钠溶液，$c(Na_2CO_3)$ ≈100 g/L。

3.16.2.2.4 硼酸缓冲溶液。

用少量蒸馏水溶解12.37 g硼酸加入到1 000 mL容量瓶中后，再加入100 mL浓度为1 mol/L的氢氧化钠溶液，用蒸馏水稀释到刻度，混合均匀。

使用前，应将溶液冷却到0℃。

3.16.2.2.5 碘标准溶液，$c(1/2\ I_2)$ = 0.1 mol/L。称取12.690 g碘(分析纯)与碘化钾(分析纯)30.0 g，先将碘化钾溶解于少量水中，然后在不断搅拌下加入碘，使其完全溶解，注入1 000 mL棕色容量瓶中，稀释至刻度，储存于暗处。如有必要，用标准硫代硫酸钠溶液$c(Na_2S_2O_3)$ = 0.1 mol/L标定。

3.16.2.2.6 二氯甲烷，中性(pH =7)。使用前，将二氯甲烷冷却到0℃。

3.16.2.2.7 1%淀粉溶液，称取2 g可溶性淀粉，加入20 mL蒸馏水，搅拌下注入200 mL微沸的蒸馏水中微沸2 min，冷却后待用。

3.16.2.2.8 冰水混合物。

3.16.2.2.9 冰末。

3.16.2.2.10 蒸馏水。

3.16.2.3 **仪器**

3.16.2.3.1 高速搅拌机。

3.16.2.3.2 磁力搅拌器。

3.16.2.3.3 冰浴装置。

3.16.2.3.4 滴定管或更适合容量的微量滴定管。

3.16.2.3.5 容量为10 mL和25 mL的移液管。

3.16.2.4 **操作程序**

3.16.2.4.1 **试样**

称取适量试样(见表3)。如果不能估计试样中游离甲醛含量，则取大约1 g试样(精确到0.000 1 g)，加到600 mL的烧杯中，进行初步测定。

表3 取样质量

游离甲醛含量范围/(%)	试样质量/g
≤0.5	3.0
0.5～1	1.5
1～2	1.0
2～3	0.5
3～5	0.25

3.16.2.4.2 **测定**

在整个测定过程中保证烧杯内物质温度不高于0℃，如有必要，可向烧杯中加入少量冰末。

如果试样是水溶性的，则将试样迅速溶于由 10 g 冰末、25 mL 硼酸缓冲溶液和冰水混合物组成的 150 mL 混合液中；如果试样不能很好溶解于水，则将试样迅速溶解在 50 mL 二氯甲烷中，再加入由20 g 冰末、25 mL 硼酸缓冲溶液和冰水混合物组成的 150 mL 混合物。立即用高速搅拌机乳化 10s。移去搅拌机，用少量冰水混合物冲洗搅拌机上粘附的物质，并收集冲洗液放入乳化后的混合物中。

将烧杯放入冰水混合物中，用磁力搅拌器搅拌烧杯中的物质。在持续搅拌的过程中，用滴定管加入 2 mL 1 mol/L 亚硫酸钠溶液；继续搅拌 15 min，加入 10 mL 1 mol/L 乙酸和 3 滴～4 滴 1%淀粉溶液；用碘溶液(3.16.2.2.5)滴定直到出现灰蓝色或紫色并稳定至少 10s。加入 30 mL 碳酸钠溶液(3.16.2.2.3)，用碘溶液(3.16.2.2.5)滴定反应释放出的亚硫酸钠，直到出现蓝色，并至少稳定 1 min，记录滴定释放出的亚硫酸钠所需碘溶液(3.16.2.2.5)的体积(V)。

3.16.2.5 结果表示

3.16.2.5.1 计算

用式(13)计算游离甲醛的含量。

$$w = \frac{V \times 1.5 \times 0.1}{m} \times 100\% \qquad \cdots\cdots(13)$$

式中：

w——游离甲醛含量，%；

V——滴定反应释放出的亚硫酸钠消耗碘溶液的体积，单位为毫升(mL)；

m——试样质量，单位为克(g)；

1.5——相当于 1.00 mL $c(1/2\ I_2) = 0.1$ mol/L 碘溶液的甲醛质量；

0.1——将 mg 转换成 g 和将 w 表示成百分数的系数。

以上测定过程平行进行两次。

平行测定的两个结果如果与 3.16.2.5.2 中指出的结果相差较大，应按 3.16.2.4 重新测定。

试验结果取两个有效(重复)试验的算术平均值，精确到 0.01 %。

3.16.2.5.2 精度

重复性：用标准试验方法，在同一个实验室、使用同样材料与样品在较短的时间间隔内进行两个平行测定得到两个测定结果。当试样游离甲醛含量不大于 1%时，游离甲醛含量之差小于 0.06%；当试样游离甲醛含量大于 1%时，两个结果之差小于其算术平均值的 6%。

产生这样结果的概率为 95%。

再现性：用同一样品，采用本方法，用本标准规定的同样材料，在不同实验室里的两次独立测定，对同一试样平行测定两次并将所得结果进行算术平均。两个独立测定的结果之差，当试样游离甲醛含量不大于 1%时，两次测定结果之差小于 0.1%；当试样游离甲醛含量在 1%～10%时，两次测定结果之差应小于平均值的 10%。

产生这样结果的概率为 95%。

3.17 羟甲基含量测定

3.17.1 原理

树脂中羟甲基($-CH_2OH$)和游离甲醛在碱介质中与碘反应，再用硫代硫酸钠滴定剩余的碘，测得羟甲基和游离甲醛的总量。

$$3I_2 + 6NaOH \rightarrow NaIO_3 + 3H_2O + 5NaI$$

$$3RCH_2OH + NaIO_3 + 3NaOH \rightarrow 3RH + 3HCOONa + NaI + 3H_2O$$

$$3CH_2O + NaIO_3 + 3NaOH \rightarrow 3HCOONa + NaI + 3H_2O$$

3.17.2 仪器

3.17.2.1 碘量瓶：250 mL。

3.17.2.2 移液管:10 mL,25 mL。

3.17.2.3 滴定管:50 mL(酸式棕色)。

3.17.2.4 量筒:50 mL。

3.17.2.5 分析天平:精度 0.000 1 g。

3.17.3 试剂

3.17.3.1 $c(1/2\ I_2)=0.1$ mol/L 碘溶液:称取 13.0 g 碘(分析纯)与碘化钾 30.0 g,先将碘化钾溶解于少量水中,然后在不断搅拌下加入碘,使其完全溶解,注入 1 000 mL 棕色容量瓶中,稀释至刻度。

3.17.3.2 $c(NaOH)=2$ mol/L 氢氧化钠溶液:量取 110 mL 氢氧化钠(分析纯)饱和溶液注入 1 000 mL容量瓶中,用不含二氧化碳的蒸馏水稀释至刻度。

3.17.3.3 $c(HCl)=4$ mol/L 盐酸溶液:量取 335 mL 浓盐酸(分析纯)注入 1 000 mL 容量瓶中,用蒸馏水稀释至刻度。

3.17.3.4 $c(Na_2S_2O_3)=0.167$ mol/L 硫代硫酸钠标准溶液。

3.17.3.4.1 配制:称取 26.3 g(精确到 0.000 1 g)硫代硫酸钠(优级纯)置于 500 mL 烧杯中,加新煮沸已冷却的蒸馏水至完全溶解后,加入 1 000 mL 容量瓶中,稀释至刻度,加入 0.05 g 碳酸钠(防止分解)及 0.1 g 碘化汞(防止发霉),贮存于棕色瓶中,静置 14d 后标定。

3.17.3.4.2 标定:称取经 120℃烘至恒重的重铬酸钾(优级纯)0.15 g(精确到 0.000 1 g)置于 500 mL 碘量瓶中,加入 25 mL 蒸馏水 ,加 2.0 g 碘化钾及 5 mL 浓盐酸,摇匀,于暗处放置 10 min,加 150 mL 蒸馏水,用硫代硫酸钠待标液滴定,接近终点时加入 3 mL0.5%淀粉指示剂,继续滴定至溶液由蓝色变为亮绿色。

3.17.3.4.3 硫代硫酸钠标准溶液的浓度按式(14)计算:

$$c(Na_2S_2O_3)=\frac{m}{V\times 0.049\ 04} \qquad \cdots\cdots(14)$$

式中:

c——硫代硫酸钠标准溶液的浓度,单位为摩尔每升(mol/L);

m——重铬酸钾质量,单位为克(g);

V——滴定所耗硫代硫酸钠待标液体积,单位为毫升(mL);

0.049 04——$\frac{1}{6}$重铬酸钾的摩尔质量,单位为克每毫摩尔(g/m mol)。

3.17.3.5 1%淀粉指示剂:称取 2.0 g 可溶性淀粉,加蒸馏水 20 mL,搅拌下注入 200 mL 沸腾蒸馏水中微沸 2 min,放置待用。

3.17.4 操作程序

3.17.4.1 取样

取样按 GB/T 6678—2003 和 GB/T 6680—2003 规定进行。

取样时宜将试样搅拌均匀,保证样品的代表性。各单元被抽取数量应基本相同,总抽取样品数量不少于三次检验所需的量;若需保留样品则应再增加保留样品数量。

3.17.4.2 操作步骤

称取试样 0.1 g(精确到 0.000 1 g),置于预先加有 50 mL 蒸馏水的 250 mL 碘量瓶中,摇匀,用移液管加入 25 mL $c(1/2\ I_2)=0.1$ mol/L 碘溶液,再用移液管加 10 mL $c(NaOH)=2$ mol/L 氢氧化钠溶液。盖紧瓶塞并摇匀,用水封口,在室温下暗处放置 10 min 后,加入 10 mL $c(HCl)=4$ mol/L 盐酸溶液并摇匀,立即用 $c(Na_2S_2O_3)=0.167$ mol/L 硫代硫酸钠标准溶液滴定至淡黄色,加 3 mL 1%淀粉指示剂,继续滴定至蓝色消失。同时做空白试验。平行测定两次,计算结果精确到小数点后两位,取其平均值。

3.17.5 结果表示

树脂中羟甲基含量按式(15)计算：

$$M = 1.03 \times \left[\frac{(V_1 - V_2) \times 0.015 \times c}{m} \times 100 - w \right] \quad \cdots\cdots\cdots\cdots\cdots\cdots (15)$$

式中：

M——羟甲基含量，%；

V_1——空白试验消耗硫代硫酸钠标准溶液的体积，单位为毫升(mL)；

V_2——试样消耗硫代硫酸钠标准溶液的体积，单位为毫升(mL)；

c——硫代硫酸钠标准溶液的浓度，单位为摩尔每升(mol/L)；

0.015——1 mL 浓度 $c(Na_2S_2O_3)=0.167$ mol/L 硫代硫酸钠标准溶液相当于甲醛的摩尔质量，单位为克每毫摩尔(g/m mol)；

m——试样质量，单位为克(g)；

w——游离甲醛含量，%；

1.03——羟甲基分子量与甲醛分子量比值。

3.18 沉析温度测定

3.18.1 仪器

3.18.1.1 锥形烧瓶：100 mL。

3.18.1.2 天平：精度 0.1 g。

3.18.1.3 温度计：0℃～100℃水银温度计。

3.18.2 操作步骤

称取含纯树脂为 1.5 g 的试样(精确到 0.1 g)于 100 mL 锥形烧瓶中，加入蒸馏水，使树脂溶液稀释成 3% 的浓度，插入温度计，将锥形烧瓶浸在沸水中加热并不断摇动，当树脂温度升至 80℃时，从沸水中取出，然后将锥形烧瓶自然冷却或放置冷水中逐渐冷却，冷却时不断摇动锥形烧瓶，同时观察锥形烧瓶中树脂溶液变化情况，当树脂溶液开始变混浊或出现细微不溶粒子时，记下此时树脂液的温度。测定两次，取其平均值，即为树脂的沉析温度。

ICS 27.040
K 56

中华人民共和国国家标准

GB/T 14099.7—2006/ISO 3977-7:2002

燃气轮机 采购
第7部分:技术信息

Gas turbines—Procurement—Part 7: Technical information

(ISO 3977-7:2002,IDT)

2006-02-07 发布　　2006-07-01 实施

中华人民共和国国家质量监督检验检疫总局
中国国家标准化管理委员会　发布

前　言

本部分为GB/T 14099《燃气轮机　采购》的第7部分，等同采用ISO 3977-7:2002(E)《燃气轮机　采购　第7部分：技术信息》(英文版)。

GB/T 14099《燃气轮机　采购》由下列部分组成：

——第1部分：总则与定义

——第2部分：标准的参考条件与额定值

——第3部分：设计要求

——第4部分：燃料与环境

——第5部分：在石油与天然气工业中的应用

——第6部分：联合循环

——第7部分：技术信息

——第8部分：检验、试验、安装和试运行

——第9部分：可靠性、可用性、可维护性与安全性

本部分的附录A为资料性附录。

本部分由中国电器工业协会提出。

本部分由全国燃气轮机标准化技术委员会(SAC/TC 259)归口。

本部分起草单位：上海发电设备成套设计研究所、浙江省电力设计院、上海闸电燃气轮机发电厂、南京燃气轮机研究所、上海汽轮机有限公司、东方汽轮机厂、中国联合工程公司。

本部分主要起草人：沈邱农、范邦棪、沈又幸、涂庆国、顾德明、贾文、於志平。

燃气轮机 采购
第7部分:技术信息

1 范围

本部分规定了项目投标和签定合同期间,承包商在其承担的技术和合同责任的全部供货范围内,应提供的信息资料。

2 规范性引用文件

下列文件中的条款通过GB/T 14099的本部分的引用而成为本部分的条款。凡是注日期的引用文件,其随后所有的修改单(不包括勘误的内容)或修订版均不适用于本部分,然而,鼓励根据本部分达成协议的各方研究是否可使用这些文件的最新版本。凡是不注日期的引用文件,其最新版本适用于本部分。

GB/T 14099—2005 燃气轮机 采购

GB/T 14100—1993 燃气轮机 验收试验

GB/T 15135—2002 燃气轮机 词汇

ISO 3977-3:2002 燃气轮机 采购 第3部分:设计要求

ISO 3977-4:2002 燃气轮机 采购 第4部分:燃料与环境

3 术语和定义

对于本部分,GB/T 14099—2005、ISO 3977-3、ISO 3977-4和GB/T 15135—2002中所列术语和定义均适用。

4 承包商资料

4.1 概述

在发出询价书前,采购方应填好数据表(参见ISO 3977-3:2002附录A中的范例)和“承包商文件要求”(见本部分附录A中的范例)。

ISO 3977-3:2002中的数据表是用于在采购阶段明确采购范围,“承包商文件要求”所包括的数据表可用于满足采购方进一步的信息资料需要。

“承包商文件要求”是对ISO 3977-3:2002的数据表的补充,确定了合同执行阶段采购方可能还需要的其他资料,并确认所要求提供的文件、图纸和数据是供审查用或是作为资料用。

承包商应按询价文件中的地址向采购方提供所要求的规定份数的投标文件。

注1:通过EDI(电子数据交换)进行文件交换也可作为合同各方传递信息可选择的另一有效方式。

注2:附录A中“文件管理规范”清楚地说明了通用标题和文件编码所代表的信息用途和类别。

4.2 现场规定条件

4.2.1 概述

投标书至少应包括附录A确定为第2类别的所有资料,该资料在本项目“承包商文件要求”表的投标栏目内。这些资料还应符合询价书技术规范的要求。

承包商应提供足够的详细资料,以供采购方评定投标书。所有与询价书技术规范有偏差和例外的情况都应特别注明。

4.2.2 配合

承包商和采购方之间交换的配合资料，通常应包括“承包商文件要求”表中确定的类别2的文件。

4.2.3 性能数据

采购方应通过确定附录A“承包商文件要求”范例中的资料类型与分类编码，向承包商明确提出针对本特定用途所需要的性能数据。

4.2.4 技术要求

承包商应按照附录A范例编制项目特定的“承包商文件要求”，向采购方提供所有的技术资料。

4.3 合同文件

4.3.1 概述

要求在合同期间提交的文件同样应按照附录A中的“承包商文件要求”范例确定和延伸，并在授予合同前由承包商和采购方共同认可。每份图纸、文件或数据表在其右下角都应有标题栏，其上应有签发/出版日期、版本号、日期和标题。另外，还应包括同“承包商文件要求”表一致的文件编码、顺序号和页次，以便与“承包商资料一览表”(见文件编码A001)对应参照。

编码A001的文件是动态文件，在合同期间应定期修订，以供参考。它是合同期间由承包商提交的所有文件的综合清单。该清单应包括含所有文件的标题、图号及其交付进度。在“承包商文件要求”表中应指明哪些文件编码是供参考或审查用。

4.3.2 图纸

交付的图纸应包含充足的信息，以便采购方与文件编码H002所包括的手册(以及“文件管理规范”中内容的相应说明)结合使用，可正确地安装、使用和维护所订购的设备。至少应提供附录A中“承包商文件要求”范例中所规定的详细资料。

4.3.3 技术资料

采购方要求承包商在其提供手册中包括的资料，应在附录A“承包商文件要求”范例中标有“0”的一列中标明。采购方应相应地把手册进行汇编。

4.3.4 推荐的备品备件

如有要求，承包商应在原包括在“承包商文件要求”表中或原投标书中所列的备品备件清单之外，另提交一份补充的备品备件清单。

4.3.5 手册

承包商应提供在文件编码H002中列出，以及与“文件管理规范”内容说明相应的所有手册，各手册应附有充分的书面说明和相应的图纸对照表，以便采购方能够正确地安装、使用以及维护全部订购的设备。这些手册应汇编成册，并附有包含章条标题和至少注明图名及图号的对照图纸的索引。手册应是专用于本装置的。

附 录 A
（资料性附录）
承包商文件要求（典型）

A.1 文件要求

表 A.1 是用来作为承包商和采购方同意接受的“承包商文件要求”的基本框架，以满足所考虑项目的需要。该表作了粗略分类，以表示文件的通用类型。该表是典型的清单，不是用来规定细节和内容。由于特殊需要可以在通用标题下补充增加文件类别，也允许采购方根据需要增加文件类别。

文件的内容、范围和格式是可变化的，这取决于某些重要因素，例如：

——供货范围，

——合同规定的工程设计，

——合同关系，

等等。

而且，并不是所有的承包商都会用与“承包商文件要求”中相同的标题来重新编制文件。“承包商文件要求”列出了要提供的信息以及表达这些信息的典型文件。

“承包商文件要求”还向采购方提供了一种通用的方法来识别对其工厂来说是关键性的一些文件，通过取消非关键性（不必要）文件供应要求，承包商与采购方都会因节约成本而受益。

本附录并不涉及与协议文件相关的出版程序。出版程序假定将包含在询价书的商务文件中。

表 A.1 承包商文件要求（典型）

任务号＿＿＿＿＿＿＿＿ 项目号＿＿＿＿＿＿＿＿

定单号＿＿＿＿＿＿＿＿ 日期＿＿＿＿＿＿＿＿

申请单号＿＿＿＿＿＿＿＿ 日期＿＿＿＿＿＿＿＿

询价书号＿＿＿＿＿＿＿＿ 日期＿＿＿＿＿＿＿＿

版本＿＿＿＿＿＿＿＿

机组＿＿＿＿＿＿＿＿

不需要＿＿＿＿＿＿＿＿

文件用途：

P：投标

C：合同

O：运行

文件类型：

类别 1 要求由承包商记录的文件

类别 2 提交给采购方作为资料的文件

类别 3 提交采购方审核用的文件

类别 4 包括在手册中的文件（供施工）

类别 5 验证用文件

文件编码	文件用途			说明	文件类型				
	P	C	O		1	2	3	4	5
A				采购文件					
A001				承包商文件一览表					
A002				合同文件的偏差					
A003				分包商一览表					
A004				质量和检查计划					

表 A.1（续）

文件编码	文件用途			说明	文件类型				
	P	C	O		1	2	3	4	5
A				采购文件					
A005				合同履行进度表					
A006				承包商需求(例如燃料、水、空气等)					
A007				样本和说明书					
B				总布置图(GA)和平面布置图					
B001				设备总布置图					
B002				仪表盘和仪表布置图					
B003				分界点图(电缆、电线、接口、管道等)					
B004				法兰连接荷载					
B005				分组件和横截面图					
B006				基础详细资料、荷载、支撑资料					
B007				工艺流程和仪表图(P&ID)及材料表					
C				性能数据和计算					
C001				性能数据					
C002				基础支撑计算					
C003				临界转速(横向振动与扭振)计算					
C004				辅机特性					
D				电气和仪表图					
D001				电气接线图					
D002				电气单线图					
D003				电气端子详图					
D004				电缆和/或电线一览表					
D005				因果图					
D006				仪表端子和接线详图(如适用)					
D007				回路图(如适用)					
D008				功能和设计规范					
E				鉴定资料和试验结果					
E001				液压/气压试验结果					
E002				重量证书					
E003				法定证书(压力容器、起吊设备等)					
E004				铭牌标记(主要设备、压力容器等)					
E005				振动分析资料					
E006				性能试验报告/结果					
E007				免检证件					

表 A.1(续)

文件编码	文件用途 P	C	O	说 明	文件类型 1	2	3	4	5
F				数据表					
F001				燃气轮机数据表					
F002				散热量					
F003				公用设施(电、空气、燃料、冷却水、清洗液、加热、通风、空调等)					
F004				仪表数据					
F005				噪声数据					
F006				质(重)量数据					
F007				排放(排向大气)数据					
F008				危险区域设备一览表					
F009				设备数据表					
G				包装、运输、储存和保管数据					
G001				包装和运输详细资料					
G002				储存和保管详细资料					
H				手册					
H001				采购后定单让步的准许					
H002				技术手册					
H003				有关的质量手册					
J				推荐的备品备件清单					
J001				调试和启动					
J002				运行					
J003				维护					
J004				消耗品					
J005				专用工具					
J006				推荐2年运行的备品备件					

A.2 提供文件的基本原则

A.2.1 概述

通常只有那些有必要的文件才提交或提供给采购方。然而,由于各种原因,这些图纸、资料和数据应由承包商编制或收集,并总体可归入下列5种类别:

A.2.2 类别1:要求由承包商记录的文件

这类文件是指承包商在合同阶段收集的设备生产质量的支持文件,以及因强制性法令或法规的原因所要求的文件。

承包商质量手册描述的是管理体系以及起始于管理体系的文件。这些执行文件在交货后对采购方就不存在价值了,因此认为是非关键性文件。但是,承包商应将其保留10年。

A.2.3 类别2:提交给采购方供参考的文件

这类文件将包含采购方要求仅作为资料和参考目的用文件。

A.2.4 类别3:提交给采购方审核用的文件

这类文件定义为采购方在工程设计、安装、运行和维护电厂所需要的最低限度的重要文件。

这部分文件包括运行方所要求的或者其指定方协助设计工艺过程所必需的接口资料。文件的范围和深度应由承包商和采购方协商一致。

A.2.5 类别4:包含在手册中的文件(供施工)

这类文件是指已包含在手册中的文件。

A.2.6 类别5:验证用的文件

这类文件已经包含在类别1中。大多数情况下,只要承包商提供"符合质量要求的证书"就足够了。但是,也可以认可大多数承包商提供的质量手册和/或包含质量信息的验证资料档案。

承包商和采购方应该在合同签订之前以上述所提及的原则为基础,共同审查承包商提供文件的要求和交付进度。承包商应通过提交的质量计划(或者类似文件),对合同需编制的所有文件进行确认。

A.3 对承包商供应文件要求的规范

表A.2确定了在规定的文件编码下作为通用资料需要提供的文件。最终的文件清单应由承包商和采购方协商一致。

表A.2 承包商文件要求的规范

文件编码	通用标题	目的/内容
A		采购文件
A001	承包商文件一览表	这是一份完整的清单,在合同期间这份文件应定期更新,按文件编码和标题列出承包商应向采购方提交的所有图纸。文件的格式既可以由采购方提供预备件,也可以由承包商提供。任何情况下该图纸清单应对照承包商的文件编号系统和"承包商文件要求"的编码系统,附有顺序号和页号。即:A001/001/001对应承包商文件编号ABC12345第1页,承包商的文件标题。
A002	合同文件的偏差	该清单列出与询价书的偏差(可以是技术方面、商务方面或两者兼有)。其目的是指明目前对于供货范围、技术规范以及商务条款和条件等主要方面未达成一致的部分。
A003	分包商一览表	这是由承包商提交的文件,用以确定合同期间签订主要供货分定单的时间里程碑;应该包括计划和实际签订订单日期、交付日期及实际接收日期。
A004	质量和检查计划	质量计划应是合同规定的,明确承包商为保证交付的产品质量而必须承担的工作,同时满足所有强制性法律法规的要求。质量计划包括所有控制点和见证点,并指出需要由采购方、任何验证管理机构或第三方检查人进行验证的工作。该文件与所有用于保证交付产品质量和性能相关的焊接、无损探伤检查和试验的步骤相互对照。
A005	合同履行进度表	这是一个进度表,用于表明采购、设计、制造、检查、试验、交付所有主要部件的各个时间段。可采用不同的格式,最简单的是可用以监督工作进度的一个生产条形图。
A006	承包商需求(例如燃料、水、空气等)	列表说明现场适用的或可获得的任何燃料、冷却水、注汽/注水的外界条件、质量、数量、压力、温度等。
A007	样本和说明书	由主设备的样本和说明书组成,用于支持询价和合同的参考文件。
B		总布置图(GA)和平面布置图
B001	设备总布置图	这类文件应包括用第一象限或第三象限投影表达的平面图、正视图与侧视图以及必要的剖面图,以提供电厂布置的关键信息。这类图纸一般应包括如下信息(并查阅文件编码B003和B004): ——总体尺寸;

表 A.2(续)

文件编码	通用标题	目的/内容
B		总布置图(GA)和平面布置图
B001	设备总布置图	——所有组件的边界端点(电气的和机械的)的位置和详细资料、法兰荷载、设计规程和技术规范,以及采购方和其他供应商供货的连接; ——标明主要部件和分组件位置和标志; ——与照明要求有关的详细尺寸; ——供出入的通道(例如平台和楼梯系统图),维修、拆卸或更换所要求的详细空间尺寸资料; ——分组件清单和相关联的图纸; ——总重量、总尺寸及重心位置; ——分布梁要求,起吊点等的详细资料。 首次递交的文件不一定能达到要求的详细程度,可能需用单张或多张纸以避免过于复杂和拥挤。
B002	仪表盘和仪表布置图	这类资料用以包含燃气轮机、被驱动的设备和其他辅助设备的控制柜和仪表盘。详细程度一般应参照文件编码 B001,应表示出仪表盘上各部件的相对位置,并在需要时附以说明。另外还应表示以下内容: ——包括柜门铰链/开启、限位、锁定和底座的详细结构等; ——适用的模拟/信号图纸; ——表示照明、电缆进线、端子板位置、线槽、电缆/电压分隔、碰撞和非碰撞式开关设备的内部布置图; ——液压/气压装置布置(如适用)。
B003	分界点图(电缆、电线、接口、管道等)	如在文件编码 B001 文件中提供端点连接资料不现实,则承包商可以选择在单独的文件中提供电缆、电线、管接头和管道交界面资料,并作出必要的明显的对照索引。
B004	法兰连接荷载	如在文件编码 B001 的文件中提供端点连接资料不现实,则承包商可以选择在单独的文件中提供法兰的最大外部荷载资料,并作出必要的明显的对照索引。
B005	分组件和横截面图	如果设备总布置图(参见文件编码 B001)中的详图不够详尽,这类文件将向采购方提供构成整套装置的各分组件的适当的详图,可供采购方审核、批准或者参考。
B006	基础详细资料、荷载和支撑资料	这类文件资料是向采购方提供足够的详细资料,以便在设备交货前及时完成与合同范围有关的土建设计工作。按比例绘制的图纸至少应表明如下内容: ——顶起部位; ——安装点或其他承载支撑的位置; ——所有运行工况(即短路、非同步并网等)下静态和动态的力或力矩; ——固定详细资料(即地脚螺栓详细资料,灌浆要求等)应表明塞堵和垫隙的要求; ——焊接准备要求(如适用); ——临时固定点的位置(供运输)。
B007	工艺流程和仪表图(P&ID)及材料表	P&ID 一般用于表达以下某些或全部内容: ——设备、设备名称和对应的识别(标签)号码; ——设计和运行的温度、压力和负荷; ——保温和伴热的需要; ——放气和疏水要求; ——泄压要求、压力安全阀、尺寸和设定压力; ——截止阀和抽气阀的要求;

表 A.2(续)

文件编码	通用标题	目的/内容
B		总布置图(GA)和平面布置图
B007	工艺流程和仪表图(P&ID)及材料表	——仪表的报警和停机设定; ——标高(如需要); ——管线尺寸、管线数量、结构材料、管径系列和技术规范; ——管线和容器的坡度; ——工艺流程和公用管线以及流量指示器的方向; ——带有识别号及报警和遮断设定的开关和仪表; ——控制信号; ——紧急/事故安全停机阀的阀位; ——同其他 P&ID 等对照索引。
C		性能数据和计算
C001	性能数据	应按要求提供如下基本负荷和部分负荷的性能数据和曲线: a) 燃气轮机: ——输出功率、热耗率和/或效率、排气流量、温度、烟气成分分析; ——以上参数随环境温度(或压气机进口温度)和环境压力、相对湿度、进气/排气系统压损、转速等的变化情况(见 GB 14100—1993)。 b) 驱动发电机: ——发电机端功率和热耗率及/或效率; ——发电机的容量曲线。 c) 离心压缩机: ——吸入介质温度/压力; ——排出介质的温度/压力; ——吸收的功率; ——喘振线/极限值; ——多变或等熵过程焓差(压头); ——协议转速范围内的效率与出力的变化关系。 d) 离心泵: ——焓差(压头); ——效率; ——吸收的功率; ——最小流量; ——可利用的净吸入压头以及需要的净吸入压头与流量之间的关系; ——系统曲线。 应清楚地标明保证点。
C002	基础支撑计算	这些计算由承包商承担,以确认和保证基础支撑荷载和底板偏移能够经受住运输、正常运行以及动态和事故工况下施加的荷载。还应该考虑底板偏移对轴对中的影响。
C003	临界转速(横向振动与扭振)计算	应完成这些计算来确定所推荐设备配置的横向振动与扭振特性处在可接受的范围内,以最大限度地减少由此而引起的潜在运行困难。结果可以用图表、曲线或图解表达。
C004	辅机特性	这些资料表明被驱动设备(即发电机、压缩机或泵)扭矩转速关系以及电机传动设备(即起动电机、风机、泵、气体燃料压缩机等)在规定电压与频率下的电流与转速关系。

表 A.2（续）

文件编码	通用标题	目的/内容
D		电气和仪表图
D001	电气接线图	这类图纸应用框图表示电气设备各单元以及连接电缆。图中应包括对每个设备的参照说明及其电缆的尺寸、导线的数量，并标明是由承包商或采购方提供。
D002	电气单线图	表示整个电力系统范围和/或控制系统的回路。
D003	电气端子详图	这类图纸应表示每个编号的电缆和/或导线的端子。应适当规定接地、交流和直流分隔，碰撞和非碰撞式开关端子（如适用）及两端带有负载说明和标号的电缆屏蔽端子的要求。
D004	电缆和/或电线一览表	应列出所有并包括标明由采购方供应的电气、仪表和通讯电缆和/或电线。一般应列出下列内容： ——电缆和/或电线的规格尺寸和型号。 ——电缆和/或电线的数量。 ——密封套的尺寸和型号。 ——导管的尺寸和型号。 ——起/终位置。 ——相互连线图的对照索引。 ——电缆和/或电线的长度等。
D005	因果图	为有助于安装、调试、运行和必要的故障诊断，应提供紧急遮断阀和其他安全/控制阀功能的因果图。
D006	仪表端子和接线详图	仪表电线电缆接线端子详图应表示接线盒电缆密封或导线引入的开孔尺寸和型式说明。所提交的文件上应能得到工艺接线的详细资料。
D007	回路图	为了有助于安装、调试、运行和必要的故障诊断，对复杂的回路应提供有关机械、工艺过程、电气和控制系统方面的信息资料。
D008	功能和设计规范	表示顺序、联锁和控制功能。如果适用，应将各子系统功能综合在一起，以便清楚地确定相互之间以及与整个系统功能的关系。
E		鉴定资料和试验结果
E001	液压/气压试验结果	这类文件是覆盖和记录文件编码 A004 所包含文件规定的检查和试验结果。
E002	重量证书	为起重、安装和运输的需要，要求提供设备主要部件的重量证书。
E003	法定证书	这类文件是为满足某些设备例如起重设备、压力容器等必须遵循的强制性法定要求而备的证件。
E004	铭牌标记	这类文件是为主要设备、压力容器有关规定数据提供铭牌的详细资料，并包括与安全等相关的重要信息和数据。
E005	振动分析资料	这类文件中提供的资料与试验中获得的数据有关，它构成了设备验收的基础，并可用做监测产品运行的动向以及采取预防性维护措施的依据。
E006	性能试验报告/结果	这类文件应记录质量计划确定要进行性能试验的各设备实际试验数据，通常是燃气轮机，其驱动的机组和主要的辅助设备，即气体燃料压缩机等（参见 A004）。
E007	免检证书	这类文件应包括由承包商和采购方已一致同意的一些主要设备必要的免检证书。

表 A.2（续）

文件编码	通用标题	目的/内容
F		数据表
F001	燃气轮机数据表	这类数据表是作为采购方向承包商表达其要求的方式，随附于询价书一起送达，并在合同谈判期间经双方协商应予更新。如果需要，可以通过文件编码 F 列出的其他文件为本数据表增补详细资料。
F002	散热量	这类文件应提供估算的散热量。如果建筑物采暖通风及空调系统不在承包商的范围内，文件的基本目的是为采购方提供足够的资料以便于确定该系统的大小。
F003	公用设施（电、空气、燃料、冷却水、清洗液、加热、通风、空调等）	该一览表应指出在所有已知条件下用于启动、维护和运行本设备所要求的全部公用设施的型号、数量、质量、压力、温度、电压、千瓦、千伏安等。
F004	仪表数据	需要承包商将全部使用仪表的数据表提供给采购方。如果需要，这些表格应按照本类文件中协议的格式递交。应包括所有相关详细资料，如设定值、结构材料、电压、频率、温度、压力范围和识别号码等。
F005	噪声数据	在此类别范围内，承包商应提供某些特定设备以及/或全套设备预期（保证值如有要求的话）的中倍频带频率的声功率级和声压级水平的数据表。
F006	质（重）量数据	当质（重）量信息对采购方很重要时，应提供超过 500 kg 的各主要设备的质（重）量数据表。这些数据表应清楚地说明如下情况下的信息和数据： ——空的（干的、预计的或按称重）； ——运行时； ——试验时（满介质）； ——运输重量； ——重心。
F007	排放（排向大气）数据	在要求排放控制和/或监测的环境下，承包商应在本类别中递交包括硬件设备、预期的和保证的排放数据。
F008	危险区域设备一览表	当需要时，承包商应向采购方提供包括所有电气和电动仪表设备的综合表格式清单。此表通常应包括如下信息： ——设备型号（如接线盒、电机、传感器等）； ——标识码； ——数量； ——制造商； ——安装区域（例如 0、1、2 区或安全区） ——批准机构； ——保护类型（例如防火、本质安全等）； ——设备组件（有时指燃料气组件）； ——温度等级（例如 T3，T6 等）； ——危险区域证书号； ——许可证截止日期； ——设备验证的标准； ——进入保护等级（例如 IP21、IP56 等）。
F009	设备数据表	当需要时，承包商应向采购方提供主要设备项数据表的综合清单。

表 A.2（续）

文件编码	通用标题	目的/内容
G		包装、运输、储存及保管资料
G001	包装和运输详细资料	这类文件明确了承包商如何建议发货并准备按照建议的方式向指定地点发运设备。列入该表中的文件通常包括装箱步骤、装箱清单、预计质(重)量和尺寸、运输说明、海运、公路运输、标记等。
G002	储存和保管详细资料	储存和保管的详细资料，包括特殊的预防保护措施，推荐的检查周期，需要的材料和必要的设备等，都应包含在这类别的文件中。
H		手册
H001	采购后定单让步的准许	这是在整个合同订立过程中搁置的让步要求的条目，应列出采购方已批准的，待批准的以及没有接受的项目。
H002	技术手册	承包商应按其与采购方双方协商的格式提供所有的手册。通常承包商采用自己的标准方式提供资料，这些资料按手册(和下面所列的内容)进行大致分类。一般应包括下列内容： a) 安装和调试手册(可分开)： ——设备简要说明； ——运行参数； ——尺寸、公差、质(重)量、起吊要求、重心等； ——动力和其他公用设施的要求； ——安装要求、尺寸、通道等，并提供外形图； ——保管状态或启动前设备防护/储存应采取的防腐蚀措施；明确储藏方式，例如露天场地、加热储藏等； ——开箱、转运、起吊运输、为调整而重新包装、储藏等； ——安装方法、对中试验、固定、支撑、连接的详细资料等； ——为保证符合危险区域电气设备验证所要求的补救措施； ——备品备件、专用工具、支撑设备等； ——必要的运行准备工作，如合适包括清洗和干燥步骤、首次注入润滑油和冷却介质等； ——预调试检查和试运行数据； ——检查和/或大修之后的再调试检查和测试步骤。 b) 运行手册(与维修手册分开或合订，由承包商决定)： ——设备功能说明及运行基本原理，包括安全特性； ——运行控制方法及其因果说明； ——手动或自动遥控各种运行模式的操作程序，如适用应包括启动、备用、稳态运行、停机、紧急状态和故障排除，各运行程序应包括运行极限值和(与)预防措施； ——框图、功能图、原理图及平面布置图，以便规定操作人员的控制和调节； ——整套软件清单(如适用)； ——启动、停机和设备保护的要求； ——故障排除的检查清单或表格。 c) 维护手册： ——维护计划表(实施常规试验、检查和预防性维护的最短和最长周期)；应包括法定的重新鉴定项目的计划表； ——常规维护和试验程序；

表 A.2(续)

文件编码	通用标题	目的/内容
H		手册
H002	技术手册	——检修步骤,包括拆除、分解、大修、组装、修理、试验与校验;所有这些都应有原理图、图纸、叙述性说明等支持; ——规定的清洗方法、清洗液和材料; ——配合、间隙和公差(基准和最大值); ——通道/起吊要求的详细资料; ——维护、修理和大修要求的标准工具和专用工具清单; ——设备记录卡/表格等。 d) 备品备件手册(也可包括在运行手册或维护手册中): ——带图解的部件分解说明; ——详细资料应包括部件识别数据和部件号,以便重新订购; ——必要的分解图等。
H003	有关的质量手册	数据档案(质量/证书资料): 提交这份资料不是法定的,但承包商有责任把这份资料保存10年。采购方可以选择接受"合格证明书",文件通常应包括: ——材料证明书; ——液压/气压试验记录; ——性能试验报告和记录; ——制造记录(公差等); ——危险区域设备证书。
J		推荐的备品备件清单
J001	调试和启动	此表应列出承包商推荐的备品备件和维护/操作专用工具。可包括在启动、试验和停机之后投入商业运行前需要更换的易损件,例如轴瓦、密封件、衬垫等。
J002	运行	一览表中应按双方协议的格式提供所有供货设备要求使用的润滑剂及其他消耗品的型号和等级。对每个类别应该表明首次注入量,消耗率和更换频率。
J003	维护	此类别中的备品备件根据承包商确定的主要维护工作分组列出。一般包括主要检修和大修周期,可按时日计,也可按运行小时计。
J004	消耗品	此表中的备品备件包括电厂正常运行所需要的如保险丝、灯泡、密封垫片、清洗液等次要的消耗品。
J005	专用工具	该表应包含根据承包商的建议,采购方为电厂运行维护而有效地进行所有的维修和大修步骤所需要的全部标准工具和专用工具的清单。
J006	推荐2年运行的备品备件	清单应列出承包商推荐的零部件,并附有适当的图纸和零部件清单的对照索引。清单的格式、内容及资料说明应经双方同意。

ICS 27.040
K 56

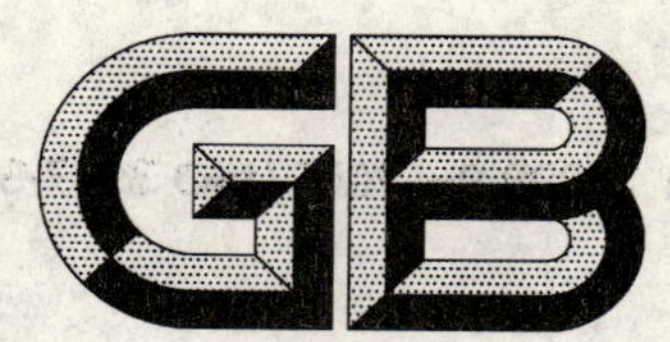

中华人民共和国国家标准

GB/T 14099.9—2006/ISO 3977-9:1999

燃气轮机 采购 第9部分:可靠性、可用性、可维护性和安全性

Gas turbines-procurement—Part 9: Reliability, availability, maintainability and safety

(ISO 3977-9:1999, IDT)

2006-02-07 发布 2006-07-01 实施

中华人民共和国国家质量监督检验检疫总局
中国国家标准化管理委员会 发布

前　言

本部分为 GB/T 14099《燃气轮机　采购》的第 9 部分，等同采用了 ISO 3977-9:1999(E)《燃气轮机　采购　第 9 部分：可靠性、可用性、可维护性和安全性》(英文版)。

GB/T 14099《燃气轮机　采购》由下列部分组成：

——第 1 部分：总则与定义

——第 2 部分：标准参考条件与额定值

——第 3 部分：设计要求

——第 4 部分：燃料与环境

——第 5 部分：在石油与天然气工业中的应用

——第 6 部分：联合循环

——第 7 部分：技术信息

——第 8 部分：检验、试验、安装和试运行

——第 9 部分：可靠性、可用性、可维护性和安全性

本部分由中国电器工业协会提出。

本部分由全国燃气轮机标准化技术委员会(SAC/TC 259)归口。

本部分起草单位：中船重工集团第七零三研究所、华能汕头燃机电厂、南京燃气轮机研究所、苏州高达热电有限公司、中国南方航空动力机械公司、西安航空发动机(集团)有限责任公司、中航第一集团公司沈阳发动机设计研究所。

本部分主要起草人：李伟顺、张旋洲、娄马宝、胡星辉、陈文烽、霍崇发、李孝堂。

燃气轮机　采购　第9部分：可靠性、可用性、可维护性和安全性

1　范围

本部分的目的是为了在燃气轮机制造商、采购方、顾问、管理机构、保险公司和其他单位间交换可靠性、可用性、可维护性和安全性的信息提供基础。它规定了在本部分中所使用的名词术语和定义，同时还描述了部件的预计寿命、检修和用以确定大修期的准则。

本部分适用于燃气轮机的所有部件，主要包括但不限于下述部件：

——压气机

——透平

——燃烧系统

——间冷器

——回热器

——空气管路系统

——排气系统

——进气系统

——控制系统

——燃料系统

——润滑油系统

——冷却水系统

——转子轴承

——传动装置

——联轴器

——起动装置

——底盘/基础

——罩壳和通风系统

2　规范性引用文件

下列文件中的条款通过GB/T 14099的本部分的引用而成为本部分的条款。凡是注日期的引用文件，其随后所有的修改单(不包括勘误的内容)或修订版均不适用于本部分，然而，鼓励根据本部分达成协议的各方研究是否可使用这些文件的最新版本。凡是不注日期的引用文件，其最新版本适用于本部分。

GB/T 14100—1993　燃气轮机　验收试验。

3　术语和定义

本部分应用了下述术语和定义。

3.1

机组实际起动次数　actual unit starts(AUS)

机组实际并网或从停运状态达到所要求的转速的次数。

3.2

使用年数　age

机组投入商业运行的实际日历年数。

3.3

老化　ageing

燃气轮机在正常运行中由于磨损等所导致的性能损失，其损失通过压气机清洗、透平清洗和过滤器清洗等措施无法恢复。

注：通常是由于振动和磨损使密封的间隙增大、由于腐蚀和磨蚀等造成叶型损坏和叶片表面粗糙度增加而产生的结果。

3.4

机组起动试图次数　attempted unit starts

停运后试图使机组并网或达到所要求的转速的次数。

注：在允许的规定起动时间间隔内由于同样的原因导致起动重复失败，同时没有试图改正操作，被认作为一次起动试图。

3.5

可用　available

机组能够供使用的状态，不管它是否实际在使用，也不管它能够提供的功率大小。

3.6

可用小时数　available hours(AH)

以小时数表示的机组可以使用的时间。

3.7

可用系数　availability factor(AF)

根据特定燃气轮机的以往经验，机组、主要设备或部件可以使用的时间概率。

$$AF = 1 - \frac{FOH + POH}{PH} = \frac{AH}{PH}$$

其中：

FOH——强迫停运小时数；

POH——计划停运小时数；

PH——统计期间小时数。

3.8

可用率　availability rate(AR)

$$AR = \frac{SH}{SH + OH}$$

其中：

SH——点火运行小时数；

OH——停运小时数。

3.9

平均运行时间　average run time(ART)

$$ART = \frac{SH}{AUS}$$

3.10

基本负荷额定输出功率　base load rated output

通常指燃气轮机在规定的条件和在透平基本负荷的额定温度下（或由制造商规定的其他限制条件），并处在新的和清洁状态运行时的预计或保证的输出功率。

3.11

化学气相沉积 chemical vapour deposition(CVD)

基于涂层材料的气相与基体受热面之间的化学反应而形成涂层的一种方法。

注:见涂层(3.13)。

3.12

镀铬处理 chromizing

铬覆盖涂层。

注:也称为铬酸盐涂层[见涂层(3.13)]。

3.13

涂层 coating

一般讲,是指提供一种可供消耗并可更换的覆盖物,用于保护基体材料免于腐蚀和(或)磨蚀。

例如,以下是可以提供的一些涂层类型:

——化学气相沉积(CVD)

——镀铬处理

——扩散渗铬

——物理气相沉积(PVD)

——等离子喷涂

——大气压等离子喷涂

——真空等离子喷涂

3.14

冷态试验 cold testing

在安装现场进行的燃气轮机点火之前的所有功能试验,包括用起动机盘动燃气轮机。

3.15

压气机喘振 compressor surge

在压气机和连接管道中,出现工质以较低的频率振荡为特征的不稳定流动工况。

3.16

状态监测 condition monitoring

通过测量在一段时间内建立的与初始故障状态有关的那些参数,对燃气轮机或其部件的状态进行评估,整个测量工作不会妨碍设备的正常运作。

注:根据在一段时间内对部件状态的诊断结果和按照监测到的恶化程度,所采取的任何维护活动称为"状态维修"。

3.17

腐蚀 corrosion

由于工质中存在的腐蚀性成分使燃气轮机的材料产生化学反应和变化。

3.18

损坏 damage

部件或设备实现所需功能的能力意外地突然丧失。

3.19

设计寿命 design life

对部件或设备设计的可使用寿命,包括抗故障的安全限度。

注:为保持部件寿命,规定进行常规检修,例如重新涂层、裂纹修补等。设计寿命是总寿命,超过此寿命检修不再可行。

3.20

扩散渗铬 diffusion chromizing

利用扩散工艺使基体金属富集铬,以增加抗热腐蚀的能力。

注：见涂层(3.13)。

3.21

紧急起动 emergency start

在紧急情况下使燃气轮机在尽可能短的时间内产生动力，此情况不属于燃气轮机正常运行范围。

3.22

紧急停机 emergency shut down(ESD)

在紧急情况下使燃气轮机在尽可能短的时间内退出运行。

3.23

等效可用系数 equivalent availability factor(EAF)

$$\mathrm{EAF}=\frac{\mathrm{PH}-(\mathrm{EUDH}+\mathrm{EPDH}+\mathrm{ESEDH})}{\mathrm{PH}}\times 100\%$$

3.24

等效强迫降负荷小时数 equivalent forced derated hours(EFDH)

强迫降负荷小时数(FDH)与该时间内降负荷量的积除以净最大容量(NMC)。

3.25

对应于备用停运期的等效强迫降负荷小时数 equivalent forced derated hours during reserve shut-downs(EFDHRS)

输出功率减少系数是输出功率的减少量与净最大容量(NMC)之比。

3.26

等效运行小时数 equivalent operating hours(TEQ 或 EOH)

考虑了各种运行过程影响机组寿命的加权系数后的计算运行小时数，可用来确定检修周期或预计寿命。

例如，$T_{\mathrm{eq}}=a_1n_1+a_2n_2+\sum_{i=1}^{n}t_i+fw(b_1t_1+b_2t_2)$

其中：

a_1——每次起动的加权系数；

n_1——点火起动次数；

a_2——快速带负荷的加权系数；

n_2——快速带负荷次数；

t_i——快速温度变化的等效运行小时数，例如，由于负荷的突变或甩负荷；

n——快速温度变化的次数；

t_1——达到基本负荷额定输出功率运行的小时数；

b_1——以基本负荷运行的加权系数；

t_2——在基本负荷额定功率与尖峰负荷额定功率之间运行的小时数；

b_2——以尖峰负荷运行时的加权系数；

f——燃用污染的、超出规范或非指定的燃料时的加权系数；

w——水或蒸汽回注时的加权系数。

注：可以考虑其他系数。

3.27

等效计划降负荷小时数 equivalent planned derated hours(EPDH)

计划降负荷小时数(PDH)与降负荷量的乘积除以净最大容量(NMC)。

3.28

等效预定降负荷小时数 equivalent scheduled derated hours(ESDH)

预定降负荷小时数(SDH)与降负荷量的乘积除以净最大容量(NMC)。

3.29

等效季节性降负荷小时数　equivalent seasonal derated hours(ESEDH)

最大净容量(NMC)减去降负荷时间内保证的净容量(NDC),乘以可用小时数(AH),再除以最大净容量(NMC)。

3.30

等效非计划降负荷小时数　equivalent unplanned derated hours(EUDH)

非计划降负荷小时数(PDH)与降负荷量的乘积除以最大净容量(NMC)。

非计划降负荷小时数＝强迫降负荷小时数＋维修小时数(NERC)。

3.31

磨蚀　erosion

由工质中固体颗粒的机械碰撞所引起的材料磨损。

3.32

点火起动　fired start

实现点火成功并对燃气通道部件加热的任何起动。

注:点火小时数见3.98。

3.33

故障　failure

部件或设备实现其功能的能力突然和意外地终止。

3.34

起动失败(故障)　failure to start(FS)

由于合同供应设备的原因,机组不能在规定的时间内通过合格的起动试图达到使用状态。

注1:在规定期间内重复失败计为一次起动失败。由于不是合同供应设备的原因,所进行的试验起动和起动失败,不算作起动试图、失败或成功。

注2:作为准备就绪的通常保证,如果机组在前30天期间没有进行过一次成功的起动,那么,这次起动试图被认为是"试验起动",并且不计数。

注3:不构成需要检修的设备故障的程序错误不算作起动失败。

注4:FS＝起动失败次数。

3.35

强迫降负荷　forced derating

非计划的部件故障(立即的、延时的、延期的)或其他情况需要使机组的负荷立即减少,或在周末前减少。

3.36

强迫降负荷小时数　forced derating hours(FDH)

在强迫降负荷期间内发生的总小时数。

3.37

强迫停机　forced outage(FO)

非计划的部件故障(立即的、延时的、延期的)或其他情况需要使机组立即停机,或在周末之前停机。

3.38

强迫停机系数　forced outage factor(FOF)

强迫停机小时数(FOH)占统计期间小时数(PH)的百分率。

$$FOF=\frac{FOH}{PH}\times 100\%$$

3.39

强迫停机小时数　forced outage hours(FOH)

由于强迫(非计划的)停机,使机组或设备的主要部件在此期间不可用的小时数。

3.40

强迫停机率　forced outage rate(FOR)

$$FOR=\frac{FOH}{FOH+SH}\times 100\%$$

3.41

燃烧室检查　combustion inspection

确定燃气轮机燃烧室(包括过渡段)状态的工作。

3.42

毛实际发电量　gross actual generation(GAG)

实际提供的总电量。

3.43

毛可用容量　gross available capacity(GAC)

降负荷情况下,机组可以运行的最大容量。

3.44

毛容量系数　gross capacity factor(GCF)

$$GCF=\frac{GAG}{PH\times GMC}\times 100\%$$

3.45

毛保证容量　gross dependable capacity(GDC)

在特定时间内,由于季节性限制而修正的最大总容量。

3.46

毛最大容量　gross maximum capacity(GMC)

当没有季节性的或其他降负荷限制时,在特定的时间内机组可以保持的最大容量。

3.47

毛输出功率系数　gross output factor(GOF)

$$GOF=\frac{GAG}{SH\times GMC}\times 100\%$$

3.48

热等静压　hot isostatic pressing(HIP)

在等高压压力下的热处理工艺。

3.49

热腐蚀　hot corrosion

当存在盐份(例如硫酸钠)时,金属加速氧化导致剥蚀。

注:盐分可溶解金属上的氧化层,接着继续损耗基体金属。热腐蚀主要发生在金属温度700℃~900℃范围。当有钒存在时,由于形成腐蚀性很强的低熔点的钒酸钠,热腐蚀将发生在更低的温度,低至565℃。

3.50

热通道检查　hot section inspection

确定燃气轮机燃烧系统和透平部件状态的工作。

3.51

热态试验　hot testing

从点火开始到燃气轮机正式运行的所有功能试验。

3.52

抑矾剂　inhibition

用添加剂(例如镁的化合物)来处理燃料,生成熔点高于金属温度的钒酸镁,从而避免了钒的热腐蚀。

注:抑矾剂可引起透平的严重积垢。

3.53

检查　inspection

确定部件或组件的状态和是否需要更换的工作。

3.54

无效停机小时数　invalid outage hours(IOH)

除由于备用、强迫停机、计划停机和维修停机之外的所有停机时间。

例如,下述情况便属于这一类:

——诸如洪水、暴风雨、雷击、外部原因的火灾、劳务争端、严重的沙尘暴等不可抗力事件;

——系统问题、被驱动设备连接的系统问题、频率过高和电压波动、以及燃料压力和流量等问题。

3.55

负荷系数　load factor

用百分比表示的燃气轮机在统计期内的负荷平均值与在实际现场条件下基本负荷输出功率的比。

3.56

甩负荷　load rejection

系统负荷突然丧失或大量减少,引起透平机组瞬间增加转速,此时,通过调速器或超速跳闸系统的作用来避免过度超速。

3.57

大修检查　major inspection

为进行大修而对整个燃气轮机进行检查以确定其状态的工作。

3.58

维修降负荷　maintenance derating

因计划检修拆除部件而造成的燃气轮机降负荷,该部件修理可以延期至下一次计划停机,但此前需要降负荷运行。

3.59

维修降负荷小时数　maintenance derated hours(MDH)

在维修降负荷期间和任何维修降负荷的计划降负荷延长期间的总小时数。

3.60

维修停机　maintenance outage(MO)

使机组停止使用以完成特定部件的维修工作。这种维修工作可以延期至下一个周末结束后,但需要在下一次计划停机前使机组停机。

3.61

维修停机延期　maintenance outage extension(SE 或 MO)

维修停机的延期。

3.62

维修停机小时数　maintenance outage hours(MOH)

维修停机和维修停机延期的总小时数。

3.63

大修　major overhaul

通过大修,维修或更换那些必须维修或更换的部件,使燃气轮机能够在规定的时间内正常运行。

3.64

维修　maintenance

确定燃气轮机实际状态的所有措施,包括将燃气轮机保持(恢复)到规定状态所需要的措施。

3.65

维修费用　maintenance cost

用于维修的财务支出(包括劳务和材料费用)。

3.66

维修周期　maintenance cycle

重复进行同类型计划维修的时间间隔。

3.67

平均故障间隔时间　mean time between failure(MTBF)

造成强迫停机的故障之间的平均时间,即试图运行小时数与强迫停机次数之比。

$$MTBF=\frac{PH-(RSH+FOH+POH)}{FO}=\frac{SH}{FO}$$

其中:

PH——统计期间小时数;

POH——计划停机小时数;

RSH——备用停机/运行小时数;

SH——点火运行小时数;

FOH——强迫停机小时数;

FO——强迫停机次数。

注:这一指标有时称为平均非计划停机间隔时间。

3.68

工作可靠性　mission reliablity(MR)

$MR=e^{-\lambda t}$

其中:

e——自然对数的底;

λ——每小时的故障次数;

t——工作小时数。

3.69

净实际发电量　net actual generation(NAG)

机组在统计期间内实际提供的能量(MW·h)减去由机组提供的用于机组运行或公共设备消耗的厂用电。

3.70

净可用容量　net availability capacity(NAC)

毛可用容量减去电站自身机组运行或辅机所消耗的厂用电后的机组容量。

3.71

净容量系数　net capacity factor(NCF)

$$NCF=\frac{NAG}{PH\times NMC}\times 100\%$$

3.72

净保证容量　net dependable capacity(NDC)

毛保证容量减去电站自身机组运行或辅机所消耗的厂用电后的机组容量。

3.73

净最大容量　net maximum capacity(NMC)

毛最大容量减去电站自身机组运行或辅机所消耗的厂用电后的机组容量。

3.74

输出功率系数　net output factor(NOF)

$$NOF=\frac{NAG}{SH\times NMC}\times 100\%$$

3.75

离线　off line

机组退出运行时进行的任何工作。

3.76

状态维修　on condition maintenance

通过在运行期间对性能参数的监测,根据对燃气轮机的特定零件、部件和组件状态的诊断,按照它们的损坏程度和损坏趋势来计划和进行的维修。

注:这一类维修工作可以安排在计划停机或维修停机期间进行(见状态监测)。

3.77

在线　on line

与机组运行同时进行的任何工作。

3.78

在线检查　on-line inspection

与燃气轮机运行同时进行的任何检查工作(例如,润滑油过滤器检查)。

3.79

在线维修　on-line maintenance

与燃气轮机运行同时进行的任何维修工作(例如,辅助泵或传感器)。

3.80

在线监测　on-line monitoring

在燃气轮机运行的同时,预先计划并定期进行的监测工作。

3.81

运行小时数　operating hour

从起动开始到完全停机的累计运行时间。

3.82

拆修　overhaul

按照制造商的指南进行的燃气轮机部件或小组件的拆卸、修理、修补和(或)更换的操作,以使其继续运行到计划的下一次检查或检修。

3.83

业主的成本　ownership cost

年度的燃料、运行和维修财务支出的总和,再加上建厂投资成本的比例折旧。

注:其中还可以包括适当的损耗或获利因素。

3.84

分布系数　pattern factor(PF)

透平进口最高温度与平均温度的差除以燃烧室中的温升。

$$PF=\frac{TIT_{max}-TIT_{average}}{TIT_{average}-TV\text{Ⅱ}}\times 100\%$$

其中：

TIT_{max}——透平进口温度的最大值；

$TIT_{average}$——透平进口温度的平均值；

TVⅡ——压气机出口温度的平均值。

3.85

尖峰额定值　peak rating

通常指燃气轮机在规定的条件和在透平尖峰负荷的额定温度下(或由制造商规定的其他限制条件),并处在新的和清洁状态运行时的预计或保证的输出功率。

注：ISO标准尖峰额定值指在尖峰负荷额定温度下，每年运行达到2 000 h和起动500次。

3.86

性能　performance

制造商的技术规范中规定的燃气轮机输出功率和效率(热耗率)。

3.87

统计期间小时数　period hours(PH)

统计期间内的日历小时数。

3.88

物理气相沉积　physical vapor deposition(PVD)

基于涂层材料的气相与基体受热面之间的物理反应而形成涂层的一种方法。

注：见涂层(3.13)。

3.89

等离子喷涂　plasma spray coating (APS或VPS)

主要以Co-Cr-Al-Y或Ni-Cr-Al-Y为基础的特殊化合物来覆盖基体金属，以保护基体金属避免热腐蚀。

注：涂层材料通常以粉末形式加到高温等离子射流中，并且呈熔融状态喷涂到部件的表面。该工艺过程可以在大气压力下进行(APS=大气压等离子喷涂)，或在真空下进行(VPS=真空等离子喷涂)[见涂层(3.13)]。

3.90

快速起动　rapid start

快速加载

在该起动程序中燃气轮机按加速程序加负荷。

注：也称作紧急起动。

3.91

修复　rebuilds

完成或事实上完成产品的检修而没有任何重新设计。

3.92

翻修　reconditioning

整修和(或)检修零件，以基本上获得最初的设计状态。

3.93

重新设计　redesign

更改或替换任何部件和(或)系统，以获得改善的运行特性。

3.94

可靠性系数　reliability factor(RF)

机组、主要设备或部件在一时间点上不发生强迫停机状态的概率，即为强迫停机时间(FOH)与总时间(PH)之比值的补数。

$$RF=1-\frac{FOH}{PH}$$

3.95

修理　repair

采用适当措施的任何修复工作，如果必要的话，包括更换燃气轮机的任何损坏、失效、故障或破坏的零件。

3.96

改进　retrofit

用改变设计的部件来更换燃气轮机的主要组件。

注：也可参见提高性能(3.111)和改善(3.110)。

3.97

计划检修　scheduled maintenance

按规定的时间，燃气轮机按预定计划停机进行的计划维修工作。

3.98

点火运行小时数　service hours(SH)

从主火焰建立一直到火焰熄灭的累计时间。

3.99

运行系数　service factor(SF)

在统计期内，点火运行小时数与统计期间小时数之比。

$$SF=\frac{SH}{PH}\times 100\%$$

3.100

停机　shut down

在卸负荷和停运程序控制下，机组从运行到停机状态的过程。

3.101

专用工具　special tools

燃气轮机运行、维修和修理所需要的所有的专用工具、设备和系统，它们通常由制造商供应，在工具商店里无法买到。

3.102

起动　start

使燃气轮机及所驱动的设备从准备起动状态到准备加载状况的动作过程。

注：对于燃气轮机驱动交流发电机的情况，包括与电网同期、合闸和后续的稳定运转；对于机械驱动用燃气轮机，包括被驱动设备的稳定运转。

3.103

起动试图　start attempt(SA)

在规定的时间内试图使机组从停运到使用状态的动作。

注：在允许的规定起动时间内重复进行起动程序而没有进行任何改正修理工作，算作一次起动试图。计算时 SA＝起动试图次数。

3.104

起动可靠性　start reliability(SR)

$$SR=\frac{SS}{SS+FS}\times 100\%$$

其中：

SS——起动成功的次数；

FS——起动失败的次数；

SA——起动试图次数。

3.105

起动成功　start success(SS)

在规定的时间内使机组通过一次起动试图达到使用状态的过程，即发电机与系统并网运行或被驱动设备稳定运行。

注：计算时 SS=起动成功的次数。

3.106

跳闸　trip

通过停止燃料供应和断开负荷或发电机的断路器，使机组突然从带负荷状态停运。

3.107

跳闸到空负荷　trip to idle

在接到一相应的跳闸信号后，机组突然从带负荷降到空负荷。

3.108

透平进口温度　turbine inlet temperature(TIT)

代表透平前流量加权平均总温的通用术语。

注 1：因参考截面不同，有几种不同的定义：

——燃烧室出口温度；

——喷嘴进口温度；

——透平转子前温度(ISO 3977-9:1999,IDT 中称为燃烧温度)；

——ISO 进口温度。

燃烧室出口温度是指在燃烧室出口截面被二次空气稀释后的燃气的流量加权平均总温。喷嘴进口温度是指来自进气缸的冷却空气加到燃烧室出口的下游后，进入第一级静叶的高温燃气的流量加权平均总温。透平转子前温度是指来自第一级喷嘴和透平轮盘的冷却和密封空气加进主流高温燃气后，第一级动叶前的高温燃气的流量加权平均总温。ISO 进口温度是指按压气机的总空气质量流量与总燃料质量流量进行的燃烧室总热平衡计算所得出的第一级静叶前的流量加权平均温度。

注 2：通常，高温燃气的温度总是不均匀的，因而存在平均温度与较高和较低温度之间的偏差。其最大偏差由分布系统确定。

3.109

透平出口温度　turbine outlet temperature(TOT)

高温燃气离开透平时的总温。

3.110

改善　upgrading

对现有设备更换改进设计的部件，也可能实现除性能之外的某一或所有功能的改进。

3.111

提高性能　uprating

通过更换为满足性能提高的状态而设计的零件，以提高现有燃气轮机的输出功率和(或)效率的工作。

注：提高性能有时可以在较低的，初步的额定温度值下进行成功的现场调试后，通过提高透平进口温度来实现，而不需要具体的修改。也可参见本部分 3.96 改进。

4　可维护性

注：本条款的目的是为用户与制造商之间交换维修信息提供基础。

4.1 制造商的责任

4.1.1 概述

制造商应说明部件的寿命、涂层的寿命和不同类型检查之间的间隔时间如何确定,以及它们如何受运行模式和燃料类型的影响。

4.1.2 检查时间表

4.1.2.1 制造商应提供一份保持机组处于安全和可靠状态所必须的检查时间表。制造商应说明部件的寿命、涂层的寿命和不同类型检查之间的间隔时间如何确定,以及它们如何受运行模式、燃料类型和水或蒸汽回注的影响。例如,建议的两种方法:

a) 根据机组的运行历史记录,对每一事件都分配等效运行小时数;

b) 基于一系列运行模式,这些运行模式都有相关的检查时间表以及考虑不同的燃料和不同的负荷(基本、尖峰、备用尖峰等)的系数。

4.1.2.2 等效运行小时数 T_{eq}定义见 3.26 条款。

制造商按等效运行小时数规定寿命和检查间隔时间。

4.1.2.3 对于不同的运行模式,燃气轮机制造商和(或)用户相应地定义了每年单一的运行模式或一系列运行模式。燃气轮机制造商据此提供一份推荐的检查时间表,该检查时间表按不同的燃料和负荷限制的系数修正。通常建议的典型运行模式有:

——A:满负荷连续运行;

——B:公用电厂基本负荷;

——C:公用电厂中间负荷;

——D:基本负荷与尖峰负荷交替运行;

——E:每天定期运行;

——F:公用电厂尖峰负荷;

——G:紧急备用;

——H:用户规定的运行。

模式 A 到 G 按下述因素确定:

——点火运行小时数;

——运行系数;

——点火起动次数;

——点火运行小时数/一次起动;

——快速起动次数;

——机组从满负荷跳闸的次数。

这些情况列于表 1,模式 H 由用户按其特殊的应用情况确定。以协商一致的运行模式为基础,燃气轮机制造商列出了检查间隔时间,以及按最大运行负荷(按透平转子前温度考虑)和燃料类型确定的系数,如表 2 和表 3 所示。

表 1 运行模式(每年运行)

	基准值	范围
模式 A		
点火运行小时数/h	8 200	8 000~8 600
运行系数/%	93.6	90~100
点火起动次数	20	3~40
点火运行小时数(一次起动)/h	410	>200

表 1(续)

	基准值	范围
快速起动次数	0	—
机组跳闸次数(带负荷时)	4	0~8
模式 B		
点火运行小时数/h	7 000	6 000~8 000
运行系数/%	80	70~90
点火起动次数	50	20~80
点火运行小时数(一次起动)/h	140	60~400
快速起动次数	0	—
机组跳闸次数(带负荷时)	4	1~8
模式 C		
点火运行小时数/h	5 000	3 000~6 000
运行系数/%	57	35~70
点火起动次数	40	10~60
点火运行小时数(一次起动)/h	125	60~400
快速起动次数	0	—
机组跳闸次数(带负荷时)	3	1~6
模式 D		
点火运行小时数/h	2 500	2 000~3 000
运行系数/%	28.5	20~50
点火起动次数	85	40~120
点火运行小时数(一次起动)/h	35	30~60
快速起动次数	1	0~5
机组跳闸次数(带负荷时)	3	1~6
模式 E		
点火运行小时数/h	3 000	2 000~4 000
运行系数/%	34.2	20~50
点火起动次数	240	250~300
点火运行小时数(一次起动)/h	12.5	10~18
快速起动次数	3	0~10
机组跳闸次数(带负荷时)	3	1~6
模式 F		
点火运行小时数/h	400	200~800
运行系数/%	4.5	2.2~10
点火起动次数	100	60~150
点火运行小时数(一次起动)/h	4	3~8
快速起动次数	5	0~20
机组跳闸次数(带负荷时)	2	1~6

表 1(续)

	基准值	范围
模式 G		
点火运行小时数/h	48	20~80
运行系数/%	0.5	0.2~0.9
点火起动次数	30	10~120
点火运行小时数(一次起动)/h	1.6	0.5~2
快速起动次数	10	0~20
机组跳闸次数(带负荷时)	0	0~2

制造商应提供一份检查时间表,指出表 2 和表 3 所示的数据。

表 2　燃气轮机制造商推荐的检查间隔时间

	运行模式	检查间隔月数		
		燃烧室	热通道	大修
A	满负荷连续运行			
B	公用电厂基本负荷			
C	公用电厂中间负荷			
D	基本负荷与尖峰负荷交替运行			
E	每天定期运行			
F	公用电厂尖峰负荷			
G	紧急备用			
H	用户规定的运行			

表 3　表 2 中所示检查间隔时间的修正系数

		燃烧室	热通道	大修
1	燃料影响			
1a	气体			
1b	可选择气体			
1c	蒸馏油			
1d	原油			
1e	重渣燃料			
1f	用户规定的燃料			
2	透平转子前温度影响			
2a	基本负荷			
2b	尖峰负荷			
2c	备用尖峰负荷			
3	水/蒸汽回注影响			
3a	水			
3b	蒸汽			

制造商应连同检查时间表,对每一种类型的检查作下列说明:

——任务说明;

——估计的停运时间;

——估计需要的零件和材料;

——估计需要的工时;

——对技术水平、工具、试验设备和器材的要求;

——为完成任务建议的场地;

——所有部件和组件从现场运到检修中心的详细情况;

——部件和组件从现场送到检修中心的总时间;

——起吊的最重件的质量;

——所需要的通道;

——为了评估以前的检查和运行历史以及计划下一次检查(大修),制造商与用户需进行会晤的时间;

——应进行润滑油和液压油化验的时间。

4.1.3 在线检查和维修

制造商应说明燃气轮机可以在线进行哪些检查和维修工作,以及进行这些工作时所需的负荷或转速限制。制造商还应说明需要哪些专用设备,以及进行在线检查和维修时应遵守的安全预防措施。

4.1.4 状态监测

如果买方要求并且可能的话,制造商可以提供状态监测系统,并给出详细资料。包括需要监测的信息、监测的频度、信息如何处理、以及预测和(或)诊断可能的故障、损坏的方法,或者需要维修的方法。例如,趋势分析。

4.1.5 运行维护

制造商应说明在计划的检查之外,作为正常运行的一部分而进行的所有检查和维修,包括压气机清洗、透平清洗、过滤器清洗、过滤器更换、油更换等内容。作为该要求的一部分,制造商应指出不拆卸压气机和(或)透平的所有可用的清洗方法。

4.1.6 积垢

制造商应以在类似环境下采用类似运行模式的类似设备为基础,说明由于压气机和(或)透平积垢而导致的可以恢复的性能下降的典型曲线。如果透平积垢严重,则应单独确定。

制造商应提供资料,说明由于进行了大小修、压气机在线和离线清洗以及进口空气过滤器的更换而产生的典型的性能恢复情况。

4.1.7 性能下降

如果买方要求,制造商应根据类似设备的经验证实由于老化而产生的长期不可恢复的性能下降的预测。可以提供 4 000、8 000、16 000、32 000 和 48 000 运行小时后,压气机的质量流量、压气机效率、燃气轮机排气温度、输出功率和热耗率变化的资料。

4.2 用户的责任

以下是用户负责进行的工作:

a) 建立严格的燃料购买、处理和贮存的制度,以保证只有符合规定的燃料输送到燃气轮机。

这包括输送和贮存时监测燃料的质量、安装精确的校正过的原子质谱仪、应用气体/液体彩色成像仪(chromograph)、磁塞、脏污过滤器的清洗和检查,维修燃料贮存呼吸(通气)设备以限制液体和固体进入、定期清洗燃料贮存设备、在过滤后使用不锈钢的燃料管道和适当的时候进行离线或在线离心处理并记录燃料的质量。

b) 选择合适的运行、维修、施工、保管、文秘和管理人员。

c) 通过参加制造商的培训讲课和国际燃气轮机维修研讨会及会议,定期进行人员培训。

d) 维修空气过滤设备,以保证仅有清洁的空气进入压气机。

e) 严格遵守制造商的运行和维修说明书。包括:

1) 按照燃气轮机制造商的推荐,定期抄表和记录约定的数据;

2) 定期校正控制设备;

3) 按照制造商的建议进行润滑,并监控润滑油。

f) 从记录的数据、机器的响应、泄漏、振动噪声等来预防故障的发展。

g) 仅使用制造商推荐的备件和消耗品(例如,空气过滤器滤芯)。

h) 与制造商保持经常联系,并及时通报制造商机器的性能、执行现场维修建议的情况等。

i) 保存检查和维修记录,必要时提供给燃气轮机制造商以便其能迅速利用这些记录和运行记录。

j) 与制造商一道制订大修计划。这也适用于大的整修或提高性能。

k) 正确地保管和存放维修设备。

l) 避免快速改变负荷和跳闸,以及其他可能有害的运行事件,例如,超负荷、超扭、低频率、非同期、短路等。

4.3 备品备件

制造商应按照与用户的协议提供一份备件清单以及用量,并考虑:

——要求的最佳机组可用性和供电可靠性;

——建议的机组运行模式;

——备件订货至交货的时间;

——备件交付到现场的方式;

——附近可用的集中备件库;

——附近可用的合格的整修设备;

——现场的通道;

——现场可用的设备。

这些备件应分成以下几大类:

a) 消耗性备件

包括在两次检查当中的正常运行期间小部件的偶然故障所需要的备件,例如,垫片、O 形圈、热电偶、温度开关、压力开关、过滤器元件等。

b) 大修备件

各种计划检查时需要的备件,可能包括诸如燃烧室的火焰筒、过渡段、联焰管、透平动叶、透平静叶等部件。

c) 意外备件

满足不可预测的部件故障所需要的备件,可能包括轴承、辅助泵、成套的压气机叶片、整个转子或燃气发生器。

4.4 运行记录表

制造商应按照与用户的协议提供运行记录表格,用来记录燃气轮机和被驱动设备的运行历史。或者提供自动数据记录表。以下是需要制表/记录的典型数据清单。

a) 性能

——通过进气过滤器的压力降

——压气机进口压力

——压气机进口温度

——压气机排气压力

——压气机排气温度

——压气机质量流量

——透平进气压力
——透平排气压力
——透平排气温度 t_1、t_2、t_3、t_4、t_5、……t_i 等
——燃料流量
——透平转速
——系统频率
——负荷
——节流阀开度
——导叶位置
——水/蒸汽注入量
——燃料热值

b) 机械
——振动值
——油压
——油温
——油箱油位
——冷却空气流量
——冷却空气压力
——冷却空气温度
——冷却空气控制阀位置
——冷却水压力
——冷却水温度
——加速时间
——停机时间

c) 排放
——NO_x
——CO
——O_2
——CO_2
（NO_x、CO、O_2、CO_2：根据管理部门或其他部门要求间断或连续测量）
——SO_2
——C(烟灰)
——未燃尽的碳氢化合物(UHC)

d) 可用性和可靠性
——试图正常起动的次数
——试图快速起动的次数
——成功的正常起动次数
——成功的快速起动次数
——不超过基本负荷的运行小时数
——不超过尖峰负荷的运行小时数
——作为同期调相机的运行小时数
——报警：
 ——日期和时间，
 ——原因

——跳闸到空负荷:

——日期和时间,

——原因

——跳闸关断燃料:

——日期和时间

——原因

——停机事件:

——停机的日期和时间

——停机结束的日期和时间

——位置

——模式

——原因

——后果

——措施

——停机:

——日期、时间和原因

——生产的能量

5 可靠性和可用性

5.1 可靠性验收试验

可靠性验收试验是一些短期试验,它不是用来精确地测量设备长期固有的可靠性或可用性,而是用来鉴别制造和安装的可接收性(或完整性)。对可靠性验收试验失败的补救是对观察到的缺陷作一般的修正,然后再进行试验。

GB/T 14100—1993 中的 7.2.3.2 详细说明了起动可靠性验收试验,其内容如下:"起动可靠性用连续起动成功次数来判断。起动次数可由合同双方商定。但是根据机组用途需特别重视起动可靠性时,连续起动成功 10 次就认为具有起动可靠性。应按照所提供的操作说明书进行起动。机组现场调试期间内连续成功起动次数也可作起动可靠性的累计次数"。

可靠性验收试验的另一种常见方式是进行 15 天或 30 天演示试验,试验成功定义为在试验期间不超过 X 次强迫停机事件或 Y 等效设备停机小时。如果用户要求做这种类型的可靠性验收试验,供货商应提供相应于这种设备配置的 X 和 Y 值,以及正常的运行期望值。作为一个合理的指标,基于寿命期预计的强迫停机事件概率,X 值对于个别单独试验的成功至少应有 70%的概率(泊松分布),Y 值应对应于预计的寿命期设备等效可用性。试验失败的补救是再做试验。

5.2 可靠性和可用性,计算和报告

可靠性和可用性的数据应当使用第 3 章中的术语和定义进行计算和报告。附加的可用性和可靠性数据信息可以从诸如 ISO、IEC、DIN、VDE、NERC、IEEE、CEI、ANSI 等标准的定义中找到。

6 安全性

6.1 概述

本条款限于那些由适当的设计和设计实施所控制的安全性。它不涉及诸如人员培训、措施和人身保护设备的使用等安全方面的考虑。

6.2 安全性要素

在包括燃气轮机动力设备在内的任何动力设备中,安全性都是头等重要的。需要对危害人身和设备两方面的安全因素进行防护。应当按照适用的强制性的法规、标准等进行设计和实现该设计。应当

高度重视以下安全性要素：

a) 火灾危害的最小化和适当的火灾控制措施。

b) 设计的控制系统，应该预防不安全的情况（转速、温度、振动等）。

c) 对不安全的运行情况报警警告。

d) 保护运行人员和（或）设备合适的安全性跳闸装置。

e) 如果运行人员可能接近运行中的燃气轮机，则应提供防护装置、隔热、扶手等，以防止运行人员意外接触到危险的部件。还应在适当的地方提供警告标志。

f) 维修人员应当有适当的吊运设备和工具，需要特别注意重型设备的安全吊运，包括索具或锁紧保护工具、吊索、起重机和行车。

g) 动力设备的设计应使由润滑油、液压油和燃料油泄漏引起火灾的可能性降到最小（应特别注意找到可能的泄漏点）。

h) 对于可能接近运行中的动力设备的人员应提供适当的通风和逃离手段，要认识到在一封闭的区域内运行的火灾保护系统对工作人员可能是危险的。

i) 应遵守制造商有关运行期间进入燃气轮机罩壳的建议。

j) 如果运行人员置身于异常的噪声级中，则应戴上护耳设备。

k) 运行和维修人员应备有动力设备安全运行和维修的说明书。

l) 燃气轮机保护设备的内部关系及其对其他动力设备或系统设备的可能影响。

m) 动力设备设计应通过提供适当的通风布置、气体检测、隔间/建筑通风、设备火花抑制、管件接地/连接等措施，使燃料气泄漏和气体爆炸的可能性降到最小化。

ICS 67.080
X 79

中华人民共和国国家标准

GB/T 14151—2006
代替 GB/T 14151—1999

蘑 菇 罐 头

Canned mushrooms

2006-07-18 发布　　　　2006-12-01 实施

中华人民共和国国家质量监督检验检疫总局
中国国家标准化管理委员会　发布

前　言

本标准参考了国际食品法典委员会 Codex Stan 55—1981《蘑菇罐头》。

本标准代替 GB/T 14151—1999《蘑菇罐头》。

本标准与 GB/T 14151—1999 相比主要变化如下：

——取消了合格品和普通级的分类；

——在标示中增加了标注原料属性、原料形态和固形物的要求；

——取消了净含量的具体数量规定。

本标准由中国轻工业联合会提出。

本标准由全国食品工业标准化技术委员会罐头分技术委员会归口。

本标准起草单位：中国食品发酵工业研究院、中国罐头工业协会、广东省微生物研究所。

本标准主要起草人：王柏琴、郭淑明、吴清平、张菊梅。

本标准所代替标准的历次版本发布情况为：

——GB/T 14151—1993、GB/T 14151—1999。

蘑 菇 罐 头

1 范围

本标准规定了蘑菇罐头的产品分类与代号、技术要求、试验方法、检验规则、标志、包装、运输和贮存的要求。

本标准适用于以新鲜蘑菇或盐渍蘑菇为原料、经加工制成的蘑菇罐头。

2 规范性引用文件

下列文件中的条款通过本标准的引用而成为本标准的条款。凡是注日期的引用文件，其随后所有的修改单(不包括勘误的内容)或修订版均不适用于本标准，然而，鼓励根据本标准达成协议的各方研究是否可使用这些文件的最新版本。凡是不注日期的引用文件，其最新版本适用于本标准。

GB 2760 食品添加剂使用卫生标准

GB 5461 食用盐

GB 7098 食用菌罐头卫生标准

GB 7718 预包装食品标签通则

GB/T 10786 罐头食品的检验方法

GB/T 12457 食品中氯化钠的测定方法(GB/T 12457—1990,neq ISO 1841:1981)

QB/T 1006 罐头食品的检验规则

QB/T 3600 罐头食品包装、标志、运输和贮存

3 术语和定义

下列术语和定义适用于本标准。

3.1

开伞菇 grilling mushrooms

菌盖与菌柄间的菌膜破裂、菌褶明显外露的蘑菇。

3.2

规则片(整菇片) sliced or sliced whole mushrooms

沿蘑菇轴平行纵向切片而成的带柄的片菇。

3.3

薄皮菇 thin mushrooms

菌肉较薄、菌盖边缘似与菌柄脱离而形成浅沟状的蘑菇。

3.4

空心菇 mushroom with hole in stem

菌柄切削处中心部位有明显空洞且空洞的直径和深度大于 2 mm 的蘑菇。

3.5

盐渍蘑菇 salted mushrooms

将新鲜良好蘑菇经预煮、冷却，在浓度约 20°Bé 的盐水中浸渍，不断加入食盐，直到蘑菇中心部位平衡后盐水浓度在 18°Bé 以上的蘑菇。

4 产品分类与代号

4.1 产品分类

根据不同原料将产品分成两类。

4.1.1 以鲜蘑菇为原料加工的蘑菇罐头

以罐藏加工专用的新鲜白色双孢蘑菇为原料，经清洗、预煮、装罐、加盐水、密封、杀菌制成的罐头产品。

4.1.2 以盐渍蘑菇为原料加工的蘑菇罐头

以盐渍蘑菇为原料，经脱盐、预煮、装罐、加盐水、密封、杀菌制成的罐头产品。

4.2 产品代号

两类产品按蘑菇形态分为整菇、钮扣菇、特片菇、片菇、碎片(块)菇、扣片菇和帽菇七个品种。

4.2.1 整菇罐头：产品代号为805。

4.2.2 帽菇罐头：产品代号为805 0。

4.2.3 片菇罐头：产品代号为805 1。

4.2.4 碎片(块)菇罐头：产品代号为805 2。

4.2.5 特片菇罐头：产品代号为805 3。

4.2.6 钮扣菇罐头：产品代号为805 4。

4.2.7 扣片菇罐头：产品代号为805 5。

4.2.8 以盐渍蘑菇为原料加工的蘑菇罐头在产品代号后面再加"B"。

5 技术要求

5.1 原辅材料

5.1.1 鲜蘑菇及盐渍蘑菇的感官要求应符合表1的规定。

5.1.2 鲜蘑菇预煮得率：不低于61%。

5.1.3 盐渍蘑菇氯化钠含量：(18～22)°Bé。

5.1.4 盐渍蘑菇pH值：4.5～5.3。

表1 原料鲜蘑菇及原料盐渍蘑菇的感官要求

项目	要求	
	鲜蘑菇	盐渍蘑菇
色泽	乳白色	淡黄色、盐卤水清晰
气味	应具有鲜蘑菇应有的气味，无异味	具有盐渍蘑菇应有的滋味与气味
形态	蘑菇整只无根带柄。菌盖形态完整，表面光滑无凹陷，呈圆形或近似圆形，直径20 mm～40 mm。菇柄切削平整，长度不大于8 mm。无薄皮菇、无开伞、无鳞片、无空心、无脱柄、无泥根、无斑点、无病虫害、无机械伤、无污染、无变色菇、无杂质	经轻压有弹性，其他同鲜蘑菇

5.1.5 食用盐

应符合GB 5461的规定。

5.2 感官要求

5.2.1 以鲜蘑菇为原料加工的蘑菇罐头

感官要求应符合表2的规定。

表 2　鲜蘑菇罐头感官要求

项目		优　级	普 通 级
色 泽		淡黄色，片菇和帽菇菌褶允许稍带浅褐色。汤汁清晰，呈淡黄色	淡灰黄色，片菇和帽菇菌褶允许稍带浅褐色。汤汁较清晰，呈淡黄色
滋味、气味		具有用鲜蘑菇加工的蘑菇罐头应有的滋味和气味，无异味	
组织形态	整菇	柔嫩而有弹性，菌径 18 mm～35 mm，菌盖形态完整，无畸形菇和开伞菇，菌柄切面平整，长度不超过 8 mm，同一罐内菌径大小均匀，菌柄长短基本一致	柔嫩而略有弹性，菌径 18 mm～35 mm，菌盖形态基本完整，允许少量薄菇、小裂口、小修整和小畸形菇，无开伞菇，菌柄切面较平整，长度不超过 8 mm，同一罐内菌径大小大致均匀，菌柄长短尚一致
	钮扣菇	柔嫩而有弹性，菌径 18 mm～35 mm，同一罐内菌径大小均匀，菌盖形态完整，无畸形菇和开伞菇，菌柄切面平整，长度不超过 5 mm	柔嫩而略有弹性，菌径 18 mm～35 mm，同一罐内菌径大小大致均匀，菌盖形态基本完整，允许少量薄菇、小裂口、小修整和小畸形菇，无开伞菇，菌柄和菌盖底部不超过 5 mm
	特片菇	将菌径 22 mm～35 mm 的蘑菇沿菇轴平行纵向切片，片厚 3.5 mm～5 mm，规则片的大小和厚度大致均匀，规则片不少于固形物重的 80%，脱落或破碎部分的菌体及碎屑不超过 3%	将菌径 22 mm～35 mm 的蘑菇沿菇轴平行纵向切片，片厚 3.5 mm～5 mm，规则片的大小和厚度大致均匀，规则片不少于固形物重的 80%，脱落或破碎部分的菌体及碎屑不超过 5%
	片菇	将蘑菇沿菇轴平行纵向切片，片厚 3.5 mm～5 mm，规则片的大小和厚度大致均匀，无连片，规则片不少于固形物重的 60%，脱落或破碎部分的菌体及碎屑不超过 5%	将蘑菇沿菇轴平行纵向切片，片厚 3.5 mm～5 mm，规则片的大小和厚度大致均匀，无连片，规则片不少于固形物重的 60%，脱落或破碎部分的菌体及碎屑不超过 10%
	碎片菇	不规则的碎片或碎块	
	帽菇	柔嫩而有弹性，菌径 30 mm～45 mm，同一罐大小均匀，无菌柄，菌盖形态完整，无畸形菇、机械伤、开伞菇，无氧化菇	柔嫩而略有弹性，菌径 30 mm～45 mm，同一罐大小大致均匀，无菌柄，菌盖形态基本完整，允许少量小裂口、小修整和小畸形菇，无开伞菇，有轻微氧化菇
	扣片菇	采用钮扣菇切片，菌柄与菌盖底部不超过 5 mm。将菌径 20 mm～40 mm 的钮扣菇沿菇轴平行纵向切片，片厚 3.5 mm～5 mm，规则片的大小和厚度大致均匀，无连片，规则片不少于固形物含量的 60%，碎屑不超过 2%	采用钮扣菇切片，菌柄与菌盖底部不超过 5 mm。将菌径 20 mm～40 mm 的钮扣菇沿菇轴平行纵向切片，片厚 3.5 mm～5 mm，规则片的大小和厚度大致均匀，无连片，规则片不少于固形物含量的 60%，碎屑不超过 3%

5.2.2　以盐渍蘑菇为原料加工的蘑菇罐头

感官要求应符合表 3 的规定。

表 3　盐渍蘑菇罐头感官要求

项目	优　级	普 通 级
色 泽	呈黄色至淡灰黄色。片菇和帽菇菌褶允许有稍浅褐色，汤汁清晰，呈淡黄色	呈灰黄色，稍带浅褐色。片菇和帽菇菌褶允许有稍浅褐色，汤汁较清晰，呈黄色
滋味、气味	具有用盐渍蘑菇加工的蘑菇罐头应有的滋味与气味，无异味	

表 3（续）

项目		优　　级	普　通　级
组织形态	整菇	略有弹性，其他执行表 2 中整菇的规定	
	钮扣菇	略有弹性，其他执行表 2 中钮扣菇的规定	
	特片菇	执行表 2 中特片菇的规定	
	片菇	执行表 2 中片菇的规定	
	碎片菇	执行表 2 中碎片菇的规定	
	帽菇	执行表 2 中帽菇的规定	
	扣片菇	执行表 2 中扣片菇的规定	

5.3　**理化要求**

5.3.1　固形物含量：固形物含量大于或等于 53.0%。

5.3.2　氯化钠含量：0.6%～1.3%。

5.3.3　pH 值：以盐渍蘑菇为原料加工的蘑菇罐头为 5.0～5.6；以鲜蘑菇为原料加工的蘑菇罐头为 5.2～6.4。

5.3.4　卫生要求：应按 GB 7098 规定执行。

5.4　**食品添加剂要求**

食品添加剂的使用应符合 GB 2760 的规定。

5.5　**缺陷**

样品的感官和物理指标如不符合技术要求，应记作缺陷，缺陷按表 4 分类。

表 4　缺陷分类

类　别	缺　　陷
严重缺陷	有明显异味，如霉味、酸味、臭味； 含有害杂质，如碎玻璃、金属屑、头发、塑料片、外来昆虫等； 净含量负偏差超过允许偏差； 硫化铁明显污染内容物。
一般缺陷	有一般杂质，如竹丝、木屑、棉线、尼龙线、纸片等； 整菇罐头中虫害菇、小畸形、严重机械伤、破碎、脱柄、薄菇和空心菇等缺陷菇，按个数计不超过 15%；氧化变色菇按个数计不超过 10%；净含量 425 g(含 425 g)以下的泥根菇超过 1 粒；净含量 655 g(含 655 g)以上的泥根菇超过 2 粒；片菇的规则片低于规定限值； 固形物含量负偏差超过允许偏差。

6　试验方法

6.1　**鲜菇预煮回收率测定**

称取样品 1 kg，置于 100℃沸水中煮 8 min，用流动水冷却至 30℃以下，沥干 2 min 后称重，按式(1)计算预煮得率，其数值以%表示：

$$\text{预煮得率} = \frac{\text{沥干后质量}}{\text{样品质量}} \times 100 \qquad \cdots\cdots(1)$$

6.2　**感官要求、净含量、固形物和 pH 值**

按 GB/T 10786 中规定的相应方法检验。

6.3　**氯化钠**

按 GB/T 12457 规定的方法检验。

6.4 卫生指标

按 GB 7098 规定的方法检验。

7 检验规则

按 QB/T 1006 执行。感官、净含量、固形物含量、pH 值、微生物为每批必检项目，其他项目作不定期抽检。

8 标志、包装、运输和贮存

8.1 标签

8.1.1 应将蘑菇的形态特性作为产品名称的一部分或将其标注在产品名称旁边，如：整菇、钮扣菇、特片菇、片菇、碎片菇、帽菇、扣片菇等。

8.1.2 标签上应标明固形物含量。当固形物含量标示为平均值或绝对值时，固形物含量在 245 g 以下的允许偏差为±11%，固形物含量在 246 g～500 g 时的允许偏差为±9%，固形物含量在 1 600 g 以上时的允许偏差为±4%。每批产品平均固形物含量不能低于标示值。

8.1.3 配料表中应明确注明所用的原料属性，如："新鲜蘑菇"或"盐渍蘑菇"。

8.1.4 其他标志按 GB 7718 规定执行。

8.2 包装、运输和贮存

包装、运输和贮存按 QB/T 3600 规定执行。

固形物含量标签标示值的允许负偏差要求：净含量在 500 g(mL)范围内的为 11%；净含量在 501 g(mL)至 1 000 g(mL)范围内的为 9%；净含量在 2 000 g(mL)至 3 000 g(mL)范围的为 4%。

ICS 43.040.60
T 26

中华人民共和国国家标准

GB 14167—2006
代替 GB 14167—1993

汽车安全带安装固定点

Safety-belt anchorages for vehicles

2006-09-01 发布　　2007-02-01 实施

中华人民共和国国家质量监督检验检疫总局
中国国家标准化管理委员会　发布

前言

本标准全部技术内容为强制性的。

本标准修改采用 ECE R14 Rev. 3/Amend. 1《关于机动车安全带安装固定点认证的统一规定》(英文版)。

本标准代替 GB 14167—1993《汽车安全带安装固定点》。

本标准根据 ECE R14 重新起草。在附录 F 中列出了本标准章条编号与 ECE R14 法规章条编号的对照一览表。

考虑到我国国情,在采用 ECE R14 法规时,本标准做了一些修改。

本标准与 ECE R14 的技术性差异及其原因如下:

——引用的符号改为相应的符合国家标准的符号,增加了标准的可操作性。

——对附录 C 中 M_2 类车辆的固定点最低数量进行了调整,原因是为了与我国的标准体系一致。

——删去 ECE R14 附录 4"三维 H 点确定程序"的相关内容,标准中涉及到该方面的内容参照 GB 11551—2003 附录 C 中的内容执行,避免了由于标准用语的差异在实际操作时产生误差。

——删除了 ECE R14 中第 3、4 章的内容,其原因是标准体系和法规体系的差别所致。

为便于使用,对于 ECE R14 法规还做了下列编辑性修改:

——daN 改为 N;

——tone 改为 kg;

——"本法规"改为"本标准";

——增加资料性附录 F。

本标准与 GB 14167—1993《汽车安全带安装固定点》的主要差异有:

——增加了对固定点的一般要求(本版的 4.1);

——增加了固定点的最低数量要求(本版的 4.2);

——固定点的位置要求有所改变(1993 版的 4.1,本版的 4.3);

——增加了试验方法的特殊规定(本版的 5.4);

——增加了动态试验方法(本版的 5.5);

——增加了规范性附录 A、规范性附录 B、规范性附录 C、规范性附录 D、规范性附录 E、资料性附录 F(见规范性附录 A、规范性附录 B、规范性附录 C、规范性附录 D、规范性附录 E、资料性附录 F)。

本标准的附录 A、附录 B、附录 C、附录 D、附录 E 为规范性附录,附录 F 为资料性附录。

对于新定型的产品,自标准实施之日起施行;对于已定型的产品,自标准实施之日起 12 个月后施行。

本标准由国家发展和改革委员会提出。

本标准由全国汽车标准化技术委员会归口。

本标准起草单位:东风汽车工程研究院。

本标准主要起草人:黄小枚、余博英、张尚娇。

本标准于 1993 年 3 月首次发布,本标准是第一次修订。

汽车安全带安装固定点

1 范围

本标准规定了汽车安全带安装固定点的位置、强度要求和试验方法。

本标准适用于M和N类汽车上前向和后向座椅成年乘员用安全带安装固定点。

2 规范性引用文件

下列文件中的条款通过本标准的引用而成为本标准的条款。凡是注日期的引用文件，其随后所有的修改单(不包括勘误的内容)或修订版均不适用于本标准，然而，鼓励根据本标准达成协议的各方研究是否可使用这些文件的最新版本。凡是不注日期的引用文件，其最新版本适用于本标准。

GB 11551—2003 乘用车正面碰撞的乘员保护

GB 11552—1999 轿车内部凸出物

GB/T 11563 汽车 H点确定程序

GB 13057—2003 客车座椅及其车辆固定件的强度

GB 14166—2003 机动车成年乘员用安全带和约束系统

3 术语和定义

下列术语和定义适用于本标准。

3.1

车型 vehicle type

与固定点相连接的车辆或座椅构件的尺寸、外形和材料等方面无差异的一类机动车辆。若进行动态试验，则车辆的约束系统元件的性能，尤其是对施加在安全带上的力有影响的限载功能也应无差异。

3.2

安全带固定点 belt anchorage

在车身、座椅或车辆其他部分的构件上用于安装、固定安全带总成的零部件。

3.3

安全带有效固定点 effective belt anchorage

用于确定4.3规定的安全带各部分相对于使用者的角度的点；将织带系于该点可获得与预期设计相同的安全带佩带状态。它可以是也可以不是安全带实际固定点，主要取决于与固定点相连接的安全带金属接头的形状。如：

——若安全带刚性构件与下固定点连接，对在座椅调节范围内的所有位置，不论是固定式还是自由旋转式，安全带有效固定点为织带与刚性构件的连接点；

——如果在车身构架或座椅构架上设有织带的导向件，则应将织带朝向使用者一侧的导向件中点作为安全带有效固定点；

——如果安全带经使用者直接通向卷收器而不带导向件，则应以卷轴与通过织带中心线卷收平面的交点作为安全带有效固定点。

3.4

地板 floor

与车身侧围连接的车身底板，包括加强件和底板下面的纵、横梁。

3.5

座椅 seat

可供一个成年人乘坐、带完整装饰的装置，可与车身框架一体，也可独立；可以是单独的，也可以是长条座椅的供一人乘坐的部分。

3.5.1

前排乘员座椅 front passenger seat

“最前 H 点”位于过驾驶员“R”点的横截面上或在此横截面前方的座椅。

3.6

座椅组 group of seats

供一个或多个成年人乘坐的长条座椅，也可为若干单独座椅并排构成的一组座椅。

3.7

长条座椅 bench seat

可供若干成年人乘坐的带完整装饰的构架。

3.8

折叠座椅 folding seat

备用的座椅。一般情况下，处于折叠状态。

3.9

座椅型式 seat type

在以下方面没有区别的一类座椅：

——座椅构架的外形、尺寸和材料；

——调节系统和锁止系统的型式及尺寸；

——安全带固定点、座椅固定装置及车辆构架相关部分的型式和尺寸。

3.10

座椅固定装置 seat anchorage

将座椅总成固定在车身构架上的系统，包括影响车身结构的部分。

3.11

调节装置 adjustment system

可以调节座椅或座椅部件的位置以适应乘员坐姿的装置，允许座椅：

——纵向移动；

——垂直移动；

——调整角度。

3.12

位移装置 displacement system

使座椅或其中一部分在无中间固定位置情况下移位或转动，便于乘员进入座椅后部乘坐的装置。

3.13

锁止装置 locking system

确保座椅或其中一部分保持在某一使用位置的任何机构，包括锁止靠背与椅座及座椅与车辆相对位置的机构。

3.14

基准区 reference zone

二个距离 400 mm、相对于“H”点对称的垂直纵向平面间的空间。它是由 GB 11552—1999 附录 A 中的头型由垂直向水平方向旋转所确定的。

3.15

躯干限载装置　thorax load limiter function

安全带、座椅等在碰撞时能限制施加在乘员躯干上约束力的大小的装置。

4　要求

4.1　一般要求

4.1.1　安全带固定点的设计、制造和布置应符合下列要求：

4.1.1.1　应能安装合适的安全带。前排外侧座椅的安全带固定点(特别是在强度方面)应适合于装具有卷收器和导向件的安全带；车辆装有其他型式的带卷收器的安全带除外。如果固定点仅适用于某些特殊型式的安全带，这类安全带的型式应在检测报告中注明；

4.1.1.2　正确佩戴时安全带应无滑脱的危险；

4.1.1.3　织带与车辆或座椅构架上凸出零件接触应无损伤织带的危险；

4.1.1.4　车辆正常使用时，固定点应符合本标准的规定；

4.1.1.5　对于可改变位置的固定点(该固定点既便于乘员进入车辆，且能约束乘员)，本标准中的规定应适用于处于有效约束位置时的固定点。

4.2　安全带固定点的最低数量

4.2.1　M类和N类的车辆(允许有站立乘客的 M_2 和 M_3 类城市客车除外)必须具有符合本标准要求的安全带固定点。

4.2.1.1　对于全背带式安全带的固定点，应满足本标准规定；但附加固定点或用于安装Y型安全带的固定点则无需满足本标准中的强度和位置的要求。

4.2.2　所有前向和后向座椅处的安全带固定点最低数量应符合本标准附录C的规定。

4.2.3　但对于 M_1 类车辆非前排的外侧座椅处(附录C表C.1中注a)，当座椅与最近的车身侧围之间有供乘客通行的通道时，允许只设2个下固定点。若座椅和侧围间的空间为通道，所有的车门关闭时座椅纵向中心垂直平面(在R点位置测量)与侧围的距离应大于500mm。

4.2.4　对于前排中间座椅处(附录C表C.1中注b)，如果风窗玻璃位于GB 11552—1999附录A定义的基准区以外时，可只设2个下固定点；如果位于基准区内，则要求有3个固定点，此时风窗玻璃被认为是基准区的一部分。

4.2.5　对所有附录C表C.1中注c的标明乘坐位置，应设3个固定点。若满足下列条件之一，可只设2个固定点：

4.2.5.1　在其前方有一满足GB 13057—2003中5.3.3的座椅或车辆的其他部件；

4.2.5.2　车辆静止或运动时，在基准区内均无车辆的零部件；

4.2.5.3　在基准区内的零部件满足GB 13057—2003中的座椅靠背后部吸能性的要求。

4.2.6　对于折叠式座椅(包括车辆静止时方可使用的座椅)，以及4.2.1至4.2.4未包括的座椅，不要求有安全带固定点。但如果车辆上为这种座椅位置设置了安全带固定点，则这些固定点必须符合本标准的规定，此时允许有2个下固定点。

4.2.7　对双层客车的上层前排中央乘座位置的要求与前排外侧位置的要求相同。

4.2.8　对车辆静止时能翻转或能改变朝向的座椅，本标准的要求仅适用于车辆行驶时处在正常使用位置的情况(在检测报告中注明)。

4.3　安全带固定点的位置(见附录A图A.1)

4.3.1　总则

4.3.1.1　安全带的固定点既可设在车辆的构架上或座椅构架上，亦可设在车辆的其他部件上，或者分设于以上各部件上。

4.3.1.2　安全带的固定点可供两个相邻安全带的两个端头固定用，但必须符合要求。

4.3.2 安全带下有效固定点位置

4.3.2.1 M_1 类车辆的前排座椅

M_1 类车辆的 α_1(非带扣侧)应在 30°～80°范围内,α_2(带扣侧)应在 45°～80°范围内。前排座椅所有可正常移动的位置,角度要求同上。在所有正常乘坐位置,α_1 和 α_2 中至少有一个是恒定值时(如固定点在座椅上),其值应为 60°±10°。对于带有调节机构的可调座椅,当靠背角小于 20°时(见附录 A 图 A.1),α_1 可以低于以上规定的最小值(30°),但在任何正常使用位置均不得小于 20°。

4.3.2.2 M_1 类车辆后排座椅

对 M_1 类车辆,所有后排座椅的 α_1 和 α_2 应在 30°～80°范围内;如果后排座椅是可调的,则在所有正常移动位置,上述要求均有效。

4.3.2.3 M_1 类以外车辆的前排座椅

对 M_1 类以外车辆的前排座椅的所有正常移动位置,α_1 和 α_2 应在 30°～80°之间;对于最大总质量不超过 3 500 kg 车辆的前排座椅的所有正常使用位置,α_1 和 α_2 中至少有一个是恒定值时(如固定点在座椅上),其值应为 60°±10°。

4.3.2.4 M_1 类以外车辆后排座椅和特殊前排或后排座椅

对 M_1 类以外车辆带有调节机构且靠背角小于 20°(见附录 A 图 A.1)的(前、后排)长条座椅以及在正常使用位置上的其他后排座椅,α_1 和 α_2 允许在 20°～80°之间;对于最大总质量不超过 3 500 kg 车辆的前排座椅所有正常乘坐位置,α_1 和 α_2 中至少有一个是恒定值时(如固定点在座椅上),其值应为 60°±10°。对 M_2 和 M_3 类车辆的非前排座椅的正常乘坐位置,α_1 和 α_2 应为 45°～90°。

4.3.2.5 分别通过同一安全带的两个下固定点 L_1、L_2 且平行于车辆纵向中心平面的两个垂直平面间的距离不得小于 350 mm。对 M_1 和 N_1 类车辆的后排中央乘坐位置,若相对其他乘坐位置是不可移位的,则上述距离不可小于 240 mm。座椅的纵向中心平面应在 L_1 和 L_2 点之间,且距离至少为 120 mm。

4.3.3 安全带上有效固定点的位置(见附录 A)

4.3.3.1 如果因采用织带导向件或类似装置而影响安全带上有效固定点位置时,应根据织带纵向中心线通过 J_1 点时固定点的位置的情况来确定有效固定点位置。从 R 点开始,用下述 3 条线段确定 J_1 点:

RZ:从 R 点向上沿躯干线截取长 530 mm 的线段;

ZX:从 Z 点沿垂直于汽车纵向中心面的直线,向固定点方向截取长 120 mm 的线段;

XJ_1:从 X 点沿垂直于 RZ 和 ZX 确定的平面的直线,向前截取长 60 mm 的线段。

J_2 点与 J_1 点相对于过躯干线的纵向铅垂平面对称,该躯干线为安放在座椅上的人体模型的躯干线。当用双开门为前后座椅提供通道,且上固定点在 B 柱上时,固定点系统应不妨碍乘员上下车。

4.3.3.2 安全带上有效固定点应位于垂直于座椅纵向中心面并与躯干线成 65°角的 FN 平面下方。对于后排座椅,此夹角可减小至 60°。FN 平面与躯干线相交于 D 点,此时须保证 DR=315 mm+1.8S,但当 S≤200 mm 时,DR=675 mm。

4.3.3.3 安全带上有效固定点应在垂直于座椅纵向中心面并与躯干线成 120°角且相交于 B 点的 FK 平面后方,此时须保证 BR=260 mm+S。但当 S≥280 mm 时,制造商可选用 BR=260 mm+0.8S。

4.3.3.4 S 值不得小于 140 mm。

4.3.3.5 安全带上有效固定点应位于通过 R 点并垂直于车辆纵向中心平面的铅垂平面之后,如附录 A 所示。

4.3.3.6 安全带上有效固定点应在通过 A.1.3 规定的 C 点的水平面上方。

4.3.3.7 除 4.3.3.1 规定的上有效固定点外,若满足下述条件之一,可以装备另外的附加上有效固定点:

4.3.3.7.1 附加固定点应符合 4.3.3.1 至 4.3.3.6 的要求。

4.3.3.7.2 无需借助工具应能使用附加固定点。该固定点应符合 4.3.3.5 和 4.3.3.6 的要求,并处于附录 A 图 A.1 所示沿铅垂方向上下各 80 mm 所确定的区域内。

4.3.3.7.3 符合4.3.3.6规定要求的全背带式安全带的固定点应位于通过躯干线的横向平面之后，并处于下述位置：

4.3.3.7.3.1 对于单固定点，位于通过4.3.3.1规定的J_1和J_2点的两个铅垂面夹角内，其水平截面见本标准附录A图A.2。

4.3.3.7.3.2 对于两个固定点，固定点可位于上述二点之一的夹角内，同时其中一固定点是另一个固定点相对于A.1.5中规定的座椅的P平面的对称点，且二者间的距离不大于50 mm。

4.4 固定点螺纹孔尺寸

4.4.1 固定点的螺纹孔应为7/16″(20UNF2B)

4.4.2 如果固定点与安全带的连接已由车辆制造商完成，且这些固定点符合本标准的其他规定，则无需满足4.4.1的要求。此外，4.4.1的要求不适用于满足4.3.3.7.3要求的附加固定点。

4.4.3 拆卸安全带时，应不会损坏安全带固定点。

4.5 安全带固定点的强度

4.5.1 所有的固定点应进行5.3和5.4规定的试验。如果在规定的时间内，持续按规定的力加载，则允许固定点或周围区域有永久变形，包括部分断裂或产生裂纹。试验期间，下有效固定点的最小间隔应满足4.3.2.5的要求，上有效固定点应满足4.3.3.6的要求。

4.5.1.1 对最大总质量不大于2 500 kg的M_1类车辆，若上固定点在座椅构架上，试验期间，上有效固定点前向位移应在通过R点和C点的横向平面以内(见附录A图A.1)；对其他车辆，上有效固定点的前向位移不应超出R点平面前倾10°的范围。其最大位移量应在试验期间测量。若上有效固定点位移超出上述范围，制造商应向检验机构证明其对乘员不会造成伤害。

4.5.2 卸载后，保证所有座位上的乘员手动操作位移装置和锁止装置即可撤离车辆。

4.5.3 试验后，对所有试验时承载的构件及固定点的损坏情况应作记录。

4.5.4 对符合GB 13057要求的M_3及最大设计总质量大于3 500 kg的M_2类车辆，若上固定点处于座椅上，则无须满足4.3.3.6及4.5.1。

5 试验方法

5.1 总则

5.1.1 应制造商要求，可按5.2规定进行。

5.1.1.1 试验既可以在车身框架上进行，亦可在整车上进行。

5.1.1.2 满足以下条件的，可以只做一个或一组座椅的安全带固定点试验：

5.1.1.2.1 与其他座椅或座椅组对应的固定点结构性能相同；

5.1.1.2.2 完全或部分固定在与其他座椅或座椅组结构性能相同的座椅或座椅组上的固定点。

5.1.1.3 可以装门、窗，亦可不装；门、窗可以关闭，亦可打开。

5.1.1.4 允许保留增强车辆结构的正常装备。

5.1.2 座椅应放置在对强度最为不利的驾驶或使用位置，座椅的位置应在检验报告中予以说明。如果靠背角可调，应调至制造商的规定位置；或保证M_1和N_1类车辆座椅实际靠背角尽可能为25°，其他类别车辆为15°。

5.2 车辆的固定

5.2.1 试验时，所有固定车辆的方法均不得对固定点或其周围部分起加强作用，同时亦不得减弱构架正常的变形。

5.2.2 所有固定车辆的装置应距被测固定点前方不小于500 mm或后方不小于300 mm处，且不得影响构架结构。

5.2.3 建议将构架固定于接近车轮轴线或悬架连接点的支承物上。

5.2.4 如果采用与5.2.1至5.2.3规定不相同的固定方法，则应证明其等效性。

5.3 试验条件

5.3.1 同一组座椅的全部安全带固定点应同时进行试验。若有可能因座椅或固定点的非对称性加载而导致试验失败，则可进行一次追加试验。

5.3.2 沿平行于车辆纵向中心平面并与水平线成向上 10°±5°的方向施加载荷。

5.3.3 以尽可能快的速度加载至规定值，并至少持续 0.2 s。

5.3.4 用于试验的人体模块见 5.4 和附录 B。

5.3.5 安全带上固定点的试验条件如下：

5.3.5.1 前排外侧座椅

安全带固定点应进行 5.4.1 规定的试验，试验时利用配有卷收器或上部织带导向件的模拟三点式安全带，将载荷传递至 3 个固定点。此外，如果固定点的数量比 4.2 规定的多，这些固定点应按 5.4.5 的规定进行试验。试验时利用模拟安全带加载。

5.3.5.1.1 若安全带外侧下固定点未装卷收器，或卷收器装在安全带上固定点处时，其下固定点也应进行 5.4.3 规定的试验。

5.3.5.1.2 在上述情况中，若制造商提出要求，5.4.1 和 5.4.3 规定的试验可以分别在不同的车身框架上进行。

5.3.5.2 后排外侧座椅和所有中间座椅

安全带固定点应进行 5.4.2 规定的试验，试验时利用模拟无卷收器三点式安全带加载，且应进行 5.4.3 规定的试验，试验时利用模拟腰带对两个下固定点加载。若制造者提出要求，两项试验可以分别在不同的构架上进行。

5.3.5.3 当制造者提供装有安全带的车辆时，应制造者的要求，可以使用车辆上的安全带进行试验。

5.3.6 如果外侧和中间座椅无安全带上固定点，下固定点应进行 5.4.3 规定的试验，利用模拟腰带将载荷传递至固定点。

5.3.7 如果车辆设计成可以安装其他装置，而这些装置使织带必须通过导向件才能与固定点连接时，或与 4.2 规定的范围之外的固定点连接时，则应利用这种装置将安全带或模拟带连接于车辆的安全带固定点上，此时，安全带固定点应进行 5.4 规定的相应的试验。

5.3.8 允许采用可证明与上述试验等效的试验方法。

5.4 试验方法

5.4.1 上固定点装有导向件或织带导向环带卷收器的三点式安全带

5.4.1.1 在安全带上固定点应装有适用于传递试验载荷的绳索或织带的导向件或导向环，或由制造商提供导向件或织带导向环。

5.4.1.2 利用模拟织带对上人体模块(见附录 B 图 B.2)施加 13 500 N±200 N 的试验载荷。对 M_2 和 N_2 类的车辆，试验载荷应为 6 750 N±200 N；对于 M_3 和 N_3 车辆，试验载荷为 4 500 N±200 N。

5.4.1.3 与此同时，应对下人体模块(见附录 B 图 B.1)施加 13 500 N±200 N 的试验载荷。对 M_2 和 N_2 类的车辆，试验载荷应为 6 750 N±200 N；对于 M_3 和 N_3 车辆，试验载荷为 4 500 N±200 N。

5.4.2 无卷收器或卷收器装于上固定点的三点式安全带

5.4.2.1 应对连接安全带上固定点及相应的下固定点的上人体模块(见附录 B 图 B.2)施加 13 500 N ±200 N 的试验载荷。如果上固定点带有卷收器，应连同卷收器一起试验。对 M_2 和 N_2 类的车辆，试验载荷应为 6 750 N±200 N；对于 M_3 和 N_3 车辆，试验载荷为 4 500 N±200 N。

5.4.2.2 与此同时，应对下人体模块(见附录 B 图 B.1)施加 13 500 N±200 N 的试验载荷。对 M_2 和 N_2 类的车辆，试验载荷应为 6 750 N±200 N；对于 M_3 和 N_3 车辆，试验载荷为 4 500 N±200 N。

5.4.3 两点式安全带(腰带)固定点

应对连接腰带的下人体模块(见附录 B 图 B.1)施加 22 250 N±200 N 的试验载荷。对 M_2 和 N_2 类的车辆，试验载荷应为 11 100N±200 N；对于 M_3 和 N_3 车辆，试验载荷为 7 400 N±200 N。

5.4.4 设于座椅骨架上或分设于座椅骨架和车身框架上的安全带固定点

5.4.4.1 在进行5.4.1、5.4.2及5.4.3规定试验的同时，应对每一个或每一组座椅施加下面规定的载荷；

5.4.4.2 除5.4.1、5.4.2和5.4.3规定的载荷外，还应施加一个相当于座椅总成质量20倍的力。惯性载荷应施加在座椅上或与相应的座椅的实际质量相当的座椅相关部件上。追加的载荷及载荷的分布应由制造商确定且经检验机构认可。对 M_2 和 N_2 类车辆，载荷为座椅总成质量的10倍；对 M_3 和 N_3 类车辆，应为座椅总成质量的6.6倍。

5.4.5 其他类安全带固定点的试验

5.4.5.1 利用模拟织带的装置，对连接到固定点上的上人体模块(见附录B图B.2)施加13 500 N±200 N的试验载荷。

5.4.5.2 与此同时，对连接下固定点上的下人体模块(见附录B图B.3)施加13 500 N±200 N的试验载荷。

5.4.5.3 对 M_2 和 N_2 类的车辆，试验载荷应为6 750 N±200 N，对于 M_3 和 N_3 车辆，试验载荷为4 500N±200 N。

5.4.6 后向座椅试验

5.4.6.1 应按5.4.1、5.4.2或5.4.3的要求对固定点加载。试验载荷值同 M_3 或 N_3 类车辆的规定值。

5.4.6.2 加载方向同乘坐位置的朝向，试验程序同5.3。

5.5 动态试验

对附录D中D.1定义的座椅组，应制造者的要求可以进行附录D的动态试验。它可替代5.3和5.4的静态试验。

附 录 A
（规范性附录）
有效固定点的位置

A.1 定义

A.1.1 H 点为基准点，必须按所 GB 11551—2003 附录 C 规定的程序确定。H′点为对应座椅每一正常使用位置确定的，对应于 H 点的参考点。R 点为座椅基准点。

A.1.2 L_1 和 L_2 点为安全带下有效固定点。

A.1.3 C 点位于 R 点铅垂上方 450 mm 处，如果按 A.1.5 定义的距离 S 不小于 280 mm，且制造商选用 4.3.3.3 规定的换算公式 BR＝260 mm＋0.8S，则 C 和 R 之间的铅垂距离应为 500 mm。

A.1.4 α_1 和 α_2 为 R 分别通过 L_1 点和 L_2 点，且垂直于车辆纵向中心面的平面与水平面之间的夹角。

A.1.5 S 为安全带上有效固定点至平行于车辆纵向中心平面的基准平面 P 的距离(mm)，P 平面的位置规定如下：

A.1.5.1 如果乘坐位置是由座椅形状确定的，P 平面即为座椅的中心平面；

A.1.5.2 在不能确定乘坐位置的情况下：对于驾驶员座椅，P 平面为通过的方向盘中心且平行于汽车纵向中心面的铅垂平面(可调式方向盘应位于正中位置)；对于前排外侧乘员座椅，P 平面应为与驾驶员座椅的 P 平面对称的平面；对于后排外侧乘员位置的 P 平面，应为车辆纵向平面的距离为 A 的平面，由制造商按下述条件确定：

A＞200 mm(仅供 2 人乘坐的长条座椅)

A＞300 mm(供 2 人以上乘坐的长条座椅)

A.2 位置

见图 A.1、图 A.2。

单位为毫米

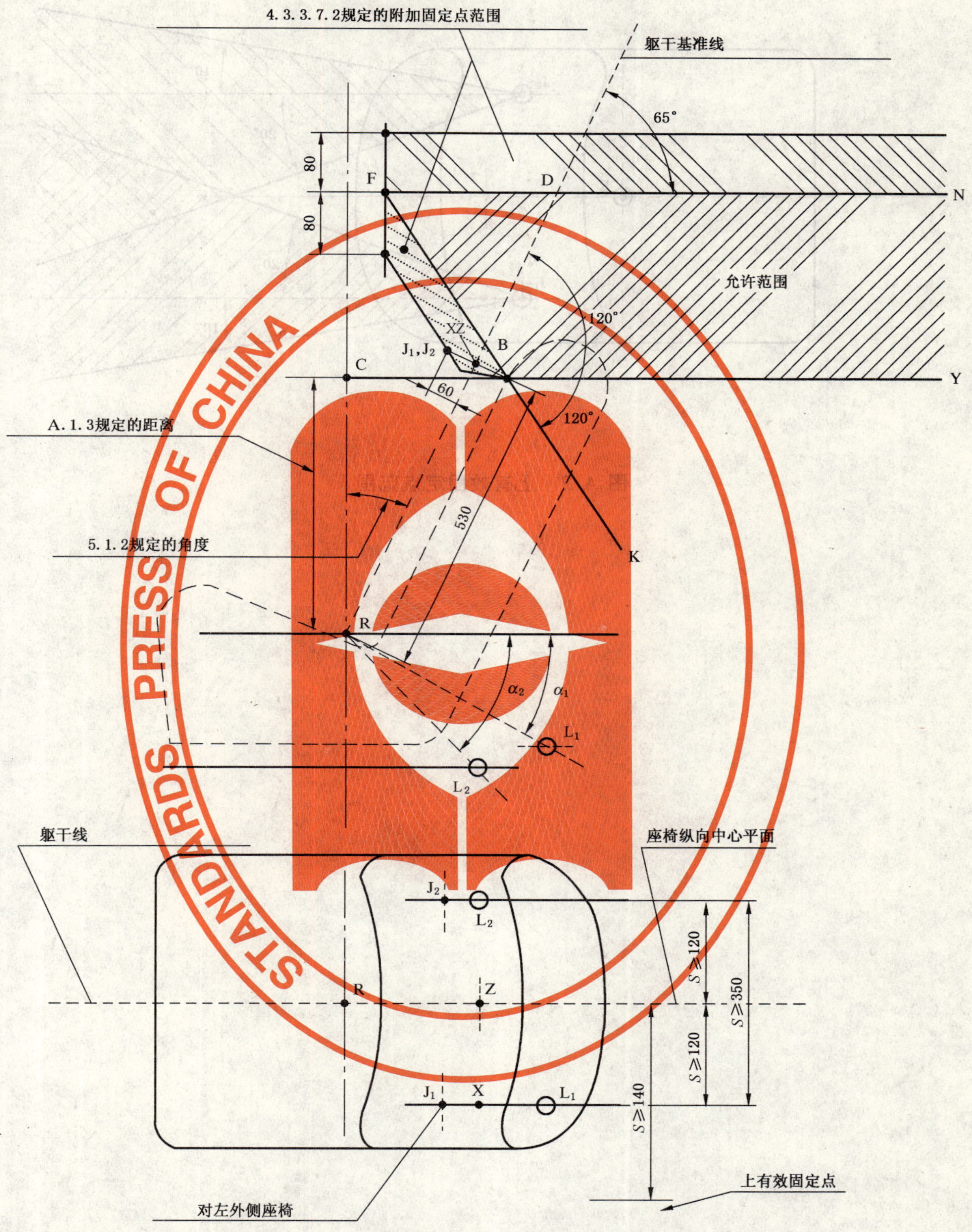

图 A.1 有效固定点的范围

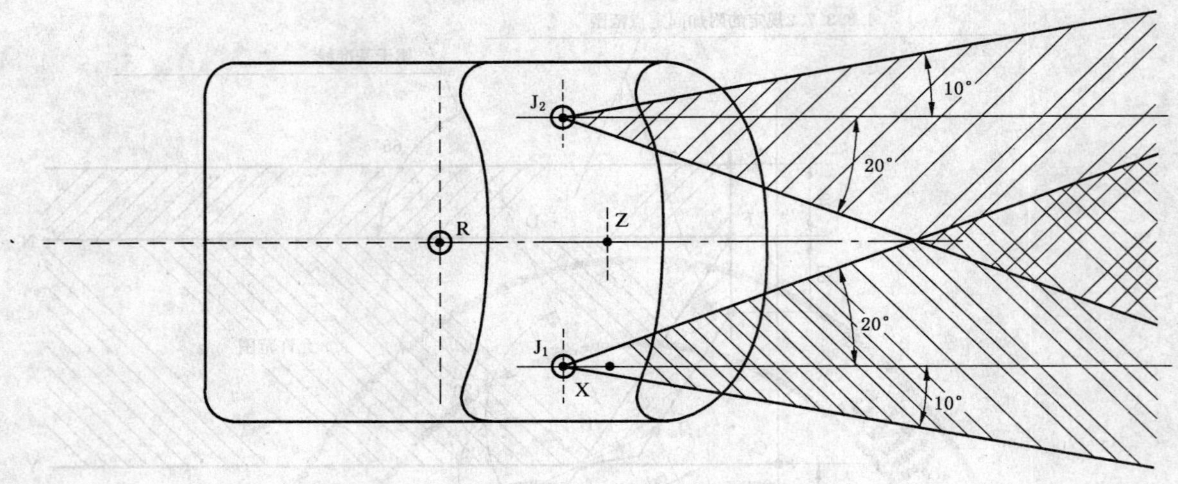

图 A.2 上有效固定点范围

附 录 B
（规范性附录）
人体模块示意图

单位为毫米

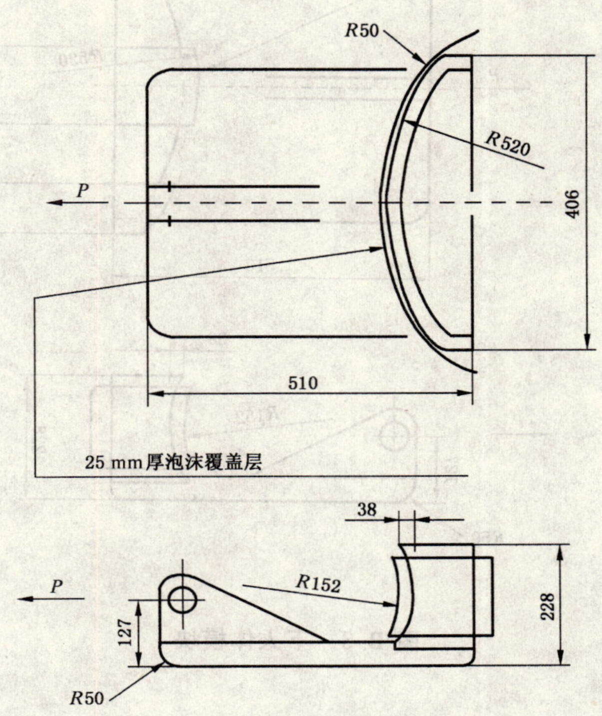

图 B.1 下人体模块

单位为毫米

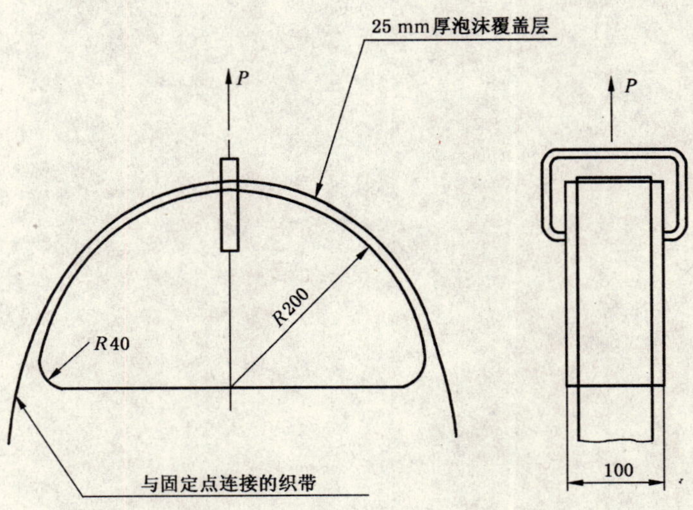

图 B.2 上人体模块

单位为毫米

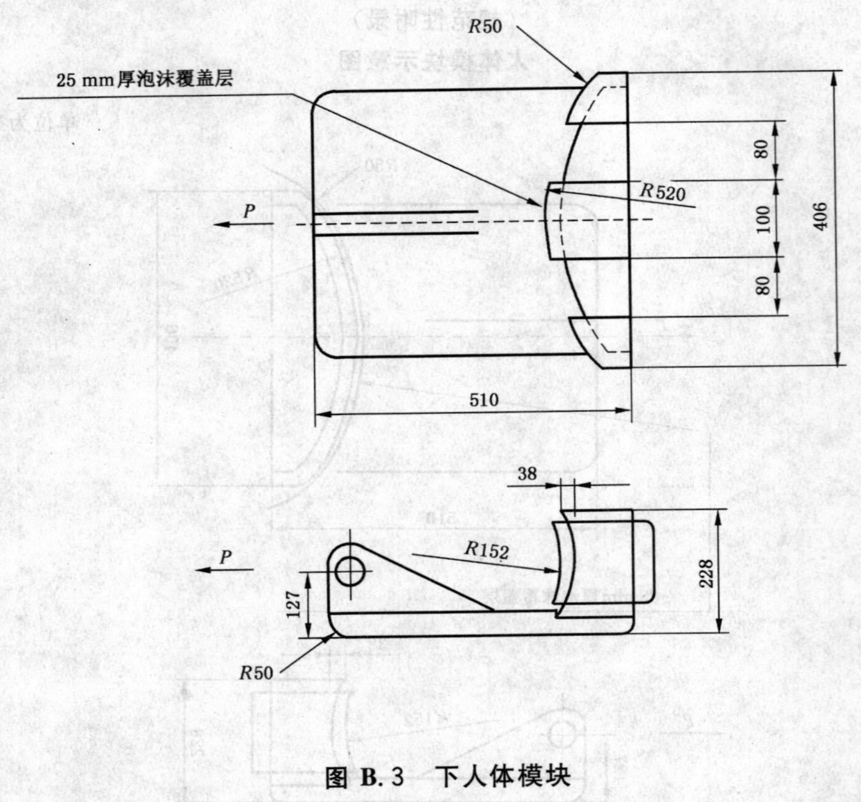

图 B.3　下人体模块

附　录　C
（规范性附录）
固定点最低数量和下固定点位置

表 C.1　固定点最低数量

车辆种类	前向乘坐位置				后向
	外侧座椅位置		中间座椅位置		
	前排	非前排	前排	非前排	
M_1	3	3 或 2[a]	3 或 2[b]	3 或 2[c]	2
$M_2 \leqslant 3.5$ t	3	3 或 2[c]	3 或 2[c]	3 或 2[c]	2
M_3、$M_2 > 3.5$ t	3[d]	3 或 2[c]	3 或 2[c]	3 或 2[c]	2
N_1、N_2、N_3	3	2	3 或 2[c]	2	2

a 参见 4.2.3（若座椅在通道内侧，允许 2 个固定点）。

b 参见 4.2.4（若风窗玻璃在基准区外，允许 2 个固定点）。

c 参见 4.2.5（基准区若无任何凸出物，允许 2 个固定点）。

d 参见 4.2.7（对双层客车中上层座椅的特殊要求）。

表 C.2　下固定点角度

座　椅		M_1 类车辆	非 M_1 类车辆
前排[a]	带扣侧 α_2/(°)	45°～80°	30°～80°
	非带扣侧 α_1/(°)	30°～80°	30°～80°
	角度为定值	50°～70°	50°～70°
	长条座椅带扣侧 α_2/(°)	45°～80°	20°～80°
	长条座椅非带扣侧 α_1/(°)	30°～80°	20°～80°
	座椅靠背角＜20°的可调座椅	α_1:20°～80°[a] α_2:45°～80°[a]	20°～80°
后排座椅[c]		30°～80°	20°～80°[b]
折叠座椅		无安全带固定点要求，若有固定点，见相应的前排或后排角度要求	

a 若角度不为恒定值，见 4.3.2.1。

b M_3 和 M_2 类车辆为 45°～90°。

c 包括外侧和中央乘坐位置。

附 录 D
（规范性附录）
动态试验——静态试验的替代试验

D.1 范围

本附录的动态试验可代替本标准的5.3和5.4。本试验适用于所有的乘坐位置都装用带躯干限载功能的三点式安全带的座椅组，其中包括有一个乘坐位置的安全带上固定点在座椅构架上。制造者可选择进行动态试验或静态试验。

D.2 要求

D.2.1 试验后，固定点及周围区域应无破裂。允许限载功能有一定的破坏。4.3.2.5规定的下有效固定点的最小空间和4.3.3.6对上有效固定点的要求，应与下面的要求结合起来考虑。

D.2.1.1 对总质量不大于2 500 kg的M_1类车辆，若上固定点在座椅构架上，试验后的前向位移应在通过R点和C点的横向平面以内（见附录A图A.1）。对非M_1类车辆，上固定点的前向位移不应超出R点平面前倾10°的范围。

D.2.2 试验后，所有座椅上的乘员不借助工具仍应能利用位移和锁止机构逃离车辆。

D.3 动态试验条件

D.3.1 总则

本标准5.1的试验条件同样适用于本试验。

D.3.2 安装和准备

D.3.2.1 滑车

滑车结构应保证试验后不变形。碰撞时，垂直方向的偏离不大于5°，水平方向的偏离不大于2°。

D.3.2.2 车身构件的固定

按本标准5.2的要求，将与座椅固定装置及安全带固定点相关的车辆基本结构固定在滑车上。

D.3.2.3 约束系统

D.3.2.3.1 约束系统（座椅总成、安全带总成和限载装置）应按制造要求固定在车身构件上。与试验座椅相对方向的车内部件（如仪表板、座椅等）可以安装在滑车上。如果有前方气囊，应断开触发装置。

D.3.2.3.2 除座椅总成、安全带总成和限载装置外的某些约束系统的元件可不安装在台车上；应制造商要求并经检验机构同意时可用等效零件替代。等效零件的尺寸与原件相近，其结构应选对试验结果影响最恶劣的型式。

D.3.2.3.3 按本标准5.1.2调节座椅，应选择最不利于固定点强度的位置，同时兼顾车内假人的安放。

D.3.2.4 假人

满足附录E规定的假人应安放在每一试验乘坐位置上，并系上安全带。

D.3.3 试验方法

D.3.3.1 试验时，滑车速度为50 km/h，滑车减速度应在GB 14166—2003规定的范围内。

D.3.3.2 附加的约束装置（如预紧装置，但气囊除外）应按制造说明书的要求起爆。

D.3.3.3 安全带固定点的位移不应超出D.2.1和D.2.1.1规定的范围。

附 录 E
（规范性附录）
假 人 规 格

质量	97.5 kg±5 kg
坐高	965 mm
臀宽	415 mm
臀围	1 200 mm
腰围	1 080 mm
胸厚	265 mm
胸围	1 130 mm
肩高	680 mm
尺寸公差	±5%

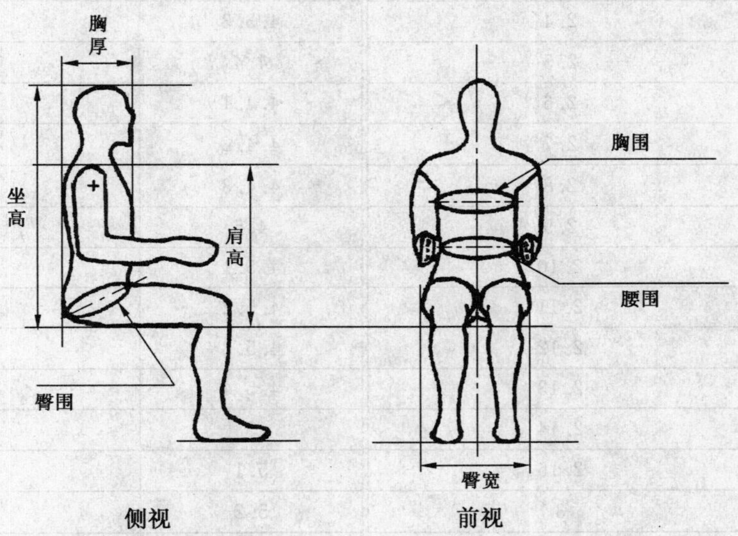

注：等同于95百分位的混合Ⅲ型假人。

图 E.1

附 录 F
（资料性附录）
本标准章条编号与 ECE R14 章条编号对照

表 F.1 给出了本标准章条编号与 ECE R14 章条编号对照一览表。

表 F.1 本标准章条编号与 ECE R14 章条编号对照

本标准章条编号	对应的 ECE R14 章条编号	本标准章条编号	对应的 ECE R14 章条编号
1	—	4.2.6	5.3.6
2	—	4.2.7	5.3.7
3	2	4.2.8	5.3.8
3.1	2.1	4.3	5.4
3.2	2.2	4.3.1	5.4.1
3.3	2.3	4.3.2	5.4.2
3.4	2.4	4.3.3	5.4.3
3.5	2.5	4.4	5.5
3.6	2.6	4.4.1	5.5.1
3.7	2.7	4.4.2	5.5.2
3.8	2.8	4.4.3	5.5.3
3.9	2.9	4.5	7
3.10	2.10	4.5.1	7.1
3.11	2.11	4.5.2	7.2
3.12	2.12	4.5.3	7.3
3.13	2.13	4.5.4	7.4
3.14	2.14	5	6
3.15	2.15	5.1	6.1
—	3	5.2	6.2
—	4	5.3	6.3
—	5.1	5.4	6.4
4	5	5.5	6.5
4.1	5.2	—	附录 1
4.1.1	5.2.1	—	附录 2
4.2	5.3	附录 A	附录 3
4.2.1	5.3.1	—	附录 4
4.2.2	5.3.2	附录 B	附录 5
4.2.3	5.3.3	附录 C	附录 6
4.2.4	5.3.4	附录 D	附录 7
4.2.5	5.3.5	附录 E	附录 8
		附录 F	—
注：表中章条以外的本标准其他章条编号与 ECE R14 其他章条编号均相同且内容对应。			

ICS 71.100.20
J 76

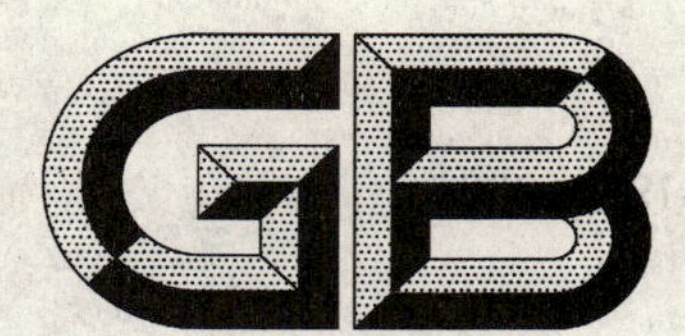

中华人民共和国国家标准

GB 14194—2006
代替 GB 14194—1993

永久气体气瓶充装规定

Rules for filling of permanent gas cylinders

2006-07-19 发布　　　　2007-02-01 实施

中华人民共和国国家质量监督检验检疫总局
中国国家标准化管理委员会　发布

前言

本标准的全部技术内容为强制性。

本标准是GB 14194—1993《永久气体气瓶充装规定》的修订本。

《气瓶安全监察规定》和《气瓶安全监察规程》2000年修订版发布和实施对《气瓶安全监察规程》1989年版进行了补充和修订。以1989年版《气瓶安全监察规程》为纲制定的GB 14194—1993《永久气体气瓶充装规定》相应也应作补充和修订。

这次修订保留了GB 14194—1993的相关技术内容，同时要增加和修订主要的内容有：

——GB 14194《永久气体气瓶充装规定》对照《气瓶安全监察规定》和《气瓶安全监察规程》2000年修订版相应作了补充和修改。

——根据GB/T 1.1—2000《标准化工作导则　第1部分：标准的结构和编写规则》和《国家标准编写模板》修订了标准的结构。

——将低温液化永久气体气化后的气瓶充装规定补充到本标准中。

——增加了“本标准不适用于汽车用压缩天然气气瓶”。

本标准由国家质量监督检验检疫总局压力容器安全监察局提出并归口。

本标准由首都经贸大学、北京普莱克斯实用气体有限公司、广州气体厂、杭州气体厂负责起草。

本标准主要起草人：吴粤燊、郝澄、王耀宗、汤伟华、沈建林。

本标准委托全国气瓶标准化技术委员会负责解释。

永久气体气瓶充装规定

1 范围

本标准规定了永久气体气瓶充装的基本原则和安全技术要求。

本标准适用于工业用永久气体气瓶的充装，也适用于低温液化永久气体气化后的气瓶充装。

其他特殊用途的永久气体气瓶的充装，如医用氧亦可参照使用。

本标准不适用于汽车用压缩天然气气瓶的充装。

2 规范性引用文件

下列文件中的条款通过本标准的引用而成为本标准的条款。凡是注日期的引用文件，其随后所有的修改单(不包括勘误的内容)或修订版均不适用于本标准，然而，鼓励根据本标准达成协议的各方研究是否可使用这些文件的最新版本。凡是不注日期的引用文件，其最新版本适用于本部分。

GB 5099 钢质无缝气瓶

GB 7144 气瓶颜色标志

GB 15383 气瓶阀出气口连接型式和尺寸

GB 16804 气瓶警示标签

3 术语和定义

下列术语和定义适用于本标准。

3.1

低温液化永久气体 low temperature liquefied permanent gas

指临界温度低于－10℃的气体经低温处理后所形成的汽、液两相共存的介质。如：液氧、液氮、液氩。

3.2

充装温度 filling temperature

气瓶充装气体结束时瓶内气体的实际温度。

3.3

充装压力 filling pressure

气瓶充装气体结束时瓶内气体的压强。

3.4

剩余压力 remaining pressure

气瓶充装前瓶内所剩余的气体压强。

4 充装前的检查与处理

4.1 充装前的气瓶应由专人负责，逐只进行检查，检查内容至少应包括：

a) 国产气瓶是否是由具有“气瓶制造许可证”的单位生产的，并有监督检验标记；

b) 进口气瓶是否经安全监察机构批准的；

c) 将要充装的气体是否与气瓶制造钢印标记中充装气体名称或化学分子式相一致；

d) 根据 GB 16804 规定制作的警示标签上印有的瓶装气体的名称及化学分子式是否与气瓶制造钢印标记中的相一致；

e) 将要充装的气瓶是否是本充装站的自有产权气瓶和托管气瓶；

f) 气瓶外表面的颜色标记是否与所装气体的规定标记相符；

g) 气瓶瓶阀的出气口螺纹型式是否符合 GB 15383 的规定，即可燃气体用的瓶阀，出气口螺纹应是内螺纹(左旋)，其他气体用的瓶阀，出气口螺纹应是外螺纹(右旋)；

h) 气瓶内有无剩余压力。当气瓶无剩余压力或有不明剩余气体时，应按 4.3 和 4.4 进行处理；

i) 气瓶外表面有无裂纹、严重腐蚀、明显变形及其他严重外部损伤缺陷；

j) 气瓶是否在规定的检验期限内；

k) 气瓶的安全附件是否齐全和符合安全要求；

l) 盛装氧气或强氧化性气体的气瓶，其瓶体、瓶阀是否沾染油脂或其他可燃物。

4.2 具有下列情况之一的气瓶，禁止充装：

a) 不具有"气瓶制造许可证"的单位生产的；

b) 进口气瓶未经安全监察机构批准认可的；

c) 将要充装的气体与气瓶制造钢印标记中充装气体名称或化学分子式不一致的；

d) 警示标签上印有的瓶装气体名称及化学分子式与气瓶制造钢印标记中不一致的；

e) 将要充装的气瓶不是本充装站自有产权的，气瓶技术档案不在本充装单位的；

f) 原始标记不符合规定，或钢印标志模糊不清的、无法辨认的；

g) 颜色标记不符合 GB 7144 气瓶颜色标志的规定，或者严重污损、脱落、难以辨认的；

h) 气瓶使用年限超过 30 年的；

i) 超过检验期限的；

j) 附件不全，损坏或不符合规定的；

k) 氧气瓶或强氧化性气体气瓶瓶体或瓶阀沾有油脂的；

l) 气瓶生产国的政府已宣布报废的气瓶。

m) 经过改装的气瓶。

4.3 颜色或其他标记以及瓶阀出口螺纹与所装气体的规定不相符及有不明剩余气体的气瓶，除不予充气外，还应查明原因，报告上级主管部门和安全监察机构，进行处理。

4.4 无剩余压力的气瓶，充装前应充入氮气置换后，抽真空。之后如发现瓶阀出口处有污迹或油迹，应卸下瓶阀，进行内部检查或脱脂。确认瓶内无异物，按 4.5 的规定检查合格方可充气。

4.5 新投入使用或经内部检验后首次充气的气瓶，充气前都应按规定先置换，除去瓶内的空气及水分，经分析合格后方能充气。

4.6 在检验有效期限内的气瓶，如外观检查发现有重大缺陷或对内部状况有怀疑的气瓶、发生交通事故后，车上运输的气瓶、瓶阀及其他附件，应先送检验机构，按规定进行技术检验与评定，检验合格后方可重新使用。库存和停用时间超过一个检验周期的气瓶，启用前应进行检验。

4.7 国外进口的气瓶，外国飞机、火车、轮船上使用的气瓶，要求在我国境内充气时，应先由安全监察机构认可和检验机构进行检验。

4.8 发现氧气瓶内有积水时，充气前应将气瓶倒置，轻轻开启瓶阀，完全排除积水后方可充气。

4.9 经检查不合格(包括待处理)的气瓶应与合格气瓶隔离存放，并作出明显标记，以防止相互混淆。

4.10 气瓶水压试验有效期前 1 个月应向气瓶检验机构提出定期检验要求。

5 充装

5.1 气瓶充装系统用压力表，精度不应低于 1.5 级，表盘直径不应小于 150 mm。校验周期不应大于半年。

5.2 瓶装气中的杂质含量应符合相应气体标准的要求,下列气体禁止装瓶:

a) 氧气中的乙炔、乙烯及氢的总含量达到或超过 2×10^{-2}(体积分数,下同)或易燃性气体的总含量达到或超过 4×10^{-2} 者;

b) 氢气中的氧含量达到或超过 0.5×10^{-2} 者;

c) 其他易燃性气体中的氧含量达到或超过 4×10^{-2} 者。

5.3 气瓶充装气体时,必须严格遵守下列各项规定:

a) 充气前必须检查确认气瓶是经过检查合格(应有记录)或妥善处理(应有记录)的;

b) 用防错装接头进行充装时,应认真检查瓶阀出气口的螺纹与所充装气体所规定的螺纹型式是否相符,防错装接头零部件是否灵活好用;

c) 开启瓶阀时应缓慢操作,并应注意监听瓶内有无异常音响;

d) 充装易燃气体的操作过程中,禁止用扳手等金属器具敲击瓶阀和管道;

e) 在瓶内气体压力达到 7 MPa 以前应逐只检查气瓶的瓶体温度是否大体一致,在瓶内气体压力达到 10 MPa 时应检查瓶阀的密封是否良好。发现异常时应及时妥善处理;

f) 气瓶的充装流量,不得大于 8 m^3/h(标准状态气体)且充装时间不得小于 30 min;

g) 用充气汇流排充装气瓶时,在瓶组压力达到充装压力的 10%以后,禁止再插入空瓶进行充装。

5.4 气瓶的充装量应严格控制,确保气瓶在最高使用温度(国内使用的,定为 60℃)下,瓶内气体的压力不超过气瓶的许用压力。根据 GB 5099 的规定,国产钢瓶的许用压力为水压试验压力的 0.8 倍。

5.5 用国产气瓶充装的各种常用永久气体,气瓶的最高充装压力(表压)不得超过表 1 的规定。

表 1 常用永久气体在不同充装温度下气瓶的最高充装压力

气体名称	充装温度/℃	在不同公称工作压力(MPa)下气瓶的最高充装压力/MPa	
		15 MPa	20 MPa
氧气	5	14.0	18.2
	10	14.3	18.7
	15	14.7	19.2
	20	15.1	19.8
	25	15.4	20.3
	30	15.8	20.8
	35	16.1	21.3
	40	16.5	21.8
	45	16.9	22.4
	50	17.2	22.9

表 1（续）

气体名称	充装温度/℃	在不同公称工作压力(MPa)下气瓶的最高充装压力/MPa	
		15 MPa	20 MPa
空气	5	14.1	18.5
	10	14.4	19.0
	15	14.8	19.5
	20	15.2	20.0
	25	15.5	20.5
	30	15.8	21.0
	35	16.1	21.5
	40	16.4	22.0
	45	16.7	22.5
	50	17.0	23.0
氮气	5	14.1	18.6
	10	14.5	19.0
	15	14.8	19.5
	20	15.2	19.9
	25	15.5	20.5
	30	15.9	21.0
	35	16.2	21.5
	40	16.5	21.9
	45	16.9	22.4
	50	17.2	22.9
氩气	5	14.7	19.7
	10	15.0	20.1
	15	15.3	20.4
	20	15.6	20.8
	25	15.9	21.2
	30	16.2	21.6
	35	16.5	22.0
	40	16.8	22.4
	45	17.1	22.8
	50	17.4	23.2

表 1（续）

气体名称	充装温度/℃	在不同公称工作压力(MPa)下气瓶的最高充装压力/MPa	
		15 MPa	20 MPa
甲烷	5	12.9	16.5
	10	13.3	17.2
	15	13.8	17.8
	20	14.2	18.5
	25	14.7	19.2
	30	15.2	19.9
	35	15.6	20.5
	40	16.0	21.2
	45	16.5	21.8
	50	17.0	22.5
一氧化碳	5	14.0	18.3
	10	14.3	18.9
	15	14.7	19.4
	20	15.0	19.9
	25	15.4	20.4
	30	15.7	20.8
	35	16.1	21.3
	40	16.4	21.8
	45	16.8	22.3
	50	17.2	22.8
氩气	5	14.0	18.3
	10	14.4	18.8
	15	14.8	19.4
	20	15.1	19.9
	25	15.5	20.4
	30	15.8	20.9
	35	16.2	21.4
	40	16.5	21.9
	45	16.9	22.4
	50	17.2	22.8

其他永久气体(包括有两种以上的永久气体组成的混合气体)气瓶的充装压力不得超过由式(1)计算的压力值。

$$P \leqslant \frac{P_0 TZ}{T_0 Z_0} \qquad \cdots\cdots(1)$$

式中:

P——气瓶的最高充装压力(绝对),单位为兆帕(MPa);

T——气瓶的充装温度,单位为开尔文(K);

Z——在压力为 P、温度为 T 时气体的压缩系数;

P_0——气瓶的许用压力(绝对),单位为兆帕(MPa);

T_0——气瓶的最高使用温度,单位为开尔文(K);

Z_0——在压力为 P_0、温度为 T_0 时气体的压缩系数。

5.6 充装温度应按下列方法确定

取充气车间的环境室温加上充气温差(指在测温试验时实际测定得出的气体充装温度与室温之差)作为气瓶的充装温度。充气温差应在规定的充气速度下,由实验测定。实验结果应挂贴上墙。

5.7 低温液化永久气体气化后的气瓶充装过程中还应遵守以下规定:

a) 充装前,应检查低温液体汽化器气体出口温度、压力控制装置是否处于正常状态;

b) 低温液体泵开启前,要有冷泵过程(冷泵时间参照泵的使用说明书定);

c) 气瓶充装过程中,低温液体汽化器出口温度不得低于 0℃,若出现上述现象应及时妥善处理;

d) 低温液体加压气化充瓶装置中,低温泵排液量与汽化器的换热面积及充装量应匹配,应使每瓶气的充装时间不得小于 30 min;汽化器的出口温度低于 0℃ 及超压时应有系统报警及连锁停泵装置;

e) 低温液体充装站的操作人员应配戴可靠的防冻伤的劳保用品。

5.8 充装后的气瓶,应有专人负责,逐只进行检查。不符合要求时,应进行妥善处理,检查内容包括:

a) 瓶内压力(充装量)及质量是否符合安全技术规范及相关标准的要求;

b) 瓶阀及其与瓶口连接的密封是否良好;

c) 气瓶充装后是否出现鼓包变形或泄漏等严重缺陷;

d) 瓶体的温度是否有异常升高的迹象;

e) 气瓶的瓶帽、防震圈、充装标签和警示标签是否完整。

6 充装记录

6.1 充气单位应有专人负责填写气瓶充装记录,记录的内容至少应包括充气日期、瓶号、室温、充装压力、充装起止时间、充装人、气瓶充装前剩余气体是否与将要充装的气体相同、不明剩余气体的气瓶是如何处理的、有无发现异常情况等。

6.2 充气单位应负责妥善保管气瓶充装记录,保存时间不应少于 2 年。

ICS 13.140
Q 84

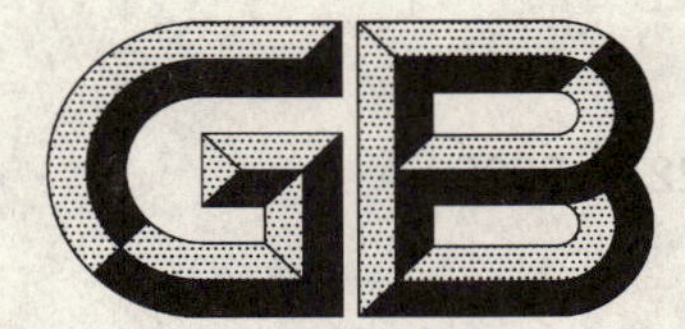

中华人民共和国国家标准

GB 14227—2006
代替 GB 14227—1993,GB/T 14228—1993

城市轨道交通车站站台声学要求和测量方法

Acoustical requirement and measurement on station platform of urban rail transit

2006-02-07 发布　　　　2006-08-01 实施

中华人民共和国国家质量监督检验检疫总局
中国国家标准化管理委员会　发布

前　言

本标准第4章为强制性的，其余为推荐性的。

本标准同时代替GB 14227—1993《地下铁道车站站台噪声限值》和GB/T 14228—1993《地下铁道车站站台噪声测量》。

本标准与GB 14227—1993和GB/T 14228—1993相比主要变化如下：

——调整了标准名称；

——适用范围增加了轻轨；

——调整了地铁车站站台的噪声限值，制定了轻轨车站站台的噪声限值；

——调整了混响时间的规定。

本标准由中华人民共和国建设部提出。

本标准由建设部标准定额研究所归口。

本标准由铁道科学研究院负责起草，北京市地铁运营公司、广州市地下铁道总公司、南车四方机车车辆股份有限公司等单位参加起草。

本标准主要起草人：焦大化、辜小安、刘扬、马筠、肖彦君、余哲夫、许韵武、谭绍军。

本标准所代替标准的历次版本发布情况为：

——GB 14227—1993，GB/T 14228—1993。

城市轨道交通车站
站台声学要求和测量方法

1 范围

本标准规定了城市轨道交通车站列车进、出站时站台的噪声限值、混响时间、测量方法和试验报告的主要内容。

本标准适用于城市轨道交通系统中地铁和轻轨车站的声学环境设计和评价。

2 规范性引用文件

下列文件中的条款通过本标准的引用而成为本标准的条款。凡是注日期的引用文件，其随后所有的修改单(不包括勘误的内容)或修订版均不适用于本标准，然而，鼓励根据本标准达成协议的各方研究是否可使用这些文件的最新版本。凡是不注日期的引用文件，其最新版本适用于本标准。

GB/T 3785 声级计电、声性能及测试方法

GB/T 8170 数值修约规则

GB/T 15173 声校准器

GB/T 17181 积分平均声级计

GBJ 76 厅堂混响时间测量规范

3 术语和定义

下列术语和定义适用于本标准。

3.1

等效声级 equivalent sound pressure level

L_{eq}，$L_{Aeq,T}$

在规定的时间内，某一连续稳态声的A计权声压，具有与时变的噪声相同的均方A计权声压，则这一连续稳态声的声级就是此时变噪声的等效声级。

注1：等效声级的单位用分贝(dB)表示。

注2：等效声级的计算见式(1)：

$$L_{Aeq,T}=10\lg\left[\frac{1}{t_2-t_1}\int_{t_1}^{t_2}\frac{p_A^2(t)}{p_0^2}dt\right] \qquad \cdots\cdots(1)$$

式中：

$L_{Aeq,T}$——等效声级，单位为分贝(dB)；

t_2-t_1——规定的时间间隔，单位为秒(s)；

$p_A(t)$——噪声瞬时A计权声压，单位为帕(Pa)；

p_0——基准声压(20 μPa)。

注3：当A计权声压用A声级 L_{pA}(dB)表示时，则计算公式见式(2)：

$$L_{Aeq,T}=10\lg\left(\frac{1}{t_2-t_1}\int_{t_1}^{t_2}10^{0.1L_{pA}}dt\right) \qquad \cdots\cdots(2)$$

[GB/T 3947—1996，定义13.7]

3.2

混响时间　reverberation time

声音已达到稳定后停止声源，平均声能密度自原始值衰变到其百万分之一(60 dB)所需要的时间。

[GB/T 3947—1996，定义 12.47]

3.3

背景噪声　background noise

没有列车通过时站台上的噪声。

3.4

车组　set of cars

编成固定基本行车单元、可在轨道上独立运行的车辆组合体。

3.5

列车　train

以在运营线路上运行为目的而编组的由一个或多个车组组成的集合体。

4　声学要求

4.1　地铁和轻轨车站列车进、出站时站台上噪声等效声级 L_{eq} 的最大容许限值应符合表 1 的要求。

表 1　车站站台最大容许噪声限值　　单位为分贝(dB)

列车运行状态	噪声限值
列车进站	80
列车出站	80

4.2　地铁和轻轨车站站台上 500 Hz 倍频程中心频率混响时间的最大容许限值为 1.5 s。

5　噪声测量方法

5.1　测量的量

噪声测量的量为列车进站、出站时规定测量条件下的快(Fast)档等效声级 L_{eq}。

5.2　测量仪器

5.2.1　测量应采用 1 型积分式声级计，其性能应符合 GB/T 3785、GB/T 17181 的规定，也可采用性能等效的其他仪器。声级校准器性能应符合 GB/T 15173 的规定。

5.2.2　测量前应使用 1 型声级校准器校准声级计。测量结束后再用声级校准器检查声级计示值，偏差应不大于 0.5 dB，否则测量无效。

5.2.3　声级计和声级校准器应经国家认可的计量单位检定合格，并在有效期限内使用。

5.3　环境条件

5.3.1　露天站台测量时，应选择在无雨、无雪、风速小于 5 m/s 的气象条件下测量。

5.3.2　测点周围 2 m 以内不应有声反射物。

5.3.3　测量时应避开会车。

5.3.4　测量时站台的背景噪声应低于被测噪声 10 dB 以上，否则应按表 2 进行修正。差值小于 5 dB 时应重新测量。

表 2　背景噪声修正值　　单位为分贝(dB)

站台噪声与背景噪声的声级差值	站台噪声级的修正值
>10	0
6～10	−1
5	−2

5.3.5 测量时应避免受到广播等各种非列车运行噪声的干扰。如受到影响，应在测量报告中说明。

5.4 传声器位置

测量时传声器应置于车站站台中部、距地面高度为 1.6 m 的位置。传声器前端应朝向被测列车轨道一侧，其轴向与线路方向垂直。测量时传声器应使用风罩。

5.5 测量时间间隔

5.5.1 列车进站的测量时间间隔为列车头部进站到停止的时间。

5.5.2 列车出站的测量时间间隔为列车起动到列车尾部离站的时间。

5.6 测量次数

每种列车运行状态的测量次数不应少于10次。

5.7 数据处理

每种列车运行状态的测量数据经算术平均后，按照 GB/T 8170 的规则修约到整数位的数值作为评定值。

6 混响时间测量方法

6.1 混响时间的测量按照 GBJ 76 的方法进行，同时还应符合本标准的规定。

6.2 测量混响时间所选取的倍频程中心频率为 500 Hz。

6.3 测量时站台应保持空场状态。

6.4 测点应在站台上有代表性的位置布设，并应偏离站台纵向中心线 1.5 m。测点应不少于 3 个。传声器距地面高度应为 1.6 m。

6.5 测量用声源应置于站台一端，距地面高度应为 1.5 m。

7 试验报告

试验报告至少应包括以下内容：

a） 测量地点；

b） 测量仪器：名称，型号，编号，检定日期；

c） 仪器校准记录；

d） 测点位置；

e） 背景噪声；

f） 测量数据和结果：L_{eq}，测量时间间隔，混响时间，数据处理结果等；

g） 测量过程中可能影响结果的情况说明；

h） 测量日期、测量者。

参 考 文 献

[1] GB/T 1.1—2000 标准化工作导则 第1部分:标准的结构和编写规则

[2] GB/T 20001.1—2001 标准编写规则 第1部分:术语

[3] GB/T 3947—1996 声学名词术语

[4] ISO/DIS 3095:2001 Railway application—Acoustics—Measurement of noise emitted by rail bound vehicles

[5] ISO/DIS 3381:2001 Railway application—Acoustics—Measurement of noise inside rail-bound vehicles

ICS 53.200
M 50

中华人民共和国国家标准

GB/T 14282.1—2006
代替 GB/T 14282.1—1993

仪表着陆系统(ILS)
第1部分:下滑信标性能要求和测试方法

Instrument landing system (ILS)—
Part 1: Performance requirements and test methods for glide path beacon

2006-10-10 发布　　2007-02-01 实施

中华人民共和国国家质量监督检验检疫总局
中国国家标准化管理委员会　发布

前　言

GB/T 14282《仪表着陆系统(ILS)》分为四个部分：

——第 1 部分：下滑信标性能要求和测试方法；

——第 2 部分：下滑信标接收机性能要求和测试方法；

——第 3 部分：航向信标性能要求和测试方法；

——第 4 部分：航向信标接收机性能要求和测试方法。

本部分为 GB/T 14282 的第 1 部分，代替 GB/T 14282.1—1993《仪表着陆系统(ILS)下滑信标性能要求和测试方法》。

本部分与 GB/T 14282.1—1993 相比，主要变化如下：

a) 在格式上按照 GB/T 1.1—2000《标准化工作导则　第 1 部分：标准的结构和编写规则》的规定进行了修订；

b) 在标准内容上，主要变化有：

1) 增加了术语和定义；

2) 增加了载波加边带波(CSB)调制度差(DDM)的稳定性要求，并修改了 DDM 的调整范围；

3) 增加了 CSB 输出功率稳定性和 SBO/CSB 输出功率相对稳定性要求；

4) 增加了 SBO/CSB 射频相位的调整范围；

5) 增加了塔台重复显示器及远程监视和维护系统；

6) 对调制单音相位关系的要求和曲线做了修改；

7) 对角位移灵敏度的要求做了修改；

8) 对Ⅰ类设备性能下滑道扇区角度变化的告警门限做了修改；

9) 增加了 ILS 设备的联锁要求。

本部分由中华人民共和国信息产业部提出。

本部分由全国导航设备标准化委员会归口。

本部分起草单位：天津七六四通信导航技术有限公司(国营第七六四厂)。

本部分主要起草人：姜亚尚、许中兴、费群、闫金丽、张满业、徐春玲。

本部分从发布之日起代替 GB/T 14282.1—1993。

仪表着陆系统(ILS)
第1部分:下滑信标性能要求和测试方法

1 范围

GB/T 14282的本部分规定了仪表着陆系统(ILS)下滑信标的性能要求和测试方法。

本部分适用于仪表着陆系统(ILS)下滑信标产品。

2 规范性引用文件

下列文件中的条款通过GB/T 14282的本部分的引用而成为本部分的条款。凡是注日期的引用文件,其随后所有的修改单(不包括勘误的内容)或修订版均不适用于本部分,然而,鼓励根据本部分达成协议的各方研究是否可使用这些文件的最新版本。凡是不注日期的引用文件,其最新版本适用于本部分。

GB/T 9390 导航术语

KJB 13 航空无线电导航台站飞行检验规范

MH 2003 飞行校验规则

3 术语和定义

GB/T 9390确立的以及下列术语和定义适用于本部分。

3.1

调制度差 difference in depth of modulation (DDM)

较大信号的调制度减去较小信号的调制度。

注:调制度差一般用小数表示。

3.2

航道线 course line

在任何水平面内,最靠近跑道中心线的DDM为0的各点的轨迹。

3.3

ILS下滑道 ILS glide path

在包含跑道中心线及其延长线的垂直面内,最靠近地面的DDM为0的各点的轨迹。

3.4

ILS下滑角 ILS glide path angle

表示平均下滑道的直线与水平面之间的角度。

3.5

ILS下滑道扇区 ILS glide path sector

在包含下滑道的垂直面内,由最靠近下滑道的DDM为0.175的各点轨迹所限定的扇区。

注:下滑道扇区被下滑道分成较高扇区和较低扇区两部分,分别称为下滑道上扇区和下扇区。

3.6

ILS半下滑道扇区 half ILS glide path sector

在包含下滑道的垂直面内,由最靠近下滑道的DDM为0.087 5的各点轨迹所限定的扇区。

3.7

角位移灵敏度　angular displacement sensitivity

测得的 DDM 与偏离适当基准线的相应角位移的比率。

3.8

跑道入口　runway threshold

用于着陆的那部分跑道的起始端。

3.9

Ⅰ类设备性能的仪表着陆系统　facility performance category Ⅰ—ILS

从仪表着陆系统覆盖区边缘到航向信标的航道线和下滑信标的下滑道，在包含跑道入口的水平面以上高度为 60 m 或低于 60 m 处相交的一点，能够提供引导信息的仪表着陆系统。

3.10

Ⅱ类设备性能的仪表着陆系统　facility performance category Ⅱ—ILS

从仪表着陆系统覆盖区边缘到航向信标的航道线和下滑信标的下滑道，在包含跑道入口的水平面以上高度为 15 m 或低于 15 m 处相交的一点，能够提供引导信息的仪表着陆系统。

3.11

Ⅲ类设备性能的仪表着陆系统　facility performance category Ⅲ—ILS

借助必要的辅助设备，从仪表着陆系统的覆盖区边缘到跑道表面能提供引导信息的仪表着陆系统。

3.12

仪表着陆系统"A"点　ILS point "A"

在进场方向沿着跑道中心线延长线距跑道入口 7.5 km 处测得的 ILS 下滑道上的一点。

3.13

仪表着陆系统"B"点　ILS point "B"

在进场方向沿着跑道中心线延长线距跑道入口 1 050 m 处测得的 ILS 下滑道上的一点。

3.14

仪表着陆系统"C"点　ILS point "C"

向下延伸的标称 ILS 下滑道的直线部分在包含跑道入口的水平面上方 30 m 高度处所通过的一点。

3.15

仪表着陆系统基准数据点（"T"点）　ILS reference datum（point "T"）

位于跑道中心线与跑道入口交叉处垂直上方规定高度上的一点，向下延伸的 ILS 下滑道直线部分通过此点。

3.16

双频下滑信标系统　two-frequency glide path system

通过使用特定的下滑信标频段中两个隔开的载波频率所提供的两个独立辐射场型来达到覆盖的一种 ILS 下滑信标系统。

3.17

载波加边带波　carrier and sidebands（CSB）

由幅度相等并有一定相位关系的 90 Hz 和 150 Hz 两单音对载波调幅的调幅波。

3.18

边带波　sidebands only（SBO）

由幅度相等并有一定相位关系的 90 Hz 和 150 Hz 两单音对载波调幅并抑制掉载波后的边带波。

注：CSB 和 SBO 的调制单音中，两个 90 Hz 单音的相位相同，两个 150 Hz 单音的相位相差 180°。

4 性能要求

4.1 一般要求

4.1.1 通则

下滑信标应产生一个由 90 Hz 和 150 Hz 单音对载波调幅的合成场型，该场型在包含跑道中心线的垂直面中提供一条下滑道。在下滑道上，90 Hz 和 150 Hz 两单音的调制度相等，即 DDM 等于 0；在下滑道下方 DDM 不等于 0，150 Hz 单音调制度占优势；在下滑道上方到至少等于 1.75 θ 的角度 DDM 也不等于 0，90 Hz 单音调制度占优势。

注：θ 为下滑角。

4.1.2 下滑角

下滑信标应能调整产生一条下滑角 θ 为 2°～4°的下滑道。θ 一般为 3°，并应调整和保持在下列范围内：

a) Ⅰ类和Ⅱ类设备性能的下滑信标，下滑角应为 $\theta\pm0.075\theta$；

b) Ⅲ类设备性能的下滑信标，下滑角应为 $\theta\pm0.04\theta$。

4.1.3 ILS 基准数据点高度

ILS 基准数据点的高度应为 15 m，允许有＋3 m 的容差。

4.1.4 极化

下滑信标发射的电磁波应为水平极化波。

4.1.5 覆盖

4.1.5.1 下滑信标的覆盖区应为：在下滑道两边各 8°方位距离至少 18.5 km(10 n mile)、上至地平面以上 1.75θ、下至地平面以上 0.45θ(或者为保证已公布的下滑道截入程序的需要，也可下至地平面以上 0.30θ)的扇区(见图 1)。

4.1.5.2 在覆盖区内的最低信号场强应为 400 μV/m(－95 dB(W/m²))。对于Ⅰ类设备性能的下滑信标，应在低到包含跑道入口的水平面以上 30 m 高度提供这一场强；对于Ⅱ类和Ⅲ类设备性能的下滑信标，应在低到包含跑道入口水平面以上 15 m 高度提供这一场强。

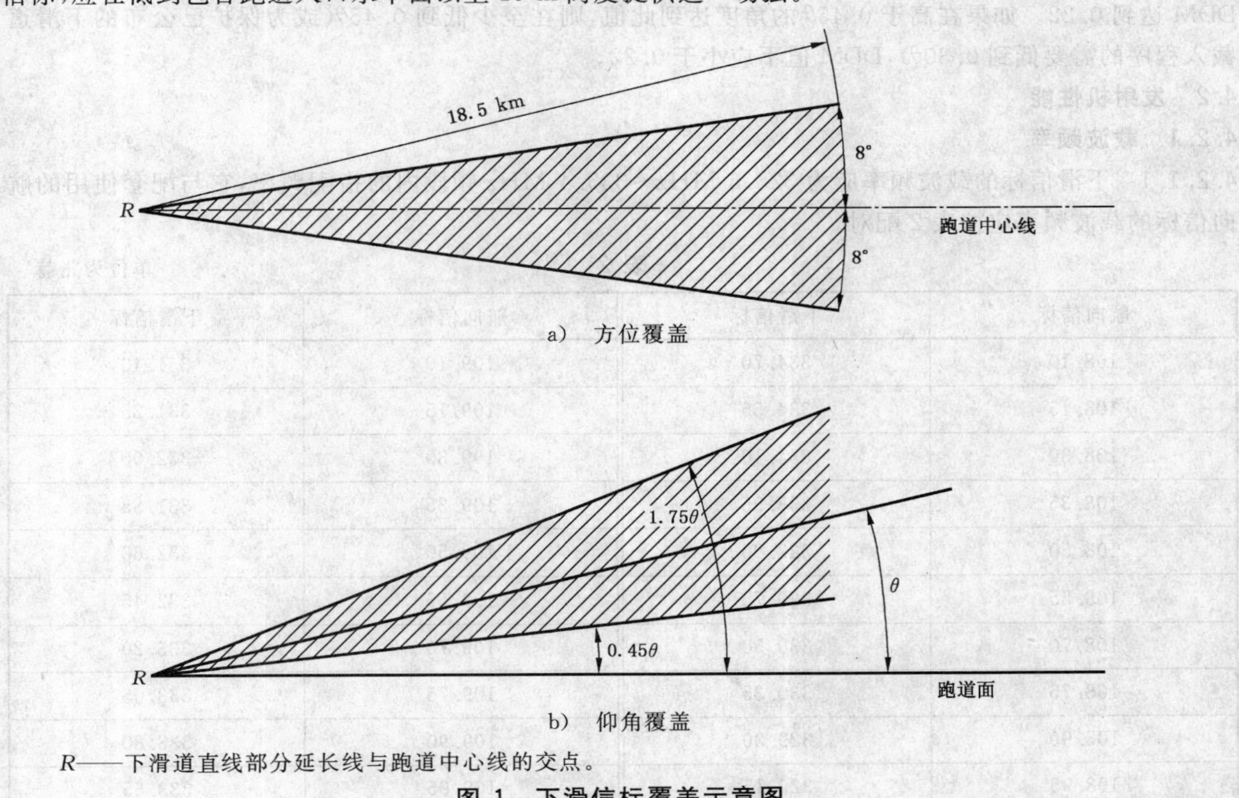

a) 方位覆盖

b) 仰角覆盖

R——下滑道直线部分延长线与跑道中心线的交点。

图 1 下滑信标覆盖示意图

4.1.6 ILS 下滑道结构

4.1.6.1 对于Ⅰ类设备性能的下滑信标，从覆盖区边缘到 ILS“C”点下滑道弯曲的幅度不应大于 0.035 DDM(95%概率)。

4.1.6.2 对于Ⅱ类和Ⅲ类设备性能的下滑信标，下滑道的弯曲应不大于表1所示的幅度。

表 1

区　　域	幅度(95%概率)
从覆盖区边缘到 ILS“A”点	0.035 DDM
从 ILS“A”点到 ILS“B”点	从 ILS“A”点的 0.035 DDM 线性下降到 ILS“B”点的 0.023 DDM
从 ILS“B”点到 ILS 基准数据点	0.023 DDM

注 1：4.1.6.1 和 4.1.6.2 中所涉及的幅度，是当设备准确调整后，由于下滑道弯曲而在平均下滑道上呈现的 DDM。

注 2：在下滑道弯曲比较显著的进场区域，弯曲幅度是按平均弯曲下滑道计算的，而不是按向下延伸的直线部分计算。

4.1.7 角位移灵敏度

4.1.7.1 额定角位移灵敏度应为 0.087 5 DDM 除以相应的角位移 0.12θ。对于各类设备性能的下滑信标，角位移 0.12θ 允许的误差范围如下：

a) 对于Ⅰ类设备性能的下滑信标，下滑道上方和下方的角位移应为 $0.12\theta^{+0.02\theta}_{-0.05\theta}$。上、下扇区的宽度应尽量对称。

b) 对于Ⅱ类设备性能的下滑信标，角位移灵敏度应尽可能对称，角位移应在下列范围：

1) 下滑道下方 $0.12\theta\pm0.02\theta$；

2) 下滑道上方 $0.12\theta^{+0.02\theta}_{-0.05\theta}$。

c) 对于Ⅲ类设备性能的下滑信标，下滑道上方和下方的角位移应为 $0.12\theta\pm0.02\theta$。

4.1.7.2 下滑道下方的 DDM 应随角度的递减而平滑地增加，直至与地面的夹角不小于 0.30θ 时 DDM 达到 0.22。如果在高于 0.45θ 的角度达到此值，则在至少低到 0.45θ(或为保护已公布的下滑道截入程序的需要低到 0.30θ)，DDM 值不应小于 0.22。

4.2 发射机性能

4.2.1 载波频率

4.2.1.1 下滑信标的载波频率应为 328.6 MHz～335.4 MHz 频段内的指配频率，它与配套使用的航向信标的载波频率应按表2配对。

表 2

单位为兆赫

航向信标	下滑信标	航向信标	下滑信标
108.10	334.70	109.10	331.40
108.15	334.55	109.15	331.25
108.30	334.10	109.30	332.00
108.35	333.95	109.35	331.85
108.50	329.90	109.50	332.60
108.55	329.75	109.55	332.45
108.70	330.50	109.70	333.20
108.75	330.35	109.75	333.05
108.90	329.30	109.90	333.80
108.95	329.15	109.95	333.65

表 2(续)　　单位为兆赫

航向信标	下滑信标	航向信标	下滑信标
110.10	334.40	111.10	331.70
110.15	334.25	111.15	331.55
110.30	335.00	111.30	332.30
110.35	334.85	111.35	332.15
110.50	329.60	111.50	332.90
110.55	329.45	111.55	332.75
110.70	330.20	111.70	333.50
110.75	330.05	111.75	333.35
110.90	330.80	111.90	331.10
110.95	330.65	111.95	330.95

4.2.1.2　双频下滑信标，两载波所占用的额定频段应对称于指配的频率，加上所有的容差，两载波的频率间隔不应小于 4 kHz 又应不大于 32 kHz，两载波频率的标称值一般分别为指配频率±9 kHz。

4.2.1.3　载波频率容差不应大于 2×10^{-5}。

4.2.2　载波调制

4.2.2.1　载波调制度

由 90 Hz 和 150 Hz 对载波调幅的额定调制度应各为 40%，不应超出 37.5%～42.5%的范围。

4.2.2.2　调制单音频率

调制单音频率要求如下：

a)　Ⅰ类和Ⅱ类设备性能的下滑信标，调制单音频率应为 90×(1±1.5%) Hz 和 150×(1±1.5%) Hz；

b)　Ⅲ类设备性能的下滑信标，调制单音频率应为 90×(1±1.0%) Hz 和 150×(1±1.0%) Hz。

4.2.2.3　调制单音的谐波成分

调制单音的谐波成分要求如下：

a)　90 Hz 单音的总谐波成分不应大于 10%；对于Ⅲ类设备性能的下滑信标，90 Hz 单音的二次谐波成分不应大于 5%；

b)　150 Hz 单音的总谐波成分不应大于 10%。

4.2.2.4　调制单音的相位关系

两调制单音的相位应为图 2 所示的关系，即解调的 90 Hz 和 150 Hz 波形应在其合成波形的每半周在同一时刻(t_1 和 t_2)以同一方向通过零。两单音的相位应锁定在下列范围内：

a)　单频下滑信标，解调的 90 Hz 和 150 Hz 波形应在其合成波形的每半周，相对于 150 Hz 成分的下列相位以内，以同一方向通过零：

1)　Ⅰ类和Ⅱ类设备性能的下滑信标为 20°；

2)　Ⅲ类设备性能的下滑信标为 10°。

b)　双频下滑信标，调制每一载波的两调制单音的相位除符合 4.2.2.4 a)要求外，分别调制两载波的两 90 Hz 和两 150 Hz 单音的相位也应锁定，以使解调的两 90 Hz 和两 150 Hz 波形在同一方向、相对于各自频率的下列相位内通过零：

1)　Ⅰ类和Ⅱ类设备性能的下滑信标为 20°；

2)　Ⅲ类设备性能的下滑信标为 10°。

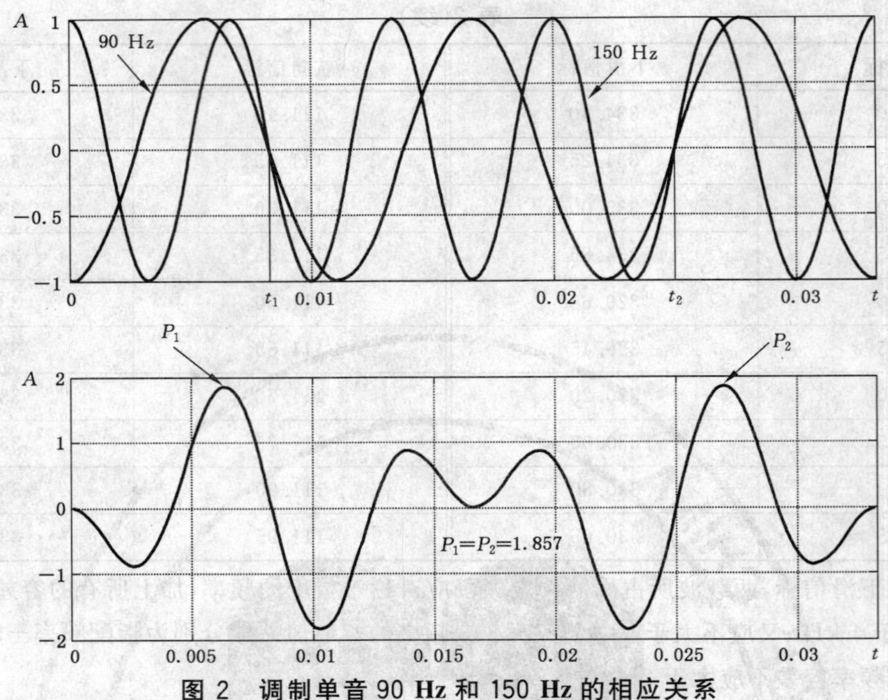

图 2 调制单音 90 Hz 和 150 Hz 的相应关系

4.2.2.5 其他成分的调制

Ⅲ类设备性能的下滑信标，在电源频率或其谐波，或在其他噪音频率上对载波的调制度不应大于1%。

4.2.2.6 CSB 调制平衡的可调范围以及 DDM 稳定性

CSB 调制平衡的可调范围应大于或等于 0.054 7 DDM(90 Hz 占优以及 150 Hz 占优)，稳定性应优于 0.005 0 DDM。

4.2.3 输出功率及其稳定性

输出功率应连续可调，CSB 输出功率稳定性应优于±10%，SBO/CSB 输出功率相对稳定性应优于±5%。

4.2.4 谐波和杂散成分

载波的二次、三次谐波以及杂散成分都应在载波电平的－60 dB 以下。

4.2.5 SBO/CSB 射频相位的调整范围

SBO/CSB 射频相位的调整范围应大于或等于 180°。

4.2.6 输出阻抗

发射机输出阻抗为 50 Ω。

4.3 监控

4.3.1 监控器功能

监控器告警门限应可调，告警后应有相应的显示，并能储存告警状态。

当发生 4.3.2 所述的任何一种情况并持续下去时，自动监控系统应向指定的控制点发出告警，并在 4.4.2 规定的时间内产生主备用机切换或关机等动作。

4.3.2 告警门限

监控器告警门限要求如下：

a) 平均下滑角的变化超过 0.075θ；

b) 对于单频下滑信标，载波输出功率下降到额定值的 50%以下；对于双频下滑信标，任一载波的输出功率下降到额定值的 80%以下，允许降低到额定值的 80%～50%的设备除外；

c) 对于Ⅰ类设备性能的下滑信标，下滑道扇区角度的变化超过其额定值的31.3%；对于Ⅱ类和Ⅲ类设备性能的下滑信标，下滑道扇区角度的变化超过其额定值的25%；

d) 两单音的调制度超出37.5%～42.5%范围；

e) 对于双频下滑信标，两载波的频差超出4 kHz～32 kHz范围时应产生告警。

4.3.3 监控器故障告警

当监控器本身发生故障时，应发出告警。

4.4 控制与切换

4.4.1 控制与切换功能

控制和切换系统的主要功能如下：

a) 开/关机；

b) 选择主、备用机；

c) 选择本地控制或遥控；

d) 备用机可选择冷备份或热备份工作方式；

e) 当监控器发出告警时，应能自动关闭主用机，开启备用机工作；若监控器仍告警，应能自动关机；

f) 面板上要有与上述主要功能相应的指示。

4.4.2 主、备用机切换时间

从出现4.3.2中任一情况到主、备用机切换后开始发射正常信号的总时间不应超过下列规定：

a) 对于Ⅰ类设备性能的下滑信标为6 s；

b) 对于Ⅱ类和Ⅲ类设备性能的下滑信标为2 s。

4.5 天线

天线的主要性能要求如下：

a) 频率范围：328.6 MHz～335.4 MHz；

b) 输入阻抗：50 Ω，驻波比：≤1.2；

c) 极化：水平极化。

4.6 电源

4.6.1 设备应具有交、直流两种供电方式，正常情况以交流电源供电为主。当交流电源断电后，应能不间断地自动切换到备用直流电源供电，在交流供电的电源中，应有过流、过压等保护电路。

4.6.2 设备采用的交流电源应为单相220 V±33 V，45 Hz～63 Hz。

4.6.3 设备采用的备用直流电源（电池）的额定电压应为24 V或48 V，允许变化范围由产品规范规定。

4.6.4 交流电源应在对设备正常供电的同时，对备用直流电源浮充电。

4.7 遥控和状态显示

4.7.1 遥控

具体要求如下：

a) 设备在“遥控”状态时，利用遥控器能遥控开、关机，当监控器告警时主备用机能自动切换或关机，并有相应的状态指示；

b) 可采用无线或两对以下遥控线遥控；

c) 遥控器应有交、直流两种供电方式，保证市电中断后遥控器仍能正常工作；

d) 遥控线路故障后遥控器要发出声光告警，但应不影响设备正常工作。

4.7.2 塔台重复显示器

塔台重复显示器应能显示设备的主要工作状态。

4.7.3 远程监视与维护系统

远程监视和维护系统可远距离监视、存储和控制设备的主要参数。

4.8 ILS设备的联锁

为同一跑道的相反两端或为同一机场的不同跑道提供服务的、使用同一配对频率的两套ILS设备应有联锁装置，以保证在同一时间只允许一套设备发射。当从一套设备转到另一套设备发射时，应在一套设备中断发射20 s以后再开启另一套设备。

5 测试方法[1)]

5.1 测试条件

若无特殊要求，应在下列条件下进行测试：

a) 正常的试验大气条件：

温度：15℃～35℃；

相对湿度：25%～75%；

气压：试验场所的气压。

b) 正常的电源条件：

交流输入电源应为220 V±4.4 V，50 Hz±0.5 Hz；

直流电源电压应为24 V±0.48 V或48 V±0.96 V。

5.2 测试用仪器、仪表和设备

所用测试仪器、仪表和设备的精度一般应比被测试指标精度高一个数量级，具体要求由产品规范规定。

5.3 一般要求的测试

使用机载专用设备按KJB 13或MH 2003的有关规定进行飞行校验。

5.4 发射机性能

5.4.1 载波频率

测试连接按图3。测出设备连续工作4 h内载波频率的最高和最低值，按公式(1)、公式(2)计算载波频率误差D_f。对于双频下滑信标，要分别测量两个载波的最高和最低频率，然后分别计算两载波的频率误差。

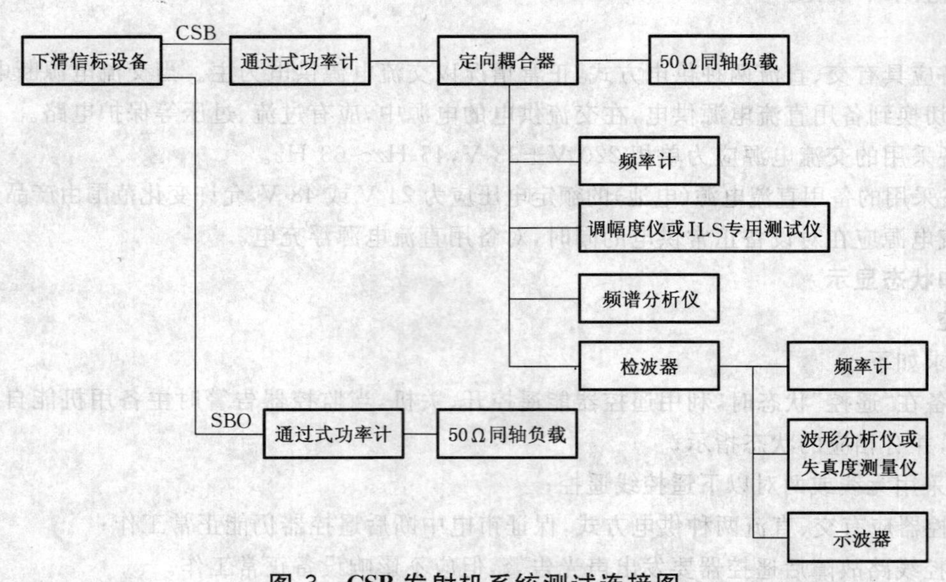

图3 CSB发射机系统测试连接图

1) 本章所推荐的为常用的测试方法，随着测试仪器、仪表的更新，不排除使用其他方法测试。

$$D_f = \frac{|f_{c\,max} - f_c|}{f_c} \quad \cdots\cdots (1)$$

$$D_f = \frac{|f_c - f_{c\,min}|}{f_c} \quad \cdots\cdots (2)$$

式中：

D_f——载波频率误差；

f_c——下滑信标载波频率标称值，单位为兆赫（MHz）；

$f_{c\,max}$——实测最高载波频率，单位为兆赫（MHz）；

$f_{c\,min}$——实测最低载波频率，单位为兆赫（MHz）。

5.4.2 载波调制

5.4.2.1 载波调制度

测试连接按图3，用调幅度仪或ILS专用测试仪分别测量90 Hz和150 Hz单音对载波的调制度。

5.4.2.2 调制单音频率

测试连接按图3，用频率计分别测量90 Hz和150 Hz单音的频率。

5.4.2.3 调制单音的谐波成分

测试连接按图3，用失真度测量仪测量90 Hz和150 Hz的谐波失真；用波形分析仪测量90 Hz及其二次谐波成分。

5.4.2.4 调制单音的相位关系

5.4.2.4.1 单频下滑信标两调制单音的相位关系

测试连接按图3，用示波器测量90 Hz和150 Hz合成波形（如图4、图5）的 P_1 和 P_2 值。对于Ⅰ类和Ⅱ类设备性能的下滑信标 P_2/P_1 应大于0.903；对于Ⅲ类设备性能的下滑信标 P_2/P_1 应大于0.951。

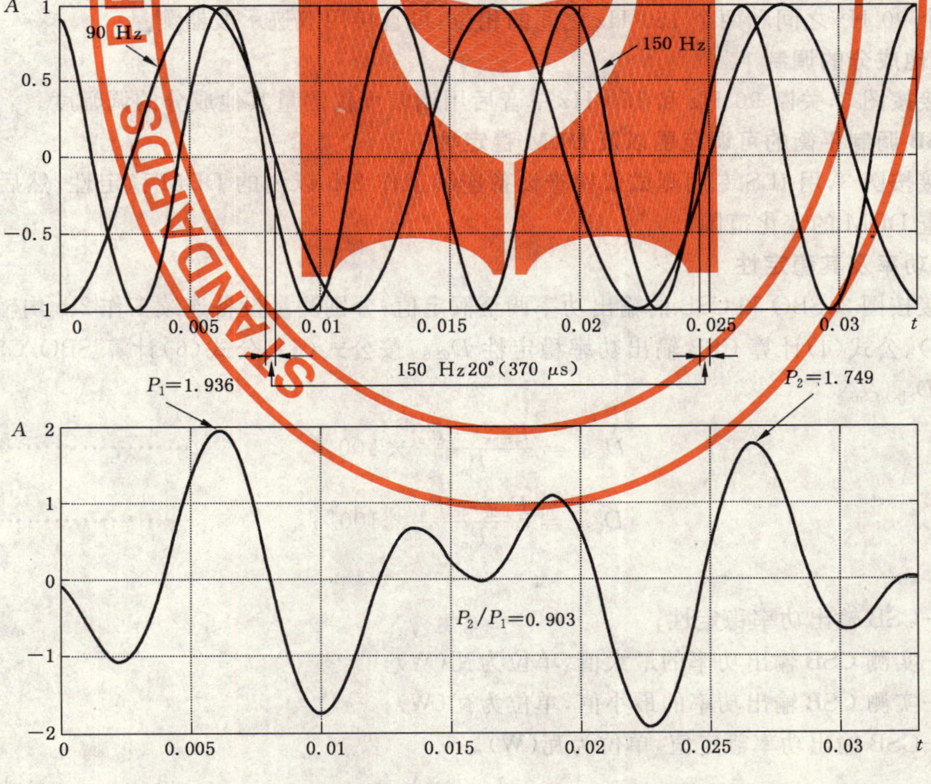

图4 Ⅰ类和Ⅱ类设备性能下滑信标的90 Hz和150 Hz的相位锁定范围

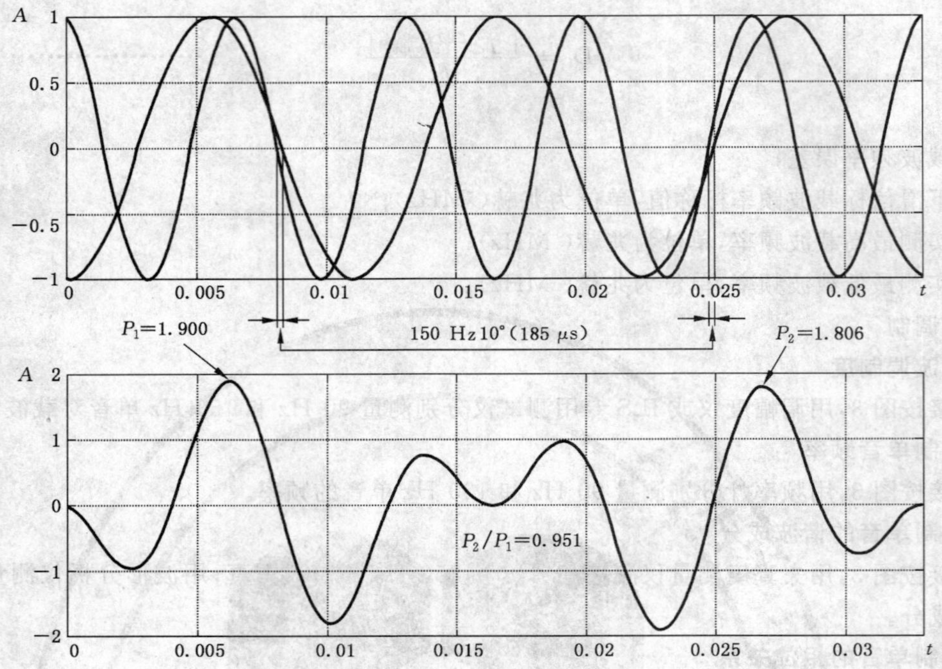

图 5 Ⅲ类设备性能下滑信标的 90 Hz 和 150 Hz 的相位锁定范围

5.4.2.4.2 双频下滑信标调制单音的相位关系

调制每一载波的 90 Hz 和 150 Hz 两调制单音相位关系的测试方法与 5.4.2.4.1 相同；分别调制两个载波的两个 90 Hz 之间和两个 150 Hz 之间的相位，可直接用双迹示波器测量。

5.4.2.5 其他成分的调制

测试连接按图 3，关断 90 Hz 和 150 Hz 单音后用调幅度仪测量其他成分的调幅度。

5.4.2.6 CSB 调制平衡的可调范围以及 DDM 稳定性

测试连接按图 3，用 ILS 专用测试仪检查设备连续工作 2 h 以内的 DDM 稳定性；然后调节调制平衡控制器检查 DDM 的变化范围。

5.4.3 输出功率及其稳定性

测试连接按图 3，SBO 和 CSB 的输出功率调至额定值，分别测量设备连续工作 2 h 内输出功率的变化，按公式(3)、公式(4)计算 CSB 输出功率稳定性 D_{CSB}，按公式(5)、公式(6)计算 SBO/CSB 输出功率相对稳定性 $D_{SBO/CSB}$。

$$D_{CSB}=\frac{P_{max}-P_n}{P_n}\times 100\% \quad \cdots\cdots(3)$$

$$D_{CSB}=\frac{P_{min}-P_n}{P_n}\times 100\% \quad \cdots\cdots(4)$$

式中：

D_{CSB}——CSB 输出功率稳定性；

P_{max}——实测 CSB 输出功率的最大值，单位为瓦(W)；

P_{min}——实测 CSB 输出功率的最小值，单位为瓦(W)；

P_n——CSB 输出功率额定值，单位为瓦(W)。

$$D_{SBO/CSB}=\frac{A_{max}-A_n}{A_n}\times 100\% \quad \cdots\cdots(5)$$

$$D_{SBO/CSB}=\frac{A_{min}-A_n}{A_n}\times 100\% \qquad \cdots\cdots(6)$$

式中：

$D_{SBO/CSB}$——SBO/CSB 输出功率相对稳定性；

A_{max}——同一时间的 SBO/CSB 输出功率比的最大值；

A_{min}——同一时间的 SBO/CSB 输出功率比的最小值；

A_n——SBO/CSB 输出功率额定值之比。

5.4.4 谐波和杂散成分

测试连接按图 3，将 CSB 发射机的输出功率调至额定值，用频谱分析仪测量载波的二次、三次谐波以及载波上、下 10 MHz 以内的杂散成分。

5.4.5 SBO/CSB 射频相位的调整范围

SBO/CSB 射频相位调整范围的测试方法由产品规范规定。

5.5 监控

5.5.1 监控器告警门限

将 ILS 信号产生器的输出作为监控器的输入信号，按 4.3.1 的要求分别检查各告警门限。先将监控器输入信号各参数调至额定值，此时监控器的各参数也应显示出额定值，然后按要求分别改变输入信号的调制度差、射频电平、调制度和等参数，检查监控器是否按要求的告警门限发出告警、产生主备用机切换或关机等动作。

对于双频下滑信标，人为改变一个载波的频率直至监控器发出告警，检查监控器是否在规定的频差范围产生告警。

5.5.2 监控器故障告警

监控器故障告警检查方法由产品规范规定。

5.6 控制和切换

5.6.1 控制和切换功能

按 4.4.1 的要求检查设备的控制和切换功能。

5.6.2 主、备用机切换时间

在检查 5.5.1 监控器告警门限的同时，用秒表测量从 ILS 信号产生器给出告警状态信号到监控器产生告警，主用机切换至备用机正常工作的总时间。

5.7 天线

工作频率范围和输入驻波比测量，测试连接按图 6。

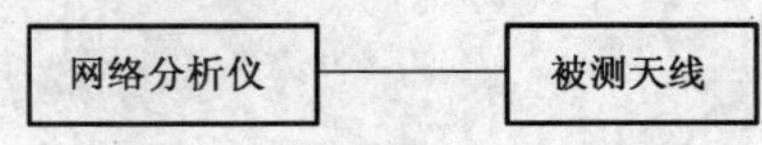

图 6 天线测试连接图

下滑天线按正常工作位置放在测试架上，振子离地高度不应小于 1.5 m，在以天线为圆心 30 m 为半径的天线前场区域内，地面应基本平整并无障碍物，测试仪表和工作人员都应在天线反射架后至少 1 m远的地方。

将网络分析仪的扫频范围定在 328.6 MHz～335.4 MHz，测量天线的输入驻波比。

5.8 电源

电源的测试方法由产品规范规定。

5.9 遥控和状态显示

5.9.1 遥控功能检查

遥控功能的检查方法由产品规范规定。

5.9.2 **塔台重复显示器**

塔台重复显示器的测试方法由产品规范规定。

5.9.3 **远程监视与维护系统**

远程监视与维护系统的检测方法由产品规范规定。

5.10 **ILS 设备的联锁**

ILS 设备的联锁测试方法由产品规范规定。

ICS 53.200
M 50

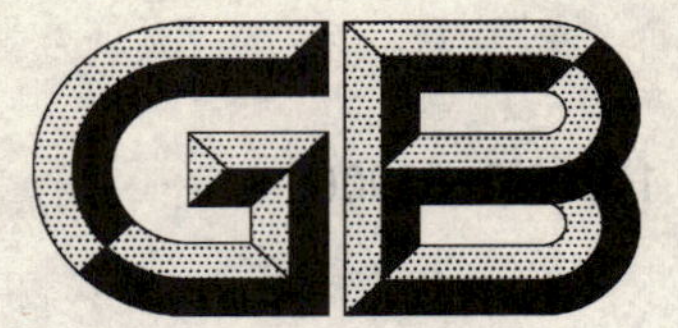

中华人民共和国国家标准

GB/T 14282.3—2006
代替 GB/T 14282.3—1993

仪表着陆系统(ILS)
第3部分:航向信标性能要求和测试方法

Instrument landing system (ILS)—
Part 3: Performance requirements and test methods for ILS localizer

2006-10-10 发布　　　　2007-02-01 实施

中华人民共和国国家质量监督检验检疫总局
中国国家标准化管理委员会　发布

前 言

GB/T 14282《仪表着陆系统(ILS)》分为四个部分：

——第1部分：下滑信标性能要求和测试方法；

——第2部分：下滑信标接收机性能要求和测试方法；

——第3部分：航向信标性能要求和测试方法；

——第4部分：航向信标接收机性能要求和测试方法。

本部分为GB/T 14282的第3部分，代替GB/T 14282.3—1993《仪表着陆系统(ILS)航向信标性能要求和测试方法》。

本部分与GB/T 14282.3—1993相比，主要变化如下：

a) 在格式上按照GB/T 1.1—2000《标准化工作导则　第1部分：标准的结构和编写规则》的规定进行了修订；

b) 在标准内容上，主要变化有：

1) 增加了术语和定义；

2) 在第4章中增加了“一般要求”，包括航道对准的准确度、航道结构、覆盖区内的调制度和覆盖区内位移灵敏度等有关系统性能指标要求；

3) 增加了载波加边带波(CSB)调制度差(DDM)的稳定性要求；

4) 增加了CSB输出功率稳定性和SBO/CSB输出功率相对稳定性要求；

5) 增加了SBO/CSB射频相位的调整范围；

6) 在监控要求中增加了“载波频差告警门限”和“单音调制度告警门限”要求；

7) 增加了塔台重复显示器及远程监视和维护系统；

8) 对调制单音相位关系的要求和曲线做了修改；

9) 对谐波辐射的要求做了修改；

10) 对航道线调整的要求做了修改；

11) 增加了ILS设备的联锁要求。

本部分由中华人民共和国信息产业部提出。

本部分由全国导航设备标准化委员会归口。

本部分起草单位：天津七六四通信导航技术有限公司(国营第七六四厂)。

本部分主要起草人：许中兴、姜亚尚、费群、闫金丽、张满业、徐春玲。

本部分从发布之日起代替GB/T 14282.3—1993。

仪表着陆系统(ILS)
第3部分:航向信标性能要求和测试方法

1 范围

GB/T 14282 的本部分规定了仪表着陆系统(ILS)航向信标的性能要求和测试方法。

本部分适用于仪表着陆系统(ILS)航向信标产品。

2 规范性引用文件

下列文件中的条款通过 GB/T 14282 的本部分的引用而成为本部分的条款。凡是注日期的引用文件,其随后所有的修改单(不包括勘误的内容)或修订版均不适用于本部分,然而,鼓励根据本部分达成协议的各方研究是否可使用这些文件的最新版本。凡是不注日期的引用文件,其最新版本适用于本部分。

GB/T 9390 导航术语

KJB 13 航空无线电导航台站飞行检验规范

MH 2003 飞行校验规则

3 术语和定义

GB/T 9390 和 GB/T 14282.1 确立的以及下列术语和定义适用于本部分。

3.1

航道扇区 course sector

在包含航道线的水平面内并最靠近航道线的 DDM 为 0.155 的各点轨迹所限制的扇区。

3.2

前向航道扇区 front course sector

位于航向信标与跑道相同一侧的航道扇区。

3.3

半航道扇区 half course sector

在包含航道线水平面内并最靠近航道线的 DDM 为 0.077 5 的各点轨迹所限制的扇区。

3.4

位移灵敏度 displacement sensitivity

测得的 DDM 与偏离适当基准线的相应横向位移的比率。

3.5

仪表着陆系统“D”点 ILS point “D”

在跑道中心线上方 4 m、距跑道入口向着航向信标的方向 900 m 的一点。

3.6

仪表着陆系统“E”点 ILS point “E”

在跑道中心线上方 4 m、距跑道终端向跑道入口方向 600 m 的一点。

4 性能要求

4.1 一般要求

4.1.1 通则

航向信标天线系统的发射应产生一个由 90 Hz 和 150 Hz 单音对载波幅度调制的合成场型。该场型应产生一个在航道一侧为一种单音占优势，在另一侧为另一种单音占优势的航道扇区。

当观测者在跑道进场端位于跑道中心线上面向航向信标时，其右手一侧应为 150 Hz 单音调制占优势，左手一侧应为 90 Hz 单音调制占优势。

用于确定航向信标场型的所有水平角度，均应从提供前航道扇区信号的航向信标天线阵中心算起。

4.1.2 航道对准的准确度

在仪表着陆系统基准数据点处，平均航道线应调整和保持其偏离跑道中心线的位移在下列限度以内：

a) Ⅰ类设备性能的航向信标为 10.5 m 或 DDM 为 0.015 的线性等值，两者以较小的为准；

b) Ⅱ类设备性能的航向信标为 7.5 m；

c) Ⅲ类设备性能的航向信标为 3 m。

4.1.3 极化

航向信标发射的电磁波应是水平极化波，在航道线上辐射的垂直极化成分要求如下：

a) Ⅰ类设备性能的航向信标，当飞机位于航道线上并以与水平面成 20°横滚姿态时，在航道线上辐射的垂直极化成分不应超过相当于 DDM 为 0.016 的误差；

b) Ⅱ类设备性能的航向信标，当飞机位于航道线上并以与水平面成 20°横滚姿态时，在航道线上辐射的垂直极化成分不应超过相当于 DDM 为 0.008 的误差；

c) Ⅲ类设备性能的航向信标，当飞机位于航道线两边由 DDM 为 0.02 限定的扇区内并以与水平面成 20°横滚姿态时，辐射的垂直极化成分不应超过相当于 DDM 为 0.005 的误差。

4.1.4 覆盖

4.1.4.1 覆盖区

航向信标覆盖区应从航向信标天线阵中心到下列距离：

a) 在前航道线左右 10°范围内为 46.3 km(25 NM)；

b) 在前航道线左右 10°～35°之间为 31.5 km(17 NM)；

c) 如果提供左右 35°以外的覆盖，则为 18.5 km(10 NM)，如图 1 a)所示；

d) 在那些受地形限制或工作要求允许的地方，当其他导航设备在中间进场区能提供满意的覆盖时，在左右 10°扇区内的覆盖区限可减少到 33.3 km(18 n mile)，覆盖区的其余部分可减少到 18.5 km(10 n mile)，如图 1 b)所示；

e) 在规定的距离上，在跑道入口标高以上 600 m 高度或在中间和最后进场区内最高点的标高以上 300 m 高度(以较高的为准)，应能接收到航向信标信号；

f) 在规定的距离上，向上直到从航向信标天线阵向外延伸并与地平面成 7°夹角的平面，应能接收到航向信标信号，如图 1 c)所示。

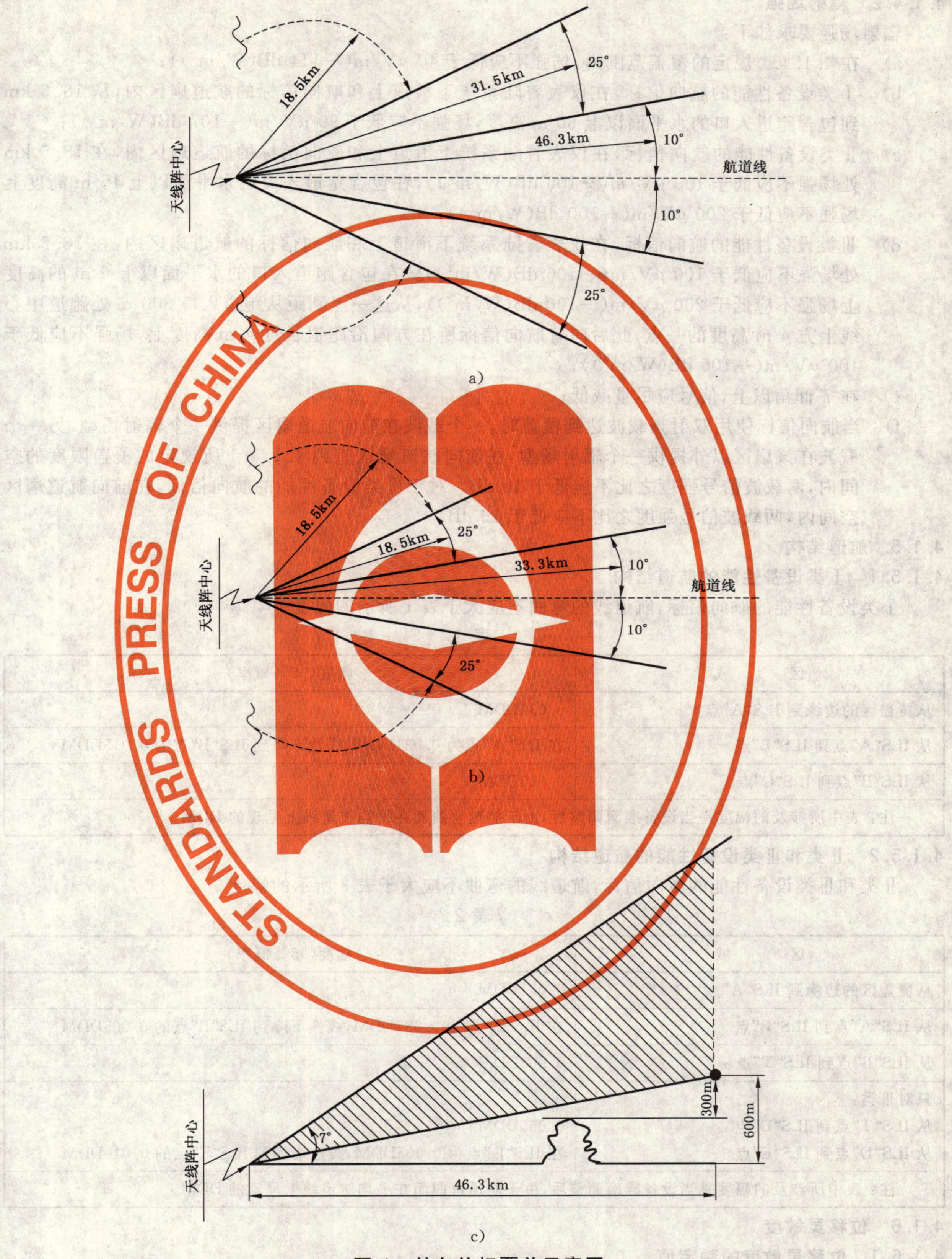

图 1 航向信标覆盖示意图

4.1.4.2 辐射场强

辐射场强要求如下：

a) 在4.1.4.1规定的覆盖范围内，场强不应低于40 μV/m(−114 dB(W/m²))；

b) Ⅰ类设备性能的航向信标，在仪表着陆系统下滑道上和航向信标的航道扇区内，从18.5 km到包含跑道入口的水平面以上60 m高度，场强不应低于90 μV/m(−107 dB(W/m²))；

c) Ⅱ类设备性能的航向信标，在仪表着陆系统下滑道上和航向信标的航道扇区内，在18.5 km处场强不应低于100 μV/m(−106 dB(W/m²))，在包含跑道入口的水平面以上15 m高度上场强不应低于200 μV/m(−100 dB(W/m²))；

d) Ⅲ类设备性能的航向信标，在仪表着陆系统下滑道上和航向信标的航道扇区内，在18.5 km处场强不应低于100 μV/m(−106 dB(W/m²))。在包含跑道入口的水平面以上6 m的高度上场强不应低于200 μV/m(−100 dB(W/m²))，从这一点到距从跑道入口300 m处跑道中心线上方4 m高度的一点，此后向着航向信标所在方向沿跑道长度4 m高度上，场强不应低于100 μV/m(−106 dB(W/m²))；

e) 在7°仰角以上，信号应尽量减低；

f) 当航向信标使用双射频载波达到覆盖时，一个载波在前向航道扇区提供一个辐射场型，另一个载波在该扇区以外提供一个辐射场型，在前向航道扇区直到4.1.4.1所规定的覆盖限度的空间内，两载波信号强度之比不应低于10 dB。对于Ⅲ类设备性能的航向信标，在前向航道扇区空间内，两载波信号强度之比不应低于16 dB。

4.1.5 航道结构

4.1.5.1 Ⅰ类设备性能的航道结构

Ⅰ类设备性能的航向信标，航道线的弯曲不应大于表1所示的幅度。

表 1

区　　域	幅度(95%概率)
从覆盖区的边缘到ILS“A”点	0.031DDM
从ILS“A”点到ILS“B”点	在ILS“A”点为0.031DDM，线性下降到ILS“B”点的0.015DDM
从ILS“B”点到ILS“C”点	0.015DDM
注：表中所涉及的幅度是当设备准确调整后，由于航道弯曲而在平均航道线上呈现的DDM。	

4.1.5.2 Ⅱ类和Ⅲ类设备性能的航道结构

Ⅱ类和Ⅲ类设备性能的航向信标，航道线的弯曲不应大于表2所示的幅度。

表 2

区　　域	幅度(95%概率)
从覆盖区的边缘到ILS“A”点	0.031DDM
从ILS“A”点到ILS“B”点	在ILS“A”点为0.031DDM，线性下降到ILS“B”点的0.005DDM
从ILS“B”点到ILS“T”点	0.005DDM
只对Ⅲ类： 从ILS“T”点到ILS“D”点 从ILS“D”点到ILS“E”点	 0.005DDM 在ILS“D”点为0.005DDM，线性增加到ILS“E”点的0.010DDM
注：表中所涉及的幅度是当设备准确调整后，由于航道弯曲而在平均航道线上呈现的DDM。	

4.1.6 位移灵敏度

4.1.6.1 位移灵敏度的额定值

在半航道扇区内，仪表着陆系统基准数据点处的额定位移灵敏度应为0.001 45 DDM/m，在Ⅰ类设备性能的航向信标不能满足规定位移灵敏度的场合例外，但应调整得尽可能接近该值。

4.1.6.2 **位移灵敏度的容差**

横向位移灵敏度应调整和保持在下列限度内：

a) Ⅰ类和Ⅱ类设备性能的航向信标为额定值的±17%；

b) Ⅲ类设备性能的航向信标为额定值的±10%。

4.1.6.3 **航道扇区**

航道扇区不应大于6°。

4.1.6.4 **覆盖区内位移灵敏度**

从前航道线直到航道线两边DDM为0.180的范围内，角位移和DDM的增加应为线性。从该角到航道线两边各10°范围DDM不应小于0.180。从航道线两边10°～35°范围DDM不应小于0.155。如需要35°以外覆盖，则在该覆盖区内的DDM不应小于0.155。

4.1.7 **覆盖区内的调制度和**

由90 Hz和150 Hz单音调制的射频载波调制度和，在要求的覆盖区范围内不应超过60%或低于30%。

4.2 **发射机性能**

4.2.1 **载波频率**

4.2.1.1 航向信标的载波频率应为108 MHz～111.975 MHz频段内的指配频率，它与配套使用的下滑信标载波频率应按表3配对。

表3 单位为兆赫

航向信标	下滑信标	航向信标	下滑信标
108.10	334.70	110.10	334.40
108.15	334.55	110.15	334.25
108.30	334.10	110.30	335.00
108.35	333.95	110.35	334.85
108.50	329.90	110.50	329.60
108.55	329.75	110.55	329.45
108.70	330.50	110.70	330.20
108.75	330.35	110.75	330.05
108.90	329.30	110.90	330.80
108.95	329.15	110.95	330.65
109.10	331.40	111.10	331.70
109.15	331.25	111.15	331.55
109.30	332.00	111.30	332.30
109.35	331.85	111.35	332.15
109.50	332.60	111.50	332.90
109.55	332.45	111.55	332.75
109.70	333.20	111.70	333.50
109.75	333.05	111.75	333.35
109.90	333.80	111.90	331.10
109.95	333.65	111.95	330.95

4.2.1.2 对于双频航向信标，两载波所占用的额定频段应对称于指配频率，加上所有容差，两载波的频率间隔不应小于 5 kHz，又不应大于 14 kHz。两载波频率的标称值一般分别为指配频率±(4 kHz～5 kHz)。

4.2.1.3 载波频率容差不应大于 2×10^{-5}。

4.2.2 载波调制

4.2.2.1 载波调制度

单音调制度要求如下：

a) 由 90 Hz 和 150 Hz 对射频载波调幅的额定调制度应各为 20%；

b) 由 90 Hz 和 150 Hz 每单音调制的射频载波调制度不应超出 18%～22%(对于Ⅰ类和Ⅱ类设备性能的航向信标)或 19%～21%(对于Ⅲ类设备性能的航向信标)的限度。

4.2.2.2 调制单音的频率

调制单音的频率要求如下：

a) 调制单音的频率应为 90 Hz 和 150 Hz；

b) Ⅰ类和Ⅱ类设备性能的航向信标，调制单音应为 90×(1±1.5%) Hz 和 150×(1±1.5%) Hz；

c) Ⅲ类设备性能的航向信标，调制单音应为 90×(1±1.0%) Hz 和 150×(1±1.0%) Hz。

4.2.2.3 调制单音的谐波成分

调制单音的谐波成分要求如下：

a) 90 Hz、150 Hz 各自的总谐波成分不应大于 10%；

b) Ⅲ类设备性能的航向信标，90 Hz 的二次谐波成分不应大于 5%。

4.2.2.4 调制单音的相位关系

两调制单音的相位应为图 2 所示的关系，即解调的 90 Hz 和 150 Hz 波形应在其合成波形的每半周在同一时刻(t_1 或 t_2)以同一方向通过零。两单音的相位应锁定在下列范围内：

a) 单频航向信标，解调的 90 Hz 和 150 Hz 波形应在其合成波形的每半周，相对于 150 Hz 成分的下列相位以内，以同一方向通过零：

1) Ⅰ类和Ⅱ类设备性能的航向信标为 20°；

2) Ⅲ类设备性能的航向信标为 10°。

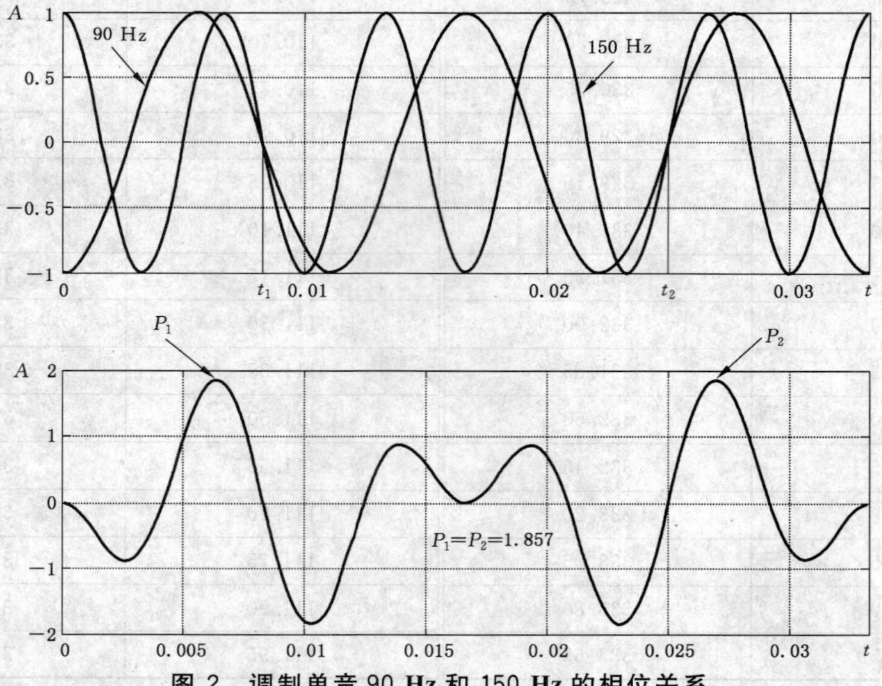

图 2 调制单音 90 Hz 和 150 Hz 的相位关系

b) 双频航向信标系统，调制每一个载波的两调制单音的相位关系除符合 4.2.2.4a)要求外，分别调制两载波的两 90 Hz 和两 150 Hz 的相位也应锁定，以使解调的两 90 Hz 和两 150 Hz 波形在同一方向、相对于各自频率的下列相位内通过零：

1) Ⅰ类和Ⅱ类设备性能的航向信标为 20°；

2) Ⅲ类设备性能的航向信标为 10°。

4.2.2.5 其他成分的调制

Ⅲ类设备性能的航向信标，由电源频率或其谐波或其他无用成分所调制的射频载波的调制度不应大于 0.5%。电源谐波或其他无用噪音成分可能与 90 Hz 和 150 Hz 导航音频或其谐波相互调制而产生航道线波动，这些成分的射频载波调制度不应大于 0.05%。

4.2.2.6 CSB 调制平衡的可调范围以及 DDM 稳定性

CSB 调制平衡的可调整范围应大于或等于 0.054 7 DDM(90 Hz 占优以及 150 Hz 占优)，稳定性应优于 0.005 0 DDM。

4.2.3 输出功率及其稳定性

输出功率应连续可调，CSB 输出功率稳定性应优于±10%，SBO/CSB 输出功率相对稳定性应优于±5%。

4.2.4 谐波和杂散成分

载波的二次、三次谐波以及杂散成分都应在载波电平的−60 dB 以下。

4.2.5 SBO/CSB 射频相位的调整范围

SBO/CSB 射频相位的调整范围应大于等于 180°。

4.2.6 发射机输出阻抗

发射机输出阻抗为 50 Ω。

4.2.7 识别信号

4.2.7.1 航向信标应在用于航向信标功能的同一射频载波(或双载波)上，同时发射一个为特定跑道和进场方向所规定的识别信号，识别信号的发射不应干扰航向信标的基本功能。

4.2.7.2 航向信标应用通过键控对载波调幅的 1 020 Hz±50 Hz 单音的通断发送识别信号。其调制度应在 5%～15%之间并可调整。若两个载波均有识别信号调制，则其调制的相位关系应避免在航向信标的覆盖区内出现零信号点。

4.2.7.3 识别信号应采用国际莫尔斯电码，并由两到三个字母组成。一般将国际莫尔斯电码的字母“Ⅰ”放在最前面，随后为一短的间隙，以便从附近地区的其他导航设备中分辨仪表着陆设备。

4.2.7.4 在航向信标为飞行开放使用期间，应以不小于 6 次每分钟(大致为等间隔)发送识别信号。电码点的持续时间应为 0.1 s～0.16 s，划的持续时间应是三倍的一个点的时间，点划的间隔应相当于一个典型的点时间，误差不大于±10%。字母间的间隔不应小于三个点的时间。当航向信标不是为飞行开放，例如在维护或测试发射机期间，应停止发送识别信号。

4.3 监控

4.3.1 监控器功能

监控器告警门限应可调，告警后应有相应的显示，并能储存告警状态。

当发生 4.3.2 所述的任何一种情况并持续下去时，自动监控系统应向指定的控制点发出告警，并在 4.4.2 规定的时间内发生下列动作之一：

a) 使主用机切换到备用机或关机停止发射；

b) 将导航和识别成分从载波中排除；

c) 在Ⅱ类和Ⅲ类设备性能存在需要降级的情况下，将设备转换到较低类别。

4.3.2 监控器告警门限

监控器告警门限要求如下：

a) Ⅰ类设备性能的航向信标，在仪表着陆系统基准数据点处，平均航道线偏移跑道中心线大于10.5 m；

b) Ⅱ类设备性能的航向信标，在仪表着陆系统基准数据点处，平均航道线偏移跑道中心线大于7.5 m；

c) Ⅲ类设备性能的航向信标，在仪表着陆系统基准数据点处，平均航道线偏移跑道中心线大于6 m；

d) 单频航向信标，射频输出功率下降到额定值的50%以下；

e) 双频航向信标，任何一载波的射频输出功率下降到额定值的80%以下，允许下降到额定值的80%～50%的除外；

f) Ⅰ类和Ⅱ类设备性能的航向信标，位移灵敏度变化超过额定值的±17%；

g) Ⅲ类设备性能的航向信标，位移灵敏度变化超过额定值的±10%；

h) Ⅰ类和Ⅱ类设备性能的航向信标，由90 Hz和150 Hz每单音调制的射频载波调制度超出18%～22%范围；

i) Ⅲ类设备性能的航向信标，由90 Hz和150 Hz每单音调制的射频载波调制度超出19%～21%范围；

j) 双频航向信标，在前航道线两边各10°以外所要求的覆盖范围内DDM不小于0.155；

k) 双频航向信标，两载波的频差超过5 kHz～14 kHz范围时应产生告警。

4.3.3 监控器故障告警

当监控器本身发生故障时，应发出告警。

4.4 控制与切换

4.4.1 控制与切换功能

控制和切换系统的主要功能如下：

a) 开/关机；

b) 选择主、备用机；

c) 选择本地控制或遥控；

d) 备用机可选择冷备份或热备份工作方式；

e) 当监控器发出告警时，应能自动关闭主用机，开启备用机工作。若监控器仍告警，应能自动关机；

f) 面板上应有与上述主要功能相应的指示。

4.4.2 主、备用机切换时间

从出现4.3.2中任一情况到主、备用机切换后开始发射正常信号的总时间不应超过下列规定：

a) Ⅰ类设备性能的航向信标为10 s；

b) Ⅱ类设备性能的航向信标为5 s；

c) Ⅲ类设备性能的航向信标为2 s。

4.5 天线

天线的主要性能要求如下：

a) 频率范围：108 MHz～112 MHz；

b) 输入阻抗：50 Ω，驻波比：≤1.2；

c) 极化：水平极化。

4.6 电源

4.6.1 设备应具有交、直流两种供电方式，正常情况以交流电源供电为主。当交流电源断电后，应能不

间断地自动切换到备用直流电源供电，在交流供电的电源中，应有过流、过压等保护电路。

4.6.2 设备采用的交流电源应为单相 220 V±33 V，45 Hz～63 Hz。

4.6.3 设备采用的备用直流电源（电池）额定电压应为 24 V 或 48 V，允许变化范围由产品规范规定。

4.6.4 交流电源应在对设备正常供电的同时，对备用直流电源浮充电。

4.7 遥控和状态显示

4.7.1 遥控

具体要求如下：

a) 设备在“遥控”状态时，利用遥控器能遥控开、关机，当监控器告警时主、备用机能自动切换或关机，并有相应的状态指示；

b) 可采用无线或两对以下遥控线遥控；

c) 遥控器应有交、直流两种供电方式，保证市电中断后遥控器仍能正常工作；

d) 遥控线路故障后遥控器要发出声光告警，但不应影响设备正常工作。

4.7.2 塔台重复显示器

根据使用需要可配置塔台重复显示器，显示设备主要工作状态。

4.7.3 远程监视与维护系统

远程监视和维护系统，可远距离监视、存储和控制设备的主要参数。

4.8 ILS 设备的联锁

4.8.1 在用两套 ILS 设备分别为一条跑道的两个相反方向提供服务时，应设有联锁装置，以便保证只让正在为进近方向提供服务的航向信标辐射。

4.8.2 为同一跑道的相反两端或为同一机场的不同跑道提供服务的使用同一配对频率的两套 ILS 设备应有联锁装置，以保证在同一时间只允许一套设备发射。当从一套设备转到另一套设备发射时，应在一套设备中断发射 20 s 以后再开启另一套设备。

5 测试方法[1)]

5.1 测试条件

若无特殊要求，所有的测试应在下列正常条件下进行：

a) 正常的试验大气条件

温度：15℃～35℃；

相对湿度：25%～75%；

气压：试验场所的气压。

b) 正常的电源条件

交流输入电源应为 220 V±4.4 V，50 Hz±0.5 Hz；

直流电源电压应为 24 V±0.48 V 或 48 V±0.96 V。

5.2 测试用仪器、仪表和设备

所用测试仪器、仪表和设备的精度一般应比被测试指标精度高一个数量级，具体要求可由产品规范规定。

5.3 一般要求的测试

使用机载专用设备按 KJB 13 或 MH 2003 的有关规定进行飞行校验。

5.4 发射机性能

5.4.1 载波频率

测试系统图（见图 3），用数字式频率计测量设备连续工作 4h 内的载波频率的最高和最低值，按公

---

1) 本章所推荐的为常用的测试方法，随着测试仪器、仪表的更新，不排除使用其他方法测试。

式(1)、公式(2)计算载波频率误差 D_f。对于双频航向信标,要分别测量两个载波的最高和最低频率,然后分别计算两载波的频率误差。

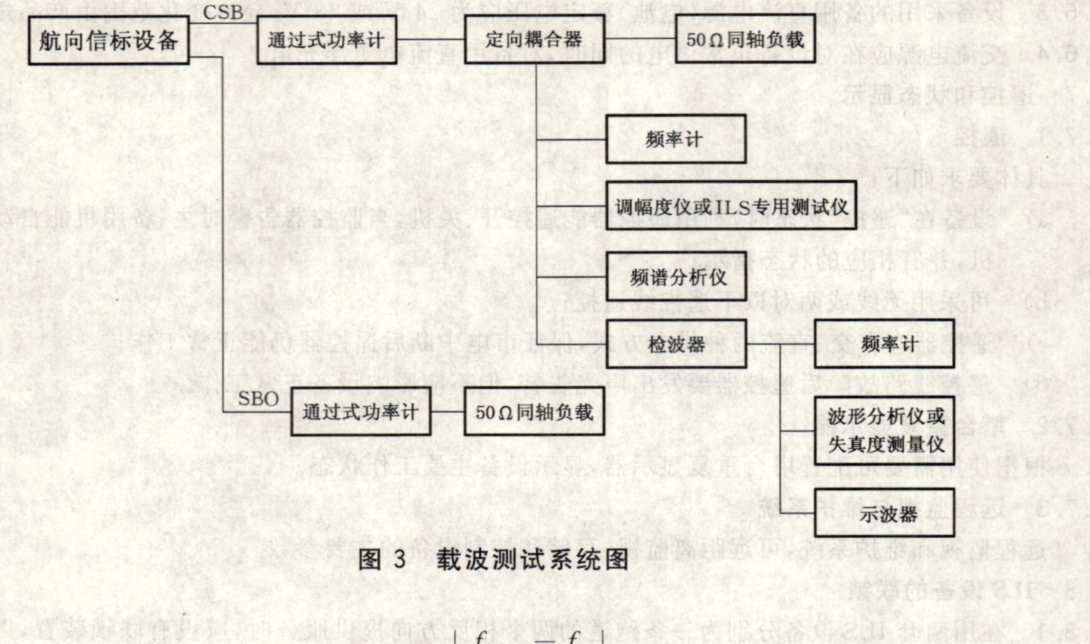

图 3 载波测试系统图

$$D_f = \frac{|f_{c\max} - f_c|}{f_c} \quad \cdots\cdots(1)$$

$$D_f = \frac{|f_c - f_{c\min}|}{f_c} \quad \cdots\cdots(2)$$

式中:

D_f——载波频率误差;

f_c——航向信标载波频率标称值,单位为兆赫(MHz);

$f_{c\max}$——实测最高载波频率,单位为兆赫(MHz);

$f_{c\min}$——实测最低载波频率,单位为兆赫(MHz)。

5.4.2 载波调制

5.4.2.1 载波调制度

测试系统图(见图3),用调幅度仪或 ILS 专用测试仪分别测量 90 Hz 和 150 Hz 单音对载波的调制度。

5.4.2.2 调制单音的频率

测试系统图(见图3),用频率计分别测量 90 Hz 和 150 Hz 调制单音频率。

5.4.2.3 调制单音的谐波成分

测试系统图(见图3),用失真度测量仪或波形分析仪分别测量 90 Hz 和 150 Hz 的谐波失真,用波形分析仪测量 90 Hz 及其二次谐波成分。

5.4.2.4 调制单音的相位关系

5.4.2.4.1 单频航向信标两调制单音的相位关系

测试系统图(见图3),用示波器测量 90 Hz 和 150 Hz 合成波形(波形如图4、图5)的 P_1 和 P_2 值。对于Ⅰ类和Ⅱ类设备性能的航向信标 P_2/P_1 应大于 0.903;对于Ⅲ类设备性能的航向信标 P_2/P_1 应大于 0.951。

5.4.2.4.2 双频航向信标调制单音的相位关系

调制每一载波的 90 Hz 和 150 Hz 两调制单音相位关系的测试方法与 5.4.2.4.1 相同;分别调制两个载波的两个 90 Hz 之间和两个 150 Hz 之间的相位,可直接用双迹示波器测量。

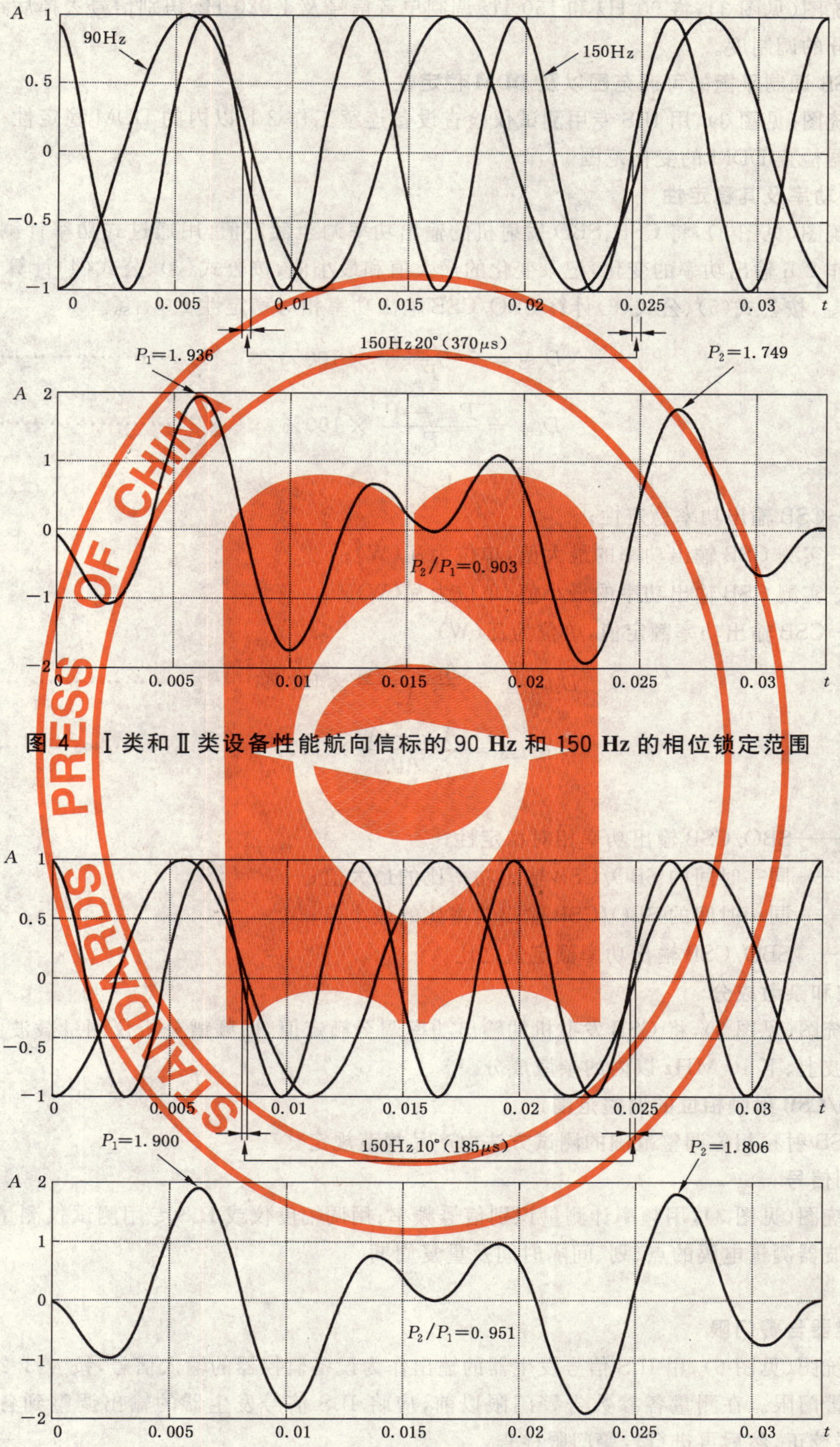

图 4 Ⅰ类和Ⅱ类设备性能航向信标的 90 Hz 和 150 Hz 的相位锁定范围

图 5 Ⅲ类设备性能航向信标的 90 Hz 和 150 Hz 的相位锁定范围

5.4.2.5 **其他成分的调制**

测试系统图(见图3),将90 Hz和150 Hz调制单音信号及1 020 Hz识别信号去掉后,用调幅度仪测量其他成分的调制度。

5.4.2.6 **CSB调制平衡的可调范围以及DDM稳定性**

测试系统图(见图3),用ILS专用测试仪检查设备连续工作2 h以内的DDM稳定性;然后调节调制平衡控制器检查DDM的变化范围。

5.4.3 **输出功率及其稳定性**

测试系统图(见图3),将CSB、SBO发射机的输出功率调至额定值,用通过式功率计测量输出功率以及连续工作2 h输出功率的变化,记录变化的最大值和最小值,按公式(3)、公式(4)计算CSB输出功率稳定性 D_{CSB},按公式(5)、公式(6)计算SBO/CSB输出功率相对稳定性 $D_{SBO/CSB}$。

$$D_{CSB} = \frac{P_{max} - P_n}{P_n} \times 100\% \qquad (3)$$

$$D_{CSB} = \frac{P_{min} - P_n}{P_n} \times 100\% \qquad (4)$$

式中:

D_{CSB}——CSB输出功率稳定性;

P_{max}——实测CSB输出功率的最大值,单位为瓦(W);

P_{min}——实测CSB输出功率的最小值,单位为瓦(W);

P_n——CSB输出功率额定值,单位为瓦(W)。

$$D_{SBO/CSB} = \frac{A_{max} - A_n}{A_n} \times 100\% \qquad (5)$$

$$D_{SBO/CSB} = \frac{A_{min} - A_n}{A_n} \times 100\% \qquad (6)$$

式中:

$D_{SBO/CSB}$——SBO/CSB输出功率相对稳定性;

A_{max}——同一时间的SBO/CSB输出功率比的最大值;

A_{min}——同一时间的SBO/CSB输出功率比的最小值;

A_n——SBO/CSB输出功率额定值之比。

5.4.4 **谐波和杂散成分**

测试系统图(见图3),将CSB发射机的输出功率调至额定值,用频谱分析仪测量载波的二次、三次谐波以及载波上、下10 MHz以内的杂散成分。

5.4.5 **SBO/CSB射频相位的调整范围**

SBO/CSB射频相位调整范围的测试方法由产品规范规定。

5.4.6 **识别信号**

测试系统图(见图3),用频率计测量识别信号频率;用调幅度仪或ILS专用测试仪测量识别信号调制度。用示波器测量电码的点、划、间隔时间及重复周期。

5.5 **监控**

5.5.1 **监控器告警门限**

测试系统图(见图6),用ILS信号发生器的输出作为设备监控器的输入信号,按4.3.2各条的要求分别检查告警门限。在测量各参数告警门限以前,应将ILS信号发生器的输出调整到各参数的额定值,将监控器校正,然后再进行告警门限检查。

对于双频航向信标,人为改变一个载波的频率直至监控器发出告警,检查监控器是否在规定的频差范围产生告警。

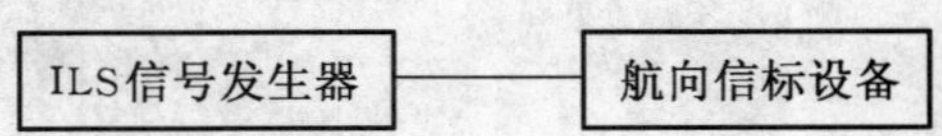

图6 监控特性测试系统图

5.5.2 监控器故障告警

监控器故障告警的检查方法由产品规范规定。

5.6 控制与切换

5.6.1 控制与切换功能

按4.4.1的要求检查设备的控制和切换功能。

5.6.2 主、备用机切换时间

在检查5.5.1监控器告警门限的同时，用秒表测量从ILS信号发生器给出告警状态信号到监控器产生告警，主用机切换至备用机正常工作的总时间。

5.7 天线

测试系统图(见图7)，天线按正常工作位置放在测试架上，振子离地高度不应低于1.8 m，在天线前方至少50 m和天线左右至少20 m范围内应无障碍物和反射物，测试仪表和工作人员都应在天线后面2 m以外的地方。将网络分析仪的扫描范围定在108 MHz～112 MHz，测量天线的输入驻波比。

图7 天线特性测试系统图

5.8 电源

电源性能的测试方法由产品规范规定。

5.9 遥控和状态显示

5.9.1 遥控功能检查

遥控功能的检查方法由产品规范规定。

5.9.2 塔台重复显示器

塔台重复显示器的测试方法由产品规范规定。

5.9.3 远程监视和维护系统

远程监视与维护系统的检测方法由产品规范规定。

5.10 ILS设备的联锁

ILS设备的联锁测试方法由产品规范规定。

ICS 29.120.50
F 21

中华人民共和国国家标准

GB/T 14285—2006
代替 GB 14285—1993

继电保护和安全自动装置技术规程

Technical code for relaying protection and security automatic equipment

2006-08-30 发布 2006-11-01 实施

中华人民共和国国家质量监督检验检疫总局
中国国家标准化管理委员会 发布

前 言

随着科学技术的发展和进步，我国数字式继电保护和安全自动装置已获得广泛应用，在科研、设计、制造、试验、施工和运行中已积累不少经验和教训，国际电工委员会(IEC)近年来颁布了一些量度继电器和保护装置的国际标准，为适应上述情况的变化，与时俱进，有必要对原国家标准 GB 14285—1993《继电保护和安全自动装置技术规程》中部分内容，如装置的性能指标、保护配置原则以及与之有关的二次回路和电磁兼容试验等进行补充和修改。

本标准修订是根据原国家质量技术监督局《关于印发 2000 年制、修订国家标准项目计划的通知》(质技局标发[2000]101 号)中第 15 项任务组织实施的。

本标准的附录 A、附录 B 均为规范性附录。

本标准由中国电力企业联合会提出。

本标准由全国量度继电器和保护设备标准化技术委员会静态继电保护装置分标准化技术委员会归口。

本标准主要起草单位：华东电力设计院、华北电力设计院、东北电力设计院、四川电力调度中心、国电南京自动化股份有限公司、国电自动化研究院、北京电力公司、国电东北电网公司、北京四方继保自动化股份有限公司、许继集团有限公司。

本标准主要起草人：冯匡一、袁季修、宋继成、李天华、高有权、王中元、韩绍钧、孙刚、张涛、郭效军、李瑞生。

本标准于 1993 年首次发布。

本标准自实施之日起代替 GB 14285—1993。

继电保护和安全自动装置技术规程

1 范围

本标准规定了电力系统继电保护和安全自动装置的科研、设计、制造、试验、施工和运行等有关部门共同遵守的基本准则。

本标准适用于 3 kV 及以上电压电力系统中电力设备和线路的继电保护和安全自动装置。

2 规范性引用文件

下列文件中的条款通过本标准的引用而成为本标准的条款。凡是注日期的引用文件，其随后所有的修改单(不包括勘误的内容)或修订版均不适用于本标准，然而，鼓励根据本标准达成协议的各方研究是否可使用这些文件的最新版本。凡是不注日期的引用文件，其最新版本适用于本标准。

GB/T 7409.1～7409.3 同步电机励磁系统(GB/T 7409.1—1997,idt IEC 60034-16-1:1991,GB/T 7409.2—1997,idt IEC 60034-16-2:1991;GB/T 7409.3—1997)

GB/T 14598.9 电气继电器 第 22-3 部分:量度继电器和保护装置的电气骚扰试验 辐射电磁场骚扰试验(GB/T 14598.9—2002,IEC 60255-22-3:2000,IDT)

GB/T 14598.10 电气继电器 第 22 部分:量度继电器和保护装置的电气干扰试验 第 4 篇:快速瞬变干扰试验(GB/T 14598.10—1996,idt IEC 60255-22-4:1992)

GB/T 14598.13 量度继电器和保护装置的电气干扰试验 第 1 部分:1 MHz 脉冲群干扰试验(GB/T 14598.13—1998,eqv IEC 60255-22-1:1988)

GB/T 14598.14 量度继电器和保护装置的电气干扰试验 第 2 部分:静电放电试验(GB/T 14598.14—1998,idt IEC 60255-22-2:1996)

GB 16847 保护用电流互感器暂态特性技术要求(GB 16847—1997,idt IEC 60044-6:1992)

DL/T 553 220 kV～500 kV 电力系统故障动态记录技术准则

DL/T 667 远动设备及系统 第 5 部分:传输规约 第 103 篇:继电保护设备信息接口配套标准(idt IEC 60870-5-103)

DL/T 723 电力系统安全稳定控制技术导则

DL 755 电力系统安全稳定导则

DL/T 866 电流互感器和电压互感器选择和计算导则

IEC 60044-7 互感器 第 7 部分:电子电压互感器

IEC 60044-8 互感器 第 8 部分:电子电流互感器

IEC 60255-24 电气继电器 第 24 部分:电力系统暂态数据交换(COMTRATE)一般格式

IEC 60255-26 量度继电器和保护设备 第 26 部分:量度继电器和保护设备的电磁兼容要求

3 总则

3.1 电力系统继电保护和安全自动装置的功能是在合理的电网结构前提下，保证电力系统和电力设备的安全运行。

3.2 继电保护和安全自动装置应符合可靠性、选择性、灵敏性和速动性的要求。当确定其配置和构成方案时，应综合考虑以下几个方面，并结合具体情况，处理好上述四性的关系：

a) 电力设备和电力网的结构特点和运行特点；

b) 故障出现的概率和可能造成的后果；

c) 电力系统的近期发展规划;

d) 相关专业的技术发展状况;

e) 经济上的合理性;

f) 国内和国外的经验。

3.3 继电保护和安全自动装置是保障电力系统安全、稳定运行不可或缺的重要设备。确定电力网结构、厂站主接线和运行方式时,必须与继电保护和安全自动装置的配置统筹考虑,合理安排。

继电保护和安全自动装置的配置要满足电力网结构和厂站主接线的要求,并考虑电力网和厂站运行方式的灵活性。

对导致继电保护和安全自动装置不能保证电力系统安全运行的电力网结构形式、厂站主接线形式、变压器接线方式和运行方式,应限制使用。

3.4 在确定继电保护和安全自动装置的配置方案时,应优先选用具有成熟运行经验的数字式装置。

3.5 应根据审定的电力系统设计或审定的系统接线图及要求,进行继电保护和安全自动装置的系统设计。在系统设计中,除新建部分外,还应包括对原有系统继电保护和安全自动装置不符合要求部分的改造方案。

为便于运行管理和有利于性能配合,同一电力网或同一厂站内的继电保护和安全自动装置的型式、品种不宜过多。

3.6 电力系统中,各电力设备和线路的原有继电保护和安全自动装置,凡不能满足技术和运行要求的,应逐步进行改造。

3.7 设计安装的继电保护和安全自动装置应与一次系统同步投运。

3.8 继电保护和安全自动装置的新产品,应按国家规定的要求和程序进行检测或鉴定,合格后,方可推广使用。设计、运行单位应积极创造条件支持新产品的试用。

4 继电保护

4.1 一般规定

4.1.1 保护分类

电力系统中的电力设备和线路,应装设短路故障和异常运行的保护装置。电力设备和线路短路故障的保护应有主保护和后备保护,必要时可增设辅助保护。

4.1.1.1 主保护

主保护是满足系统稳定和设备安全要求,能以最快速度有选择地切除被保护设备和线路故障的保护。

4.1.1.2 后备保护

后备保护是主保护或断路器拒动时,用以切除故障的保护。后备保护可分为远后备和近后备两种方式。

a) 远后备是当主保护或断路器拒动时,由相邻电力设备或线路的保护实现后备。

b) 近后备是当主保护拒动时,由该电力设备或线路的另一套保护实现后备的保护;当断路器拒动时,由断路器失灵保护来实现的后备保护。

4.1.1.3 辅助保护

辅助保护是为补充主保护和后备保护的性能或当主保护和后备保护退出运行而增设的简单保护。

4.1.1.4 异常运行保护

异常运行保护是反应被保护电力设备或线路异常运行状态的保护。

4.1.2 对继电保护性能的要求

继电保护装置应满足可靠性、选择性、灵敏性和速动性的要求。

4.1.2.1 可靠性

可靠性是指保护该动作时应动作，不该动作时不动作。

为保证可靠性，宜选用性能满足要求、原理尽可能简单的保护方案，应采用由可靠的硬件和软件构成的装置，并应具有必要的自动检测、闭锁、告警等措施，以及便于整定、调试和运行维护。

4.1.2.2　选择性

选择性是指首先由故障设备或线路本身的保护切除故障，当故障设备或线路本身的保护或断路器拒动时，才允许由相邻设备、线路的保护或断路器失灵保护切除故障。

为保证选择性，对相邻设备和线路有配合要求的保护和同一保护内有配合要求的两元件(如起动与跳闸元件、闭锁与动作元件)，其灵敏系数及动作时间应相互配合。

当重合于本线路故障，或在非全相运行期间健全相又发生故障时，相邻元件的保护应保证选择性。在重合闸后加速的时间内以及单相重合闸过程中发生区外故障时，允许被加速的线路保护无选择性。

在某些条件下必须加速切除短路时，可使保护无选择动作，但必须采取补救措施，例如采用自动重合闸或备用电源自动投入来补救。

发电机、变压器保护与系统保护有配合要求时，也应满足选择性要求。

4.1.2.3　灵敏性

灵敏性是指在设备或线路的被保护范围内发生故障时，保护装置具有的正确动作能力的裕度，一般以灵敏系数来描述。灵敏系数应根据不利正常(含正常检修)运行方式和不利故障类型(仅考虑金属性短路和接地故障)计算。

各类短路保护的灵敏系数，不宜低于附录A中表A.1内所列数值。

4.1.2.4　速动性

速动性是指保护装置应能尽快地切除短路故障，其目的是提高系统稳定性，减轻故障设备和线路的损坏程度，缩小故障波及范围，提高自动重合闸和备用电源或备用设备自动投入的效果等。

4.1.3　制定保护配置方案时，对两种故障同时出现的稀有情况可仅保证切除故障。

4.1.4　在各类保护装置接于电流互感器二次绕组时，应考虑到既要消除保护死区，同时又要尽可能减轻电流互感器本身故障时所产生的影响。

4.1.5　当采用远后备方式时，在短路电流水平低且对电网不致造成影响的情况下(如变压器或电抗器后面发生短路，或电流助增作用很大的相邻线路上发生短路等)，如果为了满足相邻线路保护区末端短路时的灵敏性要求，将使保护过分复杂或在技术上难以实现时，可以缩小后备保护作用的范围。必要时，可加设近后备保护。

4.1.6　电力设备或线路的保护装置，除预先规定的以外，都不应因系统振荡引起误动作。

4.1.7　使用于220 kV～500 kV电网的线路保护，其振荡闭锁应满足如下要求：

a)　系统发生全相或非全相振荡，保护装置不应误动作跳闸；

b)　系统在全相或非全相振荡过程中，被保护线路如发生各种类型的不对称故障，保护装置应有选择性地动作跳闸，纵联保护仍应快速动作；

c)　系统在全相振荡过程中发生三相故障，故障线路的保护装置应可靠动作跳闸，并允许带短延时。

4.1.8　有独立选相跳闸功能的线路保护装置发出的跳闸命令，应能直接传送至相关断路器的分相跳闸执行回路。

4.1.9　使用于单相重合闸线路的保护装置，应具有在单相跳闸后至重合前的两相运行过程中，健全相再故障时快速动作三相跳闸的保护功能。

4.1.10　技术上无特殊要求及无特殊情况时，保护装置中的零序电流方向元件应采用自产零序电压，不应接入电压互感器的开口三角电压。

4.1.11　保护装置在电压互感器二次回路一相、两相或三相同时断线、失压时，应发告警信号，并闭锁可能误动作的保护。

保护装置在电流互感器二次回路不正常或断线时,应发告警信号,除母线保护外,允许跳闸。

4.1.12 数字式保护装置,应满足下列要求:

4.1.12.1 宜将被保护设备或线路的主保护(包括纵、横联保护等)及后备保护综合在一整套装置内,共用直流电源输入回路及交流电压互感器和电流互感器的二次回路。该装置应能反应被保护设备或线路的各种故障及异常状态,并动作于跳闸或给出信号。

对仅配置一套主保护的设备,应采用主保护与后备保护相互独立的装置。

4.1.12.2 保护装置应尽可能根据输入的电流、电压量,自行判别系统运行状态的变化,减少外接相关的输入信号来执行其应完成的功能。

4.1.12.3 对适用于110 kV及以上电压线路的保护装置,应具有测量故障点距离的功能。

故障测距的精度要求为:对金属性短路误差不大于线路全长的±3%。

4.1.12.4 对适用于220 kV及以上电压线路的保护装置,应满足:

a) 除具有全线速动的纵联保护功能外,还应至少具有三段式相间、接地距离保护,反时限和/或定时限零序方向电流保护的后备保护功能;

b) 对有监视的保护通道,在系统正常情况下,通道发生故障或出现异常情况时,应发出告警信号;

c) 能适用于弱电源情况;

d) 在交流失压情况下,应具有在失压情况下自动投入的后备保护功能,并允许不保证选择性。

4.1.12.5 保护装置应具有在线自动检测功能,包括保护硬件损坏、功能失效和二次回路异常运行状态的自动检测。

自动检测必须是在线自动检测,不应由外部手段起动;并应实现完善的检测,做到只要不告警,装置就处于正常工作状态,但应防止误告警。

除出口继电器外,装置内的任一元件损坏时,装置不应误动作跳闸,自动检测回路应能发出告警或装置异常信号,并给出有关信息指明损坏元件的所在部位,在最不利情况下应能将故障定位至模块(插件)。

4.1.12.6 保护装置的定值应满足保护功能的要求,应尽可能做到简单、易整定;用于旁路保护或其他定值经常需要改变时,宜设置多套(一般不少于8套)可切换的定值。

4.1.12.7 保护装置必须具有故障记录功能,以记录保护的动作过程,为分析保护动作行为提供详细、全面的数据信息,但不要求代替专用的故障录波器。

保护装置故障记录的要求是:

a) 记录内容应为故障时的输入模拟量和开关量、输出开关量、动作元件、动作时间、返回时间、相别。

b) 应能保证发生故障时不丢失故障记录信息。

c) 应能保证在装置直流电源消失时,不丢失已记录信息。

4.1.12.8 保护装置应以时间顺序记录的方式记录正常运行的操作信息,如开关变位、开入量输入变位、压板切换、定值修改、定值区切换等,记录应保证充足的容量。

4.1.12.9 保护装置应能输出装置的自检信息及故障记录,后者应包括时间、动作事件报告、动作采样值数据报告、开入、开出和内部状态信息、定值报告等。装置应具有数字/图形输出功能及通用的输出接口。

4.1.12.10 时钟和时钟同步

a) 保护装置应设硬件时钟电路,装置失去直流电源时,硬件时钟应能正常工作。

b) 保护装置应配置与外部授时源的对时接口。

4.1.12.11 保护装置应配置能与自动化系统相连的通信接口,通信协议符合DL/T 667继电保护设备信息接口配套标准。并宜提供必要的功能软件,如通信及维护软件、定值整定辅助软件、故障记录分析软件、调试辅助软件等。

4.1.12.12 保护装置应具有独立的DC/DC变换器供内部回路使用的电源。拉、合装置直流电源或直流电压缓慢下降及上升时，装置不应误动作。直流消失时，应有输出触点以起动告警信号。直流电源恢复(包括缓慢恢复)时，变换器应能自起动。

4.1.12.13 保护装置不应要求其交、直流输入回路外接抗干扰元件来满足有关电磁兼容标准的要求。

4.1.12.14 保护装置的软件应设有安全防护措施，防止程序出现不符合要求的更改。

4.1.13 使用于220 kV及以上电压的电力设备非电量保护应相对独立，并具有独立的跳闸出口回路。

4.1.14 继电器和保护装置的直流工作电压，应保证在外部电源为80%～115%额定电压条件下可靠工作。

4.1.15 对220 kV～500 kV断路器三相不一致，应尽量采用断路器本体的三相不一致保护，而不再另外设置三相不一致保护；如断路器本身无三相不一致保护，则应为该断路器配置三相不一致保护。

4.1.16 跳闸出口应能自保持，直至断路器断开。自保持宜由断路器的操作回路来实现。

4.2 发电机保护

4.2.1 电压在3 kV及以上，容量在600 MW级及以下的发电机，应按本条的规定，对下列故障及异常运行状态，装设相应的保护。容量在600 MW级以上的发电机可参照执行。

a) 定子绕组相间短路；

b) 定子绕组接地；

c) 定子绕组匝间短路；

d) 发电机外部相间短路；

e) 定子绕组过电压；

f) 定子绕组过负荷；

g) 转子表层(负序)过负荷；

h) 励磁绕组过负荷；

i) 励磁回路接地；

j) 励磁电流异常下降或消失；

k) 定子铁芯过励磁；

l) 发电机逆功率；

m) 频率异常；

n) 失步；

o) 发电机突然加电压；

p) 发电机起停；

q) 其他故障和异常运行。

4.2.2 上述各项保护，宜根据故障和异常运行状态的性质及动力系统具体条件，按规定分别动作于：

a) 停机 断开发电机断路器、灭磁，对汽轮发电机，还要关闭主汽门；对水轮发电机还要关闭导水翼。

b) 解列灭磁 断开发电机断路器、灭磁，汽轮机甩负荷。

c) 解列 断开发电机断路器，汽轮机甩负荷。

d) 减出力 将原动机出力减到给定值。

e) 缩小故障影响范围 例如断开预定的其他断路器。

f) 程序跳闸 对汽轮发电机首先关闭主汽门，待逆功率继电器动作后，再跳发电机断路器并灭磁。对水轮发电机，首先将导水翼关到空载位置，再跳开发电机断路器并灭磁。

g) 减励磁 将发电机励磁电流减至给定值。

h) 励磁切换 将励磁电源由工作励磁电源系统切换到备用励磁电源系统。

i) 厂用电源切换 由厂用工作电源供电切换到备用电源供电。

j) 分出口 动作于单独回路。

k) 信号 发出声光信号。

4.2.3 对发电机定子绕组及其引出线的相间短路故障，应按下列规定配置相应的保护作为发电机的主保护：

4.2.3.1 1 MW 及以下单独运行的发电机，如中性点侧有引出线，则在中性点侧装设过电流保护，如中性点侧无引出线，则在发电机端装设低电压保护。

4.2.3.2 1 MW 及以下与其他发电机或与电力系统并列运行的发电机，应在发电机端装设电流速断保护。如电流速断灵敏系数不符合要求，可装设纵联差动保护；对中性点侧没有引出线的发电机，可装设低压过流保护。

4.2.3.3 1 MW 以上的发电机，应装设纵联差动保护。

4.2.3.4 对 100 MW 以下的发电机变压器组，当发电机与变压器之间有断路器时，发电机与变压器宜分别装设单独的纵联差动保护功能。

4.2.3.5 对 100 MW 及以上发电机变压器组，应装设双重主保护，每一套主保护宜具有发电机纵联差动保护和变压器纵联差动保护功能。

4.2.3.6 在穿越性短路、穿越性励磁涌流及自同步或非同步合闸过程中，纵联差动保护应采取措施，减轻电流互感器饱和及剩磁的影响，提高保护动作可靠性。

4.2.3.7 纵联差动保护，应装设电流回路断线监视装置，断线后动作于信号。电流回路断线允许差动保护跳闸。

4.2.3.8 本条中规定装设的过电流保护、电流速断保护、低电压保护、低压过流和差动保护均应动作于停机。

4.2.4 发电机定子绕组的单相接地故障的保护应符合以下要求：

4.2.4.1 发电机定子绕组单相接地故障电流允许值按制造厂的规定值，如无制造厂提供的规定值可参照表 1 中所列数据。

表 1 发电机定子绕组单相接地故障电流允许值

发电机额定电压/ kV	发电机额定容量/MW		接地电流允许值/A
6.3	≤50		4
10.5	汽轮发电机	50～100	3
	水轮发电机	10～100	
13.8～15.75	汽轮发电机	125～200	2[a]
	水轮发电机	40～225	
18～20	300～600		1

a 对氢冷发电机为 2.5。

4.2.4.2 与母线直接连接的发电机：当单相接地故障电流(不考虑消弧线圈的补偿作用)大于允许值(参照表 1)时，应装设有选择性的接地保护装置。

保护装置由装于机端的零序电流互感器和电流继电器构成。其动作电流按躲过不平衡电流和外部单相接地时发电机稳态电容电流整定。接地保护带时限动作于信号，但当消弧线圈退出运行或由于其他原因使残余电流大于接地电流允许值，应切换为动作于停机。

当未装接地保护，或装有接地保护但由于运行方式改变及灵敏系数不符合要求等原因不能动作时，可由单相接地监视装置动作于信号。

为了在发电机与系统并列前检查有无接地故障，保护装置应能监视发电机端零序电压值。

4.2.4.3 发电机变压器组：对 100 MW 以下发电机，应装设保护区不小于 90% 的定子接地保护，对 100 MW 及以上的发电机，应装设保护区为 100% 的定子接地保护。保护带时限动作于信号，必要时也可以动作于停机。

为检查发电机定子绕组和发电机回路的绝缘状况，保护装置应能监视发电机端零序电压值。

4.2.5 对发电机定子匝间短路，应按下列规定装设定子匝间保护：

4.2.5.1 对定子绕组为星形接线、每相有并联分支且中性点侧有分支引出端的发电机，应装设零序电流型横差保护或裂相横差保护、不完全纵差保护。

4.2.5.2 50 MW 及以上发电机，当定子绕组为星形接线，中性点只有三个引出端子时，根据用户和制造厂的要求，也可装设专用的匝间短路保护。

4.2.6 对发电机外部相间短路故障和作为发电机主保护的后备，应按下列规定配置相应的保护，保护装置宜配置在发电机的中性点侧：

4.2.6.1 对于 1 MW 及以下与其他发电机或与电力系统并列运行的发电机，应装设过流保护。

4.2.6.2 1 MW 以上的发电机，宜装设复合电压（包括负序电压及线电压）起动的过电流保护。灵敏度不满足要求时可增设负序过电流保护。

4.2.6.3 50 MW 及以上的发电机，宜装设负序过电流保护和单元件低压起动过电流保护。

4.2.6.4 自并励（无串联变压器）发电机，宜采用带电流记忆（保持）的低压过电流保护。

4.2.6.5 并列运行的发电机和发电机变压器组的后备保护，对所连接母线的相间故障，应具有必要的灵敏系数，并不宜低于附录 A 中表 A.1 所列数值。

4.2.6.6 本条中规定装设的以上各项保护装置，宜带有二段时限，以较短的时限动作于缩小故障影响的范围或动作于解列，以较长的时限动作于停机。

4.2.6.7 对于按 4.2.8.2 和 4.2.9.2 规定装设了定子绕组反时限过负荷及反时限负序过负荷保护，且保护综合特性对发电机变压器组所连接高压母线的相间短路故障具有必要的灵敏系数，并满足时间配合要求，可不再装设 4.2.6.2 规定的后备保护。保护宜动作于停机。

4.2.7 对发电机定子绕组的异常过电压，应按下列规定装设过电压保护：

4.2.7.1 对水轮发电机，应装设过电压保护，其整定值根据定子绕组绝缘状况决定。过电压保护宜动作于解列灭磁。

4.2.7.2 对于 100 MW 及以上的汽轮发电机，宜装设过电压保护，其整定值根据定子绕组绝缘状况决定。过电压保护宜动作于解列灭磁或程序跳闸。

4.2.8 对过负荷引起的发电机定子绕组过电流，应按下列规定装设定子绕组过负荷保护：

4.2.8.1 定子绕组非直接冷却的发电机，应装设定时限过负荷保护，保护接一相电流，带时限动作于信号。

4.2.8.2 定子绕组为直接冷却且过负荷能力较低（例如低于 1.5 倍、60 s），过负荷保护由定时限和反时限两部分组成。

定时限部分：动作电流按在发电机长期允许的负荷电流下能可靠返回的条件整定，带时限动作于信号，在有条件时，可动作于自动减负荷。

反时限部分：动作特性按发电机定子绕组的过负荷能力确定，动作于停机。保护应反应电流变化时定子绕组的热积累过程。不考虑在灵敏系数和时限方面与其他相间短路保护相配合。

4.2.9 对不对称负荷、非全相运行及外部不对称短路引起的负序电流，应按下列规定装设发电机转子表层过负荷保护：

4.2.9.1 50 MW 及以上 A 值（转子表层承受负序电流能力的常数）大于 10 的发电机，应装设定时限负序过负荷保护。保护与 4.2.6.3 的负序过电流保护组合在一起。保护的动作电流按躲过发电机长期允许的负序电流值和躲过最大负荷下负序电流滤过器的不平衡电流值整定，带时限动作于信号。

4.2.9.2 100 MW 及以上 A 值小于 10 的发电机，应装设由定时限和反时限两部分组成的转子表层过负荷保护。

定时限部分：动作电流按发电机长期允许的负序电流值和躲过最大负荷下负序电流滤过器的不平衡电流值整定，带时限动作于信号。

反时限部分：动作特性按发电机承受短时负序电流的能力确定，动作于停机。保护应能反应电流变化时发电机转子的热积累过程。不考虑在灵敏系数和时限方面与其他相间短路保护相配合。

4.2.10 对励磁系统故障或强励时间过长的励磁绕组过负荷，100 MW 及以上采用半导体励磁的发电机，应装设励磁绕组过负荷保护。

300 MW 以下采用半导体励磁的发电机，可装设定时限励磁绕组过负荷保护，保护带时限动作于信号和降低励磁电流。

300 MW 及以上的发电机其励磁绕组过负荷保护可由定时限和反时限两部分组成。

定时限部分：动作电流按正常运行最大励磁电流下能可靠返回的条件整定，带时限动作于信号和降低励磁电流。

反时限部分：动作特性按发电机励磁绕组的过负荷能力确定，并动作于解列灭磁或程序跳闸。保护应能反应电流变化时励磁绕组的热积累过程。

4.2.11 对 1 MW 及以下发电机的转子一点接地故障，可装设定期检测装置。1 MW 及以上的发电机应装设专用的转子一点接地保护装置延时动作于信号，宜减负荷平稳停机，有条件时可动作于程序跳闸。对旋转励磁的发电机宜装设一点接地故障定期检测装置。

4.2.12 对励磁电流异常下降或完全消失的失磁故障，应按下列规定装设失磁保护装置：

4.2.12.1 不允许失磁运行的发电机及失磁对电力系统有重大影响的发电机应装设专用的失磁保护。

4.2.12.2 对汽轮发电机，失磁保护宜瞬时或短延时动作于信号，有条件的机组可进行励磁切换。失磁后母线电压低于系统允许值时，带时限动作于解列。当发电机母线电压低于保证厂用电稳定运行要求的电压时，带时限动作于解列，并切换厂用电源。有条件的机组失磁保护也可动作于自动减出力。当减出力至发电机失磁允许负荷以下，其运行时间接近于失磁允许运行限时时，可动作于程序跳闸。

对水轮发电机，失磁保护应带时限动作于解列。

4.2.13 300 MW 及以上发电机，应装设过励磁保护。保护装置可装设由低定值和高定值两部分组成的定时限过励磁保护或反时限过励磁保护，有条件时应优先装设反时限过励磁保护。

定时限过励磁保护：

——低定值部分：带时限动作于信号和降低励磁电流。

——高定值部分：动作于解列灭磁或程序跳闸。

反时限过励磁保护：反时限特性曲线由上限定时限、反时限、下限定时限三部分组成。上限定时限、反时限动作于解列灭磁，下限定时限动作于信号。

反时限的保护特性曲线应与发电机的允许过励磁能力相配合。

汽轮发电机装设了过励磁保护可不再装设过电压保护。

4.2.14 对发电机变电动机运行的异常运行方式，200 MW 及以上的汽轮发电机，宜装设逆功率保护。对燃汽轮发电机，应装设逆功率保护。保护装置由灵敏的功率继电器构成，带时限动作于信号，经汽轮机允许的逆功率时间延时动作于解列。

4.2.15 对低于额定频率带负载运行的 300 MW 及以上汽轮发电机，应装设低频率保护。保护动作于信号，并有累计时间显示。

对高于额定频率带负载运行的 100 MW 及以上汽轮发电机或水轮发电机，应装设高频率保护。保护动作于解列灭磁或程序跳闸。

4.2.16 300 MW 及以上发电机宜装设失步保护。在短路故障、系统同步振荡、电压回路断线等情况下，保护不应误动作。

通常保护动作于信号。当振荡中心在发电机变压器组内部，失步运行时间超过整定值或电流振荡次数超过规定值时，保护还动作于解列，并保证断路器断开时的电流不超过断路器允许开断电流。

4.2.17 对300 MW及以上汽轮发电机，发电机励磁回路一点接地、发电机运行频率异常、励磁电流异常下降或消失等异常运行方式，保护动作于停机，宜采用程序跳闸方式。采用程序跳闸方式，由逆功率继电器作为闭锁元件。

4.2.18 对调相运行的水轮发电机，在调相运行期间有可能失去电源时，应装设解列保护，保护装置带时限动作于停机。

4.2.19 对于发电机起停过程中发生的故障、断路器断口闪络及发电机轴电流过大等故障和异常运行方式，可根据机组特点和电力系统运行要求，采取措施或增设相应保护。对300 MW及以上机组宜装设突然加电压保护。

4.2.20 抽水蓄能发电机组应根据其机组容量和接线方式装设与水轮发电机相当的保护，且应能满足发电机、调相机或电动机运行不同运行方式的要求，并宜装设变频起动和发电机电制动停机需要的保护。

4.2.20.1 差动保护应采用同一套差动保护装置能满足发电机和电动机两种不同运行方式的保护方案。

4.2.20.2 应装设能满足发电机或电动机两种不同运行方式的定时限或反时限负序过电流保护。

4.2.20.3 应根据机组额定容量装设逆功率保护，并应在切换到抽水运行方式时自动退出逆功率保护。

4.2.20.4 应根据机组容量装设能满足发电机运行或电动机运行的失磁、失步保护。并由运行方式切换发电机运行或电动机运行方式下其保护的投退。

4.2.20.5 变频起动时宜闭锁可能由谐波引起误动的各种保护，起动结束时应自动解除其闭锁。

4.2.20.6 对发电机电制动停机，宜装设防止定子绕组端头短接接触不良的保护，保护可短延时动作于切断电制动励磁电流。电制动停机过程宜闭锁会发生误动的保护。

4.2.21 对于100 MW及以上容量的发电机变压器组装设数字式保护时，除非电量保护外，应双重化配置。当断路器具有两组跳闸线圈时，两套保护宜分别动作于断路器的一组跳闸线圈。

4.2.22 对于600 MW级及以上发电机组应装设双重化的电气量保护，对非电气量保护应根据主设备配套情况，有条件的也可进行双重化配置。

4.2.23 自并励发电机的励磁变压器宜采用电流速断保护作为主保护；过电流保护作为后备保护。

对交流励磁发电机的主励磁机的短路故障宜在中性点侧的TA回路装设电流速断保护作为主保护，过电流保护作为后备保护。

4.3 电力变压器保护

4.3.1 对升压、降压、联络变压器的下列故障及异常运行状态，应按本条的规定装设相应的保护装置：

a) 绕组及其引出线的相间短路和中性点直接接地或经小电阻接地侧的接地短路；
b) 绕组的匝间短路；
c) 外部相间短路引起的过电流；
d) 中性点直接接地或经小电阻接地电力网中外部接地短路引起的过电流及中性点过电压；
e) 过负荷；
f) 过励磁；
g) 中性点非有效接地侧的单相接地故障；
h) 油面降低；
i) 变压器油温、绕组温度过高及油箱压力过高和冷却系统故障。

4.3.2 0.4 MVA及以上车间内油浸式变压器和0.8 MVA及以上油浸式变压器，均应装设瓦斯保护。当壳内故障产生轻微瓦斯或油面下降时，应瞬时动作于信号；当壳内故障产生大量瓦斯时，应瞬时动作于断开变压器各侧断路器。

带负荷调压变压器充油调压开关，亦应装设瓦斯保护。

瓦斯保护应采取措施,防止因瓦斯继电器的引线故障、震动等引起瓦斯保护误动作。

4.3.3 对变压器的内部、套管及引出线的短路故障,按其容量及重要性的不同,应装设下列保护作为主保护,并瞬时动作于断开变压器的各侧断路器:

4.3.3.1 电压在10 kV及以下、容量在10 MVA及以下的变压器,采用电流速断保护。

4.3.3.2 电压在10 kV以上、容量在10 MVA及以上的变压器,采用纵差保护。对于电压为10 kV的重要变压器,当电流速断保护灵敏度不符合要求时也可采用纵差保护。

4.3.3.3 电压为220 kV及以上的变压器装设数字式保护时,除非电量保护外,应采用双重化保护配置。当断路器具有两组跳闸线圈时,两套保护宜分别动作于断路器的一组跳闸线圈。

4.3.4 纵联差动保护应满足下列要求:

a) 应能躲过励磁涌流和外部短路产生的不平衡电流;

b) 在变压器过励磁时不应误动作;

c) 在电流回路断线时应发出断线信号,电流回路断线允许差动保护动作跳闸;

d) 在正常情况下,纵联差动保护的保护范围应包括变压器套管和引出线,如不能包括引出线时,应采取快速切除故障的辅助措施。在设备检修等特殊情况下,允许差动保护短时利用变压器套管电流互感器,此时套管和引线故障由后备保护动作切除;如电网安全稳定运行有要求时,应将纵联差动保护切至旁路断路器的电流互感器。

4.3.5 对外部相间短路引起的变压器过电流,变压器应装设相间短路后备保护。保护带延时跳开相应的断路器。相间短路后备保护宜选用过电流保护、复合电压(负序电压和线间电压)启动的过电流保护或复合电流保护(负序电流和单相式电压启动的过电流保护)。

4.3.5.1 35 kV～66 kV及以下中小容量的降压变压器,宜采用过电流保护。保护的整定值要考虑变压器可能出现的过负荷。

4.3.5.2 110 kV～500 kV降压变压器、升压变压器和系统联络变压器,相间短路后备保护用过电流保护不能满足灵敏性要求时,宜采用复合电压起动的过电流保护或复合电流保护。

4.3.6 对降压变压器、升压变压器和系统联络变压器,根据各侧接线、连接的系统和电源情况的不同,应配置不同的相间短路后备保护,该保护宜考虑能反映电流互感器与断路器之间的故障。

4.3.6.1 单侧电源双绕组变压器和三绕组变压器,相间短路后备保护宜装于各侧。非电源侧保护带两段或三段时限,用第一时限断开本侧母联或分段断路器,缩小故障影响范围;用第二时限断开本侧断路器;用第三时限断开变压器各侧断路器。电源侧保护带一段时限,断开变压器各侧断路器。

4.3.6.2 两侧或三侧有电源的双绕组变压器和三绕组变压器,各侧相间短路后备保护可带两段或三段时限。为满足选择性的要求或为降低后备保护的动作时间,相间短路后备保护可带方向,方向宜指向各侧母线,但断开变压器各侧断路器的后备保护不带方向。

4.3.6.3 低压侧有分支,并接至分开运行母线段的降压变压器,除在电源侧装设保护外,还应在每个分支装设相间短路后备保护。

4.3.6.4 如变压器低压侧无专用母线保护,变压器高压侧相间短路后备保护,对低压侧母线相间短路灵敏度不够时,为提高切除低压侧母线故障的可靠性,可在变压器低压侧配置两套相间短路后备保护。该两套后备保护接至不同的电流互感器。

4.3.6.5 发电机变压器组,在变压器低压侧不另设相间短路后备保护,而利用装于发电机中性点侧的相间短路后备保护,作为高压侧外部、变压器和分支线相间短路后备保护。

4.3.6.6 相间后备保护对母线故障灵敏度应符合要求。为简化保护,当保护作为相邻线路的远后备时,可适当降低对保护灵敏度的要求。

4.3.7 与110 kV及以上中性点直接接地电网连接的降压变压器、升压变压器和系统联络变压器,对外部单相接地短路引起的过电流,应装设接地短路后备保护,该保护宜考虑能反映电流互感器与断路器之间的接地故障。

4.3.7.1 在中性点直接接地的电网中，如变压器中性点直接接地运行，对单相接地引起的变压器过电流，应装设零序过电流保护，保护可由两段组成，其动作电流与相关线路零序过电流保护相配合。每段保护可设两个时限，并以较短时限动作于缩小故障影响范围，或动作于本侧断路器，以较长时限动作于断开变压器各侧断路器。

4.3.7.2 对 330 kV、500 kV 变压器，为降低零序过电流保护的动作时间和简化保护，高压侧零序一段只带一个时限，动作于断开变压器高压侧断路器；零序二段也只带一个时限，动作于断开变压器各侧断路器。

4.3.7.3 对自耦变压器和高、中压侧均直接接地的三绕组变压器，为满足选择性要求，可增设零序方向元件，方向宜指向各侧母线。

4.3.7.4 普通变压器的零序过电流保护，宜接到变压器中性点引出线回路的电流互感器；零序方向过电流保护宜接到高、中压侧三相电流互感器的零序回路；自耦变压器的零序过电流保护应接到高、中压侧三相电流互感器的零序回路。

4.3.7.5 对自耦变压器，为增加切除单相接地短路的可靠性，可在变压器中性点回路增设零序过电流保护。

4.3.7.6 为提高切除自耦变压器内部单相接地短路故障的可靠性，可增设只接入高、中压侧和公共绕组回路电流互感器的星形接线电流分相差动保护或零序差动保护。

4.3.8 在 110 kV、220 kV 中性点直接接地的电力网中，当低压侧有电源的变压器中性点可能接地运行或不接地运行时，对外部单相接地短路引起的过电流，以及对因失去接地中性点引起的变压器中性点电压升高，应按下列规定装设后备保护。

4.3.8.1 全绝缘变压器：应按 4.3.7.1 规定装设零序过电流保护，满足变压器中性点直接接地运行的要求。此外，应增设零序过电压保护，当变压器所连接的电力网失去接地中性点时，零序过电压保护经 0.3 s～0.5 s 时限动作断开变压器各侧断路器。

4.3.8.2 分级绝缘变压器：为限制此类变压器中性点不接地运行时可能出现的中性点过电压，在变压器中性点应装设放电间隙。此时应装设用于中性点直接接地和经放电间隙接地的两套零序过电流保护。此外，还应增设零序过电压保护。用于中性点直接接地运行的变压器按 4.3.7.1 的规定装设保护。用于经间隙接地的变压器，装设反应间隙放电的零序电流保护和零序过电压保护。当变压器所接的电力网失去接地中性点，又发生单相接地故障时，此电流电压保护动作，经 0.3 s～0.5 s 时限动作断开变压器各侧断路器。

4.3.9 10 kV～66 kV 系统专用接地变压器应按 4.3.3.1、4.3.3.2、4.3.5 各条的要求配置主保护和相间后备保护。对低电阻接地系统的接地变压器，还应配置零序过电流保护。零序过电流保护宜接于接地变压器中性点回路中的零序电流互感器。当专用接地变压器不经断路器直接接于变压器低压侧时，零序过电流保护宜有三个时限，第一时限断开低压侧母联或分段断路器，第二时限断开主变低压侧断路器，第三时限断开变压器各侧断路器。当专用接地变压器接于低压侧母线上，零序过电流保护宜有两个时限，第一时限断开母联或分段断路器，第二时限断开接地变压器断路器及主变压器各侧断路器。

4.3.10 一次侧接入 10 kV 及以下非有效接地系统，绕组为星形——星形接线，低压侧中性点直接接地的变压器，对低压侧单相接地短路应装设下列保护之一：

a) 在低压侧中性点回路装设零序过电流保护；

b) 灵敏度满足要求时，利用高压侧的相间过电流保护，此时该保护应采用三相式，保护带时限断开变压器各侧。

4.3.11 0.4 MVA 及以上数台并列运行的变压器和作为其他负荷备用电源的单台运行变压器，根据实际可能出现过负荷情况，应装设过负荷保护。自耦变压器和多绕组变压器，过负荷保护应能反应公共绕组及各侧过负荷的情况。

过负荷保护可为单相式，具有定时限或反时限的动作特性。对经常有人值班的厂、所过负荷保护动作于信号;在无经常值班人员的变电所,过负荷保护可动作跳闸或切除部分负荷。

4.3.12 对于高压侧为330 kV及以上的变压器,为防止由于频率降低和/或电压升高引起变压器磁密过高而损坏变压器,应装设过励磁保护。保护应具有定时限或反时限特性并与被保护变压器的过励磁特性相配合。定时限保护由两段组成,低定值动作于信号,高定值动作于跳闸。

4.3.13 对变压器油温、绕组温度及油箱内压力升高超过允许值和冷却系统故障,应装设动作于跳闸或信号的装置。

4.3.14 变压器非电气量保护不应启动失灵保护。

4.4 3 kV～10 kV线路保护

3 kV～10 kV中性点非有效接地电力网的线路,对相间短路和单相接地应按本条规定装设相应的保护。

4.4.1 相间短路保护应按下列原则配置:

4.4.1.1 保护装置如由电流继电器构成,应接于两相电流互感器上,并在同一网路的所有线路上,均接于相同两相的电流互感器上。

4.4.1.2 保护应采用远后备方式。

4.4.1.3 如线路短路使发电厂厂用母线或重要用户母线电压低于额定电压的60%以及线路导线截面过小,不允许带时限切除短路时,应快速切除故障。

4.4.1.4 过电流保护的时限不大于0.5 s～0.7 s,且没有4.4.1.3所列情况,或没有配合上要求时,可不装设瞬动的电流速断保护。

4.4.2 对相间短路,应按下列规定装设保护:

4.4.2.1 单侧电源线路

可装设两段过电流保护,第一段为不带时限的电流速断保护;第二段为带时限的过电流保护,保护可采用定时限或反时限特性。

带电抗器的线路,如其断路器不能切断电抗器前的短路,则不应装设电流速断保护。此时,应由母线保护或其他保护切除电抗器前的故障。

自发电厂母线引出的不带电抗器的线路,应装设无时限电流速断保护,其保护范围应保证切除所有使该母线残余电压低于额定电压60%的短路。为满足这一要求,必要时,保护可无选择性动作,并以自动重合闸或备用电源自动投入来补救。

保护装置仅装在线路的电源侧。

线路不应多级串联,以一级为宜,不应超过二级。

必要时,可配置光纤电流差动保护作为主保护,带时限的过电流保护为后备保护。

4.4.2.2 双侧电源线路

a) 可装设带方向或不带方向的电流速断保护和过电流保护。

b) 短线路、电缆线路、并联连接的电缆线路宜采用光纤电流差动保护作为主保护,带方向或不带方向的电流保护作为后备保护。

c) 并列运行的平行线路

尽可能不并列运行,当必须并列运行时,应配以光纤电流差动保护,带方向或不带方向的电流保护作后备保护。

4.4.2.3 环形网络的线路

3 kV～10 kV不宜出现环形网络的运行方式,应开环运行。当必须以环形方式运行时,为简化保护,可采用故障时将环网自动解列而后恢复的方法,对于不宜解列的线路,可参照4.4.2.2的规定。

4.4.2.4 发电厂厂用电源线

发电厂厂用电源线(包括带电抗器的电源线),宜装设纵联差动保护和过电流保护。

4.4.3 对单相接地短路,应按下列规定装设保护:

4.4.3.1　在发电厂和变电所母线上，应装设单相接地监视装置。监视装置反应零序电压，动作于信号。

4.4.3.2　有条件安装零序电流互感器的线路，如电缆线路或经电缆引出的架空线路，当单相接地电流能满足保护的选择性和灵敏性要求时，应装设动作于信号的单相接地保护。如不能安装零序电流互感器，而单相接地保护能够躲过电流回路中的不平衡电流的影响，例如单相接地电流较大，或保护反应接地电流的暂态值等，也可将保护装置接于三相电流互感器构成的零序回路中。

4.4.3.3　在出线回路数不多，或难以装设选择性单相接地保护时，可用依次断开线路的方法，寻找故障线路。

4.4.3.4　根据人身和设备安全的要求，必要时，应装设动作于跳闸的单相接地保护。

4.4.4　对线路单相接地，可利用下列电流，构成有选择性的电流保护或功率方向保护：

a）网络的自然电容电流；

b）消弧线圈补偿后的残余电流，例如残余电流的有功分量或高次谐波分量；

c）人工接地电流，但此电流应尽可能地限制在 10 A～20 A 以内；

d）单相接地故障的暂态电流。

4.4.5　可能时常出现过负荷的电缆线路，应装设过负荷保护。保护宜带时限动作于信号，必要时可动作于跳闸。

4.4.6　3 kV～10 kV 经低电阻接地单侧电源单回线路，除配置相间故障保护外，还应配置零序电流保护。

4.4.6.1　零序电流构成方式：可用三相电流互感器组成零序电流滤过器，也可加装独立的零序电流互感器，视接地电阻阻值、接地电流和整定值大小而定。

4.4.6.2　应装设二段零序电流保护，第一段为零序电流速断保护，时限宜与相间速断保护相同，第二段为零序过电流保护，时限宜与相间过电流保护相同。若零序时限速断保护不能保证选择性需要时，也可以配置两套零序过电流保护。

4.5　35 kV～66 kV 线路保护

35 kV～66 kV 中性点非有效接地电力网的线路，对相间短路和单相接地，应按本条的规定装设相应的保护。

4.5.1　对相间短路，保护应按下列原则配置：

4.5.1.1　保护装置采用远后备方式。

4.5.1.2　下列情况应快速切除故障：

a）如线路短路，使发电厂厂用母线电压低于额定电压的 60%时；

b）如切除线路故障时间长，可能导致线路失去热稳定时；

c）城市配电网络的直馈线路，为保证供电质量需要时；

d）与高压电网邻近的线路，如切除故障时间长，可能导致高压电网产生稳定问题时。

4.5.2　对相间短路，应按下列规定装设保护装置。

4.5.2.1　单侧电源线路

可装设一段或两段式电流速断保护和过电流保护，必要时可增设复合电压闭锁元件。

由几段线路串联的单侧电源线路及分支线路，如上述保护不能满足选择性、灵敏性和速动性的要求时，速断保护可无选择地动作，但应以自动重合闸来补救。此时，速断保护应躲开降压变压器低压母线的短路。

4.5.2.2　复杂网络的单回线路

a）可装设一段或两段式电流速断保护和过电流保护，必要时，保护可增设复合电压闭锁元件和方向元件。如不满足选择性、灵敏性和速动性的要求或保护构成过于复杂时，宜采用距离保护。

b）电缆及架空短线路，如采用电流电压保护不能满足选择性、灵敏性和速动性要求时，宜采用光纤电流差动保护作为主保护，以带方向或不带方向的电流电压保护作为后备保护。

c) 环形网络宜开环运行，并辅以重合闸和备用电源自动投入装置来增加供电可靠性。如必须环网运行，为了简化保护，可采用故障时先将网络自动解列而后恢复的方法。

4.5.2.3 平行线路

平行线路宜分列运行，如必须并列运行时，可根据其电压等级，重要程度和具体情况按下列方式之一装设保护，整定有困难时，允许双回线延时段保护之间的整定配合无选择性：

a) 装设全线速动保护作为主保护，以阶段式距离保护作为后备保护；

b) 装设有相继动作功能的阶段式距离保护作为主保护和后备保护。

4.5.3 中性点经低电阻接地的单侧电源线路装设一段或两段三相式电流保护，作为相间故障的主保护和后备保护；装设一段或两段零序电流保护，作为接地故障的主保护和后备保护。

串联供电的几段线路，在线路故障时，几段线路可以采用前加速的方式同时跳闸，并用顺序重合闸和备用电源自动投入装置来提高供电可靠性。

4.5.4 对中性点不接地或经消弧线圈接地线路的单相接地故障，保护的装设原则及构成方式按本规程4.4.3和4.4.4的规定执行。

4.5.5 可能出现过负荷的电缆线路或电缆与架空混合线路，应装设过负荷保护，保护宜带时限动作于信号，必要时可动作于跳闸。

4.6 110 kV～220 kV 线路保护

110 kV～220 kV 中性点直接接地电力网的线路，应按本条的规定装设反应相间短路和接地短路的保护。

4.6.1 110 kV 线路保护

4.6.1.1 110 kV 双侧电源线路符合下列条件之一时，应装设一套全线速动保护。

a) 根据系统稳定要求有必要时；

b) 线路发生三相短路，如使发电厂厂用母线电压低于允许值(一般为60%额定电压)，且其他保护不能无时限和有选择地切除短路时；

c) 如电力网的某些线路采用全线速动保护后，不仅改善本线路保护性能，而且能够改善整个电网保护的性能。

4.6.1.2 对多级串联或采用电缆的单侧电源线路，为满足快速性和选择性的要求，可装设全线速动保护作为主保护。

4.6.1.3 110 kV 线路的后备保护宜采用远后备方式。

4.6.1.4 单侧电源线路，可装设阶段式相电流和零序电流保护，作为相间和接地故障的保护，如不能满足要求，则装设阶段式相间和接地距离保护，并辅之用于切除经电阻接地故障的一段零序电流保护。

4.6.1.5 双侧电源线路，可装设阶段式相间和接地距离保护，并辅之用于切除经电阻接地故障的一段零序电流保护。

4.6.1.6 对带分支的 110 kV 线路，可按 4.6.5 的规定执行。

4.6.2 220 kV 线路保护

220 kV 线路保护应按加强主保护简化后备保护的基本原则配置和整定。

a) 加强主保护是指全线速动保护的双重化配置，同时，要求每一套全线速动保护的功能完整，对全线路内发生的各种类型故障，均能快速动作切除故障。对于要求实现单相重合闸的线路，每套全线速动保护应具有选相功能。当线路在正常运行中发生不大于 100 Ω 电阻的单相接地故障时，全线速动保护应有尽可能强的选相能力，并能正确动作跳闸。

b) 简化后备保护是指主保护双重化配置，同时，在每一套全线速动保护的功能完整的条件下，带延时的相间和接地Ⅱ，Ⅲ段保护(包括相间和接地距离保护、零序电流保护)，允许与相邻线路和变压器的主保护配合，从而简化动作时间的配合整定。如双重化配置的主保护均有完善的距离后备保护，则可以不使用零序电流Ⅰ，Ⅱ段保护，仅保留用于切除经不大于 100 Ω 电阻接地故障的一段定时限和/或反时限零序电流保护。

c） 线路主保护和后备保护的功能及作用

能够快速有选择性地切除线路故障的全线速动保护以及不带时限的线路Ⅰ段保护都是线路的主保护。每一套全线速动保护对全线路内发生的各种类型故障均有完整的保护功能，两套全线速动保护可以互为近后备保护。线路Ⅱ段保护是全线速动保护的近后备保护。通常情况下，在线路保护Ⅰ段范围外发生故障时，如其中一套全线速动保护拒动，应由另一套全线速动保护切除故障，特殊情况下，当两套全线速动保护均拒动时，如果可能，则由线路Ⅱ段保护切除故障，此时，允许相邻线路保护Ⅱ段失去选择性。线路Ⅲ段保护是本线路的延时近后备保护，同时尽可能作为相邻线路的远后备保护。

4.6.2.1 对 220 kV 线路，为了有选择性的快速切除故障，防止电网事故扩大，保证电网安全、优质、经济运行，一般情况下，应按下列要求装设两套全线速动保护，在旁路断路器代线路运行时，至少应保留一套全线速动保护运行。

a） 两套全线速动保护的交流电流、电压回路和直流电源彼此独立。对双母线接线，两套保护可合用交流电压回路；

b） 每一套全线速动保护对全线路内发生的各种类型故障，均能快速动作切除故障；

c） 对要求实现单相重合闸的线路，两套全线速动保护应具有选相功能；

d） 两套主保护应分别动作于断路器的一组跳闸线圈。

e） 两套全线速动保护分别使用独立的远方信号传输设备。

f） 具有全线速动保护的线路，其主保护的整组动作时间应为：对近端故障：≤20 ms；对远端故障：≤30 ms(不包括通道时间)。

4.6.2.2 220 kV 线路的后备保护宜采用近后备方式。但某些线路，如能实现远后备，则宜采用远后备，或同时采用远、近结合的后备方式。

4.6.2.3 对接地短路，应按下列规定之一装设后备保护。

对 220 kV 线路，当接地电阻不大于 100Ω 时，保护应能可靠地切除故障。

a） 宜装设阶段式接地距离保护并辅之用于切除经电阻接地故障的一段定时限和/或反时限零序电流保护。

b） 可装设阶段式接地距离保护，阶段式零序电流保护或反时限零序电流保护，根据具体情况使用。

c） 为快速切除中长线路出口短路故障，在保护配置中宜有专门反应近端接地故障的辅助保护功能。

符合 4.6.2.1 规定时，除装设全线速动保护外，还应按本条的规定，装设接地后备保护和辅助保护。

4.6.2.4 对相间短路，应按下列规定装设保护装置：

a） 宜装设阶段式相间距离保护；

b） 为快速切除中长线路出口短路故障，在保护配置中宜有专门反应近端相间故障的辅助保护功能。

符合 4.6.2.1 规定时，除装设全线速动保护外，还应按本条的规定，装设相间短路后备保护和辅助保护。

4.6.3 对需要装设全线速动保护的电缆线路及架空短线路，宜采用光纤电流差动保护作为全线速动主保护。对中长线路，有条件时宜采用光纤电流差动保护作为全线速动主保护。接地和相间短路保护分别按 4.6.2.3 和 4.6.2.4 中的相应规定装设。

4.6.4 并列运行的平行线，宜装设与一般双侧电源线路相同的保护，对电网稳定影响较大的同杆双回线路，按 4.7.5 的规定执行。

4.6.5 不宜在电网的联络线上接入分支线路或分支变压器。对带分支的线路，可装设与不带分支时相同的保护，但应考虑下述特点，并采取必要的措施。

4.6.5.1 当线路有分支时,线路侧保护对线路分支上的故障,应首先满足速动性,对分支变压器故障,允许跳线路侧断路器。

4.6.5.2 如分支变压器低压侧有电源,还应对高压侧线路故障装设保护装置,有解列点的小电源侧按无电源处理,可不装设保护。

4.6.5.3 分支线路上当采用电力载波闭锁式纵联保护时,应按下列规定执行:

a) 不论分支侧有无电源,当纵联保护能躲开分支变压器的低压侧故障,并对线路及其分支上故障有足够灵敏度时,可不在分支侧另设纵联保护,但应装设高频阻波器。当不符合上述要求时,在分支侧可装设变压器低压侧故障启动的高频闭锁发信装置。当分支侧变压器低压侧有电源且须在分支侧快速切除故障时,宜在分支侧也装设纵联保护。

b) 母线差动保护和断路器位置触点,不应停发高频闭锁信号,以免线路对侧跳闸,使分支线与系统解列。

4.6.5.4 对并列运行的平行线上的平行分支,如有两台变压器,宜将变压器分接于每一分支上,且高、低压侧都不允许并列运行。

4.6.6 对各类双断路器接线方式的线路,其保护应按线路为单元装设,重合闸装置及失灵保护等应按断路器为单元装设。

4.6.7 电缆线路或电缆架空混合线路,应装设过负荷保护。保护宜动作于信号,必要时可动作于跳闸。

4.6.8 电气化铁路供电线路:采用三相电源对电铁负荷供电的线路,可装设与一般线路相同的保护。采用两相电源对电铁负荷供电的线路,可装设两段式距离、两段式电流保护。同时还应考虑下述特点,并采取必要的措施。

4.6.8.1 电气化铁路供电产生的不对称分量和冲击负荷可能会使线路保护装置频繁起动,必要时,可增设保护装置快速复归的回路。

4.6.8.2 电气化铁路供电在电网中造成的谐波分量可能导致线路保护装置误动,必要时,可增设谐波分量闭锁回路。

4.7 330 kV～500 kV 线路保护

4.7.1 330 kV～500 kV 线路对继电保护的配置和对装置技术性能的要求,除按 4.6.2 及 4.6.3 要求外,还应考虑下列问题:

a) 线路输送功率大,稳定问题严重,要求保护动作快,可靠性高及选择性好;
b) 线路采用大截面分裂导线、不完全换位及紧凑型线路所带来的影响;
c) 长线路、重负荷,电流互感器变比大,二次电流小对保护装置的影响;
d) 同杆并架双回线路发生跨线故障对两回线跳闸和重合闸的不同要求;
e) 采用大容量发电机、变压器所带来的影响;
f) 线路分布电容电流明显增大所带来的影响;
g) 系统装设串联电容补偿和并联电抗器等设备所带来的影响;
h) 交直流混合电网所带来的影响;
i) 采用带气隙的电流互感器和电容式电压互感器,对电流、电压传变过程所带来的影响;
j) 高频信号在长线路上传输时,衰耗较大及通道干扰电平较高所带来的影响以及采用光缆、微波迂回通道时所带来的影响。

4.7.2 330 kV～500 kV 线路,应按下列原则实现主保护双重化:

a) 设置两套完整、独立的全线速动主保护;
b) 两套全线速动保护的交流电流、电压回路,直流电源互相独立(对双母线接线,两套保护可合用交流电压回路);
c) 每一套全线速动保护对全线路内发生的各种类型故障,均能快速动作切除故障;
d) 对要求实现单相重合闸的线路,两套全线速动保护应有选相功能,线路正常运行中发生接地

电阻为4.7.3c)中规定数值的单相接地故障时,保护应有尽可能强的选相能力,并能正确动作跳闸;

e) 每套全线速动保护应分别动作于断路器的一组跳闸线圈;

f) 每套全线速动保护应分别使用互相独立的远方信号传输设备;

g) 具有全线速动保护的线路,其主保护的整组动作时间应为:

对近端故障:≤20 ms;

对远端故障:≤30 ms(不包括通道传输时间)。

4.7.3 330 kV～500 kV线路,应按下列原则设置后备保护:

a) 采用近后备方式;

b) 后备保护应能反应线路的各种类型故障;

c) 接地后备保护应保证在接地电阻不大于下列数值时,有尽可能强的选相能力,并能正确动作跳闸:

330 kV线路:150 Ω;

500 kV线路:300 Ω。

d) 为快速切除中长线路出口故障,在保护配置中宜有专门反应近端故障的辅助保护功能。

4.7.4 当330 kV～500 kV线路双重化的每套主保护装置都具有完善的后备保护时,可不再另设后备保护。只要其中一套主保护装置不具有后备保护时,则必须再设一套完整、独立的后备保护。

4.7.5 330 kV～500 kV同杆并架线路发生跨线故障时,根据电网的具体情况,当发生跨线异名相瞬时故障允许双回线同时跳闸时,可装设与一般双侧电源线路相同的保护;对电网稳定影响较大的同杆并架线路,宜配置分相电流差动或其他具有跨线故障选相功能的全线速动保护,以减少同杆双回线路同时跳闸的可能性。

4.7.6 根据一次系统过电压要求装设过电压保护,保护的整定值和跳闸方式由一次系统确定。

过电压保护应测量保护安装处的电压,并作用于跳闸。当本侧断路器已断开而线路仍然过电压时,应通过发送远方跳闸信号跳线路对侧断路器。

4.7.7 装有串联补偿电容的330 kV～500 kV线路和相邻线路,应按4.7.2和4.7.3的规定装设线路主保护和后备保护,并应考虑下述特点对保护的影响,采取必要的措施防止不正确动作:

4.7.7.1 由于串联电容的影响可能引起故障电流、电压的反相;

4.7.7.2 故障时串联电容保护间隙的击穿情况;

4.7.7.3 电压互感器装设位置(在电容器的母线侧或线路侧)对保护装置工作的影响。

4.8 母线保护

4.8.1 对220 kV～500 kV母线,应装设快速有选择地切除故障的母线保护:

a) 对一个半断路器接线,每组母线应装设两套母线保护;

b) 对双母线、双母线分段等接线,为防止母线保护因检修退出失去保护,母线发生故障会危及系统稳定和使事故扩大时,宜装设两套母线保护。

4.8.2 对发电厂和变电所的35 kV～110 kV电压的母线,在下列情况下应装设专用的母线保护:

a) 110 kV双母线;

b) 110 kV单母线、重要发电厂或110 kV以上重要变电所的35 kV～66 kV母线,需要快速切除母线上的故障时;

c) 35 kV～66 kV电力网中,主要变电所的35 kV～66 kV双母线或分段单母线需快速而有选择地切除一段或一组母线上的故障,以保证系统安全稳定运行和可靠供电。

4.8.3 对发电厂和主要变电所的3 kV～10 kV分段母线及并列运行的双母线,一般可由发电机和变压器的后备保护实现对母线的保护。在下列情况下,应装设专用母线保护:

a) 须快速而有选择地切除一段或一组母线上的故障,以保证发电厂及电力网安全运行和重要负荷的可靠供电时；

b) 当线路断路器不允许切除线路电抗器前的短路时。

4.8.4 对 3 kV～10 kV 分段母线宜采用不完全电流差动保护，保护装置仅接入有电源支路的电流。保护装置由两段组成，第一段采用无时限或带时限的电流速断保护，当灵敏系数不符合要求时，可采用电压闭锁电流速断保护；第二段采用过电流保护，当灵敏系数不符合要求时，可将一部分负荷较大的配电线路接入差动回路，以降低保护的起动电流。

4.8.5 专用母线保护应满足以下要求：

a) 保护应能正确反应母线保护区内的各种类型故障，并动作于跳闸；

b) 对各种类型区外故障，母线保护不应由于短路电流中的非周期分量引起电流互感器的暂态饱和而误动作；

c) 对构成环路的各类母线（如一个半断路器接线、双母线分段接线等），保护不应因母线故障时流出母线的短路电流影响而拒动；

d) 母线保护应能适应被保护母线的各种运行方式：

1) 应能在双母线分组或分段运行时，有选择性地切除故障母线；

2) 应能自动适应双母线连接元件运行位置的切换。切换过程中保护不应误动作，不应造成电流互感器的开路；切换过程中，母线发生故障，保护应能正确动作切除故障；切换过程中，区外发生故障，保护不应误动作；

3) 母线充电合闸于有故障的母线时，母线保护应能正确动作切除故障母线。

e) 双母线接线的母线保护，应设有电压闭锁元件。

1) 对数字式母线保护装置，可在起动出口继电器的逻辑中设置电压闭锁回路，而不在跳闸出口接点回路上串接电压闭锁触点；

2) 对非数字式母线保护装置电压闭锁接点应分别与跳闸出口触点串接。母联或分段断路器的跳闸回路可不经电压闭锁触点控制。

f) 双母线的母线保护，应保证：

1) 母联与分段断路器的跳闸出口时间不应大于线路及变压器断路器的跳闸出口时间。

2) 能可靠切除母联或分段断路器与电流互感器之间的故障。

g) 母线保护仅实现三相跳闸出口；且应允许接于本母线的断路器失灵保护共用其跳闸出口回路。

h) 母线保护动作后，除一个半断路器接线外，对不带分支且有纵联保护的线路，应采取措施，使对侧断路器能速动跳闸。

i) 母线保护应允许使用不同变比的电流互感器。

j) 当交流电流回路不正常或断线时应闭锁母线差动保护，并发出告警信号，对一个半断路器接线可以只发告警信号不闭锁母线差动保护。

k) 闭锁元件起动、直流消失、装置异常、保护动作跳闸应发出信号。此外，应具有起动遥信及事件记录触点。

4.8.6 在旁路断路器和兼作旁路的母联断路器或分段断路器上，应装设可代替线路保护的保护装置。

在旁路断路器代替线路断路器期间，如必须保持线路纵联保护运行，可将该线路的一套纵联保护切换到旁路断路器上，或者采取其他措施，使旁路断路器仍有纵联保护在运行。

4.8.7 在母联或分段断路器上，宜配置相电流或零序电流保护，保护应具备可瞬时和延时跳闸的回路，作为母线充电保护，并兼作新线路投运时（母联或分段断路器与线路断路器串接）的辅助保护。

4.8.8 对各类双断路器接线方式，当双断路器所连接的线路或元件退出运行而双断路器之间仍联接运行时，应装设短引线保护以保护双断路器之间的连接线故障。

按照近后备方式，短引线保护应为互相独立的双重化配置。

4.9 断路器失灵保护

4.9.1 在 220 kV～500 kV 电力网中，以及 110 kV 电力网的个别重要部分，应按下列原则装设一套断路器失灵保护：

a) 线路或电力设备的后备保护采用近后备方式；

b) 如断路器与电流互感器之间发生故障不能由该回路主保护切除形成保护死区，而其他线路或变压器后备保护切除又扩大停电范围，并引起严重后果时(必要时，可为该保护死区增设保护，以快速切除该故障)；

c) 对 220 kV～500 kV 分相操作的断路器，可仅考虑断路器单相拒动的情况。

4.9.2 断路器失灵保护的起动应符合下列要求：

4.9.2.1 为提高动作可靠性，必须同时具备下列条件，断路器失灵保护方可起动：

a) 故障线路或电力设备能瞬时复归的出口继电器动作后不返回(故障切除后，起动失灵的保护出口返回时间应不大于 30 ms)；

b) 断路器未断开的判别元件动作后不返回。若主设备保护出口继电器返回时间不符合要求时，判别元件应双重化。

4.9.2.2 失灵保护的判别元件一般应为相电流元件；发电机变压器组或变压器断路器失灵保护的判别元件应采用零序电流元件或负序电流元件。判别元件的动作时间和返回时间均不应大于 20 ms。

4.9.3 失灵保护动作时间应按下述原则整定：

4.9.3.1 一个半断路器接线的失灵保护应瞬时再次动作于本断路器的两组跳闸线圈跳闸，再经一时限动作于断开其他相邻断路器。

4.9.3.2 单、双母线的失灵保护，视系统保护配置的具体情况，可以较短时限动作于断开与拒动断路器相关的母联及分段断路器，再经一时限动作于断开与拒动断路器连接在同一母线上的所有有源支路的断路器；也可仅经一时限动作于断开与拒动断路器连接在同一母线上的所有有源支路的断路器；变压器断路器的失灵保护还应动作于断开变压器接有电源一侧的断路器。

4.9.4 失灵保护装设闭锁元件的原则是：

4.9.4.1 一个半断路器接线的失灵保护不装设闭锁元件。

4.9.4.2 有专用跳闸出口回路的单母线及双母线断路器失灵保护应装设闭锁元件。

4.9.4.3 与母差保护共用跳闸出口回路的失灵保护不装设独立的闭锁元件，应共用母差保护的闭锁元件，闭锁元件的灵敏度应按失灵保护的要求整定；对数字式保护，闭锁元件的灵敏度宜按母线及线路的不同要求分别整定。

4.9.4.4 设有闭锁元件的，闭锁原则同 4.8.5e)。

4.9.4.5 发电机、变压器及高压电抗器断路器的失灵保护，为防止闭锁元件灵敏度不足应采取相应措施或不设闭锁回路。

4.9.5 双母线的失灵保护应能自动适应连接元件运行位置的切换。

4.9.6 失灵保护动作跳闸应满足下列要求：

4.9.6.1 对具有双跳闸线圈的相邻断路器，应同时动作于两组跳闸回路。

4.9.6.2 对远方跳对侧断路器的，宜利用两个传输通道传送跳闸命令。

4.9.6.3 应闭锁重合闸。

4.10 远方跳闸保护

4.10.1 一般情况下 220 kV～500 kV 线路，下列故障应传送跳闸命令，使相关线路对侧断路器跳闸切除故障：

a) 一个半断路器接线的断路器失灵保护动作；

b) 高压侧无断路器的线路并联电抗器保护动作；

c) 线路过电压保护动作；

d） 线路变压器组的变压器保护动作；

e） 线路串联补偿电容器的保护动作且电容器旁路断路器拒动或电容器平台故障。

4.10.2 对采用近后备方式的，远方跳闸方式应双重化。

4.10.3 传送跳闸命令的通道，可结合工程具体情况选取：

a） 光缆通道；

b） 微波通道；

c） 电力线载波通道；

d） 控制电缆通道；

e） 其他混合通道。

一般宜复用线路保护的通道来传送跳闸命令，有条件时，优先选用光缆通道。

4.10.4 为提高远方跳闸的安全性，防止误动作，对采用非数字通道的，执行端应设置故障判别元件。对采用数字通道的，执行端可不设置故障判别元件。

4.10.5 可以作为就地故障判别元件起动量的有：低电流、过电流、负序电流、零序电流、低功率、负序电压、低电压、过电压等。就地故障判别元件应保证对其所保护的相邻线路或电力设备故障有足够灵敏度。

4.10.6 远方跳闸保护的出口跳闸回路应独立于线路保护跳闸回路。

4.10.7 远方跳闸应闭锁重合闸。

4.11 电力电容器组保护

4.11.1 对3 kV及以上的并联补偿电容器组的下列故障及异常运行方式，应按本条规定装设相应的保护：

a） 电容器组和断路器之间连接线短路；

b） 电容器内部故障及其引出线短路；

c） 电容器组中，某一故障电容器切除后所引起剩余电容器的过电压；

d） 电容器组的单相接地故障；

e） 电容器组过电压；

f） 所联接的母线失压。

g） 中性点不接地的电容器组，各组对中性点的单相短路。

4.11.2 对电容器组和断路器之间连接线的短路，可装设带有短时限的电流速断和过流保护，动作于跳闸。速断保护的动作电流，按最小运行方式下，电容器端部引线发生两相短路时有足够灵敏系数整定，保护的动作时限应防止在出现电容器充电涌流时误动作。过流保护的动作电流，按电容器组长期允许的最大工作电流整定。

4.11.3 对电容器内部故障及其引出线的短路，宜对每台电容器分别装设专用的保护熔断器，熔丝的额定电流可为电容器额定电流的1.5～2.0倍。

4.11.4 当电容器组中的故障电容器被切除到一定数量后，引起剩余电容器端电压超过110%额定电压时，保护应将整组电容器断开。为此，可采用下列保护之一：

a） 中性点不接地单星形接线电容器组，可装设中性点电压不平衡保护；

b） 中性点接地单星形接线电容器组，可装设中性点电流不平衡保护；

c） 中性点不接地双星形接线电容器组，可装设中性点间电流或电压不平衡保护；

d） 中性点接地双星形接线电容器组，可装设反应中性点回路电流差的不平衡保护。

e） 电压差动保护；

f） 单星形接线的电容器组，可采用开口三角电压保护。

电容器组台数的选择及其保护配置时，应考虑不平衡保护有足够的灵敏度，当切除部分故障电容器后，引起剩余电容器的过电压小于或等于额定电压的105%时，应发出信号；过电压超过额定电压的

110%时，应动作于跳闸。

不平衡保护动作应带有短延时，防止电容器组合闸、断路器三相合闸不同步、外部故障等情况下误动作，延时可取 0.5 s。

4.11.5 对电容器组的单相接地故障，可参照 4.4.3 的规定装设保护，但安装在绝缘支架上的电容器组，可不再装设单相接地保护。

4.11.6 对电容器组，应装设过电压保护，带时限动作于信号或跳闸。

4.11.7 电容器应设置失压保护，当母线失压时，带时限切除所有接在母线上的电容器。

4.11.8 高压并联电容器宜装设过负荷保护，带时限动作于信号或跳闸。

4.11.9 串联电容补偿装置，应装设反应下列故障及异常情况的保护：

a) 电容器组保护

1) 不平衡电流保护；

2) 过负荷保护；

保护应延时告警、经或不经延时动作于三相永久旁路电容器组。

b) MOV(金属氧化物非线性电阻)保护

1) 过温度保护；

2) 过电流保护；

3) 能量保护。

保护应动作于触发故障相 GAP(间隙)，并根据故障情况，单相或三相暂时旁路电容器组。

c) 旁路断路器保护

1) 断路器三相不一致保护，经延时三相永久旁路电容器组；

2) 断路器失灵保护，经短延时跳开线路两侧断路器。

d) GAP(间隙)保护

1) GAP 自触发保护；

2) GAP 延时触发保护；

3) GAP 拒触发保护；

4) GAP 长时间导通保护。

保护应动作于三相永久旁路电容器组。

e) 平台保护

反应串联补偿电容器对平台短路故障，保护动作于三相永久旁路电容器组。

f) 对可控串联电容补偿装置，还应装设下列保护：

1) 可控硅回路过负荷保护；

2) 可控阀及相控电抗器故障保护；

3) 可控硅触发回路和冷却系统故障保护；

保护动作于三相永久旁路电容器组。

4.12 并联电抗器保护

4.12.1 对油浸式并联电抗器的下列故障及异常运行方式，应装设相应的保护：

a) 线圈的单相接地和匝间短路及其引出线的相间短路和单相接地短路；

b) 油面降低；

c) 油温度升高和冷却系统故障；

d) 过负荷。

4.12.2 当并联电抗器油箱内部产生大量瓦斯时，瓦斯保护应动作于跳闸，当产生轻微瓦斯或油面下降时，瓦斯保护应动作于信号。

4.12.3 对油浸式并联电抗器内部及其引出线的相间和单相接地短路，应按下列规定装设相应的保护：

4.12.3.1 66 kV 及以下并联电抗器，应装设电流速断保护，瞬时动作于跳闸。

4.12.3.2 220 kV～500 kV 并联电抗器，除非电量保护，保护应双重化配置。

4.12.3.3 纵联差动保护应瞬时动作于跳闸。

4.12.3.4 作为速断保护和差动保护的后备，应装设过电流保护，保护整定值按躲过最大负荷电流整定，保护带时限动作于跳闸。

4.12.3.5 220 kV～500 kV 并联电抗器，应装设匝间短路保护，保护宜不带时限动作于跳闸。

4.12.4 对 220 kV～500 kV 并联电抗器，当电源电压升高并引起并联电抗器过负荷时，应装设过负荷保护，保护带时限动作于信号。

4.12.5 对于并联电抗器油温度升高和冷却系统故障，应装设动作于信号或带时限动作于跳闸的保护装置。

4.12.6 接于并联电抗器中性点的接地电抗器，应装设瓦斯保护。当产生大量瓦斯时，保护应动作于跳闸，当产生轻微瓦斯或油面下降时，保护应动作于信号。

对三相不对称等原因引起的接地电抗器过负荷，宜装设过负荷保护，保护带时限动作于信号。

4.12.7 330 kV～500 kV 线路并联电抗器的保护在无专用断路器时，其动作除断开线路的本侧断路器外还应起动远方跳闸装置，断开线路对侧断路器。

4.12.8 66 kV 及以下干式并联电抗器应装设电流速断保护作电抗器绕组及引线相间短路的主保护；过电流保护作为相间短路的后备保护；零序过电压保护作为单相接地保护，动作于信号。

4.13 异步电动机和同步电动机保护

4.13.1 电压为 3 kV 及以上的异步电动机和同步电动机，对下列故障及异常运行方式，应装设相应的保护：

a) 定子绕组相间短路；

b) 定子绕组单相接地；

c) 定子绕组过负荷；

d) 定子绕组低电压；

e) 同步电动机失步；

f) 同步电动机失磁；

g) 同步电动机出现非同步冲击电流；

h) 相电流不平衡及断相。

4.13.2 对电动机的定子绕组及其引出线的相间短路故障，应按下列规定装设相应的保护：

4.13.2.1 2 MW 以下的电动机，装设电流速断保护，保护宜采用两相式。

4.13.2.2 2 MW 及以上的电动机，或 2 MW 以下，但电流速断保护灵敏系数不符合要求时，可装设纵联差动保护。纵联差动保护应防止在电动机自起动过程中误动作。

4.13.2.3 上述保护应动作于跳闸，对于有自动灭磁装置的同步电动机保护还应动作于灭磁。

4.13.3 对单相接地，当接地电流大于 5 A 时，应装设单相接地保护。

单相接地电流为 10 A 及以上时，保护动作于跳闸；单相接地电流为 10 A 以下时，保护可动作于跳闸，也可动作于信号。

4.13.4 下列电动机应装设过负荷保护：

a) 运行过程中易发生过负荷的电动机，保护应根据负荷特性，带时限动作于信号或跳闸。

b) 起动或自起动困难，需要防止起动或自起动时间过长的电动机，保护动作于跳闸。

4.13.5 下列电动机应装设低电压保护，保护应动作于跳闸：

a) 当电源电压短时降低或短时中断后又恢复时，为保证重要电动机自起动而需要断开的次要电动机；

b) 当电源电压短时降低或中断后，不允许或不需要自起动的电动机；

c) 需要自起动，但为保证人身和设备安全，在电源电压长时间消失后，须从电力网中自动断开的电动机；

d) 属Ⅰ类负荷并装有自动投入装置的备用机械的电动机。

4.13.6 2 MW及以上电动机，为反应电动机相电流的不平衡，也作为短路故障的主保护的后备保护，可装设负序过流保护，保护动作于信号或跳闸。

4.13.7 对同步电动机失步，应装设失步保护，保护带时限动作，对于重要电动机，动作于再同步控制回路，不能再同步或不需要再同步的电动机，则应动作于跳闸。

4.13.8 对于负荷变动大的同步电动机，当用反应定子过负荷的失步保护时，应增设失磁保护。失磁保护带时限动作于跳闸。

4.13.9 对不允许非同步冲击的同步电动机，应装设防止电源中断再恢复时造成非同步冲击的保护。

保护应确保在电源恢复前动作。重要电动机的保护，宜动作于再同步控制回路。不能再同步或不需要再同步的电动机，保护应动作于跳闸。

4.14 直流输电系统保护

直流输电系统的控制与保护可以是统一构成的，其中保护部分的功能应满足本条的要求。

4.14.1 直流输电系统保护应覆盖的区域或设备包括：

a) 交流滤波器、并联电容器和并联电抗器及交流滤波器组的母线；

b) 换流变压器及其交流引线；

c) 换流阀及其交流连线；

d) 直流极母线；

e) 中性母线；

f) 平波电抗器；

g) 直流滤波器；

h) 切换各种运行方式的转换开关、隔离开关及连接线；

i) 双极的中性母线与接地极引线的连接区域；

j) 接地极引线；

k) 直流线路。

4.14.2 直流输电系统保护应能反应如下故障：

a) 交流滤波器组/并联电容器组母线上的各种短路故障、过电压；

b) 交流滤波器组/并联电容器组的电容器故障，电阻、电感的故障或过载，内部的各种短路，以及元器件参数的改变等；

c) 换流变压器及其引线的各种故障（参考变压器保护的有关章节），直流系统对变压器的影响，如直流偏磁；

d) 换流器（含整流和逆变）的故障，包括交流连线的接地或相间短路故障、换流器桥短路、过应力（如过压、触发角过大、过热）、丢失触发脉冲或误触发、换相失败等；

e) 换流阀故障，包括可控硅元件、阀均压阻尼回路、触发元件、阀基电子回路等；

f) 极母线及其相关设备的接地故障及直流过电压；

g) 中性母线开路、接地故障、中性母线上的开关故障；

h) 直流输电线的金属性接地、高阻接地故障、开路、与其他直流线路或交流线路碰接的故障；

i) 金属返回线开路、接地故障；

j) 直流滤波器的电容器故障、其他内部元件的故障或过载、滤波器内部接地以及元器件参数的改变等；

k) 平波电抗器故障；

l) 接地极引线开路、接地故障以及过载；

m) 双极的接地极母线与接地极引线的连接区域的接地故障;

n) 切换各种运行方式的转换开关和隔离开关的故障;

o) 交流系统发生功率振荡或次同步振荡,且直流控制不足以抑制其发展时;

p) 由换流母线或交流系统短路等交流系统故障及直流甩负荷,如,逆变站甩掉全部负荷等扰动引起的直流系统过压;

q) 直流控制系统故障时以及交流系统故障对直流系统产生的扰动,如产生谐波、功率反转等;

r) 并联电抗器的各种故障。

4.14.3 直流输电系统保护设计原则

4.14.3.1 每一保护区应与相邻保护电路的保护区重迭,不能存在保护死区。

4.14.3.2 每一个设备或保护区应具有两套独立的保护,分别使用不同的测量器件、通道、电源和出口,并宜采用不同的构成原理,互为备用。保护的配置应能检测到所有会对设备和运行产生危害的情况。

4.14.3.3 保护应在最短的时间内将故障设备或故障区切除,使故障设备迅速退出运行,并尽可能对相关系统的影响减至最小。

4.14.3.4 保护应能既适用于整流运行,也能适用于逆变运行。

4.14.3.5 由保护起动的故障控制顺序可以通过换流站间的通信系统来优化故障清除后的恢复过程,使故障持续时间最小和系统恢复时间最短。

当换流站间通信系统中断时,如直流系统发生故障,保护应能将系统的扰动减至最小,使设备免受过应力,保证系统安全。

4.14.3.6 直流两个极的保护应完全独立。直流保护的设计应使双极停运率减至最小。

4.14.3.7 应保证在所有条件和运行方式下,直流控制、直流保护及交流保护之间的正确配合,并使故障清除及故障清除后协调恢复得到最优的处理。

4.14.3.8 直流保护与直流控制的功能和参数应正确地协调配合。保护应首先借助直流控制系统的能力去抑制故障的发展,改善直流系统的暂态性能,减少直流系统的停运。

4.14.3.9 所有的保护应具有完备的自检功能。站内工程师应能在系统运行过程中对未投运的备用系统的任何保护功能进行检测,并能对保护的定值进行修改。

4.14.3.10 保护应在硬件、软件上便于系统运行和进行维护。

4.14.3.11 保护应具有数字通信接口,便于系统联网监视、信息共享及远方调度中心控制、查看及监视。

4.14.3.12 直流保护与直流控制的相互配合较多,其间的联系宜采用可靠的数字通信方式。

4.14.3.13 直流保护系统内部应具有完善的故障录波功能,至少要记录保护所使用测点的原始值(未经运算处理)、保护的输出量。

4.14.3.14 直流保护系统宜配置相对独立的数字通道至对站,两极之间的保护通信通道应独立。

5 安全自动装置

5.1 一般规定

5.1.1 在电力系统中,应按照 DL 755 和 DL/T 723 标准的要求,装设安全自动装置,以防止系统稳定破坏或事故扩大,造成大面积停电,或对重要用户的供电长时间中断。

5.1.2 电力系统安全自动装置,是指在电力网中发生故障或出现异常运行时,为确保电网安全与稳定运行,起控制作用的自动装置。如自动重合闸、备用电源或备用设备自动投入、自动切负荷、低频和低压自动减载、电厂事故减出力、切机、电气制动、水轮发电机自起动和调相改发电、抽水蓄能机组由抽水改发电、自动解列、失步解列及自动调节励磁等。

5.1.3 安全自动装置应满足可靠性、选择性、灵敏性和速动性的要求。

5.1.3.1 可靠性是指装置该动作时应动作,不该动作时不动作。为保证可靠性,装置应简单可靠,具备必要的检测和监视措施，便于运行维护。

5.1.3.2 选择性是指安全自动装置应根据事故的特点，按预期的要求实现其控制作用。

5.1.3.3 灵敏性是指安全自动装置的起动和判别元件，在故障和异常运行时能可靠起动和进行正确判断的功能。

5.1.3.4 速动性是指维持系统稳定的自动装置要尽快动作，限制事故影响，应在保证选择性前提下尽快动作的性能。

5.2 自动重合闸

5.2.1 自动重合闸装置应按下列规定装设：

a) 3 kV 及以上的架空线路及电缆与架空混合线路，在具有断路器的条件下，如用电设备允许且无备用电源自动投入时，应装设自动重合闸装置；

b) 旁路断路器与兼作旁路的母线联络断路器，应装设自动重合闸装置；

c) 必要时母线故障可采用母线自动重合闸装置。

5.2.2 自动重合闸装置应符合下列基本要求：

a) 自动重合闸装置可由保护起动和/或断路器控制状态与位置不对应起动；

b) 用控制开关或通过遥控装置将断路器断开，或将断路器投于故障线路上并随即由保护将其断开时，自动重合闸装置均不应动作；

c) 在任何情况下(包括装置本身的元件损坏，以及重合闸输出触点的粘住)，自动重合闸装置的动作次数应符合预先的规定(如一次重合闸只应动作一次)；

d) 自动重合闸装置动作后，应能经整定的时间后自动复归；

e) 自动重合闸装置，应能在重合闸后加速继电保护的动作。必要时，可在重合闸前加速继电保护动作；

f) 自动重合闸装置应具有接收外来闭锁信号的功能。

5.2.3 自动重合闸装置的动作时限应符合下列要求：

5.2.3.1 对单侧电源线路上的三相重合闸装置，其时限应大于下列时间：

a) 故障点灭弧时间(计及负荷侧电动机反馈对灭弧时间的影响)及周围介质去游离时间；

b) 断路器及操作机构准备好再次动作的时间。

5.2.3.2 对双侧电源线路上的三相重合闸装置及单相重合闸装置，其动作时限除应考虑5.2.3.1要求外，还应考虑：

a) 线路两侧继电保护以不同时限切除故障的可能性；

b) 故障点潜供电流对灭弧时间的影响。

5.2.3.3 电力系统稳定的要求。

5.2.4 110 kV 及以下单侧电源线路的自动重合闸装置，按下列规定装设：

5.2.4.1 采用三相一次重合闸方式。

5.2.4.2 当断路器断流容量允许时，下列线路可采用两次重合闸方式：

a) 无经常值班人员变电所引出的无遥控的单回线；

b) 给重要负荷供电，且无备用电源的单回线。

5.2.4.3 由几段串联线路构成的电力网，为了补救速动保护无选择性动作，可采用带前加速的重合闸或顺序重合闸方式。

5.2.5 110 kV 及以下双侧电源线路的自动重合闸装置，按下列规定装设：

5.2.5.1 并列运行的发电厂或电力系统之间，具有四条以上联系的线路或三条紧密联系的线路，可采用不检查同步的三相自动重合闸方式。

5.2.5.2 并列运行的发电厂或电力系统之间，具有两条联系的线路或三条联系不紧密的线路，可采用同步检定和无电压检定的三相重合闸方式；

5.2.5.3 双侧电源的单回线路，可采用下列重合闸方式：

a) 解列重合闸方式，即将一侧电源解列，另一侧装设线路无电压检定的重合闸方式；

b) 当水电厂条件许可时，可采用自同步重合闸方式；

c) 为避免非同步重合及两侧电源均重合于故障线路上，可采用一侧无电压检定，另一侧采用同步检定的重合闸方式。

5.2.6 220 kV～500 kV 线路应根据电力网结构和线路的特点采用下列重合闸方式：

a) 对 220 kV 单侧电源线路，采用不检查同步的三相重合闸方式；

b) 对 220 kV 线路，当满足本标准 5.2.5.1 有关采用三相重合闸方式的规定时，可采用不检查同步的三相自动重合闸方式；

c) 对 220 kV 线路，当满足本标准 5.2.5.2 有关采用三相重合闸方式的规定，且电力系统稳定要求能满足时，可采用检查同步的三相自动重合闸方式；

d) 对不符合上述条件的 220 kV 线路，应采用单相重合闸方式；

e) 对 330 kV～500 kV 线路，一般情况下应采用单相重合闸方式；

f) 对可能发生跨线故障的 330 kV～500 kV 同杆并架双回线路，如输送容量较大，且为了提高电力系统安全稳定运行水平，可考虑采用按相自动重合闸方式。

注：上述三相重合闸方式也包括仅在单相故障时的三相重合闸。

5.2.7 在带有分支的线路上使用单相重合闸装置时，分支侧的自动重合闸装置采用下列方式：

5.2.7.1 分支处无电源方式

a) 分支处变压器中性点接地时，装设零序电流起动的低电压选相的单相重合闸装置。重合后，不再跳闸。

b) 分支处变压器中性点不接地，但所带负荷较大时，装设零序电压起动的低电压选相的单相重合闸装置。重合后，不再跳闸。当负荷较小时，不装设重合闸装置，也不跳闸。

如分支处无高压电压互感器，可在变压器（中性点不接地）中性点处装设一个电压互感器，当线路接地时，由零序电压保护起动，跳开变压器低压侧三相断路器，重合后，不再跳闸。

5.2.7.2 分支处有电源方式

a) 如分支处电源不大，可用简单的保护将电源解列后，按 5.2.7.1 规定处理；

b) 如分支处电源较大，则在分支处装设单相重合闸装置。

5.2.8 当采用单相重合闸装置时，应考虑下列问题，并采取相应措施：

a) 重合闸过程中出现的非全相运行状态，如引起本线路或其他线路的保护装置误动作时，应采取措施予以防止；

b) 如电力系统不允许长期非全相运行，为防止断路器一相断开后，由于单相重合闸装置拒绝合闸而造成非全相运行，应具有断开三相的措施，并应保证选择性。

5.2.9 当装有同步调相机和大型同步电动机时，线路重合闸方式及动作时限的选择，宜按双侧电源线路的规定执行。

5.2.10 5.6 MVA 及以上低压侧不带电源的单组降压变压器，如其电源侧装有断路器和过电流保护，且变压器断开后将使重要用电设备断电，可装设变压器重合闸装置。当变压器内部故障，瓦斯或差动（或电流速断）保护动作应将重合闸闭锁。

5.2.11 当变电所的母线上设有专用的母线保护，必要时，可采用母线重合闸，当重合于永久性故障时，母线保护应能可靠动作切除故障。

5.2.12 重合闸应按断路器配置。

5.2.13 当一组断路器设置有两套重合闸装置（例如线路的两套保护装置均有重合闸功能）且同时投运时，应有措施保证线路故障后仍仅实现一次重合闸。

5.2.14 使用于电厂出口线路的重合闸装置，应有措施防止重合于永久性故障，以减少对发电机可能造成的冲击。

5.3 **备用电源自动投入**

5.3.1 在下列情况下，应装设备用电源的自动投入装置（以下简称自动投入装置）：

a) 具有备用电源的发电厂厂用电源和变电所所用电源；

b) 由双电源供电，其中一个电源经常断开作为备用的电源；

c) 降压变电所内有备用变压器或有互为备用的电源；

d) 有备用机组的某些重要辅机。

5.3.2 自动投入装置的功能设计应符合下列要求：

a) 除发电厂备用电源快速切换外，应保证在工作电源或设备断开后，才投入备用电源或设备；

b) 工作电源或设备上的电压，不论何种原因消失，除有闭锁信号外，自动投入装置均应动作；

c) 自动投入装置应保证只动作一次。

5.3.3 发电厂用备用电源自动投入装置，除5.3.2的规定外，还应符合下列要求：

5.3.3.1 当一个备用电源同时作为几个工作电源的备用时，如备用电源已代替一个工作电源后，另一工作电源又被断开，必要时，自动投入装置仍能动作。

5.3.3.2 有两个备用电源的情况下，当两个备用电源为两个彼此独立的备用系统时，应装设各自独立的自动投入装置；当任一备用电源能作为全厂各工作电源的备用时，自动投入装置应使任一备用电源能对全厂各工作电源实行自动投入。

5.3.3.3 自动投入装置在条件可能时，宜采用带有检定同步的快速切换方式，并采用带有母线残压闭锁的慢速切换方式及长延时切换方式作为后备；条件不允许时，可仅采用带有母线残压闭锁的慢速切换方式及长延时切换方式。

5.3.3.4 当厂用母线速动保护动作、工作电源分支保护动作或工作电源由手动或分散控制系统（DCS）跳闸时，应闭锁备用电源自动投入。

5.3.4 应校核备用电源或备用设备自动投入时过负荷及电动机自起动的情况，如过负荷超过允许限度或不能保证自起动时，应有自动投入装置动作时自动减负荷的措施。

5.3.5 当自动投入装置动作时，如备用电源或设备投于故障，应有保护加速跳闸。

5.4 **暂态稳定控制及失步解列**

5.4.1 为保证电力系统在发生故障情况下的稳定运行，应依据DL 755及DL/T 723标准的规定，在系统中根据电网结构、运行特点及实际条件配置防止暂态稳定破坏的控制装置。

5.4.1.1 设计和配置系统稳定控制装置时，应对电力系统进行必要的安全稳定计算以确定适当的稳定控制方案、控制装置的控制策略或逻辑。控制策略可以由离线计算确定，有条件时，可以由装置在线计算定时更新控制策略。

5.4.1.2 稳定控制装置应根据实际需要进行配置，优先采用就地判据的分散式装置，根据电网需要，也可采用多个厂站稳定控制装置及站间通道组成的分布式区域稳定控制系统，尽量避免采用过分庞大复杂的控制系统；

5.4.1.3 稳定控制系统应采用模块化结构，以便于适应不同的功能需要，并能适应电网发展的扩充要求。

5.4.2 对稳定控制装置的主要技术性能要求：

a) 装置在系统中出现扰动时，如出现不对称分量，线路电流、电压或功率突变等，应能可靠起动；

b) 装置宜由接入的电气量正确判别本厂站线路、主变或机组的运行状态；

c) 装置的动作速度和控制内容应能满足稳定控制的有效性；

d) 装置应有能与厂站自动化系统和/或调度中心相关管理系统通信，能实现就地和远方查询故障和装置信息、修改定值等；

e) 装置应具有自检、整组检查试验、显示、事件记录、数据记录、打印等功能。

5.4.3 为防止暂态稳定破坏，可根据系统具体情况采用以下控制措施：

a) 对功率过剩地区采用发电机快速减出力、切除部分发电机或投入动态电阻制动等；

b) 对功率短缺地区采用切除部分负荷（含抽水运行的蓄能机组）等；

c) 励磁紧急控制，串联及并联电容装置的强行补偿，切除并联电抗器和高压直流输电紧急调制等；

d) 在预定地点将某些局部电网解列以保持主网稳定。

5.4.4 当电力系统稳定破坏出现失步状态时，应根据系统的具体情况采取消除失步振荡的控制措施。

5.4.4.1 为消除失步振荡，应装设失步解列控制装置，在预先安排的输电断面，将系统解列为各自保持同步的区域。

5.4.4.2 对于局部系统，如经验算或试验可能拉入同步、短时失步运行及再同步不会导致严重损失负荷、损坏设备和系统稳定进一步破坏，则可采用再同步控制，使失步的系统恢复同步运行。送端孤立的大型发电厂，在失步时应优先切除部分机组，以利其他机组再同步。

5.5 频率和电压异常紧急控制

5.5.1 电力系统中应设置限制频率降低的控制装置，以便在各种可能的扰动下失去部分电源（如切除发电机、系统解列等）而引起频率降低时，将频率降低限制在短时允许范围内，并使频率在允许时间内恢复至长时间允许值。

5.5.1.1 低频减负荷是限制频率降低的基本措施，电力系统低频减负荷装置的配置及其所断开负荷的容量，应根据系统最不利运行方式下发生事故时，整个系统或其各部分实际可能发生的最大功率缺额来确定。自动低频减负荷装置的类型和性能如下：

a) 快速动作的基本段，应按频率分为若干级，动作延时不宜超过 0.2 s。装置的频率整定值应根据系统的具体条件、大型火电机组的安全运行要求、以及由装置本身的特性等因素决定。提高最高一级的动作频率值，有利于抑制频率下降幅度，但一般不宜超过 49.2 Hz；

b) 延时较长的后备段，可按时间分为若干级，起动频率不宜低于基本的最高动作频率。装置最小动作时间可为 10 s～15 s，级差不宜小于 10 s。

5.5.1.2 为限制频率降低，有条件时应首先将处于抽水状态的蓄能机组切除或改为发电工况，并启动系统中的备用电源，如旋转备用机组增发功率、调相运行机组改为发电运行方式、自动启动水电机组和燃气轮机组等。切除抽水蓄能机组和启动备用电源的动作频率可为 49.5 Hz 左右。

5.5.1.3 当事故扰动引起地区大量失去电源（如 20%以上），低频减负荷不能有效防止频率严重下降时，应采用集中切除某些负荷的措施，以防止频率过度降低。集中切负荷的判据应反应受电联络线跳闸、大机组跳闸等，并按功率分档联切负荷。

5.5.1.4 为了在系统频率降低时，减轻弱互联系统的相互影响，以及为了保证发电厂厂用电和其他重要用户的供电安全，在系统的适当地点应设置低频解列控制。

5.5.2 由于某种原因（联络线事故跳闸、失步解列等）有可能与主网解列的有功功率过剩的独立系统，特别是以水电为主并带有火电机组的系统，应设置自动限制频率升高的控制装置，保证电力系统：

a) 频率升高不致达到汽轮机危急保安器的动作频率；

b) 频率升高数值及持续时间不应超过汽轮机组（汽轮机叶片）特性允许的范围。

限制频率升高控制装置可采用切除发电机或系统解列，例如将火电厂及与其大致平衡的负荷一起与系统其他部分解列。

5.5.3 为防止电力系统出现扰动后，无功功率欠缺或不平衡，某些节点的电压降到不允许的数值，甚至可能出现电压崩溃，应设置自动限制电压降低的紧急控制装置。

5.5.3.1 限制电压降低控制装置作用于增发无功功率（如发电机、调相机的强励，电容补偿装置强行补偿等）或减少无功功率需求（如切除并联电抗器，切除负荷等）。

5.5.3.2 低电压减负荷控制作为自动限制电压降低和防止电压崩溃的重要措施，应根据无功功率和电压水平的分析结果在系统中妥善配置。低电压减负荷控制装置反应于电压降低及其持续时间，装置可按动作电压及时间分为若干级，装置应在短路、自动重合闸及备用电源自动投入期间可靠不动作。

5.5.3.3 电力系统故障导致主网电压降低，在故障清除后主网电压不能及时恢复时，应闭锁供电变压器的带负荷自动切换抽头装置（OLTC）。

5.5.4 为防止电力系统出现扰动后，某些节点无功功率过剩而引起工频电压升高的数值及持续时间超过允许值，应设置自动防止电压升高的紧急控制。

5.5.4.1 限制电压升高控制装置应根据输电线路工频过电压保护的要求，装设于 330 kV 及以上线路，也可装设于长距离 220 kV 线路上。

5.5.4.2 对于具有大量电缆线路的配电变电站，如突然失去负荷导致不允许的母线电压升高时，宜设置限制电压升高的装置。

5.5.4.3 限制电压升高控制装置的动作时间可分为几段，例如：第 1 段投入并联电抗器，第 2 段切除其充电功率引起电压升高的线路。

5.6 自动调节励磁

5.6.1 发电机均应装设自动调节励磁装置。自动调节励磁装置应具备下列功能：

a) 励磁系统的电流和电压不大于 1.1 倍额定值的工况下，其设备和导体应能连续运行、励磁系统的短时过励磁时间应按照发电机励磁绕组允许的过负荷能力和发电机允许的过励磁特性限定。

b) 在电力系统发生故障时，根据系统要求提供必要的强行励磁倍数，强励时间应不小于 10 s。

c) 在正常运行情况下，按恒机端电压方式运行。

d) 在并列运行发电机之间，按给定要求分配无功负荷。

e) 根据电力系统稳定要求加装电力系统稳定器（PSS）或其他有利于稳定的辅助控制。PSS 应配备必要的保护和限制器，并有必要的信号输入和输出接口。

f) 具有过励限制、低励磁限制、励磁过电流反时限制和 V/F 限制等功能。

5.6.2 对发电机自动电压调节器及其控制的励磁系统性能应符合 GB/T 7409.1～7409.3 的规定，还应满足下列要求：

a) 大型发电机的自动电压调节器应具有下列性能：

 1) 应有两个独立的自动通道；

 2) 宜能实现与自动准同步装置（ASS）、数字式电液调节器（DEH）和分布式汽机控制系统（DCS）之间的通信；

 3) 应附有过励、低励、励磁过电流反时限制和 V/F 限制及保护装置，最低励磁限制的动作应能先于励磁自动切换和失磁保护的动作；

 4) 应设有测量电压回路断相、触发脉冲丢失和强励时的就地和远方信号；

 5) 电压回路断相时应闭锁强励。

b) 励磁系统的自动电压调节器应配备励磁系统接地的自动检测器。

5.6.3 水轮发电机的自动调节励磁装置，应能限制由于转速升高引起的过电压。当需大量降低励磁时，自动调节励磁装置应能快速减磁，否则应增设单独快速减磁装置。

5.6.4 发电机的自动调节励磁装置，应接到两组不同的机端电压互感器上。即励磁专用电压互感器和仪用测量电压互感器。

5.6.5 带冲击负荷的同步电动机，宜装设自动调节励磁装置，不带冲击负荷的大型同步电动机，也可装设自动调节励磁装置。

5.7 自动灭磁

5.7.1 自动灭磁装置应具有灭磁功能，并根据需要具备过电压保护功能。

5.7.2 在最严重的状态下灭磁时，发电机转子过电压不应超过发电机转子额定励磁电压的 3～5 倍。

5.7.3 当灭磁电阻采用线性电阻时，灭磁电阻值可为磁场电阻热态值的 2～3 倍。

5.7.4 转子过电压保护应简单可靠，动作电压应高于灭磁时的过电压值、低于发电机转子励磁额定电压的 5～7 倍。

5.7.5 同步电动机的自动灭磁装置应符合的要求，与同类型发电机相同。

5.8 故障记录及故障信息管理

5.8.1 为了分析电力系统事故和安全自动装置在事故过程中的动作情况，以及为迅速判定线路故障点的位置，在主要发电厂、220 kV 及以上变电所和 110 kV 重要变电所应装设专用故障记录装置。单机容量为 200 MW 及以上的发电机或发电机变压器组应装设专用故障记录装置。

5.8.2 故障记录装置的构成，可以是集中式的，也可以是分散式的。

5.8.3 故障记录装置除应满足 DL/T 553 标准的规定外，还应满足下列技术要求：

5.8.3.1 分散式故障记录装置应由故障录波主站和数字数据采集单元(DAU)组成。DAU 应将故障记录传送给故障录波主站。

5.8.3.2 故障记录装置应具备外部起动的接入回路，每一 DAU 应能将起动信息传送给其他 DAU。

5.8.3.3 分散式故障记录装置的录波主站容量应能适应该厂站远期扩建的 DAU 的接入及故障分析处理。

5.8.3.4 故障记录装置应有必要的信号指示灯及告警信号输出接点。

5.8.3.5 故障记录装置应具有软件分析、输出电流、电压、有功、无功、频率、波形和故障测距的数据。

5.8.3.6 故障记录装置与调度端主站的通信宜采用专用数据网传送。

5.8.3.7 故障记录装置的远传功能除应满足数据传送要求外，还应满足：

a) 能以主动及被动方式、自动及人工方式传送数据；

b) 能实现远方起动录波；

c) 能实现远方修改定值及有关参数。

5.8.3.8 故障记录装置应能接收外部同步时钟信号(如 GPS 的 IRIG-B 时钟同步信号)进行同步的功能，全网故障录波系统的时钟误差应不大于 1 ms，装置内部时钟 24 h 误差应不大于±5 s。

5.8.3.9 故障记录装置记录的数据输出格式应符合 IEC 60255-24 标准。

5.8.4 为使调度端能全面、准确、实时地了解系统事故过程中继电保护装置的动作行为，应逐步建立继电保护及故障信息管理系统。

5.8.4.1 继电保护及故障信息管理系统功能要求：

a) 系统能自动直接接收直调厂、站的故障录波信息和继电保护运行信息；

b) 能对直调厂、站的保护装置、故障录波装置进行分类查询、管理和报告提取等操作；

c) 能够进行波形分析、相序相量分析、谐波分析、测距、参数修改等；

d) 利用双端测距软件准确判断故障点，给出巡线范围；

e) 利用录波信息分析电网运行状态及继电保护装置动作行为，提出分析报告；

f) 子站端系统主要是完成数据收集和分类检出等工作，以提供调度端对数据分析的原始数据和事件记录量。

5.8.4.2 故障信息传送原则要求：

a) 全网的故障信息，必须在时间上同步。在每一事件报告中应标定事件发生的时间；

b) 传送的所有信息，均应采用标准规约。

6 对相关回路及设备的要求

6.1 二次回路

6.1.1 本条适用于与继电保护和安全自动装置有关的二次回路。

6.1.2 二次回路的工作电压不宜超过 250 V，最高不应超过 500 V。

6.1.3 互感器二次回路连接的负荷，不应超过继电保护和安全自动装置工作准确等级所规定的负荷范围。

6.1.4 发电厂和变电所，应采用铜芯的控制电缆和绝缘导线。在绝缘可能受到油浸蚀的地方，应采用耐油绝缘导线。

6.1.5 按机械强度要求，控制电缆或绝缘导线的芯线最小截面，强电控制回路，不应小于 1.5 mm^2，屏、柜内导线的芯线截面应不小于 1.0 mm^2；弱电控制回路，不应小于 0.5 mm^2。

电缆芯线截面的选择还应符合下列要求：

a) 电流回路：应使电流互感器的工作准确等级符合继电保护和安全自动装置的要求。无可靠依据时，可按断路器的断流容量确定最大短路电流；

b) 电压回路：当全部继电保护和安全自动装置动作时（考虑到电网发展，电压互感器的负荷最大时），电压互感器到继电保护和安全自动装置屏的电缆压降不应超过额定电压的 3%；

c) 操作回路：在最大负荷下，电源引出端到断路器分、合闸线圈的电压降，不应超过额定电压的 10%。

6.1.6 安装在干燥房间里的保护屏、柜、开关柜的二次回路，可采用无护层的绝缘导线，在表面经防腐处理的金属屏上直敷布线。

6.1.7 当控制电缆的敷设长度超过制造长度，或由于屏、柜的搬迁而使原有电缆长度不够时，或更换电缆的故障段时，可用焊接法连接电缆（通过大电流的应紧固连接，在连接处应设连接盒），也可经屏上的端子排连接。

6.1.8 控制电缆宜采用多芯电缆，应尽可能减少电缆根数。

在同一根电缆中不宜有不同安装单位的电缆芯。

对双重化保护的电流回路、电压回路、直流电源回路、双跳闸绕组的控制回路等，两套系统不应合用一根多芯电缆。

6.1.9 保护和控制设备的直流电源、交流电流、电压及信号引入回路应采用屏蔽电缆。

6.1.10 在安装各种设备、断路器和隔离开关的连锁接点、端子排和接地线时，应能在不断开 3 kV 及以上一次线的情况下，保证在二次回路端子排上安全地工作。

6.1.11 发电厂和变电所中重要设备和线路的继电保护和自动装置，应有经常监视操作电源的装置。各断路器的跳闸回路，重要设备和线路的断路器合闸回路，以及装有自动重合装置的断路器合闸回路，应装设回路完整性的监视装置。

监视装置可发出光信号或声光信号，或通过自动化系统向远方传送信号。

6.1.12 在可能出现操作过电压的二次回路中，应采取降低操作过电压的措施，例如对电感大的线圈并联消弧回路。

6.1.13 在有振动的地方，应采取防止导线接头松脱和继电器、装置误动作的措施。

6.1.14 屏、柜和屏、柜上设备的前面和后面，应有必要的标志，标明其所属安装单位及用途。屏、柜上的设备，在布置上应使各安装单位分开，不应互相交叉。

6.1.15 试验部件、连接片、切换片，安装中心线离地面不宜低于 300 mm。

6.1.16 电流互感器的二次回路不宜进行切换。当需要切换时，应采取防止开路的措施。

6.1.17 保护和自动装置均宜采用柜式结构。

6.2 电流互感器及电压互感器

6.2.1 保护用电流互感器的要求

6.2.1.1 保护用电流互感器的准确性能应符合 DL/T 866 的有关规定。

6.2.1.2 电流互感器带实际二次负荷在稳态短路电流下的准确限值系数或励磁特性（含饱和拐点）应能满足所接保护装置动作可靠性的要求。

6.2.1.3 电流互感器在短路电流含有非周期分量的暂态过程中和存在剩磁的条件下，可能使其严重饱和而导致很大的暂态误差。在选择保护用电流互感器时，应根据所用保护装置的特性和暂态饱和可能引起的后果等因素，慎重确定互感器暂态影响的对策。必要时应选择能适应暂态要求的 TP 类电流互感器，其特性应符合 GB 16847 的要求。如保护装置具有减轻互感器暂态饱和影响的功能，可按保护装置的要求选用适当的电流互感器。

a) 330 kV 及以上系统保护、高压侧为 330 kV 及以上的变压器和 300 MW 及以上的发电机变压器组差动保护用电流互感器宜采用 TPY 电流互感器。互感器在短路暂态过程中误差应不超过规定值。

b) 220 kV 系统保护、高压侧为 220 kV 的变压器和 100 MW 级～200 MW 级的发电机变压器组差动保护用电流互感器可采用 P 类、PR 类或 PX 类电流互感器。互感器可按稳态短路条件进行计算选择，为减轻可能发生的暂态饱和影响宜具有适当暂态系数。220 kV 系统的暂态系数不宜低于 2，100 MW 级～200 MW 级机组外部故障的暂态系数不宜低于 10。

c) 110 kV 及以下系统保护用电流互感器可采用 P 类电流互感器。

d) 母线保护用电流互感器可按保护装置的要求或按稳态短路条件选用。

6.2.1.4 保护用电流互感器的配置及二次绕组的分配应尽量避免主保护出现死区。按近后备原则配置的两套主保护应分别接入互感器的不同二次绕组。

6.2.2 保护用电压互感器的要求

6.2.2.1 保护用电压互感器应能在电力系统故障时将一次电压准确传变至二次侧，传变误差及暂态响应应符合 DL/T 866 的有关规定。电磁式电压互感器应避免出现铁磁谐振。

6.2.2.2 电压互感器的二次输出额定容量及实际负荷应在保证互感器准确等级的范围内。

6.2.2.3 双断路器接线按近后备原则配备的两套主保护，应分别接入电压互感器的不同二次绕组；对双母线接线按近后备原则配置的两套主保护，可以合用电压互感器的同一二次绕组。

6.2.2.4 电压互感器的一次侧隔离开关断开后，其二次回路应有防止电压反馈的措施。对电压及功率调节装置的交流电压回路，应采取措施，防止电压互感器一次或二次侧断线时，发生误强励或误调节。

6.2.2.5 在电压互感器二次回路中，除开口三角线圈和另有规定者(例如自动调整励磁装置)外，应装设自动开关或熔断器。接有距离保护时，宜装设自动开关。

6.2.3 互感器的安全接地

6.2.3.1 电流互感器的二次回路必须有且只能有一点接地，一般在端子箱经端子排接地。但对于有几组电流互感器连接在一起的保护装置，如母差保护、各种双断路器主接线的保护等，则应在保护屏上经端子排接地。

6.2.3.2 电压互感器的二次回路只允许有一点接地，接地点宜设在控制室内。独立的、与其他互感器无电联系的电压互感器也可在开关场实现一点接地。为保证接地可靠，各电压互感器的中性线不得接有可能断开的开关或熔断器等。

6.2.3.3 已在控制室一点接地的电压互感器二次线圈，必要时，可在开关场将二次线圈中性点经放电间隙或氧化锌阀片接地，应经常维护检查防止出现两点接地的情况。

6.2.3.4 来自电压互感器二次的四根开关场引出线中的零线和电压互感器三次的两根开关场引出线中的 N 线必须分开，不得共用。

6.2.4 电子式互感器

6.2.4.1 数字式保护可采用低电平输出的电子式互感器，如采用磁—光效应、空心线圈或带铁心线圈等低电平输出的电子式电流互感器，采用电—光效应或分压原理等低电平输出的电子式电压互感器。电子式互感器的额定参数、准确等级和有关性能应符合 IEC 60044-7 和 IEC 60044-8 的要求。

6.2.4.2 电子式互感器一般采用数字量输出。数字量输出的格式及通信协议应符合有关国际标准。

6.3 直流电源

6.3.1 继电保护和安全自动装置的直流电源，电压纹波系数应不大于 2%，最低电压不低于额定电压的85%，最高电压不高于额定电压的110%。

6.3.2 对装置的直流熔断器或自动开关及相关回路配置的基本要求应不出现寄生回路，并增强保护功能的冗余度。

6.3.2.1 装置电源的直流熔断器或自动开关的配置应满足如下要求：

a) 采用近后备原则，装置双重化配置时，两套装置应有不同的电源供电，并分别设有专用的直流熔断器或自动开关。

b) 由一套装置控制多组断路器（例如母线保护、变压器差动保护、发电机差动保护、各种双断路器接线方式的线路保护等）时，保护装置与每一断路器的操作回路应分别由专用的直流熔断器或自动开关供电。

c) 有两组跳闸线圈的断路器，其每一跳闸回路应分别由专用的直流熔断器或自动开关供电。

d) 单断路器接线的线路保护装置可与断路器操作回路合用直流熔断器或自动开关，也可分别使用独立的直流熔断器或自动开关。

e) 采用远后备原则配置保护时，其所有保护装置，以及断路器操作回路等，可仅由一组直流熔断器或自动开关供电。

6.3.2.2 信号回路应由专用的直流熔断器或自动开关供电，不得与其他回路混用。

6.3.3 由不同熔断器或自动开关供电的两套保护装置的直流逻辑回路间不允许有任何电的联系。

6.3.4 每一套独立的保护装置应设有直流电源消失的报警回路。

6.3.5 上、下级直流熔断器或自动开关之间应有选择性。

6.4 保护与厂站自动化系统的配合及接口

6.4.1 应用于厂站自动化系统中的数字式保护装置功能应相对独立，并应具有数字通信接口能与厂站自动化系统通信，具体要求如下：

a) 数字式保护装置及其出口回路应不依赖于厂、站自动化系统能独立运行；

b) 数字式保护装置逻辑判断回路所需的各种输入量应直接接入保护装置，不宜经厂、站自动化系统及其通信网转接。

6.4.2 与厂、站自动化系统通信的数字式保护装置应能送出或接收以下类型的信息：

a) 装置的识别信息、安装位置信息；

b) 开关量输入（例如断路器位置、保护投入压板等）；

c) 异常信号（包括装置本身的异常和外部回路的异常）；

d) 故障信息（故障记录、内部逻辑量的事件顺序记录）；

e) 模拟量测量值；

f) 装置的定值及定值区号；

g) 自动化系统的有关控制信息和断路器跳合闸命令、时钟对时命令等。

6.4.3 数字式保护装置与厂、站自动化系统的通信协议应符合DL/T 667的规定。

厂站内的继电保护信息应能传送至调度端。可在厂、站自动化系统站控层设置继电保护工作站，实现对保护装置信息管理的功能。

6.5 电磁兼容

6.5.1 发电厂和变电所的电磁环境

继电保护和安全自动装置应满足有关电磁兼容标准，使其能承受所在发电厂和变电所内下列电磁干扰引起的后果：

a) 高压电路开、合操作或绝缘击穿、闪络引起的高频暂态电流和电压；

b) 故障电流引起的地电位升高和高频暂态；

c) 雷击脉冲引起的地电位升高和高频暂态；

d) 工频磁场对电子设备的干扰；

e) 低压电路开、合操作引起的电快速瞬变；

f) 静电放电；

g) 无线电发射装置产生的电磁场。

上述各项干扰电平与变电所电压等级、发射源与感受设备的相对位置、接地网特性、外壳和电缆屏蔽特性及接地方式等因素有关，应根据干扰的具体特点和数值适当确定设备的抗扰度要求和采取必要的减缓措施。

6.5.2 装置的抗扰度要求

保护和安全自动装置与外部电磁环境的特定界面接口称为端口，见图1，含电源端口、输入端口、输出端口、通信端口、外壳端口和功能接地端口。

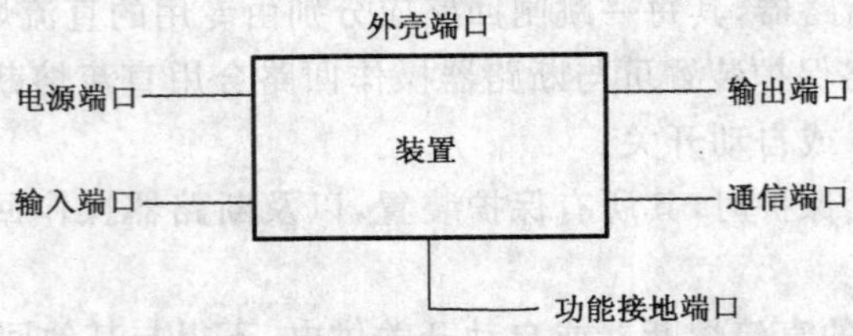

图1 设备端口示意图

装置各端口对有关的电磁干扰如射频电磁场及其引起的传导干扰、快速瞬变、1 MHz 脉冲群、浪涌、静电放电、直流中断和工频干扰等的抗扰度要求，应符合 IEC 60255-26 标准及有关国家标准的要求，装置对各类电磁干扰的抗扰度试验标准参见附录 B 表 B.1～表 B.5。

6.5.3 电磁干扰的减缓措施

6.5.3.1 应根据电磁环境的具体情况，采用接地、屏蔽、限幅、隔离及适当布线等措施，以减缓电磁干扰，满足保护设备的抗扰度要求。

6.5.3.2 为人身和设备安全及电磁兼容要求，在发电厂和变电所的开关场内及建筑物外，应设置符合有关标准要求的直接接地网。对继电保护及有关设备，为减缓高频电磁干扰的耦合，应在有关场所设置符合下列要求的等电位接地网。

a) 装设静态保护和控制装置的屏柜地面下宜用截面不小于 100 mm^2 的接地铜排直接连接构成等电位接地母线。接地母线应首末可靠连接成环网，并用截面不小于 50 mm^2、不少于 4 根铜排与厂、站的接地网直接连接。

b) 静态保护和控制装置的屏柜下部应设有截面不小于 100 mm^2 的接地铜排。屏柜上装置的接地端子应用截面不小于 4 mm^2 的多股铜线和接地铜排相连。接地铜排应用截面不小于 50 mm^2 的铜排与地面下的等电位接地母线相连。

6.5.3.3 控制电缆应具有必要的屏蔽措施并妥善接地。

a) 在电缆敷设时，应充分利用自然屏蔽物的屏蔽作用。必要时，可与保护用电缆平行设置专用屏蔽线。

b) 屏蔽电缆的屏蔽层应在开关场和控制室内两端接地。在控制室内屏蔽层宜在保护屏上接于屏柜内的接地铜排；在开关场屏蔽层应在与高压设备有一定距离的端子箱接地。互感器每相二次回路经两芯屏蔽电缆从高压箱体引至端子箱，该电缆屏蔽层在高压箱体和端子箱两端接地。

c) 电力线载波用同轴电缆屏蔽层应在两端分别接地，并紧靠同轴电缆敷设截面不小于 100 mm^2 两端接地的铜导线。

d) 传送音频信号应采用屏蔽双绞线，其屏蔽层应在两端接地。

e) 传送数字信号的保护与通信设备间的距离大于 50 m 时，应采用光缆。

f) 对于低频、低电平模拟信号的电缆，如热电偶用电缆，屏蔽层必须在最不平衡端或电路本身接地处一点接地。

g) 对于双层屏蔽电缆,内屏蔽应一端接地,外屏蔽应两端接地。

6.5.3.4 电缆及导线的布线应符合下列要求:

a) 交流和直流回路不应合用同一根电缆。

b) 强电和弱电回路不应合用一根电缆。

c) 保护用电缆与电力电缆不应同层敷设。

d) 交流电流和交流电压不应合用同一根电缆。双重化配置的保护设备不应合用同一根电缆。

e) 保护用电缆敷设路径,尽可能避开高压母线及高频暂态电流的入地点,如避雷器和避雷针的接地点、并联电容器、电容式电压互感器、结合电容及电容式套管等设备。

f) 与保护连接的同一回路应在同一根电缆中走线。

6.5.3.5 保护输入回路和电源回路应根据具体情况采用必要的减缓电磁干扰措施。

a) 保护的输入、输出回路应使用空触点、光耦或隔离变压器隔离。

b) 直流电压在110 V及以上的中间继电器应在线圈端子上并联电容或反向二极管作为消弧回路,在电容及二极管上都必须串入数百欧的低值电阻,以防止电容或二极管短路时将中间继电器线圈短接。二极管反向击穿电压不宜低于1 000 V。

6.6 断路器及隔离开关

6.6.1 220 kV及以上电压的断路器应具有双跳闸线圈。

6.6.2 220 kV及以上电压分相操作的断路器应附有三相不一致(非全相)保护回路。三相不一致保护动作时间应为0.5 s~4.0 s可调,以躲开单相重合闸动作周期。

6.6.3 各级电压的断路器应尽量附有防止跳跃的回路。采用串联自保持时,接入跳合闸回路的自保持线圈,其动作电流不应大于额定跳合闸电流的50%,线圈压降小于额定值的5%。

6.6.4 各类气压或油(液)压断路器应具有下列输出触点供保护装置及信号回路用:

a) 合闸压力常开、常闭触点(最好还有重合闸压力常开、常闭触点);

b) 跳闸压力常开、常闭触点;

c) 压力异常常开、常闭触点。

6.6.5 断路器应有足够数量的、动作逻辑正确、接触可靠的辅助触点供保护装置使用。辅助触点与主触头的动作时间差不大于10 ms。

6.6.6 隔离开关应有足够数量的、动作逻辑正确、接触可靠的辅助触点供保护装置使用。

6.7 继电保护和安全自动装置通道

6.7.1 继电保护和安全自动装置的通道应根据电力系统通信网条件,与通信专业协商,合理安排。

6.7.2 装置的通道一般采用下列传输媒介:

a) 光纤(不宜采用自承式光缆及缠绕式光缆);

b) 微波;

c) 电力线载波;

d) 导引线电缆。

具有光纤通道的线路,应优先采用光纤作为传送信息的通道。

6.7.3 按双重化原则配置的保护和安全自动装置,传送信息的通道按以下原则考虑:

6.7.3.1 两套装置的通道应互相独立,且通道及加工设备的电源也应互相独立。

6.7.3.2 具有光纤通道的线路,两套装置宜均采用光纤通道传送信息,对短线路宜分别使用专用光纤芯;对中长线路,宜分别独立使用2 Mb/s口,还宜分别使用独立的光端机。具有光纤迂回通道时,两套装置宜使用不同的光纤通道。

对双回线路,但仅其中一回线路有光纤通道且按上述原则采用光纤通道传送信息外,另一回线路传送信息的通道宜采用下列方式:

a) 如同杆并架双回线，两套装置均采用光纤通道传送信息，并分别使用不同的光纤芯或 PCM 终端；

b) 如非同杆并架双回线，其一套装置采用另一回线路的光纤通道，另一套装置采用其他通道，如电力线载波、微波或光纤的其他迂回通道等。

6.7.3.3 当两套装置均采用微波通道时，宜使用两条不同路由的微波通道，在不具备两条路由条件而仅有一条微波通道时，应使用不同的 PCM 终端，或其中一套装置采用电力线载波传送信息。

6.7.3.4 当两套装置均采用电力线载波通道传送信息时，应由不同的载波机、远方信号传输装置或远方跳闸装置传送信息。

6.7.4 当采用电力线载波通道传送允许式命令信号时应采用相—相耦合方式；传送闭锁信号时，可采用相—地耦合方式。

6.7.5 有条件时，传输系统安全稳定控制信息的通道可与传输保护信息的通道合用。

6.7.6 传输信息的通道设备应满足传输时间、可靠性的要求。其传输时间应符合下列要求：

a) 传输线路纵联保护信息的数字式通道传输时间应不大于 12 ms；点对点的数字式通道传输时间应不大于 5 ms；

b) 传输线路纵联保护信息的模拟式通道传输时间，对允许式应不大于 15 ms；对采用专用信号传输设备的闭锁式应不大于 5 ms；

c) 系统安全稳定控制信息的通道传输时间应根据实际控制要求确定。原则上应尽可能的快。点对点传输时，传输时间要求应与线路纵联保护相同。

6.7.7 信息传输接收装置在对侧发信信号消失后收信输出的返回时间应不大于通道传输时间。

附 录 A
（规范性附录）
短路保护的最小灵敏系数

表 A.1 短路保护的最小灵敏系数

<table>
<tr><th>保护分类</th><th>保护类型</th><th colspan="2">组成元件</th><th>灵敏系数</th><th>备注</th></tr>
<tr><td rowspan="15">主保护</td><td rowspan="2">带方向和不带方向的电流保护或电压保护</td><td colspan="2">电流元件和电压元件</td><td>1.3～1.5</td><td>200 km 以上线路，不小于 1.3；(50～200) km线路，不小于 1.4；50 km以下线路，不小于 1.5</td></tr>
<tr><td colspan="2">零序或负序方向元件</td><td>1.5</td><td></td></tr>
<tr><td rowspan="3">距离保护</td><td rowspan="2">起动元件</td><td>负序和零序增量或负序分量元件、相电流突变量元件</td><td>4</td><td>距离保护第三段动作区末端故障，大于 1.5</td></tr>
<tr><td>电流和阻抗元件</td><td>1.5</td><td rowspan="2">线路末端短路电流应为阻抗元件精确工作电流 1.5 倍以上。200 km 以上线路，不小于 1.3；(50～200) km 线路，不小于 1.4；50 km 以下线路，不小于 1.5</td></tr>
<tr><td colspan="2">距离元件</td><td>1.3～1.5</td></tr>
<tr><td rowspan="4">平行线路的横联差动方向保护和电流平衡保护</td><td colspan="2" rowspan="2">电流和电压起动元件</td><td>2.0</td><td>线路两侧均未断开前，其中一侧保护按线路中点短路计算</td></tr>
<tr><td>1.5</td><td>线路一侧断开后，另一侧保护按对侧短路计算</td></tr>
<tr><td colspan="2" rowspan="2">零序方向元件</td><td>2.0</td><td>线路两侧均未断开前，其中一侧保护按线路中点短路计算</td></tr>
<tr><td>1.5</td><td>线路一侧断开后，另一侧保护按对侧短路计算</td></tr>
<tr><td rowspan="2">线路纵联保护</td><td colspan="2">跳闸元件</td><td>2.0</td><td></td></tr>
<tr><td colspan="2">对高阻接地故障的测量元件</td><td>1.5</td><td>个别情况下，为 1.3</td></tr>
<tr><td>发电机、变压器、电动机纵差保护</td><td colspan="2">差电流元件的启动电流</td><td>1.5</td><td rowspan="3"></td></tr>
<tr><td>母线的完全电流差动保护</td><td colspan="2">差电流元件的启动电流</td><td>1.5</td></tr>
<tr><td>母线的不完全电流差动保护</td><td colspan="2">差电流元件</td><td>1.5</td></tr>
<tr><td>发电机、变压器、线路和电动机的电流速断保护</td><td colspan="2">电流元件</td><td>1.5</td><td>按保护安装处短路计算</td></tr>
</table>

表 A.1（续）

<table>
<tr><th>保护分类</th><th>保护类型</th><th>组成元件</th><th>灵敏系数</th><th>备注</th></tr>
<tr><td rowspan="4">后备保护</td><td rowspan="2">远后备保护</td><td>电流、电压和阻抗元件</td><td>1.2</td><td rowspan="2">按相邻电力设备和线路末端短路计算(短路电流应为阻抗元件精确工作电流 1.5 倍以上)，可考虑相继动作</td></tr>
<tr><td>零序或负序方向元件</td><td>1.5</td></tr>
<tr><td rowspan="2">近后备保护</td><td>电流、电压和阻抗元件</td><td>1.3</td><td rowspan="2">按线路末端短路计算</td></tr>
<tr><td>负序或零序方向元件</td><td>2.0</td></tr>
<tr><td>辅助保护</td><td>电流速断保护</td><td></td><td>1.2</td><td>按正常运行方式保护安装处短路计算</td></tr>
<tr><td colspan="5">注 1：主保护的灵敏系数除表中注出者外，均按被保护线路(设备)末端短路计算。
注 2：保护装置如反应故障时增长的量，其灵敏系数为金属性短路计算值与保护整定值之比；如反应故障时减少的量，则为保护整定值与金属性短路计算值之比。
注 3：各种类型的保护中，接于全电流和全电压的方向元件的灵敏系数不作规定。
注 4：本表内未包括的其他类型的保护，其灵敏系数另作规定。</td></tr>
</table>

附　录　B
（规范性附录）
保护装置抗扰度试验要求

保护装置应能承受表 B.1～B.5 的抗扰度试验，试验后仍应能满足相关设备的性能规范要求。

B.1　外壳端口抗扰度试验(如表 B.1)

表 B.1　外壳端口抗扰度试验

序号	电磁干扰类型	试验规范	单　位	参照标准	
				国际标准	国家标准
1.1	射频电磁场	80-1 000	MHz	IEC 60255-22-3	GB/T 14598.9
		10	V/m　非调制,rms		
	调幅	80	%AM(1 kHz)		
1.2	静电放电			IEC 60255-22-2	
	接触	6	kV(放电电压)		GB/T 14598.14
	空气	8	kV(放电电压)		

B.2　电源端口抗扰度试验(如表 B.2)

表 B.2　电源端口抗扰度试验

序号	电磁干扰类型	试验规范		单　位	参照标准	
					国际标准	国家标准
2.1	射频场引起的传导干扰	0.15-80		MHz	IEC 60255-22-6	
		10		V　非调制,rms		
		150		Ω　电源阻抗		
	调幅	80		%　AM(1kHz)		
2.2	快速瞬变	5/50		ns　T_R/T_H	IEC 60255-22-4	GB/T 14598.10
	A 级	4		kV　峰值		
		2.5		kHz　重复频率		
	B 级	2		kV　峰值		
		5		kHz　重复频率		
2.3	1 MHz 脉冲群	0.1	1	MHz　频率	IEC 60255-22-1	GB/T 14598.13
		75	75	ns　T_R		
		≥40	400	Hz　重复频率		
		200	200	Ω　电源阻抗		
	差模	1	1	kV　峰值		
	共模	2.5	2.5	kV　峰值		

表 B.2（续）

序号	电磁干扰类型	试验规范	单　　位	参照标准	
				国际标准	国家标准
2.4	浪涌	1.2/50(8/20)	μs T_R/T_H 电压(电流)	IEC 60255-22-5	
		2	Ω　电源阻抗		
	线对线	0.5、1	kV　放电电压		
		0	Ω　耦合电阻		
		18	μF　耦合电容		
		0.5、1、2	kV　放电电压		
	线对地	10	Ω　耦合电阻		
		9	μF　耦合电容		
2.5	直流电压中断	100	%降低	IEC 60255-11	GB/T 8367
		5、10、20			
		50、100、200	ms　中断时间		

B.3　通信端口抗扰度试验(如表 B.3)

表 B.3　通信端口抗扰度试验

序号	电磁干扰类型	试验规范		单　　位	参照标准	
					国际标准	国家标准
3.1	射频场引起的传导干扰		0.15-80	MHz	IEC 60255-22-6	
			10	V　非调制,rms		
			150	Ω　电源阻抗		
	调幅		80	%　AM(1 kHz)		
3.2	快速瞬变		5/50	ns　T_R/T_H	IEC 60255-22-4	GB/T 14598.10
	A级		2	kV　峰值		
			5	kHz　重复频率		
	B级		1	kV　峰值		
			5	kHz　重复频率		
3.3	1 MHz 脉冲群	0.1	1	MHz　频率	IEC 60255-22-1	GB/T 14598.13
		75	75	ns　T_R		
		≥40	400	Hz　重复频率		
		200	200	Ω　电源阻抗		
	差模	0	0	kV　峰值		
	共模	1	1	kV　峰值		
3.4	浪涌		1.2/50	μs T_R/T_H 电压	IEC 60255-22-5	
			8/20	μs T_R/T_H 电流		
			2	Ω　电源阻抗		
	线对地		0.5、1	kV　放电电压		
			0	Ω　耦合电阻		
			0	μF　耦合电容		

B.4　输入和输出端口抗扰度试验(如表 B.4)

表 B.4　输入和输出端口抗扰度试验

序号	电磁干扰类型	试验规范		单　位	参照标准	
					国际标准	国家标准
4.1	射频场引起的传导干扰	0.15～80		MHz	IEC 60255-22-6	
		10		V 非调制,rms		
		150		Ω 电源阻抗		
	调幅	80		% AM(1 kHz)		
4.2	快速瞬变	5/50		ns T_R/T_H	IEC 60255-22-4	GB/T 14598.10
	A 级	4		kV 峰值		
		2.5		kHz 重复频率		
	B 级	2		kV 峰值		
		5		kHz 重复频率		
4.3	1 MHz 脉冲群	0.1	1	MHz 频率	IEC 60255-22-1	GB/T 14598.13
		75	75	ns T_R		
		≥40	400	Hz 重复频率		
		200	200	Ω 电源阻抗		
	差模	1	1	kV 峰值		
	共模	2.5	2.5	kV 峰值		
4.4	浪涌	1.2/50(8/20)		μs T_R/T_H电压(电流)	IEC 60255-22-5	
		2		Ω 电源阻抗		
	线对线	0.5、1		kV 放电电压		
		40		Ω 耦合电阻		
		0.5		μF 耦合电容		
	线对地	0.5、1、2		kV 放电电压		
		40		Ω 耦合电阻		
		0.5		μF 耦合电容		
4.5	工频干扰				IEC 60255-22-7	
	A 级　差模	150		V(rms)		
		100		Ω 耦合电阻		
		0.1		μF 耦合电容		
	A 级　共模	300		V(rms)		
		220		Ω 耦合电阻		
		0.47		μF 耦合电容		
	B 级　差模	100		V(rms)		
		100		Ω 耦合电阻		
		0.047		μF 耦合电容		
	B 级　共模	300		V(rms)		
		220		Ω 耦合电阻		
		0.47		μF 耦合电容		

B.5 功能接地端口抗扰度试验(如表 B.5)

表 B.5 功能接地端口抗扰度试验

序号	电磁干扰类型	试验规范	单　　位	参照标准	
				国际标准	国家标准
5.1	射频场引起的传导干扰 调幅	0.15～80 10 150 80	MHz V　非调制,rms Ω　电源阻抗 %　AM(1kHz)	IEC 60255-22-6	
5.2	快速瞬变 A 级 B 级	5/50 4 2.5 2 5	ns　T_R/T_H kV　峰值 kHz　重复频率 kV　峰值 kHz　重复频率	IEC 60255-22-4	GB/T 14598.10

ICS 77.140.75
H 48

中华人民共和国国家标准

GB/T 14291—2006
代替 GB/T 14291—1993

矿山流体输送用电焊钢管

Welded steel tubes for mine liquid service

(ISO 559:1991,Steel tubes for water and sewage,NEQ)

2006-02-05 发布　　　　2006-08-01 实施

中华人民共和国国家质量监督检验检疫总局
中国国家标准化管理委员会　发布

前言

本标准对应于 ISO 559：1991《清水和污水用钢管》(英文版)的一致性程度为非等效。

本标准代替 GB/T 14291—1993《矿用流体输送电焊钢管》。本标准与 GB/T 14291—1993 相比，主要变化如下：

——修改了外径和壁厚系列；

——修改了外径和壁厚的允许偏差；

——增加了管端切斜要求；

——修改了理论重量公式的系数，增加了重量的允许偏差规定；

——增加了钢牌号 Q295A、Q295B 和 Q345A、Q345B 及其力学性能；

——增加了水压试验后管端焊缝超声波探伤要求；

——修改了无损检测代替液压试验的规定；

——修改了弯曲试验和压扁试验的规定；

——修改了组批规则。

本标准由中国钢铁工业协会提出。

本标准由全国钢标准化技术委员会归口。

本标准起草单位：锦西钢管有限公司。

本标准主要起草人：齐惠娟、毕敬东、朱兴伟、许首山、刘硕忱。

本标准于 1993 年 04 月 19 日首次发布。

矿山流体输送用电焊钢管

1 范围

本标准规定了矿山流体输送用电焊钢管的尺寸、外形、重量、技术要求、试验方法、检验规则、包装、标志和质量证明书。

本标准适用于矿山压风、排水、抽放瓦斯和矿浆输送用直缝电焊钢管。

2 规范性引用文件

下列文件中的条款通过本标准的引用而成为本标准的条款。凡是注日期的引用文件，其随后所有的修改单(不包括勘误的内容)或修订版均不适用于本标准，然而，鼓励根据本标准达成协议的各方研究是否可使用这些文件的最新版本。凡是不注日期的引用文件，其最新版本适用于本标准。

GB/T 222 钢的成品化学成分允许偏差

GB/T 223.5 钢铁及合金化学分析方法 还原型硅钼酸盐光度法测定酸溶硅含量

GB/T 223.10 钢铁及合金化学分析方法 铜铁试剂分离-铬天青S光度法测定铝含量

GB/T 223.12 钢铁及合金化学分析方法 碳酸钠分离-二苯碳酰二肼光度法测定铬量

GB/T 223.14 钢铁及合金化学分析方法 钽试剂萃取光度法测定钒含量

GB/T 223.16 钢铁及合金化学分析方法 变色酸光度法测定钛量

GB/T 223.19 钢铁及合金化学分析方法 新亚铜灵-三氯甲烷萃取光度法测定铜量

GB/T 223.23 钢铁及合金化学分析方法 丁二酮肟分光光度法测定镍量

GB/T 223.39 钢铁及合金化学分析方法 氯磺酚S光度法测定铌量

GB/T 223.59 钢铁及合金化学分析方法 锑磷钼蓝光度法测定磷量

GB/T 223.62 钢铁及合金化学分析方法 乙酸丁酯萃取光度法测定磷量

GB/T 223.63 钢铁及合金化学分析方法 高碘酸钠(钾)光度法测定锰量

GB/T 223.68 钢铁及合金化学分析方法 管式炉内燃烧后碘酸钾滴定法测定硫含量

GB/T 223.69 钢铁及合金化学分析方法 管式炉内燃烧后气体容量法测定碳含量

GB/T 228 金属材料 室温拉伸试验方法(GB/T 228—2002,eqv ISO 6892:1998)

GB/T 241 金属管 液压试验方法

GB/T 244 金属管 弯曲试验方法(GB/T 244—1997,eqv ISO 8491:1986)

GB/T 246 金属管 压扁试验方法(GB/T 246—1997,eqv ISO 8492:1986)

GB/T 700 碳素结构钢(GB/T 700—1988,neq ISO 630:1987)

GB/T 1591 低合金高强度结构钢(GB/T 1591—1994,neq ISO 4950-1:1981、ISO 4950-2:1981、ISO 4951:1981)

GB/T 2102 钢管的验收、包装、标志和质量证明书

GB/T 2975 钢及钢产品 力学性能试验取样位置及试样制备(GB/T 2975—1982,eqv ISO 377:1997)

GB/T 4336 碳素钢和中低合金钢 火花源原子发射光谱分析方法(常规法)

GB/T 7735 钢管涡流探伤检验方法(GB/T 7735—2004,ISO 9304:1989,MOD)

GB/T 18256 焊接钢管(埋弧焊除外)用于确认水压密实性的超声波检测方法(GB/T 18256—2000,eqv ISO 10332:1994)

GB/T 20066 钢和铁 化学成分测定用试样的取样和制样方法

3 订货内容

按本标准订购钢管的合同或订单应包括下列内容：

a) 标准编号；

b) 产品名称；

c) 钢的牌号；

d) 订购的数量(总重量或总长度)；

e) 尺寸规格(外径×壁厚,单位为毫米)；

f) 交货状态；

g) 特殊要求。

4 尺寸、外形和重量

4.1 尺寸

4.1.1 外径和壁厚

钢管的公称外径(*D*)和公称壁厚(*S*)应符合表 1 的规定。根据需方要求,经供需双方协商,并在合同中注明,可供应表 1 规定以外规格的钢管。

表 1 外径、壁厚、理论重量及试验压力

公称外径(*D*)/mm	公称壁厚(*S*)/mm	理论重量/(kg/m)	试验压力/MPa		
			Q235A、Q235B	Q295A、Q295B	Q345A、Q345B
21.3	2.5	1.16	15.0	15.0	15.0
21.3	3.0	1.35	15.0	15.0	15.0
21.3	3.5	1.54	15.0	15.0	15.0
25	2.5	1.39	15.0	15.0	15.0
25	3.0	1.63	15.0	15.0	15.0
25	3.5	1.86	15.0	15.0	15.0
25	4.0	2.07	15.0	15.0	15.0
26.9	2.5	1.50	15.0	15.0	15.0
26.9	3.0	1.77	15.0	15.0	15.0
26.9	3.5	2.02	15.0	15.0	15.0
26.9	4.0	2.26	15.0	15.0	15.0
31.8	2.5	1.81	15.0	15.0	15.0
31.8	3.0	2.13	15.0	15.0	15.0
31.8	3.5	2.44	15.0	15.0	15.0
31.8	4.0	2.74	15.0	15.0	15.0
33.7	2.5	1.92	15.0	15.0	15.0
33.7	3.0	2.27	15.0	15.0	15.0
33.7	3.5	2.61	15.0	15.0	15.0
33.7	4.0	2.93	15.0	15.0	15.0
38	2.5	2.19	15.0	15.0	15.0

表 1(续)

公称外径(*D*)/mm	公称壁厚(*S*)/mm	理论重量/(kg/m)	试验压力/MPa		
			Q235A、Q235B	Q295A、Q295B	Q345A、Q345B
38	3.0	2.59	15.0	15.0	15.0
38	3.5	2.98	15.0	15.0	15.0
38	4.0	3.35	15.0	15.0	15.0
40	2.5	2.31	15.0	15.0	15.0
40	3.0	2.74	15.0	15.0	15.0
40	3.5	3.15	15.0	15.0	15.0
40	4.0	3.55	15.0	15.0	15.0
42.4	2.5	2.46	15.0	15.0	15.0
42.4	3.0	2.91	15.0	15.0	15.0
42.4	3.5	3.36	15.0	15.0	15.0
42.4	4.0	3.79	15.0	15.0	15.0
48.3	2.5	2.82	14.6	15.0	15.0
48.3	3.0	3.35	15.0	15.0	15.0
48.3	3.5	3.87	15.0	15.0	15.0
48.3	4.0	4.37	15.0	15.0	15.0
51	2.5	2.99	13.8	15.0	15.0
51	3.0	3.55	15.0	15.0	15.0
51	3.5	4.10	15.0	15.0	15.0
51	4.0	4.64	15.0	15.0	15.0
51	4.5	5.16	15.0	15.0	15.0
57	2.5	3.36	12.4	15.0	15.0
57	3.0	4.00	14.8	15.0	15.0
57	3.5	4.62	15.0	15.0	15.0
57	4.0	5.23	15.0	15.0	15.0
57	4.5	5.83	15.0	15.0	15.0
60.3	2.5	3.56	11.7	14.7	15.0
60.3	3.0	4.24	14.0	15.0	15.0
60.3	3.5	4.90	15.0	15.0	15.0
60.3	4.0	5.55	15.0	15.0	15.0
60.3	4.5	6.19	15.0	15.0	15.0
63.5	2.5	3.76	11.1	13.9	15.0
63.5	3.0	4.48	13.3	15.0	15.0
63.5	3.5	5.18	15.0	15.0	15.0
63.5	4.0	5.87	15.0	15.0	15.0

表 1(续)

公称外径(*D*)/mm	公称壁厚(*S*)/mm	理论重量/(kg/m)	试验压力/MPa		
			Q235A、Q235B	Q295A、Q295B	Q345A、Q345B
63.5	4.5	6.55	15.0	15.0	15.0
70	2.5	4.16	10.1	12.6	14.8
70	3.0	4.96	12.1	15.0	15.0
70	3.5	5.74	14.1	15.0	15.0
70	4.0	6.51	15.0	15.0	15.0
70	4.5	7.27	15.0	15.0	15.0
76.1	2.5	4.54	9.3	11.6	13.6
76.1	3.0	5.41	11.1	14.0	15.0
76.1	3.5	6.27	13.0	15.0	15.0
76.1	4.0	7.11	14.8	15.0	15.0
76.1	4.5	7.95	15.0	15.0	15.0
88.9	3.0	6.36	9.5	11.9	14.0
88.9	3.5	7.37	11.1	13.9	15.0
88.9	4.0	8.38	12.7	15.0	15.0
88.9	4.5	9.37	14.3	15.0	15.0
88.9	5.0	10.35	15.0	15.0	15.0
101.6	3.0	7.29	8.3	10.5	12.2
101.6	3.5	8.47	9.7	12.2	14.3
101.6	4.0	9.63	11.1	13.9	15.0
101.6	4.5	10.78	12.5	15.0	15.0
101.6	5.0	11.91	13.9	15.0	15.0
101.6	5.5	13.03	15.0	15.0	15.0
101.6	6.0	14.15	15.0	15.0	15.0
108	3.0	7.77	7.8	9.8	11.5
108	3.5	9.02	9.1	11.5	13.4
108	4.0	10.26	10.4	13.1	15.0
108	4.5	11.49	11.8	14.8	15.0
108	5.0	12.70	13.1	15.0	15.0
108	5.5	13.90	14.4	15.0	15.0
108	6.0	15.09	15.0	15.0	15.0
108	6.5	16.27	15.0	15.0	15.0
114.3	3.5	9.56	8.6	10.8	12.7
114.3	4.0	10.88	9.9	12.4	14.5
114.3	4.5	12.19	11.1	13.9	15.0

表 1(续)

公称外径(*D*)/mm	公称壁厚(*S*)/mm	理论重量/(kg/m)	试验压力/MPa		
			Q235A、Q235B	Q295A、Q295B	Q345A、Q345B
114.3	5.0	13.48	12.3	15.0	15.0
114.3	5.5	14.76	13.6	15.0	15.0
114.3	6.0	16.03	14.8	15.0	15.0
114.3	6.5	17.28	15.0	15.0	15.0
127	3.5	10.66	7.8	9.8	11.4
127	4.0	12.13	8.9	11.1	13.0
127	4.5	13.59	10.0	12.5	14.7
127	5.0	15.04	11.1	13.9	15.0
127	5.5	16.48	12.2	15.0	15.0
127	6.0	17.90	13.3	15.0	15.0
127	6.5	19.32	14.4	15.0	15.0
133	3.5	11.18	7.4	9.3	10.9
133	4.0	12.73	8.5	10.6	12.5
133	4.5	14.26	9.5	12.0	14.0
133	5.0	15.78	10.6	13.3	15.0
133	5.5	17.29	11.7	14.6	15.0
133	6.0	18.79	12.7	15.0	15.0
133	6.5	20.28	13.8	15.0	15.0
139.7	4.0	13.39	8.1	10.1	11.9
139.7	4.5	15.00	9.1	11.4	13.3
139.7	5.0	16.61	10.1	12.7	14.8
139.7	5.5	18.20	11.1	13.9	15.0
139.7	6.0	19.78	12.1	15.0	15.0
139.7	6.5	21.35	13.1	15.0	15.0
139.7	7.0	22.91	14.1	15.0	15.0
141.3	4.0	13.54	8.0	10.0	11.7
141.3	4.5	15.18	9.0	11.3	13.2
141.3	5.0	16.81	10.0	12.5	14.6
141.3	5.5	18.42	11.0	13.8	15.0
141.3	6.0	20.02	12.0	15.0	15.0
141.3	6.5	21.61	13.0	15.0	15.0
141.3	7.0	23.18	14.0	15.0	15.0
152.4	4.0	14.64	7.4	9.3	10.9
152.4	4.5	16.41	8.3	10.5	12.2

表 1(续)

公称外径(D)/mm	公称壁厚(S)/mm	理论重量/(kg/m)	试验压力/MPa		
			Q235A、Q235B	Q295A、Q295B	Q345A、Q345B
152.4	5.0	18.18	9.3	11.6	13.6
152.4	5.5	19.93	10.2	12.8	14.9
152.4	6.0	21.66	11.1	13.9	15.0
152.4	6.5	23.39	12.0	15.0	15.0
152.4	7.0	25.10	13.0	15.0	15.0
159	4.0	15.29	7.1	8.9	10.4
159	4.5	17.15	8.0	10.0	11.7
159	5.0	18.99	8.9	11.1	13.0
159	5.5	20.82	9.8	12.2	14.3
159	6.0	22.64	10.6	13.4	15.0
159	6.5	24.45	11.5	14.5	15.0
159	7.0	26.24	12.4	15.0	15.0
159	8.0	29.79	14.2	15.0	15.0
159	9.0	33.29	15.0	15.0	15.0
168.3	4.5	18.18	7.5	9.5	11.1
168.3	5.0	20.14	8.4	10.5	12.3
168.3	5.5	22.08	9.2	11.6	13.5
168.3	6.0	24.02	10.1	12.6	14.8
168.3	6.5	25.94	10.9	13.7	15.0
168.3	7.0	27.85	11.7	14.7	15.0
168.3	8.0	31.63	13.4	15.0	15.0
168.3	9.0	35.36	15.0	15.0	15.0
177.8	4.5	19.23	7.1	9.0	10.5
177.8	5.0	21.31	7.9	10.0	11.6
177.8	5.5	23.37	8.7	11.0	12.8
177.8	6.0	25.42	9.5	11.9	14.0
177.8	6.5	27.46	10.3	12.9	15.0
177.8	7.0	29.49	11.1	13.9	15.0
177.8	8.0	33.50	12.7	15.0	15.0
177.8	9.0	37.47	14.3	15.0	15.0
193.7	5.0	23.27	7.3	9.1	10.7
193.7	5.5	25.53	8.0	10.1	11.8
193.7	6.0	27.77	8.7	11.0	12.8
193.7	6.5	30.01	9.5	11.9	13.9

表 1(续)

公称外径(*D*)/mm	公称壁厚(*S*)/mm	理论重量/(kg/m)	试验压力/MPa		
			Q235A、Q235B	Q295A、Q295B	Q345A、Q345B
193.7	7.0	32.23	10.2	12.8	15.0
193.7	8.0	36.64	11.6	14.6	15.0
193.7	9.0	40.99	13.1	15.0	15.0
219.1	5.0	26.40	6.4	8.1	9.4
219.1	5.5	28.97	7.1	8.9	10.4
219.1	6.0	31.53	7.7	9.7	11.3
219.1	6.5	34.08	8.4	10.5	12.3
219.1	7.0	36.61	9.0	11.3	13.2
219.1	8.0	41.65	10.3	12.9	15.0
219.1	9.0	46.63	11.6	14.5	15.0
244.5	5.0	29.53	5.8	7.2	8.5
244.5	5.5	32.42	6.3	8.0	9.3
244.5	6.0	35.29	6.9	8.7	10.2
244.5	6.5	38.15	7.5	9.4	11.0
244.5	7.0	41.00	8.1	10.1	11.9
244.5	8.0	46.66	9.2	11.6	13.5
244.5	9.0	52.27	10.4	13.0	15.0
244.5	10.0	57.83	11.5	14.5	15.0
273	5.0	33.05	5.2	6.5	7.6
273	5.5	36.28	5.7	7.1	8.3
273	6.0	39.51	6.2	7.8	9.1
273	6.5	42.72	6.7	8.4	9.9
273	7.0	45.92	7.2	9.1	10.6
273	8.0	52.28	8.3	10.4	12.1
273	9.0	58.60	9.3	11.7	13.6
273	10.0	64.86	10.3	13.0	15.0
323.9	6.0	47.04	5.2	6.6	7.7
323.9	6.5	50.88	5.7	7.1	8.3
323.9	7.0	54.71	6.1	7.7	8.9
323.9	8.0	62.32	7.0	8.7	10.2
323.9	9.0	69.89	7.8	9.8	11.5
323.9	10.0	77.41	8.7	10.9	12.8
323.9	11.0	84.88	9.6	12.0	14.1
355.6	6.0	51.73	4.8	6.0	7.0

表 1(续)

公称外径(*D*)/mm	公称壁厚(*S*)/mm	理论重量/(kg/m)	试验压力/MPa		
			Q235A、Q235B	Q295A、Q295B	Q345A、Q345B
355.6	6.5	55.96	5.2	6.5	7.6
355.6	7.0	60.18	5.6	7.0	8.1
355.6	8.0	68.58	6.3	8.0	9.3
355.6	9.0	76.93	7.1	9.0	10.5
355.6	10.0	85.23	7.9	10.0	11.6
355.6	11.0	93.48	8.7	11.0	12.8
355.6	12.5	105.77	9.9	12.4	14.6
377	6.0	54.90	4.5	5.6	6.6
377	6.5	59.39	4.9	6.1	7.1
377	7.0	63.87	5.2	6.6	7.7
377	8.0	72.80	6.0	7.5	8.8
377	9.0	81.68	6.7	8.5	9.9
377	10.0	90.51	7.5	9.4	11.0
377	11.0	99.29	8.2	10.3	12.1
377	12.5	112.36	9.4	11.7	13.7
406.4	6.0	59.25	4.2	5.2	6.1
406.4	6.5	64.10	4.5	5.7	6.6
406.4	7.0	68.95	4.9	6.1	7.1
406.4	8.0	78.60	5.6	7.0	8.1
406.4	9.0	88.20	6.2	7.8	9.2
406.4	10.0	97.76	6.9	8.7	10.2
406.4	11.0	107.26	7.6	9.6	11.2
406.4	12.5	121.43	8.7	10.9	12.7
426	6.0	62.15	4.0	5.0	5.8
426	6.5	67.25	4.3	5.4	6.3
426	7.0	72.33	4.6	5.8	6.8
426	8.0	82.47	5.3	6.6	7.8
426	9.0	92.55	6.0	7.5	8.7
426	10.0	102.59	6.6	8.3	9.7
426	11.0	112.58	7.3	9.1	10.7
426	12.5	127.47	8.3	10.4	12.1
457	6.0	66.73	3.7	4.6	5.4
457	6.5	72.22	4.0	5.0	5.9
457	7.0	77.68	4.3	5.4	6.3

表 1(续)

公称外径(*D*)/mm	公称壁厚(*S*)/mm	理论重量/(kg/m)	试验压力/MPa Q235A、Q235B	Q295A、Q295B	Q345A、Q345B
457	8.0	88.58	4.9	6.2	7.2
457	9.0	99.44	5.6	7.0	8.2
457	10.0	110.24	6.2	7.7	9.1
457	11.0	120.99	6.8	8.5	10.0
457	12.5	137.03	7.7	9.7	11.3
508	6.0	74.28	3.3	4.2	4.9
508	6.0	74.28	3.3	4.2	4.9
508	6.5	80.39	3.6	4.5	5.3
508	7.0	86.49	3.9	4.9	5.7
508	8.0	98.65	4.4	5.6	6.5
508	9.0	110.75	5.0	6.3	7.3
508	10.0	122.81	5.6	7.0	8.1
508	11.0	134.82	6.1	7.7	9.0
508	12.5	152.75	6.9	8.7	10.2
559	6.0	81.83	3.0	3.8	4.4
559	6.5	88.57	3.3	4.1	4.8
559	7.0	95.29	3.5	4.4	5.2
559	8.0	108.71	4.0	5.1	5.9
559	9.0	122.07	4.5	5.7	6.7
559	10.0	135.39	5.0	6.3	7.4
559	11.0	148.66	5.5	7.0	8.1
559	12.5	168.47	6.3	7.9	9.3
559	14.0	188.17	7.1	8.9	10.4
610	6.0	89.37	2.8	3.5	4.1
610	6.5	96.74	3.0	3.8	4.4
610	7.0	104.10	3.2	4.1	4.8
610	8.0	118.77	3.7	4.6	5.4
610	9.0	133.39	4.2	5.2	6.1
610	10.0	147.97	4.6	5.8	6.8
610	11.0	162.49	5.1	6.4	7.5
610	12.5	184.19	5.8	7.3	8.5
610	14.0	205.78	6.5	8.1	9.5
660	6.0	96.77	2.6	3.2	3.8
660	6.5	104.76	2.8	3.5	4.1

表 1(续)

公称外径(D)/mm	公称壁厚(S)/mm	理论重量/(kg/m)	试验压力/MPa		
			Q235A、Q235B	Q295A、Q295B	Q345A、Q345B
660	7.0	112.73	3.0	3.8	4.4
660	8.0	128.63	3.4	4.3	5.0
660	9.0	144.49	3.8	4.8	5.6
660	10.0	160.30	4.3	5.4	6.3
660	11.0	176.06	4.7	5.9	6.9
660	12.5	199.60	5.3	6.7	7.8
660	14.0	223.04	6.0	7.5	8.8
注 1：理论重量是按公式(1)计算。 注 2：液压试验试验压力是按公式(2)计算。					

4.1.2 外径和壁厚的允许偏差

钢管外径和壁厚的允许偏差应符合表 2 的规定。根据需方要求，经供需双方协商，并在合同中注明，可供应表 2 规定以外尺寸允许偏差的钢管。

表 2 外径和壁厚的允许偏差

单位为毫米

公称外径 D	外径的允许偏差	壁厚的允许偏差
$D \leqslant 48.3$	± 0.50	$\pm 10\% S$
$48.3 < D \leqslant 273$	$\pm 1\% D$	
$D > 273$	$\pm 0.75\% D$	

4.1.3 长度

钢管的通常长度应为 4 000 mm～12 000 mm。

根据需方要求，经供需双方协商，并在合同中注明，钢管可按定尺长度和倍尺长度交货。定尺长度和倍尺总长度应在通常长度范围内，全长允许偏差应为 $^{+15}_{0}$ mm。倍尺长度的钢管每个倍尺应留出 5 mm～15 mm 的切口余量。

4.2 外形

4.2.1 弯曲度

钢管的每米弯曲度应不大于 1.2 mm/m，全长弯曲度应不大于钢管总长度的 0.12%。

4.2.2 不圆度

钢管的不圆度应不大于外径公差的 75%。

4.2.3 管端

钢管的管端切斜应不大于 1.6 mm，切口毛刺应予清除。

根据需方要求，经供需双方协商，并在合同中注明，壁厚大于 4 mm 的钢管端面可开坡口和钝边，坡口角度应为 $30^{\circ}{}^{+5^{\circ}}_{0^{\circ}}$，以钢管轴线的垂线为基准测量，钝边尺寸应为 1.6 mm±0.8 mm。

4.3 重量

钢管按理论重量交货，也可按实际重量交货。钢管的理论重量按公式(1)计算(钢的密度为 7.85 kg/dm^3)，修约到最邻近的 0.01 kg/m。

$$W = 0.024\,661\,5(D-S)S \quad \cdots\cdots(1)$$

式中：

W——理论重量，单位为千克每米(kg/m)；

D——钢管的公称外径，单位为毫米（mm）；

S——钢管的公称壁厚，单位为毫米（mm）。

以理论重量交货的钢管，每批（不大于 10t）或单根钢管的理论重量与实际重量的允许偏差为 ±7.5%。

5 技术要求

5.1 钢的牌号和化学成分

5.1.1 钢的牌号和化学成分（熔炼分析）应符合 GB/T 700 中牌号 Q235A、Q235B 和 GB/T 1591 中牌号 Q295A、Q295B、Q345A、Q345B 的规定。根据需方要求，经供需双方协商，并在合同中注明，可生产其他牌号的钢管。

5.1.2 钢管按熔炼成分验收。当需方要求进行钢管成品分析时，应在合同中注明，成品钢管化学成分允许偏差应符合 GB/T 222 的规定。

5.2 制造方法

钢管应采用高频电阻焊接方法制造。

5.3 交货状态

钢管应以直缝平端光管状态交货。经供需双方协商，也可按焊缝热处理状态或其他状态交货。

5.4 力学性能

钢管的力学性能应符合表 3 的规定。其他钢牌号制造的钢管，其力学性能要求应由供需双方协商确定。

表 3 力学性能

牌号	抗拉强度 R_m/ N/mm² 不小于	下屈服强度 R_{eL}/ N/mm² 不小于	断后伸长率 A/% 不小于	
			$D \leqslant 168.3$	$D > 168.3$
Q235A、Q235B	375	235	15	20
Q295A、Q295B	390	295	13	18
Q345A、Q345B	470	345	13	18
注：拉伸试验仲裁时以纵向试样为准。				

5.5 液压试验

钢管应逐根进行液压试验，试验压力应按公式（2）计算，最大试验压力为 15.0 MPa。试验压力值修约到最邻近的 0.1 MPa。在试验压力下，稳压时间应不少于 5 s，钢管不应出现渗漏现象。

$$P = 2SR/D \quad \cdots\cdots(2)$$

式中：

P——液压试验压力，单位为兆帕（MPa）；

D——外径，单位为毫米（mm）；

S——壁厚，单位为毫米（mm）；

R——规定下屈服强度的 60%，单位为兆帕（MPa）。

钢管液压试验后，应对距管端 300 mm 范围内的焊缝进行超声波检验。超声波检验应符合 GB/T 18256的规定。经供需双方协商，并在合同中注明，外径不大于 114.3 mm 的钢管管端可不进行超声波检验。

经供需双方协商，并在合同中注明，可用超声波探伤或涡流探伤代替液压试验。钢管超声波探伤应符合 GB/T 18256 的规定；涡流探伤应符合 GB/T 7735 的规定，对比样管人工缺陷（钻孔）应为 A 级。

5.6　弯曲试验

外径不大于60.3 mm的钢管应进行弯曲试验。弯曲试样应在每批首卷钢带生产的钢管首端和尾卷钢带生产的钢管尾端各取1个试样。试验时，弯曲试样应不带填充物，弯曲半径应为钢管公称外径的6倍，弯曲角度为90°，焊缝应与弯曲平面成90°。试验后，试样上不允许出现裂缝或裂口。

5.7　压扁试验

外径大于60.3 mm的钢管应进行压扁试验。压扁试样应在每卷钢带生产的首根钢管的首端和尾根钢管的尾端各取2个试样，试验时，首端2个试样和尾端2个试样的焊缝应分别与施力方向成90°和0°；如出现停焊现象，应从停焊前后各取1个试样，试样的焊缝应与施力方向成90°，停焊前后所取试样的试验可代替首、尾两端试样焊缝置于0°的压扁试验。

试验时，当平板间距离为钢管外径的2/3时，焊缝处不允许出现裂缝或裂口；当平板间距离为钢管外径的1/3时，焊缝以外的其他部位不允许出现裂缝或裂口；继续压扁直至相对管壁贴合为止，在整个压扁过程中，不允许出现分层或金属过烧现象。

5.8　表面质量

5.8.1　焊缝的毛刺高度

钢管焊缝的外毛刺应清除，其剩余高度应与钢管轮廓平滑过渡。

根据需方要求，经供需双方协商，焊缝内毛刺可清除或压平。焊缝内毛刺清除或压平后，其剩余高度应不大于1.5 mm；当壁厚不大于4.0 mm时，清除毛刺后刮槽深度应不大于0.2 mm；当壁厚大于4.0 mm时，刮槽深度应不大于0.4 mm。

5.8.2　表面缺陷

钢管的内外表面应光滑，不允许有折叠、裂缝、分层、搭焊。允许有深度不超过壁厚负偏差的其他局部缺陷存在。

6　试验方法

6.1　钢管的尺寸和外形应采用符合精度要求的量具逐根测量。

6.2　钢管的内外表面应在充分照明条件下逐根目视检查。

6.3　钢管的其他检验应符合表4的规定。

表4　钢管的检验项目、试验方法和取样数量

序号	检验项目	取样方法、试验方法	取样数量
1	化学成分	GB/T 20066、GB/T 223、GB/T 4336	每炉(罐)1个
2	拉伸试验	GB/T 228、GB/T 2975	每批1个
3	液压试验	GB/T 241	逐根
4	超声波探伤	GB/T 18256	逐根
5	涡流探伤	GB/T 7735	逐根
6	弯曲试验	GB/T 244	每批2个
7	压扁试验	GB/T 246	每卷4个

7　检验规则

7.1　检查和验收

钢管的检查和验收应由供方质量技术监督部门进行。

7.2　组批规则

钢管应按批进行检查和验收，每批应由同一炉(罐)号、同一牌号、同一规格和同一热处理制度的钢

管组成。每批钢管的数量应不超过如下规定：

a） 外径≤60.3 mm：500 根；

b） 外径＞60.3 mm～114.3 mm：400 根；

c） 外径＞114.3 mm～273.1 mm：300 根；

d） 外径＞273.1 mm：200 根。

8 复验与判定规则

钢管的复验与判定规则应符合 GB/T 2102 的规定。

9 包装、标志和质量证明书

钢管的包装、标志和质量证明书应符合 GB/T 2102 的规定。

ICS 59.060.01
W 50

中华人民共和国国家标准

GB/T 14334—2006
代替 GB/T 14334—1993

化学纤维 短纤维取样方法

Sampling method for man-made staple fibres

(BISFA ZBH 34—1998,Testing methods for polyester staple fibers,NEQ
BISFA ZBH 35—2004,Testing methods for viscose,modal,lyocell,acetate staple fibres and tows,NEQ)

2006-03-10 发布 2006-09-01 实施

中华人民共和国国家质量监督检验检疫总局
中国国家标准化管理委员会 发布

前言

本标准非等效采用国际人造纤维标准化局标准 BISFA ZBH 34—1998《涤纶短纤维试验方法》和 BISFA ZBH 35—2004《粘胶、莫代尔、莱塞尔、醋酸短纤维及丝束试验方法》中的取样部分。

本标准与 BISFA ZBH 34—1998 和 BISFA ZBH 35—2004 的主要技术差异为：

——增加了下机产品在线取样方法；

——修改了测定性能项目的实验室样品取样量；

——修改了实验室样品制备成试样的过程。

本标准虽然采用的是与涤纶和粘胶纤维等相关的国际标准取样部分，但是根据取样方法的通用性，本标准同样适用于其他化学短纤维的取样。

本标准代替 GB/T 14334—1993《合成短纤维取样方法》，并以该标准为基础进行了如下的修改：

——增加了下机产品取样方法(本版 6.1)；

——增加了丝束、毛条批样品包装件取样部位和数量(本版 6.2.2.1.2 和 6.2.2.1.3)；

——把用于测定回潮率项目的取样修改为用于测定商业质量的取样(本版 6.1.2.1 和 6.2.2.1)；

——增加了批包装件为 100 以上的批样品包装件取样(1993 版表 1；本版表 1)；

——修改了用于测定性能项目取样中的实验室样品量和混合试样方法(本版表 2 和 6.3)；

——增加了附录 A 按批时间段为 8 h 的下机产品取样方法(见附录 A)。

本标准的附录 A 为资料性附录。

本标准由中国纺织工业协会提出。

本标准由上海化纤(集团)有限公司归口。

本标准起草单位：中国化纤工业协会化纤产品检测中心、上海市纤维检验所。

本标准主要起草人：陈敏、茹永祥、陆秀琴、金曙明。

本标准所代替标准的历次版本发布情况为：

——GB/T 14334—1993。

化学纤维 短纤维取样方法

1 范围

本标准规定了化学短纤维的两种取样方法。其中下机产品取样方法适用于生产厂质量检验;包装件取样方法适用于交货、复验和仲裁等检验。

本标准适用于由有机的合成聚合物生产或天然聚合物转化生产,还包括由无机物生产的散纤维、丝束和毛条的取样。例如:涤纶、腈纶、锦纶、丙纶、维纶、粘胶、莫代尔、莱塞尔、醋酸和碳纤维等。

2 规范性引用文件

下列文件中的条款通过本标准的引用而成为本标准的条款。凡是注日期的引用文件,其随后所有的修改单(不包括勘误的内容)或修订版均不适用于本标准,然而,鼓励根据本标准达成协议的各方研究是否可使用这些文件的最新版本。凡是不注日期的引用文件,其最新版本适用于本标准。

GB/T 10111 利用随机数骰子进行随机抽样的方法

3 术语和定义

下列的术语和定义适用于本标准。

3.1

包装件 container

包装的单位(如件、箱、盒、包、袋等)。

3.2

批 lot

检验批或货单上指定批的全部包装件。

3.3

批样品 lot sample

能代表整个批的包装件(或样品),用于抽取实验室样品的包装件(或样品)总合。

3.4

实验室样品 laboratory sample

为实验室试验而抽取的批样品包装件(或样品)中纤维的一部分,这些样品能共同代表整个批。

3.5

试样 test specimen

用于测定性能项目的实验室样品的混合样。

3.6

检验批 test lot

在一定时间段内,为检验连续生产过程中产品质量稳定性而设置的批号。

4 原理

采用阶段性或简单随机抽样方法,从批中按规定随机抽取一定数量的包装件(或样品)作为批样品,再从中抽取一定数量的纤维作为实验室样品,最后按一定规律混合成试样。

5 设备

——随机数骰子或计算机;

——密闭容器；

——可以分别存放 20 个实验室样品的格子篮；

——适宜称量范围的衡器，正确度为包装件估计质量的±0.1%。

6 取样步骤

6.1 下机产品取样方法

6.1.1 批样品

检验批时间段内，按预计生产批包装件的量，在规定的包装工艺段(或之前)，按表 1 确定每批需抽取批样品的次数，然后按式(1)计算得到抽取批样品间隔时间：

$$t = \frac{60t_1}{N} \qquad \cdots\cdots(1)$$

式中：

t——抽取批样品间隔时间，单位为分每次(min/次)；

t_1——检验批时间段，单位为小时每批(h/批)；

N——抽取批样品的次数，单位为次每批(次/批)。

6.1.2 实验室样品

6.1.2.1 抽取用于测定商业质量的实验室样品

每次抽取批样品时，在 30 s 内从多处，按表 1 均匀取出一个实验室样品约 120 g。取出的样品应立即放入密闭容器内。

6.1.2.2 抽取用于测定性能项目的实验室样品

每次抽取批样品时，取出表 1 规定的实验室样品数，每个约 30 g～60 g。实验室样品最多不超过 20 个，取出的样品应分别放入格子篮中。

附录 A 是一个推荐的取样方法，它提供了下机产品(8 h)取样频率。

表 1 取样次数和实验室样品的抽取

批中包装件/件	抽取批样品/(次/批)	抽取用于测定商业质量的实验室样品/(g/个)	抽取用于测定性能项目的实验室样品/(g/个)	
			抽取批样品的取样点数/个	每取样点的取样量/g
1～5	与批相对应：1～5	每抽取批样品时抽取 1 个，取样量约 120	a	60
6～10	5		4	30
11～25	5		4	30
25 以上	10		2	30
100 以上	检验批中批包装件的 10%			

a——批样品取出的点数等于实验室样品数，总量至少 10 个。

6.2 包装件取样方法

6.2.1 批样品

6.2.1.1 在批包装件上标注连续的整数，然后使用计算机或按 GB/T 10111 确定需要抽取的包装件号(排除那些包装破损、运输中意外受潮或是已经被打开的包装件)。

6.2.1.2 按表 2 在第一次取出的包装件中选取批样品包装件给予记号并记录，其余作为备用样品。

表 2 批样品包装件和测定商业质量的实验室样品数量

批包装件/件	第一次从批中选取的包装件/件	其中批样品包装件/件	抽取用于测定商业质量的实验室样品/个	抽取用于测定性能项目的实验室样品/个	
				抽取批样品的取样点数	总量个数
1～5	全部	全部	每个批样品包装件取 1 个	1 包取 10 2 包取 5 3 包取 4 4 包取 3 5 包取 2	10
6～10	全部	5		4	20
11～25	10	5		4	20
25 以上	20	10		2	20
100 以上	批包装件的 20%	批包装件的 10%		批样品包装件多于 10 件时，取样不超过 10 个批包装件。	

6.2.1.3 用于测定商业质量和性能项目的取样时，应使用相同的批样品。

6.2.1.4 仅需要测定性能项目，不需测定商业质量时，抽取的批样品不超过 10 件。

6.2.2 实验室样品

6.2.2.1 抽取用于测定商业质量的实验室样品

6.2.2.1.1 检查标志质量和称量包装件毛质量

首先检查每个批包装件的外包装标志质量。

称取批样品中每个包装件的毛质量。称量后立即进行实验室样品抽取。

将包装件打开后，小心地将所有的包装材料放在一边，用于测定皮质量。

6.2.2.1.2 取样点和取样位置

6.2.2.1.2.1 散纤维

被取样的包装件可看作内外两个体积相当的区域(图 1)，内区又可看作六个相同厚度的水平层(图 2)。内区的尺寸约是包装件尺寸的 80%，外区的厚度约为包装件的 10%。

抽取每个包装件的外区六个面，每一面两个部位计 12 个取样点，内区六个层面计 6 个取样点，共计 18 个取样点。

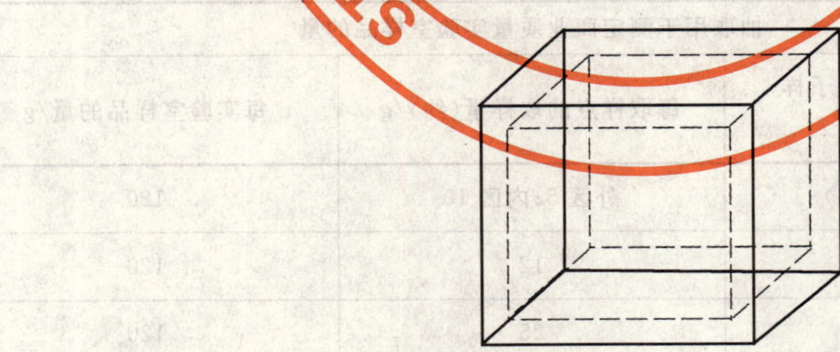

图 1 包内纤维区域

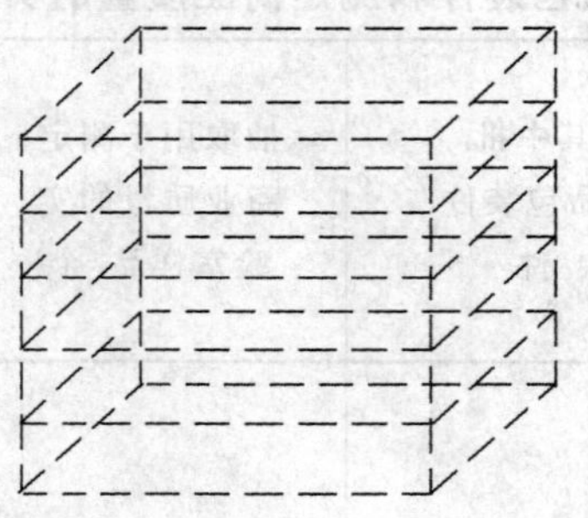

图 2 内区各层

6.2.2.1.2.2 丝束(成层)

在包装件内部 A 与 B 处分成离顶面和底面距离相等的两个取样层,每层有五个取样点(见图 3)。

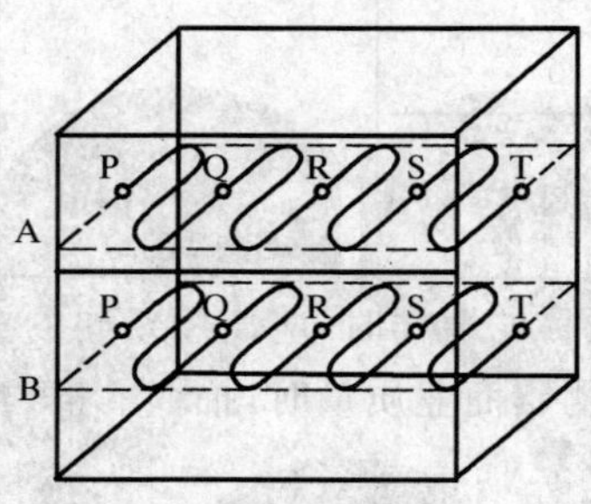

图 3 包或箱内丝束

6.2.2.1.2.3 毛条(盘式和卷式包装小件)

对于批为盘式或卷式的带芯或不带芯的包装小件。随机取一个包装小件,在小件的表面和末端各取一个点,在小件的 1/4、1/2、3/4 处各取一点,共计 5 个取样点。

6.2.2.1.3 取样量

按表 2 的实验室样品个数和表 3 取样点取样量的规定,从批样品的每个包装件取出一个实验室样品约 120 g。立即放入密闭容器内,用于商业质量测定(或回潮率测定)。

注 1:所有的操作都应佩戴不吸水材料制成的手套。

注 2:每包装件用衡器称量后立即取样,从暴露包装件的内表面到试样装入密闭容器之间的时间不应超过 30 s。

表 3 用于测定商业质量的实验室样品试样量

批种类	抽取用于测定商业质量实验室样品的量		
	每实验室样品内的子样取样点/个	每取样点的取样量(约)/g	每实验室样品的量/g
散纤维	18(外 12+内 6)	外区 5;内区 10	120
丝束	10	12	120
毛条	5	25	120

6.2.2.1.4 包装件净质量的测定

称取批样品中每个包装件的皮质量。包装件内的各种芯架或包装物以实际取到的平均质量为准。用毛质量扣除皮质量,计算批样品包装件的净质量,见式(2):

$$m_j = m_m - m_p \qquad \cdots\cdots(2)$$

式中：

m_j——净质量，单位为千克(kg)；

m_m——毛质量，单位为千克(kg)；

m_p——皮质量，单位为千克(kg)。

6.2.2.2 抽取用于测定性能项目的实验室样品

6.2.2.2.1 取样点和实验室样品数的确定

按表 2 要求(取样不分区域)，以批样品的每个包装件确定实验室样品数(即取样点数)和总个数。

6.2.2.2.2 取样量

按表 4 规定，取出一定量的纤维，放在格子篮，即为实验室样品。

注 1：取出盘式和卷式棉型条或毛型条的第一个试样之前应丢弃可能拉伸或损伤的前几米条子。

注 2：剩余样品不应丢弃，当置信界限超过时，可用于再试验。

注 3：使用从同一实验室样品中取出的纤维，进行每项性能项目的测定。

表 4 测定性能项目的实验室样品试样量

批种类	用于测定性能项目的实验室样品的量	
	每取样点的取样量(约)	每实验室样品的量(约)
散纤维	30 g	30 g～60 g
丝束	0.5 m	0.5 m
毛条	2 个连续的 2 m	2 m

6.3 用于测定性能项目的试样抽取(多点法)

6.3.1 将 6.1.2.2 或 6.2.2.2.2 格子篮中的 n 个实验室样品分成 16 份，并把这 16 份样品一一对应地混合，便得到第一组的 16 个混合样品(如图 4)。

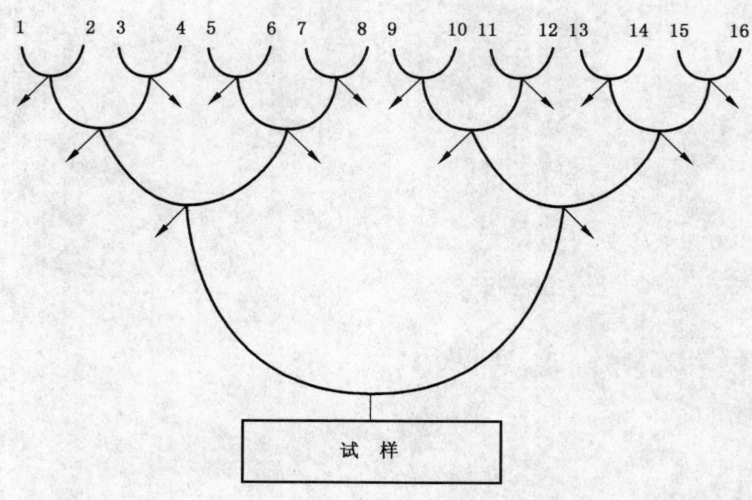

图 4 试样的抽取

6.3.2 将第一组的 16 个混合样品中的第 1 个样品与第 2 个样品合并混合，再分成两半，丢弃一半，保留一半；第 3 个样品与第 4 个样品合并混合，再分成两半，丢弃一半，保留一半；……第 15 个样品与第 16 个样品合并混合，再分成两半，丢弃一半，保留一半。其中 8 个丢弃的样品再一起混合得到一个试样，用于测定无需调湿的性能项目，另外 8 个保留样品混合后作为第二组混合样品。

6.3.3 将第二组的 8 个混合样品中的第 1 个样品与第 2 个样品合并混合，再分成两半，丢弃一半，保留一半；第 3 个样品与第 4 个样品混合，再分成两半，丢弃一半，保留一半；第 7 个样品与第 8 个样品合并混合，再分成两半，丢弃一半，保留一半，其中 4 个丢弃的样品再一起混合得到一个试样，用于测定数量要求较多的性能项目，另外 4 个保留样品混合后作为第三组混合样品。

6.3.4　将第三组的 4 个混合样品按第二组方法分样，其中 2 个丢弃的样品再一起混合得到一个试样，用于测定特殊要求的性能项目，另外 2 个保留样品混合后作为第四组混合样品。

6.3.5　再将第四组的 2 个混合样品，同样按第三组分样方法，最后得到一个试样，用于测定需调湿的性能项目。

附　录　A
（资料性附录）
下机产品(8 h)取样

A.1　本附录提供了按连续生产时间为 8 h 作为检验批的下机产品取样方法。

A.2　以一个检验批生产的包装件和每批抽取批样品的次数，按式(1)计算得到抽取批样品间隔时间见表 A.1。

A.3　实验室样品按 6.1.2 规定抽取。

A.4　试样抽取按 6.3 规定执行。

表 A.1　取样次数和间隔时间

批中包装件/件	抽取批样品/（次/批）	抽取批样品间隔时间/（min/次）
1～5	与批相对应：1～5	按需规定
6～10	5	90
11～25	5	90
25 以上	10	45
100 以上	检验批中包装件的 10%.	按需规定

ICS 17.140
A 59

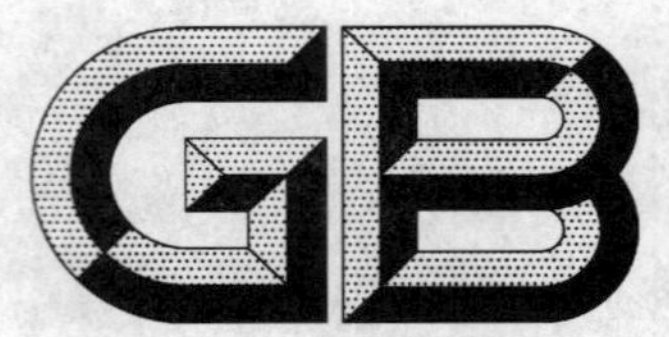

中华人民共和国国家标准

GB/T 14367—2006
代替 GB/T 14367—1993

声学　噪声源声功率级的测定 基础标准使用指南

Acoustics—Determination of sound power levels of noise sources—Guidelines for the use of basic standards

(ISO 3740:2000,MOD)

2006-07-25 发布　　　　2006-12-01 实施

中华人民共和国国家质量监督检验检疫总局
中国国家标准化管理委员会　发布

前 言

本标准修改采用 ISO 3740:2000《声学 噪声源声功率级的测定 基础标准使用指南》。

本标准在修改采用 ISO 3740:2000 过程中，将其规范性引用文件和参考文献中部分 ISO 标准替换成我国目前正在实施的对应的国家标准，并补充了在 ISO 3740:2000 公布后新颁布的 ISO 9614-3:2002《声学 声强法测定噪声源的声功率级 第 3 部分：扫描测量精密法》(GB/T 16404.3)中的相关内容，使得本标准更全面地体现作为测定声功率级的系列标准的指南的功能。由于 ISO 3745 和 ISO 3747 所对应的国家标准 GB/T 6882 和 GB/T 16538 目前尚未采用 ISO 标准的最新版本，本标准在修改过程中采用最新版本的 ISO 标准。修改内容包括以下三个方面：

——在原 ISO 3740:2000 中涉及声强法的条文中，增加了对 ISO 9614-3:2002 (GB/T 16404.3)的引用和描述；

——表 1、表 2 和表 3 中增加了 GB/T 16404.3 一栏；

——附录 A 中增加了 A.7.3 GB/T 16404.3 扫描测量 精密法。

本标准是对 GB/T 14367—1993《声学 噪声源声功率的测定 使用基础标准与制订噪声测试规范的准则》的修订。本标准与 GB/T 14367—1993 的主要差异如下：

——标准的名称由《声学 噪声源声功率的测定 使用基础标准与制订噪声测试规范的准则》修改为《声学 噪声源声功率级的测定 基础标准使用指南》。

——涵盖的噪声源声功率测定的标准范围由原来的 4 个增加到 10 个。

——在标准的格式上进行了较大的调整。

——在标准的内容上进行了较大的调整。增加了目次、前言、引言、第 4 章“声功率级的测定”、第 5 章“根据 GB/T 14574 的噪声标示”、附录 D“确定声源声功率的恰当标准选用指南”以及参考文献等部分，删除了 GB/T 14367—1993 中的第 5 章“噪声测试规范的制定”。

——各章节的内容均作了较大调整。如第 3 章“术语和定义”中，将 GB/T 14367—1993 中全部 10 条描述测量偏差与精度的术语和定义删除，代替以 12 条描述声学量的术语和定义；其余各章在内容和技术参数上均有较大调整。

本标准的附录 A 为规范性附录，附录 B、附录 C、附录 D 为资料性附录。

本标准由中国科学院提出。

本标准由全国声学标准化技术委员会技术(SAC/TC 17)归口。

本标准起草单位：同济大学声学研究所、中国科学院声学研究所、中国计量科学研究院。

本标准主要起草人：毛东兴、李晓东、陈剑林、俞悟周、程明昆。

本标准于 1993 年 3 月首次发布。

引　言

0.1 概述

本标准规定了使用以下一系列标准的导则，这些标准包括 GB/T 6881.1、GB/T 6881.2、GB/T 6881.3、GB/T 3767、ISO 3745、GB/T 3768、ISO 3747、GB/T 16404、GB/T 16404.2 和 GB/T 16404.3。总体上，以上系列标准中描述的测定声功率级的方法囊括了各种类型的机器和设备。

GB/T 6881.1、GB/T 6881.2、GB/T 6881.3、GB/T 3767、ISO 3745、GB/T 3768、ISO 3747、GB/T 16404、GB/T 16404.2 和 GB/T 16404.3 组成了一系列基础标准。这些标准规定了在测定声功率级时，使用的声学条件和仪器、所应遵循的测量步骤以及被测机器的安装和运行状态的基本信息。

测定声功率级标准的选择实际上会影响到测定发射声压级标准的选择(参见 GB/T 17248.1)，反之亦然。因此，同时根据两种噪声发射量来选择标准更加全面。

0.2 与其他标准的关系

本标准是一系列阐述测定机器、设备或这些设备部件噪声发射方法的标准中的一个(本标准中简称为"被测机器")。这个系列的标准分成以下三类。

a) 测定声功率级的方法

本类别包括下列标准(见表 1)：

——GB/T 6881.1、GB/T 6881.2、GB/T 6881.3、GB/T 3767、ISO 3745、GB/T 3768、ISO 3747 给出了在不同环境下用声压级测定声功率级的方法，其准确度分别为精密级、工程级和简易级；

——GB/T 16404、GB/T 16404.2 和 GB/T 16404.3 给出了用声强级测量手段确定机器、设备的声功率级的方法。

b) 工作位置和其他指定位置发射声压级的测定方法

本类别包括下列标准：

——GB/T 17248.1[3] 给出选择所用方法导则；

——GB/T 17248.2[4]、GB/T 17248.3[5]、GB/T 17248.5[7] 给出从测量声压级确定机器、设备的发射声压级的方法；

——GB/T 17248.4[6] 给出从声功率级确定机器、设备的发射声压级的方法。

c) 噪声测试规范

对一种特定的机器、设备类型，噪声测试规范包括以下方面：

——测定声功率级的方法和仪器；

——测定工作位置或其他指定位置发射声压级的方法；

——工作位置的测点；

——测定噪声发射量的被测机器的安装和运行状态；

——验证标称噪声发射量的方法。

GB/T 19052 给出了起草和表述噪声测试规范的准则。

声学 噪声源声功率级的测定 基础标准使用指南

1 范围

本标准规定了用于测定各类机器与设备声功率级的一系列标准的使用导则。本标准包含了：

——这些基础标准的简明提要；

——适合特定类型测定的一个或多个标准的选择准则(参见第5章和附录D)。此准则仅适用于空气声。用于噪声测试规范(参见GB/T 19052)的编制，以及尚无专门测试规范时噪声的测定。

本标准并不是代替其他基础标准中规定的各种测定方法的任何细节或附加任何要求。

这些基础标准规定了适合于不同环境和准确度下测量的声学要求。

按照这些基础标准的要求，制定各类机器和设备的专门测试规范是十分重要的。这些噪声测试规范将会对所属某类机器设备的安装条件给出详细要求并推荐适用的基础标准。

如果对一种特殊类型的机器没有专门的噪声测试规范，那么本标准就可作为最适合的基础标准的选用指南。在任何情况下，被测机器的安装条件和工作条件都应符合这些基础标准规定的基本原则。

注：有两个互为补充的量可用于描述机器和设备的声辐射，一个是指定位置的发射声压级，另一个是声功率级。GB/T 17248.1～17248.5 规定了测定工作位置和其他指定位置发射声压级的基本方法。

2 规范性引用文件

下列文件中的条款通过本标准的引用而成为本标准的条款。凡是注日期的引用文件，其随后所有的修改单(不包括勘误的内容)或修订版均不适用于本标准，然而，鼓励根据本标准达成协议的各方研究是否可使用这些文件的最新版本。凡是不注日期的引用文件，其最新版本适用于本标准。

GB/T 3767 声学 声压法测定噪声源声功率级 反射面上方近似自由场的工程法(GB/T 3767—1996,eqv ISO 3744:1994)

GB/T 3768 声学 声压法测定噪声源声功率级 反射面上方采用包络测量表面的简易法(GB/T 3768—1996,eqv ISO 3746:1995)

GB/T 6881.1 声学 声压法测定噪声源声功率级 混响室精密法(GB/T 6881.1—2002,idt ISO 3741:1999)

GB/T 6881.2 声学 声压法测定噪声源声功率级 混响场中小型可移动声源工程法 第1部分:硬壁测试室法比较法(GB/T 6881.2—2002,idt ISO 3743-1:1994)

GB/T 6881.3 声学 声压法测定噪声源的声功率级 混响场中小型可移动声源工程法 第2部分:专用混响测试室法(GB/T 6881.3—2002,idt ISO 3743-2:1994)

GB/T 14574 声学 机器和设备噪声发射值的标示和验证(GB/T 14574—2000,eqv ISO 4871:1996)

GB/T 16404 声学 声强法测定噪声源的声功率级 第1部分:离散点上的测量(GB/T 16404—1996,eqv ISO 9614-1:1993)

GB/T 16404.2 声学 声强法测定噪声源的声功率级 第2部分:扫描测量(GB/T 16404.2—1999,eqv ISO 9614-2:1996)

GB/T 16404.3 声学 声强法测定噪声源的声功率级 第3部分:扫描测量精密法(GB/T 16404.3—2006,ISO 9614-3:2002,IDT)

GB/T 19052 声学 机器和设备发射的噪声 噪声测试规范起草和表述的准则(GB/T 19052—

2003,ISO 12001:1996,IDT)

IEC 61672-1　电声学　声级计　第1部分:规范

ISO 3745　声学　声压法测定噪声源声功率级　消声室和半消声室精密法

ISO 3747　声学　声压法测定噪声源声功率级　现场比较法

3　术语和定义

下列术语和定义适用于本标准。

3.1

噪声发射　noise emission

在指定运行和安装条件下确定声源(被测机器)辐射的空气声。

注:噪声发射值可以包含在产品标牌和/或产品说明书中。基本的噪声发射量即为声源本身的声功率级与声源附近工作位置和/或其他指定位置的发射声压级。

3.2

声功率　sound power

W

单位时间内通过某一面积的声能。单位为瓦(W)。通常以 W 表示。

3.3

声功率级　sound power level

L_W

声功率与基准声功率之比的以10为底的对数,单位为贝[尔](B)。但通常用分贝(dB)为单位,基准声功率必须指明。基准声功率为1 pW (10^{-12} W)。

注:必须标明所采用的频率计权或频带宽度,如A计权声功率级(L_{WA})。

3.4

声压级　sound pressure level

L_p

声压有效值平方(p^2)与基准声压平方(p_0^2)之比的以10为底的对数乘以10,单位为分贝(dB)。基准声压 p_0 为20 μPa。

注:必须标明所采用的频率计权或频带宽度,以及时间计权(S、F或I,参见IEC 61672-1)。

3.5

时间平均声压级　time-averaged sound pressure level

L_{peqT}

在测量时间 T 内,一个随时间变化的噪声信号的均方声压等于同一时间内的连续稳态声的声压平方,则连续稳态声的声压级即为时间平均声压级,单位为分贝(dB)。以式(1)表示:

$$L_{peqT} = 10\lg\left[\frac{1}{T}\int_0^T \frac{p^2(t)}{p_0^2}\mathrm{d}t\right] \quad \cdots\cdots\cdots\cdots(1)$$

注1:A计权时间平均声压级用 L_{pAeqT} 表示,可简写为 L_{pA}。其测量仪器应符合IEC 61672-1的要求。

注2:一般来说,因为时间平均声压级必需在某一测量时间间隔上测定,所以脚标中的"eq"和"T"常省略。

3.6

声能级　sound energy level

L_J

被测声源所辐射的单次猝发声或瞬态声的能量 E(单位为焦耳)与基准声能量 E_0 [E_0 = 1pJ (10^{-12}J)]之比的以10为底的对数乘以10,单位为分贝(dB)。以式(2)表示:

$$L_J = 10\lg(E/E_0) \quad \cdots\cdots\cdots\cdots(2)$$

注:频率计权或所采用的频带宽度应标明。

3.7

单一事件声压级 single-event sound pressure level

$L_{p,1s}$

规定持续时间 T(或规定测量时间 T)的独立单一事件的时间积分归一声压级(其中归一时间 $T_0=1$ s),单位为分贝(dB)。以式(3)表示:

$$L_{p,1s}=10\lg\left[\frac{1}{T_0}\int_0^T\frac{p^2(t)}{p_0^2}\mathrm{d}t\right]=L_{peqT}+10\lg\left[\frac{T}{T_0}\right] \qquad \cdots\cdots\cdots\cdots(3)$$

3.8

声强 sound intensity

$\boldsymbol{I}$

某一点上声压与相应质点振动速度的乘积。

注:声强为矢量。

3.9

背景噪声 background noise

来源于除被测声源以外的所有噪声。

注:背景噪声的来源包括空气声、结构振动声以及设备电噪声。

3.10

背景噪声级 background noise level

被测声源未运行时测得的声压级,单位为分贝(dB)。

3.11

背景噪声修正 background noise correction

K_1

背景噪声对表面声压级影响的修正量,单位为分贝(dB)。

注1:K_1 与频率有关。

注2:A计权的修正系数表示为 K_{1A}。

3.12

环境修正 environmental correction

K_2

测量环境的声反射和吸收对表面声压级影响的修正量,单位为分贝(dB)。

注1:K_2 与频率有关。

注2:A计权的修正表示为 K_{2A}。

注3:K_2 用于 GB/T 3767、GB/T 3768 和 ISO 3745 系列中的包络测量表面。

4 声功率级的测定

4.1 测定声功率级的用途

在机器和设备的噪声控制中,相关各方(包括机器或设备的制造方、安装方以及使用方)必须进行声学信息的有效交流。这些声学信息通过测量得到。只有在规定测量条件下,得到明确的声学量,并采用标准的测量仪器所测定的结果才是有效的。

声功率级有如下不同的用途:

——规定条件下辐射噪声的标示(参见第5章);

——噪声标示值的验证;

——各种型号和尺寸的机器辐射噪声的比较;

——与购买合同或规范中规定的噪声限值的比较;

——降低机器噪声辐射的工程项目；

——工作场所噪声级的预测；

——建立一系列从用户到供应商的要求和/或详尽制定引用标准方法的合同；

——声源特性的表征和描述。

根据任一基础标准测定的声功率级的数据与得到数据的环境或机器及设备的安装环境基本上无关。这正是用声功率级表征各种类型机器和设备噪声辐射的一个原因。

4.2 方法

在 GB/T 6881 系列、ISO 3745、GB/T 3767、GB/T 3768、ISO 3747 和 GB/T 16404 系列中确定机器或设备声功率级的两个原则是：

——在强反射环境中空间均方声压的确定(在混响场中测量)；

——用包络面测量声源辐射声能量流的确定(在自由场,或一个反射面上方的半自由场,或一个反射面上方的近似自由场中测量)。

通过测量声压级和声强级两个基本参量来确定机器或设备的声功率级。GB/T 6881 系列、ISO 3745、GB/T 3767、GB/T 3768、ISO 3747 中共有 7 个标准描述了在不同的测量环境下,由测得的声压级确定声功率级的方法。GB/T 16404、GB/T 16404.2 和 GB/T 16404.3 规定了由测量被测机器附近的声强确定声功率级的方法。

5 根据 GB/T 14574 的噪声标示

机器和设备制造商采用由本标准描述的某种方法得到的声功率级以及相应的不确定度两个量,根据 GB/T 14574 的要求对噪声源进行噪声标示。不确定度的值一般在相应的噪声测量规范中给出。如果没有指定的噪声测试标准,可以采用 GB/T 14574—2000 附录 A 中给出的值。

6 声功率级测定标准的选择

6.1 测量和确定的量

由测量声压级确定声功率级的方法在 GB/T 6881.1～6881.3、ISO 3745、GB/T 3767、GB/T 3768、ISO 3747 中规定。由测量声强级确定声功率级的方法在 GB/T 16404、GB/T 16404.2 和 GB/T 16404.3中规定。

这些声级值可以是时间平均值、频率计权值、频带噪声值或时间计权值。优先采用的频率计权是 A 计权。

6.2 影响测量方法选择的因素

从这一系列标准中选择恰当的测量标准应考虑以下因素：

a) 所要求准确度的等级(参见 GB/T 17248.1[3] 中的定义)；

b) 机器或设备的尺寸和可运输性,影响到将其置于声学实验室进行噪声测量的可行性；

c) 可供测量的测试环境；

d) 背景噪声级；

e) 声源所产生的噪声特征(如宽带、窄带、离散频率、稳态、非稳态、脉冲)；

f) 可供测量的声学仪器；

g) 所要求的声功率级的种类(频率计权或频带值,频率范围)；

h) 其他所期望的声学信息(如声源的指向性、瞬时辐射图案)。

注 1：以噪声标示为目的,优先选择的准确度等级是工程级(2 级)。

注 2：相同级别下所有标准具有同样的准确度。

6.3 概要

表 1 给出 GB/T 6881 系列、ISO 3745、GB/T 3767、GB/T 3768、ISO 3747 和 GB/T 16404、

GB/T 16404.2、GB/T 16404.3的总览。附录A给出这些标准的概要。

6.4 试验环境

附录B给出GB/T 6881系列、ISO 3745、GB/T 3767、GB/T 3768、ISO 3747和GB/T 16404、GB/T 16404.2中涉及的不同试验环境。

6.5 测量不确定度

表2给出了根据标准中的测试方法测定声功率级时,用标准偏差的最大值表示的测量不确定度。它们反应的是测量不确定度的累积效应,而不包括每次试验由于其他原因引起的声功率级变化(如改变被测机器的安装与运行条件)。而且,表2所给的标准偏差包括了诸如不同的频率成分、不同指向性特征等一些声源参数的变化。对于特定机器系列,声源参数值的变化范围应该较小。因此,对特定机器系列的测量,标准偏差小于表2给出的值。

在制定一个噪声测试规范时,推荐进行相关机器系列的实验室比对试验,以确定相关的标准偏差(详见ISO 5725-2[11])。

6.6 选择程序

表1总结了基础标准的适用性,表2给出了根据这些标准测定声功率级时的不确定度。

噪声测量的目的决定了所要求准确度等级。

表3列出了选择试验方法的影响因素。在附录C中给出了附加信息,表3和附录D给出了标准的选择指导。

表 1　确定机器与设备声功率级的国家标准一览表

参　数	声　压　法							声　强　法		
	GB/T 6881.1 精密级[a]	GB/T 6881.2 工程级[a]	GB/T 6881.3 工程级[a]	GB/T 3767 工程级[a]	ISO 3745 精密级[a]	GB/T 3768 简易级[a]	ISO 3747 工程级或简易级[a]	GB/T 16404 精密工程级或简易级[a]	GB/T 16404.2 工程级或简易级[a]	GB/T 16404.3 精密级[a]
试验环境	混响室	硬壁室	专用混响测试室	一个反射面上方的近似自由场	消声、半消声室	无特殊实验环境	现场的近似混响场符合规定要求	任意	任意	任意
试验环境适宜判据	合格的试验室体积和混响时间	体积≥40 m^3 吸声系数≤0.20	70 m^3 ≤体积≤300 m^3 0.5 s≤T_{nom}≤1 s	K_2≤2 dB[b]	特殊要求	K_2≤7 dB[b]	特殊要求	对以下方面有特殊要求： —外部无关声强； —风，气流，振动，温度； —周围环境构造	对以下方面有特殊要求： —外部无关声强； —风，气流，振动，温度； —周围环境构造	对以下方面有特殊要求： —外部无关声强； —风，气流，振动，温度； —周围环境构造
声源体积	小于实验室 2%	小于实验室 1%	小于实验室 1%	无限制：仅由可得到的测试环境决定	特征尺寸小于测量半径的一半	无限制：仅由可得到的测试环境决定	无限制：仅由可得到的测试环境决定	无限制	无限制	无限制
声源的噪声特性	稳定，宽带，窄带或离散频率	任意，但没有孤立猝发音	任意，但没有孤立猝发音	任意	任意	任意	稳定，宽带，窄带或离散频率	时域稳定的宽带，窄带或离散频率	时域稳定的宽带，窄带或离散频率	时域稳定的宽带，窄带或离散频率
背景噪声的限制	ΔL≥10 dB K_1≤0.5 dB[c]	ΔL≥6 dB K_1≤1.3 dB[c]	ΔL≥4 dB K_1≤2 dB[c]	ΔL≥6 dB K_1≤1.3 dB[c]	ΔL≥10 dB K_1≤0.5 dB[c]	ΔL≥3 dB K_1≤3 dB[c]	ΔL≥6 dB K_1≤1.3 dB[c]	声级：由仪器动态范围决定，一般 ΔL≥−10 dB 变化范围：对声场指标 F1 有特殊要求	声级：由仪器动态范围决定，一般 ΔL≥−10 dB 变化范围：对重复性检测 F1 有特殊要求	声级：由仪器动态范围决定，一般 ΔL≥−10 dB 变化范围：对声场指标 F1 有特殊要求

表 1(续)

参　数	声　压　法							声　强　法		
	GB/T 6881.1 精密级[a]	GB/T 6881.2 工程级[a]	GB/T 6881.3 工程级[a]	GB/T 3767 工程级[a]	ISO 3745 精密级[a]	GB/T 3768 简易级[a]	ISO 3747 工程级或简易级[a]	GB/T 16404 精密工程级或简易级[a]	GB/T 16404.2 工程级或简易级[a]	GB/T 16404.3 精密级[a]
仪器[d] a) 声级计，b) 积分声级计，c) 带通滤波器，d) 声校准器，e) 声强仪	a) 1级 b) 1级 c) 1级 d) 1级	a) 1级 b) 1级 c) 1级 d) 1级	a) 1级 b) 1级 c) 1级 d) 1级	a) 1级 b) 1级 c) 1级 d) 1级	a) 1级 b) 1级 c) 1级 d) 1级	a) 1级 b) 1级 c) 1级 d) 1级	a) 1级 b) 1级 c) 1级 d) 1级	e) 1级或2级[e]	e) 1级或2级[e]	e) 1级或2级[e]
可获得的声功率级	A计权、1/3倍频程或倍频程	A计权、倍频程	A计权、倍频程	A计权、1/3倍频程或倍频程	A计权、1/3倍频程或倍频程	A计权	由倍频程得到的A计权	频带（1/3倍频程、50 Hz～6 300 Hz）A计权、1/3倍频程或倍频程。准确度由声场指标决定	频带（1/3倍频程、50 Hz～6 300 Hz）A计权、1/3倍频程或倍频程。准确度由声场指标决定	频带（1/3倍频程、50 Hz～6 300 Hz）A计权、1/3倍频程或倍频程。准确度由声场指标决定
其他附加信息	其他频率计权声功率级	其他频率计权声功率级	其他频率计权声功率级	随时间变化的指向性和声压级；单一事件声压级；其他计权声功率级		随时间变化的声压级	随时间变化的声压级	正的和/或负的部分声功率集中		
				—	声能量级					

a　准确度分级：精密级=1级；工程级=2级；简易级=3级。

b　K_2 为环境修正系数(参见3.12)。

c　K_1 为背景噪声修正系数(参见3.11)。

d　至少符合标准级别：a)　IEC 61672-1，　b)　IEC 61672-1，　c)　IEC 61260，　d)　IEC 60942，　e) IEC 61043。

e　根据测量方法的准确度级别(1级为精密和工程级，2级为简易级)。

表 2　声功率级测定的不确定度(用再现性标准偏差的最大值表示)

单位:dB

频率	GB/T 6881.1	GB/T 6881.2	GB/T 6881.3	GB/T 3767	ISO 3745 消声室	ISO 3745 半消声室	GB/T 3768	ISO 3747 工程级	ISO 3747 简易级	GB/T 16404 精密级	GB/T 16404 工程级	GB/T 16404 简易级	GB/T 16404.2 工程级	GB/T 16404.2 简易级	GB/T 16404.3 精密级
A 计权	0.5	1.5	2	1.5[a]	—	—	3[a](若 $K_2\leqslant 5$ dB) 4[a](若 $5<K_2\leqslant 7$ dB) 4[c](若 $K_2\leqslant 5$ dB) 5[c](若 $5<K_2\leqslant 7$ dB)	1.5	4	—	—	4[b]	1.5[b]	4[b]	—
倍频程/ Hz															
63	—	—	—	5[d]	—	—	—	—		2	3	—	3	—	2
125	2.5	3	5	3	—	—	—	—		2	3	—	3	—	2
250	1.5	2	3	2	—	—	—	—		1.5	2	—	2	—	1.5
500	1.0	1.5	2	1.5	—	—	—	—		1.5	2	—	1.5	—	1.5
1 000～4 000	1.0	1.5	2	1.5	—	—	—	—		1	1.5	—	1.5	—	1
8 000	2	2.5	3	2.5	—	—	—	—		—	—	—	—	—	—
1/3 倍频程/Hz															
50～80	—	—	—	5[d]	2	2	—	—		2	3	—	3	—	2
100～160	3.0	—	—	3	1	1.5	—	—		2	3	—	3	—	2
200～315	2.0	—	—	2	1	1.5	—	—		1.5	2	—	2	—	1.5
400～630	1.5	—	—	1.5	1	1.5	—	—		1.5	2	—	1.5	—	1.5
800～5 000	1.5	—	—	1.5	0.5	1	—	—		1	1.5	—	1.5	—	1
6 300～10 000	3	—	—	2.5	1	1.5	—	—		2[e]	2.5[e]	—	2.5[e]	—	2[e]

a　在相关频率范围内,噪声源发射的噪声频谱相对“平坦”。

b　A 计权(倍频程,63 Hz～4 000 Hz,或 1/3 倍频程,50 Hz～6 300 Hz)。

c　噪声发射包含显著离散频率特征的噪声源。

d　一般使用于室外测量;许多测试室在这个频带不符合要求。

e　仅对 1/3 倍频程的 6 300 Hz。

—　标准中未给出。

表 3　影响测量方法选择的因素

		GB/T 6881.1	GB/T 6881.2	GB/T 6881.3	GB/T 3767	ISO 3745	GB/T 3768	ISO 3747	GB/T 16404	GB/T 16404.2	GB/T 16404.3
准确度级别	精密级(1级)	√				√			√		√
	工程级(2级)		√	√	√			√	√	√	
	简易级(3级)						√	√	√	√	
用于确定声功率的特定声学环境	混响室	√									
	专用混响测试室			√							
	消声室					√					
	半消声室					√					
	硬壁室		√		√[a]						
现场环境	室内的充分混响场								√	√	√
	室内的一反射面上的近似自由场							√	√	√	√
	室内和室外的一个反射面上方的基本自由场				√		√[b]		√	√	√
背景噪声级	$\Delta L \geqslant 10$ dB	√	√	√	√	√	√	√	√	√	√
	$\Delta L \geqslant 6$ dB		√	√	√		√	√	√	√	√
	$\Delta L \geqslant 3$ dB						√		√	√	√
	$\Delta L < 3$ dB								√[c]	√[c]	√[c]
噪声特性	GB/T 19052 中定义的所有类型				√	√	√				
	除独立猝发音外的所有类型	√	√	√				√			
	时间上稳定的声源								√	√	√

表 3(续)

		GB/T 6881.1	GB/T 6881.2	GB/T 6881.3	GB/T 3767	ISO 3745	GB/T 3768	ISO 3747	GB/T 16404	GB/T 16404.2	GB/T 16404.3
仪器(见表 1)	声级计:										
	1 级	√	√	√	√	√		√			
	2 级						√				
	积分声级计:										
	1 级	√	√	√	√	√		√			
	2 级						√				
	频带滤波器 1 级	√	√	√	√	√		√			
	声强仪								√	√	√
可获得的声功率级	1/3 倍频程声功率级	√			√	√			√	√	√
	倍频程声功率级	√	√	√	√	√		√	√	√	√
	A 计权声功率级	√	√	√	√	√	√	√	√[d]	√[d]	√[d]
其他附加信息	其他频率计权				√	√	√				
	指向性特征	√	√	√	√	√		√			
	瞬时辐射图案				√	√	√				

a 环境修正系数 $K_2 \leqslant 2$ dB。

b 环境修正系数 $K_2 \leqslant 7$ dB。

c 低限近似值 −10 dB,此值取决于测试条件。

d A 计权(倍频程,63 Hz~4 000 Hz,或 1/3 倍频程 50 Hz~6 300 Hz)。

√ 适用。

附 录 A
（规范性附录）
声功率级测定基础标准概要

A.1　GB/T 6881.1 混响室精密法

A.1.1　适用性

实验环境应为特定形状，体积小于 300 m^3 且大于或等于以下体积的混响室：

——70 m^3 时，测试的最低倍频程频率为 250 Hz(或最低 1/3 倍频程频率为 200 Hz)；

——100 m^3 时，测试的最低 1/3 倍频程频率为 160 Hz；

——150 m^3 时，测试的最低 1/3 倍频程频率为 125 Hz；

——200 m^3 时，测试的最低倍频程频率为 125 Hz(或最低 1/3 倍频程频率为 100 Hz)。

对于不满足以上体积要求的实验环境，GB/T 6881.1—2002 的附录 E 中给出了实验室进行宽带噪声测量的检验步骤。

GB/T 6881.1—2002 的附录 B 和附录 C 中给出了混响室设计的导则。

噪声源类型包括机器、设备、部件及其装配件。

噪声源的体积应小于实验室体积的 2%。

噪声源辐射特征包括了在 GB/T 19052 中定义的除脉冲声以外的所有噪声。当噪声发射包含有单频成分时，需要更多的传声器和声源位置。GB/T 6881.1—2002 的附录 A 中给出了实验室进行单频成分测量的检验步骤。

A.1.2　测量不确定度

对 A 计权声功率测量，再现性标准偏差小于或等于 0.5 dB(声源具有相对"平坦"的噪声辐射频谱)。对 1/3 倍频带，在 100 Hz～160 Hz 内，再现性标准偏差小于或等于 3 dB；在 200 Hz～315 Hz 内，再现性标准偏差小于或等于 2 dB；在 400 Hz～5 000 Hz 内，再现性标准偏差小于或等于 1.5 dB；在 6 300 Hz～10 000 Hz 内，再现性标准偏差小于或等于 3 dB。对倍频带，在 125 Hz 时，再现性标准偏差小于或等于 2.5 dB；在 250 Hz 时，再现性标准偏差小于或等于 1.5 dB；在 500 Hz～4 000 Hz 内，再现性标准偏差小于或等于 1 dB；在 8 000 Hz 时，再现性标准偏差小于或等于 2 dB。

A.1.3　测量的量

在特定的传声器固定位置或指定的路径上测量的 1/3 倍频程声压级。测量可以采用直接法或使用一个标准声源的比较法。

A.1.4　测定的量

测定的量包括：

——频带声功率级；

——从频带声功率级计算出的 A 计权声功率级；

——其他频率计权的声功率级(可选)。

A.1.5　不能测定的量

不能测定的量包括：

——声源的指向性特征；

——非稳态声源辐射噪声的时间历程。

A.2　GB/T 6881.2、GB/T 6881.3 混响室中小型可移动声源工程法

A.2.1　GB/T 6881.2 硬壁测试室比较法

A.2.1.1　适用性

测试环境为体积大于 40 m^3，且大于测量参考面所包围体积的 40 倍，具有硬壁声反射面的实验室。

必须保证，对所有频率，任何边界面的吸声系数均不超过0.20。

噪声源类型包括小型机器、设备、部件及其装配件。GB/T 6881.2尤其适合于便携式的小型设备而不适合于大型固定设备。

对体积小于100 m³实验室，声源最大几何尺寸不应超过1.0 m。而对稍大的实验室，最大几何尺寸也不应超过2.0 m。

噪声源辐射特征包括了在GB/T 19052中定义的除猝发声以外的所有噪声。

A.2.1.2 测量不确定度

对A计权声功率测量，再现性标准偏差小于或等于1.5 dB(偶有例外)。对倍频带，在125 Hz时，再现性标准偏差小于或等于3 dB；在250 Hz时，再现性标准偏差小于或等于2 dB；在500 Hz～4 000 Hz内，再现性标准偏差小于或等于1.5 dB；在8 000 Hz时，再现性标准偏差小于或等于2.5 dB。

A.2.1.3 测量的量

在特定的传声器固定位置或指定的路径上测量的倍频程声压级。

A.2.1.4 测定的量

测定的量包括：

——倍频程声功率级；

——从倍频程声功率级计算出的A计权声功率级。

A.2.1.5 不能测定的量

不能测定的量包括：

——声源的指向性特征；

——非稳态声源辐射噪声的时间历程。

A.2.2 GB/T 6881.3专用混响测试室法

A.2.2.1 适用性

测试环境为具有特定性能的专用混响室。体积介于70 m³～300 m³之间。通过在墙和顶棚安装吸声材料，使得在低、中频段的混响时间降低至推荐值。GB/T 6881.3—2002的附录A中给出了设计专用混响测试室的导则。

噪声源类型包括小型机器、设备、部件及其装配件。GB/T 6881.3尤其适合于便携式的小型设备而不适合于大型固定设备。

噪声源的体积应小于测试室体积的1%。

噪声源辐射特征包括了在GB/T 19052中定义的除独立猝发声以外的所有噪声。

A.2.2.2 测量不确定度

对A计权声功率测量，再现性标准偏差小于或等于2 dB(偶有例外)。对倍频带，在125 Hz时，再现性标准偏差小于或等于5 dB；在250 Hz时，再现性标准偏差小于或等于3 dB；在500 Hz～4 000 Hz内，再现性标准偏差小于或等于2 dB；在8 000 Hz时，再现性标准偏差小于或等于3 dB。

A.2.2.3 测量的量

测量的量包括：

——在特定的传声器固定位置或指定的路径上采用直接法测量的A计权声压级；

——在特定的传声器固定位置或指定的路径上采用比较法测量的倍频程声压级。

A.2.2.4 测定的量

测定的量包括：

——直接法，A计权声功率级；

——比较法，倍频程声功率级以及由此计算出的A计权声功率级。

A.2.2.5 不能测定的量

不能测定的量包括：

——声源的指向性特征；
——非稳态声源辐射噪声的时间历程。

A.3 GB/T 3767 反射面上方近似自由场的工程法

A.3.1 适用性

测试环境必须是临近一个或多个反射面的近似自由场(户内或户外)。如果按以下要求检验，该测试环境可以是一个半消声室或一个大的普通测试室。根据 GB/T 3767—1996 中的附录 A 中的测试步骤之一检查测试环境是否完备。声源所在的反射面至少应延伸至测量表面。反射面的吸声系数应小于 0.06。环境修正系数 K_2 应不超过 2 dB(相应于比值 $A/S\geqslant6$，其中 A 为房间的等效吸声面积，S 为测量表面面积)。

噪声源类型包括任何户内或户外使用的固定式或移动式声源设备。

噪声源的体积仅受实验环境的限制。

噪声源发射特征包括了 GB/T 19052 中定义的所有噪声。

A.3.2 测量不确定度

对 A 计权声功率测量，再现性标准偏差小于或等于 1.5 dB(对发射具有相对"平坦"噪声的声源而言)。对 1/3 倍频带，在 50 Hz～80 Hz 内，再现性标准偏差小于或等于 5 dB；在 100 Hz～160 Hz 内，再现性标准偏差小于或等于 3 dB；在 200 Hz～315 Hz 内，再现性标准偏差小于或等于 2 dB；在 400 Hz～5 000 Hz内，再现性标准偏差小于或等于 1.5 dB；在 6 300 Hz～10 000 Hz 内，再现性标准偏差小于或等于 2.5 dB。对倍频带，在 63 Hz 时，再现性标准偏差小于或等于 5 dB；在 125 Hz 时，再现性标准偏差小于或等于 3 dB；在 250 Hz 时，再现性标准偏差小于或等于 2 dB；在 500 Hz～4 000 Hz 内，再现性标准偏差小于或等于 1.5 dB；在 8 000 Hz 时，再现性标准偏差小于或等于 2.5 dB。

A.3.3 测量的量

在特定的传声器固定位置或指定的路径上，A 计权和/或频带声压级。

A.3.4 测定的量

A 计权和/或频带声压级。其他可选择测定的量为：由频带测量结果计算得到的其他频率计权的声功率级；表面声压级；单个测点的声压级；单一事件声压级；脉冲性；指向性特征以及声压级和声功率级的时间历程。

A.4 ISO 3745 消声室和半消声室精密法

A.4.1 适用性

测试环境应是一个自由场(消声室)或一个反射面上的自由场(半消声室)。测试环境的完备性根据 ISO 3745附录 A 或附录 B 中所述程序检验：声源所在的反射面应至少延伸至测量表面以外，且超过最低测量频率的半波长。反射面的吸声系数小于 0.06。

噪声源类型主要包括户内或户外使用的小型固定式或移动式声源设备。

噪声源的最大尺寸不大于测量半径的一半。

噪声源发射特征包括了 GB/T 19052 中定义的所有噪声。

A.4.2 测量的不确定度

在 1/3 倍频程中，再现性标准偏差：

——对消声室，在 50 Hz～80 Hz 内，小于或等于 2 dB；在 100 Hz～630 Hz 内，小于或等于 1 dB；在 800 Hz～5 000 Hz 内，小于或等于 0.5 dB；在 6 300 Hz～10 000 Hz 内，小于或等于 1 dB。

——对半消声室，在 50 Hz～80 Hz 内，小于或等于 2 dB；在 100 Hz～630 Hz 内，小于或等于 1.5 dB；在 800 Hz～5 000 Hz 内，小于或等于 1 dB；在 6 300 Hz～10 000 Hz 内，小于或等于 1.5 dB。

A.4.3 测量的量

在特定的传声器固定位置或指定的路径上，1/3 倍频带声压级。

A.4.4 测定的量

A 计权和/或频带声功率级，或脉冲噪声的声能量级和单一声事件的声压级。其他可选择测定的量为：由频带测量结果计算得到的其他频率计权的声功率级；表面声压级；单个测点的声压级；脉冲性；指向性特征以及声压级和声功率级的时间历程。

A.5 GB/T 3768 反射面上方采用包络测量表面的简易法

A.5.1 适用性

测试环境为符合特定要求的有一个或多个反射面的装置(室内或室外)。测试环境的完备性根据 GB/T 3768 附录 A 中所述试验步骤之一检验。

噪声源类型包括任何户内或户外使用的固定式或移动式声源设备。

噪声源的体积仅受实验环境的限制。

噪声源发射特征包括了 GB/T 19052 中定义的所有噪声。

A.5.2 测量不确定度

对发射稳态宽带噪声的声源，再现性标准偏差小于或等于 3 dB 或 4 dB，且与环境修正系数 K_2 的值有关。对发射显著离散单频噪声的噪声源，偏差小于或等于 4 dB 或 5 dB，且与 K_2 相关(见表 2)。

A.5.3 测量的量

在特定的传声器固定位置或指定的路径上的 A 计权声压级。

A.5.4 测定的量

A 计权声功率级。其他可选择测定的量为：表面声压级；单个测点的声压级；脉冲性；指向性特征以及声压级和声功率级的时间历程。

A.6 ISO 3747 现场比较法

A.6.1 适用性

测试环境是任一种在实验室外可以找到的室内环境，只要背景噪声足够低且声场充分混响。如果满足特定准则，那么测试环境与实际声源按 2 级精度检验。检验基于参考声源与被测声源的对比测量。

噪声源种类包括现场不可移动噪声源。

对声源尺寸无限制。

噪声源发射特征主要包括宽带噪声，但也包含窄带噪声或离散单频噪声。

A.6.2 测量不确定度

在合格的测试环境下，A 计权声功率级的再现性标准偏差小于或等于 1.5 dB，符合 2 级精度要求；对于不合格的试验环境，A 计权声功率级的再现性标准偏差小于或等于 4 dB，符合简易级精度要求。

A.6.3 测量的量

在特定的传声器位置上的倍频带声压级。

A.6.4 测定的量

测定的量包括：

——倍频带声功率级；

——由倍频带声功率级计算得出的 A 计权声功率级。

A.7 GB/T 16404、GB/T 16404.2、GB/T 16404.3 声强法测定噪声源的声功率级的精密法、工程法或简易法

A.7.1 GB/T 16404 离散点上的测量

A.7.1.1 适用性

试验环境应是一种满足特定要求的设施(参见 GB/T 16404—1996 第 4 章)。

噪声源类型包括任何户内或户外使用的固定式或移动式声源设备。

对声源尺寸无限制。

噪声源发射噪声和外部噪声特征包括测试过程中时间上稳定的噪声。

测定 A 计权声级的频率范围限制是：

——倍频程 63 Hz～4 000 Hz；

——1/3 倍频程 50 Hz～6 300 Hz。

A.7.1.2 测量不确定度

再现性标准偏差取决于所用方法的准确度等级，可分为精密级、工程级或简易级。

对精密级，倍频程再现性标准偏差，在 63 Hz～125 Hz 内，小于或等于 2 dB；在 250 Hz～500 Hz 内，小于或等于 1.5 dB；在 1 000 Hz～4 000 Hz 内，小于或等于 1 dB；1/3 倍频程倍频程再现性标准偏差，在 50 Hz～160 Hz 内，小于或等于 2 dB；在 200 Hz～630 Hz 内，小于或等于 1.5 dB；在 800 Hz～5 000 Hz内，小于或等于 1 dB；在 6 300 Hz 时，小于或等于 2 dB；

对工程级，倍频程再现性标准偏差，在 63 Hz～125 Hz 内，小于或等于 3 dB；在 250 Hz～500 Hz 内，小于或等于 2 dB，在 1 000 Hz～4 000 Hz 内，小于或等于 1.5 dB；1/3 倍频程再现性标准偏差，在 50 Hz～160 Hz 内，小于或等于 3 dB；在 200 Hz～630 Hz 内，小于或等于 2 dB；在 800 Hz～5 000 Hz 内，小于或等于 1.5 dB；在 6 300 Hz 时，小于或等于 2.5 dB；

对简易级，A 计权声功率级的再现性标准偏差小于或等于 4 dB。

A.7.1.3 测量的量

围绕声源的测量表面的声强级和声压级。

A.7.1.4 测定的量

测定的量包括：

——倍频带或 1/3 倍频带的声功率级和声场指标；

——频带或频率计权的声功率级。

A.7.2 GB/T 16404.2 扫描测量

A.7.2.1 适用性

试验环境应是一种满足特定要求的设施（参见 GB/T 16404.2—1996 第 5 章）。

噪声源类型包括任何户内或户外使用的固定式或移动式声源设备。

对声源尺寸无限制。

噪声源发射噪声和外部噪声特征包括测试过程中时间上稳定的噪声。

测定 A 计权声级的频率范围限制是：

——倍频程 63 Hz～4 000 Hz；

——1/3 倍频程 50 Hz～6 300 Hz。

A.7.2.2 测量不确定度

再现性标准偏差取决于所用方法的准确度等级，可分为工程级或简易级。

对工程级测量，再现性标准偏差：

——对 A 计权声功率级，小于或等于 1.5 dB；

——对倍频程，在 63 Hz 和 125 Hz，小于或等于 3 dB；对 250 Hz，小于或等于 2 dB；在 500 Hz～4 000 Hz内，小于或等于 1.5 dB；对 1/3 倍频程，在 50 Hz～160 Hz 内，小于或等于 3 dB；在 200 Hz～315 Hz 内，小于或等于 2 dB；在 400 Hz～5 000 Hz 内，小于或等于 1.5 dB；在 6 300 Hz时，小于或等于 2.5 dB。

对简易级测量，A 计权声功率级的再现性标准偏差小于或等于 4 dB。

A.7.2.3 测量的量

围绕声源的测量表面的声强级和声压级。

A.7.2.4　测定的量

测定的量包括：

——倍频带或1/3倍频带的声功率级和声场指标；

——频带或频率计权的声功率级。

A.7.3　GB/T 16404.3 扫描测量　精密法

A.7.3.1　适用性

试验环境应是一种满足特定要求的设施(参见GB/T 16404.3—1996第5章)。

噪声源类型包括任何户内或户外使用的固定式或移动式声源设备。

对声源尺寸无限制。

噪声源发射噪声和外部噪声特征包括测试过程中时间上稳定的噪声。

测定A计权声级的频率范围限制是：

——倍频程63 Hz～4 000 Hz；

——1/3倍频程50 Hz～6 300 Hz。

A.7.3.2　测量不确定度

——对A计权声功率级，再现性标准偏差小于或等于1.0 dB；

——对1/3倍频程再现性标准偏差，在50 Hz～160 Hz内，小于或等于2 dB；在200 Hz～315 Hz内，小于或等于1.5 dB；在400 Hz～5 000 Hz内，小于或等于1 dB；在6 300 Hz时，小于或等于2 dB。

A.7.3.3　测量的量

围绕声源的测量表面的声强级和声压级。

A.7.3.4　测定的量

测定的量包括：

——倍频带或1/3倍频带的声功率级和声场指标；

——频带或频率计权的声功率级。

附 录 B
（资料性附录）
声学试验环境

B.1 由声学实验室提供的环境

B.1.1 概述

使用经过声学特性鉴定的实验室进行的测量的准确度最高。然而，实验室的设备花费昂贵，而且仅能测试与实验室尺寸相比小得多的机器。并且，所采用的实验室类型依赖于被测机器发射噪声的特性。

B.1.2 混响室

当需要对相对较小的机器（其体积小于实验室体积的2%）进行大量测量，以及声源发射基本稳定时，使用GB/T 6881.1中所述的混响室是非常合适的。

混响室内测量不能获得指向性数据，不适宜脉冲声源的测试。如果声源发射噪声包含明显的离散频率或低频成分，那么使用这些实验室时应慎重。

B.1.3 专用混响测试间

按GB/T 6881.3中的要求建造的特殊混响室造价要比按GB/T 6881.1的要求建造的低。GB/T 6881.3中给出的是工程级测量方法。这些特殊混响室尤其适宜于A计权声级的直接测量；同样适宜于一系列小声源（其体积小于实验室体积的1%）的测量。无法获得任何被测声源的指向性特征。

B.1.4 消声室和半消声室

ISO 3745中所述的消声室、半消声室适合于对发射各种类型噪声的小声源（其特征尺寸小于测量半径的一半）的测量。这种实验室尤其适合辐射脉冲噪声和离散频率噪声（如变压器噪声）的声源。声源的指向性最好在这样的实验室内测量。

按ISO 3745的要求所做的测试是精密级。根据GB/T 3767中的要求，半消声室也可用于工程级测量。这种情况下，可对大型噪声源进行测量。

B.2 现场环境

B.2.1 精密法

根据指定的辅助测试结果和相关测试的计算，GB/T 16404中所述方法能给出普通房间中的精密级测量方法。这种方法尤其适合于由被测声源以外的噪声和环境反射所形成的高背景噪声条件下的测量。

B.2.2 工程法

当声源被置于室外或一个很大的房间时，可看作是一个反射面上的自由场。GB/T 3767中给出了这种环境下的工程级测量方法。这种方法同样适用于多种类型室内正常运行的机器。测试声环境按GB/T 3767中给出的程序进行鉴定。

硬壁室中的测量在GB/T 6881.2中给出。通常情况，无内饰的未进行声学处理的房间可满足这一标准的要求。这种方法尤其适合于小的可移动声源。

混响场在现场可以找到。ISO 3747中给出了工程级的对比测量方法。这种方法适合于现场的不可移动声源，辐射噪声宜为宽带噪声。

根据指定的辅助测试结果和相关测试的计算，GB/T 16404和GB/T 16404.2中给出了在普通房间中的工程级测量方法。这些方法尤其适合于较高背景噪声和环境反射噪声的情况。

B.2.3 简易法

当声源被置于室外或一个大房间时，可以得到一个反射面上的近似自由场（即测量区域有一个或多个反射面)。GB/T 3768 中给出了简易级的测量方法,同时给出了检验测试环境完备性的程序。

当 2 级精度的准则不能达到时,按 ISO 3747 得到的测量结果为 3 级精度。

这些方法对室外运转的机器的类型和尺寸没有限制,它们也可以是多种类型室内正常运行的机器。

根据指定的辅助测试结果和相关测试的计算,GB/T 16404 和 GB/T 16404.2 中给出了在普通房间中的简易级测量方法。这些方法尤其适合于较高背景噪声的情况。

附 录 C
（资料性附录）
影响测量方法选择的因素

C.1 噪声源与测试室的相对尺寸

几种测试方法都规定了声源尺寸的上限。声源体积应小于：

——GB/T 6881.1 中规定试验室体积的 2%；

——GB/T 6881.2 和 GB/T 6881.3 中规定试验室体积的 1%；

——ISO 3745 中规定声源特征尺寸小于测量半径的一半。

在 GB/T 3767、GB/T 3768、ISO 3747、GB/T 16404、GB/T 16404.2 和 GB/T 16404.3 中，对声源尺寸均无限制。

C.2 可进行测量的试验环境

如果声源可移动(且很小)，就可被安置于任意试验环境中(如半消声室、室外、混响室、专用混响测试室、硬壁室、具有良好声学特性的机器试验室)。

如果声源不可移动，则噪声可在现场测试。在这种情况下，可采用 GB/T 3767、GB/T 3768、ISO 3747或 GB/T 16404 、GB/T 16404.2 和 GB/T 16404.3 中描述的测量方法。至于 GB/T 3767 和 GB/T 3768，合格检验步骤和环境要求在这些标准的附录 A 中给出。这些步骤决定是采用 GB/T 3767(工程法)还是 GB/T 3768(简易法)。如果是稳态声源，在不利环境下(高背景噪声)，推荐采用 GB/T 16404 、GB/T 16404.2 和 GB/T 16404.3。

对装于室外的机器和大型机器(即其体积明显大于 2 m^3)，GB/T 6881.1、GB/T 6881.2 和 GB/T 6881.3中所述方法不适用。

对可移动的、辐射噪声主要是稳定的宽带噪声的小机器(体积小于 1 m^3)，可采用任何基本标准进行测量。对于小机器，可获得的试验环境和所期望的精密度决定了测试方法的选择。

C.3 噪声特性

所有方法适用于辐射稳定的宽带噪声的声源。

如果噪声频谱中包含离散频率成分或窄带噪声，所有方法都可采用。包含独立猝发声的脉冲噪声不能采用 GB/T 6881.1、GB/T 6881.2、GB/T 6881.3 或 ISO 3747 测量。辐射这种噪声的声源可根据 GB/T 3767、ISO 3745 或 GB/T 3768 进行测量。根据 GB/T 16404 、GB/T 16404.2 和 GB/T 16404.3 进行的测量，噪声源必须是稳态的。

如果频率范围低于 100 Hz 或大于 10 000 Hz，则要求测试室的体积大些或小些(大于/小于 200 m^3)。在自由场条件下，GB/T 3767 和 GB/T 3768 对较低的频率要求较长的测量距离。GB/T 16404 、GB/T 16404.2 和 GB/T 16404.3 不能用于辐射噪声主要频率为 31.5 Hz～40 Hz 和/或 800 Hz～10 000 Hz的声源。

C.4 准确度等级要求

在确定噪声源声功率级时，基础标准提供了如下 3 种准确度等级：

a) 精密级(实验室)(最高准确度)　在 GB/T 6881.1(混响室方法)、ISO 3745(自由场方法)和 GB/T 16404、GB/T 16404.3(声强法)中给出。

b) 工程级(中等准确度)　在 GB/T 6881.2、GB/T 6881.3(混响场方法)、GB/T 3767(反射面上

的自由场方法)、ISO 3747(现场混响场的比较方法)和GB/T 16404 、GB/T 16404.2(声强法)中给出。

c) 简易级(最低准确度) 在GB/T 3768、ISO 3747、GB/T 16404和GB/T 16404.2中给出。

总之,精度越高,测量工作量也就越大。

C.5 声学数据的要求

C.5.1 概述

测量的目的决定了所能得到的数据。C.5.2和C.5.3给出了这些数据的使用范畴。

C.5.2 噪声控制工作

在研发更安静的机器和设备过程中,通常要求声功率级频谱(倍频程或1/3倍频程)的数值信息。对离散频率成分、声源指向性及其振动特性的附加测量也是必要的。

优先测量方法应能提供测量的精密级准确度等级的数据,但工程级方法的精度通常也可符合要求。

C.5.3 噪声测试和机器噪声对比

对机器和设备的噪声测试(如,为了标示噪声发射或为了确定由机器辐射的噪声是否符合规定的上限)或对同一型号的机器作噪声对比,测定总的频率计权声功率级(一般为A计权)就足够了。

如果能够得到噪声的更多信息(如倍频程或1/3倍频程的声功率级分布),那么这些测量数据将会非常有用。如果对比的是不同型号或尺寸的机器,那么机器辐射噪声的声功率级频谱方面的信息是很有用的。

测量方法宜达到工程级的精度。

附 录 D
（资料性附录）
确定声源声功率的恰当标准选用指南

图 D.1 中的流程图给出了 GB/T 6881 系列、ISO 3745、GB/T 3767、GB/T 3768、ISO 3747 和 GB/T 16404系列中恰当标准的选用指南。在特定情形下最终标准的选用，需要细致谨慎，并考虑以下因素：

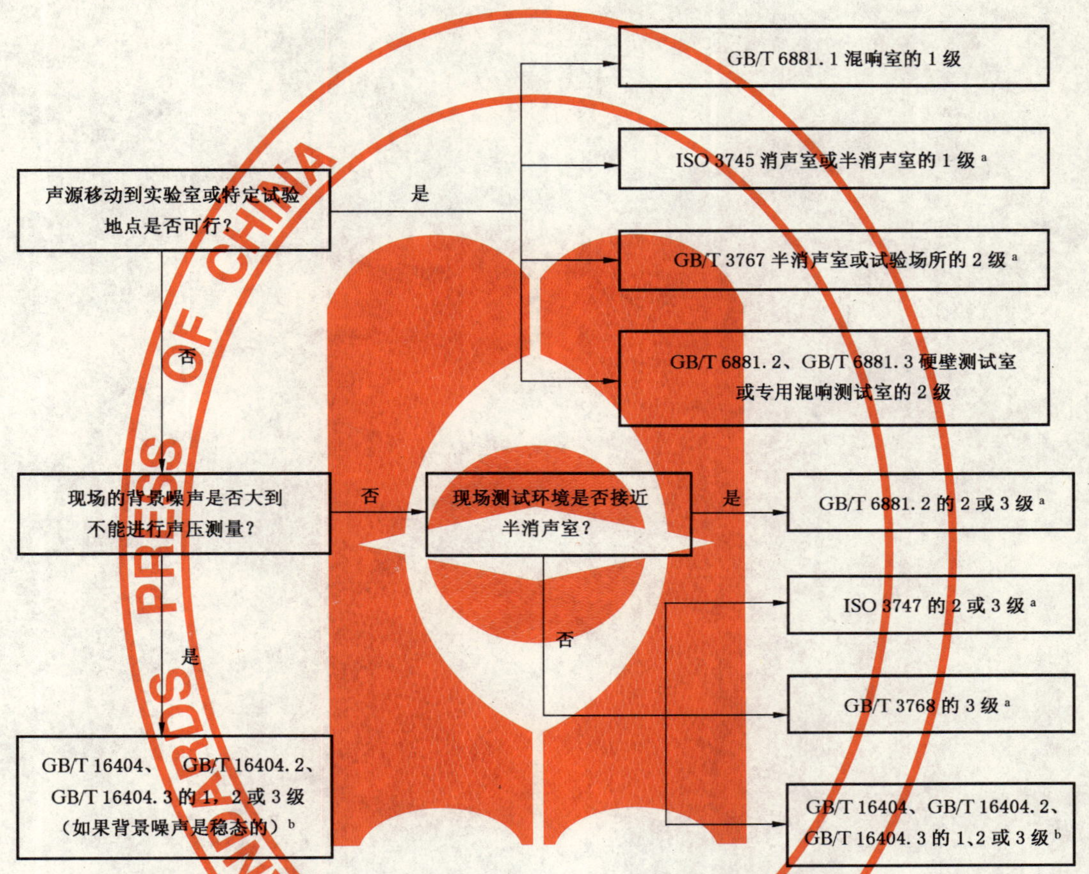

a 在工作位置或其他指定位置(参见 GB/T 17248 系列)的发射声压级可以在同一测试地点采用相同准确度等级测量。

b GB/T 16404、GB/T 16404.2 和 GB/T 16404.3 可在大多数 GB/T 6881、ISO 3745、GB/T 3767、GB/T 3768 系列标准适用的环境里使用。

图 D.1 测定声功率级选用恰当标准流程图

——用工程方法的可行性(仅在简易法为惟一选择时才选用简易法)；

——标准的制定是为了确保标准中的所有要求能被满足；

——经济方面。

一个几乎没有噪声发射方面测试经验的制造商应做如下工作：

a) 应寻找关于机器噪声测试规程是否存在。如果存在，确定声功率级的标准就应采用这个规程所制定的相应标准。如果不存在，建议制造商寻求从一个有声学知识和在测定机器声发射方面有经验的人的协助。

b) 应调查实验室测试的可行性。实验室测试的费用也许并不昂贵。

噪声测试规程的制定者应仔细考虑本标准和 GB/T 19052 中的要求，以确定在规程中采用 GB/T 6881、ISO 3745、GB/T 3767、GB/T 3768、ISO 3747 和 GB/T 16404 系列中的哪一个，作为用于特定种类机器的测量标准。

参考文献

［1］ GB/T 14574—2000 声学 机器和设备噪声发射值的标示和验证

［2］ GB/T 6379.2 测量方法与结果的准确度(正确度与精密度) 第2部分:确定标准测量方法重复性与再现性的基本方法

［3］ GB/T 17248.1 声学 机器和设备发射的噪声 测定工作位置和其他指定位置发射声压级的基础标准使用导则

［4］ GB/T 17248.2 声学 机器和设备发射的噪声 工作位置和其他指定位置发射声压级的测量 一个反射面上方近似自由场的工程法

［5］ GB/T 17248.3 声学 机器和设备发射的噪声 工作位置和其他指定位置发射声压级的测量 现场简易法

［6］ GB/T 17248.4 声学 机器和设备发射的噪声 由声功率级确定工作位置和其他指定位置的发射声压级

［7］ GB/T 17248.5 声学 机器和设备发射的噪声 工作位置和其他指定位置发射声压级的测量 环境修正法

［8］ IEC 60942:2003 Electroacoustics—Sound calibrators

［9］ GB/T 17561 声强测量仪 用声压传声器对测量

［10］ GB/T 3241 倍频程和分数倍频程滤波器

［11］ ISO 5257-2 Accuracy (trueness and precision) of measurement methods and results—Part 2: Basic method for the determination of repeatability and reproducibility of a standard measurement method

---

ICS 13.100
C 65

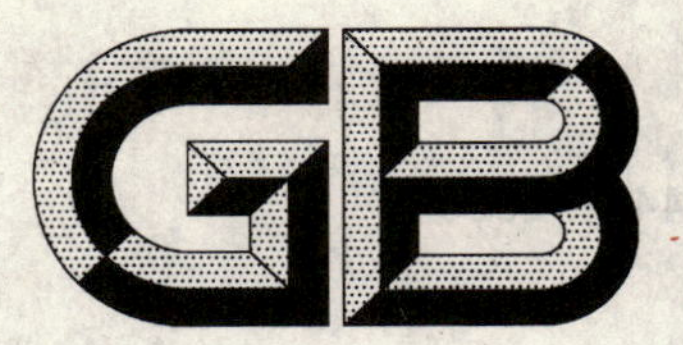

中华人民共和国国家标准

GB 14444—2006
代替 GB 14444—1993

涂装作业安全规程 喷漆室安全技术规定

Safety code for painting
—Safety rules for spraying booth

2006-01-23 发布 2006-09-01 实施

中华人民共和国国家质量监督检验检疫总局
中国国家标准化管理委员会 发布

前言

本标准的全部内容为强制性。

《涂装作业安全规程》系列国家标准已制定的共有12项：

——GB 6514—1995 《涂装作业安全规程　涂漆工艺安全及其通风净化》；

——GB 7691—2003 《涂装作业安全规程　安全管理通则》；

——GB 7692—1999 《涂装作业安全规程　涂漆前处理工艺安全及其通风净化》；

——GB 12367—2006 《涂装作业安全规程　静电喷漆工艺安全》；

——GB 12942—2006 《涂装作业安全规程　有限空间作业安全技术要求》；

——GB/T 14441—1993 《涂装作业安全规程　术语》；

——GB 14443—1993 《涂装作业安全规程　涂层烘干室安全技术规定》；

——GB 14444—2006 《涂装作业安全规程　喷漆室安全技术规定》；

——GB 14773—1993 《涂装作业安全规程　静电喷枪及其辅助装置安全技术条件》；

——GB 15607—1995 《涂装作业安全规程　粉末静电喷涂工艺安全》；

——GB 17750—1999 《涂装作业安全规程　浸涂工艺安全》；

——GB 20101—2006 《涂装作业安全规程　有机废气净化装置安全技术规定》。

本标准为《涂装作业安全规程》系列标准之八。

本标准本次修订部分采用了美国消防协会标准NFPA 33:2000《易燃和可燃材料的喷涂应用标准》，与NFPA 33:2000一致性程度为非等效。

本标准代替GB 14444—1993《涂装作业安全规程　喷漆室安全技术规定》。

与GB 14444—1993相比，主要变化如下：

a) 为了更加明确和保持前后一致，增加了新的定义。

b) 新增"电气设备和点火源"一章，详细规定了2区爆炸危险区域的空间距离。

c) 新增喷漆室的排风量须同时保证达到所喷溶剂燃烧极限下限值(lower flammable limit，即*LFL*)25%的规定，并列出计算该风量的公式、有关溶剂*LFL*值表和计算示例。

d) 新增"喷烘两用喷漆室"和"流平区"的安全技术要求。

e) 将原标准"喷漆室的地坪应采用不产生火花的材料备制，或辅覆不产生火花的材料"改为"应用不燃、难燃材料或组件建造"。明确"铝材不能用作喷漆室或喷漆房的结构支撑件、室体、排风管道"。

f) 新增7.2"输送机开口"、7.3"有动力车辆的移动"、7.4"照明玻璃屏"条目。

本标准的附录A是规范性附录，附录B为资料性附录。

本标准由国家安全生产监督管理总局提出。

本标准由全国涂装作业安全标准化技术委员会归口。

本标准负责起草单位：上海市机电设计研究院。

本标准参加起草单位：江苏省劳动保护科学技术研究所、上海爱姆意涂装工程设备有限公司、常州市惠普机械厂。

本标准主要起草人：陶伟民、徐忠国、金雪芳。

涂装作业安全规程
喷漆室安全技术规定

1 范围

本标准规定了涂漆工艺中各类喷漆室的通用安全技术要求。

本标准适用于使用易燃或可燃涂料喷漆室的设计、制造、安装、检验、使用、维修和监督管理。使用水性涂料的喷漆室可参照执行。

2 规范性引用文件

下列文件中的条款通过本标准的引用而构成为本标准的条款。凡是注日期的引用文件，其随后所有的修改单(不包括勘误的内容)或修订版均不适用于本标准，然而，鼓励根据本标准达成协议的各方研究是否可使用这些文件的最新版本。凡是不注日期的引用文件，其最新版本适用于本标准。

GB 4385 防静电鞋、导电鞋 技术要求(GB 4385—1995,neq ISO 8782-1:1989)

GB 6514—1995 涂装作业安全规程 涂漆工艺安全及其通风净化

GB 7231 工业管路的基本识别色、识别符号和安全标识(GB 7231—1987,neq ISO 508-1:1966)

GB 7691—2003 涂装作业安全规程 安全管理通则

GB 8978—1996 污水综合排放标准

GB 12367 涂装作业安全规程 静电喷漆工艺安全

GB 14443 涂装作业安全规程 涂层烘干室安全技术规定

GB 16297 大气污染物综合排放标准

GB 17888.1 机械安全 进入机器和工业设备的固定设施 第1部分:进入两级平面之间的固定设施的选择(GB 17888.1—1999,eqv ISO/DIS 14122-1:1996)

GB 17888.2 机械安全 进入机器和工业设备的固定设施 第2部分:工作平台和通道(GB 17888.2—1999,eqv ISO/DIS 14122-2:1996)

GB 17888.3 机械安全 进入机器和工业设备的固定设施 第3部分:楼梯、阶梯和护栏(GB 17888.3—1999,eqv ISO/DIS 14122-3:1996)

GB 17888.4 机械安全 进入机器和工业设备的固定设施 第4部分:固定式直梯(GB 17888.4—1999,eqv ISO/DIS 14122-4:1996)

GB 50058 爆炸和火灾危险环境电力装置设计规范

GBJ 87 工业企业噪声控制设计规范

GBJ 140 建筑灭火器配置设计规范

3 术语和定义

按 GB/T 14441—1993 中规定的术语以及下列术语和定义适用于本标准。

3.1

喷漆室 spray booth

一个完全封闭或半封闭的、具有良好机械通风和照明设备的、专门用于喷涂涂料的房间或围护结构体。室内气流组织能防止漆雾、溶剂蒸气向外逸散，并使其集中安全引入排风系统。

3.2

喷漆房　spray room

专用于进行喷漆作业的带强制通风的全封闭建筑物。整个喷漆房是喷漆区的一部分。

喷漆房不同于喷漆室。

3.3

喷漆区　painting area

由于喷漆作业而存在危险量的易燃和可燃性蒸气、漆雾、粉尘或积聚可燃性残存物的区域。

3.4

流平区　flash-off area

喷漆作业后的一个开放或封闭区域，在该区域内使漆膜均匀并释放出溶剂蒸气。

3.5

控制风速　control speed of flow

在操作人员呼吸带高度上与主气流垂直的断面平均风速。

3.6

干扰气流　irregular flow

影响控制风速的一切气流。

3.7

过喷　overspray

喷涂过程中漆雾未喷涂在工件上的现象。

3.8

干式喷漆室　spray booth, dry type

应用碰撞、纤维过滤或静电作用等机理，除去排风气流中过喷物的喷漆室。

3.9

湿式喷漆室　spray booth, wet type

应用水或其他液体介质洗涤作用，除去排风气流中过喷物的喷漆室。

4　喷漆区范围

4.1　喷漆区应包括以下范围：

a)　喷漆室或喷漆房内部及与其相连接的排风系统内部；

b)　喷漆流水线上封闭的内部空间；

c)　涂料直接喷到的其他地方。

4.2　除4.1外，喷漆作业尚存在有危险量的易燃、可燃性蒸气、漆雾等的区域，如与喷漆室相连的流平室及地沟、地坑等低洼区，应划入喷漆区范围。

5　基本要求

5.1　喷漆作业应限于在本标准定义的喷漆室、喷漆房或喷漆区内进行。

5.2　喷漆室的设置应符合GB 6514—1995中对喷漆作业场所要求的规定。

5.3　喷漆室应设置安全通风装置和去除漆雾装置。

5.4　喷漆作业人员工作时，工作场所空气中有毒物质容许浓度应符合GB 6514—1995中5.2.1的规定。

5.5　喷漆室排入大气中的有机溶剂蒸气，应达到GB 16297的有关规定。

5.6　大型喷漆室除应配置排风系统外，还应配置送风系统，冬季送风温度不应低于12℃。

5.7　静电喷漆室的安全应符合GB 6514—1995和GB 12367中对静电喷漆室的要求。

5.8 喷漆室所在建筑物应按 GBJ 140 的规定配置灭火器材。

5.9 在连续喷漆作业中的大型喷漆室、流平室、供调漆室应设自动灭火系统。

5.10 大型喷漆室宜设置多点可燃气体检测报警仪，其报警浓度下限值应调整在所监测的可燃气体浓度(体积)爆炸极限下限的 25%。

6 电气设备和点火源

6.1 概述

6.1.1 喷漆区为 1 区爆炸危险区域(见 GB 50058)。

6.1.2 喷漆区内不应设置电气设备，如工艺有特殊要求时，应符合 GB 50058 和本章的规定。

6.1.3 静电喷漆器具应符合 GB 12367 的有关要求。

6.1.4 喷烘两用喷漆室应符合第 9 章的要求。

6.1.5 喷漆区和爆炸危险区域 2 区(见 GB 50058)内不应设置有引起明火、火花的设备和外表超过喷涂涂料自燃点温度的设备。

6.1.6 产生火花或炙热金属颗粒的设备，设置在 2 区内时，应是全封闭型或防爆型的。

6.2 喷漆区的电气设施

喷漆区的电气接线和设备应符合爆炸危险场所 1 区的规定。

6.3 喷漆区附近的电气设施

喷漆区附近的电气接线和设备应按照 6.3.1 至 6.3.4 的规定分类。

6.3.1 喷漆作业在顶部封闭、但侧面或前部开口的喷漆室或喷漆房进行，任何位于喷漆室或喷漆房外但位于附录 A 图 A.1 和图 A.2 规定区域的电气接线和设备应符合 2 区爆炸危险区域的规定。

附录 A 图 A.1 和图 A.2 表示的 2 区爆炸危险区域应从喷漆室或喷漆房的开口侧面或前部边缘以如下规定延伸：

1) 如排风系统与喷漆设备连锁，则 2 区爆炸危险区域应在喷漆室或喷漆房的开口侧面或前部水平延伸 1.5 m，垂直延伸 1 m，见附录 A 图 A.1。

2) 如排风系统不与喷漆设备连锁，则 2 区爆炸危险区域应在喷漆室或喷漆房的开口侧面或前部水平延伸 3 m，垂直延伸 1 m，见附录 A 图 A.2。

此处，连锁是指只有排风系统运行且能达到设计要求的功能，喷漆设备才能运行，如排风系统停止运行则喷漆作业自动停止。

6.3.2 如喷漆作业在顶部开放式喷漆室内进行，则位于喷漆室顶部上方 1 m 空间范围内的任何电气接线和设备应符合 2 区爆炸危险要求。此外，位于该喷漆室任何方向上的开口处 1 m 范围内的任何电气接线和设备应符合 2 区爆炸危险要求。

6.3.3 如喷漆作业限制在封闭的喷漆室或喷漆房内进行，则位于任何开口处 1 m 内的任何电气接线和设备应符合 2 区爆炸危险要求，见附录 A 图 A.3。

6.3.4 如果喷漆设备、喷枪清洁器、涂料容器置于有通风的区域且使可燃溶剂蒸气低于燃烧极限下限值(*LFL*)的 25%时，任何开口容器和设备的 1 m 范围内均为 1 区爆炸危险区。1 区以外 0.6 m 的范围内为 2 区。此外，开口容器和设备的地坪周边水平方向 3 m，高度 0.5 m 范围内为 2 区，见附录 A 图 A.4。

6.4 灯具

6.4.1 装在喷漆区的墙或天花板上，但在任何划定爆炸危险区域外部并用符合 7.4 要求的玻璃屏将其分割开的灯具，可采用常规型照明灯具。维修灯具应在喷漆区外部进行。见附录 A 图 A.5。

6.4.2 装在喷漆区的墙或天花板上，在任何划定 2 区以内的应符合该区的防爆要求，并用符合 7.4 要求的玻璃屏隔开的灯具，见附录 A 图 A.5。维修灯具应在喷漆区外部进行。

6.4.3 正在进行喷涂作业的喷漆区不应使用任何便携灯。如喷漆区内无法用固定灯具照明的区域，在使用便携灯具时应符合 1 区的要求。

7 结构和材质

7.1 室体

7.1.1 喷漆房的墙体、天花板、地坪,喷漆室的室体及与其相连的送风、排风管道应用不燃、难燃材料或组件建造。

7.1.2 室体内表面应平滑、连续而无棱角。

7.1.3 铝材不应用作喷漆室或喷漆房的结构支撑件、室体、排风管道。

7.2 输送机开口

输送机将工件送入、出口的门洞应尽可能小,能满足输送即可。

7.3 有动力车辆的移动

有动力车辆应在喷涂作业停止且通风系统仍然工作时,才能出入喷漆区并应符合 9.7 的规定。

7.4 照明玻璃屏

照明灯具屏或观察玻璃屏应采用安全型的:如经热处理的玻璃、夹有金属丝的玻璃、双层夹膜玻璃制成并应密封以使溶剂蒸气、过喷物、残余物限制在喷漆区内。灯具的玻璃屏应与灯具为一体,玻璃屏表面温度不应大于 90℃。

7.5 作业人员出入口

大型喷漆室的内部高度不低于 2 m。室内任何操作位置至作业人员出口应畅通无阻,须设置一个或多个安全门,其宽度应不小于 0.9 m,门应向外开,保证人员安全撤离。

7.6 配套部件

7.6.1 干式漆雾去除装置、导流板、分布板、撞击板、均应采用不燃或难燃材料制备,并应方便取出,经常清理。

7.6.2 大型喷漆室送风系统所配置的加热器,无论何种类型,均不得布置在室体内。

7.6.3 喷漆室内所有金属制件(送排风管道和输送可燃液体的管道),应具有可靠的电气接地。

7.7 漆渣的处理

7.7.1 湿式以水为介质的喷漆室应设置气水分离器和集水池,气水分离器宜设置检修门,集水池宜设置稳定水位装置。

7.7.2 集水池内宜加入漆雾凝聚剂,并设置漆渣排口。

7.7.3 喷漆室污水排放应符合 GB 8978—1996 第 4 章的规定。

8 通风

8.1 安全通风

喷漆室应设置安全通风系统。

经过喷漆室的排风量应保证所喷溶剂浓度低于燃烧极限下限值(LFL)的 25%。

下面为计算该排风量方法的示例。

a) 喷涂作业中常用溶剂的燃烧极限下限值见附录 B 表 B.1。表中给出每升溶剂的蒸气体积及空气体积的燃烧极限下限值体积分数。

b) 要确定将 1 L 溶剂的蒸气稀释至其溶剂燃烧极限下限值(LFL)的 25% 所需的空气量(m^3)可用式(1)计算。

$$V_2 = \frac{4 \times (100 - LFL) \times V_1}{LFL} \quad \cdots\cdots(1)$$

式中:

V_2——每升溶剂需要的稀释空气量,单位为立方米(m^3);

LFL——溶剂的燃烧极限下限值;

V_1——每升溶剂蒸气体积，单位为立方米(m^3)。

c) 列举用甲苯作溶剂时：

1) 甲苯的 *LFL* 从附录 B 表 B.1 查得体积分数为 1.4。

2) 每升甲苯的蒸气体积(m^3)从表中查得为 0.227。

3) 由式(1)可得需要的稀释量(V_2)为 63.95 m^3。

4) 要将其转换为每分钟的立方米数，只要将每升溶剂需要稀释的空气量乘以每分钟蒸发的溶剂升数。

8.2 控制风速

喷漆室除了应满足安全通风外，任何形式的湿式或干式喷漆室其控制风速均应按表 1 规定采用。

表 1 喷漆室的控制风速

操作条件(工件完全在室内)	干扰气流 m/s	类型	控制风速 m/s	
			设计值	范围
静电喷漆或自动无空气喷漆(室内无人)	忽略不计	大型喷漆室	0.25	0.25～0.38
		中小型喷漆室	0.50	0.38～0.67
手动喷漆	≤0.25	大型喷漆室	0.50	0.38～0.67
		中小型喷漆室	0.75	0.67～0.89
手动喷漆	≤0.50	大型喷漆室	0.75	0.67～0.89
		中小型喷漆室	1.00	0.77～1.30
注：大型喷漆室一般为完全封闭的围护结构体，作业人员在室体内操作，同时设置机械送排风系统；中小型喷漆室一般为半封闭的围护结构体，作业人员面对敞开口在室体外操作，仅设排风系统。				

8.3 大型喷漆室送风系统采用静压室控制气流分布时，静压室应有足够的强度、刚度，同时其维护、清理应方便。

8.4 喷漆室应采用独立的排风系统。

8.5 手动喷漆室排出的空气不宜进入喷漆室再循环使用。自动喷漆室和流平室允许部分排出的空气循环使用，但其安全应符合 8.1 和 8.2 的规定。

8.6 喷漆室的排风管道和送风管道的设计、安装、使用应符合 GB 6514—1995 第二篇涂漆工艺通风净化的规定。

9 喷烘两用喷漆室

9.1 喷烘两用喷漆室通风系统应使排出气流中各溶剂蒸气的浓度低于其燃烧极限下限值的 25%。

9.2 喷烘两用喷漆室内表面应经常清理，以尽量减少可燃物的沉积。

9.3 应设置温度限制开关，当烘干温度超过设定温度时，自动切断烘干设备的加热源。

9.4 喷漆设备、烘干设备和通风系统应有连锁装置。当烘干设备处于运行或带电状态时，喷漆设备应自锁或整体移出。

9.5 烘干设备运行前应移走喷漆室内所有的易燃和可燃液体。

9.6 有动力车辆进入喷烘两用喷漆室前应卸下除少量用作动力燃油外的所有易燃物。

9.7 喷烘两用喷漆室应符合 GB 14443 和 GB 6514—1995 中 5.2.1 的有关规定。

10 流平区

10.1 封闭式流平室的电气性能分类应符合 6.3.3 的规定。

10.2 开放式的流平区或封闭式的流平室应按照 8.1 的要求进行通风。

10.3 高于环境温度的加热流平室，应符合 GB 14443 的规定。

11 防噪声

11.1 与喷漆室配套的风机、泵、电动机、阀件等部件的噪声级应符合 GBJ 87 的规定。

11.2 喷漆室的各噪声源部件及其风管、水管应采取减振、隔振、消声和隔声措施，使其噪声级对操作位置的影响符合表 2 的规定。

表 2 操作位置噪声声级的卫生限值

日接触噪声时间/h	卫生限值/dB(A)
8	85
4	88
2	91
1	94
1/2	97
1/4	100
1/8	103
注：卫生限值最高不得超过 115 dB(A)。	

12 防静电

12.1 喷漆室或喷漆房的所有导电部件、排气管、喷漆设备、被喷涂的工件、供漆容器及输漆管路均应可靠接地，设置专用的静电接地体，其接地电阻值应小于 100 Ω；带电体的带电区对地的总泄漏电阻值应小于 1×10^6 Ω。

12.2 采用手工静电喷漆设备的喷漆室地面应铺设导电面层，其电阻值应小于 1×10^6 Ω。

13 操作安全与卫生

13.1 操作空间

喷漆室的操作位置所占空间应保证作业人员有充分的活动余地，并应考虑作业人员的操作空间。

13.2 操作人员

喷漆作业人员应接受喷漆作业专业及安全技术培训后方可上岗。

13.3 操作安全

13.3.1 静电喷漆时，作业人员应穿导电鞋，并符合 GB 4385 的规定。

13.3.2 与喷漆室配套的风机、泵、电动机、过滤器等部件易发生故障处，宜配置有声响或声光组合的报警装置，并与喷漆操作动力源连锁。

13.3.3 配套的气管、水管、涂料管和电线管外观颜色应符合 GB 7231 的规定。

13.4 高处作业

当喷漆室内操作和维修工作位置在室内地坪 2 m 以上时，应配置供站立的平台和扶梯，以及防坠落的栏杆、安全网、防护板，并应符合 GB 17888.1～GB 17888.4 的规定。

13.5 作业卫生

13.5.1 喷漆作业中使用的劳动防护用品应符合 GB 7691 的有关规定。

13.5.2 喷漆作业中所用溶剂或稀释剂不得当作皮肤清洁剂使用。

14 维护

14.1 为方便喷漆区的清洁打扫，宜用不燃或难燃覆盖物以及可剥离涂料和膜覆盖。喷漆室、排气管内残留物沉积过度，应停止喷涂作业。

14.2 喷漆室内各类可燃残留物应及时清理，放入带盖的金属桶内，妥善处理。

14.3 维修喷漆室并需动明火时，应彻底清除室体内和排风管道内的可燃残留物，并配置足够的灭火器材。

15 安全监察

15.1 设计

喷漆室应按照持有专业设计资质的单位提供的设计图纸制造，符合 GB 7691—2003 第 4 章的规定。

15.2 验收

15.2.1 喷漆室出厂应具有符合本标准的技术文件、产品铭牌、使用说明书和检验合格证。

15.2.2 喷漆室交付使用前，应由使用单位会同设计单位(或选用单位)和制造单位，在各项设计性能指标检验和性能检测资料齐全后，进行竣工验收。

15.3 检查

喷漆室应每年至少进行一次通风系统效能技术测定和电气安全技术测定，并将测定结果记入档案。

附　录　A
（规范性附录）
喷漆室、开口涂料容器、灯具的电气爆炸危险区域和要求

见图 A.1～图 A.5。

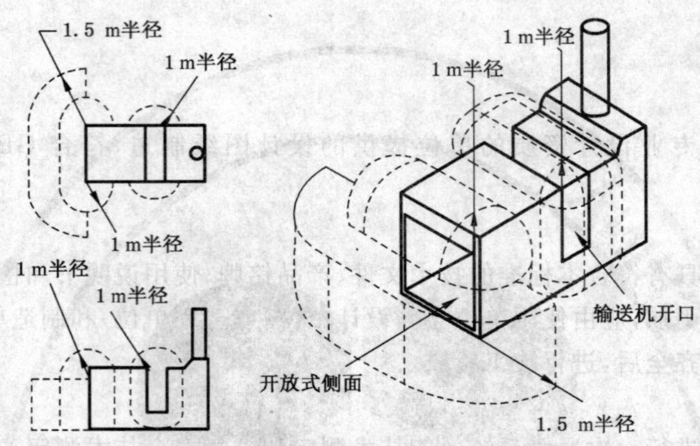

图 A.1　排风系统与喷漆设备连锁的侧面或前面开放式喷漆室或喷漆房附近的 2 区爆炸危险区域

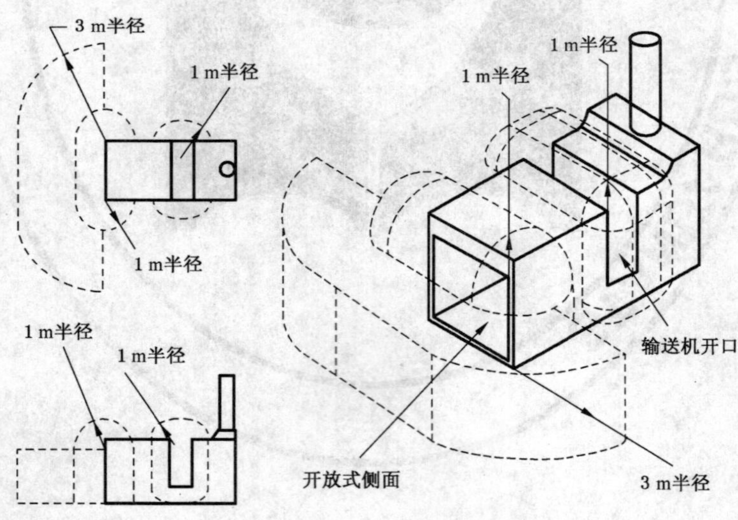

图 A.2　排风系统不与喷漆设备连锁的侧面或前面开放式喷漆室或喷漆房附近的 2 区爆炸危险区域

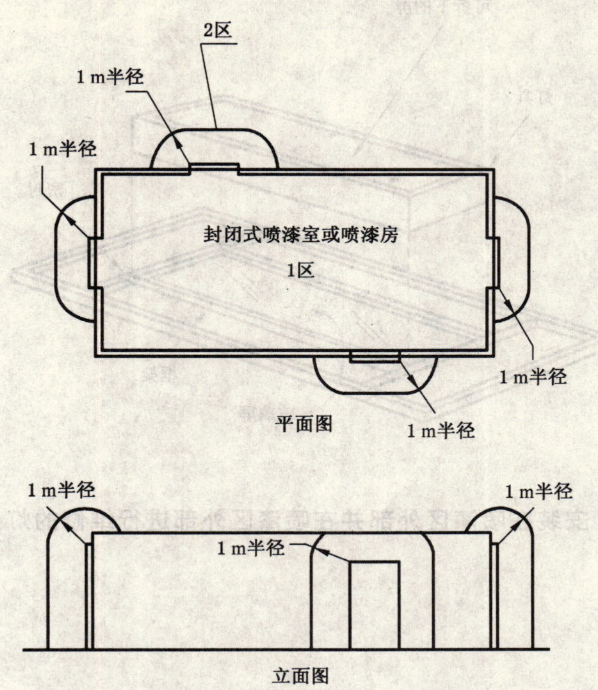

图 A.3 封闭式喷漆室或喷漆房附近的2区爆炸危险区域

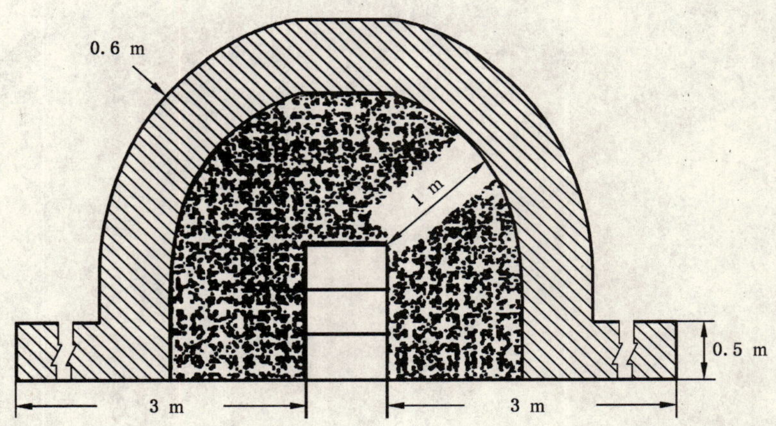

注：1区
2区

图 A.4 开口涂料容器周围的电气区域分类

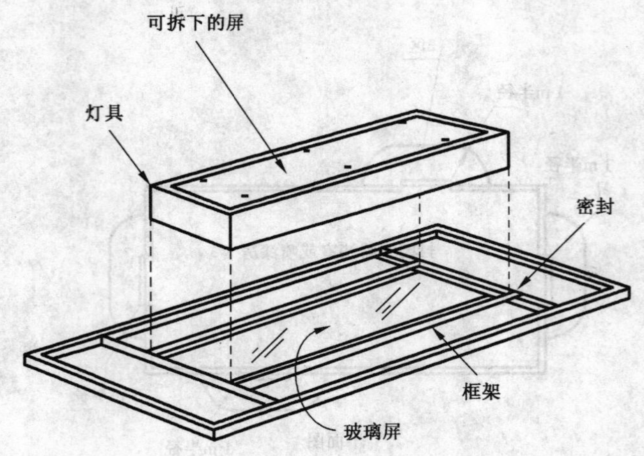

图 A.5　安装在喷漆区外部并在喷漆区外部进行维修的灯具示例

附 录 B
（资料性附录）
常用溶剂的燃烧极限下限值

见表B.1。

表B.1 常用溶剂的燃烧极限下限值

溶剂名称	21℃时每升液体的蒸气体积/m^3	21℃时空气体积的燃烧极限下限值(体积分数)/%
丙酮	0.329	2.6
异乙酸戊酯	0.162	1.0[a]
正戊醇	0.221	1.2
异戊醇	0.221	1.2
苯	0.275	1.4[a]
正乙酸丁酯	0.186	1.7
丁醇	0.263	1.4
丁氧基乙醇	0.186	1.1
2-乙氧基乙醇	0.251	1.8
2-乙氧基乙醇乙酸酯	0.174	1.7
环已酮	0.233	1.1[a]
1,1-二氯乙烯	0.317	5.6
1,2-二氯乙烯	0.317	9.7
乙酸乙酯	0.245	2.5
乙醇	0.413	4.3
乳酸乙酯	0.209	1.5[a]
乙酸甲酯	0.299	3.1
甲醇	0.230	7.3
2-甲氧基乙醇	0.305	2.5
甲基乙基甲酮	0.269	1.8
甲基丙基甲酮	0.227	1.5
石脑油(VM&P)(35.8℃ 石脑油)	0.168	0.9
石脑油(47.2℃闪点)	0.174	1.1[a]
正乙酸丙酯	0.203	2.0
异乙酸丙酯	0.209	1.8
正丙醇	0.335	2.1
异丙醇	0.329	2.0
甲苯	0.227	1.4
松节油	0.230	0.8
邻二甲苯	0.272	1.0

[a] 为100℃时的值。

ICS 39.060
Y 88

中华人民共和国国家标准

GB/T 14459—2006
代替 GB/T 14459—1993

贵金属饰品计数抽样检验规则

Sampling inspection rules by attributes for precious metal adornment

2006-03-10 发布　　　　2006-10-01 实施

中华人民共和国国家质量监督检验检疫总局
中国国家标准化管理委员会　发布

前　言

本标准根据国内首饰行业的实际情况，对 GB/T 14459—1993《贵金属首饰计数抽样检查规则》进行修订，本标准代替 GB/T 14459—1993。

本标准与 GB/T 14459—1993 的主要区别如下：

——标准名称中的“贵金属首饰”改为“贵金属饰品”，将工艺品及摆件明确列入其中；

——根据需要增加了相关的规范性引用文件；

——增加了相关专业术语以便于更好地理解和实施本标准；

——依据 GB/T 2828.1—2003《计数抽样检验程序　第 1 部分：按接收质量限(AQL)检索的逐批检验抽样计划》、GB/T 2829—2002《周期检验计数抽样程序及表(适用于对过程稳定性的检验)》、GB/T 15482—1995《产品质量监督小总体计数一次抽样检验程序及抽样表》、GB/T 14437—1997《产品质量监督计数一次抽样检验程序及抽样方案》对抽样方案进行了修改。

本标准由中国轻工业联合会提出。

本标准由全国首饰标准化技术委员会(SAC/TC 256)归口。

本标准起草单位：国家首饰质量监督检验中心。

本标准主要起草人：李玉鹍、李素青、范积芳。

本标准所代替标准的历次版本发布情况为：GB/T 14459—1993。

贵金属饰品计数抽样检验规则

1 范围

本标准规定了贵金属饰品计数抽样检验的规则。

本标准适用于贵金属饰品生产和销售过程的逐批计数抽样检验，也适用于贵金属饰品的周期检验计数抽样检验和质量监督计数抽样检验。

2 规范性引用文件

下列文件中的条款通过本标准的引用而成为本标准的条款。凡是注日期的引用文件，其随后所有的修改单(不包括勘误的内容)或修订版均不适用于本标准，然而，鼓励根据本标准达成协议的各方研究是否可使用这些文件的最新版本。凡是不注日期的引用文件，其最新版本适用于本标准。

GB/T 2828.1 计数抽样检验程序 第1部分：按接收质量限(AQL)检索的逐批检验抽样计划(GB/T 2828.1—2003，ISO 2859-1：1999，IDT)

GB/T 2829 周期检验计数抽样程序及表(适用于对过程稳定性的检验)

GB/T 9288 金合金首饰 金含量的测定 灰吹法(火试金法)(GB/T 9288—2006，ISO 11426：1997，MOD)

GB/T 11886 首饰含银量化学分析方法

GB 11887 首饰 贵金属纯度的规定及命名方法(GB 11887—2002，ISO 9202：1991，NEQ)

GB/T 14437 产品质量监督计数一次抽样检验程序及抽样方案

GB/T 15482 产品质量监督小总体计数一次抽样检验程序及抽样表

GB/T 17832 银合金首饰中含银量的测定 溴化钾容量法(电位滴定法)(GB/T 17832—1999，eqv ISO 11427：1993)

GB/T 18043 贵金属首饰含量的无损检测方法 X射线荧光光谱法

GB/T 19720 铂合金首饰 铂、钯含量的测定 氯铂酸铵重量法和丁二酮肟重量法(GB/T 19720—2005，ISO 11210：1995，MOD)

QB/T 1690 贵金属饰品质量测量允差的规定

QB/T 2062 贵金属首饰

ISO 14490 钯合金首饰中钯含量的测定 丁二酮肟重量法

3 术语和定义

下列术语和定义适用于本标准。

3.1

取样 sampling

用专用设备或工具，从被测样品上取下可代表整体含量的材料的过程。

3.2

试样 sample

从被测样品上取下的用于贵金属含量测定的部分材料。

3.3

贵金属饰品 precious metal adornment

贵金属材料制成的首饰、工艺品及摆件。

3.4

计数检验　inspection by attributes

关于规定的一个或一组要求,或者仅将单位产品划分为合格或不合格,或者仅计算单位产品中不合格数的检验。

3.5

逐批检验　lot by lot inspection

对系列批中的每一批都进行检验。

3.6

周期检验　inspection by cycle

为判断在规定周期内(按时间规定,也可按制造的单位产品数量规定)生产过程的稳定性是否符合规定要求,从逐批检验合格的某个批或若干批中抽取样本检验。

3.7

监督抽样检验　audit sampling inspection

由监督方独立对经过验收被接收的产品总体进行的、决定监督总体是否可通过的抽样检验。

3.8

抽样方案　sampling plan

所使用的样本量和有关批接收准则的组合。

3.9

一次抽样方案　once sampling plan

由样本量和判定数组[Ac,Re]结合在一起组成的抽样方案。

3.10

单位产品　item

为实施抽样检验的需要而划分的基本单位。

3.11

检验批　inspection lot

按一定条件汇集在一起的一定数量的某种产品、材料或服务。

3.12

批量　lot size

批中单位产品的数量。

3.13

样本　sample

取自一个批并且提供有关该批的信息的一个或一组产品。

3.14

样本量　sample size

样本中产品的数量。

3.15

样本单位　sample item

从批中抽取用于检验的单位产品。

3.16

监督总体　audit population

被实施质量监督检验所考虑的单位产品总和。

3.17

不合格 nonconformity

单位产品的质量特性不满足规范的要求。不合格按质量特性表示单位产品质量的重要性，或者按质量特性不符合的严重程度来分类，一般不合格分类为：A类不合格，B类不合格，C类不合格。

3.18

A类不合格 A nonconformity

单位产品的极重要质量特性不符合规定，或者单位产品的质量特性极严重不符合规定。

3.19

B类不合格 B nonconformity

单位产品的重要质量特性不符合规定，或者单位产品的质量特性严重不符合规定。

3.20

C类不合格 C nonconformity

单位产品的一般质量特性不符合规定，或者单位产品的质量特性轻微不符合规定。

3.21

不合格品 nonconforming item

具有一个或一个以上不合格的单位产品。按不合格类型一般分为：A类不合格品，B类不合格品，C类不合格品。

3.22

A类不合格品 A nonconformity item

有一个或一个以上A类不合格，也可能还有B类和(或)C类不合格的单位产品。

3.23

B类不合格品 B nonconformity item

有一个或一个以上B类不合格，也可能还有C类不合格的单位产品。

3.24

C类不合格品 C nonconformity item

有一个或一个以上C类不合格，但不包含A类和B类不合格的单位产品。

3.25

不合格品百分数 percent nonconforming

批中的不合格品数除以批量再乘上100，即：

$$D/N \times 100$$

式中：

D——批中的不合格品总数；

N——批量。

3.26

每百单位产品不合格数 nonconformities per 100 items

批中所有单位产品不合格总数除以批量再乘上100，即：

$$100D/N$$

式中：

D——批中所有单位产品不合格总数；

N——批量。

3.27

总体不合格品率 nonconforming proportion in a population

监督总体中含有的不合格品数除以监督总体量。

3.28

判别水平　distinguish level

判别生产过程稳定性不符合规定要求之能力大小水平。

3.29

合格判定数(接收数)　conformiting determinant number (incepting number)

在计数验收抽样中，合格批的样本中允许的不合格或不合格品的最大数目。

3.30

不合格判定数(拒收数)　nonconformiting determinant number (rejection number)

在计数验收抽样中，不合格批的样本中不允许的不合格或不合格品的最小数目。

3.31

不通过判定数　rejection number

监督总体被判定为不通过时，样本中所允许的最小不合格品数。

3.32

接收质量限　acceptance quality limit

当一个连续系列批被提交验收抽样时，可允许的最差过程平均质量水平。

3.33

不合格质量水平　nonconformity quality level

在抽样检验中，认为不可接受的批质量下限值。

3.34

监督质量水平　audit quality level

监督总体中允许的总体不合格品率的上限值。

3.35

监督检验等级　audit inspection level

监督抽样中样本量与检验功率之间的关系。

4　抽样检验的实施

4.1　检验的依据

产品的检验项目和试验方法依据 GB 11887、GB/T 9288、GB/T 11886、GB/T 17832、GB/T 19720、ISO 11490、QB/T 2062、QB/T 1690 执行。

4.2　检验样本及样本单位

贵金属首饰的检验，采取对产品进行抽样，其样本单位取被检验的单位产品。工艺品、摆件的贵金属含量检验采取对产品部件进行抽样，其样本单位取被检验的单位产品具代表性的部件。

4.3　检验批的组成

检验批按贵金属饰品的品种和含量组成。

4.4　质量特性分类

4.4.1　产品主要质量特性

包括贵金属含量、质量、印记、外观性能。

4.4.2　产品质量特性分类

表 1　产品质量特性分类

产品质量特性	类 别	执行标准
贵金属含量	A	GB/T 9288、GB/T 11886、GB/T 17832、GB/T 19720、ISO 11490
质量	B	QB/T 1690
印记	B	GB 11887
外观性能	B	QB/T 2062

4.5　抽样方案

4.5.1　产品的逐批计数抽样检验(采用 GB/T 2828.1 的正常一次抽样方案)

4.5.1.1　产品逐批检验计数抽样的原则：针对贵金属产品的特殊性，逐批检验主要针对 B 类质量特性进行。批的组成、批量及由供方提出和识别每个批的方式，应经负责部门指定或批准。

4.5.1.2　产品 B 类质量特性的抽样检验的批量、检查水平、AQL 值及一次抽样方案，见表 2。

表 2　产品 B 类质量特性的计数抽样方案

批量/件	检查水平	接收质量限(AQL)	样本量 n/件	接收数 Ac	拒收数 Re
3～500	S-1	4.0	3	0	1
＞500	S-1	2.5	5	0	1
注：AQL 为接收质量限(见 3.32)。					

4.5.1.3　当批量小于抽样数量时实行全检。

4.5.2　产品的周期检验计数抽样(采用 GB/T 2829 的一次抽样方案)

4.5.2.1　产品周期检验计数抽样的原则：企业应适当规定检验周期，从本周期生产的并经逐批检验合格的某个批或若干批中抽取样本，对 A、B 类质量特性进行周期检验。

贵金属饰品具有一定特殊性，企业应根据企业自身经济实力、技术水平和工艺水平，针对不同种类产品选择适当的判别水平。当需要的判别能力强且经济上允许的情况下，采用判别水平Ⅲ；当需要的判别能力比较强，或虽需要的判别能力强但经济上却不能完全允许的情况下，采用判别水平Ⅱ；当需要的判别能力不强或且经济上不允许采用判别水平Ⅱ、Ⅲ的情况下，采用判别水平Ⅰ。

4.5.2.2　产品的周期检验计数抽样的判别水平、RQL 值及一次抽样方案，见表 3。

表 3　产品的周期检验计数抽样方案

判别水平	不合格质量水平(RQL)	样本量 n/件	接收数 Ac	拒收数 Re
Ⅰ	30	3	0	1
Ⅱ	30	5	0	1
Ⅲ	30	6	0	1
注：RQL 为不合格质量水平(见 3.33)。				

4.5.3　产品的质量监督计数抽样检验(采用 GB/T 14437 或 GB/T 15482 的一次抽样方案)

4.5.3.1　产品质量监督计数抽样检验的原则

产品质量监督计数抽样检验由第三方对经过验收合格的产品总体实施，并根据监督需要确定监督总体，监督总体可以是同厂家、同型号、同一生产周期生产的产品，也可以是不同厂家、不同型号、不同生产周期生产的产品，但后者只适用于合格判定不能作为处罚依据。监督总体量大于 250 件且样本量不超过总体量的十分之一时按 GB/T 14437 的规定进行，当监督总体量小于 250 件时按 GB/T 15482 的规定确定抽样方案进行。

4.5.3.2　产品的质量监督计数抽样检验的监督检验等级、监督质量水平 p_0 及一次抽样方案(GB/T 14437)，见表 4。

表 4 产品的质量监督计数抽样检验方案

监督检验等级	监督质量水平 p_0	样本量 n/件	不通过判定数 Re
Ⅰ	2.5%	2	1

注：建议可采用 GB/T 18043 进行初检。

4.6 抽样取样方法

4.6.1 样本抽取时采用随机抽样的方法。

4.6.2 进行含量检验时应从被测样本不同部位上分别截取样块，再将样块截成细小碎块混匀后随机称取试样。

5 检验后的处置

5.1 逐批检验后的处置

5.1.1 不接收批的处置

负责部门应决定怎样处置不接收批。这样的批可以分选(替换或不替换不合格品)，返工，回炉等。

5.1.2 不合格品

如果批已被接收，有权不接收在检验中发现的任何不合格品，而不管该产品是否构成样本的一部分。所发现的不合格品可以返工或以合格品替代。经负责部门批准，可按负责部门规定的方式再次提交检验。

5.1.3 批的再提交

如果发现一个批是不可接收的，应立即通知所有各方。在所有产品被重新检验，而且确信已剔除所有不合格品或以合格品替代之前，这样的批不应再提交。负责部门应确定再检验应使用正常检验还是加严检验，再检验是包含所有类型的不合格还是只包含最初造成不合格的各别类型。

5.2 周期检验后的处置

5.2.1 周期检验合格后的处置方法

本周期的周期检验合格后，该周期检验所代表的产品经逐批检验合格的批，可整批交付经销商或暂时入库。

5.2.2 周期检验不合格的处置方法

若本周期的周期检验不合格，企业主管质量的部门要认真调查周期检验不合格原因，并报告上级主管质量部门。

若因试验设备出故障或操作上的错误造成周期检验不合格，则允许重新进行周期检验；若造成周期检验不合格的原因能马上纠正，允许用纠正不合格原因后制造的产品进行周期检验；若造成周期检验不合格的产品能通过筛选的方法剔除或可以修复，则允许经过筛选或修复后的产品进行周期检验。

如果周期检验不合格不属于上述情况，那么它所代表的产品应暂停逐批检验，并将经逐批检验合格入库的产品停止交付经销商。已交付经销商的产品原则上全部退回企业或双方协商解决，同时暂停该周期检验所代表的产品的正常批量生产。只有在上级主管质量部门的监督下，使用采取纠正措施后制造的产品经周期检验合格后，才能恢复正常批量生产和逐批检验。

5.2.3 进行周期检验的特殊情况

当产品停止生产一个周期以上又恢复生产，或者产品的设计、工艺、材料有较大变动时，应进行周期检验。只有当周期检验合格后，才能进行正常的批量生产和逐批检验。

ICS 25.040.30
J 28

中华人民共和国国家标准

GB/T 14468.1—2006/ISO 9409-1:2004
代替 GB/T 14468.1—1993

工业机器人　机械接口
第1部分:板类

Industrial robot—Mechanic interface—Part 1:Plates

(ISO 9409-1:2004,Manipulating industrial robots—
Mechanical interfaces—Part 1:Plates,IDT)

2006-04-03 发布　　2006-09-01 实施

中华人民共和国国家质量监督检验检疫总局
中国国家标准化管理委员会　发布

ICS 25.040.30
J 28

中华人民共和国国家标准

GB/T 14468.1—2006/ISO 9409-1:2004
代替 GB/T 14468.1—1993

工业机器人 机械接口
第1部分:板类

Industrial robot—Mechanic interface—Part 1: Plates

(ISO 9409-1:2004, Manipulating industrial robots—
Mechanical interfaces—Part 1: Plates, IDT)

2006-04-03 发布 2006-09-01 实施

中华人民共和国国家质量监督检验检疫总局
中国国家标准化管理委员会 发布

前　言

GB/T 14468《工业机器人　机械接口》由两部分组成，它们是：

——第1部分：板类；

——第2部分：轴类。

本部分是其第1部分，它等同采用ISO 9409-1:2004《操作型工业机器人　机械接口　第1部分：板类》。

本部分等同翻译ISO 9409-1:2004。

为便于使用，本部分作了以下编辑性修改：

a) 为了与系列标准命名统一，标准名称定为“工业机器人　机械接口　第1部分：板类”；

b) 用“本部分”代替“ISO 9409的本部分”；

c) 删除了“ISO 9409-1:2004”的前言；

d) 本部分将引用标准更改为本国标准。

本部分是对GB/T 14468.1—1993的修订。与GB/T 14468.1—1993比较在第5章上作了变动。

本部分自实施之日起代替GB/T 14468.1—1993。

本部分由中国机械工业联合会提出。

本部分由全国工业自动化系统与集成标准化技术委员会归口。

本部分由北京机械工业自动化研究所起草。

本部分起草人：胡景谬、郝淑芬、许镝。

本部分所代替标准的历次发布情况为：

GB/T 14468.1—1993。

引　　言

本部分是工业机器人的系列标准之一。与之相关的标准有如:安全、通用特性、坐标系、性能规范及其试验方法、术语和机器人编程等。这些标准之间是相互关联的,且与其他的标准有关。

工业机器人在工业自动化中的重要性日益增长,根据不同的用途,要求安装在机械接口处的末端执行器(例如夹持器或工具等)是可以拆卸的。

工业机器人　机械接口
第1部分:板类

1　范围

GB/T 14468的本部分规定了板类机械接口的主要尺寸、标识代码和标志。目的是为了保证末端执行器的互换性以及手工安装时保持原有的姿态。

本部分未规定在确定末端执行器联接装置的其他要求。

本部分不包含与负载范围有关的内容。因为负载是要根据机器人的用途及其负载能力来选择相应的机械接口的。

本部分规定机械接口亦可适用于简单的搬运系统,这种搬运系统并不包含在操作型工业机器人的定义范围内,例如取放式或主从式单元。

2　规范性引用文件

下列文件中的条款通过GB/T 14468的本部分的引用而成为本部分的条款。凡是注日期的引用文件,其随后所有的修改单(不包括勘误的内容)或修订版均不适用于本部分,然而,鼓励根据本部分达成协议的各方研究是否可使用这些文件的最新版本。凡是不注日期的引用文件,其最新版本适用于本部分。

GB/T 1182—1996　形状和位置公差　通则、定义、符号和图样表示法(eqv ISO 1101:1996)

GB/T 1800.1~1800.4　极限与配合　基础

GB/T 12643—1997　工业机器人　词汇(eqv ISO 8373:1994)

GB/T 16977—2005　工业机器人　坐标系和运动命名原则(ISO 9787—1999,IDT)

ISO 261:1998　普通公制螺纹　总则

3　术语和定义

本部分采用GB/T 12643—1997给出的术语和定义。

4　尺寸

4.1　通则

优先使用表1中系列1规定的机械接口尺寸,仅在特殊情况下即当系列1不能满足预计的用途时才选用补充系列2。

仅选择d_3作为机械接口的定心直径。d_2的选择取决于用途。

孔d_5与定位销相配合,且取决于用途。定位销可以具有不同的形状,如圆柱形和菱形。所选择的定位销应避免超出尺寸。

定位销孔的中心应位于机械接口坐标系(GB/T 16977—2005)$+X_m$的轴线上,细节尺寸(如倒角)此处不再规定,可由设计者进行选择。

4.2　公差

机械接口尺寸公差应按GB/T 1800.1~1800.4进行标注,形位公差按GB/T 1182标注,平面A上的沉孔直径d_3和导销孔d_5应是所有形位公差的基准。如图1至图3所示。

4.3 螺纹孔

螺纹选择应与 ISO 261:1998 的规定一致。

4.4 工艺程序所需的条款

若接口圆是空心,则其中心孔直径 d_6 应等于或小于 d_3。

4.5 对末端执行器的要求

末端执行器中相匹配表面的尺寸及相关公差与本部分所规定的尺寸和公差相适应。

表 1 板类机械接口优先系列 1 和补充系列 2

单位为毫米

<table>
<tr><th rowspan="2">位置</th><th colspan="2">螺孔中心圆直径 d_1</th><th>d_2</th><th>d_3</th><th rowspan="2">d_4</th><th>d_5</th><th rowspan="2">d_6</th><th>t_1</th><th>t_2</th><th>t_3</th><th rowspan="2">t_4</th><th rowspan="2">t_5</th><th>t_6</th><th>螺孔数</th></tr>
<tr><th>系列 1</th><th>系列 2</th><th>h8</th><th>H7</th><th>H7</th><th>min</th><th>min</th><th>min</th><th>min</th><th>N</th></tr>
<tr><td>1</td><td>25</td><td></td><td>34</td><td>16</td><td>M4</td><td>4</td><td rowspan="13">见 4.4</td><td rowspan="7">6</td><td>4</td><td rowspan="2">4</td><td rowspan="11">见注 1</td><td rowspan="2">0.5</td><td rowspan="2"></td><td rowspan="5">4</td></tr>
<tr><td>2</td><td></td><td>31.5</td><td>40</td><td>20</td><td>M5</td><td>5</td><td>5</td></tr>
<tr><td>3</td><td>40</td><td></td><td>50</td><td>25</td><td rowspan="3">M6</td><td rowspan="3">6</td><td rowspan="3">6</td><td rowspan="5">6</td><td rowspan="3">0.2</td><td rowspan="11">1</td></tr>
<tr><td>4</td><td></td><td>50</td><td>63</td><td>31.5</td></tr>
<tr><td>5</td><td>63</td><td></td><td>80</td><td>40</td></tr>
<tr><td>6</td><td></td><td>80</td><td>100</td><td>50</td><td rowspan="2">M8</td><td rowspan="2">8</td><td rowspan="2">8</td><td rowspan="8">0.4</td><td rowspan="4">6</td></tr>
<tr><td>7</td><td>100</td><td></td><td>125</td><td>63</td></tr>
<tr><td>8</td><td></td><td>125</td><td>160</td><td>80</td><td rowspan="2">M10</td><td rowspan="2">10</td><td rowspan="6">8</td><td rowspan="2">10</td><td rowspan="6">8</td></tr>
<tr><td>9</td><td>160</td><td></td><td>200</td><td>100</td></tr>
<tr><td>10</td><td></td><td>160</td><td>200</td><td>100</td><td rowspan="2">M12</td><td rowspan="4">12</td><td rowspan="4">12</td><td>11</td></tr>
<tr><td>11</td><td></td><td>200</td><td>250</td><td>125</td><td>6</td></tr>
<tr><td>12</td><td></td><td>200</td><td>250</td><td>125</td><td>M16</td><td>22</td><td>12</td></tr>
<tr><td>13</td><td>250</td><td>250</td><td>315</td><td>160</td><td>M12</td><td></td><td>6</td></tr>
<tr><td colspan="15">注:螺纹孔的最小深度 t_4 取决于末端执行器联接装置的材料。</td></tr>
</table>

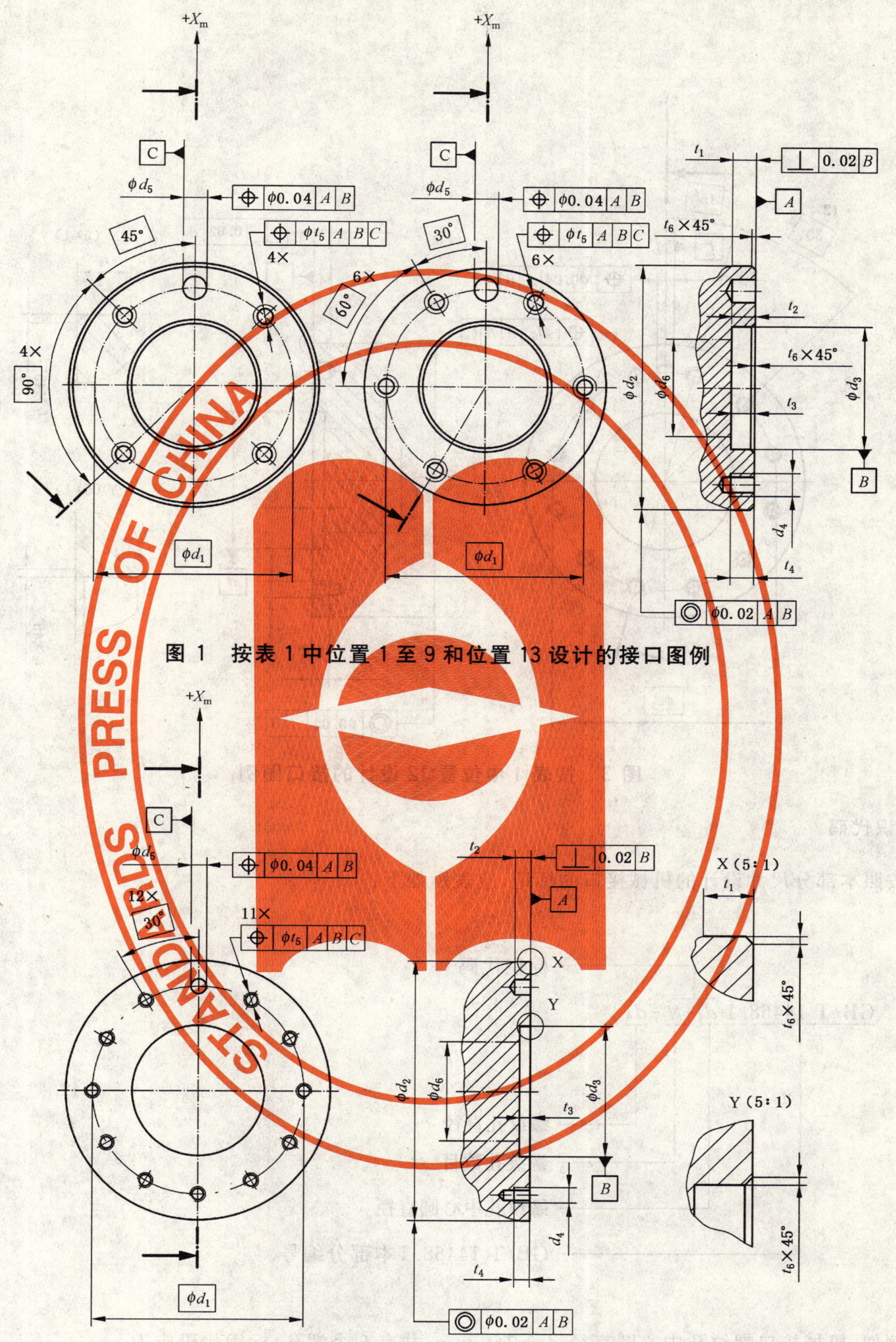

图 1 按表 1 中位置 1 至 9 和位置 13 设计的接口图例

图 2 按表 1 中位置 10 设计的接口图例

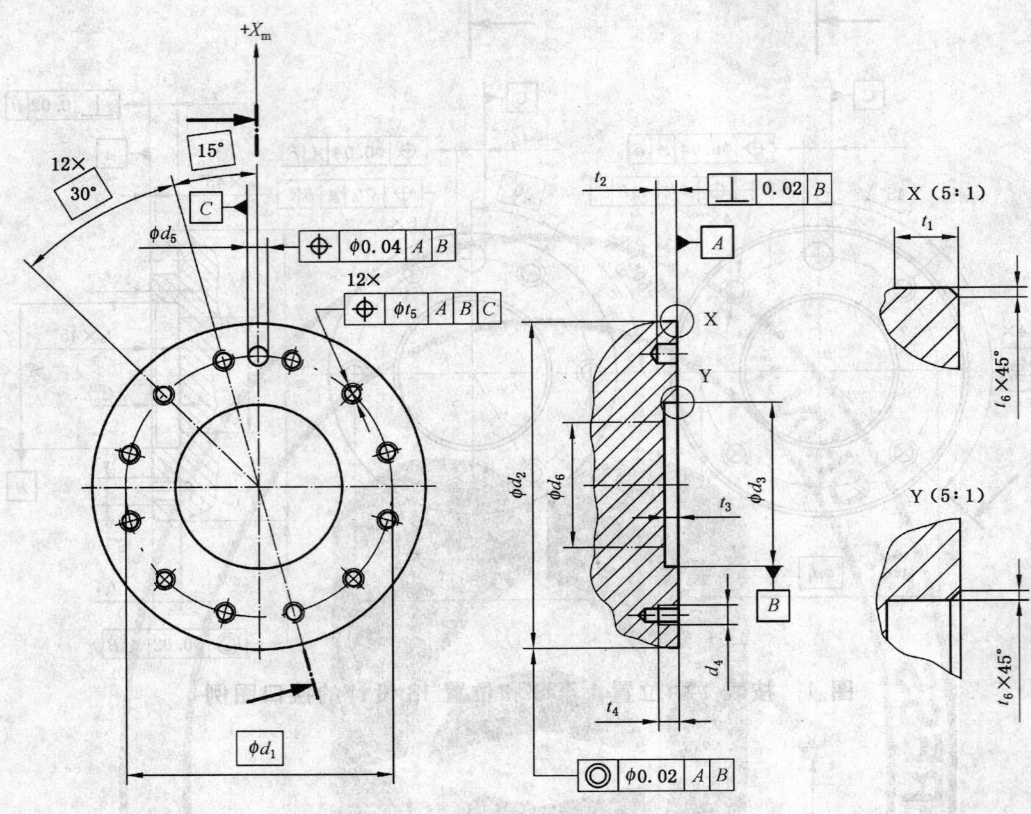

图 3　按表 1 中位置 12 设计的接口图例

5　标识代码

按照本部分尺寸设计的机械接口的标记，应表示如下：

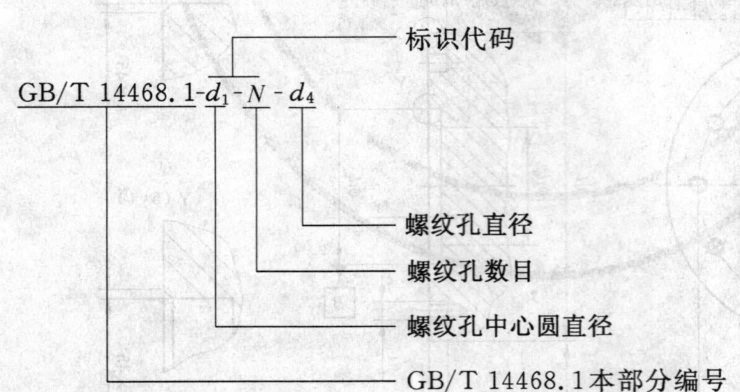

例如：机械接口螺纹孔中心圆直径 d_1＝160 mm，并有 6 个螺孔，标识代码应为：
GB/T 14468.1-160-6-M10

6 标志

当按照本部分制造的板类机械接口和相关的末端执行器制作标志时，应按照标识代码(见第 5 章)将标志制作成永久性的。

ICS 25.040.30
J 28

中华人民共和国国家标准

GB/T 14468.2—2006/ISO 9409-2:2002
代替 GB/T 14468.2—1999

工业机器人　机械接口
第2部分:轴类

Industrial robot—Mechanic interface—Part 2:Shafts

(ISO 9409-2:2002,Manipulating industrial robots—
Mechanical interfaces—Part 2:Shafts,IDT)

2006-04-03 发布　　　　2006-09-01 实施

中华人民共和国国家质量监督检验检疫总局
中国国家标准化管理委员会　发布

前　　言

GB/T 14468《工业机器人　机械接口》由两部分组成，它们是：

——第1部分：板类；

——第2部分：轴类。

本部分是其第2部分，它等同采用ISO 9409-2:2002《操作型工业机器人　机械接口　第2部分：轴类》。

本部分等同翻译ISO 9409-2:2002。

为便于使用，本部分作了以下编辑性修改：

a)　为了与系列标准命名统一，标准名称改为“工业机器人　机械接口　第2部分：轴类”；

b)　用“本部分”代替“ISO 9409的本部分”；

c)　删除了“ISO 9409-2:2002”的前言和参考文献；

d)　本部分将引用标准更改为本国标准；

e)　将第6章的标题“工艺程序所需条款”改为“其他”。

本部分是对GB/T 14468.2—1999的修订。与GB/T 14468.2—1999相比在第7章的标志上作了变动。

本部分自实施之日起代替GB/T 14468.2—1999。

本部分由中国机械工业联合会提出。

本部分由全国工业自动化系统与集成标准化技术委员会归口。

本部分由北京机械工业自动化研究所起草。

本部分起草人：胡景谬、郝淑芬、许镒。

本部分所代替标准的历次发布情况为：

——GB/T 14468.2—1999。

引　　言

本部分是工业机器人所需的系列标准之一。与之相关的标准有:安全性、通用特性、坐标系、性能规范及其试验方法、术语和机器人编程。这些标准之间是相互关联的,且也与其他的标准有关。

工业机器人在工业自动化中的重要性日益增长,根据不同的用途,要求安装在机械接口处的末端执行器(诸如夹持器和工具)是可以拆卸的。

工业机器人 机械接口 第2部分:轴类

1 范围

GB/T 14468 的本部分规定了具有圆柱形轴伸的轴类机械接口的主要尺寸、标识代码和标志。目的是保证其互换性以及保持手工安装末端执行器的姿态。

本部分并未规定负载范围有关的内容。

在本部分中规定的机械接口亦适用于简单的搬运系统,这种搬运系统并不包含在操作型工业机器人的定义中,例如取放式或主从式单元。

2 规范性引用文件

下列文件中的条款通过 GB/T 14468 的本部分的引用而成为本部分的条款。凡是注日期的引用文件,其随后所有的修改单(不包括勘误的内容)或修订版均不适用于本部分,然而,鼓励根据本部分达成协议的各方研究是否可使用这些文件的最新版本。凡是不注日期的引用文件,其最新版本适用于本部分。

GB/T 1182—1996 形状和位置公差 通则、定义、符号和图样表示法(eqv ISO 1101:1996)

GB/T 1800.1～1800.4 极限与配合 基础

GB/T 12643—1997 工业机器人 词汇(eqv ISO 8373:1994)

GB/T 14468.1—2006 工业机器人 机械接口 第1部分:板类(ISO 9409-1:2004,IDT)

GB/T 16977—2005 工业机器人 坐标系和运动命名原则(ISO 9787—1999,IDT)

3 术语和定义

本部分采用 GB/T 12643—1997 给出的术语和定义。

4 尺寸

4.1 总则

具有圆柱形轴伸的轴类机械接口,其尺寸按图1和表1及图2和表2的规定(图1和表1为1型——不带末端执行器的定向槽,图2和表2为2型——带末端执行器的定向槽)。

接口尺寸推荐使用系列1,仅当系列1的尺寸对预定的用途不适用时,才可选用系列2。

图1和图2中确定了轴类机械接口的基准面,末端执行器以此基准面进行定位(见第5章注)。

4.2 坐标系

按 GB/T 16977—2005 中给出的定义,轴类机械接口坐标系的原点定于轴心线和基准面的交叉点。

$+Z_m$ 轴的方向,由原点指向轴伸的末端。

扁平面和定向槽是以 $+X_m$ 轴为基础(见图1和图2)。轴伸上的扁平面是通过末端执行器的定位螺钉使其定位,而定向槽则是通过安装于末端执行器的销子确保末端执行器的姿态。

4.3 公差

机械接口的尺寸应按照 GB/T 1800.1～1800.4 的规定标注公差。并按 GB/T 1182 的规定来标注形位公差。

轴伸的直径 d_1 应是所有形位公差的基准(见图1和图2)。

4.4 承载能力和轴伸材料

本部分所规定的轴类机械接口是适用于负载较小的机器人，以及其末端执行器需在外围设备间较窄小空间运行的机器人。

当轴类机械接口不能满足支承所需负载时，则采用板类机械接口（GB/T 14468.1—2006）。

5 对末端执行器的要求

末端执行器相关配合面的尺寸及公差应与本部分所规定的尺寸和公差相匹配。

轴类机械接口定向槽的尺寸 $b\times l_5$（见图 2 和表 2）应与安装在末端执行器上的销子相匹配，用以确保末端执行器的姿态。建议用于此处的销子采用圆柱销。销子的轴线应以 $+X_m$ 为基准。

轴伸 $d_1\times l_1$ 应有足够的长度和强度，以支承靠摩擦联接的末端执行器，例如带有夹钳的末端执行器。

轴伸端的螺孔用于固定末端执行器。

注：轴伸端面不应用作尺寸的基准，末端执行器应以基准面来定位。

6 其他

为了通过电缆线、管路或排除周围空气，螺纹孔可制成通孔。若轴伸设计成空心的，通孔直径 d_4 应等于或小于螺孔 d_3 的内径。

7 标识代码

按照本部分设计的机械接口的尺寸，其标识方法如下：

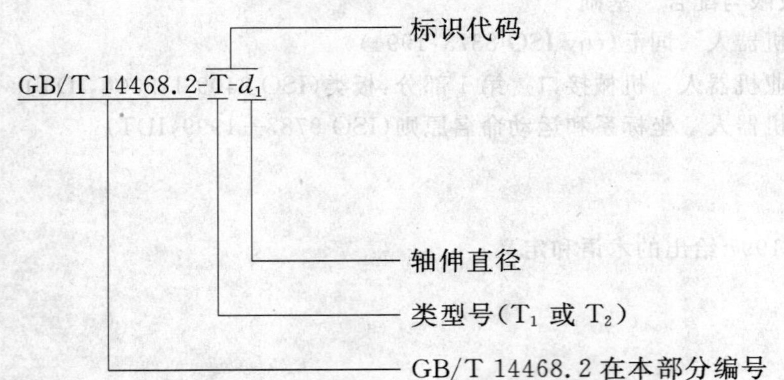

例如：机械接口为 1 型，其轴伸直径 d_1＝10 mm，标记如下：

GB/T 14468.2-T_1-10

8 标志

按本部分制造的轴伸和末端执行器制作标志时，应作成永久性的标识代码（见第 7 章）。

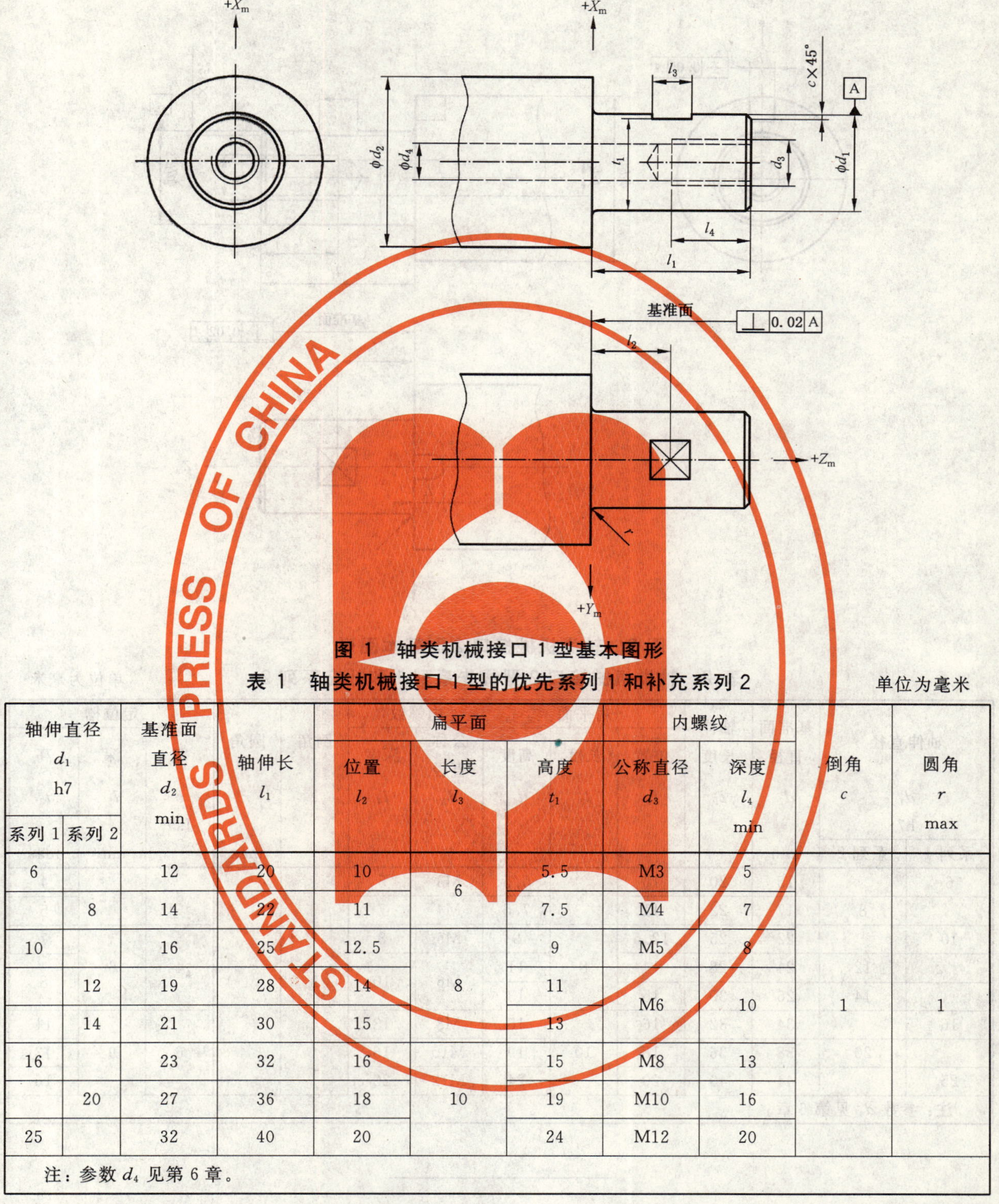

图 1 轴类机械接口 1 型基本图形

表 1 轴类机械接口 1 型的优先系列 1 和补充系列 2

单位为毫米

轴伸直径 d_1 h7		基准面直径 d_2 min	轴伸长 l_1	扁平面			内螺纹		倒角 c	圆角 r max
系列 1	系列 2			位置 l_2	长度 l_3	高度 t_1	公称直径 d_3	深度 l_4 min		
6		12	20	10	6	5.5	M3	5	1	1
	8	14	22	11		7.5	M4	7		
10		16	25	12.5	8	9	M5	8		
	12	19	28	14		11	M6	10		
	14	21	30	15		13				
16		23	32	16		15	M8	13		
	20	27	36	18	10	19	M10	16		
25		32	40	20		24	M12	20		

注：参数 d_4 见第 6 章。

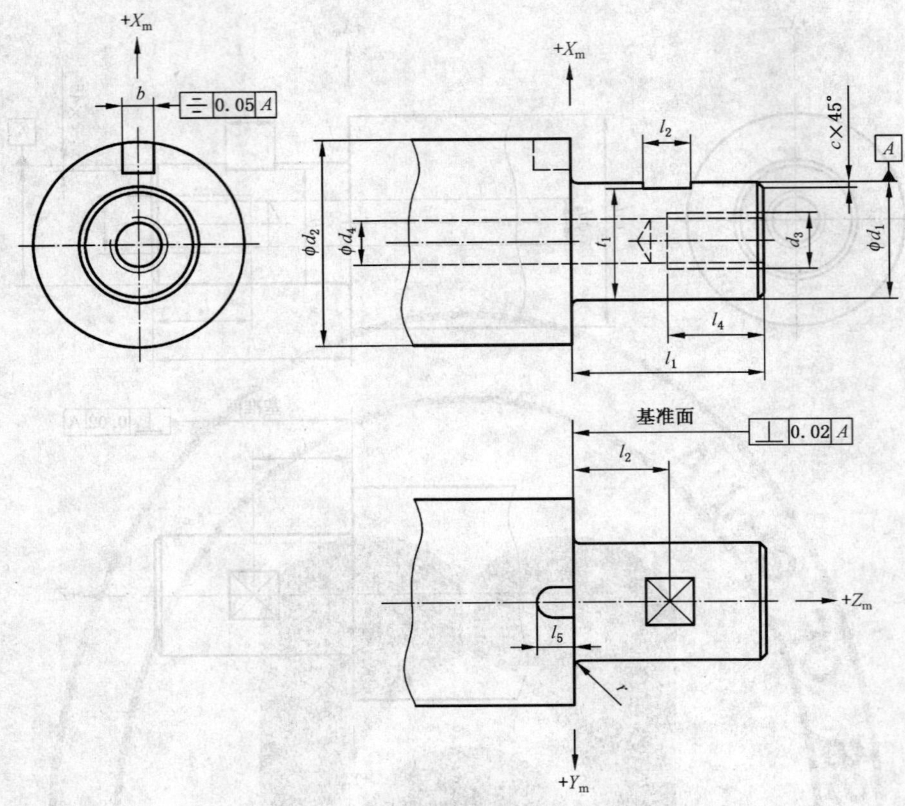

图 2　轴类机械接口 2 型基本图形

表 2　轴类机械接口 2 型优先系列 1 和补充系列 2

单位为毫米

轴伸直径 d_1 h7		基准面直径 d_2 min	轴伸长度 l_1	扁平面 位置 l_2	扁平面 长度 l_3	扁平面 高度 t_4	内螺纹 公称直径 d_3	内螺纹 深度 l_4	倒角 c	圆角 r max	定位槽 宽 b Js9	定位槽 深 l_5 min	定位槽 高 t_2 max
系列 1	系列 2												
6		15	20	10	6	5.5	M3	5	1	1	3	4.5	4
	8	17	22	11		7.5	M4	7					5
10		22	25	12.5	8	9	M5	8			4	6	7
	12	24	28	14		11	M6	10					8
	14	26	30	15		13							
16		34	32	16	10	15	M8	13			6	9	11
	20	38	36	18		19	M10	16					13
25		44	40	20		24	M12	20					16

注：参数 d_4 见第 6 章。

ICS 29.120.60
K 09

中华人民共和国国家标准

GB 14536.18—2006/IEC 60730-2-16:2001

家用和类似用途电自动控制器 家用和类似应用浮子型 水位控制器的特殊要求

Automatic electrical controls for household and similar use—Particular requirements for automatic electrical water level controls of the float type for household and similar applications

(IEC 60730-2-16:2001,IDT)

2006-08-25 发布　　2008-06-01 实施

中华人民共和国国家质量监督检验检疫总局
中国国家标准化管理委员会　发布

前言

本部分的全部技术内容为强制性。

GB 14536《家用和类似用途电自动控制器》分为如下两个部分：

第一部分：通用要求(GB 14536.1)；

第二部分，特殊要求，包括：

家用电器用电控制器的特殊要求(GB 14536.2)；

电动机热保护器的特殊要求(GB 14536.3)；

管型荧光灯镇流器热保护器的特殊要求(GB 14536.4)；

密封和半密封电动机压缩机用电动机热保护器的特殊要求(GB 14536.5)；

燃烧器电自动控制系统的特殊要求(GB 14536.6)；

压力敏感电自动控制器的特殊要求(GB 14536.7)；

定时器和定时开关的特殊要求(GB 14536.8)；

电动水阀的特殊要求(包括机械要求)(GB 14536.9)；

温度敏感控制器的特殊要求(GB 14536.10)；

电动机用起动继电器的特殊要求(GB 14536.11)；

能量调节器的特殊要求(GB 14536.12)；

电动门锁的特殊要求(GB 14536.13)；

家用洗衣机电脑程序控制器的特殊要求(GB 14536.14)；

湿度敏感控制器的特殊要求(GB 14536.15)；

电起动器的特殊要求(GB 14536.16)；

锅炉器具中使用的浮子型或电极敏感型水位敏感电自动控制器的特殊要求(GB 14536.17)；

家用和类似应用浮子型水位控制器的特殊要求(GB 14536.18)；

电动燃气阀的特殊要求，包括机械要求(GB 14536.19)

……

本部分等同采用国际电工委员会 IEC 60730-2-16:2001(第 1.2 版)《家用和类似用途电自动控制器　第2-16 部分：家用和类似应用浮子型水位控制器的特殊要求》。

本部分与 GB 14536.1—200×[1]《家用和类似用途电自动控制器　第 1 部分：通用要求》(等同采用 IEC 60730-1:2003 ED3.1)配套使用。如果由于版本的差异可能会导致本部分使用出现问题时，应参照相应版本的 IEC 原文标准。

在 IEC 前言中说明了由于不同地域的实际情况所形成的不同要求，并承认各国电气系统和布线规则的差异。遵照我国采用国际标准的政策，对于某些国家与 IEC 60730-2-16 有差异的注，在本部分正文中仍以注的形式出现，并在说明中说明我国采用或不采用。

为了便于使用，本部分做了下列编辑性修改：

a)　“第 1 部分”一词改为“GB 14536.1”；

b)　用小数点“.”代替作为小数点的逗号“,”。

本部分的附录 H、附录 AA 为规范性附录。

本部分在我国首次制定。从本部分颁布实施之日起，家用和类似应用浮子型水位控制器应符合本

1)　已报批。

部分的规定。

本部分由中国电器工业协会提出。

本部分由全国家用自动控制器标准化技术委员会(SAC/TC 212)归口。

本部分起草单位:广州电器科学研究院、浙江中雁温控器有限公司。

本部分起草人:黄开云、陈永龙。

本部分委托全国家用自动控制器标准化技术委员会负责解释。

IEC 前言

1) IEC(国际电工委员会)是由各个国家电工委员会(IEC 国家委员会)组成的世界性标准化组织。IEC 的宗旨是促进在与电工和电子领域标准化有关问题上的国际合作。为此目的,IEC 除了开展其他活动之外,还出版国际标准。这些标准的制定工作是委托各技术委员会来完成的。IEC 的成员即国家委员会,只要对要制订的标准感兴趣,均可参加其制定工作。与 IEC 有联系的国际性的、官方的组织亦可参加此项工作。IEC 和世界标准化组织(ISO)遵照双方协议规定的条件,密切合作。
2) 由对有关项目特别关注的所有国家委员会参加的技术委员会所制订的 IEC 有关技术问题的正式决议或协议,尽可能地表达对所涉及的问题在国际上的一致意见。
3) 这些正式决议或协议以标准、技术报告或导则的形式出版,并推荐给国际上使用,并在此意义上为各国国家委员会所接受。
4) 为了促进国际上的统一,IEC 国家委员会应最大限度地将 IEC 国际标准转化为其国家或地区标准。IEC 标准与相应的国家或地区标准之间如有任何差异,应在国家标准或地区标准中清楚地注明。
5) IEC 没有制订任何认可的标志程序。如有某设备声称其符合 IEC 的某一项标准时,IEC 对此概不负任何责任。
6) 请注意,此国际标准的一些内容可能涉及专利权问题。IEC 对这些专利权问题概不负责。

国际标准 IEC 60730-2-16 的合并版以 IEC 60730-2-16 第一版(1995 年)[文件 72/308/FDIS 和 72/340/RVD]、它的修订 1(1997 年)[文件 72/347/FDIS 和 72/370/RVD]和它的修订 2(2001 年)[文件 72/475/FDIS 和 72/496/RVD]为基础。

所取版号为 1.2。

在侧边,以竖线标示出已被修订 1 和修订 2 修改的内容。

本部分应与 IEC 60730-1 配合使用。以 IEC 60730-1 第 3 版(1999)出版物为基础。考虑给出 IEC 60730-1 的最新版本或者对其修订。

本部分补充或修改了 IEC 60730-1 的相应条,使之转化为 IEC 标准:家用和类似应用的浮子型水位自动控制器的特殊要求。

在本部分中,凡注明"增加"、"修改"或"代替"之处,第 1 部分的相应试验规范或注释应做相应的修改。

凡不需修改之处,本部分注明相应的章或条适用。

在开发一份完整的国际标准时,必须考虑到世界各地的实际情况所形成的不同要求,而且应承认各个国家电气系统和布线差异。

注:不同国家的差异,以"注:在某些国家……"的形式给出,见下列条:

——10.1.4;

——10.1.16;

——12.1.1.101;

——H.26.9。

在本出版物:

1) 使用下列印刷体:

——要求正文:罗马体;

——试验规范:斜体字;

——注释事项：小罗马体。

2) 在第一部分的基础上增加的条、注、要求或图从 101 起编号。

委员会已决定此基础出版物和它的修订件的目次在 2002 年 10 月前保持不变。

在此期间，出版物将可能：

——再确认；

——取消；

——被修订版本代替；或

——修订。

家用和类似用途电自动控制器 家用和类似应用浮子型 水位控制器的特殊要求

1 范围和引用标准

GB 14536.1 的本章除下列内容外适用：

1.1 代替：

本部分适用于使用在一般家用和类似用途的设备内、设备上或随设备一起使用的浮子型电自动水位操作控制器。

注：例子有游泳池泵、水塔泵、冷却塔、洗碗机和洗衣机等的水位控制器。

1.1.1 本部分适用于固有的安全，适用于与设备保护有关的操作值及操作程序，适用于用在家用和类似设备内、设备上或随设备一起使用的水位操作电自动控制器的试验。

本部分也适用于 GB 4706、GB 16895.19 范围内电器用的控制器[2)]。

不打算作为一般家用但仍可能被公众使用的设备，如打算在商店、轻工行业和农场中由非专业人员使用的设备，其水位操作电自动控制器也在本部分范围内。

本部分也适用作为控制系统一部分的单独控制器，或与带有无电量输出的多功能控制器机械地组合在一起的控制器。

本部分不适用于锅炉电器用的压力操作水位敏感控制器，这些控制器的要求包含在 GB 14536.17 中。

本部分不适用于专为工业用途而设计的水位操作控制器。

注：在本部分全文中，"设备"一词包含"器具和设备"。

1.1.2 本部分适用于机械操作的、对水位做出响应或控制的电自动控制器。

1.1.3 本部分包含水位操作控制器的电气性能要求和可能影响到其电气安全的机械性能要求。

1.1.4 本部分适用于通过电气和/或机械手段与水位操作控制器组合在一起的人工控制器。

1.1.5 通常，这些水位操作控制器是与设备组合为一体或与设备合并使用，或者打算把它放在设备内或设备上组合为一体或合并使用。当这些控制器是独立安装或带线结构时，本部分也适用。

1.2 代替：

本部分适用于额定电压不超过 660 V，额定电流不超过 63 A 的控制器。

1.3 代替：

如果响应值取决于控制器的安装方法，则本部分考虑该控制器自动动作的响应值。如果响应值对保护使用者或周围环境有重要作用，则应采用相应家用电器标准规定的或制造厂规定的响应值。

1.4 代替：

本部分也适用于装有电子装置的控制器，其要求包含在附录 H 中。

2 定义

GB 14536.1 的本章除下列内容外适用：

---

2) 在 IEC 60730-2-16 中还包括 IEC 60378《房间空调器电气设备的安全要求》范围内的控制器。但 IEC 60378 已于 1987 年被 IEC 60335-2-40（GB 4706.32）所替代，其产品分类应属于 IEC 60335（GB 4706）系列，故将 IEC 60378删去。

2.2 根据控制器用途类型定义

2.2.19

见 2.2.101。

2.2.20

见 2.2.102。

增加：

2.2.101

水位操作控制器 water level operating control

在正常操作条件下，打算保持水位低于或高于某一特定值的浮子型控制器，该类控制器可由用户进行设定。

注：水位操作控制器是自动复位型的。

2.2.102

水位保护控制器 water level protective control

在设备的非正常操作时，或者打算通过以下方式预防危险状况发生的浮子型控制器：

1) 保持水位低于或高于一个或多个特定值；或

2) 在一个或多个水位特定值给相关设备通电或断电。

2.3 根据控制器的功能定义

2.3.101

响应延迟 response delay

是指为了增加水位操作控制器的响应值而提供的延迟，而此响应值的增加是以达到防止由于液位的波动而引起设备不必要的循环。

注：通常，这以时间为单位表示。

3 一般要求

GB 14536.1 的本章适用。

4 试验的一般说明

GB 14536.1 的本章适用。

5 额定值

GB 14536.1 的本章适用。

6 分类

GB 14536.1 的本章除下列内容外适用：

6.3 按用途分类

6.3.9 增加：

6.3.9.101 水位操作控制器

6.3.9.102 水位保护控制器

6.4 按自动动作特性分类

6.4.3 增加：

6.4.3.101 包含响应延迟的一种动作（1AJ 或 2AJ 型）。

6.5 按防护等级和控制器所处的污染情况分类

6.5.2 增加：

在表 7.2 中第 104 项规定的、在使用期间全部或部分地浸入水中的控制器应具有 IPX8 类别的外壳，外壳应能提供 GB 4208 规定的持续浸水保护。

7 资料

GB 14536.1 的本章除下列内容外适用：

表 7.2

资　料	章或条	方式
修改：		
23　安装表面的极限温度(T_s)	6.12.2,14.1,17.3	D
27　每种自动动作的自动周期数(A)[101)]	6.11	X
28　不适用		
34　不适用		
44　不适用		
增加要求：		
101　最高水温(T_L),℃	14.5.1	D
102　最大工作压力，如果适用。	2.3.29	D
103　控制器打算使用的任何特殊的环境条件(表 7.2 中第 15 项要求除外)[102)]	12.1.101	D
104　可能整体或部分地浸入水中，或者置于 103 项中声明的任何特殊环境条件的有连接软线的浮子型控制器	6.5.2,11.7.1.1 11.7.1.2.1 11.7.1.2.2 12.1.1.101	D
105　响应延迟	2.3.101,6.4.3.101 11.4.101,H11.12.8 附录 AA	D
106　特殊固定装置的唯一的或通用型标记(如果有)[103)]	11.6.3.1	C
107　安装用的水平指示说明(如果有)	11.11.101	C

增加说明：

101)　最小自动周期数是 6 000。

102)　这信息资料可能取自于相关的设备标准要求，或者由制造商作出声明。

103)　唯一的或通用型标记必须在固定装置和控制器两者上标明。

8 防触电保护

GB 14536.1 的本章适用。

9 接地保护措施

GB 14536.1 的本章适用。

10 端子和端头

GB 14536.1 的本章除下列内容外适用：

10.1 外接铜导线的端子和端头

10.1.4　增加：

注：在美国和加拿大[3]，工作于 50 V 以上的控制器应装有合适的接线端子或引线，用于与不小于下列额定电流的固定布线的连接：

——1.25 倍的固定式小型供暖设备负载的额定电流；

——1.25 倍的单一电机满负载电机额定电流；

——1.25 倍的满负载电机电流和 1.25 倍固定式小型供暖设备负载；

——1.25 倍的最大电机满负载电流加上其他负载的满负载电流；

——1.0 倍的所有负载。

通过观察，检查是否合格。

10.1.16 用下列代替第 1 句：

注：在美国和加拿大[4]，用于连接固定布线的架空引线(引线)，其截面积不应小于 0.75 mm^2，并带有标称厚度不小于 0.6 mm 的绝缘；且从控制器到引线末端长度最小应为 450 mm。如果引线是预计在控制器外壳内被绞接(例如导体间的缠绕)到固定布线上的则例外，其引线的最小长度可为 150 mm。

架空引线应装有以 Z 型接法的溢流帽口，以防止机械应力传递到端子、接头或内部线路。

通过观察和施加 44 N 拉力 1 min 检查是否合格，在拉的过程中，引线不应该损坏；在试验后，也不应该在长度方向上移位超过 2 mm。爬电距离和电气间隙没有减少到小于第 20 章中的规定值。

11 结构要求

GB 14536.1 的本章除下列内容外适用：

11.4 动作

增加：

11.4.101 1AJ 型或 2AJ 型动作

1AJ 型或 2AJ 型动作应设计成能提供所声明的响应延迟。

对于 2AJ 型动作，通过 15.5 的试验检查响应延迟。

11.7 软线的连接

11.7.1 弯曲

11.7.1.1 增加：

对于表 7.2 中第 104 项规定的控制器，应进行 11.7.1.21 相关的试验。

11.7.1.2.1 修改：

GB 14536.1 的本条除了表 7.2 中第 104 项规定的控制器外，其他内容适用。表 7.2 中第 104 项规定的控制器仅接受下列试验，而非 GB 14536.1 中规定的试验。

表 7.2 中第 104 项所规定的三个控制器样品应安装在图 9 所示的弯曲设备上进行弯曲试验。软线应进行角度最小为 90°的前后摆动。软线应在最大额定电压下通过最大额定电流。弯曲次数为 30 000 次(每 90°角为一次)，弯曲速率为每分钟 60 次。

注：在这试验中，软线不增加重量负载。

增加：

11.7.1.2.1.101 紧接弯曲试验，控制器应进行下列浸没试验：

控制器(包括它们的软线)应浸入并保持在水中，或者保持在表 7.2 中第 103 和第 104 项规定的其他的特殊条件下，并在 T_L 条件下保持 7 d，而水或其他环境条件距离浮子型控制器的最高点至少在 1 m 以上。

11.7.1.2.2 代替：

试验后，控制器应符合第 8 章，12.3 和第 13 章对基本绝缘的要求，并且无试验介质侵入痕迹，通过观察检验是否合格。

3)、4) 我国暂不采用。

11.11 安装、保养和维护的要求

增加：

11.11.101 如果浮子型2型水位控制器的操作受其所放置的水平位置影响，则控制器应带有一水平指示器(例如：水泡、摆锤、水平或垂线)。

通过观察和15.5的试验检查是否合格。

增加：

11.101 与操作机构装置有关的结构要求

11.101.1 连接部件和可移动组件的螺钉和螺母，应锻牢或用其他方法锁住。

11.101.2 人工操作开关的操作机构应无部件损坏。

11.101.3 操作部件应用隔板或者通过它们的物理位置使之和连接到控制器的导体分隔开来，以避免这些部件的运动受到导线的影响。

通过观察检查是否符合11.101.1至11.10.3要求。

12 防潮和防尘

GB 14536.1的本章除了下列内容外适用：

12.1 防止水及灰尘侵入的保护

增加：

12.1.1.101 对于表7.2中第104项要求和外壳等级为IPX8的控制器，12.1.2至12.1.6的要求不适用。这些控制器应进行下列试验：

提交的软线连接的浮子型控制器3个试样在进行下列浸没试验之前，控制器应经受18.2的耐冲击试验。

注：在美国，应按D2.11.2规定进行耐冲击试验[5]。

将控制器浸入并保持在试验介质中，或是保持在表7.2中第103和第104项规定的其他的特殊环境条件下，并在 T_L 下保持7 d，而试验介质或者其他环境条件距离浮子型控制器的最高点至少在1 m以上。

试验后，控制器应符合第8章、13章和12.3对基本绝缘的要求，应无试验介质侵入的痕迹，通过观察检查是否合格。

12.1.101 表7.2中第103项规定的，使用在特殊环境条件下的水位控制器应对在此环境下的应用需作进一步评价。

通过相关的标准对声明的环境所要求的相应试验进行，或者通过制造商与试验机构协商一致的试验方法来检查是否合格。

试验后，如果符合以下条件，认为控制器是合格的：

——无试验介质侵入痕迹；

——所有自动和人工动作能够按预定和声明的方式运行；和

——仍能满足17.5的要求。

13 电气强度和绝缘电阻

GB 14536.1的本章适用。

14 发热

14.4.3.1 不适用。

5) 我国不采用。

14.5.1 代替：

按规定方式安装的控制器，将敏感元件浸入水中，并保持在 T_L（表 7.2 中第 101 项要求），并且如果适用，还应保持在最大工作压力下。控制器应在周围温度保持在 T_{max} 和（T_{max} +5）℃或 T_{max} 的 1.05 倍（取最大者）之间进行试验。

15 制造偏差和漂移

GB 14536.1 的本章适用。

16 环境应力

GB 14536.1 的本章适用。

17 耐久性

GB 14536.1 的本章除下列内容外适用：

17.1 一般要求

17.1.2.1 修改：

通过 17.16 的试验检查 17.1.1 和 17.1.2 是否合格。

17.16 特殊用途的控制器的试验

增加：

17.16.101 水位操作控制器

——17.1～17.5 适用。

——17.6 不适用。

——17.7 和 17.8 适用。

——17.9～17.13 不适用。

——17.14 适用。

17.16.102 水位保护控制器

——17.1～17.5 适用。

——17.6 不适用。

——17.7 和 17.8 适用。

——17.9～17.13 不适用。

——17.14 适用。

18 机械强度

GB 14536.1 的本章适用。

19 螺纹部件及连接

GB 14536.1 的本章适用。

20 爬电距离、电气间隙和穿通绝缘距离

GB 14536.1 的本章适用。

21 耐热、耐燃和耐漏电起痕

GB 14536.1 的本章适用。

22 耐腐蚀性

GB 14536.1 的本章适用。

23 无线电干扰抑制

GB 14536.1 的本章适用。

24 组件

GB 14536.1 的本章适用。

25 正常操作

GB 14536.1 的本章适用。见附录 H。

26 在电源干扰、磁干扰和电磁干扰下的操作

GB 14536.1 的本章适用。见附录 H。

27 非正常操作

GB 14536.1 的本章适用。见附录 H。

28 电子断开的使用导则

GB 14536.1 的本章适用。见附录 H。

图

GB 14536.1 的图适用。

附　录

GB 14536.1 的附录除下列内容外适用。

附　录　E
（规范性附录）
测量泄漏电流的电路

GB 14536.1 的本附录不适用。

附　录　H
（规范性附录）
电子控制器的要求

GB 14536.1 的本附录除下列内容外适用：

H.11　结构要求

H.11.12　使用软件的控制器

增加下列段落：

通常，使用软件的水位操作控制器应具有 A 类软件的功能。

H.11.12.8　用下列代替解释段的注：

注：规定的时间值可在适用的电器设备标准中规定。

H.11.12.8.1　增加下列解释注：

注：表 H.7.2 中第 72 项要求规定的响应可在适用的电器设备标准中规定。

H.23　电磁兼容（EMC）要求——发射性

H.23.1.2　无线电发射

代替：

用下列内容代替第二段和注：

对于整体式和装入式电子控制器，如果制造商有如此要求，可以在规定条件下进行本章的试验。

H.26　电磁兼容（EMC）要求——抗扰性

增加：

注：水位操作的控制器被认为具有 1 型动作，因此，仅 H.26.8 适用。

H.26.3　增加：

在试验中，水位操作控制器是通电的。

删去 H.26.9。

H.26.10　环波试验

不适用。

增加附录：

附 录 AA
(规范性附录)
响应延迟的要求

响应延迟的制造偏差和漂移值应符合本附录AA,除非制造商另有规定。

提供响应延迟的方式	偏差	漂移
机械	±10%	±5%
电子或电气		
25℃,额定电气条件	最大±10%	±5%
0℃~66℃,85%~110%Vr	最大±50%	N/A

ICS 29.120.60
K 09

中华人民共和国国家标准

GB 14536.19—2006/IEC 60730-2-17:2001

家用和类似用途电自动控制器 电动燃气阀的特殊要求,包括机械要求

Automatic electrical controls for household and similar use—Particular requirements for electrically operated gas valves, including mechanical requirements

(IEC 60730-2-17:2001,IDT)

2006-08-25 发布 2008-06-01 实施

中华人民共和国国家质量监督检验检疫总局
中国国家标准化管理委员会 发布

前　　言

本部分的全部技术内容为强制性。

GB 14536《家用和类似用途电自动控制器》分为如下两个部分：

第一部分：通用要求(GB 14536.1)；

第二部分，特殊要求，包括：

家用电器用电控制器的特殊要求(GB 14536.2)；

电动机热保护器的特殊要求(GB 14536.3)；

管型荧光灯镇流器热保护器的特殊要求(GB 14536.4)；

密封和半密封电动机压缩机用电动机热保护器的特殊要求(GB 14536.5)；

燃烧器电自动控制系统的特殊要求(GB 14536.6)；

压力敏感电自动控制器的特殊要求(GB 14536.7)；

定时器和定时开关的特殊要求(GB 14536.8)；

电动水阀的特殊要求(包括机械要求)(GB 14536.9)；

温度敏感控制器的特殊要求(GB 14536.10)；

电动机用起动继电器的特殊要求(GB 14536.11)；

能量调节器的特殊要求(GB 14536.12)；

电动门锁的特殊要求(GB 14536.13)；

家用洗衣机电脑程序控制器的特殊要求(GB 14536.14)；

湿度敏感控制器的特殊要求(GB 14536.15)；

电起动器的特殊要求(GB 14536.16)；

锅炉器具中使用的浮子型或电极敏感型水位敏感电自动控制器的特殊要求(GB 14536.17)；

家用和类似应用浮子型水位控制器的特殊要求(GB 14536.18)；

电动燃气阀的特殊要求，包括机械要求(GB 14536.19)

……

本部分等同采用国际电工委员会 IEC 60730-2-17:2001(Ed1.1)《家用和类似用途电自动控制器　第 2-17 部分：电动燃气阀的特殊要求，包括机械要求》。

本部分与 GB 14536.1—200×[1)]《家用和类似用途电自动控制器　第 1 部分：通用要求》(等同采用 IEC 60730-1:2003(Ed3.1))配套使用。如果由于版本的差异可能会导致本部分使用出现问题时，应参照相应版本的 IEC 原文标准。

在 IEC 前言中说明了由于不同地域的实际情况所形成的不同要求，并承认各国电气系统和布线规则的差异。遵照我国采用国际标准的政策，对于某些国家与 IEC 60730-2-17 有差异的注，在本部分正文中仍以注的形式出现，并在说明中说明我国采用或不采用。

为了便于使用，本部分做了下列编辑性修改：

a)　“第 1 部分”一词改为“GB 14536.1”；

b)　用小数点“.”代替作为小数点的逗号“,”。

本部分的附录 H 为规范性附录。

本部分在我国首次制定。从本标准颁布实施之日起，电动燃气阀应符合本部分的规定。

---

1)　已报批。

本部分由中国电器工业协会提出。

本部分由全国家用自动控制器标准化技术委员会(SAC/TC 212)归口。

本部分起草单位:广州电器科学研究院。

本部分起草人:黄开云、黎慧。

本部分委托全国家用自动控制器标准化技术委员会负责解释。

IEC 前言

1） IEC（国际电工委员会）是由各个国家电工委员会（IEC 国家委员会）组成的世界性标准化组织。IEC 的宗旨是促进在与电工和电子领域标准化有关问题上的国际合作。为此目的，IEC 除了开展其他活动之外，还出版国际标准。这些标准的制定工作是委托各技术委员会来完成的。IEC 成员的各国家委员会，只要对要制定的标准感兴趣，均可参加其制定工作。与 IEC 有联系的国际性的、官方的和非官方的组织亦可参加标准制定工作。IEC 和世界标准化组织（ISO）遵照双方协议规定的条件，密切合作。

2） 由所有对该问题特别关切的国家委员会都参加技术委员会所制定的 IEC 有关技术问题的正式决议或协议，尽可能地表达了对所涉及的问题在国际上的一致意见。

3） 这些正式决议或协议以标准、技术报告或导则的形式出版并推荐给国际上使用，并在此意义上为各国家委员会所接受。

4） 为了促进国际上的统一，IEC 各国家委员应明确地、最大限度地将 IEC 国际标准转化为国家或地区的标准。IEC 标准和相应的国家或地区性标准之间如有任何差异，应在国家标准或地区性标准中清楚地注明。

5） IEC 并未制定任何认可标志的程序。如有某设备宣称其符合 IEC 的某一项标准时，IEC 对此不负任何责任。

6） 国际标准的某些标准将涉及到专利权，IEC 对这些专利权问题概不负责。

国际标准 IEC 60730-2-17 由 IEC/TC 72：家用自动控制器技术委员会制定。

本部分正文以下列文件为基础：

最终国际标准草案	表决报告
72/348/FDIS	72/371/RVD

有关本部分表决通过的详细资料，请见上表所列的表决报告。

本部分与 IEC 60730-1 配套使用。以其第三版（1999）出版物为基础。考虑给出 IEC 60730-1 的更新版本或修订件。

本部分补充和修改了 IEC 60730-1 的有关条款，使之转化为 IEC 标准：电动燃气阀的安全要求，包括机械要求。

本部分指明的“增加”、“修改”和“代替”，第一部分相应的要求、试验技术规范或注释事项应作相应的修改。

凡不需修改之处，则在本部分注明有关章或条适用。

在开发一个完整的国际标准过程中，必须考虑到世界各地的实际情况所形成的不同要求，并且应承认各国家电气系统和布线规则的差异。

注：不同国家的差异，以注“在某些国家”的形式给出，这些差异见下列条中：

——6.11.101；

——6.103；

——表 7.2 中第 117 项要求；

——表 7.2，注 103 和注 104；

——11.102；

——11.103；

——11.104.3；

——11.104.5；

——11.104.11；

——11.104.14；

——11.105.1；

——11.105.2；

——11.105.3；

——11.105.6；

——11.106.1；

——11.115；

——17.16.101；

——18.102；

——18.103。

在本出版物中：

1) 使用下列印刷体：

——要求正文：罗马字体；

——试验技术规范：斜体字；

——注释事项：小罗马字体。

2) 在第一部分基础上增加的条、注或要求从101开始编号。

家用和类似用途电自动控制器 电动燃气阀的特殊要求,包括机械要求

1 范围和引用标准

GB 14536.1 的本章用下列内容代替:

代替:

1.1 本部分适用于家用和类似用途设备中的或随这些设备一起使用的电动燃气阀,这些设备使用电与气态燃料,如打算用于气体燃烧设备的人工煤气、天然气和液化石油气的组合使用。

注:必要时对带有腐蚀性的气体增加考虑。

本部分也适用于使用 NTC 和 PTC 热敏电阻器的电动燃气阀。对它们的附加要求包含在附录 J 中。

1.1.1 本部分适用于电动燃气阀固有的安全,适用于与设备安全有关的操作值、操作时间和操作程序,以及适用于在家用或类似设备内、设备中或随设备一起使用的电动燃气阀装置的试验。

本部分也适用于在 GB 4706.1 范围内的器具使用的控制器。

注:本部分使用的"设备"一词包含"器具和设备"。

本部分不适用于专门用于工业用途的电动燃气阀。

对于非一般家用的但仍可能用于公共场所的,如给商店、轻工业工厂和农场中的非专业人员使用的设备,其电动燃气阀也包括在本部分范围内。

本部分定义了很多作为"在考虑中"的机械性能。每个国家在使用本部分时必须确定这些要求,直到这些机械要求被合并到本部分中。

符合本部分的电动燃气阀仍需对阀的机械性能进行进一步试验。

1.1.2 本部分适用于那些在电气上和/或机械上与电动燃气阀组合在一起的人工控制器。

注:不构成电动燃气阀组成部分的手动开关的要求包含在 GB 15092.1 中。

本部分不适用于标称连接尺寸超过 DN150 的电动燃气阀。

本部分适用于最大工作压力最高达 400 kPa(4 bar)的电动燃气阀。

在下文中,术语"阀"指电动燃气阀(包括原动机构和阀体)。

1.1.3 提交给实验室的、与燃气阀组合在一起的电起动器的要求包含在本部分中。独立的电起动器的要求包含在 GB 14536.16 中。GB 14536.16 给出了电起动器的特殊要求。

1.1.4 本部分也适用于作为系统的一部分,或在机械上与多功能控制器相组合的阀。

1.1.5 本部分不适用于由气焰中插入的热电偶或热电堆产生的热电能通电的阀。

1.2 空缺。

1.3 不适用。

1.4 空缺。

1.5 引用标准

GB 14536.1 的本章除下列内容外适用:

增加:

GB 4706.1—1998 家用和类似用途电器的安全 第一部分:通用要求(idt IEC 60335-1:1991)

GB 4208—1993 外壳防护等级(IP 代码)(eqv IEC 60529:1989)

GB 14536.16—2000 家用和类似用途电自动控制器 电起动器的特殊要求(idt IEC 60730-2-14:1995)

GB 15092.1—2003 器具开关 第一部分:通用要求(eqv IEC 61058-1:2000)

ISO 7-1:1994　密封管螺纹　第一部分:尺寸、公差和名称

ISO 228-1:1994　非螺纹密封的管螺纹　第一部分:尺寸、公差和名称

ISO 274:1975　圆形截面铜管　尺寸

ISO 301:1981　铸造锌合金锭

ISO 4400:1994　流体传动系统和元件　带接地触点的三脚电插头　特性和要求

ISO 6952:1994　流体传动系统和元件　带接地触点的二脚电插头　特征和要求

ISO 7005-1:1992　金属法兰　第一部分:钢制法兰

ISO 7005-2:1988　金属法兰　第二部分:铸铁法兰

2　定义

GB 14536.1 的本章除下列内容外适用:

2.2.17　增加:

2.2.17.101

电动燃气阀　electrically operated gas valve

自动阀,阀内的电气原动机构影响其传输,且阀的操作控制燃气流。

注:此定义还包括人工开启、自动闭合或人工闭合、自动开启的半自动阀。

2.2.17.102

阀体　valve body

主要承受压力的外壳、且提供燃气流径的带有连接端口的部件。

2.2.17.103

标称尺寸　nominal size

在液体传导系统中,除了以外径或螺纹尺寸表示的零件外,所有其他零件公共尺寸的数字标识。

注:这种尺寸可以用 DN 之后带一个整数表示,这个整数是仅供参考的。

一些较早的国际标准中,所谓标称尺寸指的是标称直径,但从本部分的用途来看,这两个术语是同义语。

2.2.17.104

端接头　end connection

用来与液体传导系统形成密封连接的阀体结构。

2.3　控制器功能

增加:

2.3.101

开-关阀　on-off valve

开启或闭合的阀,无任何中间位置。

2.3.102

常闭阀　normally closed valve

没有通电时,阀处于闭合状态。

2.3.103

常开阀　normally opened valve

没有通电时,阀处于开启状态。

2.3.104

调节阀　modulating valve

在预定流量范围内可调节流量的阀。

2.3.104.1

多级阀　multi-stage valve

允许在额定流量或低于额定流量的各种预定流量下操作的阀。

2.3.105

闭合件　closure member

安装在流径上以改变通过阀的流速的可活动部件。

2.3.106

闭合位置　closed position

阀出口无预计气体流出时，闭合件所处的位置。

2.3.107

开启位置　opened position

阀出口有预计气体流出时，闭合件所处的位置。

2.3.107.1

全开位置　fully open position

通过阀的气流量为额定流量时，闭合件所处的位置。

2.3.108

流量　flow rate

单位时间内流过阀的燃气量。

2.3.109

额定流量(容量)　rated flow rate(capacity)

在给定的压差下，在规定的温度和压力基准条件下的流量。

2.3.110

入口压力　inlet pressure

在阀入口处的压力。

2.3.111

出口压力　outlet pressure

在阀出口处的压力。

2.3.112

压力差　pressure difference

入口和出口处的压力之差。

2.3.113

最大工作压力　maximum working pressure

规定的最大入口压力，在此压力下阀仍可操作。

2.3.114

安全截止阀　safety shut-off valve

当断能时，通过限制器、切断器或燃烧器控制系统的动作停止供气而正常关闭的阀。

注：安全截止阀被认为是一种保护控制器，也可以用做操作控制器。

安全截止阀可以是自动或半自动开启类型。

2.3.115

空缺。

2.3.116

空缺。

2.3.117

气体泄露(外部)　gas leakage, external

气体从阀体泄漏到大气中。

2.3.118

气体泄露(内部) gas leakage,internal

气体从出口管道泄漏到大气中,出口管道与处于闭合位置的闭合件连接。

2.3.119

开启时间 opening time

打开阀的电信号与达到最大或其他规定流量之间的时间间隔。

2.3.120

闭合时间 closing time

电信号改变与达到关闭位置之间的时间间隔。

2.3.121

延迟时间 delay time

打开阀的电信号与燃气开始流过阀之间的时间间隔。

2.3.122

防闭合开关 proof of closure switch

用来监控阀门闭合件的关闭位置且被用作联锁的一种电气开关。

2.3.123

导向操作原动机构 pilot operated prime mover

阀起动装置中控制流体(如:压缩空气)的原动机构。

2.3.124

开关装置 switching devices

由阀起动器起动并作为电量输出使用的电气开关。

2.3.125

阀起动器 valve actuator

用于影响阀打开或关闭动作的一种电气操作机械或原动机构。

3 一般要求

GB 14536.1 的本章均适用。

4 试验的一般说明

GB 14536.1 的本章除下列内容外适用:

4.1.7 不适用。

4.3 试验说明

代替:

4.3.2.6 对于标明或规定多于一个额定电压的控制器,第 17 章的试验按最大额定电压进行。

增加:

4.3.101 制造商制造的、在 6.103 中有规定带有许多不同端接头尺寸的相同阀体,应使用最大端接头进行 18.101 的试验。

5 额定值

GB 14536.1 的本章适用。

6 分类

GB 14536.1 的本章除下列内容外适用:

6.3 按用途分类

6.3.12 增加:

6.3.12.101 开-关阀

6.3.12.102 常闭阀

6.3.12.103 常开阀

6.3.12.104 调节阀

6.3.12.105 多级阀

6.3.12.106 安全截止阀,自动

6.3.12.107 安全截止阀,半自动

6.7 按分断装置的极限环境温度分类

修改:

用"阀"代替"控制器",用"原动机构"代替"分断装置"。

6.11 按每个自动动作的自动周期数(A)分类

增加:

6.11.101 在欧洲,要求的自动周期数如下[2]:

表 6.11

自动周期		
	自动周期数	
标称尺寸	T_{max}(至少 60±5)℃	(20±5)℃
DN≤25 开启的时间≤1 s 允许工作压力≤1.5×10⁴ Pa	100 000	400 000
DN≤25 开启的时间≤1 s 允许工作压力>1.5×10⁴ Pa	50 000	150 000
DN≤25 开启的时间>1 s	50 000	150 000
≤DN 80	25 000	75 000
≤DN 150	25 000	25 000

6.12 不适用。

6.15 按结构分类

增加:

6.15.101 按燃气类型分类

例如:天然气、丙烷气、乙烷气、人工煤气。

增加:

6.101 按端接头类型分类:

6.101.1 带有内螺纹端接头的阀,应具有如下两种之一:

——ISO 7-1 或 NPT 螺纹(当压紧接头压在螺纹上),或

——ISO 228-1 螺纹(当压紧接头不压在螺纹上,而是通过一个附加密闭垫圈时)。

2) 我国在考虑中。

6.101.2 具有下列连接方式的带有外螺纹端接头的阀：

a) 压缩配件；或

b) 垫圈接头连接；或

c) 锥座密封接头连接；或

d) 按 ISO 7-1，ISO 228-1 或 NPT 螺纹分类的螺纹导管连接。

6.101.3 带有法兰端口连接的阀，适合于连接到带有或无连接件的法兰。

6.102 按阀的特征分类

6.102.1 按尺寸和额定流量分类：

以入口、出口的连接直径和额定流量来规定尺寸。

6.102.2 按功能分类：

按在断能时燃气连接的数量和阀的位置来描述功能。

6.102.3 按原动机构的操作来分类：

例如：电磁的、电动机、电子加热蜡、双金属、电液的、导向操作原动机构。

6.102.4 按操作顺序来分类：

多阶段，等。

6.103 按端口连接的标称导管尺寸来分类：

螺纹标记	标称尺寸
1/8	DN6
1/4	DN8
3/8	DN10
1/2	DN15
3/4	DN20
1	DN25
1 1/4	DN32
1 1/2	DN40
2	DN50
2 1/2	DN65
3	DN80
4	DN100
5	DN125
6	DN150

注：符合标称尺寸法兰的标称大小标记按 ISO 7005-1 或 ISO 7005-2 分，在某些国家[3]，其用来标明螺纹连接的标称导管尺寸。

7 资料

GB 14536.1 的本章除下列内容外适用：

修改：

3) 我国暂不采用。

表 7.2

	资　料	章或条	方法
7	每个电路所控制的负载的类型(带有开关装置的阀)[7)]	6.2,14,17	D
15	外壳防护等级[8)]	6.5.1,6.5.2,11.5,11.102	C
22	阀的极限环境温度,当 T_{min} 低于 0℃,或 T_{max} 不是 55℃[103)]	6.7,14.5,14.7,17.3	D
23	不适用		
26	每个人工动作的起动周期数(M)[101)]	6.10	X
28	不适用		
29	每个电路提供的断开或切断的类型(带有开关装置的阀)	6.9	X
31	允许安装的位置[5)]	11.6	D
36	不适用		
37	不适用		
38	不适用		
39	1 型或 2 型动作(带有开关装置的阀)	6.4	D
40	1 型或 2 型动作的附加特性(带有开关装置的阀)	6.4.3	D
41	制造偏差以及相应于这些偏差的条件(带有开关装置的阀)	11.4.3,15,17.14	X
42	漂移(带有开关装置的阀)	11.4.3,15,16.2.4,17.14	X
43	不适用		
44	不适用		
47	不适用		
48	操作值(带有开关装置的阀)	15	D
101	输入额定值(W,VA,A)		C
102	最大工作压力(kPa、mbar/bar)	2.3.113	C
103	流量方向(在阀体上)[104)]	2.2.17,102	C
104	额定流速和试验方法[102)]	2.3.109,6.102.1,11.111	D
105	阀的类型	2.3.101,2.3.104,2.3.110, 2.3.111,2.3.112,2.3.114, 6.3.12,11.106.1	D
106	气体的类型	1.1,6.15.101	D
107	阀的特性	6.102	D
108	用于替换和维护范围的部件	11.3.4.103,11.104.5	D
109	阀开启时间、特性和试验方法[102)]	11.109	X
110	阀闭合时间、特性和试验方法[102)]	11.110	X
111	端口连接的类型	6.101,6.103,11.105,18.101	D
112	最大外部泄漏和试验方法[102)]	2.3.117,11.108.2,15,17	X
113	最大内部泄漏和试验方法[102)]	2.3.118,11.108.1,15,17	X
114	转矩值和试验方法[102)]	18.101.1	X

表 7.2(续)

	资　料	章或条	方法
115	挠矩值和试验方法[102)]	18.101.2	X
116	非金属材料的符合性试验数据	11.107	X
117	在美国和加拿大,安全截止阀杆、柄等的起动装置[4)]	2.3.114,11.106.1	C

表 7.2 的注:

注 3)不适用。

注 4)不适用。

增加表 7.2 的注:

注 101)人工起动数的最小值为 6 000。

注 102)如果不同于 4.1 或 4.2 的试验方法,包括试验条件。

注 103)在欧洲,T_{max} 为 60℃[5)]。

注 104)在欧洲,气体流量的方向经由铸造或压花箭头表示[6)]。

7.4.5　不适用。

8　防触电保护

GB 14536.1 的本章适用。

9　接地保护措施

GB 14536.1 的本章适用。

10　端子和端头

GB 14536.1 的本章除下列内容外适用:

增加:

10.101　根据 ISO 4400 或 ISO 6952 使用的电气接插件,插脚应按下列连接:

插脚 1——阀中部连接

插脚 2——阀一级线连接

插脚 3——阀二级线连接

插脚 4——(或一个带有接地符号)——接地连接

下列内容除外:

a)　插脚 3 不应用作单级阀;

b)　插脚 4 或接地符号不应用在Ⅱ类阀;

c)　插脚 4 或接地符号不应该用于接地连接在外部的Ⅰ类阀;

d)　插脚 2 和插脚 3 可用在串联或并联排列的两个单级阀连接的列连接中;

e)　带有附加端子或连接的复合控制器应标有除了 1、2、3、4 或接地符号以外的标志。

11　结构要求

GB 14536.1 的本章除下列内容外适用:

11.3.4　由制造商进行的设定

---

4)　我国在考虑中。

5)　我国不采用。

6)　我国在考虑中。

代替：

采取保护措施，防止无关人员接触或进行调整，或在使用中声明需要采取此类措施。

注：

例如，这些保护措施可以是：

a) 用和阀的温度范围相一致的材料密封，以便清楚显示擅自调整行为；或

b) 只能通过专用工具调整；或

c) 声明需要供货商进行阀安装，以杜绝擅自调整。

通过视检确定是否符合要求。如果有密封，则在进行第17章试验的前后都要进行视检。

增加：

11.3.4.101 应提供维护所有调整的合适方法

注：除非调整受到意外干扰，否则，弹簧或压力控制的锁紧螺母或调整螺母是可以接受的。

11.3.4.102 进行必要的现场调整或采取其他保护措施，以防止擅自调整或其他意外发生。

11.3.4.103 如果不借助特殊工具就可以完全或部分地拆卸一个阀，则阀的结构应是如下两种之一：

a) 阀的部件不易装错，以防止阀处于不安全状态，或

b) 螺纹紧固件已密封，因而难以拆卸。密封方法应适用于所声明的阀所处的最低或最高环境温度。

注：本条不适用于阀用于现场替换和维护范围内的部件(见表7.2中第108项要求所规定的)。

11.3.9 拉线起动控制器

代替：

11.3.9.101 在操作一台人工起动的阀装置时，不得使其部件变形或受损而影响其功能。

通过视检和操作检查是否符合要求。

11.3.9.102 操作部件应与阀相连接的导线隔开：通过隔板或其物理位置，以便操作部件不受这些导线的阻碍。

通过视检和操作检查是否符合要求。

增加：

11.101

空缺。

11.102 对于在露天环境下工作的阀，对电气部件的密封保护至少应达到IP54等级，除非设备可自行提供相应保护。

注：在欧洲，这类阀的环境温度是－20℃至60℃[7]。

对符合12章前提条件的样品，通过视检和GB 4208试验确定是否符合要求。

11.103 常闭(常开)阀的结构设计应设其处于减少供电电压的断电位置。

检验方法：以额定电压对常闭(常开)阀通电，在室温下，将阀按表7.2中第31项要求安装在最不利的位置。将电压从额定值缓慢下降至阀的最低额定电压的15%。在到达该值前，阀应自动关闭(开启)。

重复该试验3次。

注：在美国和加拿大，将直流阀的电压缓慢减少至最低额定电压的2%[8]。

11.104 其他结构要求

11.104.1 对于常闭阀，不应有外露的轴或操作杆妨碍，影响阀的关闭能力。

11.104.2 螺孔、插脚孔等用来装配部件或装配阀之类的孔不应接通气路。

11.104.3 直接或间接将气室同大气隔开的阀部件只能用熔点不低于450℃的金属制造。

焊接材料或其他工艺材料，如果其熔点低于450℃，则不能用来连接容气部件。

气室也可以用非金属材料制造，条件是当移动或该非金属材料破裂时，在最大工作压力下，排放在

---

7)、8) 我国不采用。

大气中的气体泄漏量不得超过 30 dm^3/h。

本条未考虑 O 形密封圈，垫圈，密封件或膜阀等。

注：在欧洲，根据 ISO 301，允许 $ZnAl_4$ 用于某些结构中[9)]。

11.104.4 为连接气路与大气，在制造中必须留一些孔洞，这些孔不影响阀的功能，但必须用金属永久性密封。也可以另外使用合适的密封剂。

11.104.5 阀的结构应通过机械手段(金属对金属焊接，O 形密封圈等)达到 11.108 的防泄漏要求。如果制造商规定因服务和维护需要安装或拆卸，在拆卸和重新安装后，也应维护防泄漏装置。

注：在欧洲，泄漏试验是在 5 次拆装后进行的[10)]。

11.104.6 只有一条螺纹线或产生金属屑的自攻螺钉不能用于容气部件或当进行规定的维修时必须移动的部件。

11.104.7 弹簧应注意防止磨损，其布置应确保将弯折、翘曲以及对自由运动的其他干扰减至最少。

闭合力的弹簧应设计为可以抗震荡负载及抗疲劳。这些弹簧应由抗磨损材料制作或者受到适宜的抗磨损保护。

11.104.8 与气体接触的任意部件应由抗腐蚀材料制作或受到适宜的抗磨损保护，以抵抗气体的影响。

11.104.9 气动阀和液压阀孔口堵塞会影响闭合，故应提供保护以避免任何堵塞。

11.104.10 如果膜型阀内的唯一密封件仅由柔性非金属膜构成，且该阀利用膜体一侧的控制气体，则应通过释放控制气体的方法将膜的该侧封闭在气密室内。

11.104.11 如果阀门内仅用一个柔性非金属膜作为唯一气体密封件，则应将膜的大气一侧加以封闭以限制气体泄漏，使膜在空气试验时，在阀的最大工作压力下发生破裂而产生的泄漏量不超过 70 dm^3/h，或者在膜破裂情况下提供排放气体的其他手段。

注：在美国和加拿大，对液化气而言，该值是 30 dm^3/h，对大气而言，该值是 70 dm^3/h[11)]。

11.104.12 阀与膜接触的部件不得有锐边，以免擦破和磨损膜体。

11.104.13 阀的设计要能够允许用一个扳手拆装管路系统。

11.104.14 当压力测量表作为阀的一个部件连接在阀体上时，该连接要求如下：

a) 尺寸最小为 DN6 的自攻螺纹密封，或相当的有自攻管螺纹的塞或螺母密封；或

b) 可以容纳一个软管的装置。软管连接装置最小长度为 10 mm，外径最大 9 mm/最小 8.5 mm。孔的面积应不大于直径 1 mm 的孔面积。

注：在美国和加拿大，b)中的这种结构不能使用可移动密封装置[12)]。

11.104.15 连接操作部件上的拆卸部件的螺纹紧固件应有防松装置。

注：可接受的例子有锁紧螺母，弹簧控制的可调螺母，反螺纹等。

11.104.16 通过视检或试验检查是否符合 11.104.1～11.104.15 的要求。

11.105 管路和管道连接件

11.105.1 当用螺纹连接管路时，管路的入口和出口的管螺纹应符合 ISO 7-1 和 ISO 228-1 的要求。

当用螺纹连接管道时，连接装置应符合 ISO 274 的要求。

注：在美国和加拿大，管螺纹应符合 ANSI/ASME BL.20.1 的要求，而管道连接要符合 ANSI/SAE J512 或 J514 的定义要求[13)]。

燃气阀的连接件尺寸如果大于 DN80 或 3 英寸，则应用法兰连接。

11.105.2 连接尺寸大于 DN50、使用法兰的阀应符合 ISO 7005-1 或 ISO 7005-2，PN 6 或 PN 16 的法兰连接要求。连接尺寸小于或等于 DN50 的阀，其连接法兰应符合 ISO 7005-1 或 ISO 7005-2 的要求，或者选用合适的转接头以保证标准的法兰或螺纹连接。

连接螺纹管路的法兰，其螺纹应符合 11.105.1 的要求。

---

9) 我国在考虑中。

10)、11)、12)、13) 我国不采用。

注：在美国和加拿大，法兰应符合 ANSI/ASME B16.1(铸铁)或 B16.5(钢)的尺寸要求[14)]。

11.105.3 压力装置应适宜安装 ISO 274，表 2 规定的外径管道。安装者在连接前应不必订做管道。

注：在美国和加拿大，管道连接应符合 ANSI/SAE 的要求[15)]。

11.105.4 对使用管子接头的连接件，如果螺纹连接件的螺纹不符合 ISO 7-1 或 ISO 228-1 的要求，则此类管子接头应随阀提供或提供连接装置的具体细节。

11.105.5 通过视检检查是否符合 11.105.1～11.105.4 的要求。

11.105.6 在美国和加拿大，螺纹连结的设计应确保，如果一根管道的螺纹线比标准(对于其尺寸)多出二根，当其旋入阀体时，不应对阀的运转造成不利影响[16)]。

注：通过视检或试验检查是否符合要求。

11.106 安全截止阀

11.106.1 若声明为安全截止阀(表 7.2 中第 105 项要求)，则该阀：

a) 应独立关闭而不受燃气流过阀的能量控制；和

b) 不应与旁通管相通，以防止其完全关闭；和

c) 应独立关闭而不借助任何外部操纵杆或复位装置；和

d) 如果同时声明为半自动的阀，则该阀不应因人工复位机构的作用而自动复位；和

e) 不应带有开启位置的装置；和

f) 应切断电源后关闭。

通过视察和试验检查是否符合要求。

注：在欧洲，增加的要求适用 EN161 中关于密封力，闭合时间，入口屏和闭合力传输等内容[17)]。

11.107 对非金属材料的要求

非金属材料应适合它们的使用要求。

通过制造商提供的数据验证是否符合要求(表 7.2 中第 116 项要求)。

11.108 对气体泄漏的要求

有关气体泄漏和试验方法的要求在考虑中。

11.108.1 内部气体泄漏

11.108.2 外部气体泄漏

11.109 阀开启时间和特性

阀开启时间、特性(包括延迟时间，如果适用)和检测方法由制造商在表 7.2 中第 109 项要求中规定。

使用制造商规定的试验方法检验是否符合要求。

11.110 阀闭合时间和特性

阀闭合时间、特性和试验方法由制造商在表 7.2 中第 110 项要求中规定。

使用制造商规定的试验方法检验是否符合要求。

11.111 额定流量

额定流量(包括调整阀以及多级阀的流动特性)和试验方法由制造商在表 7.2 第 104 项要求中规定。

使用制造商规定的试验方法检验是否符合要求。

11.112 与 11.108 至 11.111 相关的试验应结合第 15 章和第 17 章的内容进行试验。

11.113 气室内的电气部件

使用电气部件的阀(电气部件在正常工作期间位于气室内)，在点燃阀内爆炸性混合气体后不应发生泄漏。

14)、15)、16)、17) 我国不采用。

是否符合要求通过如下试验进行检查：向一试验阀中引入爆炸性混合气体，该阀在开启位置，在入口和出口都有人工气体龙头，试验时将两个人工气体龙头关闭，然后点燃混合气体。循环 5 次后按 11.108 检测气体泄漏情况。

注：本试验中使用单独试样。试验后燃气阀不必具有可操作性，但是常闭阀在关闭位置应不起作用。

11.114　热驱动阀的碳沉积

在气路上使用电气部件的热驱动阀，当在 T_{max} 下通过易裂化气体运转 48 h 后，碳不应在其中沉积。

一个单独的试验阀应在一个合适的试验烘箱内，在声明的 T_{max} 条件下操作，施加电压 $1.1V_R$，使用纯异丁烯(99%)以大约 7.5 cm^3/s 的流量通过阀体。

运行 48 h 后，从烘箱中取出阀体，拆开检查碳沉积。在阀体内不应有可见的碳沉积。

11.115　注：在美国和加拿大，对使用安全特低电压的独立安装的安全截止阀，如果电路的接地或短路可导致阀关闭失效，则接线端子应予封闭18)。

通过视检检查是否符合要求。

12　防潮和防尘

GB 14536.1 的本章适用。

13　电气强度和绝缘电阻

GB 14536.1 的本章除下列内容外适用：

13.3　不适用。

14　发热

GB 14536.1 的本章除下列内容外适用：

增加：

14.4.101　如果电动起动器驱动轴的故障是正常操作的一部分，那么在达到稳定状态条件后，电动起动驱动轴应失速，并测量温度。温度应符合表 14.1 的限值。另外，如果任何保护装置在故障条件下不循环动作，那么也应考虑电起动器符合 27.2.101 的要求。

14.4.102　如果电动起动器驱动轴的故障不是正常操作的一部分，那么故障后表 14.1 的限值不适用。电起动器应符合 27.2.101 的要求。

代替：

14.5　阀通过检测及装配，以便达到 14.5.1 至 14.5.4 的条件。

14.5.1　阀的温度保持在 T_{max}。

14.5.2　如果阀包括开关装置或其他辅助电路，所有这样的电路应在温度试验期间以额定电流运行施加负载。

14.5.3　调节阀应执行规定的调节动作的连续完整循环，直至达到恒定温度。按制造商的说明选择连续循环间的时间。

14.5.4　如果故障是正常操作的一部分，则故障时电动阀电机的温度不超过表 14.1 规定值。

14.6　用“阀”代替“分断装置”。

14.7　用“阀”代替“分断装置”。

15　制造偏差和漂移

GB 14536.1 的本章除下列内容外适用：

18)　我国不采用。

15.101 燃气阀

代替：

15.1 通过11.108,11.109,11.110和11.111的试验检查是否符合15.1的要求。

15.3 不适用。

15.5.2 不适用。

15.5.3 不适用。

15.5.4 第二段只适用于开关装置。

15.5.5 不适用。

代替：

15.5.6 记录每一个试样的相应的阀开启时间和特性、闭合时间和特性、额定流量和气体泄漏，应满足11.108和制造商的规定。

代替：

15.6.2 记录每一个试样的相应的阀的开启时间和特性、闭合时间和特性、额定流量和气体泄漏，而且这些值应在11.108和制造商所规定的限值内。

15.102 2型开关装置

GB 14536.1的15章适用于2型开关装置的阀。

16 环境应力

GB 14536.1的本章适用。

17 耐久性

GB 14536.1的本章除下列内容外适用：

17.1 通用要求

增加：

17.1.1 通过17.16的试验检查是否符合要求。

代替：

17.1.2 对于燃气阀，应记录每一个试样的相应的阀开启时间和特性、闭合时间和特性、额定流量和气体泄漏，应满足11.108和制造商的规定。

2型开关装置应运行，其操作值、操作时间或操作程序的变化量不应大于表7.2中第42项要求中的漂移值。

17.1.2.1 不适用。

17.1.3.1 不适用。

17.16 专门用途控制器的试验

增加：

17.16.101 电动阀

在进行17.16.101试验前，阀应先进行11.108至11.111的试验，并记录数据。

——除了上面所要求的内容，17.1适用。

——17.2,17.3,17.5和17.8适用。

——17.6和17.9不适用。

——17.7用以下内容替代：

阀的自动操作应按表7.2中第27项规定的自动操作数进行试验。

在所声明的最大工作压力下的流速时连接气体入口并供气，以便在每个周期中阀能达到全开和全关的位置。操作速度和操作方法应由试验机构和制造商协商一致。

在试验期间，开关装置应根据制造商规定的额定值进行负载。

对于 T_{min} 低于 0℃，阀应在－15℃下进行 25 000 次循环的试验。为了满足表 7.2 中第 27 项要求规定的自动周期，应在 T_{max} 下完成 1/4 周期，在 20℃下完成 3/4 周期。

注：在美国和加拿大，在 T_{min} 下完成 10 000 周期，在 T_{max} 下完成 90 000 周期[19)]。

——17.4 和 17.13 适用于半自动阀。

——除了第四个破折号被以下内容代替外，17.14 适用：

对于阀，阀的开启时间和特性，闭合时间和特性，额定流量和气体泄漏应符合制造商在表 7.2 中第 104、109、110、112 和 113 项要求的规定。对于 2 型开关装置，无论哪种规定情况，应重复第 15 章中相应的试验，操作值、操作时间或操作程序应在漂移值内，或在总漂移和制造偏差值以内。

增加：

注：在欧洲，试验由以下内容代替[20)]：

阀应根据制造商的说明安装在温度控制箱内。在最大工作压力下连接气体入口并供气。

流量不超过最大额定流量的 10%。

阀按 6.11 给出的周期数进行操作，其操作时间不得短于制造商规定的时间。阀应处于全开和全闭的位置。

T_{max} 部分的试验至少 24 h 内不间断进行。

如 T_{min} 在 0℃以下，对于 DN≤150，DN>150 的阀，应在－15℃温度下分别操作 25 000 周期和 5 000 周期。阀在 20℃时周期数应少于上述周期数。

T_{max} 试验在最大额定电压下进行。

T_{min} 试验在最小额定电压下进行。

在 20℃温度下，50%的周期试验应在最大额定电压，50%在最小额定电压下进行。

内部和外部气体泄漏将在耐久性试验前，60℃试验后和 20℃试验后测定。

阀操作将在耐久性试验中通过记录出口压力、流量或其他任何适宜的方法进行检查。

最后，根据 11.110 对阀进行重复试验。

18 机械强度

GB 14536.1 的本章除下列内容外适用：

增加：

18.101 转矩和弯矩

在安装和维修期间，阀及其端口连接件应能承受规定的应力。

使用制造商规定的试验方法和数值检查转矩和弯矩。

18.101.1 转矩

18.101.2 弯矩

18.102 闭合件上的密封力

注：要求和试验方法在考虑中。

在美国和加拿大，采用第 17 章和 11.108.1(内部泄漏)的试验来检验闭合力[21)]。

18.103 流体静力强度试验

注：在美国和加拿大，要求做流体静力强度试验[22)]。

使用单独试样首先进行 18.101 试验，其出口密封，阀应处于开启位置，样品进口承受 5 倍规定的最大工作压力 1 min。通过试验，试样应符合 11.108.2(外部泄漏)的要求。

对于有膜型的阀，膜两侧均受到压力且缓慢地升高，以避免使膜受到应力。

---

19)、20) 我国不采用。

21)、22) 我国在考虑中。

19 螺纹部件及连接

GB 14536.1 的本章适用。

20 爬电距离、电气间隙和穿通绝缘距离

GB 14536.1 的本章适用。

21 耐热、耐燃和耐漏电起痕

GB 14536.1 的本章适用。

22 耐腐蚀性

GB 14536.1 的本章适用。

23 无线电干扰抑制

GB 14536.1 的本章适用。

24 组件

GB 14536.1 的本章适用。

25 正常操作

见附录 H。

26 在电源干扰、磁干扰和电磁干扰下的操作

见附录 H。

27 非正常操作

GB 14536.1 的本章除下列内容外适用：

27.2 至 27.2.2 适用于装有电磁机构的阀。

增加：

27.2.101 堵转输出试验(温度)

电动起动器在温度没有超出表 27.2.101 的范围时，应能承受堵转输出的影响。按 14.7.1 规定的方法测量温度。

注：如果满足 14.4.101 要求的电动起动器不进行本试验。

27.2.101.1 电动起动器在额定电压和在 15℃～30℃的室温下进行 24 h 的堵转输出试验，所测得温度结果修正成 25℃时的参考值。

注：在加拿大和美国，在 17.2.3.1 和 17.2.3.2 规定的电压下进行试验[23)]。

对于三相条件下使用的电动起动器，试验在断开任一相的条件下进行。

23) 我国不采用。

表 27.2.101 堵转输出条件试验所允许的最高温度

条 件	绝缘等级温度/℃				
	A	E	B	F	H
第一个小时期间					
——最大值[a,b]	200	215	225	240	260
第一个小时后					
——最大值[a]	175	190	200	215	235
——平均值[a,c]	150	165	175	190	210

a 适用于带有电机热保护的起动器。

b 适用于通过保险丝和热切断保护的起动器。

c 适用于没有任何保护的起动器。

27.2.101.2 平均温度应限制在第 2～24 h 的试验范围内。

注：线圈的平均温度是线圈在 1 h 期间最高温度和最低温度的平均值。

27.2.101.3 试验期间，起动器应连续通电。

27.2.101.4 当试验一结束后，先不要采用 12.2 的湿度处理，这时的电起动器应能符合第 13 章的电气强度试验。

28 电子断开的使用导则

见附录 H。

图

GB 14536.1 的图适用。

附　录

GB 14536.1 的附录除下列内容外适用。

附　录　H
（规范性附录）
电子控制器的要求

GB 14536.1 的本附录除下列内容外适用：

H.6.18　不适用。

H.7　资料

GB 14536.1 的本章除下列内容外适用：

表 7.2 增加项目修改：

资　料	章或条	方　法
52 不适用		
66 不适用		
67 不适用		
68 不适用		
69 不适用		
70 不适用		
71 不适用		
72 不适用		

表 7.2 增加注：

脚注 l～s 不适用。

H.11　结构要求

H.11.12　不适用。

H.17　耐久性

GB 14536.1 的本章除下列内容外适用：

H.17.1.4　不适用。

H.17.1.4.1

代替：

H.17.1.4.1　电子阀在 H.17.1.4.2 规定条件下进行热循环试验。

H.17.1.4.2　热循环试验

修改：

第二段由下列内容代替：

记录的操作次数，如果大于或等于表 7.2 中第 27 项要求的次数，则 17.16.101 机械耐久性试验可不做；如果次数小于表 7.2 中第 27 项要求的规定，则进行 17.16.101 试验，直到规定次数。

第三段的 a）要求由下述内容代替：

a） 持续时间

14 d。

H.26 在有电源干扰、磁干扰和电磁干扰下的操作

GB 14536.1 的本章除下列内容外适用：

H.26.2

代替：

对于带电子部件的燃气阀，通过 H.26.5 和 H.26.7～H.26.12 规定的试验进行检查。

单独提交的试样可接受每项试验。可根据制造商的选择，在进行 H.26.13 试验后对单件试样进行所有适用的试验。

H.26.3

代替：

除了 H.26.5 外，性能判定在 H.26.13 中给出。

H.26.5

增加：

除了有规定关闭时间的阀（表 7.2 中第 110 项要求）外，阀应能设定断开电源的切断时间超过 0.5 s，但也可以设定断开电源位置的时间少于 0.5 s。

电压下降时，阀可停留在当前位置或设定在断开电源位置。

H.26.6 不适用。

H.26.8.5 试验程序

增加：

对处于通电位置的阀施以脉冲。

H.26.9 快速瞬时冲击试验

增加：

对处于通电位置的阀施以脉冲。

H.26.10 环波试验

增加：

对处于通电位置的阀施以脉冲。

H.26.11 静电放电试验

修改：

第 5 章——代替：

试验的严酷等级为：

严酷等级 1：5 kV±10%

严酷等级 2：15 kV±10%

第 6 章 6.1.4——代替：

删去，用“2 kV 至 5 kV 或 15 kV”代替。

增加：

严酷等级 1 试验适用于在通电和断电位置的阀。阀应符合 H.26.13 的要求。

严酷等级 2 试验适用于在通电和断电位置的阀。阀应符合 H.26.13 的要求或设定在断电位置及符合 11.108 和 17.5 的要求。

H.26.12 电磁场辐射试验

增加：

本试验适用在通电和断电位置的阀。

H.26.13 符合性评定

代替：

H.26.13.101 经 H.26.8～H.26.12 的试验后：

阀可保持在通电位置，但在断电时应符合 11.108 和 17.5 的要求。

H.27 非正常操作

H.27.1.3

增加：

GB 14536.1 的本条的此项要求除下列内容外适用：

代替（H.27.1.3 的最后一段，包括第 1 点和第 2 点）：

电子阀因模拟或应用的失效将会导致 1）或 2）发生：

1） 阀应按第 15 章的检验说明继续正常操作。在这种情况下，应采用第二种失效，并且阀应能按第 15 章的检验说明继续正常操作，或者导致 2）发生。

2） 阀应设定和保持在断电位置。

H.28 电子断开的使用导则

增加：

注：燃气阀的电子断开在考虑中。

ICS 13.060
G 77

中华人民共和国国家标准

GB 14591—2006
代替 GB 14591—1993

水处理剂　聚合硫酸铁

Water treatment chemicals—Poly ferric sulfate

2006-03-14 发布　　　　2006-12-01 实施

中华人民共和国国家质量监督检验检疫总局
中国国家标准化管理委员会　发布

前　言

本标准Ⅰ类产品的全部技术指标为强制性的，其他为推荐性的。

本标准代替 GB 14591—1993《净水剂　聚合硫酸铁》。

本标准与 GB 14591—1993 相比差异如下：

——按用途不同将产品分为Ⅰ类、Ⅱ类；

——提高了固体聚合硫酸铁产品的全铁指标；

——增加了 Cr(Ⅵ)、Hg、Cd 等指标；

本标准自实施之日起，HG/T 2153—1991《水处理剂　氯合硫酸铁》废止。

本标准由中国石油和化学工业协会提出；

本标准由全国化学标准化技术委员会水处理剂分会(SAC/TC 63/SC 5)归口。

本标准负责起草单位：天津化工研究设计院、同济大学、南京化学工业总公司精细化工厂、武钢供水综合厂、鞍钢附企给排水净水剂厂、深圳清源净水器材有限公司、淄博天水化工有限公司、重庆蓝洁自来水材料有限公司等、邵阳市佑华净水材料有限公司。

本标准主要起草人：朱传俊、李风亭、尹显才、李英、赵俊岩、黄红杉、张继山、邹鹏、易佑华。

本标准由全国化学标准化技术委员会水处理剂分会负责解释。

本标准于 1993 年首次发布。

水处理剂　聚合硫酸铁

1　范围

本标准规定了水处理剂聚合硫酸铁产品的技术要求、分类、试验方法、检验规则以及标志、标签和包装。

本标准适用于水处理剂聚合硫酸铁。该产品主要用于饮用水、工业用水和各种污水的处理，其中仅以硫酸法生产钛白粉的副产品硫酸亚铁和工业硫酸为原料制得的水处理剂聚合硫酸铁可用于饮用水处理。

示性式：$[Fe_2(OH)_n(SO_4)_{3-\frac{n}{2}}]_m$。

2　规范性引用文件

下列文件中的条款通过本标准的引用而成为本标准的条款。凡是注日期的引用文件，其随后所有的修改单(不包括勘误的内容)或修订版均不适用于本标准。凡是不注日期的引用文件，其最新版本适用于本标准。

GB 191—2000　包装储运图示标志

GB/T 601　化学试剂　标准滴定溶液的制备

GB/T 602　化学试剂　杂质测定用标准溶液的制备(GB/T 602—2002,ISO 6353-1:1982,NEQ)

GB/T 603　化学试剂　试验方法中所用制剂及制品的制备(GB/T 603—2002,ISO 6353-1:1982,NEQ)

GB/T 610.1—1988　化学试剂　砷测定通用方法(砷斑法)

GB/T 610.2—1988　化学试剂　砷测定通用方法(二乙基二硫代氨基甲酸银法)

GB/T 1250　极限数值的表示方法和判定方法

GB/T 6678　化工产品采样总则

GB/T 8946　塑料编织袋

3　产品分类

聚合硫酸铁产品按用途分为两类。

Ⅰ类：饮用水用。

Ⅱ类：工业用水、废水和污水用。

4　技术要求

4.1　外观：液体为红褐色粘稠透明液体；固体为淡黄色无定型固体。

4.2　聚合硫酸铁应符合表1要求。

表1

项　　目		指　　标			
		Ⅰ　类		Ⅱ　类	
		液体	固体	液体	固体
密度/g/cm³(20℃)	≥	1.45	—	1.45	—
全铁的质量分数/%	≥	11.0	19.0	11.0	19.0

表 1(续)

项目	指标			
	Ⅰ类		Ⅱ类	
	液体	固体	液体	固体
还原性物质(以 Fe^{2+} 计)的质量分数/% ≤	0.10	0.15	0.10	0.15
盐基度/%	8.0～16.0	8.0～16.0	8.0～16.0	8.0～16.0
不溶物的质量分数/% ≤	0.3	0.5	0.3	0.5
pH(1%水溶液)	2.0～3.0	2.0～3.0	2.0～3.0	2.0～3.0
镉(Cd)的质量分数/% ≤	0.000 1	0.000 2	—	—
汞(Hg)的质量分数/% ≤	0.000 01	0.000 01	—	—
铬[Cr(Ⅵ)]的质量分数/% ≤	0.000 5	0.000 5	—	—
砷(As)的质量分数/% ≤	0.000 1	0.000 2	—	—
铅(Pb)的质量分数/% ≤	0.000 5	0.001	—	—

5 试验方法

本标准所用试剂,除非另有规定,仅使用分析纯试剂。

试验中所需标准溶液、杂质标准溶液、制剂及制品,在没有注明其他要求时,均按 GB/T 601、GB/T 602、GB/T 603 之规定制备。

安全提示:本标准所使用的强酸、强碱具有腐蚀性,使用时应注意。溅到身上时,用大量水冲洗,避免吸入或接触皮肤。

5.1 密度的测定(密度计法)

5.1.1 方法提要

由密度计在被测液体中达到平衡状态时所浸没的深度,读出该液体的密度。

5.1.2 仪器、设备

5.1.2.1 密度计:刻度值为 0.001 g/cm^3。

5.1.2.2 恒温水浴:可控制温度(20±1)℃。

5.1.2.3 温度计:分度值为 1℃。

5.1.2.4 量筒:250 mL～500 mL。

5.1.3 测定步骤

将聚合硫酸铁试样注入清洁、干燥的量筒内,不得有气泡。将量筒置于(20±1)℃的恒温水浴中,待温度恒定后,将密度计缓缓地放入试样中,待密度计在试样中稳定后,读出密度计弯月面下缘的刻度(标有读弯月面上缘的刻度的密度计除外),即为 20℃试样的密度。

5.2 全铁含量的测定

5.2.1 重铬酸钾法(仲裁法)

5.2.1.1 方法提要

在酸性溶液中,用氯化亚锡将三价铁还原为二价铁,过量的氯化亚锡用氯化汞予以除去,然后用重铬酸钾标准溶液滴定。

反应方程式为:

$$2Fe^{3+} + Sn^{2+} = 2Fe^{2+} + Sn^{4+}$$

$$SnCl_2 + 2HgCl_2 = SnCl_4 + Hg_2Cl_2$$

$$6Fe^{2+} + Cr_2O_7^{\ 2-} + 14H^+ = 6Fe^{3+} + 2Cr^{3+} + 7H_2O$$

5.2.1.2 试剂和材料

5.2.1.2.1 水,GB/T 6682,三级。

5.2.1.2.2 氯化亚锡溶液:250 g/L。

称取 25.0 g 氯化亚锡置于干燥的烧杯中,加入 20 mL 盐酸,加热溶解,冷却后稀释到 100 mL,保存于棕色滴瓶中,加入高纯锡粒数颗。

5.2.1.2.3 盐酸溶液:1+1。

5.2.1.2.4 氯化汞饱和溶液。

5.2.1.2.5 硫-磷混酸:将 150 mL 硫酸,缓慢注入到含 500 mL 水的烧杯中,冷却后再加入 150 mL 磷酸,然后稀释到 1 000 mL 容量瓶中。

5.2.1.2.6 重铬酸钾标准滴定溶液:$c(1/6K_2Cr_2O_7)=0.1$ mol/L。

5.2.1.2.7 二苯胺磺酸钠溶液:5 g/L。

5.2.1.3 分析步骤

称取液体产品约 1.5 g 或固体产品约 0.9 g,精确至 0.000 2 g,置于 250 mL 锥形瓶中,加水20 mL,加盐酸溶液 20 mL,加热至沸,趁热滴加氯化亚锡溶液至溶液黄色消失,再过量 1 滴,快速冷却,加氯化汞饱和溶液 5 mL,摇匀后静置 1 min,然后加水 50 mL,再加入硫-磷混酸 10 mL,二苯胺磺酸钠指示剂 4～5 滴,立即用重铬酸钾标准滴定溶液滴定至紫色(30 s 不褪)即为终点。

5.2.1.4 结果的计算

全铁含量以质量分数 w_1 计,数值以%表示,按式(1)计算:

$$w_1=\frac{VcM}{1\,000\times m}\times 100 \qquad (1)$$

式中:

V——滴定时消耗重铬酸钾标准滴定溶液的体积的数值,单位为毫升(mL);

c——重铬酸钾标准滴定溶液浓度的准确数值,单位为摩尔每升(mol/L);

M——铁摩尔质量的数值,单位为克每摩尔(g/mol)[M(Fe)=55.85];

m——试料质量的数值,单位为克(g)。

5.2.2 三氯化钛法

5.2.2.1 方法提要

在酸性溶液中,滴加三氯化钛溶液将三价铁离子还原为二价,过量的三氯化钛进一步将钨酸钠指示液还原生成"钨蓝",使溶液呈蓝色。在有铜盐的催化下,借助水中的溶解氧,氧化过量的三氯化钛,待溶液的蓝色消失后,即以二苯胺磺酸钠为指示剂,用重铬酸钾标准滴定溶液滴定。

反应方程式为:

$$Fe^{3+}+Ti^{3+}=Fe^{2+}+Ti^{4+}$$

$$6Fe^{2+}+Cr_2O_7{}^{2-}+14H^+=6Fe^{3+}+2Cr^{3+}+7H_2O$$

5.2.2.2 试剂和材料

5.2.2.2.1 水,GB/T 6682,三级。

5.2.2.2.2 盐酸溶液:1+1。

5.2.2.2.3 硫酸溶液:1+1。

5.2.2.2.4 磷酸溶液:15+85。

5.2.2.2.5 硫酸铜溶液:5 g/L。

5.2.2.2.6 三氯化钛溶液:量取 25 mL 15%的三氯化钛溶液,加入 20 mL 盐酸,用水稀释至 100 mL,混匀,贮于棕色瓶中,溶液上面加一薄层液体石腊保护,可用 15 天左右。

5.2.2.2.7 钨酸钠指示剂:25 g/L。

称取 2.5 g 钨酸钠,溶解于 70 mL 水中,加入 7 mL 磷酸,冷却后用水稀释至 100 mL,混匀,贮于棕色瓶中。

5.2.2.2.8　重铬酸钾标准滴定溶液：$c(1/6K_2Cr_2O_7)=0.1$ mol/L。

5.2.2.2.9　二苯胺磺酸钠溶液：5 g/L。

5.2.2.3　分析步骤

称取约 0.2 g～0.3 g 试样，精确至 0.000 2 g。置于 250 mL 锥形瓶中，加盐酸溶液 10 mL，硫酸溶液 10 mL 和钨酸钠指示剂 1 mL。在不断摇动下，逐滴加入三氯化钛溶液直至溶液刚好出现蓝色为止。用水冲洗锥形瓶内壁，并稀释至约 150 mL，加入 2 滴硫酸铜溶液，充分摇动，待溶液的蓝色消失后，加入磷酸溶液 10 mL 和 2 滴二苯胺磺酸钠指示剂，立即用重铬酸钾标准滴定溶液滴定至紫色(30 s 不褪)即为终点。

5.2.2.4　结果的表述

全铁含量以质量分数 w_2 计，数值以%表示，按式(2)计算：

$$w_2=\frac{VcM}{1\,000\times m}\times 100 \qquad (2)$$

式中：

V——滴定时消耗重铬酸钾标准滴定溶液体积的数值，单位为毫升(mL)；

c——重铬酸钾标准滴定溶液浓度的准确数值，单位为摩尔每升(mol/L)；

M——铁的摩尔质量的数值，单位为克每摩尔(g/mol)[$M(Fe)=55.85$]；

m——试料质量的数值，单位为克(g)。

5.2.2.5　允许差

取平行测定结果的算术平均值为测定结果，平行测定结果的绝对差值不大于 0.1%。

5.3　还原性物质(以 Fe^{2+} 计)含量的测定

5.3.1　方法提要

在酸性溶液中用高锰酸钾标准滴定溶液滴定。

反应方程式为：

$$MnO_4^- + 5Fe^{2+} + 8H^+ = Mn^{2+} + 5Fe^{3+} + 4H_2O$$

5.3.2　试剂和材料

5.3.2.1　水，GB/T 6682，三级。

5.3.2.2　硫酸。

5.3.2.3　磷酸。

5.3.2.4　高锰酸钾标准滴定溶液(Ⅰ)：$c(1/5KMnO_4)=0.1$ mol/L。

5.3.2.5　高锰酸钾标准滴定溶液(Ⅱ)：$c(1/5KMnO_4)=0.01$ mol/L。

将高锰酸钾标准滴定溶液(Ⅰ)稀释 10 倍，随用随配，当天使用。

5.3.3　仪器、设备

微量滴定管：10 mL。

5.3.4　分析步骤

称取约 5 g 试样，精确至 0.001 g，置于 250 mL 锥形瓶中，加水 150 mL，加入 4 mL 硫酸，4 mL 磷酸，摇匀。用高锰酸钾标准滴定溶液(Ⅱ)滴定至微红色(30 s 不褪)即为终点，同时做空白试验。

5.3.5　结果的表述

还原性物质(以 Fe^{2+} 计)含量以质量分数 w_3 计，数值以%表示，按式(3)计算：

$$w_3=\frac{(V-V_0)cM}{1\,000\times m}\times 100 \qquad (3)$$

式中：

V——滴定时消耗高锰酸钾标准滴定溶液(Ⅱ)体积的数值，单位为毫升(mL)；

V_0——滴定空白时消耗高锰酸钾标准滴定溶液(Ⅱ)体积的数值,单位为毫升(mL);

c——高锰酸钾标准滴定溶液(Ⅱ)浓度的准确数值,单位为摩尔每升(mol/L);

M——铁摩尔质量的数值,单位为克每摩尔(g/mol)[$M(Fe)=55.85$];

m——试料质量的数值,单位为克(g)。

5.3.6 允许差

取平行测定结果的算术平均值为测定结果,平行测定结果的绝对差值不大于0.01%。

5.4 盐基度

5.4.1 方法提要

在试样中加入定量盐酸溶液,再加氟化钾掩蔽铁,然后用氢氧化钠标准滴定溶液滴定。

5.4.2 试剂和材料

5.4.2.1 水,GB/T 6682,三级。

5.4.2.2 盐酸溶液:1+3。

5.4.2.3 氢氧化钠溶液:4 g/L。

5.4.2.4 盐酸标准溶液:$c(HCl)=0.1$ mol/L。

5.4.2.5 氟化钾溶液:500 g/L。

称取500 g氟化钾,以200 mL不含二氧化碳的蒸馏水溶解后,稀释到1 000 mL。加入2 mL酚酞指示剂并用氢氧化钠溶液或盐酸溶液调节溶液至微红色,滤去不溶物后贮存于塑料瓶中。

5.4.2.6 氢氧化钠标准滴定溶液:$c(NaOH)=0.1$ mol/L。

5.4.2.7 酚酞指示剂:10 g/L乙醇溶液。

5.4.3 分析步骤

称取约(1.2~1.3) g试样,精确至0.000 2 g,置于400 mL聚乙烯烧杯中,用移液管加入25 mL盐酸标准溶液,加20 mL煮沸后的蒸馏水,摇匀,盖上表面皿。在室温下放置10 min,再加入氟化钾溶液10 mL,摇匀,加5滴酚酞指示剂,立即用氢氧化钠标准滴定溶液滴定至淡红色(30 s不褪)为终点。同时用煮沸后冷却的蒸馏水代替试样做空白试验。

5.4.4 结果的表述

盐基度含量以质量分数 w_5 计,数值以%表示,按式(4)计算:

$$w_5=\frac{\dfrac{(V_0-V)cM}{1\,000\times17.0}}{\dfrac{m\times w_4}{18.62}}\times100 \qquad (4)$$

式中:

V_0——空白消耗氢氧化钠标准滴定溶液体积的数值,单位为毫升(mL);

V——试样消耗氢氧化钠标准滴定溶液体积的数值,单位为毫升(mL);

c——氢氧化钠标准滴定溶液浓度的准确数值,单位为摩尔每升(mol/L);

M——氢氧根摩尔质量的数值,单位为克每摩尔(g/mol)[$M(OH^-)=17.0$];

W_4——试样中三价铁的质量分数,$W_4=W_1-W_3$ 或 $W_4=W_2-W_3$;

18.62——铁摩尔质量 M(1/3Fe),g/mol;

m——试料质量的数值,单位为克(g)。

5.4.5 允许差

取平行测定结果的算术平均值为测定结果,平行测定结果的绝对差值不大于0.2%。

5.5 pH值的测定

5.5.1 仪器、设备

一般实验室仪器和酸度计:精度0.02 pH单位,配有饱和甘汞参比电极、玻璃测量电极或复合电极。

5.5.2　分析步骤

称取(1.00±0.01) g试样，用水溶解后，全部转移至100 mL容量瓶中稀释至刻度，摇匀。

将试样溶液倒入烧杯中，置于磁力搅拌器上，将电极浸入被测溶液，开动搅拌，在已定位的酸度计上读出pH值。

5.6　不溶物含量的测定

5.6.1　试剂和材料

5.6.1.1　盐酸溶液：1+49。

5.6.2　仪器、设备

5.6.2.1　电热恒温干燥箱：温度可控制为105℃～110℃。

5.6.2.2　坩埚式过滤器：5 μm～15 μm。

5.6.3　分析步骤

从干燥洁净的称量瓶中称取约20 g液体试样，或10 g固体试样，精确至0.001 g，移入250 mL烧杯中。对液体试样，用水分次洗涤称量瓶，洗液并入盛试样的烧杯中，加水至约100 mL，搅拌均匀；对固体试样，用盐酸溶液分次洗涤称量瓶，洗液并入盛试样的烧杯中，加盐酸溶液至总体积约100 mL，搅拌溶解，在50℃～55℃水浴中保温15 min。用已于105℃～110℃干燥至恒重的坩埚式过滤器抽滤，用水洗涤残渣至滤液中不含氯离子(用硝酸银溶液检查)。把坩埚放入电热恒温干燥箱内，于105℃～110℃下烘至恒重。

5.6.4　结果的表述

不溶物含量以质量分数 w_6 计，数值以%表示，按式(5)计算：

$$w_6 = \frac{m_1 - m_2}{m} \times 100 \qquad (5)$$

式中：

m_1——坩埚式过滤器连同残渣质量的数值，单位为克(g)；

m_2——坩埚式过滤器质量的数值，单位为克(g)；

m——试料质量的数值，单位为克(g)。

5.7　砷含量的测定

5.7.1　二乙基二硫代氨基甲酸银光度法(仲裁法)

5.7.1.1　方法提要

样品中砷化物在砷化钾和酸性氯化亚锡作用下，被还原成三价砷。三价砷与锌和酸作用产生的新生态氢生成砷化氢气体。通过乙酸铅浸泡的棉花去除硫化氢的干扰，然后与二乙基二硫代氨基甲酸银作用成棕红色的胶体溶液，于530 nm下测其吸光度。

5.7.1.2　试剂和材料

5.7.1.2.1　水，GB/T 6682，三级。

5.7.1.2.2　硫酸溶液：1+9。

5.7.1.2.3　硫酸溶液：1+1。

5.7.1.2.4　氢氧化钠溶液：100 g/L。

5.7.1.2.5　氯化亚锡盐酸溶液：400 g/L。

称取4 g氯化亚锡($SnCl_2$ $2H_2O$)加10 mL盐酸溶解，用水稀释至100 mL，加入数粒金属锡粒，贮于棕色试剂瓶中。

5.7.1.2.6　无砷锌粒。

5.7.1.2.7　乙酸铅溶液：100 g/L。

溶解10 g乙酸铅[$Pb(CH_3COO)_2 \cdot 3H_2O$]于100 mL水中，并加入几滴 $c(CH_3COOH)=6$ mol/L的乙酸溶液。

5.7.1.2.8　乙酸铅棉花：取脱脂棉花，用乙酸铅溶液浸泡 2 h，使其自然干燥或于 100℃烘箱中烘干后，保存于密闭的瓶中。

5.7.1.2.9　二乙基二硫代氨基甲酸银-三乙醇胺三氯甲烷溶液(以下称吸收液)：称取 0.25 g 二乙基二硫代氨基甲酸银，用少量三氯甲烷溶解，加入 2 mL 三乙醇胺，用三氯甲烷稀释至 100 mL，静置过夜，过滤，贮于棕色瓶中，置冰箱中于 4℃下保存。

5.7.1.2.10　砷标准贮备溶液：1 mL 含 0.1 mgAs。

5.7.1.2.11　砷标准溶液：1 mL 含 0.001 mgAs。

移取 10 mL 砷标准贮备溶液于 100 mL 容量瓶中，加 1 mL 硫酸溶液(1+9)，加水稀释至刻度，混匀。临用时移取此溶液 10 mL 放于 100 mL 容量瓶中加水稀释至刻度。

5.7.1.3　仪器、设备

5.7.1.3.1　定砷器：见 GB/T 610.2—1988 第 5.3 条规定。

5.7.1.3.2　分光光度计。

5.7.1.4　分析步骤

5.7.1.4.1　称取固体试样 1.000 g 或液体试样 0.600 g，精确至 0.000 2 g，放入定砷器的锥形瓶中，在另一定砷器的锥形瓶中，准确放入 2.00 mL 砷标准溶液，分别加入 3 mL 硫酸溶液(1+1)，用水稀释至 30 mL 后，加碘化钾溶液(150 g/L)2 mL，静置 2 min～3 min，加氯化亚锡溶液 1.0 mL，混匀，放置 15 min。

5.7.1.4.2　在带刻度的吸收管中分别加入 5.0 mL 吸收液，插入塞有乙酸铅棉花的导气管，迅速向发生瓶中倾入预先称好的 5 g 无砷铅粒，立即塞紧瓶塞，勿使漏气。室外温下反应 1 h，最后用三氯甲烷将吸收液体积补充至 5.0 mL，在 1 h 内于 530 nm 波长下，用 1.0 cm 吸收池分别测样品及标准溶液的吸光度。样品吸光度低于标准溶液吸光度为符合标准。同时，用试剂空白调零。

5.7.2　砷斑法

5.7.2.1　方法提要

在酸性介质中，金属锌将砷化物还原为砷化氢。砷化氢在溴化汞试纸上形成棕黄色砷斑，与标准砷斑进行比较。

5.7.2.2　试剂与材料

5.7.2.2.1　水，GB/T 6682，三级。

5.7.2.2.2　盐酸。

5.7.2.2.3　碘化钾。

5.7.2.2.4　无砷锌粒。

5.7.2.2.5　氯化亚锡溶液：400 g/L。

5.7.2.2.6　砷标准溶液：1 mL 含 0.001 mgAs(配制方法同 5.7.1.2.11)。

5.7.2.2.7　乙酸铅棉花。

5.7.2.2.8　溴化汞试纸。

5.7.2.3　仪器、设备

一般实验室用仪器和定砷器：同 GB/T 610.1—1988 中 5.2 规定。

5.7.2.4　分析步骤

称取约(5±0.01) g 固体试样或(10±0.01) g 液体试样，溶解后，全部转移到 100 mL 容量瓶中，用水稀释至刻度，摇匀。用移液管移取 10 mL 试验溶液，置于广口瓶中，加 5 mL 盐酸，1 g 碘化钾和 5 滴氯化亚锡溶液，摇匀后放置 10 min。加 2 g 无砷锌，立即将已装好乙酸铅棉花及溴化汞试纸的玻璃管装上并塞紧。在 25℃～30℃下于暗处放置 1 h。取出溴化汞试纸，其颜色不得深于标准。

标准是:用移液管移取 1 mL 砷标准溶液,加水至 20 mL,与试验溶液同时同样处理。

5.8 铅含量的测定

5.8.1 方法提要

向试样中加入硝酸和过氧化氢,使试样中的铅溶解,然后用原子吸收光谱法测定铅含量。

5.8.2 试剂和材料

5.8.2.1 过氧化氢:优级纯。

5.8.2.2 硝酸(优级纯)溶液:1+1。

5.8.2.3 硝酸(优级纯)溶液:1+199。

5.8.2.4 铅标准贮备液:1 mL 溶液含有 0.1 mg Pb。

5.8.2.5 铅标准溶液:1 mL 溶液含有 0.001 mg Pb。

用移液管移取 5.0 mL 铅标准贮备液置于 500 mL 容量瓶中,加入硝酸溶液(5.8.2.2)至刻度,摇匀。此溶液现用现配。

5.8.3 仪器、设备

所用玻璃仪器均用 1+9 的硝酸溶液浸泡过液,再用水洗涤。

5.8.3.1 氩气钢瓶。

5.8.3.2 原子吸收光谱仪:带有石墨炉控制装置。

5.8.4 分析步骤

5.8.4.1 校准曲线的绘制

用移液管分别移取 0.0、1.0 mL、3.0 mL、5.0 mL、7.0 mL 铅标准溶液,置于 5 个 100 mL 容量瓶中,加硝酸溶液(5.8.2.2)至刻度,摇匀。

按仪器说明书,把原子吸收光谱仪的各种条件调至最佳状态。用试剂空白调零后,分别测定每个标准溶液的吸光度。以铅含量为横坐标,对应的吸光度为纵坐标绘制校准曲线。

5.8.4.2 测定

称取约 5 g 固体试样或 10 g 液体试样,精确至 0.01 g,转移至 100 mL 容量瓶中,加水稀至刻度,摇匀。此为试液 A,供测 Pb、Cd、Hg 用。

准确移取 5.00 mL 试液 A,置于 250 mL 烧杯中,加水至 100 mL,小心加入 2.0 mL 过氧化氢和 2.0 mL硝酸溶液(5.8.2.1),加热蒸发至溶液体积约为 40 mL,冷却至室温,将溶液完全转移至 100 mL 容量瓶中,加水至刻度,摇匀。用与测定标准溶液相同的工作条件测定其吸光度,同时做试剂空白试验。

5.8.5 结果的表述

铅含量以质量分数 w_7 计,数值以%表示,按式(6)计算:

$$w_7 = \frac{(m_1 - m_0) \times 10^{-3}}{m \times 5/100} \times 100 \qquad \cdots\cdots(6)$$

式中:

m_1——根据测定的试料溶液的吸光度,从校准曲线上查出铅质量的数值,单位为毫克(mg);

m_0——根据测定的试剂空白溶液的吸光度,从校准曲线上查出铅质量的数值,单位为毫克(mg);

m——试料质量的数值,单位为克(g)。

5.8.6 允许差

取平行测定结果的算术平均值为测定结果。平行测定结果的绝对差值不大于 0.000 3%。

5.9 镉含量的测定

5.9.1 方法提要

用原子吸收光谱法,在波长 228.8 nm 处以空气-乙炔火焰测定镉原子的吸光度,求出镉含量。

5.9.2 试剂和材料

5.9.2.1 硝酸溶液:1+1。

5.9.2.2 镉标准贮备溶液:1 mL 含 0.1 mg Cd。

称取 0.100 g 金属镉(99.9%以上),精确至 0.000 2 g,置于 100 mL 烧杯中,加 20 mL 硝酸溶液,加热驱除氮氧化物,冷却后移入 1 000 mL 容量瓶中,加水稀释至刻度,摇匀。

5.9.2.3 镉标准溶液:1 mL 含 0.01 mg Cd。

移取 10.00 mL 镉标准溶液贮备溶液放入 100 mL 容量瓶中,加 20 mL 硝酸溶液,并用水稀释至刻度,摇匀。

5.9.3 仪器、设备

5.9.3.1 原子吸收光谱仪。

5.9.3.2 镉空心阴极灯。

5.9.4 分析步骤

5.9.4.1 分别移取 0.00、0.50 mL、1.0 mL、1.50 mL 镉标准溶液于 4 个 50 mL 容量瓶中,用水稀释至刻度,摇匀。此标准系列含镉量为 0.00、0.05 mg、0.10 mg、0.15 mg,在仪器最佳工作条件下,于 228.8 nm波长处,以空白调零,测其吸光度。以测定的吸光度为纵坐标,相对应的镉含量吸光度为横坐标,绘制校准曲线。

5.9.4.2 移取 10.00 mL 试液 A 于 50 mL 容量瓶中,用水稀释至刻度,摇匀。按校准曲线的同等仪器条件,以空白调零,测其吸光度,从校准曲线中求得 Cd 含量。

5.9.5 分析结果的表述

镉的含量以质量分数 w_8 计,数值以%表示,按式(7)计算:

$$w_8 = \frac{m \times 10^{-3}}{m_0 \times 10/100} \times 100 \qquad (7)$$

式中:

m——试样中镉质量的数值,单位为毫克(mg);

m_0——试样质量的数值,单位为克(g)。

5.9.6 允许差

取平行测定结果的算术平均值为测定结果,平行测定结果的绝对差值不大于 0.000 05%。

5.10 汞含量的测定

5.10.1 分光光度法

5.10.1.1 方法提要

将试样中的汞用高锰酸钾氧化成二价汞离子,过量的高锰酸钾用盐酸羟胺还原后,在硫酸酸性溶液中用双硫腙四氯化碳溶液来萃取。在萃取液中加盐酸进行反萃取。然后将水层 pH 调节为 4.8~5.5,再用双硫腙四氯化碳溶液来萃取汞离子,过量的双硫腙用氨水洗净后,由分光光度法求出汞的含量。

5.10.1.2 试剂和材料

5.10.1.2.1 硫酸溶液:1+1。

5.10.1.2.2 盐酸溶液:1+1。

5.10.1.2.3 硝酸。

5.10.1.2.4 醋酸溶液:1+2。

5.10.1.2.5 氨水溶液:1+2。

5.10.1.2.6 氨水溶液:1+3。

5.10.1.2.7 氨性洗液:取氨水 1 mL,加水稀释到 100 mL,加 EDTA 溶液 5 mL。

5.10.1.2.8 高锰酸钾。

5.10.1.2.9 盐酸羟氨溶液:200 g/L。

称取盐酸羟氨 20 g 溶于水中,并稀释至 100 mL。将此溶液移入 200 mL 分液漏斗,加双硫腙四氯化碳浓溶液 10 mL,振摇后静置,弃去四氯化碳层。重复这项操作,直到双硫腙溶液颜色成为固有的绿色为止。

5.10.1.2.10　尿素溶液：200 g/L。

称取尿素 20 g 溶于水中，并稀释至 100 mL。将此溶液移入 200 mL 分液漏斗，加双硫腙四氯化碳浓溶液 10 mL，振摇后静置，弃去四氯化碳层。重复这项操作，直到双硫腙溶液颜色成为固有的绿色为止。

5.10.1.2.11　乙二胺四乙酸二钠溶液：38 g/L。

称取乙二胺四乙酸二钠(二水盐)3.8 g 溶于水中，并稀释至 100 mL。将此溶液移入 200 mL 分液漏斗，加双硫腙四氯化碳浓溶液 10 mL，振摇后静置，弃去四氯化碳层。重复这项操作，直到双硫腙溶液颜色成为固有的绿色为止。

5.10.1.2.12　精制四氯化碳：在四氯化碳中，加入约占其容量 5% 的硫酸摇匀，静置后弃去硫酸层。重复操作到硫酸层无色为止。然后水洗，加块状氧化钙摇混，将混有氧化钙的四氯化碳进行蒸馏，收集 77℃的馏分。

5.10.1.2.13　双硫腙四氯化碳贮备溶液：0.1 g/L。

取双硫腙(二苯基硫卡巴腙)放入玛瑙研钵，研成细粉。取其 100 mg，加 1 L 精制四氯化碳，静置 24 h以上使双硫腙完全溶解。

5.10.1.2.14　双硫腙四氯化碳浓溶液：0.05 g/L。

移取双硫腙四氯化碳贮备溶液 100.00 mL 于 200 mL 容量瓶中，加精制四氯化碳至刻度。

5.10.1.2.15　双硫腙四氯化碳溶液：0.005 g/L。

移取双硫腙四氯化碳浓溶液 50.00 mL 于 500 mL 容量瓶中，加精制四氯化碳至刻度。

5.10.1.2.16　酚红的乙醇溶液：1 g/L。

称取酚红 0.1 g，溶于 20 mL 95%乙醇，用水稀释成 100 mL。

5.10.1.2.17　汞标准贮备液：1 mL 溶液含有 0.1 mg Hg。

5.10.1.2.18　汞标准溶液：1 mL 溶液含有 0.001 mg Hg。

移取汞标准贮备液 10.00 mL 于 1 000 mL 容量瓶中，并稀释至刻度。此溶液现用现配。

5.10.1.3　仪器、设备

5.10.1.3.1　分液漏斗：50 mL、100 mL、1 000 mL。

5.10.1.3.2　回流冷凝装置：1 000 mL 圆底磨口烧瓶，冷凝管长 30 cm 以上。

5.10.1.3.3　玻璃珠：d＝2 mm～4 mm。

5.10.1.3.4　分光光度计。

5.10.1.4　分析步骤

5.10.1.4.1　称取液体试样约 20 g，固体试样约 10 g，精确到 0.01 g，放入回流冷凝装置的烧瓶中，加水约 300 mL、硝酸 30 mL 和高锰酸钾 1 g，轻轻地摇匀，放入几粒玻璃珠后，装上回流冷凝管，缓缓加热，煮沸 1 h。

5.10.1.4.2　如果煮沸过程中高锰酸钾的颜色消失，可停止加热，待液温下降到约 40℃时加 1 g 高锰酸钾，继续加热煮沸。重复这项操作，直到高锰酸钾的颜色保持 10 min 以上不褪色为止。

5.10.1.4.3　煮沸 1 h 后放冷到液温约 40℃，取下烧瓶，滴加盐酸羟胺溶液直到高锰酸钾颜色消失为止。加几滴酚红的乙醇溶液，边冷却边加氨水溶液，直到溶液颜色变红为止。

5.10.1.4.4　加硫酸溶液 15 mL，盐酸羟胺溶液 5 mL 和尿素溶液 5 mL 后，移入 500 mL 分液漏斗。在其中加入双硫腙四氯化碳浓溶液 20 mL，剧烈振摇 2 min。静置后将四氯化碳层移入另一 100 mL 分液漏斗。

5.10.1.4.5　在水层中再加双硫腙四氯化碳浓溶液 20 mL，剧烈振摇 2 min。静置后，将四氯化碳层合并到刚才分离出来的四氯化碳层中，弃去水层。

5.10.1.4.6　给四氯化碳层加水 20 mL，通过振摇 30 s 来洗涤四氯化碳层，静置后，将四氯化碳层移入另一 100 mL 分液漏斗，弃去水层。

5.10.1.4.7　给四氯化碳层加盐酸溶液 10 mL，振摇 30 s，静置后将四氯化碳层移入另一 100 mL 分液漏斗保留水层。

5.10.1.4.8　给四氯化碳层加盐酸溶液 5 mL，振摇后静置，弃去四氯化碳层，水层则合并到前项保留的水层中。

5.10.1.4.9　水层用水稀释到约 50 mL，加盐酸羟胺溶液 0.5 mL，醋酸溶液 2 mL，EDTA 溶液 1 mL 和氨水溶液(1+2)10 mL。

5.10.1.4.10　使用溴甲酚绿 pH 试纸，小心滴加氨水溶液(1+3)调节 pH 值到 4.8～5.5(不能超过 5.5)，准确加入双硫腙四氯化碳溶液 10 mL，剧烈振摇 2 min。静置后，将四氯化碳移入 50 mL 分液漏斗，弃去水层。

5.10.1.4.11　给四氯化碳层加氨性洗液 10 mL，剧烈振摇 30 s，静置后只将水层用移液管或滴液管吸出。重复这项操作，直到氨性洗液成为无色为止。

5.10.1.4.12　将四氯化碳注入 10 mm 吸收池，测定波长 490 nm 处的吸光度。

5.10.1.4.13　校址准曲线的绘制：依次移取汞标准溶液 1.00～15.00 mL，放入 100 mL 分液漏斗，加盐酸溶液 15 mL，用水稀释至大约 50 mL。加盐酸羟氨溶液 0.5 mL，醋酸溶液 2 mL，EDTA 溶液 1 mL 和氨水溶液(1+2)10 mL。然后按照 5.11.1.4.10～5.11.1.4.12 同样操作，以汞含量为横坐标，吸光度为纵坐标，绘制校准曲线。同时做空白试验。

5.10.1.5　**分析结果的表述**

汞含量以质量分数 w_9 计，数值以%表示，按式(8)计算：

$$w_9 = \frac{m \times 10^{-3}}{m_0} \times 100 \quad \cdots\cdots (8)$$

式中：

m——从校准曲线查出汞质量的数值，单位为毫克(mg)；

m_0——试料质量的数值，单位为克(g)。

5.10.1.6　**允许差**

取平行测定结果的算术平均值为测定结果，平行测定结果的绝对差值不大于 0.000 005%。

5.10.2　**冷原子吸收法**

5.10.2.1　**方法提要**

在酸性介质中，将试样中的汞氧化成二价汞离子，用氯化亚锡将汞离子还原成汞原子，用冷原子吸收法测定汞。

5.10.2.2　**试剂和材料**

5.10.2.2.1　硫酸-硝酸混合液：

将 200 mL 硫酸(优级纯)缓慢加入 300 mL 水中，同时不断搅拌。冷却后加入 100 mL 硝酸(优级纯)，混匀。

5.10.2.2.2　硫酸(优级纯)溶液：1+71。

5.10.2.2.3　盐酸(优级纯)溶液：1+11。

5.10.2.2.4　高锰酸钾(优级纯)溶液：10 g/L。

5.10.2.2.5　盐酸羟胺溶液：100 g/L。

5.10.2.2.6　氯化亚锡溶液：50 g/L。

称取 5.0 g 氯化亚锡，置于 200 mL 烧杯中。加入 10 mL 盐酸溶液及适量水使其溶解，稀释至 100 mL，混匀。

5.10.2.2.7　汞标准贮备液：1 mL 溶液含有 0.1 mg Hg。

5.10.2.2.8　汞标准溶液：1 mL 含有 0.001 mg Hg(配制方法同 5.10.1.2.18)。

5.10.2.3 仪器、设备

一般实验室仪器和以下设备。

5.10.2.3.1 原子吸收分光光度计或测汞仪。

5.10.2.3.2 汞空心阴极灯。

5.10.2.4 分析步骤

5.10.2.4.1 校准曲线的绘制

在6个50 mL容量瓶中，依次加入汞标准溶液0.00、1.00 mL、2.00 mL、3.00 mL、4.00 mL、5.00 mL，加水至40 mL。加入3 mL硫酸-硝酸混合液和1 mL高锰酸钾溶液，摇匀，静置15 min。再滴加盐酸羟胺溶液至试液红色恰好消失，用水稀释至刻度，摇匀。

在波长253.7 nm处，用氯化亚锡溶液还原后的试剂空白所产生的汞蒸气为参比，测出以氯化亚锡溶液还原后各标准试液所产生的汞蒸气的吸光度。

以汞含量(μg)为横坐标，对应的吸光度为纵坐标，绘制校准曲线。

5.10.2.4.2 测定

移取10.00 mL试液A于50 mL容量瓶中。以下按校准曲线的绘制中加入汞标准溶液以后的步骤进行操作，测出以氯化亚锡还原后试样溶液所产生汞蒸气的吸光度。

5.10.2.5 分析结果的表述

汞含量以质量分数w_{10}计，数值以%表示，按式(9)计算：

$$w_{10} = \frac{m \times 10^{-3}}{m_0 \times 10/100} \times 100 \quad \cdots\cdots(9)$$

式中：

m——从校准曲线上查出汞质量的数值，单位为毫克(mg)；

m_0——试料质量的数值，单位为克(g)。

5.10.2.6 允许差

取平行测定结果的算术平均值为测定结果，平行测定结果的绝对差值不大于0.000 002%。

5.11 铬[Cr(Ⅵ)]含量的测定

5.11.1 方法提要

用氨水将Fe^{3+}、Cr^{3+}生成氢氧化物或碱式盐，沉淀弃去。用原子吸收光谱法测定Cr(Ⅵ)。

5.11.2 试剂与材料

5.11.2.1 氨水溶液：1+1。

5.11.2.2 甲基红指示剂：1 g/L乙醇溶液。

5.11.3 仪器、设备

一般实验室仪器和

5.11.3.1 原子吸收分光光度计。

5.11.3.2 铬空心阴极灯。

5.11.3.3 铬标准贮备溶液：1 mL溶液含有0.1 mg Cr。

5.11.4 分析步骤

5.11.4.1 试样的制备

称取约10 g液体试样或5 g固体试样，精确至0.000 2 g，置于250 mL烧杯中，加水50 mL溶解，加入2滴甲基红指示剂，在搅拌下用氨水溶液调节至溶液由红色变为黄色为止，加热至微沸，使沉淀凝聚。冷却后，转移至100 mL容量瓶中，稀释至刻度，摇匀。用快速定性滤纸干过滤，滤液留作测定用。

5.11.4.2 校准曲线的绘制

移取0.00 mL、1.00 mL、2.00 mL、3.00 mL、4.00 mL铬标准溶液置于100 mL容量瓶中，用水稀释至刻度，摇匀。此标准系列含铬量为0.00、0.10 mg、0.20 mg、0.30 mg、0.40 mg，在仪器的最佳工作

条件下，于波长 357.9 nm 处，以空白调零，测其吸光度。以测定的吸光度为纵坐标，相对应的铬含量为横坐标，绘制校准曲线。

5.11.4.3 试样的测定

按校准曲线的同等仪器条件，以空白调零，测定其吸光度，从校准曲线中求得相应的铬含量。

5.11.5 分析结果的表述

铬含量以质量分数 w_{11} 计，数值以%表示，按式(10)计算：

$$w_{11}=\frac{m\times 10^{-3}}{m_0}\times 100 \qquad (10)$$

式中：

m——从校准曲线上查得铬质量的数值，单位为毫克(mg)；

m_0——试料质量的数值，单位为克(g)。

5.11.6 允许差

取平行测定结果的算术平均值为测定结果，平行测定结果的绝对差值不大于 0.000 1%。

6 检验规则

6.1 本标准规定的全部指标项目为型式检验项目，在正常生产情况下，6 个月至少进行一次型式检验。其中密度、全铁含量、还原性物质(以 Fe^{2+} 计)、盐基度、水不溶物、pH 等 6 项指标应逐批检验。

6.2 每批产品液体应不超过 200 t，固体应不超过 60 t。

6.3 按 GB/T 6678 的规定确定采样单元数。

对于袋装固体产品，采样时应将采样器垂直插入到袋深的四分之三处采样。每袋所采样品不少于 100 g。将所采样品混匀，用四分法缩分至约 500 g，分装于两个清洁、干燥的玻璃瓶中，密封。

对于桶装液体产品，采样时应将采样器深入桶内 2/3 处采样，采样量不少于 500 mL。将所采样品混匀，从中取出约 800 mL，分装于两个清洁、干燥的塑料瓶中，密封。

对于用贮罐车装运的液体产品，应用采样器从罐的上、中、下部位采样。每个部位采样量不少于 250 mL。将所采样品混匀，取出约 800 mL，分装于两个清洁、干燥的塑料瓶中，密封。

6.4 水处理剂聚合硫酸铁应由生产厂的质量监督检验部门按本标准的规定进行检验，生产厂应保证所有出厂的产品都符合本标准的要求。

6.5 每批出厂的产品都应附有质量证明书，内容包括：生产厂名、产品名称、类别、净含量、批号或生产日期、产品质量符合本标准的证明和本标准编号。

6.6 使用单位有权按照本标准的规定对所收到的产品进行验收。

6.7 采用 GB/T 1250 规定的修约值比较法判定检验结果是否符合标准。如果检验结果中有一项不符合本标准要求时，应加倍抽取样品重新检验，核验结果有一项不符合本标准要求时，整批产品为不合格。

6.8 当供需双方因产品质量发生异议时，可按照《中华人民共和国产品质量法》的规定办理。

7 标志、标签和包装

7.1 水处理剂聚合硫酸铁的外包装上应有涂刷牢固清晰的标志，内容包括：生产厂名、产品名称、商标、类别、净含量、批号或生产日期、本标准编号以及 GB 191—2000 规定的“标志 6 怕雨”。

7.2 固体水处理剂聚合硫酸铁采用双层包装，内包装采用聚乙烯薄膜袋，厚度不小于 0.05 mm，包装容积应大于外包装；外包装采用聚丙烯塑料纺织袋，其性能和检验方法应符合 GB/T 8946 的规定。每袋净质量 25 kg、50 kg(或依顾客要求而定)。

包装的内袋用维尼龙绳或其他质量相当的绳扎口，外袋用缝包机缝口，缝线应整齐无漏缝。

7.3 液体聚合硫酸铁采用聚乙烯塑料桶包装，每桶净质量 25 kg、50 kg 或 200 kg。采用双层桶盖，内盖扣严，外盖旋紧。用户需要时，液体聚合硫酸铁也可用贮罐车装运。

7.4　水处理剂聚合硫酸铁在运输过程中应有遮盖物，避免雨淋、受潮；并保持包装完整、标志清晰。

7.5　水处理剂聚合硫酸铁应贮存在阴凉、通风干燥的库房内。液体产品贮存期6个月，固体产品贮存期12个月。

8　安全要求

聚合硫酸铁产品具有一定的腐蚀性和刺激性，操作人员在进行作业时，应戴防护用具以避免身体直接接触。

参 考 文 献

GB/T 6682 分析试验室用水规格和试验方法(GB/T 6682—1992,neq ISO 3696:1987)

ICS 29.240.30
K 45

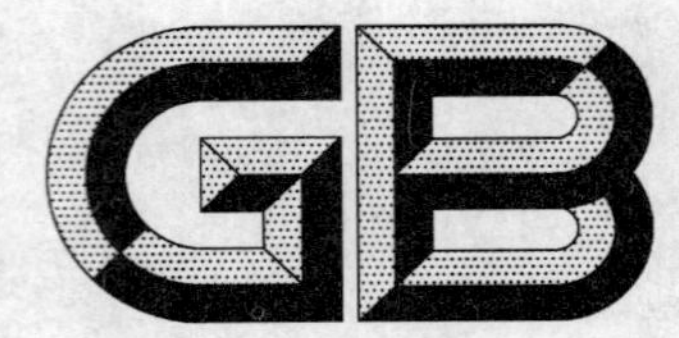

中华人民共和国国家标准

GB/T 14598.3—2006/IEC 60255-5:2000
代替 GB/T 14598.3—1993

电气继电器
第5部分:量度继电器和保护装置的绝缘配合要求和试验

Electrical relays—
Part 5:Insulation coordination for measuring relays and protection equipment—Requirements and tests

(IEC 60255-5:2000,IDT)

2006-03-14 发布 2006-09-01 实施

中华人民共和国国家质量监督检验检疫总局
中国国家标准化管理委员会 发布

前　言

本标准等同采用国际标准 IEC 60255-5:2000《电气继电器　第5部分:量度继电器和保护装置的绝缘配合要求和试验》(英文版)。

本标准代替 GB/T 14598.3—1993《电气继电器　第5部分:电气继电器的绝缘试验》。IEC TC 95 按照 IEC SC28A 制定的 IEC 60664-1《低压系统内设备的绝缘配合　第1部分:原理、要求和试验》的原则,结合继电保护专业的实际,制定了新的 IEC 60255-5:2000 替代 IEC 60255-5:1987,其中的重要变化有:

1. 增加了对使用场所污染等级和绝缘材料类别的规定。
2. 增加了冲击试验电压等级。
3. 将冲击试验发生器的源阻抗降低至 50 Ω。

本标准等同翻译 IEC 60255-5:2000。为便于使用,本标准作了下列编辑性修改:

a) ‘本国际标准’一词改为‘本标准’;

b) 用小数点‘.’代替作为小数点的‘,’;

c) 删除国际标准的前言。

本标准由中国电器工业协会提出。

本标准由全国量度继电器和保护设备标准化技术委员会归口。

本标准起草单位:许昌继电器研究所、北京四方继保自动化有限公司、阿城继电器股份有限公司、上海继电器有限公司、烟台东方电子信息产业股份有限公司。

本标准主要起草人:韩天行、田蘅、单德东、王洁民、韩韫、李炜。

引　言

本标准在制定中考虑了下列几点：

——根据 IEC 60664-1 采用的绝缘配合，将导出与电源电路标称电压和所用过电压等级有关的额定冲击电压等级范围。此外，冲击试验电压因与大气压力有关而这又取决于试验场所的海拔高度。因此，较宽的试验电压的范围变得更有必要。

为了有效地进行试验，本标准规定了用 5 kV 作为合理的试验电压。它适用于通过电流互感器和电压互感器直接激励的继电器或直接联接于站内直流电源的情况。它应与海拔高度从海平面至 2 000 m 的试验场所是没有关系的。

根据 IEC 60060-1 所设计的现有的冲击试验发生器仍然适用于这种情况。

对其他试验电压，IEC 60060-1 的发生器也可使用，但应根据附录 C 描述的试验电压加以更改。这种更改对于获得规定的 0.5 J 的输出能量是必要的。

在不远的将来，市场上可望出现带有可变输出电压和固定输出能量（0.5 J）的合适的冲击试验发生器。

——考虑到将冲击试验发生器的源阻抗降低至 50 Ω，因为这个等级的值看来与变电站接线的特性阻抗更为相当（参见 IEC 61000-4-5）。然而，考虑到现行标准成熟的经验并为了使现有的试验发生器仍能使用，保留了 500 Ω 的值。

——对带有电压抑制元件的电路所做的冲击耐受试验，可能导致冲击试验波形的严重畸变。这在设备不被损坏、完成试验后仍能正常工作的条件下是可以接受的。电路的耐受浪涌试验不属于绝缘试验，故不作为本标准的一部分。

——根据 IEC 60664-1 将污染等级纳入本标准中，是一个新的考虑。

电气继电器
第5部分:量度继电器和保护装置的绝缘配合要求和试验

1 范围

本标准规定了量度继电器和保护装置绝缘配合的一般要求。

注:如无其他说明,在本标准中"继电器"一词用来表示"量度继电器和保护装置"。

本标准特别规范了下述问题:

——术语的定义;

——选择电气间隙和爬电距离的导则,以及与继电器绝缘有关的其他方面的问题;

——对电压试验和绝缘电阻测量的要求。

本标准适用于安装和使用在海拔高度至2 000 m,额定交流电压至1 000 V、额定频率至65 Hz,或直流电压至1 500 V的装置。

本标准也适用于与上述继电器一起使用和试验的有关辅助装置,例如分流器、串联电阻、互感器等。但不包括由IEC其他出版物所规定的装置,例如通信接口。

2 规范性引用文件

下列文件中的条款通过本标准的引用而成为本标准的条款。凡是注日期的引用文件,其随后所有的修改单(不包括勘误的内容)或修订版均不适用于本标准,然而,鼓励根据本标准达成协议的各方研究是否可使用这些文件的最新版本。凡是不注日期的引用文件,其最新版本适用于本标准。

GB/T 2900.49 电工术语 电力系统保护(GB/T 2900.49—2004,IEC 60050(448):1995,International Electrotechnical Vocabulary Part 448:Power system protection,IDT)

GB/T 4207—2003 固体绝缘材料在潮湿条件下相比电痕化指数和耐电痕化指数的测定方法(IEC 60112:1979,IDT)

GB/T 11021—1989 电气绝缘的耐热性评定和分级(eqv IEC 60085:1984)

GB/T 11287—2000 电气继电器 第21部分:量度继电器和保护装置的振动、冲击、碰撞和地震试验 第1篇:振动试验(正弦)(idt IEC 60255-21-1:1988)

GB/T 14537—1993 量度继电器和保护装置的冲击与碰撞试验(idt IEC 60255-21-2:1988)

GB/T 16927.1—1997 高压试验技术 第一部分:一般试验要求(eqv IEC 60060-1:1989)

GB/T 16935.1—1997 低压系统内设备的绝缘配合 第一部分:原理、要求和试验(idt IEC 60664-1:1992)

GB/T 17626.5—1999 电磁兼容 试验和测量技术 浪涌(冲击)抗扰度试验(idt IEC 61000-4-5:1995)

GB/T 17627.1—1998 低压电气设备的高电压试验技术 第一部分:定义和试验要求(eqv IEC 61180-1:1992)

GB/T 17627.2—1998 低压电气设备的高电压试验技术 第2部分:测量系统和试验设备(eqv IEC 61180-2:1994)

IEC 60050(151):2001 电工术语 电的和磁的器件

IEC 60255(全部) 电气继电器

IEC 60255-21-3:1993 电气继电器 第21部分:量度继电器和保护装置的振动、冲击、碰撞和地

震试验 第3篇:地震试验

3 术语和定义

GB/T 2900.49、GB/T 16935.1—1997 以及 IEC 60255 的相关部分确立的以及下列术语和定义适用于本标准。

3.1

危险带电部分 hazardous live part

电压超过 50 V(有效值)或直流超过 75 V 的部分。

3.2

外露导电部分 exposed conductive part

容易接触到的导电部件和在正常条件下非危险带电但在单一故障状态下可能处于危险电压下的导电部分。

注 1:对于不封闭的继电器,其框架、固定器件等形成了外露导电部分。

注 2:对于封闭的继电器,当继电器安装在其正常使用位置时,其可接近的导电部分(包括其固定面的导电部分)构成了外露导电部分。对于小的零部件,例如与电路隔离的铭牌、螺钉及铆钉等不予考虑。

3.3

电气间隙 clearance

两导电部分之间在空气中的最短距离。

[GB/T 16935.1—1997,定义 1.3.2]

3.4

固体绝缘 solid insulation

电气设备中插入两导电部分间作为绝缘的固体材料。

[GB/T 16935.1—1997,定义 1.3.4]

3.5

爬电距离 creep distance

两导电部分之间沿着绝缘材料表面的最短距离。

[IEC 60050(151):2001,定义 151-15-50]

3.6

额定电压 rated voltage

制造厂对元件、器件或设备规定的电压值,它与运行(包括操作)和性能等特性有关。

[GB/T 16935.1—1997,定义 1.3.9]

3.7

额定绝缘电压 rated insulation voltage

由制造厂对继电器或其部件规定的耐受电压的有效值,以表征其绝缘规定的(长期)耐受能力与介质试验和爬电距离有关。

注:额定绝缘电压不一定等于装置的额定电压,装置的额定电压主要与装置的操作性能有关。

3.8

额定冲击电压 rated impulse voltage

由制造厂对继电器或其部件规定的冲击耐受电压值,以表征其绝缘规定的抗瞬态过电压的耐受能力。

3.9

过电压 overvoltage

峰值大于在正常运行下最大稳态电压的相应峰值的任何电压。

[GB/T 16935.1—1997,定义 1.3.7]

3.10

过电压类别 overvoltage category

用数字表示的瞬态过电压条件。

[GB/T 16935.1—1997,定义 1.3.10]

注:过电压类别用Ⅰ、Ⅱ、Ⅲ、Ⅳ级表示,见 4.2.2.1。

3.11

宏观环境 macro-environment

继电器安装或使用的房间或其他场所的环境。

[GB/T 16935.1—1997,定义 1.3.12.1]

3.12

微观环境 micro-environment

特别会影响确定爬电距离尺寸的绝缘的紧密(直接)环境。

[GB/T 16935.1—1997,定义 1.3.12.2]

3.13

污染 pollution

任何外来物质(固体、液体或气体)可使绝缘的介电强度和表面电阻率下降的现象。

[GB/T 16935.1—1997,定义 1.3.11]

3.14

污染等级 pollution degree

用数字表征微观环境受预期污染的程度。

[GB/T 16935.1—1997,定义 1.3.13]

注:污染等级用1~4 级表示,见 4.4。

3.15

漏电起痕 tracking

由于表面电应力和电解质的复合效应,固体绝缘材料表面导电通路逐渐形成的过程。

3.16

相比漏电起痕指数 comparative tracking index

用以表征绝缘材料相对漏电起痕特性的数值。

3.17

型式试验 type test

对某种设计而制造的一个或多个电器所进行的试验,以表明这一设计符合一定的标准。

[IEC 60050(151):2001,定义 151-16-16]

3.18

例行试验 routine test

对每个电器在制造中和/或制造后所进行的试验,用以判断是否符合某项标准。

[IEC 60050(151):2001,定义 151-16-17]

3.19

介质试验 dielectric test

施加规定电压于绝缘物,以证明它符合制造厂所规定电路的额定绝缘电压的一种短时间试验。

3.20

冲击电压耐受试验 impulse voltage withstand test

施加规定的冲击电压于绝缘物,以证明继电器能够耐受很高的和时间很短的过电压,而不致损坏的一种试验。

3.21

功能绝缘 functional insulation

导电部分之间仅适用于继电器特定功能所需要的绝缘。

[GB/T 16935.1—1997,定义 1.3.17.1]

3.22

基本绝缘 basic insulation

设置在带电部分上,作为电击基本防护的绝缘。

[GB/T 16935.1—1997,定义 1.3.17.2]

注:基本绝缘不一定包括专门用作功能目的之绝缘。

3.23

附加绝缘 supplementary insulation

除基本绝缘之外,另外设置的独立绝缘,其目的是为了万一基本绝缘损坏时可提供电击防护。

[GB/T 16935.1—1997,定义 1.3.17.3]

3.24

双重绝缘 double insulation

由基本绝缘和附加绝缘两者组成的绝缘。

[GB/T 16935.1—1997,定义 1.3.17.4]

3.25

加强绝缘 reinforced insulation

设置在带电部分上的一种单独绝缘结构,主要在有关 IEC 标准规定条件下提供与双重绝缘相等的防电击等级的绝缘。

[GB/T 16935.1—1997,定义 1.3.17.5]

注:一个单独的绝缘结构不意味着该绝缘必须是一同质的部件。它可有许多层次组成,而这些层次不能按基本绝缘或附加绝缘单独地进行试验。

4 绝缘配合

4.1 基本原理

绝缘配合的基本原理已在 GB/T 16935.1—1997 中叙述,它提供了关于电气间隙、爬电距离和固体绝缘的技术要求和试验导则。

注:继电器的绝缘是基本绝缘。然而,有设置较高绝缘水平(即附加、加强或双重绝缘)的要求。例如,连接于调制解调器的通信端口可能要求双重绝缘。

电气间隙的尺寸应根据安装场所可能出现的过电压来确定。

应考虑下列设计参数:

——过电压类别;

——污染等级;

——电气间隙形式;

——由标称电压导出的额定绝缘电压。

过电压类别考虑了由电源系统产生的瞬态过电压可以通过装置的端子进入装置的情况。此外,还考虑了装置本身产生的过电压。

规定过电压类别是为了说明装置在工作中可能遇到的不同瞬态过电压的可能性。

出现闪络与电气间隙的形式有重要关系。一般情况下,对继电器假设为非均匀电场。

污染程度只与较小的电气间隙有关。

爬电距离的尺寸应从避免因漏电起痕造成击穿的观点来考虑。因此，应考虑下列参数：

——由标称电压导出的额定绝缘电压；

——绝缘材料的漏电起痕耐受能力；

——污染等级。

额定电压与电源系统的标称电压或最大工作电压有关。对装置所规定的污染等级与其环境有关，并在装置内部有可能变化。

电气间隙的电压试验根据实际上在低压电源电路中出现的电压而导出的瞬态高电压(冲击电压耐受试验)来进行。

爬电距离不进行试验，但应通过测量来确定。

为了确认固体绝缘，另采用介质试验(交流电源频率高压试验)。

4.2 电压和电压等级

4.2.1 额定绝缘电压的确定

4.2.1.1 额定绝缘电压的标准值

对每一个继电器，制造厂应规定其额定绝缘电压。继电器的一个或所有电路的额定绝缘电压应从表1数值中选取。但直接由互感器激励的或直接连接于站内电源的继电器，其额定绝缘电压应不低于250 V。

表 1 额定绝缘电压

单位为伏

交流或直流电源系统标称电压[a]	30	60	110 120 127	150	208	220 230 240	300	380 400 415	440 480 500	575 600 660 690	720 830	960 1 000
额定绝缘电压[b]	32	63	125	160	200	250	320	400	500	630[c]	800[c]	1 000

a 该规定值是低压电网的标准标称电压，由GB/T 16935.1—1997 表3a和表3b导出。

b 额定绝缘电压必须至少与指定电路的额定电压一样高，也可以由制造厂选择更高的额定绝缘电压。

c 在这种情况下，根据绝缘电压等级的合理化，额定绝缘电压低于标称电压(见GB/T 16935.1—1997 表3b)。

4.2.1.2 额定绝缘电压的确定

额定绝缘电压应按如下确定：

a) 对于带电部分和外露导电部分之间的绝缘，应不低于被考虑电路的额定电压；

b) 除了e)，对于一个电路各部分之间的绝缘，应不低于被考虑电路的额定电压；

c) 对于两独立电路各部分之间的绝缘，宜至少等于这些电路中的较高的额定电压；

d) 对于断开触点之间的间隙，除了制造厂与用户另有协议，不规定额定绝缘电压；

e) 对于额定电压超过1 000 V的继电器的电路，不规定额定绝缘电压。对这种电路的试验应由制造厂和用户商定。

4.2.2 额定冲击电压的确定

操作中预期出现的瞬态过电压可作为确定额定冲击电压的基础。

4.2.2.1 过电压类别

应以下列准则为基础确定适用的过电压类别。

类别Ⅰ

类别Ⅰ适用于采用了特别措施，如具有良好的保护措施的电路，能将瞬态过电压限制在适当数值的继电器。

类别Ⅱ

类别Ⅱ适用于以下情况：

a) 继电器的辅助电路(电源电路)连接于仅用在静态型继电器电源的电压。如果导线较短,并且没有与电源的其他电路相连,电源引线的瞬态过电压低于过电压类别Ⅲ所规定的值;

b) 继电器的输入激励电路未直接连接于电压互感器或电流互感器,而且连接导线有良好的屏蔽和接地;

c) 继电器的输出电路用短导线连接于负载。

类别Ⅲ

类别Ⅲ是用于继电器最常见、也是遇到最多的情况,特别适用于:

a) 继电器的辅助电路(电源电路)连接于公用电池,和/或由于导线较长,在电源引线产生较高的共模瞬态过电压;和/或连接于公用电源的其他电路的通断可能产生差模瞬态电压;

b) 继电器的输入激励量的电路直接连接于电压互感器或电流互感器;

c) 输出电路由于用较长导线连接于负载,在输出端子上产生较高的共模瞬态过电压。

类别Ⅳ

类别Ⅳ适用于继电器承受高电平瞬态电压的情况,例如由于没有适当屏蔽的连接电缆,或直接连接于一次回路,或任何其他用于接近电源使用的装置。

4.2.2.2 额定冲击电压的选定

由电流互感器或电压互感器直接激励的和直接连接于站内电源的继电器的额定冲击电压,应采用线对中性点电压的导出值 300 V。

由低压电网直接激励的继电器的额定冲击电压,应按规定的过电压类别和装置的标称电压由表 2 确定。

表 2 额定冲击电压(波形:1.2/50 μs) 单位为伏

从直流或交流标称电压导出的线对中性点电压小于或等于[a,b]	额定冲击电压[c] 过电压类别			
	Ⅰ	Ⅱ	Ⅲ	Ⅳ
50	330	500	800	1 500
100	500	800	1 500	2 500
150	800	1 500	2 500	4 000
300	1 500	2 500	4 000	6 000
600	2 500	4 000	6 000	8 000
1 000	4 000	6 000	8 000	12 000

a 导出的线对中性点电压为优选值,不同的低压电网和它们的标称电压见表 A.1。

b 海拔高度为 2 000 m 的额定冲击耐受电压,见 6.1.3.3 表 5。

c 额定冲击电压的插入值不允许用于外部连接的电源、测量和保护端子。

4.2.2.3 继电器内冲击电压的绝缘配合

受外部瞬态过电压影响显著的继电器内部的部件或电路,采用继电器的额定冲击电压。而继电器操作引起的瞬态过电压对外部电路状态的影响不应超过 4.2.2.4 所规定的条件。

具有特定抗瞬态过电压的继电器,其内部的部件或电路由于受外来瞬态过电压影响不大,绝缘所要求的冲击耐受电压与继电器的额定冲击电压无关,而与该部件或电路的实际条件有关。

4.2.2.4 由设备产生的通断过电压

在继电器的端子上有可能产生过电压的设备,例如开关电器,当根据有关标准和制造厂的说明书采用额定冲击电压时,设备产生的过电压不应大于该值。否则,用户应采取措施以限制通断过电压的影响。

注:出现超过额定冲击电压的残留风险取决于电路条件。

4.3 承受电压作用的时间

应假定长时间承受持续电压作用。在这一条件下，继电器的最小爬电距离见表4。

4.4 污染

微观环境决定污染对绝缘的影响。但是，在考虑微观环境时也应考虑宏观环境。为了评估爬电距离和电气间隙，规定微观环境的污染等级为以下4级。

4.4.1 污染等级1

一般无污染或仅出现干燥的、非导电性的无影响的污染。

4.4.2 污染等级2

除了有时由凝露产生短暂的导电性污染外，一般只有非导电性的污染出现。

4.4.3 污染等级3

一般有导电性污染出现，或者出现由于凝露使干燥的、非导电性污染变为导电性污染。

4.4.4 污染等级4

一般由于导电性灰尘或者由于雨或雪而造成持续性的导电性污染。

用于民用或工业电力系统的继电器至少应根据污染等级2来设计。对于在污染源附近使用的装置，或许需要考虑一个较高的污染等级。污染等级1仅适用于有特殊措施以避免由于凝露而产生短暂的导电性污染的情况。

本标准所规定的电气间隙和爬电距离要求也适用于被试验的电路的内部部件。该信息在继电器上或使用说明书中标出。

4.5 继电器上或使用说明书中的信息

使用说明书应参考本标准编写，并应标出介质试验和冲击试验的电压。在继电器上的标记应符合IEC 60255有关部分。

4.6 绝缘材料

相比漏电起痕指数(CTI)值用于对绝缘材料作如下分类：

材料组别Ⅰ　　600≤CTI

材料组别Ⅱ　　400≤CTI<600

材料组别Ⅲa　　175≤CTI<400

材料组别Ⅲb　　100≤CTI<175

注1：以上CTI值是按照GB/T 4207—2003的方法A从所用绝缘材料获得的。

注2：对于不会发生漏电起痕的材料，例如玻璃、陶瓷或其他的无机绝缘材料，爬电距离不必大于其相应的电气间隙。但是，宜考虑破坏性的放电风险。

5 确定尺寸的要求与规则

5.1 电气间隙的确定

电气间隙应以承受4.2.2.2的额定冲击电压试验来确定，其数值应从表3中选取。额定冲击电压的要求在4.2.2.2中规定，污染等级在4.4中规定。

注：对继电器基本上假设存在非均匀电场。

5.2 爬电距离的确定

爬电距离应从表4中选取，并应考虑下列影响因素：

——额定绝缘电压按4.2.1；

——微观环境(污染等级)按4.4；

——绝缘材料组别(相比漏电起痕指数)按4.6。

5.3 对固体绝缘设计的要求

固体绝缘应耐受6.1.2所规定的电压试验。

当绝缘材料的最高温度不超过 GB/T 11021—1989 所允许的值时，固体绝缘的热性能下降不应影响绝缘配合。

固体绝缘应能耐受在运输、贮存、安装和使用过程中可能发生的机械振动或冲击。

在 GB/T 11287—2000、GB/T 14537—1993 和 IEC 60255-21-3:1993 中规定的试验也适用。

表 3　空气中最小电气间隙

额定冲击电压 kV	最小电气间隙 mm 污染等级			
	1	2	3	4
0.33	0.01	0.2	0.8	1.6
0.5	0.04			
0.8	0.1			
1[a]	0.15			
1.5	0.5	0.5		
2.5	1.5	1.5	1.5	
4	3	3	3	3
5[a]	4	4	4	4
6	5.5	5.5	5.5	5.5
8	8	8	8	8
12	14	14	14	14

注 1：空气中最小电气间隙值基于 1.2/50 μs 冲击电压和相当于海平面以上的 2 000m 海拔高度的 80 kPa 的大气压力。

注 2：因为表 3 的尺寸只对海平面以上至 2 000 m 的海拔高度有效，对于海拔高度在 2 000 m 以上的电气间隙应乘以表 B.1 所规定的海拔高度修正系数。

注 3：本表的电气间隙值适用于基本绝缘、功能绝缘和附加绝缘。对于加强绝缘和双重绝缘，参见 GB/T 16935.1—1997 的 3.1.5。

a　1 kV 和 5 kV 的值已包括与本标准匹配的现有的试验发生器特性，并考虑到对海拔高度单独试验的特性(见表 5)。

表 4　最小爬电距离

额定绝缘电压[a] V	长时间承受持续电压作用的量度继电器和保护装置的最小爬电距离 mm											
	印制线路材料 污染等级		污染等级									
	1[b]	2[c]	1[b]	2 材料组别			3 材料组别			4 材料组别		
				Ⅰ	Ⅱ	Ⅲ	Ⅰ	Ⅱ	Ⅲ[d]	Ⅰ	Ⅱ	Ⅲ[e]
32	0.025	0.04	0.14	0.53	0.53	0.53	1.3	1.3	1.3	1.8	1.8	1.8
63	0.04	0.063	0.2	0.63	0.9	1.25	1.6	1.8	2	2.1	2.6	3.4
125	0.16	0.25	0.28	0.75	1.05	1.5	1.9	2.1	2.4	2.5	3.2	4
160	0.25	0.4	0.32	0.8	1.1	1.6	2	2.2	2.5	3.2	4	5
200	0.4	0.63	0.42	1	1.4	2	2.5	2.8	3.2	4	5	6.3
250	0.56	1	0.56	1.25	1.8	2.5	3.2	3.6	4	5	6.3	8
320	0.75	1.6	0.75	1.6	2.2	3.2	4	4.5	5	6.3	8	10

表 4（续）

<table>
<tr><td rowspan="4">额定绝缘
电压[a]
V</td><td colspan="12">长时间承受持续电压作用的量度继电器和保护装置的最小爬电距离
mm</td></tr>
<tr><td colspan="2">印制线路材料</td><td colspan="10" rowspan="2">污　染　等　级</td></tr>
<tr><td colspan="2">污染等级</td></tr>
<tr><td rowspan="2">1[b]</td><td rowspan="2">2[c]</td><td rowspan="2">1[b]</td><td colspan="3">2
材料组别</td><td colspan="3">3
材料组别</td><td colspan="3">4
材料组别</td></tr>
<tr><td></td><td>Ⅰ</td><td>Ⅱ</td><td>Ⅲ</td><td>Ⅰ</td><td>Ⅱ</td><td>Ⅲ[d]</td><td>Ⅰ</td><td>Ⅱ</td><td>Ⅲ[e]</td></tr>
<tr><td>400</td><td>1</td><td>2</td><td>1</td><td>2</td><td>2.8</td><td>4</td><td>5</td><td>5.6</td><td>6.3</td><td>8</td><td>10</td><td>12.5</td></tr>
<tr><td>500</td><td>1.3</td><td>2.5</td><td>1.3</td><td>2.5</td><td>3.6</td><td>5</td><td>6.3</td><td>7.1</td><td>8</td><td>10</td><td>12.5</td><td>16</td></tr>
<tr><td>630</td><td>1.8</td><td>3.2</td><td>1.8</td><td>3.2</td><td>4.5</td><td>6.3</td><td>8</td><td>9</td><td>10</td><td>12.5</td><td>16</td><td>20</td></tr>
<tr><td>800</td><td>2.4</td><td>4</td><td>2.4</td><td>4</td><td>5.6</td><td>8</td><td>10</td><td>11</td><td>12.5</td><td>16</td><td>20</td><td>25</td></tr>
<tr><td>1 000</td><td>3.2</td><td>5</td><td>3.2</td><td>5</td><td>7.1</td><td>10</td><td>12.5</td><td>14</td><td>16</td><td>20</td><td>25</td><td>32</td></tr>
<tr><td colspan="13">注：本表中的爬电距离适用于基本绝缘、功能绝缘和附加绝缘。对于加强绝缘和双重绝缘参见 GB/T 16935.1—1997 中3.2.3。</td></tr>
<tr><td colspan="13">a　对于通过仪用互感器直接激励的电路和直接连结于站内电源的电路，额定绝缘电压不应低于 250 V。
b　材料组别Ⅰ、Ⅱ、Ⅲa 和Ⅲb。
c　材料组别Ⅰ、Ⅱ、Ⅲa。
d　在污染等级 3 中，只有材料组别Ⅰ、Ⅱ和Ⅲa 应使用于 630 V 以上。
e　只有材料组别Ⅰ、Ⅱ、Ⅲa 应使用于污染等级 4 中。</td></tr>
</table>

6　试验和测量

6.1　试验

绝缘试验包括：

——冲击电压试验；

——介质试验（交流电源频率高压试验）。

下列条款所规定的试验为型式试验或例行试验，适用于新的继电器。

除非 IEC 60255 的有关部分另有规定，绝缘试验的大气条件不应超过下列范围：

——环境温度：+15℃～+35℃；

——相对湿度：45%～75%；

——大气压力：86 kPa～106 kPa（800 mbar～1 060 mbar）。

试验的继电器应处于干燥和无自热状态。

所有试验应在完整的装置上进行。

在试验过程中，继电器不应施加输入激励量或辅助激励量。

对安装完整的柜或屏进行例行试验时，经过制造厂和用户协商，可以采用下列方法：

已经试验过的插入式印制电路板和具有多点连接器的组件可以拔出、断开或由模拟试样代替，以保证试验电压传送到装置内的绝缘试验在必要的考核范围内。

6.1.1　用于检验电气间隙的电压试验

试验的目的是检验电气间隙能否耐受 4.2.2.2 所规定的额定冲击电压。冲击电压试验应作为型式试验进行。经制造厂和用户协商同意，冲击电压试验也可作为例行试验进行。

6.1.2 用于检验固体绝缘的电压试验

应进行下列试验：

a) 用冲击电压耐受试验检验固体绝缘承受额定冲击电压的能力；

b) 用介质试验(交流电源频率高压试验)检验固体绝缘对暂态过电压的耐受能力并证明其长期耐久性。

这些试验作为型式试验。

试验 b)还应作为附加的例行试验。

经过制造厂和用户协商，试验 a)也可作为例行试验。

6.1.3 冲击电压耐受试验

冲击电压耐受试验的电压波形为 1.2/50 μs(见 GB/T 17627.1—1998 图 1)，用以模拟来源于大气的过电压。它也包括由于低压设备的通断所产生的过电压。

6.1.3.1 试验程序

冲击电压耐受试验应按照 6.1.1 和 6.1.2 进行。

冲击电压应施加在继电器外部可接近的合适的点上，其他电路和外露的导电部分应连接在一起并接地。

检验电气间隙的试验时，每个极性至少施加三个脉冲，脉冲间隔至少为 1 s。

同样的试验程序也适用于检验固体绝缘的能力。然而，检验固体绝缘试验时每个极性应施加五个脉冲，并且应将每个脉冲的波形记录下来。

用于检验电气间隙和固体绝缘的两个试验可以合并在一个共同的试验程序中进行。

试验电压电平应是发生器连接到继电器之前的开路电压。

6.1.3.2 发生器波形和特性

试验应依据 GB/T 17627.1—1998 采用标准雷电脉冲(进一步的信息见本标准附录 C)。发生器的特性应依据 GB/T 17627.2—1998 检验。

发生器的参数为：

——波前时间：1.2×(1±30%) μs；

——半峰值时间：50×(1±20%) μs；

——输出阻抗：500×(1±10%) Ω；

——输出能量：0.5×(1±10%) J。

每条试验导线的长度不应超过 2 m。

6.1.3.3 冲击试验电压的选定

基于额定冲击电压及考虑到海拔高度的冲击试验电压见表 5。

继电器的额定冲击电压应根据规定的相应过电压类别和继电器的额定电压从表 2 中选择。

由电压互感器和电流互感器直接供电的电路，或直接连接于站内直流电源的继电器电路，冲击电压试验应采用 5 kV(相对允差$_{-10\%}^{\ 0}$)，而与试验的海拔高度无关。试验应使用 GB/T 17627.1—1998 所规定的试验发生器。[1)]

对于其他电路，冲击试验电压峰值应不小于表 5 所规定的值(相对允差$_{-10\%}^{\ 0}$)。试验应使用具有 6.1.3.2特性的、规范于附录 C 的试验发生器[2)]。

表 5 给出的冲击试验电压超过 5 kV 并需要特殊试验设备时，应由制造厂和用户商定。

6.1.3.4 试验的实施

除非另有规定，冲击电压试验应在下列部位进行：

1) 该试验符合本标准所规定的冲击耐受试验。

2) 该规定要求修改 GB/T 17627.1—1998 的标准雷电波发生器，以便在提供符合表 5 的试验电压时保持 0.5 J 的能量。

a) 在每个电路(或规定的冲击电压相同的每组电路)与外露导电部分之间;对该电路(或该组电路)施加规定的冲击电压;

b) 在独立电路之间,每个独立电路的端子连接在一起;

c) 在一给定电路的端子之间(经过制造厂和用户协商)。

试验中未涉及的电路应连接在一起并接地。

除非很明显,应由制造厂规定哪些电路为独立电路。

对具有绝缘外壳的继电器,除在端子周围留出一个适当的间隙以避免对端子产生闪络,外露导电部件应以覆盖整个外壳的金属箔来代表。这种金属箔的绝缘试验只应作为型式试验。

除非另有规定,对两个独立电路之间的试验,应按这两个电路所规定的较高的冲击电压进行试验。

除非绝缘不能耐受冲击试验,对于没有连接到感性浪涌抑制器件或分压器的试验点,波形将不会明显畸变或衰减。

如果通过元件施加的冲击电压波形不是因为电气击穿引起畸变或衰减,这种情况是允许的。

表 5 冲击试验电压

单位为千伏

额定冲击电压	最小试验电压和相应的海拔高度				
	海平面	200 m	500 m	1 000 m	2 000 m
0.33	0.35	0.35	0.35	0.34	0.33
0.5	0.55	0.54	0.53	0.52	0.5
0.8	0.91	0.9	0.9	0.85	0.8
1.5	1.75	1.7	1.7	1.6	1.5
2.5	2.95	2.8	2.8	2.7	2.5
4	4.8	4.8	4.7	4.4	4.0
6	7.3	7.2	7.0	6.7	6.0
8	9.8	9.6	9.3	9.0	8.0
12	14.8	14.4	14.0	13.3	12.0

6.1.3.5 试验验收准则

试验期间不应出现破坏性放电(火花、闪络或击穿)。未造成击穿的电气间隙的部分放电可被忽略。试验后,继电器应满足所有相关性能的要求。

6.1.3.6 冲击电压试验的重复

对于新的继电器,如有必要,可以重复冲击电压试验以核实性能。试验电压值应等于原来规定值的 0.75 倍,或由制造厂指明。

6.1.4 介质试验(交流电源频率高压试验)

6.1.4.1 试验的实施

试验应施加于:

a) 每个电路与外露导电部分之间,每个独立电路的端子连接在一起;

b) 各独立电路之间,每个独立电路的端子连接在一起。

除非很明显,应由制造厂规定哪些电路为独立电路。

此外,经制造厂和用户商定,也可对动合触点的电路进行试验。

试验中未涉及的电路应连接在一起并接地。

在对外露导电部件试验时,同一额定绝缘电压的电路可以连接在一起。

试验电压应直接施加于端子。

对具有绝缘外壳的继电器,除在端子周围留出一个适当的间隙以避免对端子产生闪络,外露导电部件应以覆盖整个外壳的金属箔来代表。这种金属箔的绝缘试验只应作为型式试验。

6.1.4.2 试验电压值

介质试验应以表 6 所给出的电压进行试验。

对于特殊的应用，比如高阻抗保护，经由制造厂和用户商定，可以规定较高的试验电压。试验电压应为额定绝缘电压的 2 倍加上 1 000 V(有效值)。

对于直接由仪用互感器激励的电路，试验电压应不小于 2 kV。由于导引线上会出现短路电流所感应的过电压，对于导引线上的继电器电路可规定较高的试验电压。在此情况下，制造厂应指明合适的试验电压。

当在一直处于相同电位(比如直接连接于同一相)的两个电路之间试验时，试验电压应减少至 500 V或额定绝缘电压值的两倍。

当制造厂和用户商定在动合触点间进行介质试验时，也应商定试验电压值。

表 6　交流试验电压

额定绝缘电压(见表 1) V	交流试验电压 kV
至 63	0.5
125	2.0
160	2.0
200	2.0
250	2.0
320	2.0
400	2.0
500	2.0
630	2.3
800	2.6
1 000	3.0

6.1.4.3　试验电压源

试验电压源在对被试继电器施加规定值的一半时，所观察到的电压降应低于 10%。

试验电压源的电压值精度应高于 5%。

试验电压应是频率在 45 Hz～65 Hz 之间的正弦波。也可选择直流电压进行试验，试验电压值应为表 6 规定的交流试验电压值的 1.4 倍。

6.1.4.4　试验方法

试验设备设定的开路电压初始值不应超过规定电压值的 50%，然后施加于被试继电器。在不引起可见的瞬态影响的条件下，试验电压应从初始值均匀上升至规定电压并应保持 1 min。然后应尽快平滑降至零。

除非制造厂和用户有其他商定，对于抽样试验和例行试验，试验电压可保持 1 s，然后撤除。在此情况下，试验电压应比表 6 所规定的值高出 10%。

6.1.4.5　试验验收准则

在介质试验期间，不应出现击穿或闪络。

注：为电磁兼容而采用电容器接地将导致试验电流增大并使判断击穿的条件困难时，可用直流电压($\sqrt{2}$倍电压有效值)试验或仅以测量交流阻抗电流来解决。

6.1.4.6　介质试验的重复(交流电源频率高压试验)

如有必要，对于新的继电器可以重复介质试验以核实性能。试验电压值应等于原来规定值的 0.75 倍，或由制造厂指明。

6.1.5　标志

表 7 所表示的符号是用于 IEC 60255 的有关部分规定试验电压的标志或制造厂选择在继电器上的标志。

6.1.6 试验顺序

试验应按下列顺序进行：

a) 6.1.3 所规定的冲击耐受电压试验；

b) 6.1.4 所规定的介质试验(交流电源频率高压试验)。

表 7 试验电压标志的符号

介质试验电压	符号
试验电压 500 V	☆
试验电压大于 500 V (例如 2 kV)	☆ 2
冲击试验电压	符号
试验电压 1 kV	▽ 1
试验电压 5 kV	▽ 5

6.2 测量

绝缘测量包括：

——爬电距离的测量；

——绝缘电阻的测量(仅在用户和制造厂商定后)。

这些试验均作为型式试验。

6.2.1 爬电距离的测量

应测量相与相之间、不同电压等级的电路导体之间、带电部分与外露导电部分之间的最小爬电距离。根据材料组别和污染等级，测得的爬电距离应符合 5.2 的要求。基本测量原理和实例见附录 D。

6.2.2 绝缘电阻的测量

经制造厂和用户商定，可以进行绝缘电阻测量。试验程序中的测量位置也需商定。

绝缘电阻的测量应在以下部位进行：

a) 每个电路和外露导电部分之间(每个独立电路的端子连接在一起)；

b) 每个独立电路之间(每个独立电路的端子连接在一起)。

除非很明显，应由制造厂规定哪些电路为独立电路。

此外，经制造厂和用户商定，也可测量动合触点电路的绝缘电阻。

当具有相同绝缘电压的电路对外露导电部分测量时，这些电路可以连接在一起。

测量电压应直接施加于装置端子。

应在施加 500×(1±10%) V 的直流电压并达到稳态值至少 5 s 后确定绝缘电阻。

除制造厂和用户间另有商定外，新的继电器的绝缘电阻在施加直流 500 V 时不应小于 100 MΩ。特别是，对绝缘电阻低于 100 MΩ 的电磁兼容抑制器件和其他功能元件的绝缘试验可以是类似的。在这种情况下，制造商应确定这些元件不受损坏的试验程序，并能在绝缘的元件之间保持与危险电压的隔离。

附 录 A
（资料性附录）
电源系统的标称电压

表 A.1 电源系统的标称电压 单位为伏

从直流或交流标称电压导出的线对中性点电压不大于	目前世界上所用的标称电压			
	三相四线系统中性线接地	三相三线系统不接地	直流或交流单相两线系统	直流或交流单相三线系统
50			12.5,24,25,30,42,48	30～60
100	66/115	66	60	
150	120/208,127/220	115,120,127	110,120	110/220,120/240
300	220/380,230/400,240/415,260/440,277/480	220,230,240,260,277,347,380,400,415,440,480	220	220～440
600	347/600,380/660,400/690,417/720,480/830	500,577,600	480	480～960
1 000		660,690,720,830,1 000	1 000	

附 录 B
（资料性附录）
海拔高度修正系数

表 B.1 海拔高度修正系数

海拔高度 m	标准大气压 kPa	电气间隙倍数
2 000	80.0	1.00
3 000	70.0	1.14
4 000	62.0	1.29
5 000	54.0	1.48
6 000	47.0	1.70
7 000	41.0	1.95
8 000	35.5	2.25
9 000	30.5	2.62
10 000	26.5	3.02

附 录 C
（资料性附录）
冲击电压试验导则 推荐的冲击耐受试验发生器配置

为了产生6.1.3.2所规定的冲击电压，发生器如图C.1所示，用于1 kV和5 kV试验电压的推荐的元件配置见表C.1。

表 C.1 试验发生器的配置

试验电压 kV	R_1 kΩ	R_2 kΩ	C_1 μF	C_2 nF
1	0.068	0.5	1.0	0.8
5	1.8	0.5	0.039	0.8
注：每一元件参数值的公差应为±1%。				

用于1 kV和5 kV以外的冲击电压的元件参数值由以下公式计算：

$R_1=0.068\times10^{-3}\times V_T^2(\Omega)$　$R_2=500\ \Omega$

$C_1=1/V_T^2(\mathrm{F})$　$C_2=0.8\ \mathrm{nF}$

其中V_T以伏特计。

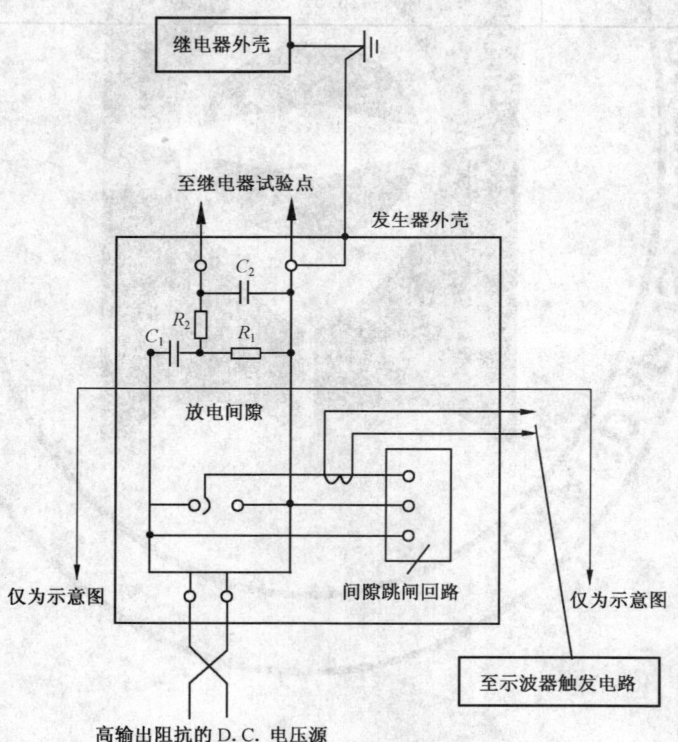

图 C.1 冲击电压试验发生器配置

附 录 D
(资料性附录)
爬电距离和电气间隙的测量

D.1 基本原理

示例1至示例11规定的槽宽度,适用于以污染等级为函数的所有例子如下:

污染等级	沟槽宽度 X 的最小值 mm
1	0.25
2	1.0
3	1.5
4	2.5

如果有关的电气间隙小于或等于3 mm,槽宽度的最小值可以减小至该电气间隙的三分之一。

注:此条款与GB/T 16935.1—1997稍有偏差。

测量爬电距离和电气间隙的方法示于以下示例1至示例11。这些举例在气隙和槽之间或在各种绝缘型式之间没有区别。

现作出以下假定:

——假定任意角被长度等于规定宽度为 X 的绝缘连接在最不利的位置下桥接(见例3);

——在跨越槽的顶部的距离为等于或大于规定宽度 X 时,沿着槽的轮廓测量爬电距离(见例2);

——假设测量部分的爬电距离和电气间隙与它们之间相对位置有关,在处于最不利的位置时测量。

D.2 测量电气间隙和爬电距离的实例(———电气间隙;▒▒ 爬电距离)[3)]

示例1:

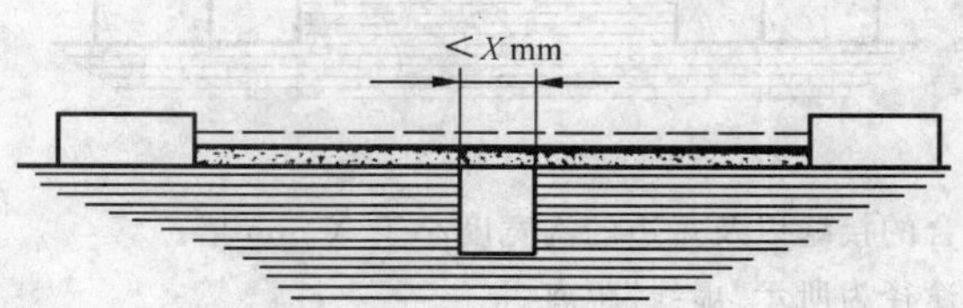

条件:测量的路径包括宽度小于 X mm而深度为任意的平行边或收敛形边的槽。

规则:爬电距离和电气间隙直接跨过所示槽测量。

示例2:

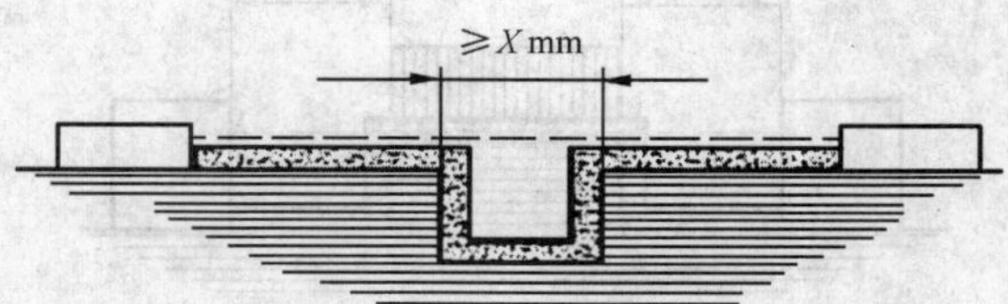

条件:测量的路径包括任意深度而宽度等于或大于 X mm平行边的槽。

规则:电气间隙是"虚线"距离。

爬电途径沿着槽的轮廓。

3) 与IEC标准原文的表述位置不同。

示例 3:

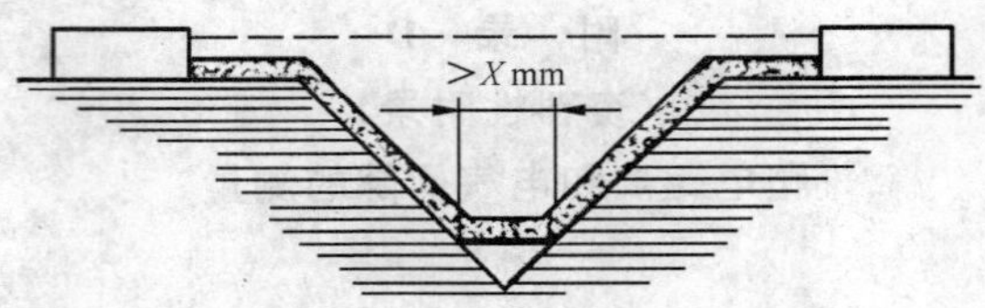

条件:测量的路径包括一个宽度大于 X mm 的 V 形槽。

规则:电气间隙是“虚线”距离。

爬电途径沿着槽的轮廓,但被 X mm 接线把槽底“短路”。

示例 4:

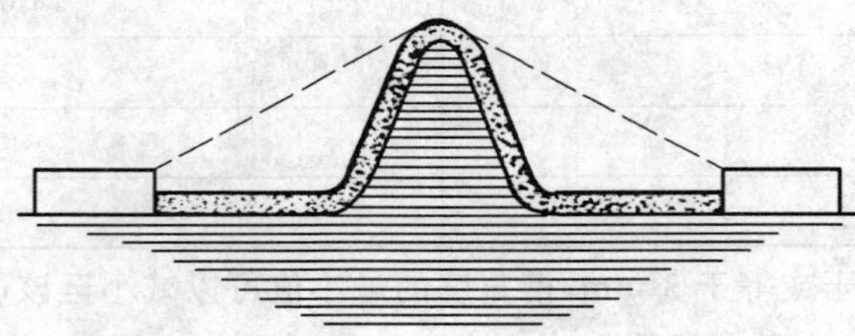

条件:测量的路径包括一条筋。

规则:电气间隙是通过筋顶部的最短直接空气途径。

爬电途径沿着筋的轮廓。

示例 5:

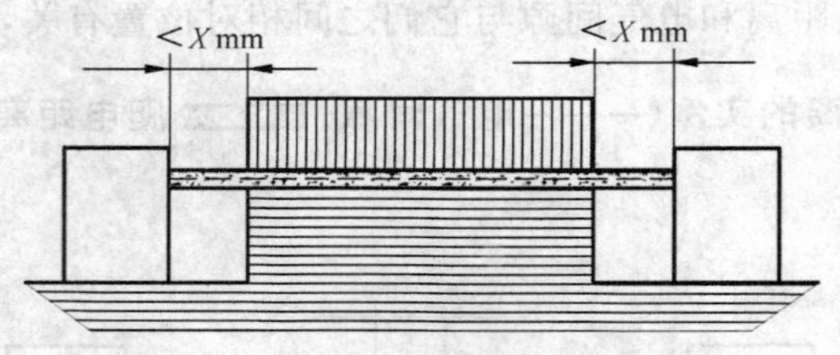

条件:测量的路径包括一未粘合的接缝以及每边的沟宽度小于 X mm 槽。

规则:电气间隙和爬电距离的途径为所示“虚线”距离。

示例 6:

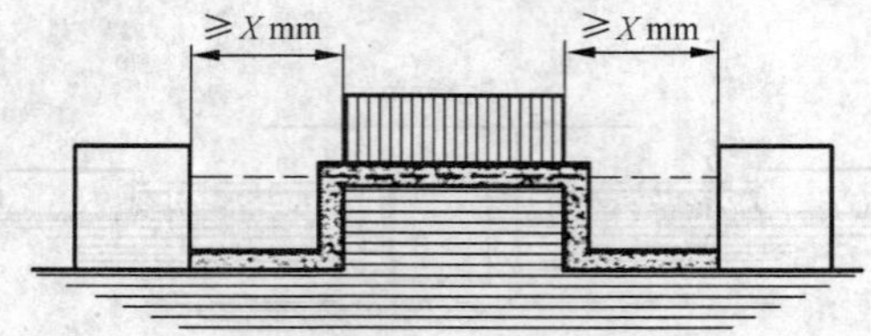

条件:测量的路径包括一未粘合的接缝以及每边的沟宽度等于或大于 X mm 槽。

规则:电气间隙为“虚线”距离。

爬电途径沿着槽的轮廓。

示例 7：

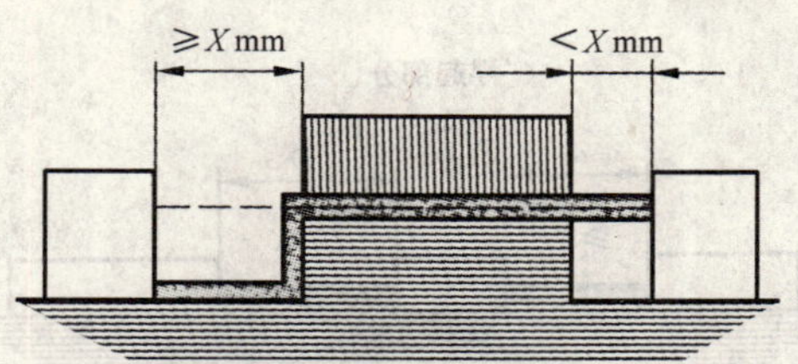

条件：测量的路径包括一未粘合的接缝以及一边的宽度小于 X mm，另一边的宽度等于或大于 X mm 的槽。

规则：电气间隙和爬电距离如图所示。

示例 8：

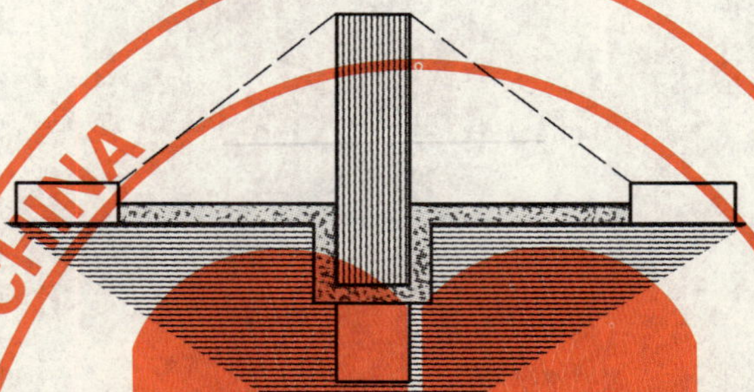

条件：穿过未粘合的接缝爬电距离小于跨过隔栏的爬电距离。

规则：电气间隙是通过隔栏顶的最短直接空气途径。

示例 9：

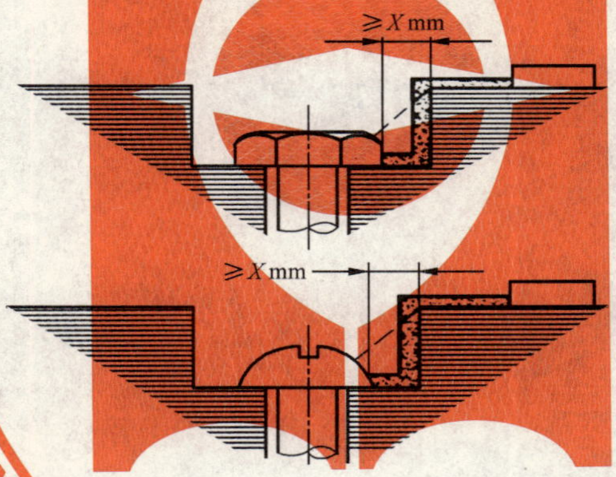

条件：螺钉头与凹壁之间的间隙足够宽应加以考虑。

规则：爬电距离的测量如图所示。

示例 10：

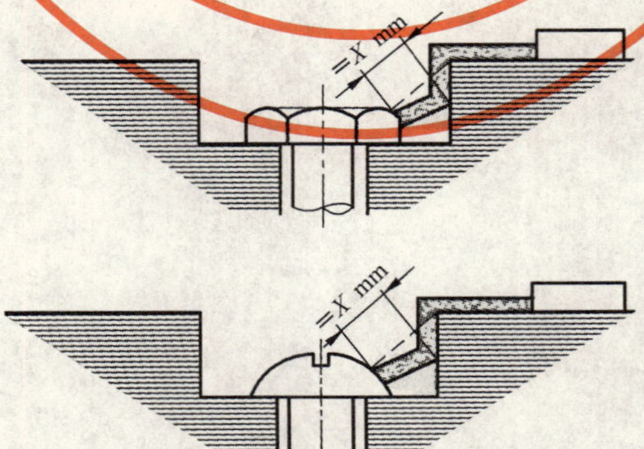

条件：螺钉头和凹壁之间的间隙过分窄小而不被考虑。

规则：当距离等于 X mm 时，测量爬电距离为从螺钉至壁。

示例 11：

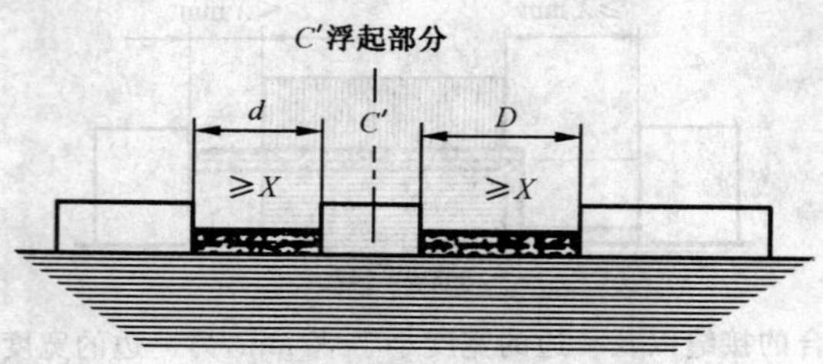

条件：电气间隙和爬电距离中的浮起部分。

规则：电气间隙是 $d+D$；

爬电距离也是 $d+D$。

ICS 67.060
X 11

中华人民共和国国家标准

GB/T 14614—2006/ISO 5530-1：1997
代替 GB/T 14614—1993

小麦粉 面团的物理特性
吸水量和流变学特性的测定 粉质仪法

Wheat flour—Physical characteristics of doughs—Determination of water absorption and rheological properties using a farinograph

（ISO 5530-1：1997，IDT）

2006-05-18 发布　　2006-09-01 实施

中华人民共和国国家质量监督检验检疫总局
中国国家标准化管理委员会　发布

前　言

本标准等同采用ISO 5530-1:1997《小麦粉——面团的物理特性——第1部分:吸水量和流变学特性的测定——粉质仪法》(英文版)。

为便于使用,本标准做了下列编辑性修改:

a) “本国际标准的本部分”一词改为“本标准”;

b) 用小数点“.”代替作为小数点的逗号“,”;

c) 删除国际标准的前言;

d) 依据GB/T 1.1—2000的规定,用与附录不同的要素“参考文献”代替“附录C(参考文献)”;

e) 依据GB 3100、3101和3102的规定,统一用“r/min”代替该国际标准中某些地方出现的“min^{-1}”、“/min”和“rev/min”;

f) 更新了ISO 712的版本(由ISO 712:1985改为ISO 712:1998),并删除相应的脚注说明;

g) 更新了ISO 13690的版本(由ISO 13690:Cereals—Sampling改为ISO 13690:1999 Cereals, pulses and milled products—Sampling of static batches),并删除相应的脚注说明。

本标准代替GB/T 14614—1993《小麦粉吸水量和面团揉和性能测定法　粉质仪法》。

本标准与前版GB/T 14614—1993的主要技术差异如下:

——更改了名称,使得名称与等同采用的国际标准完全一致;

——增加了“术语和定义”;

——将所使用的蒸馏水的温度由(30±5)℃改为(30±0.5)℃;

——增加了“精密度”和“试验报告”两章。

本标准的附录A、附录B为资料性附录。

本标准由国家粮食局提出。

本标准由全国粮油标准化技术委员会归口。

本标准起草单位:国家粮食局科学研究院。

本标准主要起草人:李歆、郝希成。

小麦粉 面团的物理特性 吸水量和流变学特性的测定 粉质仪法

1 范围

本标准规定了用粉质仪测定小麦粉的吸水量及其面团耐搅拌特性的方法。

本标准适用于由小麦(*Triticum aestivum* L.)加工成的面粉。

2 规范性引用文件

下列文件中的条款通过本标准的引用而成为本标准的条款。凡是注日期的引用文件,其随后所有的修改单(不包括勘误的内容)或修订版均不适用于本标准。然而,鼓励根据本标准达成协议的各方研究是否可使用这些文件的最新版本。凡是不注日期的引用文件,其最新版本适用于本标准。

ISO 712 谷物和谷物制品——水分含量的测定(常规法)(Cereals and cereal products—Determination of moisture content—Routine reference method)

3 术语和定义

下列术语和定义适用于本标准。

3.1

稠度 consistency

在粉质仪中,以规定的恒定转速搅拌面团时的阻力。

注:以专用单位——粉质仪单位(FU)表示。

3.2

小麦粉吸水量 water absorption(of flour)

在本标准规定的操作条件下,面团的最大稠度达 500 FU 时,所需添加水的体积。

注:以每 100 g 水分含量为 14%(质量分数)的小麦粉中所需添加水的毫升数表示吸水量。

4 原理

用粉质仪测量和记录小麦粉在加水后面团形成以及扩展过程中的稠度随时间变化的曲线。

注:通过调整加水量使面团的最大稠度达到固定值(500 FU),此时的加水量被称为小麦粉吸水量,由此获得一条完好的揉混曲线,该曲线的各特征值可表征小麦粉的流变学特性(面团强度)。

5 试剂

蒸馏水,或相当纯度的水。

6 仪器

实验室常规仪器及下述特殊仪器。

6.1 粉质仪[1],带有水浴恒温控制装置(参见附录 A)。

具有如下操作特性:

1) 本标准是基于 Brabender Farinograph 制定的。提供该信息是为了方便本标准用户的使用,而不是对该仪器的认可。可获得相同结果的其他粉质仪均可使用。

——慢搅拌叶片转速:(63±2)r/min;快慢搅拌叶片的转速比为(1.50±0.01):1;

——每粉质仪单位的扭力矩:

a) 300 g 揉混器为(9.8±0.2)mN·m/FU[(100±2)gf·cm/FU];

b) 50 g 揉混器为(1.96±0.04)mN·m/FU[(20±0.4)gf·cm/FU];

——记录纸速度:(1.00±0.03)cm/min。

6.2 滴定管:

a) 用于 300 g 揉混器,起止刻度线从 135 mL 到 225 mL,刻度 0.2 mL;

b) 用于 50 g 揉混器,起止刻度线从 22.5 mL 到 37.5 mL,刻度 0.1 mL。

从 0 至 225 mL 或从 0 至 37.5 mL 的排水时间均不超过 20 s。

6.3 天平,称量精度为±0.1 g。

6.4 刮刀,由软塑料制成。

7 取样

本标准不规定取样方法。推荐采用 ISO 13690。

实验室接收的样品应真实、具有代表性,在运输和储存过程中不能被损坏且不能发生任何变化。

8 测定步骤

8.1 小麦粉水分含量的测定

按 ISO 712 规定的方法测定小麦粉的水分含量。

8.2 准备仪器

8.2.1 接通粉质仪(6.1)恒温控制装置的电源并使水循环,揉面钵达到所需温度(30±0.2)℃后方可使用仪器。在仪器使用前和使用过程中,应随时检查恒温水浴和揉面钵的温度。揉面钵上设有测温孔。

8.2.2 从驱动轴端卸下揉混器,调节平衡锤的位置,使电动机在规定转速(见 6.1)下运转时指针的偏转为零。关闭电动机,重新装上揉混器。

用一滴水润滑搅拌叶片与揉混器后面板间的缝隙处。在洁净的空揉面钵中,使搅拌叶片在规定的转速下转动,检查指针的偏转应在(0±5)FU 范围内。如果偏转大于 5 FU,则应彻底清洁揉混器或消除其他引起摩擦阻力的因素。

调节记录笔架,使记录笔与指针的读数一致。

在电动机运转时,调节油阻尼器,使指针从 1 000 FU 到 100 FU 所需时间为(1.0±0.2)s。从而使得曲线带宽大约为 60 FU～90 FU。

8.2.3 用温度为(30±0.5)℃的水注满滴定管(6.2)。

8.3 试验样品

必要时,应将小麦粉的温度调节至(25±5)℃。

称取质量相当于 300 g (300 g 揉混器)或 50 g(50 g 揉混器)水分含量为 14%(质量分数)的小麦粉试验样品,精确至 0.1 g。试验样品质量设为 m,单位为克(g);m 与水分含量的函数关系见表 1。

表 1 相当于水分含量为 14%(质量分数)的 300 g 和 50 g 小麦粉的质量数值

水分/[%(质量分数)]	相当于小麦粉的质量 m/g		水分/[%(质量分数)]	相当于小麦粉的质量 m/g	
	300 g	50 g		300 g	50 g
9.0	283.5	47.3	9.4	284.8	47.5
9.1	283.8	47.3	9.5	285.1	47.5
9.2	284.1	47.4	9.6	285.4	47.6
9.3	284.5	47.4	9.7	285.7	47.6

表 1(续)

水分/[%(质量分数)]	相当于小麦粉的质量 m/g		水分/[%(质量分数)]	相当于小麦粉的质量 m/g	
	300 g	50 g		300 g	50 g
9.8	286.0	47.7	13.2	297.2	49.5
9.9	286.3	47.7	13.3	297.6	49.6
10.0	286.7	47.8	13.4	297.9	49.7
10.1	287.0	47.8	13.5	298.3	49.7
10.2	287.3	47.9	13.6	298.6	49.8
10.3	287.6	47.9	13.7	299.0	49.8
10.4	287.9	48.0	13.8	299.3	49.9
10.5	288.3	48.0	13.9	299.7	49.9
10.6	288.6	48.1	14.0	300.0	50.0
10.7	288.9	48.2	14.1	300.3	50.1
10.8	289.2	48.2	14.2	300.7	50.1
10.9	289.6	48.3	14.3	301.1	50.2
11.0	289.9	48.3	14.4	301.4	50.2
11.1	290.2	48.4	14.5	301.8	50.3
11.2	290.5	48.4	14.6	302.1	50.4
11.3	290.9	48.5	14.7	302.5	50.4
11.4	291.2	48.5	14.8	302.8	50.5
11.5	291.5	48.6	14.9	303.2	50.5
11.6	291.9	48.6	15.0	303.5	50.6
11.7	292.2	48.7	15.1	303.9	50.6
11.8	292.5	48.8	15.2	304.2	50.7
11.9	292.8	48.8	15.3	304.6	50.8
12.0	293.2	48.9	15.4	305.0	50.8
12.1	293.5	48.9	15.5	305.3	50.9
12.2	293.8	49.0	15.6	305.7	50.9
12.3	294.2	49.0	15.7	306.0	51.0
12.4	294.5	49.1	15.8	306.4	51.1
12.5	294.9	49.1	15.9	306.8	51.1
12.6	295.2	49.2	16.0	307.1	51.2
12.7	295.5	49.3	16.1	307.5	51.3
12.8	295.9	49.3	16.2	307.9	51.3
12.9	296.2	49.4	16.3	308.2	51.4
13.0	296.6	49.4	16.4	308.6	51.4
13.1	296.9	49.5	16.5	309.0	51.5

表 1(续)

水分/[%(质量分数)]	相当于小麦粉的质量 m/g		水分/[%(质量分数)]	相当于小麦粉的质量 m/g	
	300 g	50 g		300 g	50 g
16.6	309.4	51.6	17.4	312.3	52.1
16.7	309.7	51.6	17.5	312.7	52.1
16.8	310.1	51.7	17.6	313.1	52.2
16.9	310.5	51.7	17.7	313.5	52.2
17.0	310.8	51.8	17.8	313.9	52.3
17.1	311.2	51.9	17.9	314.3	52.4
17.2	311.6	51.9	18.0	314.6	52.4
17.3	312.0	52.0			

注：可按下列公式计算本表中的值：

a) 相当于 300 g 14%水分的小麦粉的质量数值，单位为克(g)：

$$m=25\ 800/(100-H)$$

b) 相当于 50 g 14%水分的小麦粉的质量数值，单位为克(g)：

$$m=4\ 300/(100-H)$$

其中 H 为以质量分数表示的样品的水分含量。

将小麦粉全部倒入揉混器中，盖好盖，直至揉混(8.4.1)结束，除在短时间内往揉混器里加注蒸馏水和用刮刀刮除粘附在内壁上的碎面块(参见 A.2.2) 外，揉混器上盖在测定过程中不得移开。

8.4 测定

8.4.1 启动揉混器，以规定的转速(见 6.1)揉混小麦粉 1 min 或略长时间。当笔尖正好处于记录纸上的整分钟刻度线时，立即用滴定管自揉混器盖的右前角加水，并于 25 s 内完成。

注：为了减少等待时间，在揉混小麦粉时可向前转动记录纸。切勿反向转动。

加入一定量的水以使面团的最大稠度(9.1)接近于 500 FU。当面团形成时，在不停机的状态下，用刮刀(6.4)将粘附在揉面钵内壁的所有碎面块刮入面团中。如果稠度太大，可补加少量水使最大稠度(9.1)约为 500 FU。停止揉混，清洗揉混器。

8.4.2 根据需要进行重复测定，直至两次揉混符合：

——在 25 s 内完成加水操作；

——最大稠度在 480 FU～520 FU 之间；

——如果需要报告弱化度，则在到达形成时间(9.2)后继续记录至少 12 min。

停止揉混并清洗揉混器。

9 结果表示

注：为便于计算，可使用计算机。但必须对粉质仪进行改造，增加一个用于将数据传输至计算机的电信号输出端口。利用适当的计算机软件即可按 9.1 至 9.4 对粉质曲线进行评价，并提供粉质曲线和试验结果。

9.1 吸水量

与最大稠度为 500 FU 相对应的校正加水量 V_C，由最大稠度在 480 FU 至 520 FU 之间的揉混试验得出，数值以毫升(mL)表示，按式(1)(对于 300 g 揉混器)和式(2)(对于 50 g 揉混器)计算：

$$V_C=V+0.096(C-500) \quad \cdots\cdots(1)$$

$$V_C=V+0.016(C-500) \quad \cdots\cdots(2)$$

式中：

V——自滴定管加入小麦粉中的水的体积，单位为毫升(mL)；

C——最大稠度，单位为粉质仪单位(FU)(见图 1)，按式(3)计算：

$$C=\frac{C_1+C_2}{2} \quad \cdots\cdots(3)$$

式中：

C_1——曲线上轮廓的最高点的数值，单位为粉质仪单位(FU)；

C_2——曲线下轮廓的最高点的数值，单位为粉质仪单位(FU)。

注：在极少数情况下可观测到两个最大值，这时取较高的峰值。

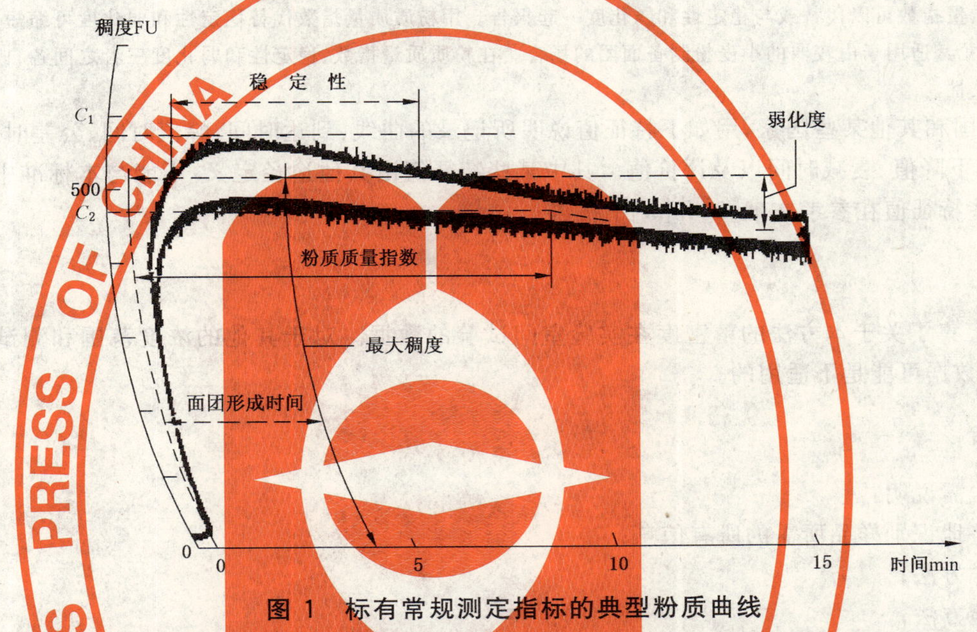

图 1 标有常规测定指标的典型粉质曲线

为计算双试验 V_C 的平均值，规定其差值不大于 2.5 mL(300 g 揉混器)或 0.5 mL(50 g 揉混器)。

粉质仪吸水量以每 100 g 水分含量为 14%的小麦粉所需添加水的毫升数(mL)表示，按式(4)(对于 300 g 揉混器)和式(5)(对于 50 g 揉混器)计算：

$$(\bar{V}_C+m-300)\times\frac{1}{3} \quad \cdots\cdots(4)$$

$$(\bar{V}_C+m-50)\times 2 \quad \cdots\cdots(5)$$

式中：

$\bar{V}_C$——对应于最大稠度为 500 FU 时的校正加水量的平均值，单位为毫升(mL)；

m——由表 1 查取的试料质量的数值，单位为克(g)。

报告结果精确到 0.1 mL/100 g。

9.2 面团形成时间

以从加水点起，至粉质曲线到达最大稠度后开始下降的时刻点的时间间隔表示面团形成时间(见图 1)。

注：在极少数情况下可以观测到两个最大值，用第二个最大值计算形成时间。

取来自于两条曲线的面团形成时间的平均值作为试验结果，精确到 0.5 min。当面团形成时间小于或等于 4 min 时，双实验差值不超过 1 min；超过 4 min 时，双实验差值应不大于其平均值的 25%。

9.3 稳定性(稳定时间)

以粉质曲线的上边缘首次与 500 FU 标线相交至下降离开 500 FU 标线两点之间的时间差值表示稳定性，精确到 0.5 min(见图 1)。通常，此数值可表示小麦粉的耐搅拌特性。

当最大稠度偏离 500 FU 标线时(见 9.1)，应使用平行于 500 FU 标线的最大稠度中心线来评价。

9.4 弱化度

以面团到达形成时间点时曲线带宽的中间值和此点后 12 min 处曲线带宽的中间值之间高度的差值表示弱化度(见图 1)。

取两条曲线测定的弱化度的平均值作为试验结果,精确到 5FU。当弱化度不超过 100 FU 时,双试验差值不超过 20 FU,弱化度数值较大时,应不大于平均值的 20%。

9.5 其他特征值

9.5.1 9.1 至 9.4 给出的曲线特征值严格取自所记录的曲线(图 1)。

9.5.2 在某些国家计算粉质质量指数,是沿着时间轴从加水点起,至比最大稠度中心线衰减 30FU 处的长度,单位为毫米(mm)。

注:粉质质量指数可以代替或与稳定性和弱化度一起报告。用粉质质量指数代替稳定性和弱化度可缩短总的揉混时间,尤其适用于由较弱的小麦粉制备面团的场合。在粉质质量指数、稳定性和弱化度三者之间各自存在良好的相关性。

9.5.3 在美国和其他某些国家,用如下特征值说明所记录的曲线:到达时间、峰值时间、公差时间、离开时间、20 min 下降值、衰减时间以及评价值。其中某些特征值由其他途径定义,不能与本标准中的特征值对比。这些特征值在参考文献[2]和[3]中报告。

10 精密度

附录 B 汇集了关于本方法的精密度在实验室间试验的数据。对于其他的浓度范围和测试对象来说,这些试验数据可能是不适用的。

11 试验报告

试验报告需说明:

——完整地识别样品所需的所有信息;

——取样方法;

——试验方法;

——揉混器规格;

——小麦粉品种;

——所有在本标准中未规定或视为任选的操作细节,以及其他可能已经影响了实验结果的事件;

——获取的试验结果;

——如检验了重现性,列出最终结果。

附 录 A
(资料性附录)
粉质仪的说明

警告:必须正确使用设备制造者安装的安全设施。如果揉混器未盖盖或其前部与后壁脱离,这些预防设施将使设备停止运转。早期的设备没有这些安全设施,应注意下列事项:

——保证你的手指或其他物品远离运转的揉混器;

——保证领带、衣袖等远离正在转动的粉质仪的驱动轴。

开始测试时或在揉混器已安在粉质仪上低速运转的情况下对其进行清理操作时,注意勿使伸入揉混器的刮刀触及转动的搅拌叶片,以免其损坏。

A.1 一般说明

粉质仪由两个部分构成:

a) 粉质仪主机,由带水夹套的揉混器、以粉质曲线的形式记录面团稠度的装置和滴定管组成(A.2);

b) 循环水恒温控制装置(A.3)。

在图 A.1 中图示说明了粉质仪的构成。

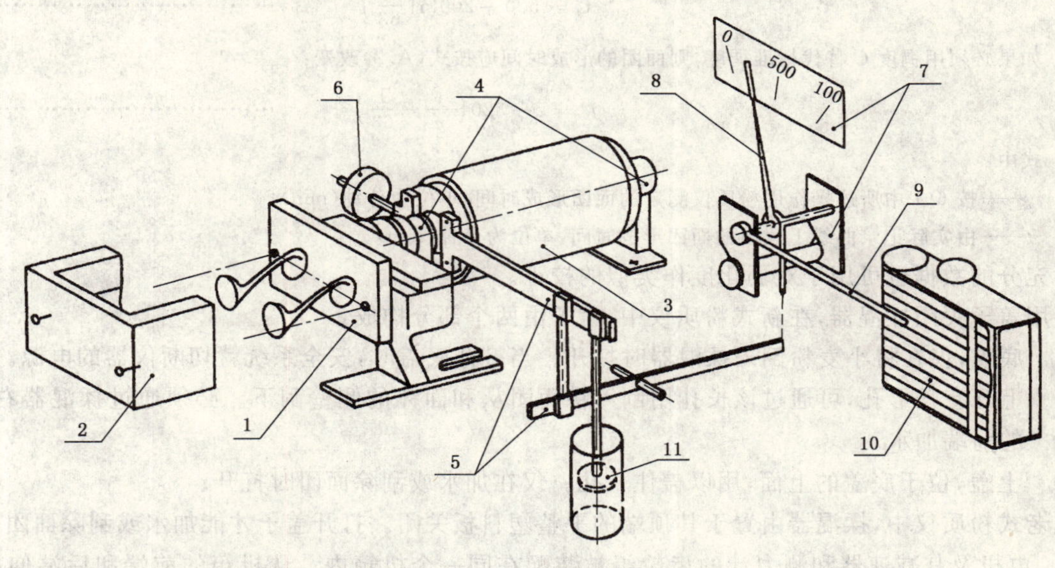

1——带搅拌叶片的揉混器后面板;
2——揉面钵(揉混器其余部分);
3——电机和齿轮组机箱;
4——滚珠轴承;
5——杠杆;
6——平衡锤;
7——刻度盘表头;
8——指针;
9——记录笔架;
10——记录器;
11——油阻尼器。

图 A.1 粉质仪结构图

A.2 粉质仪主机

A.2.1 粉质仪主机装在一个由四个水平调节螺栓支撑的沉重的铸铁基座上,包括:

a) 可拆卸的带水夹套的揉混器(A.2.2);

b) 电动机,用于驱动揉混器(A.2.3);

c) 齿轮和杠杆系统，作为测力计用于测定齿轮和揉混器之间的驱动轴上的扭力矩(A.2.3)；

d) 阻尼器，用于阻尼测力计的运动(A.2.3)；

e) 刻度盘，其指针在测力计的带动下运动(A.2.3)；

f) 记录器，其笔在测力计的带动下运动(A.2.4)；

g) 滴定管，用于测量向小麦粉中加入水的体积。

A.2.2 揉混器为双搅拌叶片型，并按揉混 300 g 或 50 g 小麦粉面团的要求分别设计。它由两部分组成：

a) 可通入来自恒温水浴的循环水的空心后壁；在其背面为齿轮箱，用于驱动通过后壁向前突出的两个搅拌叶片；

b) 揉混器的其余部分(简称为揉面钵)，如两侧壁、前壁和底板，均可通入来自恒温水浴的循环水。

上述两部分由两个螺栓和蝶形螺母连接在一起，可以拆卸清洗。

齿轮箱中的轴直接驱动慢搅拌叶片，在新式粉质仪中其转速为 63 r/min。快搅拌叶片由齿轮组驱动，其转速为慢搅拌叶片的 1.5 倍。

注：早期制造的粉质仪驱动轴的转速与新式标准化的 63 r/min 不同。如果转速在 59 r/min 至 67 r/min 范围间，则转速对测定结果的影响可以忽略。如果超出此范围，以稠度 C 替代标准稠度 500 FU 即可得到近似准确的吸水量。可按式(A.1)，由驱动轴或慢搅拌叶片的真实转速 n(r/min)计算 C 值：

$$C = 500 + 200\ln\left(\frac{n}{63}\right) \qquad \text{(A.1)}$$

如果必须用稠度 C 替代标准稠度，则面团的形成时间应按式(A.2)改变：

$$t_o = t - 320\left(\frac{1}{n} - \frac{1}{63}\right) \qquad \text{(A.2)}$$

式中：

t_o——按 6.1 中所述操作用粉质仪测定的面团形成时间，单位为分钟(min)；

t——由实际记录曲线上读出的面团形成时间，单位为分钟(min)。

不充分的数据也可用于对弱化度作类似的校正。

可用盖子关闭揉混器，在新式粉质仪中，盖子由两个部分构成：

a) 底盖，仅在将小麦粉倒入揉混器时打开。当打开底盖时，安全系统就切断仪器的电源。在底盖上开有长形孔，可通过该长孔用刮刀将面团从和面钵的侧壁刮下。必须通过揉混器右侧长孔的前端加水。

b) 上盖，位于底盖的上面，用以盖住长孔。仅在加水或刮除面团时打开。

在老式粉质仪中，揉混器由置于其顶端的平整塑料板关闭。打开盖子才能加水或刮除面团。

A.2.3 电机及其减速器和测力计的齿轮组被装配在同一个机箱内。从机箱的前端和后端伸出的轴，由滚珠轴承支撑，机箱的测力部分可以相对轴转动。

由前端伸出的轴驱动搅拌叶片。如果面团揉混阻力在轴上产生的扭矩不平衡，将导致机箱测力部分产生反向旋转。

机箱的测力部分带动一个杠杆臂，杠杆臂的另一端通过杠杆系统与刻度盘和记录笔连接。测力部分产生的反向扭矩与刻度盘指针和记录器笔的偏转呈线性相关。如果两个扭矩彼此平衡，则刻度盘指针和记录笔的偏转就与驱动轴上的扭矩，即揉混面团的阻力成比例。针对不同规格的揉混器，操作者需选择每偏转单位的正确扭矩(6.1)，方式如下：

——使用刻度盘表头中的平衡砝码：通过手柄可抬升平衡砝码并使它失去作用(见图 A.1 中的 7)；

——调节下杠杆臂的有效长度：通过改变下杠杆臂和电机机架测力部分杠杆臂之间的连接位置调节下杠杆臂的有效长度(见图 A.1 中的 5)。

在型号较新的仪器中，可以使用此两种方法进行调节。在型号较老的仪器中仅使用第二种调节方法。

电机测力部分、杠杆、刻度盘和记录器笔组成的记录系统由连接在电机测力部分杠杆臂最右端的油阻尼调节。阻尼的范围可以调整:阻尼越大,曲线越窄。

A.2.4 以成卷的形式提供记录器纸。它由电子钟型的电动机以 1.00 cm/min 的速率驱动。沿其长度方向印有以分钟为分度值的刻度。沿着其宽度方向印有以专用单位(从 0 FU 到 1 000 FU)为分度值的弧状刻度线(半径 200 mm)。

A.3 恒温控制装置

恒温控制装置通常由水箱和下述部分组成:

a) 电子加热元件;

b) 温度调节器,用以控制加热元件,可使揉面钵保持在(30±0.2)℃。在不利的条件下,需要略高的水温;使用同样的精确度控制;

c) 温度计;

d) 电机驱动泵和搅拌器。泵与揉面钵上的水夹套之间以软管相连接。应有足够的功率使揉面钵壁温保持在(30±0.2)℃。对于 300 g 揉混器,水至少以 2.5 L/min(最好是 5 L/min 或更大)的流速通过夹套,对于 50 g 揉混器,至少为 1 L/min。除了一些早期型号的粉质仪外,油阻尼器也可以与泵连接;然而,如果阻尼器中阻尼油的粘度对温度不敏感,则并不真正需要温度控制。

e) 一或两个金属盘管。粉质仪制造商现在供应的温度控制装置有两个盘管。其中一个用于连接自来水以冷却恒温水浴。蒸馏水(第 5 章)通过另一个盘管被泵入滴定管以调节其温度(8.2.3)。如果只有一个盘管,除特殊条件外应用于冷却恒温水浴。如果不需要用自来水冷却水浴,可以将蒸馏水泵入仅有的盘管以调节其温度。

A.4 粉质仪的校验

粉质仪和与其相连接的揉混器的校验情况影响粉质仪测定的再现性。

可以调节测力计、杠杆系统和粉质仪的刻度以得到正确的结果。也可以校正滴定管。然而,对揉混器没有绝对的调节方法。每一个揉混器(或仪器)都可以通过使用一定范围的小麦粉与其他的揉混器(或仪器)相比较。

制造商有可能按照自己的标准调节揉混器。对于旧或已损坏的仪器则不可能。随着揉混器使用量的增加,由该揉混器得出的结果可能改变。若要保持仪器间良好的一致性,需要经常检查。

附 录 B
（资料性附录）
实验室间试验结果

1989～1990 年由设在荷兰 Wageningen 的 TNO 营养和食品研究所谷物、饲料和烘焙技术部(IGMB)组织进行实验室间试验。粉质仪试验的再现性结果见表 B.1,其资料来源见参考文献[4]。

表 B.1 粉质仪所要求的精密度

测定	重复性	再现性
吸水量	0.52%[a]	1.60%[a]
面团形成时间等于或低于 4 min	平均值的 16%	平均值的 48%
高于 4 min	没有可靠的结果可供使用	

a 以 100 g 小麦粉中水的毫升数表示。

参 考 文 献

[1] ISO 13690 Cereals, pulses and milled products—Sampling of static batches.

[2] D'Appolonia B. L. and Kunerth W. H. (eds.), The Farinograph Handbook, AACC, St Paul, MN, 1990.

[3] AACC Standard Method 54-21.

[4] Nieman Ir. W. Report No. T 91-31. The reproducibility of farinograph results. IGMB-TNO, Wageningen, The Netherlands; March, 1991.

ICS 67.060
X 11

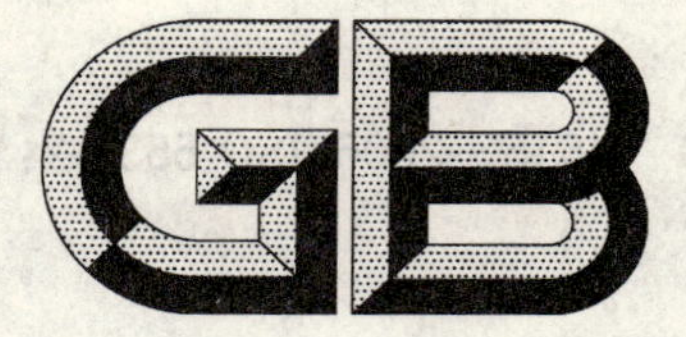

中华人民共和国国家标准

GB/T 14615—2006/ISO 5530-2:1997
代替 GB/T 14615—1993

小麦粉 面团的物理特性 流变学特性的测定 拉伸仪法

Wheat flour—Physical characteristics of doughs—Determination of rheological properties using an extensograph

(ISO 5530-2:1997,IDT)

2006-05-18 发布　　　　2006-09-01 实施

中华人民共和国国家质量监督检验检疫总局
中国国家标准化管理委员会　发布

前言

本标准等同采用 ISO 5530-2:1997《小麦粉——面团的物理特性——第 2 部分:流变学特性的测定 拉伸仪法》(英文版)。

为便于使用,本标准做了下列编辑性修改:

a) “本国际标准的本部分”一词改为“本标准”;

b) 用小数点“.”代替作为小数点的逗号“,”;

c) 删除国际标准的前言;

d) 依据 GB/T 1.1—2000 的规定,用与附录不同的要素“参考文献”代替“附录 C(参考文献)”;

e) 依据 GB 3100、3101 和 3102 的规定,统一用“r/min”代替国际标准中某些地方出现的“min^{-1}”、“/min”和“rev/min”;

f) 更新了 ISO 712 的版本(由 ISO 712:1985 改为 ISO 712:1998),并删除相应的脚注说明;

g) 更新了 ISO 13690 的版本(由 ISO 13690:Cereals—Sampling 改为 ISO 13690:1999 Cereals, pulses and milled products—Sampling of static batches),并删除相应的脚注说明;

h) 将原引用标准 ISO 5530—1 改为 GB/T 14614—2005。

本标准代替 GB/T 14615—1993《面团拉伸性能测定法 拉伸仪法》。

本标准与前版 GB/T 14615—1993 的主要技术差异如下:

——更改了名称,使得名称与等同采用的国际标准完全一致;

——增加了“术语和定义”;

——将所使用的蒸馏水的温度由(30±5)℃改为(30±0.5)℃;

——增加了“精密度”和“试验报告”两章。

本标准的附录 A、附录 B 为资料性附录。

本标准由国家粮食局提出。

本标准由全国粮油标准化技术委员会归口。

本标准起草单位:国家粮食局科学研究院。

本标准主要起草人:李歆、郝希成。

小麦粉　面团的物理特性　流变学特性的测定　拉伸仪法

1　范围

本标准规定了用拉伸仪通过拉伸试验测定小麦粉面团流变学特性的方法。负载拉伸曲线常用来评价小麦粉的品质及改良剂对小麦粉的影响。

本标准适用于由小麦(*Triticum aestivum* L.)加工成的面粉。

2　规范性引用文件

下列文件中的条款通过本标准的引用而成为本标准的条款。凡是注日期的引用文件,其随后所有的修改单(不包括勘误的内容)或修订版均不适用于本标准。然而,鼓励根据本标准达成协议的各方研究是否可使用这些文件的最新版本。凡是不注日期的引用文件,其最新版本适用于本标准。

ISO 712　谷物和谷物制品——水分含量的测定(常规法)(Cereals and cereal products—Determination of moisture content—Routine reference method)

GB/T 14614—2006　小麦粉　面团的物理特性　吸水量和流变学特性的测定　粉质仪法(ISO 5530-1:1997,IDT)

3　术语和定义

下列术语和定义适用于本标准。

3.1

拉伸仪吸水量　extensograph water absorption

在本标准规定的操作条件下,经 5 min 揉混操作,制备一个稠度达 500 FU(粉质仪单位)的面团所需添加水的体积。

注:以每 100g 水分含量为 14%(质量分数)的小麦粉所需添加水的毫升数表示吸水量。

3.2

面团延展特性　stretching characteristics (of dough)

在本标准规定的操作条件下,面团受拉力作用产生形变直至断裂所引起的拉伸阻力及其延伸性。

注 1:拉伸阻力以拉伸仪专用单位 EU 表示;

注 2:延伸性以拉伸仪专用单位(记录纸移动的毫米数)表示。

4　原理

在规定条件下用粉质仪将小麦粉、水和盐制备成为面团。从该面团中分出测试面块。将测试面块用拉伸仪的揉圆器揉圆,用成型器搓条使之成为标准形状。放置一定时间后,拉伸测试面块直至断裂并记录所需的拉伸阻力。第一次拉伸完成后,立即用同一面块再成型、放置并拉伸,重复操作进行第 2 次测试。

所得曲线的形状和大小可以表征影响烘焙品质的小麦粉面团的物理特性。

5　试剂

仅使用确认为分析纯的试剂及蒸馏水、去离子水或相当纯度的水。

氯化钠

6 仪器

实验室常规仪器及下述特殊仪器：

6.1 拉伸仪[1)]，带有水浴恒温控制装置(参见附录 A)，并具有如下操作特性：

——揉圆器转速：(83±3) r/min；

——成型器转速：(15±1) r/min；

——拉钩上下移动速度：(1.45±0.05) cm/s；

——记录纸速：(0.65±0.01) cm/s；

——每拉伸仪单位施加的阻力：(12.3±0.3)mN/EU[(1.25±0.03) gf/EU]。

注：有些仪器对于每单位偏转施加的阻力有不同的校正值。使用此种仪器时，可使用所有的操作步骤，但在与按上述方法校正的仪器进行比较时，必须报告所采用的不同校正值。

6.2 粉质仪，具有符合 GB/T 14614—2006 规定的操作特性和滴定管，与之连接的恒温控制装置与拉伸仪连接的恒温控制装置相类似。

6.3 天平，称量精度为 ±0.1 g。

6.4 刮刀，由软塑料制成。

6.5 锥形瓶，容量为 250 mL。

7 取样

本标准不规定取样方法。推荐采用 ISO 13690。

实验室接收的样品应真实、具有代表性，在运输和储存过程中不能被损坏且不能发生任何变化。

8 测定步骤

8.1 小麦粉水分含量的测定

按 ISO 712 规定的方法测定小麦粉水分含量。

8.2 准备仪器

8.2.1 接通粉质仪(6.2)恒温控制装置的电源使水循环，达到所需温度后方可使用仪器。在仪器使用前和使用过程中，均应核对下列温度：

——恒温控制装置的水浴温度；

——粉质仪揉面钵上测温孔的温度；

——拉伸仪醒发箱内的温度。

所有的温度均应保持为(30±0.2)℃。

8.2.2 将托架和夹钳放在拉伸仪测定系统的支架上，加上 150 g 砝码，调节拉伸仪记录笔的笔杆，使得带有夹钳和 150 g 砝码的托架放置就位时，读数为零。

8.2.3 使用前在每个托架的托盘上注入少量水，并将托盘、托架和夹钳放入醒发箱中至少 15 min。

8.2.4 从粉质仪驱动轴端卸开揉混器，调节平衡锤的位置，使电动机在规定转速下(见 GB/T 14614—2006 的 6.1)运转时指针的偏转为零。关闭电动机，装上揉混器。

用一滴水润湿搅拌刀与揉混器后壁间的缝隙。在洁净的空揉面钵中，使搅拌刀在规定的转速下转动，检查指针的偏转应在(0±5) FU 范围内。如果偏转大于 5 FU，则应彻底清洁揉混器或消除其他引起摩擦阻力的因素。

调节粉质仪记录笔杆，使记录笔与指针的读数一致。

---

1) 本标准是基于 Brabender Extensograph 制定的。提供该信息是为了方便本标准用户的使用，而不是对该仪器的认可。可获得相同结果的其他拉伸仪均可使用。

在电动机运转时，调节油阻尼器，使指针从 1 000 FU 到 100 FU 所需时间为(1.0±0.2) s。

8.2.5 用温度为(30±0.5)℃的水注满粉质仪的滴定管。

8.3 试验样品

必要时，将小麦粉试验样品的温度调节至(25±5)℃。

称取质量相当于 300 g 水分含量为 14%(质量分数)的小麦粉试验样品，精确至 0.1 g。试验样品质量设为 m，单位为克(g)；m 与水分含量的函数关系见 GB/T 14614—2006 之表 1。

将小麦粉试验样品全部倒入粉质仪揉混器中，盖上盖子，直至揉混(8.4.2)结束。除短时间内往揉混器中加注蒸馏水和用刮刀刮除粘附在内壁上的碎面块(参见 GB/T 14614—2006 中 A.2.2)外，揉混器的盖子在测定过程中不得移开。

8.4 制备面团

8.4.1 在锥形瓶(6.5)中加(6.0±0.1)g 氯化钠，用滴定管加入大约 135 mL 的水将其溶解。对于吸水量低的小麦粉，加入较少量的水。

8.4.2 启动粉质仪的揉混器，以规定的转速(参见 GB/T 14614—2006 的 6.1)揉混小麦粉 1 min 或略长时间。当笔尖正好处于记录纸上的整分钟刻度线时，立即通过粉质仪揉混器盖的中心孔经漏斗注入盐溶液(8.4.1)。

为了减少等待时间，在揉混小麦粉时可向前转动记录纸。切勿倒转。

注：在老式的粉质仪中，揉面钵盖为单层塑料板(参见 GB/T 14614—2006 的 A.2.2)，盐溶液由揉面钵右前角注入。

用滴定管从揉混器右前角加水，加入的水量大致相当于预计在揉混 5 min 后面团稠度为 500 FU 时所需的水量。当面团形成时，在不停机状态下，用刮刀(6.4)将粘附在揉面钵四壁上的所有碎面块刮入面团中。如果稠度太大，可补加少量水，使揉混 5 min 后的面团达 500FU。停止揉混，清洗揉混器。

注：若第一次揉混的面团已满足 8.4.3 的要求，则可用其作为测试面块进行成型(8.4.4)操作并拉伸(8.5.1)。

8.4.3 根据需要多次称取试验样品进行重复操作，直至面团符合：

——将盐溶液和水在 25 s 内加毕；

——揉混 5 min 后，测定曲线中心的稠度在(480～520) FU 之间，且：

——揉混时间为(5±0.1) min。

此后，停止揉混。

8.4.4 从拉伸仪(6.1)醒发箱中取一个带有两个托架的托盘；卸下夹钳。从揉混器中取出面团，从该面团中称取一个(150±0.5)g 的测试面块，置于揉圆器中并在圆盘上转揉 20 次。从揉圆器中取出测试面块，确保其底面能首先进入成型器后部入口处的中央，使其通过成型器一次搓揉成型。成型完毕的面棒滚动移出成型器落在托架中央，并用夹钳夹住。设定时间为 45 min。称取第二个测试面块，以同样的方式揉圆、成型和夹持。将带有两套托架和测试面块的托盘放入醒发箱。

注 1：对于表面粘性大的面团，可在将其放入成型器之前撒少量的米粉或淀粉。

注 2：在面团有较强回弹性的情况下，应将夹钳下压数秒以确保面块被完全固定。

清洗粉质仪揉混器。

8.5 测定

8.5.1 在第一个测试面块恒温到 45 min 时，将第一个托架放在拉伸仪(6.1)的平衡臂上；托架上两挂钩之间的连接桥应位于左侧，以免在拉伸时触及拉面钩。调节记录笔的零点。立即启动拉面钩。观察测试面块(见 9.3 中的注)。样品断裂后，取下托架。

注：在新式拉伸仪上，拉面钩会自动回到最高点。老式的拉伸仪，则需在测试面块断裂后关机并再次启动使拉面钩回到最高点。

8.5.2 收集托架和拉面钩上的面块。按 8.4.4 中所述，用此面块重复揉圆和成型的操作。重新设定计时器为 45 min。

8.5.3 将记录纸转回到与第一个测试面块相同的启始位置。对第二个测试面块进行拉伸操作

(8.5.1)。收集托架和拉面钩上的面块。按 8.4.4 中所述,用此面块重复揉圆和成型的操作并放入醒发箱中。

8.5.4 按 8.5.1 至 8.5.3 中所述,重复拉伸、揉圆和成型的操作,并将成型的面块放回醒发箱。这些操作应在面团揉混结束约 90 min 时进行。

8.5.5 重复 8.5.1 所述的操作,依次拉伸两个面块。这些操作应在揉混结束约 135 min 时进行。

8.5.6 为了节省时间快速进行测定,也可采用另一种操作步骤。它与标准步骤的区别在于恒温静置时间。将在面团揉混后 45 min、90 min 和 135 min 进行拉伸改为在揉混后 30 min、60 min 和 90 min 进行拉伸。所得曲线的形状和大小与标准拉伸曲线不同。当使用快速程序时,需要在试验报告中注明。

9 结果表示

注:为便于计算,可使用计算机。但必须对拉伸仪进行改造,增加一个用于将数据传输至计算机的电信号输出端口。利用适当的软件,计算机即可按 9.2 至 9.5 对图谱进行评估,并打印图谱和试验结果。

9.1 吸水量

计算拉伸仪吸水量,按照 GB/T 14614—2006 的 9.1 中对于 300g 揉混器的规定,以每 100g 水分含量为 14%(质量分数)的小麦粉所需添加水的毫升数(mL)表示。

9.2 拉伸阻力

9.2.1 最大拉伸阻力

最大拉伸阻力 R_m 以两个测试面块获得的拉伸曲线(见图 1)的最大高度的平均值计,二者之间的差值应不大于其平均值的 15%。

报告 $R_{m,45}$、$R_{m,90}$ 和 $R_{m,135}$ 的平均值,精确至 5EU。

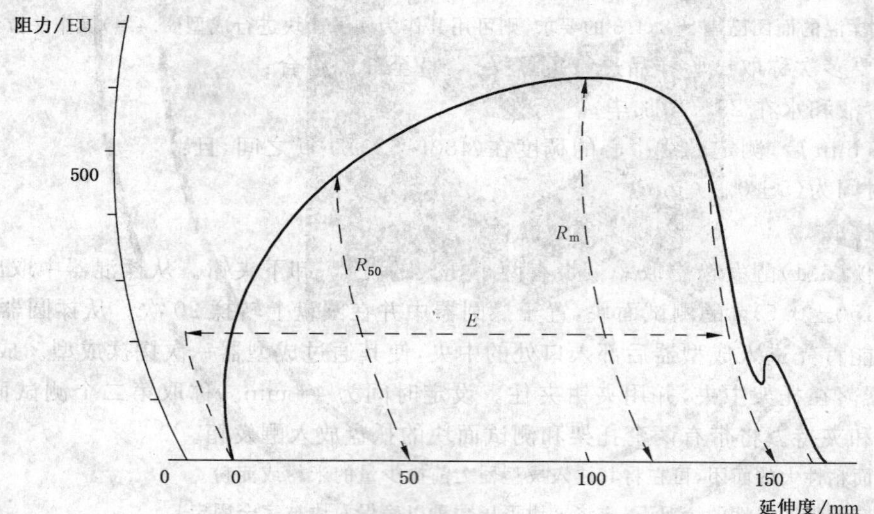

图 1 标有常规测试指标的典型拉伸图

9.2.2 恒定变形拉伸阻力

某些操作者喜欢测定测试面块在固定延伸量时所得曲线的高度,这通常相当于记录纸运行 50 mm 处所得曲线的高度。从拉面钩接触测试面块即拉伸阻力从零突然改变的时刻开始计算。

测定恒定变形拉伸阻力 R_{50},以两个测试面块获得的记录 50 mm 处拉伸曲线的高度(见图 1)的平均值计,二者之间的差值应不大于其平均值的 15%。

报告 $R_{50,45}$、$R_{50,90}$ 和 $R_{50,135}$ 的平均值,精确至 5 EU。

注:由于托架的下降,在记录纸记录 50 mm 处,延伸阻力较大的测试面块的延伸度小于延伸阻力较小的测试面块。

9.3 延伸性

延伸性 E 是从拉面钩接触测试面块开始至测试面块(条形面块)断裂为止记录纸移动的距离。在拉伸曲线上,断裂点由一个平滑并几乎回落到零点或曲线中一个尖锐断点来判断(见图 1)。

注:断裂点后的记录取决于杠杆系统的惯性和测试面块两侧断裂时的时间间隔。就延伸性的测量来说,可以假定延伸曲线是从断裂点开始沿弧形纵坐标(图 1 中的虚线)下划至零点。为了识别曲线上的断裂点,必须注意观察测试面块的断裂。

延伸性测试结果以两个测试面块拉伸曲线上距离的平均值计,二者之间的差值应不大于其平均值的 9%。

报告 E_{45}、E_{90}和 E_{135}的平均值,精确至毫米(mm)。

9.4 能量

能量被定义为记录曲线所包含的面积。能量描述拉伸测试面块时所做的功。面积可用求积仪测量并以平方厘米(cm^2)表示。

9.5 *R/E* 比值

R/E 比值是 R_m 或 R_{50} 与延伸度的商。该比值是评价面团特性的一个辅助因素。

10 精密度

附录 B 汇集了关于本方法的精密度在实验室间试验的数据。对于其他的浓度范围和测试对象来说,这些试验数据可能是不适用的。

11 试验报告

试验报告需说明:

——完整地识别样品所需的所有信息;

——取样方法;

——试验方法;

——所有在本标准中未规定或视为任选的操作细节,以及其他可能已经影响了实验结果的事件;

——获取的试验结果;

——如检验了重现性,列出最终结果。

附 录 A
（资料性附录）
拉伸仪的说明

A.1 一般说明

拉伸仪由两个单元构成：

a) 拉伸仪主机(第 A.2 章)；

b) 循环水恒温控制单元(第 A.3 章)。

拉伸仪与带恒温控制装置的粉质仪(见 GB/T 14614)结合使用。

A.2 拉伸仪主机

A.2.1 概述

拉伸仪主机装在一个由四个水平调节螺栓支撑的沉重的铸铁基座上，包括：

a) 揉圆器(A.2.2)；

b) 成型器(A.2.3)；

c) 夹持测试面块用的托架、夹钳和托盘；

d) 三格醒发箱(A.2.4)；

e) 测试面块用拉伸装置(A.2.5)；

f) 以拉伸曲线的形式记录测试面块拉伸阻力和延伸性的机构(A.2.6)。

在图 A.1 中图示说明拉伸装置和记录机构。

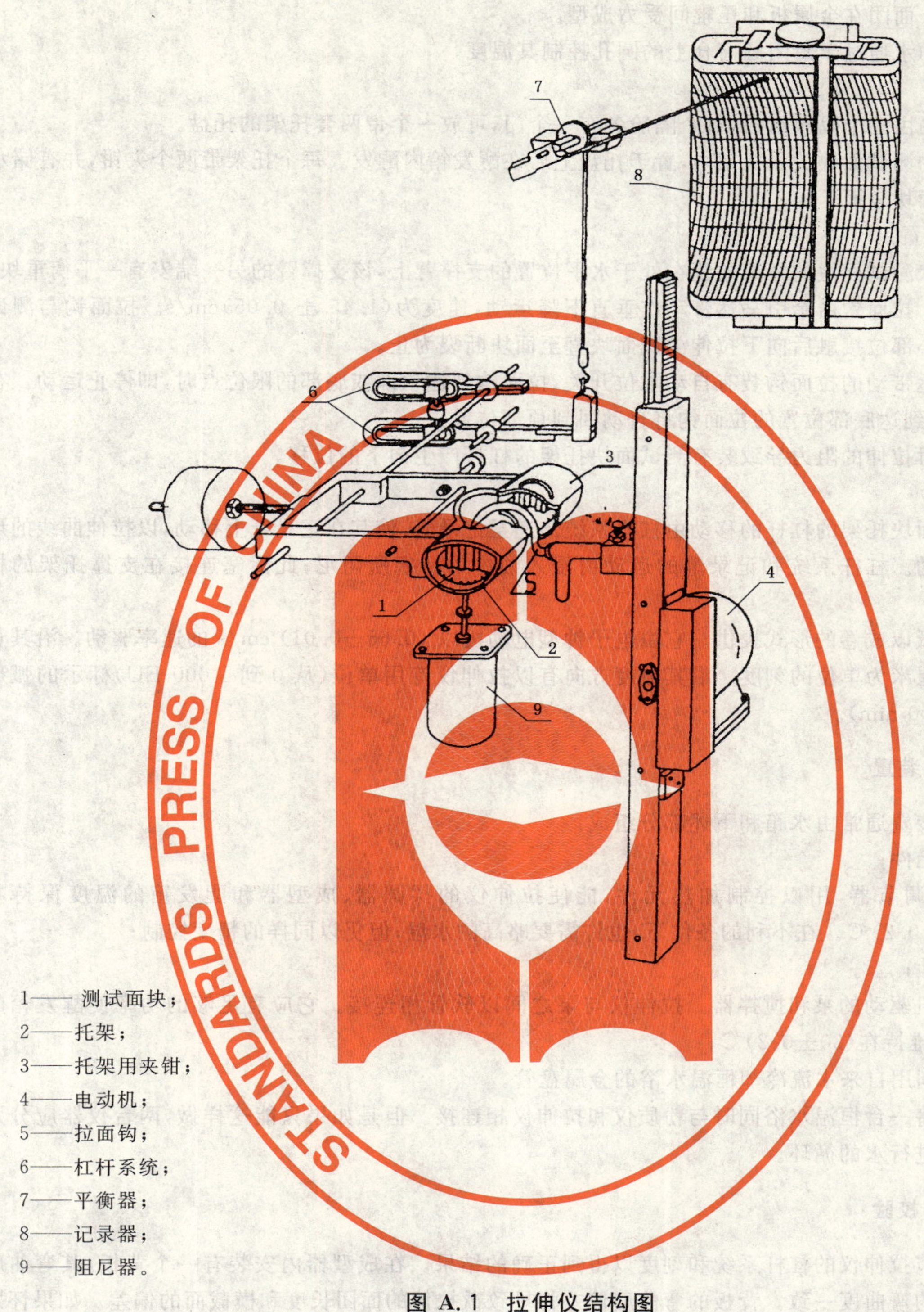

1——测试面块；

2——托架；

3——托架用夹钳；

4——电动机；

5——拉面钩；

6——杠杆系统；

7——平衡器；

8——记录器；

9——阻尼器。

图 A.1　拉伸仪结构图

A.2.2　揉圆器

揉圆器由一个压重盖和无底的盒组成。盒下有一可旋转的圆形底盘；底盘中心有一给面团定位用的针。揉圆器的转速为(83±3)r/min。

恒温水浴的水通过中空的盒壁控制揉圆器的温度。

注：1965 年以前制造的部分仪器转速为 112 r/min。如果使用此种设备，必须在试验报告中注明。

A.2.3　成型器

成型器由一个半封闭圆筒仓和可在仓内绕水平轴转动的压辊组成，转速为(15±1)r/min。圆筒仓内壁为金属板。面团在金属板和压辊间受力成型。

恒温水浴的水通过半封闭圆筒仓上的圆孔控制其温度。

A.2.4 醒发箱

控温醒发箱由三个隔舱组成，每个隔舱各有一个门，可放一个带两套托架的托盘。

将已成型的测试面块放入托架内，置于托盘上后在醒发箱内醒发。每个托架带两个夹钳，并有储水槽以防止测试面块表面干燥。

A.2.5 拉伸装置

装有圆条状测试面块的托架放置在处于水平位置的支撑臂上，该支撑臂的另一端安有一平衡重块，组成枢轴杠杆。拉面钩由牵引马达带动作垂直下降运动，速度为(1.45 ± 0.05)cm/s。拉面钩与测试面块上面的中心部位接触后向下拉伸测试面块直至面块断裂为止。

由牵引马达带动的拉面钩装有自动限位开关，拉面钩到达顶部或底部的限位点时，即停止运动。在新型拉伸仪中，到达底部位置的拉面钩将自动回到顶部位置。

测试面块对拉伸的阻力导致装有测试面块托架的杠杆产生向下的位移。

A.2.6 记录器

支撑测试面块托架的杠杆的移动由杠杆系统传递至记录笔，使其在记录纸上移动，以拉伸曲线的形式记录此种运动。杠杆系统和记录笔的运动由浸入油中的活塞所阻尼；此活塞连接在支撑托架的杠杆上。

记录器用纸以成卷的形式提供。它由电子钟型电动机以(0.65±0.01) cm/s 的速率驱动。沿其长度方向印有以厘米为单位的刻度。沿其宽度方向有以拉伸仪专用单位(从 0 到 1 000 EU)标示的弧形刻度线(半径 200 mm)。

A.3 恒温控制装置

恒温控制装置通常由水箱和下述部分组成：

a) 电热元件；

b) 温度调节器，用以控制加热元件，能使拉伸仪的揉圆器、成型器和醒发箱的温度保持在(30±0.2)℃。在不利的条件下，也许需要略高的水温；但仍以同样的精度控制；

c) 温度计；

d) 电动机驱动的泵和搅拌器。拉伸仪与泵之间以软管相连接。它应有足够的功率使醒发箱的温度维持在(30±0.2)℃；

e) 一个利用自来水流冷却恒温水浴的金属盘管。

建议不要将一台恒温水浴同时与粉质仪和拉伸仪相连接。但是如果只能这样做，两台仪器应分别使用单独的泵进行水的循环。

A.4 拉伸仪的校验

应适当调节拉伸仪的杠杆系统和刻度以得到正确的结果。在成型器内安装有一个背板，其弯曲度应与专用模具的弯曲度一致。背板的弯曲度偏差将导致欲拉伸的面团长度和横截面的偏差。如果怀疑背板的弯曲度不当，应请制造厂商进行检查并调节其弯曲度。

将已知质量加载于平衡系统，检查其功能是否正常。首先按与实际测定时同样的方式，将带有两个夹钳(每个 75 g)的空托架(200 g)放在平衡系统臂的末端。为模拟测试面块的质量，可在支撑点的中心用绳挂上 150 g 的附加砝码。如果调节适当，则记录器读数应为 0 EU。在托架上增加 500 g 砝码，则记录器读数应为 400 EU；再加 500 g 砝码，则读数应增加到 800 EU。即：

500 g(托架 + 夹钳 +150 g) = 0 EU

500 g + 500 g (= 1 000 g) = 400 EU

500 g + 1 000 g(= 1 500 g) = 800 EU

当加载于杠杆臂上托架位置的总质量为 500 g 时，杠杆臂应保持水平。因此，建议检查每套组合(托架与两个夹钳)的质量。总质量应为(350±0.5) g。建议给每套组合加标记，以确保每套托架与夹钳组合符合规定的质量。

没有绝对的调节方法适合于粉质仪/拉伸仪的组合。厂商可按其标准对拉伸仪进行调节。但这对于旧的或已损坏的仪器则无法调整。如果需保持仪器之间良好的一致性，必须经常核对。

附　录　B
（资料性附录）
实验室间试验结果

从1989年到1990年由设在荷兰Wageningen的TNO营养和食品研究所谷物、饲料和烘焙技术部(IGMB)组织进行了实验室间试验。表B.1给出了拉伸仪测定的重复性和再现性结果，其资料来源见参考文献[2]。

表B.1　拉伸仪测量的精密度

测定	重复性	再现性
吸水量	0.3%[a]	1.5%[a]
最大拉伸阻力(R_{45})	平均值的9%	平均值的22%
延伸度(E_{45})	平均值的9%	平均值的20%

a　以每100g小麦粉中水的毫升数表示。

参 考 文 献

[1] ISO 13690 Cereals, pulses and milled products—Sampling of static batches.

[2] Nieman lr. W. Report No. T 92-251. Repeatability and reproducibility of extensograph measurements. IGMB-TNO, Wageningen, The Netherlands. May, 1992.

ICS 25.120.10
J 46

中华人民共和国国家标准

GB/T 14662—2006
代替 GB/T 14662—1993

冲模技术条件

Specification of stamping dies

2006-02-07 发布　　　　2006-07-01 实施

中华人民共和国国家质量监督检验检疫总局
中国国家标准化管理委员会　发布

前　言

本标准代替 GB/T 14462—1993《冲模技术条件》。

本标准与 GB/T 14462—1993 相比主要变化如下：

——在标准的编排上作了修改，并增加了“前言”和“规范性引用文件”；

——对技术要求的表述进行了简化、修改，表述更加明了；

——删除了原标准中规定的属于合同内容的条款；

——删除了原标准中“7　使用规定”的条款；

——删除了原标准中“附录 A 冲模设计的审核项目”和“附录 B 模具制造者的保证”。

本标准由中国电器工业协会提出。

本标准由全国模具标准化技术委员会(SAC/TC 33)归口。

本标准起草单位：桂林电器科学研究所、西安交通大学、华中科技大学、陕西渭河精密工模具总厂、杭州萧山精密模具标准件厂。

本标准主要起草人：翁史振、廖宏谊、郭成、杨俊峰、王耕耘、张玉琴、李红英、李捷。

本标准于 1993 年 7 月首次发布，2004 年第一次修订。

冲模技术条件

1 范围

本标准规定了冲模的要求、验收、标志、包装、运输和贮存。

本标准适用于冲模的设计、制造和验收。

2 规范性引用文件

下列文件中的条款通过本标准的引用而成为本标准的条款。凡是注日期的引用文件，其随后所有的修改单(不包括勘误的内容)或修订版均不适用于本标准，然而，鼓励根据本标准达成协议的各方研究是否可使用这些文件的最新版本。凡是不注日期的引用文件，其最新版本适用于本标准。

GB/T 196—2003 普通螺纹 基本尺寸
GB/T 197—2003 普通螺纹 公差与配合
GB/T 825—1988 吊环螺钉
GB/T 1184—1996 形状和位置公差 未注公差值
GB/T 1800.4—1999 极限与配合 标准公差等级和孔、轴的极限偏差表
GB/T 1804—2000 一般公差 未注公差的线性尺寸和角度尺寸的公差
GB/T 2851 冲模滑动导向模架
GB/T 2852 冲模滚动导向模架
GB/T 2855 冲模滑动导向模座
GB/T 2856 冲模滚动导向模座
GB/T 2861 冲模导向装置
JB/T 5825 冲模——圆柱头直杆圆凸模
JB/T 5826 冲模——圆柱头缩杆圆凸模
JB/T 5827 冲模——60°锥头直杆圆凸模
JB/T 5828 冲模——60°锥头缩杆圆凸模
JB/T 5829 冲模——球锁紧圆凸模
JB/T 5830 冲模——圆凹模
JB/T 7181 冲模滑动导向钢板模架
JB/T 7182 冲模滚动导向钢板模架
JB/T 7184 冲模钢板模座
JB/T 7185 冲模滑动导向钢板模座
JB/T 7186 冲模滚动导向钢板模座
JB/T 7187 冲模导向装置
JB/T 7642 冲模通用模座
JB/T 7643 冲模模板
JB/T 7644 冲模单凸模模板
JB/T 7645 冲模导向装置
JB/T 7646 冲模模柄
JB/T 7647 冲模导正销
JB/T 7648 冲模侧刃和导料装置
JB/T 7649 冲模挡料和弹顶装置

JB/T 7650　冲模卸料装置
JB/T 7651　冲模废料切刀
JB/T 7652　冲模限位支承装置
JB/T 8049　冲模导板模模架
JB/T 8054　冲模导板模导板
JB/T 8057　冷冲模凸、凹模

3　零件要求

3.1　设计冲模宜选用 GB/T 2851～2852、JB/T 8049、JB/T 7181～7182 和 GB/T 2855～2856、GB/T 2861、JB/T 5825～5830、JB/T 7184～7187、JB/T 7642～7652、JB/T 8054、JB/T 8057 规定的标准模架和零件。

3.2　模具工作零件和模具一般零件所选用的材料应符合相应牌号的技术标准。

3.3　模具零件推荐材料和硬度见表 1、表 2。

表 1　模具工作零件常用材料及硬度

模具类型	冲件与冲压工艺情况		材　料	硬　度	
				凸模	凹模
冲裁模	Ⅰ	形状简单,精度较低,材料厚度小于或等于 3 mm,中小批量	T10A、9Mn2V	56 HRC～60 HRC	58 HRC～62 HRC
	Ⅱ	材料厚度小于或等于 3 mm,形状复杂;材料厚度大于 3 mm	9CrSi、CrWMn Cr12、Cr12MoV W6Mo5Cr4V2	58 HRC～62 HRC	60 HRC～64 HRC
	Ⅲ	大批量	Cr12MoV、Cr4W2MoV	58 HRC～62 HRC	60 HRC～64 HRC
			YG15、YG20	≥86 HRA	≥84 HRA
			超细硬质合金	—	
弯曲模	Ⅰ	形状简单,中小批量	T10A	56 HRC～62 HRC	
	Ⅱ	形状复杂	CrWMn、Cr12、Cr12MoV	60 HRC～64 HRC	
	Ⅲ	大批量	YG15、YG20	≥86 HRA	≥84 HRA
	Ⅳ	加热弯曲	5CrNiMo、 5CrNiTi、5CrMnMo	52 HRC～56 HRC	
			4Cr5MoSiV1	40 HRC～45 HRC,表面渗氮≥900 HV	
拉深模	Ⅰ	一般拉深	T10A	56 HRC～60 HRC	58 HRC～62 HRC
	Ⅱ	形状复杂	Cr12、Cr12MoV	58 HRC～62 HRC	60 HRC～64 HRC
	Ⅲ	大批量	Cr12MoV、Cr4W2MoV	58 HRC～62 HRC	60 HRC～64 HRC
			YG10、YG15	≥86 HRA	≥84 HRA
			超细硬质合金	—	
	Ⅳ	变薄拉深	Cr12MoV	58 HRC～62 HRC	—
			W18Cr4V、 W6Mo5Cr4V2、Cr12MoV	—	60 HRC～64 HRC
			YG10、YG15	≥86 HRA	≥84 HRA
	Ⅴ	加热拉深	5CrNiTi、5CrNiMo	52 HRC～56 HRC	
			4Cr5MoSiV1	40 HRC～45 HRC,表面渗氮≥900 HV	

表 1（续）

模具类型	冲件与冲压工艺情况		材　料	硬　度	
				凸模	凹模
大型拉深模	Ⅰ	中小批量	HT250、HT300	170 HB～260 HB	
			QT600-20	197 HB～269 HB	
	Ⅱ	大批量	镍铬铸铁	火焰淬硬 40 HRC～45 HRC	
			钼铬铸铁、钼钒铸铁	火焰淬硬 50 HRC～55 HRC	

表 2　模具一般零件的材料及硬度

零件名称	材　料	硬　度
上、下模座	HT200 45	170 HB～220 HB 24 HRC～28 HRC
导柱	20Cr GCr15	60 HRC～64 HRC(渗碳) 60 HRC～64 HRC
导套	20Cr GCr15	58 HRC～62 HRC(渗碳) 58 HRC～62 HRC
凸模固定板、凹模固定板、螺母、垫圈、螺塞	45	28 HRC～32 HRC
模柄、承料板	Q235A	—
卸料板、导料板	45 Q235A	28 HRC～32 HRC —
导正销	T10A 9Mn2V	50 HRC～54 HRC 56 HRC～60 HRC
垫板	45 T10A	43 HRC～48 HRC 50 HRC～54 HRC
螺钉	45	头部 43 HRC～48 HRC
销钉	T10A、GCr15	56 HRC～60 HRC
挡料销、抬料销、推杆、顶杆	65Mn、GCr15	52 HRC～56 HRC
推板	45	43 HRC～48 HRC
压边圈	T10A 45	54 HRC～58 HRC 43 HRC～48 HRC
定距侧刃、废料切断刀	T10A	58 HRC～62 HRC
侧刃挡块	T10A	56 HRC～60 HRC
斜楔与滑块	T10A	54 HRC～58 HRC
弹簧	50CrVA、55CrSi、65Mn	44 HRC～48 HRC

3.4　模具零件不允许有裂纹，工作表面不允许有划痕、机械损伤、锈蚀等缺陷。

3.5　模具零件中螺纹的基本尺寸应符合 GB/T 196—2003 的规定，选用的公差与配合应符合 GB/T 197—2003中 6 级的规定。

3.6　零件除刃口外所有棱边均应倒角或倒圆。

3.7　经磁性吸力磨削后的模具零件应退磁。

3.8 零件上销钉与孔的配合长度应大于等于销钉直径的1.5倍；螺纹孔的深度应大于等于螺纹直径的1.5倍。

3.9 零件图中未注公差尺寸的极限偏差应符合GB/T 1804—2000中m级的规定。

3.10 零件图中未注的形状和位置公差应符合GB/T 1184—1996中K级的规定。

4 装配要求

4.1 装配时应保证凸、凹模之间的间隙均匀一致。

4.2 推料、卸料机构必须灵活，卸料板或推件器在模具开启状态时，一般应突出凸、凹模表面0.5 mm～1.0 mm。

4.3 模具所有活动部分的移动应平稳灵活，无阻滞现象，滑块、斜楔在固定滑动面上移动时，其最小接触面积应大于其面积的75%。

4.4 紧固用的螺钉、销钉装配后不得松动，并保证螺钉和销钉的端面不突出上下模座的安装平面。

4.5 凸模装配后的垂直度应符合表3的规定。

表 3

间隙值/mm	垂直度公差等级(GB/T 1184—1996)	
	单凸模	多凸模
≤0.02	5	6
>0.02～0.06	6	7
>0.06	7	8

4.6 凸模、凸凹模等与固定板的配合一般按GB/T 1800.4—1999中的H7/n6或H7/m6选取。

4.7 质量超过20 kg的模具应设吊环螺钉或起吊孔，确保安全吊装。起吊时模具应平稳，便于装模。吊环螺钉应符合GB/T 825—1988的规定。

5 验收

5.1 验收应包括以下内容：

a) 外观检查；

b) 尺寸检查；

c) 模具材质和热处理要求检查；

d) 试模和冲件质量符合性检查；

e) 质量稳定性检查。

5.2 模具供方应按模具图和本技术条件对模具零件和模具进行外观与尺寸检查。

5.3 经5.2检查合格的模具可进行试模，试模用的冲压设备应符合要求，试模所用的材质应与冲件材质相符。

5.4 冲压工艺稳定后，应连续提取20件～1 000件(精密多工位级进模必须试冲1 000件以上)冲件，对于大型覆盖件模具要求连续提取5件～10件冲件进行检验。模具供方与顾客确认冲件合格后，由模具供方开具合格证并随模具交付顾客。

5.5 模具质量稳定性检查应为在正常生产条件下连续批量生产8 h，或由模具供方与顾客协商确定。

5.6 顾客在验收期间应按图样和本技术条件要求对模具主要零件的材质、热处理、表面处理情况进行检查或抽查。

6 标志、包装、运输及贮存

6.1 在模具非工作面的明显处应做出标志。标志一般包含以下内容:模具号、出厂日期、供方名称。

6.2 模具交付前应擦洗干净,表面应涂覆防锈剂。

6.3 出厂模具根据运输要求进行包装,应防潮、防止磕碰,保证在正常运输中模具完好无损。

ICS 81.040
Q 34

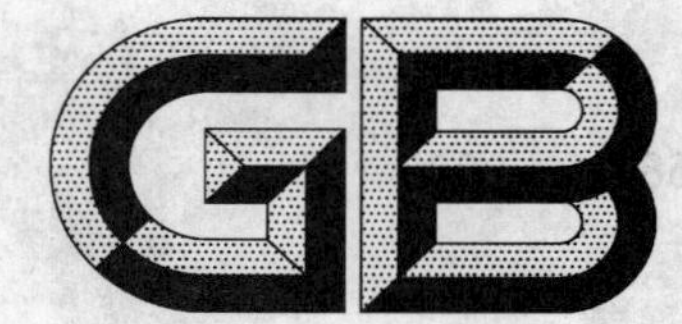

中华人民共和国国家标准

GB 14681.1—2006
代替 GB 14681—1993

机车船舶用电加温玻璃 第1部分：船用矩形窗电加温玻璃

Electrically heated glazing materials for locomotives and ships —Part 1：Heated glass panes for ships′ rectangular windows

(ISO 3434：1992，MOD)

2006-02-22 发布　　　　2006-12-01 实施

中华人民共和国国家质量监督检验检疫总局
中国国家标准化管理委员会　发布

前　言

本部分第6章、第7.1条和7.2条为强制性的，其余为推荐性的。

GB 14681《机车船舶用电加温玻璃》分为两个部分：

——第1部分：船用矩形窗电加温玻璃；

——第2部分：机车电加温玻璃。

本部分为GB 14681《机车船舶用电加温玻璃》的第1部分。

本部分修改采用ISO 3434:1992(E)《船用矩形窗电加温玻璃》(1992年英文版)，在附录A中列出了本部分与ISO 3434:1992(E)的章条编写的对照一览表。

本部分与ISO 3434:1992(E)的主要技术差异如下：

——增加了"电加温玻璃透射比不得小于70%"(见第4.2条)的要求；

——规定了绝缘电阻的具体技术指标(见第7.1条)；

——充实了绝缘性能的要求(ISO 3434:1992(E)的附录A，本版第7章)；

——增加了光学性能及相关电学性能的试验方法(见第8.2条、第8.5.2条)；

——增加了检验规则的要求(见第9章)。

本部分与GB 14681.2—2006《机车船舶用电加温玻璃　第2部分：机车电加温玻璃》共同代替GB 14681—1993。

本部分与GB 14681—1993《机车船舶用电加温玻璃》的主要技术差异如下：

——重新规定船用矩形窗电加温玻璃的结构(1993版的4.1，本版的3.2)、尺寸及尺寸偏差(1993版的5.2，本版的3.4)、弯曲度(1993版的5.4，本版的3.6)、平行度(1993版未涉及，本版的3.5)和透射比(1993版的5.6.1，本版的4.2)；

——力学性能要求符合GB 11946《船用钢化安全玻璃》的规定(1993版的5.8，本版的6.0)；

——删除原标准耐环境稳定性(1993版的5.7)；

——在电热性能上强调电加温玻璃在其使用温度范围内应具有的良好除霜和除雾性能((1993版的5.1，本版的4.2和5.1))和各绝缘部位间的绝缘性(1993版的5.9.3，本版的7.0)；

——修改原标准中的检验规则，明确规定应检项目和供需双方商定的检验项目并按国际惯例予以分类((1993版的7.1，本版的9.1))、标志(1993版的8.1，本版的10)和标记(1993版未涉及，本版的11)。

本部分附录A为资料性附录。

本部分由中国建筑材料工业协会提出。

本部分由全国汽车标准化技术委员会安全玻璃分技术委员会归口。

本部分主要起草单位：中国建筑材料科学研究院玻璃科学与特种玻璃纤维研究所。

本部分参加起草单位：宁波市新谊安全玻璃有限公司。

本部分主要起草人：秦海霞、龚蜀一、武存浩、韩松、周军艳、邬德华、龚暄威。

本部分所替代标准的历次版本发布情况为：

GB 14681—1993。

机车船舶用电加温玻璃
第1部分:船用矩形窗电加温玻璃

1 范围

本部分规定了船用矩形窗电加温玻璃的玻璃结构、光学性能、加温系统、力学性能、绝缘性能、试验方法、检验规则及标志、标记等。

本部分适用于驾驶室、船桥窗户上的电加温玻璃,也适用于为了观察和操纵方便的密封区使用的电加温玻璃。本部分规定的电加温玻璃,其使用最低环境温度为-40℃。

2 规范性引用文件

下列文件中的条款通过本部分的引用,而成为本部分的条款。凡是注日期的引用文件,其随后所有的修改单(不包括勘误的内容)或修订版均不适用于本部分,然而,鼓励根据本部分达成协议的各方研究是否可使用这些文件的最新版本。凡是不注日期的引用文件,其最新版本适用于本部分。

GB/T 1216 外径千分尺(GB/T 1216—2004,neq ISO 3611)

GB/T 3385 船用舷窗和矩形窗钢化安全玻璃 非破坏性强度试验 冲压法(GB/T 3385—2001,idt ISO 614:1989(E))

GB/T 5137.2 汽车安全玻璃 试验方法 第2部分:光学性能试验(GB/T 5137.2—2002,ISO 3538:1992,MOD)

GB 11946 船用钢化安全玻璃(neq ISO 1095:1989(E)and ISO 3254:1989(E))

GJB 961 飞机电加温玻璃电热性能检测方法

3 玻璃结构

3.1 总则

符合本部分的可安装的电加温玻璃是一个组件,它由夹层玻璃和固定在它上面的电路连接装置组成。

3.2 组成、种类和材料

夹层玻璃的组成如表1和图1所示。

A类和B类之间的区别在于A类为两层玻璃,而B类为三层玻璃。

表1 电加温玻璃的组件

组件编号(见图1)	名 称
1	托板
2	盖板
3	加温元件
4	中间层

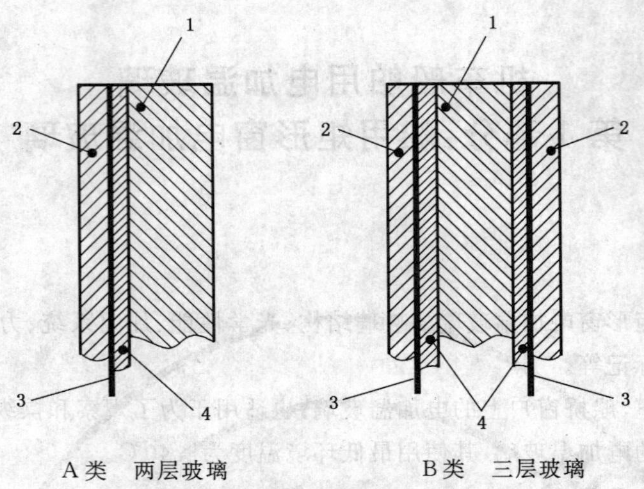

图 1 电加温玻璃截面图

3.2.1 托板

托板为透明的船用钢化玻璃，应符合 GB 11946 的要求。

3.2.2 盖板

盖板用于承载或保护电加温元件，它比托板薄。盖板为透明的钢化或半钢化安全玻璃。

3.2.3 加温元件

宜采用金属丝、透明导电薄膜或透明导电涂层作为加温元件。

3.2.4 中间层

中间层为最小厚度为 0.76 mm 的有机膜。

3.3 边部保护

为了避免中间层受潮或其他任何形式的化学侵蚀，同时也为了保护边缘不受冲击及具有良好的电绝缘性能，应用硅酮胶、橡胶、聚硫胶或其他类似的能与中间层相匹配的材料对玻璃周边进行保护。

边缘保护要求在周边进行粘结，并且粘结厚度不能超过 3 mm(参见图 2)。

单位为毫米

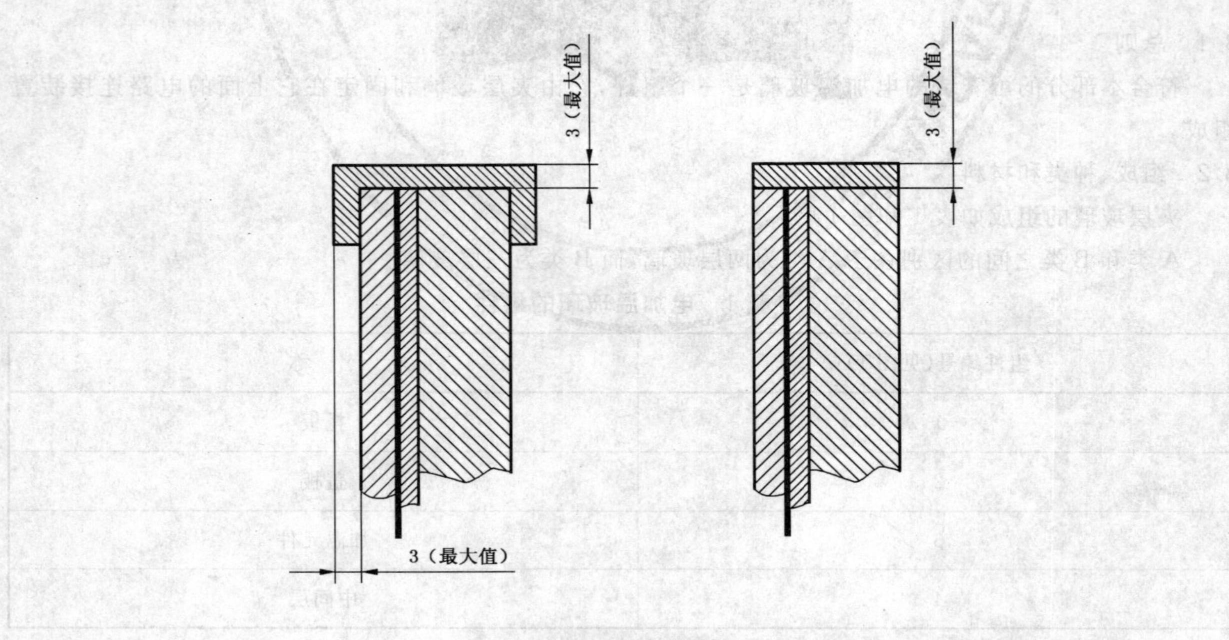

图 2 边部保护

3.4 尺寸

3.4.1 公称尺寸与厚度

电加温玻璃的公称尺寸如图 3 所示，具体数据参见表 2 和表 3。使用厚度为 t_1 的玻璃作为托板时，t_1 应符合表 3 的规定，并符合 GB 11946 要求的玻璃。

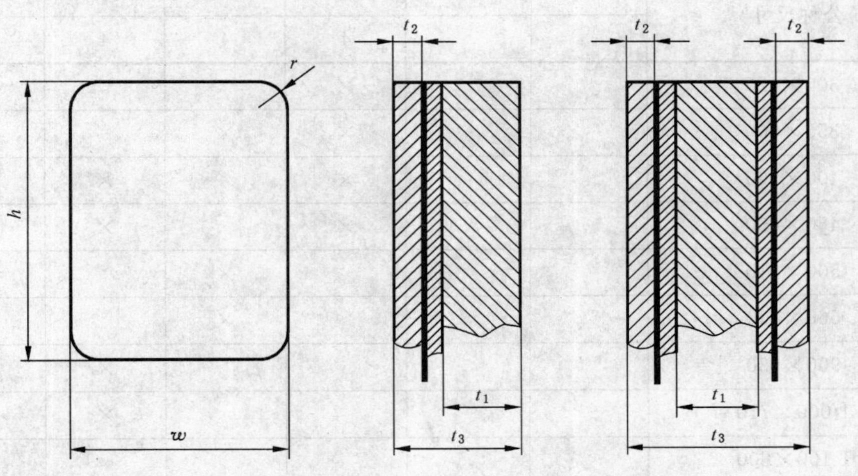

t_1——托板厚度；

t_2——盖板厚度；

w——宽度；

h——高度；

r——半径。

图 3 加温玻璃尺寸

表 2 外围尺寸

单位为毫米

代号	窗户公称尺寸[a]	宽度 w		高度 h		半径 r
		最小	最大	最小	最大	
1	300×425	314	318	439	443	58
2	355×500	369	373	514	518	58
3	400×560	414	418	574	578	58
4	450×630	464	468	644	648	108
5	500×710	514	518	724	728	108
6	560×800	574	578	814	818	108
7	900×630	914	918	644	648	108
8	1 000×710	1 014	1 018	724	728	108
9	1 100×800	1 114	1 118	814	818	108

a 窗户的透光尺寸。

表 3 玻璃厚度

单位为毫米

窗户尺寸		厚度[a]						
		t_3	A类	13	15	17	20	24
			B类	18	20	22	25	29
代号	公称尺寸[b]	t_1		8	10	12	15	19
		t_2		4	4	4	4	4
1	300×425			×	×			
2	355×500			×	×			
3	400×560			×		×		
4	450×630			×		×		
5	500×710				×		×	
6	560×800				×		×	
7	900×630					×		×
8	1 000×710					×		×
9	1 100×800						×	

a 标准尺寸用“×”标出。

b 窗户的透光尺寸。

3.4.2 厚度偏差

电加温玻璃的厚度偏差见表 4。

表 4 厚度偏差

单位为毫米

厚度		偏差
总厚度 t_3		±1.5
托板 t_1	8 10 12	±0.3
	15	±0.5
	19	±1
盖板 t_2		±0.3

3.5 平行度

玻璃两面平行度偏差不能超过 1 mm/1 000 mm(见图 4)。

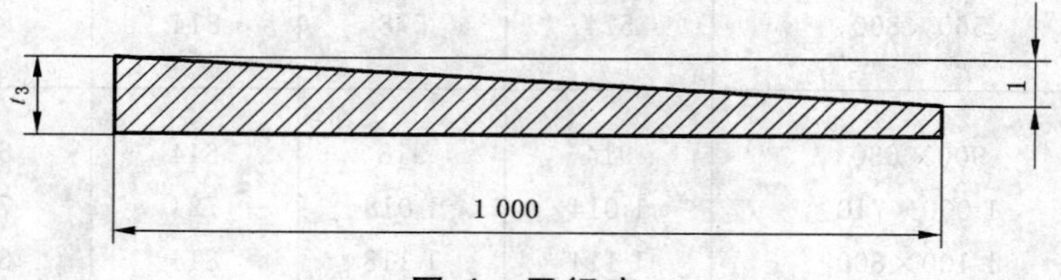

图 4 平行度

3.6 弯曲度

弯曲度不应超过 3 mm/1 000 mm(见图 5)。

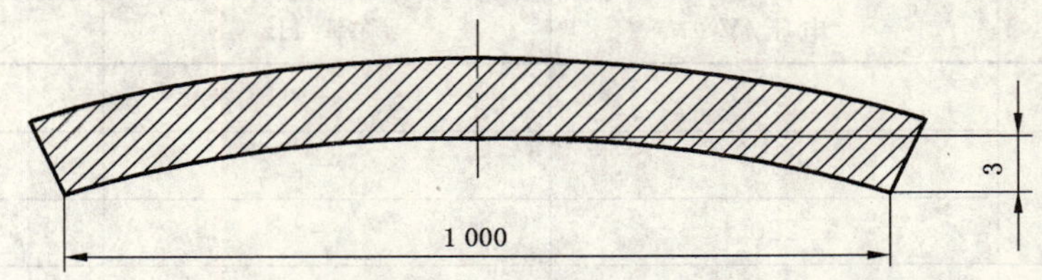

图5 弯曲度

4 光学要求

4.1 要求

当电加温玻璃固定在船窗上时，应满足4.2和4.3中的光学要求。

不管是采用组调节还是采用单一调节的电加温玻璃，均应满足所有的光学要求。

从窗框内边缘起50 mm宽范围内的玻璃，不作光学性能要求。

4.2 能见度

应采用不同的加温功率（见表5），避免电加温玻璃上出现霜或雾，以保证其在所有的天气均具有良好的能见度。此外，在有霜雪的情况下，应保证雨刷能以最高效率工作。在入射角正常的情况下，通过玻璃观察远处的物体时，加温玻璃不能造成眼睛分辨物体困难或产生双目视差。

不得使用着色玻璃。

电加温玻璃的透射比不应小于70%。

对能见度的解释产生异议时，由供需双方商定。

4.3 颜色识别

电加温玻璃应能识别航标灯、浮标信号灯及其他颜色。

当对颜色识别能力的解释产生异议时，由供需双方商定。

5 加温系统

5.1 加温功率

5.1.1 当中等风速、环境温度为(20±5)℃、相对湿度为40%～80%，船舶在极地以外水域进行除霜或除雾时，设备的加温功率应符合表5的规定。

5.1.2 当船舶在极地区航行或需要较高的加热功率时，应与玻璃制造商商定。

表5 加温功率

加温功率(W/dm^2)		室外最低温度/℃
最小	最大	
7	9	−12
12	15	−28
17	21	−40

5.2 电源

用以给玻璃加热的电源电压，应与船上提供的在通常条件下能连续工作的供电电压一致，交流电或直流电均可。电源识别系统见表6。

表 6 电源识别系统

供电类型	电压/V	频率/Hz	识别号
直流电	24	—	01
	110	—	02
	220	—	03
单相交流电	115	50	11
		60	12
	220	50	13
		60	14
三相交流电	115	50	31
		60	32
	220	50	33
		60	34
	220/380	50	35
		60	36
	440	50	37
		60	38

5.3 过热保护

当玻璃表面温度达到40℃(微温)时，应关掉加温装置。因此应给电加温玻璃安装温度控制装置(调节器)。此类调节器有两种规格：

——单一调节(S)：调节器(如温度传感器)直接安装在玻璃上(内侧)，它只对相关的玻璃起作用，是原装设备的一部分。

——组调节(G)：一个分立的调节装置，即它不是直接安装在窗户上，而是与几块玻璃恰当地连接在一起。装置此类调节器时，一定要考虑它们的类型及编号。

6 力学性能

电加温玻璃托板的强度应符合 GB 11946 中相应条款的要求。

7 绝缘性能

7.1 绝缘电阻

按 GJB 961 进行试验，各绝缘部位间的绝缘电阻不得小于 50 MΩ。

7.2 抗电强度

每块电加温玻璃的各绝缘部位间都应进行抗电强度试验。

试验时，绝缘应不被击穿，其表面应无闪烁。

7.3 浸水绝缘性能

浸水绝缘性能由供需双方商定。测定的性能包括：

a) 温度传感器和加热器接线柱之间的绝缘性；

b) 浸入水中的边框和温度传感器公用接线柱之间的绝缘性；

c) 浸入水中的边框和加热器接线柱之间的绝缘性。

8 试验方法

8.1 尺寸偏差

8.1.1 厚度偏差

使用符合 GB/T 1216 规定的外径千分尺或与此同等精度的器具测量玻璃四边的中点，测量结果以四点平均值表示，精确到 0.1 mm。

8.1.2 平行度

使用符合 GB/T 1216 规定的外径千分尺或与此同等精度的器具测量玻璃长边上四点的厚度，其结果用最大厚度和最小厚度之差除以长边的长度来表示。

8.1.3 弯曲度

将试样垂直立放，水平放置直尺，贴紧试样表面进行测量，弓形时以弧的高度与弦的长度之比的百分率表示；波形时，用波谷到波峰的高与波峰到波峰(或波谷到波谷)的距离之比的百分率表示。

8.2 光学性能

8.2.1 透射比

按 GB/T 5137.2 中相应条款进行试验，结果应符合 4.2 的要求。

8.2.2 颜色识别

按 GB/T 5137.2 中相应条款进行试验，结果应符合 4.3 的要求。

8.3 加温功率

按 GJB 961 中相应条款进行试验，结果应符合 5.1.1 的要求。

8.4 力学性能

按 GB/T 3385 进行试验，结果应符合 3.2.1 的要求。

8.5 绝缘性能

8.5.1 绝缘电阻

按 GJB 961 中相应条款进行试验，结果应符合 7.1 的要求。

8.5.2 抗电强度

试验电压为交流电压 1 000 V 加上两倍的额定电压，但不应小于 1 500 V。试验频率为 25 Hz～100 Hz。试验应持续 1 min。

8.5.3 浸水绝缘性

按 GJB 961 进行试验。

9 检验规则

9.1 检验分类

9.1.1 出厂检验

检验项目包括：尺寸偏差、加温功率和绝缘性能。

9.1.2 型式检验

本部分规定的全部技术要求。

9.2 组批与抽样

同一结构，同种工艺下生产的电加温玻璃组成一批。

按照试验方法中规定的样品数量随机抽样。

型式检验时，出厂检验之外的项目，按相应方法中规定的样品数目随机抽样。力学性能抽取 4 块，其他性能抽取 3 块。

9.3 判定规则

每项性能抽取的样品，按第 8 章进行试验。若样品均合格，则该项性能合格。

上述各项性能中若有一项不合格，则认为该批产品不合格。

10 标志

根据 GB/T 3385 的要求，符合本部分的电加温玻璃，用一个倒置的等边三角形作标志。此外，还要增加下列说明内容：

a) 三角形内：电加温玻璃的总厚度 t_3，单位 mm；

b) 三角形上方：每平方分米的加热功率；

c) 左侧：电压及其识别号；

d) 右侧：玻璃种类，A 类或 B 类；

e) 标志应从船舱内可以识别，并将其标在玻璃的底边上。

示例：

A 类玻璃（两片夹层），总厚度 $t_3=17$ mm，加温功率为 7 W/dm² 到 9 W/dm²，电源为 220 V、50 Hz，单相（识别号为 13）。其标志如下：

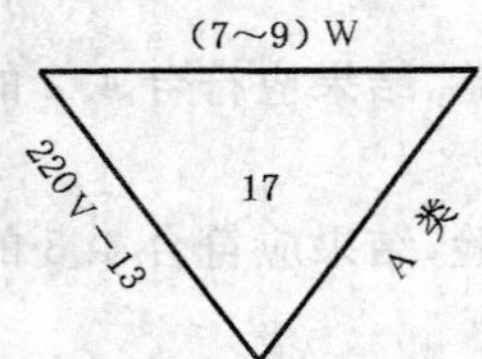

示例：

B 类玻璃（三层玻璃），总厚度 $t_3=22$ mm，有加热功率为 12 W/dm²～15 W/dm² 的两个加温元件，电源为 440 V、60 Hz，三相（识别号为 38）。其标志如下：

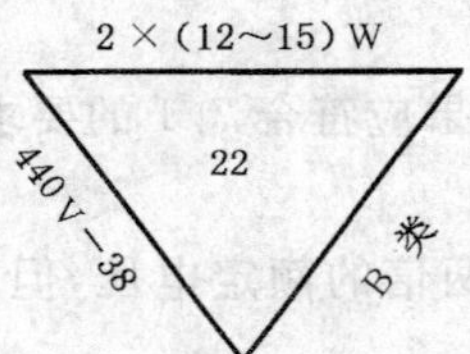

11 标记

为了便于查找和排序，凡符合本部分的电加温玻璃，要依次写出下列信息作为此玻璃的标记。

a) 名称（简写）：电加温玻璃；

b) 标准号：GB/T 14681.1；

c) 玻璃组成的种类：代号为 A 或 B（见 3.2）；

d) 窗户尺寸代号，按表 2 规定；

e) 托板厚度 t_1，按表 3 规定；

f) 最小加温功率，以瓦特每平方分米为单位，按表 5 规定；

g) 过热保护装置，代号 S 或 G；

h) 额定电流识别号，按表 6 规定。

示例：

符合本部分的一电加温玻璃，由两层玻璃组成（A 类），窗户尺寸代号为 6（公称尺寸为 560 mm×800 mm），其托板厚度 $t_1=15$ mm，最小加温功率为 12 W/dm²（12 W），采用单一过热保护装置（S），电源为单相交流电，电压为 220 V、60 Hz（识别号为 14）。该电加温玻璃可标记为：

电加温玻璃 GB/T 14681.1—A6×15—12WS—14

附 录 A
（资料性附录）
本部分章条编号与 ISO 3434:1992(E)章条编号对照一览表

表 A.1 中给出了本部分章条编号与 ISO 3434:1992(E)章条编号对照一览表

表 A.1 本部分章条编号与 ISO 3434:1992(E)章条编号对照一览表

本部分章条编号	ISO 3434:1992(E)章条编号
1	1 的第一段和第三段
2	2 的第一段
3	4
3.1	4.1
3.2	4.2
3.2.1	4.2.1
3.2.2	4.2.2
3.2.3	4.2.3
3.2.4	4.2.4
3.3	4.3
3.4	4.4
3.4.1	4.4.1
3.4.2	4.4.2
3.5	4.5
3.6	4.6
4	3
4.1	3.1
4.2 的第一段、第二段和第四段	3.2
4.2 的第三段	—
4.3	3.3
5	5
5.1	5.1
5.1.1	5.1 的第一段
5.1.2	5.1 的第二段
5.2	5.2
—	5.3
5.3	5.4
—	6
6	6.2
7	—

表 A.1（续）

本部分章条编号	ISO 3434:1992(E)章条编号
7.1	—
7.2	6.1 的第一段的第一句
7.3	6.3 和附录 A 中浸水试验部分
8	—
8.1.1～8.1.3	—
8.2	—
8.2.1～8.2.2	—
8.3	—
8.4	—
8.5	—
8.5.1	—
8.5.2	6.1 的第一段第 2、3 句和第二段
8.5.3	—
—	6.4
9	—
9.1	—
9.1.1～9.1.2	—
9.2	—
9.3	—
10	7
11	8

ICS 81.040
Q 34

中华人民共和国国家标准

GB 14681.2—2006
代替 GB 14681—1993

机车船舶用电加温玻璃 第2部分:机车电加温玻璃

Electrically heated glazing materials for locomotives and ships —Part 2:Electrically heated glazing materials for locomotives

2006-02-22 发布　　2006-12-01 实施

中华人民共和国国家质量监督检验检疫总局
中国国家标准化管理委员会　发布

前　言

本部分第7.5条、第7.6条、第7.7条为强制性的，其余为推荐性的。

GB 14681《机车船舶用电加温玻璃》分为两个部分：

——第1部分：船用矩形窗电加温玻璃；

——第2部分：机车电加温玻璃。

本部分为GB 14681《机车船舶用电加温玻璃》的第2部分。

本部分与GB 14681.1—2006《机车船舶用电加温玻璃　第1部分：船用矩形窗电加温玻璃》共同代替GB 14681—1993。

本部分与GB 14681—1993《机车船舶用电加温玻璃》的主要技术差异如下：

——增加了平面、曲面二种类型的玻璃(见第4.1.2条)。

——增加了技术要求与试验方法的对照表(见表1)。

——增加了对原材料的要求(见第5条)。

——增加了玻璃的圆角尺寸偏差和曲面玻璃的外形尺寸偏差的要求(见第7.1.1.2条、第7.1.1.3条)。

——取消采用飞机玻璃检测方法制订的光学角偏差、光学畸变的性能指标(1993版的5.6.2条)。

——增加采用汽车玻璃检测方法制订的光畸变的性能指标(见第7.5.2条)。

——将耐热性按汽车玻璃的检测方法和相应技术指标进行规定(见第7.6.1条、第8.7.1条)。

——增加抗飞弹性能指标和试验方法(见第7.7.2条、第8.8.2条)。

——取消颜色识别、抗冲击性能指标及检测方法的规定(1993版的5.6.3条、5.8.2条、6.6.3条、6.8.2条)。

本部分由中国建筑材料工业协会提出。

本部分由全国汽车标准化技术委员会安全玻璃分技术委员会归口。

本部分负责起草单位：中国建筑材料科学研究院玻璃所。

本部分参加起草单位：郑州铁路物泰玻璃有限公司，秦皇岛耀华工业技术玻璃厂。

本部分主要起草人：胡悦、汪如洋、王睿、马军、龚蜀一、臧曙光、余兴州、肖强。

本部分所代替标准的历次版本发布情况为：

——GB 14681—1993。

机车船舶用电加温玻璃
第2部分:机车电加温玻璃

1 范围

本部分规定了机车、动车组前窗用电加温玻璃(以下简称电加温玻璃)的产品分类、技术要求、试验方法、检验规则及标志、包装、运输、贮存等要求。

本部分适用于机车、动车组前窗用电加温玻璃。其他部位及汽车风挡电加温玻璃亦可参照使用。

本部分不适用于飞机和船舶用电加温玻璃。

2 规范性引用文件

下列文件中的条款通过本部分的引用而成为本部分的条款。凡是注日期的引用文件,其随后所有的修改单(不包括勘误的内容)或修订版均不适用于本部分,然而,鼓励根据本部分达成协议的各方研究是否可使用这些文件的最新版本。凡是不注日期的引用文件,其最新版本适用于本部分。

GB/T 1214(所有部分) 游标类卡尺

GB/T 1216 外径千分尺(GB/T 1216—2004,NEQ ISO 3611:78)

GB/T 5137.1—2002 汽车安全玻璃试验方法 第1部分:力学性能试验(ISO 3537:1999,MOD)

GB/T 5137.2—2002 汽车安全玻璃试验方法 第2部分:光学性能试验(ISO 3538:1997,MOD)

GB/T 5137.3—2002 汽车安全玻璃试验方法 第3部分:耐辐照、高温、潮湿、燃烧和耐模拟气候试验(ISO 3917:1999,MOD)

GB/T 9056 金属直尺(GB/T 9056—2004,NEQ ISO 5466:80)

GB 9656 汽车安全玻璃

GB 11614 浮法玻璃

GB 17841 幕墙用钢化玻璃与半钢化玻璃

GJB 500 飞机玻璃术语

GJB 961—1990 飞机电加温玻璃电热性能检测方法

GJB 1258—1991 聚乙烯醇缩丁醛中间膜

GJB 2464—1995 飞机玻璃鸟撞试验方法

3 术语和定义

GJB 500 确定的以及下列术语和定义适合于本部分。

3.1

电热丝电加温玻璃 glazing electrically heated by wire

以电热丝作为加温元件的电加温玻璃。

3.2

导电膜电加温玻璃 glazing electrically heated by film

以导电膜作为加温元件的电加温玻璃。

3.3

叠差 mismatch

构成电加温玻璃的各层玻璃间的相互偏移。

3.4

色点　color particle

电加温玻璃胶合层中带色的点状杂质。

3.5

汇流条　busbar

使电加温玻璃整个加温元件形成闭合回路的金属导电带，其位置在加温元件两端。

3.6

普速车玻璃　glazing for ordinary-speed locomotives

最高运行速度为 200 km/h 以下的机车、动车组用玻璃。

3.7

高速车玻璃　glazing for high-speed locomotive

最高运行速度为 200 km/h 及其以上的机车、动车组用玻璃。

4　产品分类和标记

4.1　产品种类

4.1.1　电加温玻璃按加温元件不同分两种：

WL—电热丝电加温玻璃；

EL—导电膜电加温玻璃。

4.1.2　每种类型的电加温玻璃又可分为以下两种型式：

A 型—平面玻璃；

B 型—曲面玻璃。

4.1.3　玻璃按机车、动车组的运行速度分为普速车玻璃和高速车玻璃。

4.2　标记

4.2.1　标记方式

由三部分组成：产品种类；

原材料种类及厚度：T—钢化玻璃

F—浮法玻璃

B—半钢化玻璃

P—PC 板；

标准号。

4.2.2　标记示例

一块厚度为 5 mm 的钢化玻璃和一块厚度为 4 mm 的钢化玻璃层合后的电热丝电加温玻璃标记如下：

WL T5 T4 GB 14681

5　材料要求

5.1　原片玻璃应符合 GB 11614 汽车级要求。

5.2　钢化玻璃应符合 GB 9656 的要求。

5.3　半钢化玻璃应符合 GB 17841 的要求。

5.4　国产胶片采用聚乙烯醇缩丁醛（PVB）应符合 GJB 1258 的要求；进口胶片应符合相应技术条件的要求。

5.5　电加温元件（电热丝或金属导电膜）应符合订货技术条件要求。

5.6　PC 板应符合相应产品技术条件的要求。

6 使用环境

6.1 电加温玻璃应在环境温度－50℃～70℃、玻璃内外温差不大于65℃的条件下使用。

6.2 相应于机车的垂向和纵向存在着频率1 Hz～50 Hz的正弦振动。在正常情况下，振动加速度不大于3 m/s^2；短时重复出现的振动加速度不大于10 m/s^2。因机车连挂时的冲击，沿机车纵向激起的振动加速度不大于30 m/s^2。

7 技术要求

电加温玻璃的主要技术要求应符合表1相应条款的规定。

7.1 尺寸偏差

7.1.1 外形尺寸偏差

7.1.1.1 平面电加温玻璃的外形尺寸偏差为$_{-2}^{0}$mm，长度大于1 200 mm时，外形尺寸偏差为$_{-3}^{0}$mm。

7.1.1.2 平面电加温玻璃的圆角尺寸偏差为$_{-2}^{0}$mm。

7.1.1.3 曲面电加温玻璃的外形尺寸偏差由供需双方商定。

7.1.2 厚度偏差

电加温玻璃的厚度偏差(平均厚度与公称厚度之差)为±1 mm。

7.2 叠差

电加温玻璃的叠差不得超过2.0 mm。

7.3 弯曲度

平面电加温玻璃的弯曲度不得大于0.2%。

表1 主要技术要求及试验方法条款

检验项目	技术要求		试验方法
	高速列车	普速列车	
外形尺寸公差	7.1.1	7.1.1	8.1
厚度偏差	7.1.2	7.1.2	8.2
叠差	7.2	7.2	8.3
弯曲度	7.3	7.3	8.4
外观质量	7.4	7.4	8.5
可见光透射比	7.5.1	7.5.1	8.6.1
光畸变	7.5.2	7.5.2	8.6.2
耐热性	7.6.1	7.6.1	8.7.1
耐辐照性	7.6.2	7.6.2	8.7.2
耐湿性	7.6.3	7.6.3	8.7.3
抗穿透性	—	7.7.1	8.8.1
抗飞弹性	7.7.2	—	8.8.2
实际总功率或加温元件电阻	7.8.1	7.8.1	8.9.1
绝缘电阻	7.8.2	7.8.2	8.9.1
耐电热冲击性	7.8.3	7.8.3	8.9.2
耐电热性	7.8.4	7.8.4	8.9.3
加温均匀性	7.8.5	7.8.5	8.9.4

7.4 外观质量

在 1 m^2 内，玻璃中存在的缺陷不得超出表 2 的规定，除裂纹和破边外，周边 15 mm 范围内不作规定。

表 2 外观质量

序号	缺陷种类		允许数量
1	气泡 $d \leqslant 1.0$ mm		分散存在
2	结石		不允许
3	条纹、波纹、雾斑		在光学性能允许范围内存在
4	裂纹		不允许
5	发纹状擦伤		分散存在
6	轻划伤		4 条，每条长不超过 100 mm
7	麻点，破点 $d \leqslant 0.5$ mm		分散存在
8	破边 长×宽×深	1.0 mm×1.0 mm×1.0 mm 以下	分散存在
		1.0 mm×1.0 mm×1.0 mm～10 mm×3 mm×2.5 mm	5 个，每边不超过 2 个
9	胶合层气泡 $d \leqslant 2$ mm		5 个，其间距不小于 50 mm，在汇流条和玻璃贴合处及汇流条两边 10 mm 内不作规定
10	色点 $d \leqslant 2.5$ mm		分散存在
11	绒毛与发丝		分散存在
12	胶合层变色		不得影响使用

注：分散存在指在任一 ϕ200 mm 圆内所产生的缺陷数量不多于 5 处。d 为缺陷的最大宽度。

7.5 光学性能

7.5.1 透射比

按 8.6.1 进行试验后，电加温玻璃的透射比不得小于 70%。

7.5.2 光畸变

按 8.6.2 进行试验后，电加温玻璃的光畸变应符合表 3 的规定。

表 3 光畸变

光 畸 变	
A 型	B 型
4′	6′

注：平面玻璃不透明的区域或距周边 100 mm 范围内不作规定。曲面玻璃不透明的区域或距周边 150 mm 范围内不作规定。

7.6 耐环境稳定性

7.6.1 耐热性

按 8.7.1 进行试验后，每块试样允许存在裂口，但超出边部或裂口 20 mm 的部分不能产生气泡、脱胶或其他缺陷。

7.6.2 耐辐照性

按 8.7.2 进行试验后，不可产生显著变色、气泡等缺陷。

同时，电加温玻璃的可见光透射比降低值按式(1)计算的结果不得大于 5%，且辐照后试样的透射比不得小于70%：

$$\eta = \frac{T_1 - T_2}{T_1} \times 100 \quad \cdots\cdots\cdots\cdots\cdots\cdots\cdots\cdots(1)$$

式中：

η——透射比降低值，%；

T_1——辐照前试样的透射比；

T_2——辐照后试样的透射比。

7.6.3 耐湿性

按8.7.3进行试验后，超出边部10 mm的部分不能产生变色、气泡、脱胶或其他缺陷。

7.7 力学性能

7.7.1 抗穿透性

普速车玻璃按8.8.1进行试验，以6 m的冲击高度进行试验，冲击后5 s内钢球不可穿透试样。

7.7.2 抗飞弹性

高速车玻璃按8.8.2进行试验，按式(2)或由供需双方商定的冲击速度冲击制品，冲击后冲击体不得穿透制品，同时制品须保持在框架中。

冲击速度：$v_p = (v_{max} + 160\ km/h) \pm 20\ km/h \quad \cdots\cdots\cdots\cdots\cdots\cdots\cdots\cdots(2)$

式中：

v_p——冲击体冲击速度；

v_{max}——机车设计速度，km/h。

此项性能为定型设计时的必测项目。

7.8 电热性能

7.8.1 实际总功率或加温元件电阻

按8.9.1进行试验，其实际总功率或加温元件电阻应符合设计要求，但允许有10%的误差或供需双方商定。

7.8.2 绝缘电阻

按8.9.1进行试验，各绝缘部位间的绝缘电阻不得小于50 MΩ。

7.8.3 耐电热冲击性

按8.9.2进行试验，在−50℃±2℃承受2 h后，按产品要求通电15 min。试验后玻璃仍能正常工作，其外观质量仍应符合7.4条的规定。

7.8.4 耐电热性

按8.9.3进行试验，在20℃±5℃下加上1.2倍额定电压，工作30 min，试验后仍能正常工作，其外观质量仍应符合7.4条的规定。

7.8.5 加温均匀性

按8.9.4进行试验时，玻璃的熔蜡时间不得大于10 min或加温区各点温差不得大于10℃。

8 试验方法

8.1 外形尺寸测量

产品的外形尺寸用符合GB/T 9056规定的最小刻度为1 mm的钢直尺或钢卷尺测量，若用户提供样板时可按样板检查。

8.2 厚度测量

使用符合GB/T 1216规定的最小刻度为0.02 mm的外径千分尺或符合GB/T 1214规定的游标卡尺测量玻璃每边中点的厚度，以4点测量值的算术平均值作为成品厚度，数值修约到小数后1位。

8.3 叠差测量

用符合GB/T 9056规定的最小刻度为0.5 mm的钢直尺测量两单片玻璃的最大错位值。

8.4　弯曲度测量

将试样垂直立放，把钢直尺的直线边紧贴试样，用塞尺测量玻璃与钢直尺之间的缝隙，将此值除以测量边的边长即为弯曲度。

8.5　外观质量检验

8.5.1　在良好的漫射光条件下，距玻璃表面 500 mm 左右处，用肉眼进行观察，必要时可借助于读数显微镜等测量工具检查玻璃表面缺陷和内部缺陷。

8.5.2　缺陷的直径取其相互垂直的最大长度和最大宽度的算术平均值。

8.5.3　每块产品实际允许的缺陷数按式(3)计算：

$$N = S \cdot n \quad \cdots\cdots (3)$$

式中：

N——每块产品实际允许的缺陷数(四舍五入取整数)；

S——玻璃的面积(距周边 15 mm 范围内除外)，m^2；

n——表 2 中规定的单位面积缺陷数。

8.6　光学性能

8.6.1　透射比

取 3 块产品或与产品同等材料、同等工艺制成的试样，按 GB/T 5137.2—2002 中 3.1 条的方法进行试验，3 块产品或试样均符合 7.5.1 的要求方为合格。

8.6.2　光畸变

取 4 块产品，按 GB/T 5137.2—2002 中 3.3 条的方法进行试验，4 块产品均符合 7.5.2 的要求方为合格。

8.7　耐环境稳定性

8.7.1　耐热性

取 3 块与产品同等材料、同等工艺制成的尺寸约为 300 mm×300 mm 的试样，按 GB/T 5137.3—2002 中第 6 条的方法进行试验，3 块试样均符合 7.6.1 的要求方为合格。1 块试样符合要求时为不合格。

当 2 块试样符合要求时，则需再追加 3 块试样重做试验，3 块试样均符合要求时为合格。

8.7.2　耐辐照性

取 3 块与产品同等材料、同等工艺制成的尺寸约为 300 mm×76 mm 的试样，按 GB/T 5137.3—2002 中第 5 条的方法进行试验，3 块试样均符合 7.6.2 的要求方为合格。1 块试样符合要求时为不合格。

当 2 块试样符合要求时，则需再追加 3 块试样重做试验，3 块试样均符合要求时为合格。

8.7.3　耐湿性

取 3 块与产品同等材料、同等工艺制成的尺寸约为 300 mm×300 mm 的试样，按 GB/T 5137.3—2002 中第 7 条的方法进行试验，3 块试样均符合 7.6.3 的要求方为合格。1 块试样符合要求时为不合格。

当 2 块试样符合要求时，则需再追加 3 块试样重做试验，3 块试样均符合要求时为合格。

8.8　力学性能

8.8.1　抗穿透性

取 6 块与产品同等材料、同等工艺制成的 300 mm × 300 mm 的试样在 20℃ ± 5℃ 下按 GB/T 5137.1—2002 中第 6 条的方法进行试验，6 块试样均符合 7.7.1 的要求方为合格。4 块或 4 块以下试样符合要求时为不合格。

当 5 块试样符合要求时，则需再追加 6 块试样重做试验，6 块试样均符合要求时为合格。

8.8.2 抗飞弹性

8.8.2.1 取3块制品进行试验，试验后3块制品必须全部符合7.7.2的要求。

8.8.2.2 冲击体为质量1 000 g±10 g的圆柱体，冲击体与试验样品接触部分为半圆形，见图1。当冲击体在冲击过程中发生永久性破坏时，应及时更换冲击体。

单位为毫米

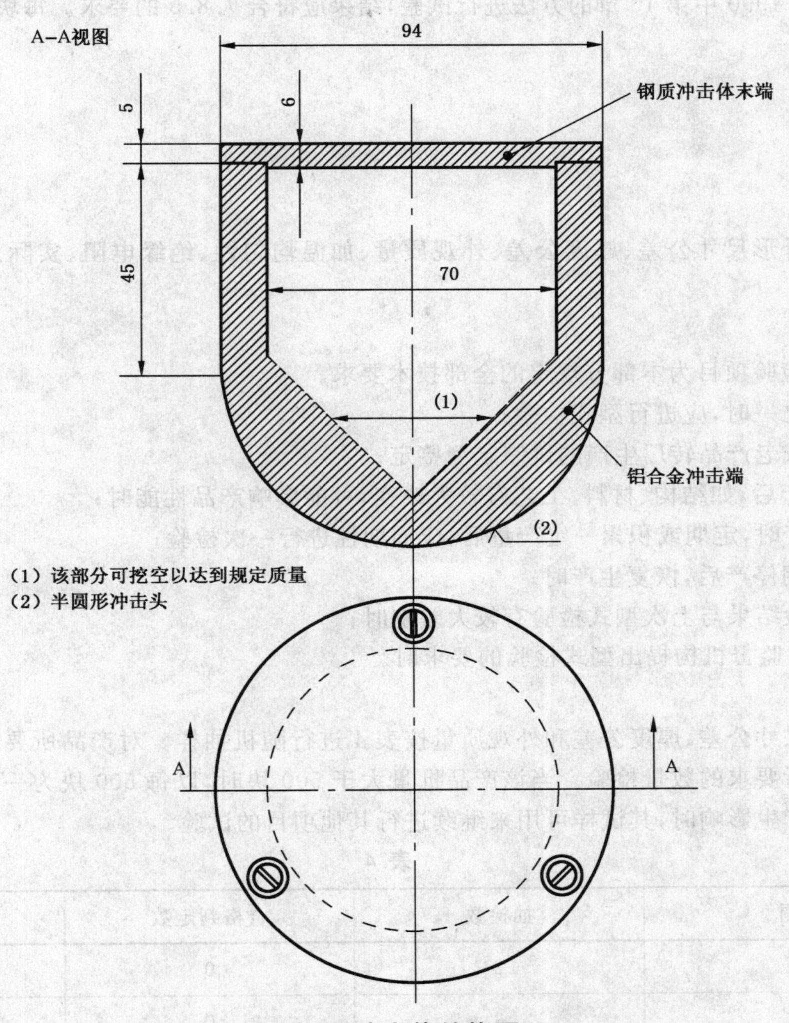

图1 冲击体结构图

8.8.2.3 采用GJB 2464—1995标准中第5.3章的试验设备。

8.8.2.4 试样安装时，应以实车安装角安装在框架上。在整个试验过程中，试样保持在15℃～35℃。

8.8.2.5 将冲击体放入弹衬壳中，装进空气炮管中，启动空气压缩机，当压力容器中的压力达到所需值时，打开空气释放机构，让划刀迅速划破堵气的涤纶薄膜，在压缩空气的作用下，使冲击体按一定速度射出炮口，通过测速装置，撞击试样。

8.8.2.6 试验后，检查和记录试验件的损伤程度并拍照。

8.9 电热性能

8.9.1 加温元件电阻、绝缘电阻、实际总功率

取3块产品分别按GJB 961—1990中第6,8,9章的方法进行试验，3块产品均符合7.8.3的要求方为合格。否则为不合格。

8.9.2 耐电热冲击性

取3块产品分别按GJB 961—1990中第13章的方法进行试验，3块产品均符合7.8.1,7.8.2的要

求方为合格。否则为不合格。

8.9.3 **耐电热性**

取3块产品分别按GJB 961—1990中第11章的方法进行试验,3块产品均符合7.8.4的要求方为合格。否则为不合格。

8.9.4 **加温均匀性**

按GJB 961—1990中第10章的方法进行试验,结果应符合7.8.5的要求。每块产品均应经受此项检验。

9 检验规则

9.1 检验分类

9.1.1 **出厂检验**

检验项目为外形尺寸公差、厚度公差、外观质量、加温均匀性、绝缘电阻、实际总功率或加温元件电阻。

9.1.2 **型式检验**

型式检验的检验项目为本部分规定的全部技术要求。

有下列情况之一时,应进行型式检验:

a) 新产品或老产品转厂生产的试制定型鉴定;

b) 正式生产后,如结构、材料、工艺有较大改变,可能影响产品性能时;

c) 正常生产时,定期或积累一定产量后,应周期性进行一次检验;

d) 产品长期停产后,恢复生产时;

e) 出厂检验结果与上次型式检验有较大差别时;

f) 国家质量监督机构提出型式检验的要求时。

9.2 抽样与组批

产品的外形尺寸公差、厚度公差和外观质量按表4进行随机抽样。对产品所要求的其他技术性能应根据检验项目所要求的数量检验。当该产品批量大于500块时,以每500块为一批分批检验。当检验项目对性能不产生影响时,其试样可用来继续进行其他项目的试验。

表4

批量范围	抽检数	合格判定数	不合格判定数
2～8	2	0	1
9～15	3	0	1
16～25	5	0	1
26～50	8	0	1
51～90	13	1	2
91～150	20	1	2
151～280	32	2	3
281～500	50	3	4

9.3 判定规则

若产品的外形尺寸公差、厚度公差和外观质量的不合格品数等于或大于表4的不合格判定数,则认为该批产品中的该项要求不合格。

产品其他技术要求的合格与否按本部分所规定的相应条款进行判定。

若上述各项中有一项不合格，则该批产品不合格。

10 标志、包装、运输和储存

10.1 标志

10.1.1 产品标志

每块产品的右下角或左下角必须有永久性的标记、生产厂名或商标。

10.1.2 包装标志

每个包装箱上应标明箱内包装产品的名称、规格、数量、生产厂名、出厂日期。并贴上(或写上)"小心轻放、防潮、向上"的标志。

10.2 包装

10.2.1 产品应用木箱或其他包装箱包装，玻璃应垂直立放在箱内，每块玻璃应用塑料布或纸包裹，玻璃与包装箱之间用不易引起玻璃划伤等外观缺陷的轻软材料填实。

10.2.2 包装箱内应放有合格证和装箱单，装箱单上应标明产品种类、规格、数量和装箱日期。

10.3 运输

运输时，包装箱不得平放或斜放，长度方向应与车辆运动方向相同，应有防雨措施。

10.4 储存

产品应垂直储存在干燥的室内。

ICS 91.100.50
Q 24

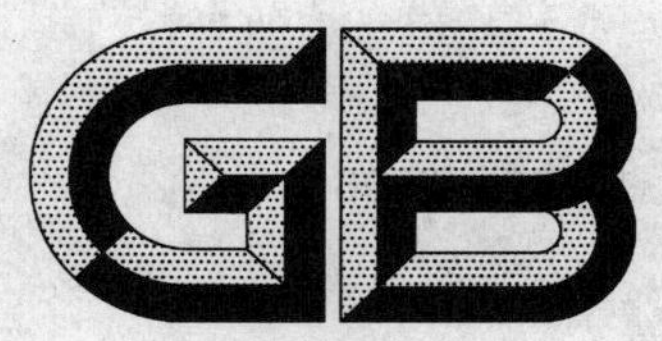

中华人民共和国国家标准

GB/T 14682—2006
代替 GB/T 14682—1993

建筑密封材料术语

Building sealing material vocabulary

(ISO 6927:1981,Building construction—Jointing products—Sealants—Vocabulary,NEQ)

2006-07-18 发布 2006-12-01 实施

中华人民共和国国家质量监督检验检疫总局
中国国家标准化管理委员会 发布

前　言

本标准对应于ISO 6927《建筑结构　接缝产品　密封胶　术语》(1981年英文版)。本标准包括了ISO 6927的全部术语,同时参考采用了ASTM C 717:2001《建筑密封和密封材料的标准术语》和日本有关资料的部分术语。本标准与ISO 6927的一致性程度为非等效,主要差异如下:

——对标准的编排格式做了修改;

——根据我国国情增加了一些术语;

——对个别术语的定义做了修改;

——删除了ISO 6927:1981的前言。

本标准代替GB/T 14682—1993《建筑密封材料术语》。本标准与GB/T 14682—1993相比主要变化如下:

——增加了前言;

——对适用范围的章标题及内容做了修改(1993年版的第1章;本版的第1章);

——对部分术语的条目进行了增删,对部分术语及定义做了修改(1993年版的第2章;本版的第2章);

——删除了GB/T 14682—1993的附加说明。

本标准的附录A和附录B均为资料性附录。

本标准由中国建筑材料工业协会提出。

本标准由全国轻质与装饰装修建筑材料标准化技术委员会(SAC/TC 195)归口。

本标准负责起草单位:河南建筑材料研究设计院、广州市白云化工实业有限公司。

本标准参加起草单位:成都硅宝科技实业有限公司。

本标准主要起草人:邓超、李谷云、丁苏华、王宏敏、李步春。

本标准于1993年首次发布,本版本为第一次修订。

建筑密封材料术语

1 范围

本标准规定了建筑密封材料的常用术语和定义。

本标准适用于建筑密封材料专业领域及相关行业。

2 术语和定义

2.1 材料

2.1.1

建筑密封材料 building sealing material

能承受接缝位移以达到气密、水密目的而嵌入建筑接缝中的材料。

2.1.2

预制密封材料 preformed sealing material

预先成型的、只有一定形状和尺寸的密封材料。

2.1.3

密封胶 sealant

密封膏

以非成型状态嵌入接缝中，通过与接缝表面粘结而密封接缝的材料。

2.1.4

弹性密封胶 elastic sealant

嵌入接缝后，呈现明显弹性， 当接缝位移时，在密封胶中引起的残余应力几乎与应变成正比的密封胶。

2.1.5

塑性密封胶 plastic sealant

嵌入接缝后，呈现明显塑性，当接缝位移时，在密封胶中引起的残余应力迅速消失的密封胶。

2.1.6

单组分密封胶 one component sealant

无须混合直接可用的单包装密封胶。

2.1.7

多组分密封胶 multi-component sealant

几种组分分别包装，按照供应商的要求将各组分混合后使用的密封胶。

2.1.8

溶剂型密封胶 solvent sealant

主要通过溶剂挥发而固化的密封胶。

2.1.9

乳液型密封胶 latex sealant

主要通过水分挥发而固化的密封胶。

2.1.10

化学固化型密封胶 chemically curing sealant

主要通过化学反应而固化的密封胶。

2.1.11

热熔型密封胶 hot-melted sealant

以热熔状态施工，冷却至环境温度而固化的密封胶。

2.1.12

自流平型密封胶 self-leveling sealant

填嵌水平面接缝时，可自然流动，形成平整表面的密封胶。

2.1.13

非下垂型密封胶 non-sag sealant

填嵌垂直面接缝时，不产生下垂的密封胶。

2.1.14

结构密封胶 structural sealant

用于建筑结构中，能够传递结构构件间的静态荷载或动态荷载的密封胶。

2.1.15

嵌缝膏 caulking compound

由油脂、合成树脂等与矿物填充材料混合制成的，表面形成硬化膜而内部硬化缓慢的密封材料。

2.1.16

建筑密封垫 building gasket

以塑料或橡胶预制成型的，具有异形断面的弹性密封材料。

2.2 性能与测试

2.2.1

挤出性 extrudability

用挤枪施工密封材料时挤出的难易程度。

2.2.2

适用期 application life

可使用时间

多组分密封胶混合之后（或者单组分密封胶打开密封容器之后），在规定的温度下可以嵌入接缝的时间。

2.2.3

施工度 work ability consistency

嵌缝膏嵌填施工的难易程度。

2.2.4

表干时间 tack-free time

失粘时间

密封胶表面失去粘性，使灰尘不再粘附其上的时间。

2.2.5

渗出性 bleeding

密封材料的部分成分分离、渗出的现象。

2.2.6

渗出指数 bleeding index

经渗出性测定后，渗出幅度与渗出滤纸张数之和。

2.2.7

下垂度 slump

密封胶从垂直面的接缝中流出的程度。

2.2.8

流平性 leveling

密封胶灌注水平面的接缝时，表面可自然流平的程度。

2.2.9

低温柔性 low-temperature flexibility

密封胶在低温条件下的柔韧性能。

2.2.10

粘结性 adhesion

密封胶在给定基材上的粘结性能。

2.2.11

位移能力 movement capability

填入接缝的密封胶适应接缝位移并保持有效密封的变形量。

2.2.12

拉伸粘结性 tensile properties

密封胶在拉伸状态下与给定基材的粘结性能。以拉伸强度(MPa)、断裂伸长率(%)和破坏状况表示。

2.2.13

正割拉伸模量 secant tensile modulus

密封胶在给定伸长率下的拉伸应力与相对伸长之比。

2.2.14

定伸粘结性 tensile properties at maintained extension

密封胶在给定伸长状态下，与给定基材的粘结性能。

2.2.15

剥离粘结性 peel properties

密封胶在剥离条件下与给定基材的粘结性能。以最大剥离强度(N/mm)和破坏状况表示。

2.2.16

弹性恢复率 elastic recovery

密封胶在释去引起变形的外力后，完全或者部分地恢复原来形状和尺寸的性能。

2.2.17

压缩特性 compression

密封胶的抗压缩性能，以给定压缩率下密封胶的压缩力(N)和压缩应力(N/mm^2)表示。

2.2.18

污染性 staining

密封胶对所填充的接缝周边基材的污染程度。

2.2.19

质量变化 mass change

密封胶的质量因物理或化学变化产生的改变。

2.2.20

体积变化 volume change

密封胶的体积因物理或化学变化产生的改变。

2.2.21

密封胶的耐久性 sealant durability

密封胶在给定的使用条件下可能的使用寿命。

2.2.22

使用寿命　service life

从将密封胶嵌入接缝至其功能失效所经历的时间。

2.2.23

贮存期　storage life

密封胶自生产之日起于规定条件下存放到仍然可以使用并保持其有效特性的时间。

2.2.24

耐候性　weather resistance

密封材料抵抗日光、温度、风雨等气候条件的能力。

2.2.25

固化　cure

密封胶从液态或膏状变硬或形成橡胶体的不可逆变化。

2.2.26

试件　specimen

由试样按一定形状和尺寸制备而成，用于性能测定。

2.2.27

基材　substrate

表面填嵌密封胶的基层材料。

2.2.28

粘结破坏　adhesion failure

密封胶与粘结基材界面发生的破坏现象。

2.2.29

内聚性　cohesion

密封胶承受拉力产生应变时，其内部分子之间保持集聚状态的性能。

2.2.30

内聚破坏　cohesion failure

密封胶本体发生的破坏。

2.2.31

基材破坏　substrate failure

使用密封胶的接缝部位由被粘基材自身破坏引起密封失效的状况。

2.2.32

相容性　compatibility

密封胶与其他材料的接触面互相不产生不良的物理化学反应的性能。

2.2.33

裂纹　checking

密封胶表面产生的极细微裂痕。

2.2.34

龟裂　crazing

密封胶表面产生的不规则网状裂纹。

2.2.35

开裂　crack

由密封胶表面深入内部或贯通的裂缝。

2.2.36

离析 segregation

密封胶或嵌缝膏内部某些组分的分离析出现象。

2.2.37

粉化 chalking

由于气候、老化等原因，密封胶表层形成粉末的现象。

2.3 应用

2.3.1

密封 to seal

将合适的材料嵌入建筑构件、组件和装置之间的接缝，以阻止气体、液体或固体通过。

2.3.2

底涂料 primer

底涂液

在密封胶施工之前为保证粘结性能而涂敷于接缝表面上的涂料。

2.3.3

底涂料的晾置时间 open time of the primer

涂敷底涂料之后至能够将密封胶嵌入接缝之间相隔的时间。

2.3.4

防粘材料 bond breaker

在建筑结构的指定接触面上防止粘结的材料。

2.3.5

背衬材料 back-up material

安装于接缝内用于限制密封胶密封深度和确定密封胶背面形状的材料。

2.3.6

防污带 masking tape

施工中为使填充部位之外不附着密封胶，并使密封胶表面容易修整而使用的胶粘带。

2.3.7

修整 tooling

将嵌入接缝的密封胶强制压实，以保证与基材内表面密切接触，并改善外观的操作方法。

2.3.8

修整时间 tooling time

密封胶施工后可对密封胶进行修整的时间。

2.3.9

接缝 joint

在建筑结构中，两个或更多相邻表面之间预留或装配形成的间隙。

2.3.10

接缝位移 joint movement

在建筑结构中，因温度、外力等因素引起的接缝尺寸的变化。

2.3.11

接缝伸缩位移幅度 joint movement amplitude for extension/compression movements

给定接缝由于其拉伸/压缩位移而造成的最大和最小缝宽之差。

2.3.12

接缝剪切位移幅度 joint movement amplitude for shearing movements

位于接缝轴线的垂直线上接缝面的两个点，沿位移平行方向测得的最大位移长度。

2.3.13

密封深度 depth of the sealant

密封胶表面与其背面之间的最小距离。

2.3.14

二面粘结 two-sided adhesion

在接缝中填充密封胶时，只与接缝两侧面粘结而不与接缝底面粘结的方法。使密封胶能自由地跟随接缝的伸缩。参见图1。

2.3.15

三面粘结 three-sided adhesion

在接缝中填充密封胶时，与接缝两侧面和底面均粘结的方法。常用于非移动接缝。参见图2。

2.3.16

形状系数 shape factor

密封材料填充的深度除以接缝宽度的值[D(深度)/W(宽度)]。用于设计密封材料适当的接缝形状。

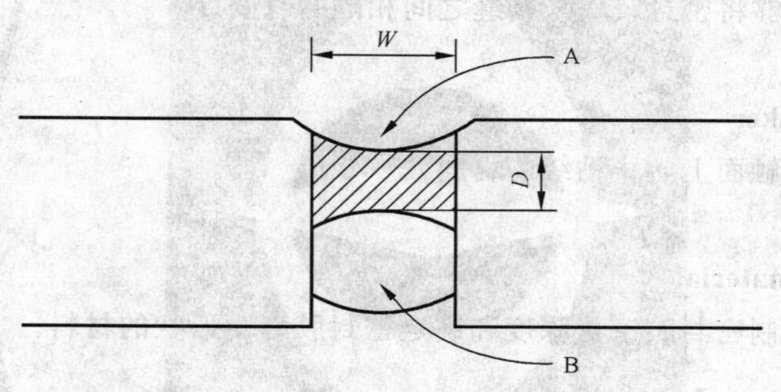

A——密封材料；

B——背衬材料。

图1 二面粘结示意图

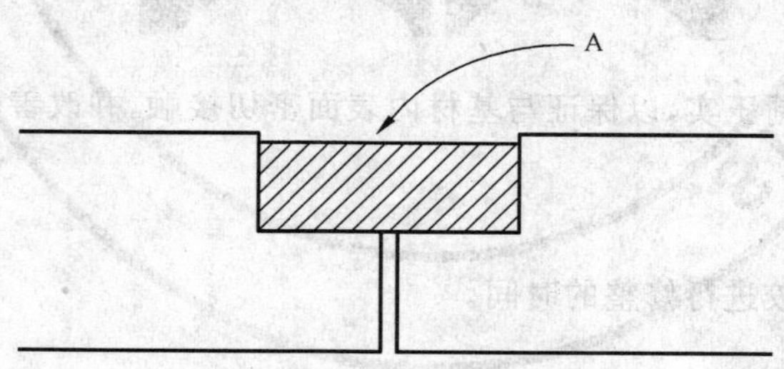

A——密封材料。

图2 三面粘结示意图

附 录 A
（资料性附录）
汉语拼音索引

附　录　B
（资料性附录）
英　文　索　引

A

B

C

D

E

H

J

L

M

N

O

P

S

ICS 29.160.01
K 20

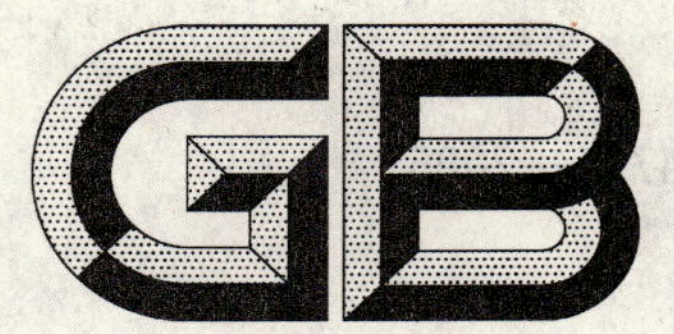

中华人民共和国国家标准

GB 14711—2006
代替 GB 14711—1993

中小型旋转电机安全要求

Safety requirements of small and medium size rotating electrical machines

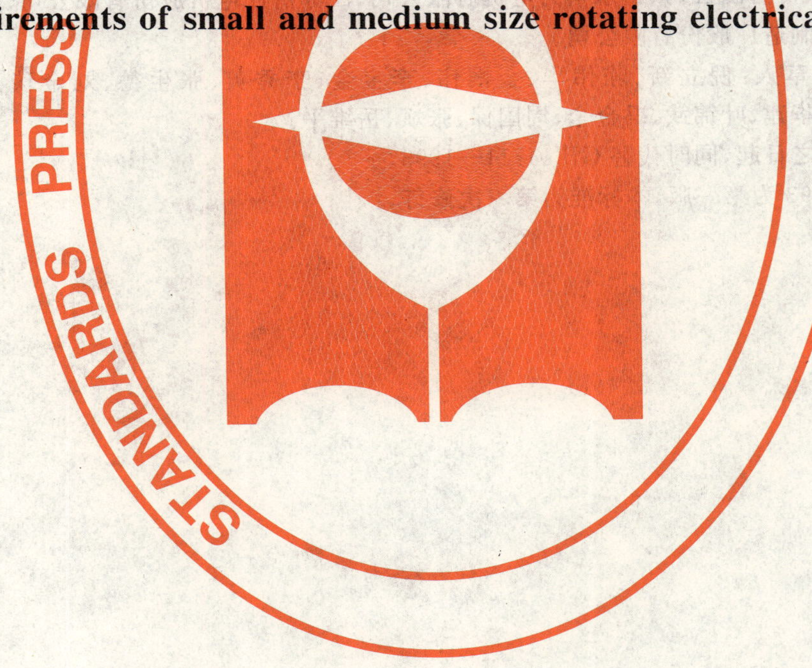

2006-08-25 发布　　　　2007-03-01 实施

中华人民共和国国家质量监督检验检疫总局
中国国家标准化管理委员会　发布

前　言

本标准的全部技术内容为强制性。

本标准与 GB 755—2000《旋转电机　定额和性能》中有关安全要求相一致。

本标准代替 GB 14711—1993《中小型旋转电机安全通用要求》，题目改为《中小型旋转电机安全要求》。

本标准与 GB 14711—1993 相比有下列主要不同：

1. 标准的编排结构进行了调整；

2. 增加了便携式和备用发电机、变频调速电机的安全要求等章条；

3. 标准中所涉及的表格均置后，便于查阅。

本标准由中国电器工业协会提出。

本标准由全国旋转电机标准化技术委员会(SAC/TC 26)归口。

本标准由上海电器科学研究所负责起草。参加起草单位：北京毕捷电机股份有限公司、重庆赛力盟电机有限责任公司、山东齐鲁电机制造有限公司、兰州电机有限责任公司、上海联合电机(集团)有限公司、浙江金龙电机股份有限公司、山东华力电机有限公司、江苏清江电机股份有限公司、昆明电工有限责任公司和山西电机制造厂股份有限公司。

本标准主要起草人：倪立新、陈伟华、金惟伟、李宝金、李秀英、张生德、刘金琰、才家刚、周奇、田志刚、高文安、崔华建、叶锦武、冯金全、周国保、张斌、岳维平。

本标准从实施之日起，同时代替 GB 14711—1993。

GB 14711—1993 为第一版，本标准为第一次修订。

中小型旋转电机安全要求

1 范围

1.1 本标准规定了一般用途中小型旋转电机(电动机和发电机,以下简称电机)的安全要求。

1.2 本标准不适用于宇航电机、牵引电机、防爆电机及起重冶金电机和屏蔽电机。对于按 GB/T 5171 生产的小功率电动机,也可采用 GB 12350 作为考核依据。

1.3 其他各类电机如有本标准未包括的其他特殊的安全要求,应另制定标准。

2 规范性引用文件

下列文件中的条款通过本标准的引用而成为本标准的条款。凡是注日期的引用文件,其随后所有的修改单(不包括勘误的内容)或修订版均不适用于本标准,然而,鼓励根据本标准达成协议的各方研究是否可使用这些文件的最新版本。凡是不注日期的引用文件,其最新版本适用于本标准。

GB 755—2000 旋转电机 定额和性能(idt IEC 60034-1:1996)

GB/T 825—1988 吊环螺钉(NEQ ISO 3266:1984)

GB 1971 旋转电机 线端标志与旋转方向(GB 1971—2006,60034-8:2002,IDT)

GB/T 2423.4—1993 电工电子产品基本环境试验规程 试验 Db:交变湿热试验方法(eqv IEC 60068-2-30:1980)

GB/T 4207—2003 固体绝缘材料在潮湿条件下相比电痕化指数和耐电痕化指数的测定方法(IEC 60112:1979,IDT)

GB 4706.1—1998 家用和类似用途电器的安全 第一部分:通用要求(eqv IEC 60335-1:1991)

GB/T 4942.1—2001 旋转电机外壳防护分级(IP 代码)(idt IEC 60034-5:1991)

GB/T 5169.11—1997 电工电子产品着火危险试验 试验方法 成品的灼热丝试验和导则(idt IEC 60695-2-1/1:1994)

GB/T 5169.12—1999 电工电子产品着火危险试验 试验方法 材料的灼热丝可燃性试验(idt IEC 60695-2-1/2:1994)

GB/T 5465.2—1996 电气设备用图形符号(idt IEC 60417:1994)

GB/T 11020—1989 测定固体电气绝缘材料暴露在引燃源后燃烧性能的试验方法(eqv IEC 60707:1981)

GB/T 13002 旋转电机装入式热保护 旋转电机的保护规则(GB/T 13002—1991,eqv IEC 34-11-1:1978)

GB/T 16422.2—1999 塑料实验室光源暴露试验方法 第2部分:氙弧灯(idt ISO 4892-2:1994)

GB/T 17948.1—2000 旋转电机绝缘结构功能性评定 散绕绕组试验规程 热评定与分级(idt IEC 60034-18-21:1992)

GB/T 18380.1—2001 电缆在火焰条件下的燃烧试验 第1部分:单根绝缘电线或电缆的垂直燃烧试验方法(idt IEC 60332-1:1993)

GB/T 18380.2—2001 电缆在火焰条件下的燃烧试验 第2部分:单根铜芯绝缘细电线或电缆的垂直燃烧试验方法(idt IEC 60332-2:1989)

GB/T 18380.3—2001 电缆在火焰条件下的燃烧试验 第3部分:成束电线或电缆的燃烧试验方法(idt IEC 60332-3:1992)

JB/T 7589—1994 高压电机绝缘结构耐热性评定方法(eqv IEC 60034-18-31:1992)

JB/T 8158—1999 电压为 690 V 及以下单速三相笼型异步电动机的起动性能(eqv IEC 60034-12:1995)

JB/T 10098—2000 交流电机定子成型线圈耐冲击电压水平(idt IEC 60034-15:1995)

IEC 60034-18-22:2000 旋转电机绝缘结构功能性评定——成型绕组的试验规程——绝缘组分替代和改变的分级

IEC 60034-18-31:1992 旋转电机绝缘结构功能性评定——成型绕组的试验规程——用于包括50 MVA及 15 kV 以下的电机的绝缘结构热性能评定和分级

IEC 60034-18-32:1995 旋转电机绝缘结构功能性评定——成型绕组的试验规程——用于包括50 MVA及 15 kV 以下的电机的绝缘结构电性能评定

3 术语和定义

下列术语和定义适用于本标准。

3.1

电气间隙 clearance

两个导电部件之间的最短空间距离。

3.2

爬电距离 creepage distance

两个导电部件之间沿绝缘材料表面的最短距离。

注：两个绝缘材料部件间的接缝认为是表面部分。

3.3

引线 lead

绕组线圈与接线端头之间、绕组线圈之间或绕组线圈与引到电机内部其他导体间的连接导线。它们可以引到电机外的一个接线盒中。

3.4

引接软电缆(电源软线) supply cord

从电机内直接引到电机外的用于供电的软线。

4 一般要求

4.1 本标准所规定范围内的电机应符合 GB 755—2000 的要求。

4.2 与电机成为一个整体的电容器认为是电机的一部分。

4.3 电机在室温,热态和受潮后都应具有足够的绝缘电阻值。绝缘电阻的测定及考核按 7.4 的要求。

4.4 电机在正常使用中,应不发生有碍安全的电气或机械故障,绝缘应不损坏,联结件应不松动,弹性部件和外壳零部件应不老化失效。

5 结构

5.1 总则

5.1.1 电机的电气元器件应是经专门批准的符合使用要求的型号、规格,或所用电气元器件作为电机整体的一部分和电机一起进行试验。凡旋转的零部件,都应能安全运行(包括超速)。凡与旋转部分不联接且不影响电气和机械安全的零部件可以不作为电机整体部分考虑,并且可以分别提供。

5.1.2 除了不能进水(例如水中用电机)或使用中内部不会积水的电机外,电机应有适当的排水措施,以防止电机内部积水而减少绕组和裸露的带电部件对地的电气间隙和爬电距离。电机的通风孔也可以起排水作用。当电机设置排水孔时,其直径应不小于 3 mm,且应符合 7.6 的要求。

5.1.3 如果电机是构成其他设备的一个整体部件,则电机的机座、外壳包括接线盒的功能可以由该设备的结构来提供。

5.1.4 空气自然冷却电机，如果要求具有内置过热保护，则应按照 GB/T 13002 的规定设置热保护。

5.1.5 除开启式电机之外，应确保防止触及到交流 30 V 以上、直流 50 V 以上的裸露带电部件的面板或罩盖只能用工具或钥匙才能打开。

5.2 外壳

5.2.1 电机机壳上的任何零部件的材料都应能承受正常工作状态时可能发生的高温和机械应力，不会因弯曲、蠕变、变形而导致发生着火和触电危险。

5.2.2 电机按其采用的外壳防护等级应符合 GB/T 4942.1—2001 中相应条款的规定。

5.3 非金属材料构件

5.3.1 用于支承和固定载流部件的绝缘材料构件，应能阻燃、耐热、耐漏电起痕性、防潮并有足够的耐电压强度及机械强度。

5.3.2 由非金属材料制成的电机外壳、外风罩、接线盒等应能耐潮、耐油、阻燃和耐工作时的温度变化。应能经受 7.8.3 的撞击试验、7.11 的老化试验、7.12 的耐热变形性试验和 7.13 的燃烧试验。

5.3.3 电机接线板和非金属材料制成的接线盒的耐热温度应不低于表 1 的规定。

5.4 接线盒(750 V 及以下电机)及接线装置

5.4.1 电机接线盒可以是装在电机外部的独立部件，也可以部分或整体是电机外壳的一部分。

5.4.2 电机接线盒应具有适当的可用体积，以容纳接线装置，并使其电气间隙与爬电距离不小于 5.8 的规定和能承受 7.5.2 规定的冲击耐电压试验。

5.4.3 接线盒如用金属材料制成，其厚度应符合表 2 的规定，且应满足 7.8.4 试验的要求。

5.4.4 由非金属材料制成的接线盒应符合 5.3.2。

5.4.5 接线盒与机壳的固定应和接线盒盖与接线盒的固定分开。

5.4.6 小型电机接线盒的防护等级应不低于 IP44。

5.4.7 当提供导线进线管装置时，应满足：

a) 对应于电机明示的额定电流，不小于表 3 规定的尺寸；

b) 位于表面有一个平坦的足够大的区域，以满足衬套和防松螺母的要求，除非在电源线进入接线盒处，导线管进入孔适合于导线穿过且在进入处不需要使用保护导线绝缘的衬套。

5.5 导线管衬套和等效的螺纹开孔

5.5.1 导线管的螺孔，可采用直牙或锥牙管螺纹密封，其旋合长度应不少于 3.5 个螺距。进线螺孔的个数应在产品标准中规定。进线孔应配有绝缘套管，出厂时进线孔应以橡胶或类似材料密封。

5.5.2 不与金属机壳铸成一体的接线盒导线管衬套，或用于安装刚性金属导线管的螺纹导管开孔，应具有足够的机械强度。并按 7.8.5 的规定进行试验判定。

5.6 引接软电缆(电源软线)

5.6.1 如果电机有供电软线，或为便于与其他设备联接，而提供伸出电机机座(外壳)外的引接软电缆(电线)，及需要时所带用于连接供电线路的插头，这种软线和插头均应符合该产品有关标准的规定或应符合该类设备的相关标准中对软线的要求。

5.6.2 除非不需要接地，否则这些软线束中应有一根接地导体。引接软线(含端头)应有不同的颜色或标记便于区分。

5.6.3 引接软电缆的额定电压应不低于电机的最大工作电压，且其载流量应至少等于使用系数的负载电流或 125% 的满负荷额定电流，取其中较大的电流。软线绝缘应能承受该电路的工频耐电压试验。

5.6.4 除另有消除可能受到拉力的措施，或引接软电缆(电线)不露于电机外，应在软电缆(电线)引出处设置绝缘保护层和夹紧装置，防止外部拉力传到内部接线和防止软电缆(电线)转动或位移造成事故。

5.6.5 除另有保护措施外，应防止引接软电缆(电线)退入电机内部。

5.6.6 夹紧装置：引接软电缆(电线)夹紧装置应用绝缘材料制成，若用金属材料，则应有绝缘内衬。

5.6.7 引接软电缆(电线)夹紧装置是否符合要求,应进行检查并通过7.9的拉力和扭转试验判定。

5.6.8 引接软电缆(电线)不应从进线孔硬性插入造成绝缘损伤。

5.6.9 在接线盒内,用于现场接线的散放引接电缆(电线),其自由长度应至少为150 mm。

5.7 引线

5.7.1 引线型式和尺寸

引线应有合适的载流量和长度,线圈引接线或类似的引线,应符合下列要求。

a) 对于在安装时供连接电源用的引线,其截面积不小于0.75 mm²;

b) 对于电机内部接线,诸如内部器件或引到电源软线的引线或提供接线板的引线,其截面积可小于0.75 mm²,但不得小于0.30 mm²。

5.7.2 引线绝缘

5.7.2.1 对绕组、刷握等引线,由于较软和不能定位来确保其具有合适的电气间隙,故应采用绝缘导体或在二个支撑点之间用耐热和耐潮绝缘材料连续包扎,这些材料如:绝缘垫、软绝缘管或其他合适的材料。

5.7.2.2 引线的型号规格应适合于电机的工作电压。如果电机上的任何部件在正常运行中会产生瞬时高压,则此引线对该部件的这种高压应具有良好的绝缘性能。

5.7.2.3 引线应符合相关的引线标准,其耐热等级应不低于电机的绝缘等级。

5.7.3 引线防护

5.7.3.1 电机的内部引线(电线)应与绕组妥善固定且不松散,两条以上同一走向的内部引线(电线)应捆绑在一起。内部引线(电线)不应放置在具有锐角和锐边的零部件上,并应能防止与活动部件接触。

5.7.3.2 内部引线(电线)的连接处,应有符合要求的绝缘套管和绝缘带妥善绝缘且可靠固定,防止电机运行时因套管松动和接头脱焊导致事故,并能承受7.5规定的耐电压强度试验。引线(电线)与接线端头应用冷压接。

5.7.3.3 内部引接线应采取适当措施,当接线螺栓或螺母松动时,应仍能使接线端头保持原位,不能只使用开口接线端头和锁紧垫圈。

5.7.3.4 具有多股导线的引线(电线)连接到接线端子时,应能保持在一定位置上,防止散乱的多股导线接地或短路。

5.7.3.5 当内部引线(电线)穿过电机机座时,应有绝缘子或其他有效措施在穿孔处与机座绝缘。绝缘子表面应光滑圆整、无毛刺、锐边,并应可靠固定。通过全封闭电机外部冷却室的引线应采用金属电缆管道或类似的套管等措施予以适当地保护,防止损伤。

5.8 低压电机的电气间隙和爬电距离(高压电机的要求见本标准第9章)

5.8.1 下列电气间隙和爬电距离应不小于表4的规定。否则应符合5.8.2~5.8.5的规定。

a) 通过绝缘材料表面的及空间的;

b) 在不同电压的裸露带电部件之间或不同极性之间的;

c) 在裸露的带电部件(包括电磁线)和在电机工作时接地(或可能接地)的部件之间的。

5.8.2 除低压电机外,其他电机的电气间隙和爬电距离应满足本标准适用条款的要求。

5.8.3 仅对有电刷电机的静止部件(如:刷握),处在换向器和滑环的区域中,由于碳灰的沉积(如:在刷握绝缘上),其电气间隙和爬电距离应大于表4的规定,并至少应增加50%,否则应提供合适的隔板、套环或类似的部件。

5.8.4 5.8.3规定的增加电气间隙和爬电距离的要求不适用于机座号大于H90的电机。

5.8.5 绕线转子电动机的转子绕组及离心开关,其电气间隙和爬电距离可能会小于表4的规定。但应保证不会产生有害的后果。

5.8.6 导线连接器,包括压力型连接(快速连接型)应防止转动或移动,以防电气间隙和爬电距离减小到小于5.8.1的规定。除非连接器左右转动30°时,电气间隙和爬电距离维持不变;或当连接器的螺杆是绝缘的时候，防止连接器转动措施可以省略。

5.8.7 表4中指定的电气间隙和爬电距离可以通过使用绝缘隔板来获得，这种隔板应由下列指定的材料制成。

a) 如果裸露的带电部件在绝缘隔板里面或可能进到里面而与这种绝缘隔板接触，则应采用耐热、耐潮材料（如：瓷瓶、酚醛塑料、聚脂、碳酸聚脂、尼龙、云母等）。

b) 合适的耐潮纤维和类似的吸湿材料隔板，可用于不会与裸露的带电部件（除电磁线之外）接触的位置，其厚度应不小于0.66 mm。如果电气间隙和爬电距离超过规定值的一半，则可以采用厚度不小于0.33 mm的绝缘隔板。

其他的厚度* 小于0.33 mm的绝缘材料如果通过检验，证实他们具有的机械和电气特性足以满足所有正常的使用条件，则可以被采用。

5.9 元器件

5.9.1 电机中的元器件，诸如：电容器、开关、电流互感器、电压互感器或类似的器件，应安装牢固并易于更换。

5.9.2 电容器应置于防护罩内且不应与易触及的金属部件相接触。如电容器外壳是金属的，则应用附加绝缘将其与易触及的金属部件隔开，电容器或其附加外壳应能防止电容器损坏时发生碎片飞散、火花或材料熔化。

5.9.3 由薄钢板制成的电容器罩的厚度应不小于0.5 mm。

5.9.4 当使用充油式电容器（非电解电容）时，为防止万一外壳破裂，易燃介质溢出，而设置了一个内部压敏断路器，则应有附加的轴向扩展空间以使断路器端子能动作。此附加的扩展空间应至少为12.7 mm，并且这是除表4规定的电气间距之外的附加要求。

5.10 保护接地装置

5.10.1 电机应有符合GB 755—2000中10.1规定的保护接地装置，除非使用场所不需要接地保护。

5.10.2 电机机座与保护接地装置之间应有永久、可靠和良好的电气连接，当电机在设备底座上移动时，保护接地导体应仍能可靠连接。

5.10.3 电机若采用接线端子连接接地导线，该接线端子应符合5.12对接线端子的要求。

5.10.4 保护接地接线端子的连接必须可靠锁紧，应能防止意外转动和防止减小电气间隙与爬电距离。不用工具应不能将其松开。

5.10.5 保护接地端子除作保护接地外，应不兼作他用。

5.10.6 保护接地导体和保护接地端子及其连接装置的材料应具有相容性，能抗电腐蚀且是电良好的导电体。若用黑色金属，则应电镀或用其他有效措施防止锈蚀。

5.10.7 保护接地导体应有足够的韧性，应能承受电机振动应力，并对其应有适当保护措施防止在电机使用和安装时产生危险。

5.10.8 保护接地连接应能保证确实贯穿油漆之类的非导电性涂料层。连接方式可为冷压接或其他等效手段，应不用铰接和仅靠锡焊。

5.10.9 穿透弹性橡胶底座的接地体应是金属，不能用导电橡胶接地。

5.10.10 保护接地端子的螺钉和接地导体应有足够截面，保护接地螺钉最小直径见表5，接地导体截面按GB 755—2000中表17的规定。

5.11 刷握装置及其线端

5.11.1 刷握装置的连接导线与接线端子应保持良好的电气接触，并且活动件与非载流金属件和带电体间的电气间隙和爬电距离在使用中应不减小。

5.11.2 除电磁线外的裸露的带电部件应由阻燃、耐热、耐潮、耐漏电起痕的绝缘材料支撑。

---

* 厚度不小于0.25 mm的纯云母，可以采用。

5.11.3 刷握装置的接线端子导线应设有止动的措施。

5.12 接线端子

5.12.1 利用螺钉(螺栓)、螺母或类似装置外接电源电缆(电线)的导电连接螺栓型接线端子,其连接螺钉(螺栓)、螺母等应符合有关标准和5.12.3～5.12.4的规定。

5.12.2 导线连接螺栓型接线端子应不用于固定其他任何零件。在外接电源导线时,若不会引起电机内部导线松动,则该接线端子也可用于夹紧电机内部导线。

5.12.3 接线端子允许的持续电流与其结构型式、螺钉(或螺栓)的直径和材料有关,应分别符合表6(导电连接螺栓型)、表7(片状端子型)和表8(散放引出线型)的规定。

5.12.4 接线端子应可靠固定。当夹紧装夹或放松电源电缆(电线)时接线端子应不转动或位移,内部引出线应不受到应力,电气间隙与爬电距离亦应不小于表4或表13规定的限值。

5.12.5 接线端子应配接OT型压接端头或弓型垫圈,以保证导线与接线端子有可靠的联接。当夹紧导线时,应有防松措施,在金属表面之间应有足够的接触压力,既不损伤导线也不会滑脱。

5.12.6 导电连接螺栓型接线端子应配有硬联接片,供改变电机电压、转速、旋转方向之用,各种连接均应保证电气间隙不小于表4或表13的规定。

5.12.7 采用螺纹安装接线螺钉的金属材料,其厚度应不小于1.3 mm,且应有两个以上的螺纹。

对未经拉伸的金属材料,若其厚度小于1.3 mm,但不小于螺纹的螺距时,则允许在螺孔处挤伸使旋合长度不小于两个螺距。

5.12.8 接线端子应联接牢固,其结构应能保证导电良好和足够的接触压力,并具有预期的载流能力。所有的载流部件都应由导电性能良好的金属材料制成,并应有足够的机械强度。紧固件若用黑色金属,则应电镀或用其他有效措施防止锈蚀。

5.13 轴承结构

轴承结构应能防止轴承润滑油脂沿轴流至电机绕组、载流部件和其他设备上引起事故。

5.14 换向器和集电环

具有换向器和集电环的电机应设置便于拆卸的监测窗。其刷握组件的结构应保证当电刷磨损至不能再继续工作时,电刷、弹簧和其他零件应不会使其附近不通电的金属零部件带电或触及带电零部件。

5.15 绝缘结构

5.15.1 电机绕组应妥善绑扎固定并经绝缘处理。绕组端部有绝缘的应不裸铜。

5.15.2 电机绝缘结构应具有防潮能力、可靠的绝缘性能和机械性能,应能经受7.10规定的试验。

5.15.3 绝缘结构所用的组分材料,例如电磁线、槽绝缘、绑扎带、槽楔、浸渍漆和引接电缆等,应具有良好的相容性且应经过试验评定,合格后才可用于绝缘结构。绝缘结构评定试验按7.10进行。

5.16 联接件

5.16.1 电机中用作电气或机械联接的联接件,应能承受在正常工作使用中产生的机械应力。

联接件的螺钉(螺栓)、螺母等零件不应用锌、铝等软金属或易于蠕变的金属材料制造。

5.16.2 联接件用螺钉应有一定的长度,应能保证联接可靠。

5.16.3 用于不同零件之间作机械联接的螺钉,若同时具有电气联接作用,则应可靠锁定,防止因松动、发热和接触电压升高造成事故。

5.16.4 用作电气联接的铆钉,若其在正常使用时易受扭力,则应锁定防止转动。

装有弹簧垫圈(或类似物)、非圆形钉杆铆钉或在联接后使铆钉不转动的其他方法均认为能良好锁定。

5.16.5 联接件是否符合上述要求,应通过目测检查和手感试验判定。

6 标志

6.1 每台电机应按GB 755—2000第9章要求的内容设置铭牌。

6.2 适于单一方向旋转的电机,应以箭头指示旋转方向。

6.3　电机若有专供电源中线的接线端子，则应标以字母符号“N”。

6.4　电机保护接地端子附近应标以保护接地图形符号“⏚”，必要时再应用字母符号“PE”标志。这些标志不应放在螺钉、可拆卸的垫圈或用作连接导线的可能拆卸的零部件上。

6.5　对小型电机，保护接地软线的颜色必须为绿、黄双色，非接地软线禁止采用此色标。

6.6　电机线端标志、旋转方向、旋转方向与线端标志的关系应符合 GB 1971 的规定。

6.7　如电机配用的电容器不与电机同时提供，则应标明所要用到的电容器的参数(如：型号、电容量及额定电压)。

6.8　对串励电动机和转速调整率大于 35%的复励电动机，制造厂应规定最高安全运行转速，并在铭牌上标明。对能承受 1.1 倍额定电压下空载转速的直流电动机，铭牌上不需标明最大安全运行转速。

6.9　当电机具有仅用于起吊电机部件的起吊装置时，电机上应按如下方式予以清楚地标明。除非此起吊装置能安全地吊起整台电机。

警示：“此起吊装置不是用于起吊整台电机，仅是联在此起吊装置上的部件可以由此起吊装置安全吊起”，或类似的警告语。

6.10　应提供下列附加信息和说明。对于电机将被用作最终完整装配的组成部分的地方和在电机接线信息出现在最终设备的联接图或说明当中的地方，或以上二者都有，则下列项目 a)和 b)中的图和安装说明不必和每台电机一起提供。

a)　电机应设置接线标志图，其线端标志应与电机的接线端子标志一致。电机的接线标志图，必须可靠固定，防止脱落。

b)　安装说明必须符合排水、安装、轴承润滑等的结构要求。安装说明中，还应包括所提供的器件，如：加热器、绕组热保护器等。

6.11　生产日期应标注在每台电机的不用任何工具就能易于看到的地方，可以采用日期代码、系列号或类似的方式标注。

6.12　电机上的所有标志可用打印、雕刻、压制或其他有效刻印方法制造，标志材料及刻印方法应保证标志清晰、耐用，在电机整个正常使用期限内应不磨灭和脱落。

6.13　标志是否符合要求，应通过观察检查并按 7.2 的方法进行试验判定。

7　试验

7.1　总则

电机应通过下列试验，以验证其是否符合本标准要求。装有加热器或其他制热部件的电机应满足本标准由制造商指明的所有运行条件下的要求。

7.2　标志试验

7.2.1　首先采用浸有水的湿棉布擦抹标志 15 s，随后再用浸有汽油的棉布擦抹 15 s，每秒往复擦抹一次。

7.2.2　在经过上述试验和本标准规定的全部试验之后，电机的标志仍应保持字迹清晰易辨，不能轻易除去，无易于移动和能造成脱落的卷边现象。

7.3　发热试验

7.3.1　当按以下要求试验时，电机各部分的温升和温度应满足 7.3.4 及 7.3.7 和表 1 的要求。

a)　对未标明额定输出的电机，在电机试验中，或通过对电机加载，或通过提高电机输入电压以获得额定输入电流；

b)　对在铭牌上标明了时间周期的电机，以额定频率或额定转速，并输出额定功率进行试验；对连续定额的电机应试验直至热稳定。

7.3.2　试验电压

7.3.2.1　发热试验应在电机铭牌规定的额定电压下进行。对大容量电机，当按额定电压进行发热试验有困难时，可以按相关标准所规定的试验方法进行。

7.3.2.2 整流器供电的机座号 H80 及以下直流电动机，应由在额定负载时能提供额定电压和规定波形系数且可调节的电源进行试验。

7.3.3 标以使用系数的电动机，应在额定电压和频率下连续加载直到实际输出等于额定功率乘以使用系数。

7.3.4 电机应按 GB 755—2000 和产品标准规定的运行条件进行试验。电机绕组、铁心、换向器、集电环等的温升限值、测量方法和修正值按 GB 755—2000 的规定。轴承温度的测量方法按 GB 755—2000 的规定，轴承温度限值在产品标准中明确。

7.3.5 专用电机应按照使用的条件进行试验，包括通风、安装方式、环境温度和温升。

7.3.6 当电机有多个定额时应在将会产生最高温度的定额下进行试验。

7.3.7 接线盒

7.3.7.1 接线盒内及引接软电缆(电线)上的温度应不超过表 1 的规定。

7.3.7.2 发热试验应按如下规定进行：

a) 外接电源导线的允许载流量应是电机满载额定电流的 125%；

b) 接线盒外电源线长度应不少于 1.22 m；

c) 电源线应通过导线管穿入；

d) 所有不用的接线盒开孔应封闭。

7.4 绝缘电阻

7.4.1 电机绕组的绝缘电阻在热状态或温升试验后测定时，应不低于下式计算的值：

$$R=\frac{U}{1\,000+\frac{P}{100}}$$

其中：

R——电机绕组的绝缘电阻，单位为兆欧(MΩ)；

U——电机绕组的额定电压，单位为伏(V)；

P——电机的额定功率，单位为千瓦(kW)、千伏安(kVA)或千乏(kvar)。

按上式计算的绝缘电阻低于 0.38 MΩ，则按 0.38 MΩ 考核。

7.4.2 电机绕组经 7.7 规定的湿热试验后，其热态绝缘电阻应不低于 7.4.1 的规定。

7.4.3 低压电机的冷态绝缘电阻应不低于 5 MΩ。

7.4.4 绝缘电阻测量方法

7.4.4.1 绝缘电阻的测量仪表的电压应按表 9 选择。

7.4.4.2 对工作时需与机壳直接相接或通过保护电容器连接的电机绕组，在测量时必须将这些绕组与机壳或保护电容器断开。

7.4.4.3 对绕线转子电机应分别测量定子绕组和转子绕组的绝缘电阻。

7.4.4.4 对具有多套绕组的电机，应分别测量各套绕组(无对地绝缘的绕组除外)的绝缘电阻。

7.4.4.5 绝缘电阻测量后，绕组应对地充分放电。

7.5 耐电压试验

电机绝缘应具有足够的耐电压强度，应能承受 7.5.1 和 7.5.2 规定的耐电压试验，无击穿和闪络现象。该试验进行时必须有安全保护措施，防止人员触及试验电路和被试电机。

7.5.1 工频耐电压试验

7.5.1.1 电机的工频耐电压试验按 GB 755—2000 的 8.1 进行，各类电机的试验电压值按 GB 755—2000 中表 14 的规定。电机绕组进行工频耐电压试验前，应先按要求测定绝缘电阻。

7.5.1.2 试验应在装配好的电机上进行。试验时电机所处状态和接线要求按 GB 755—2000 中 8.1 规定，若三相绕组中性点不易分开时，应对三相绕组中的所有出线端同时施加试验电压。

7.5.1.3　对具有不是为防触电或本身在耐电压试验时易损坏的固态元件的电机，应在与其电气连接之前进行耐电压试验。

7.5.1.4　试验时，与电机线端相连的浪涌电容器、避雷器、电流互感器等，应先与线端断开且接机壳地。

7.5.1.5　电容式电动机的电容器应以电机工作(运行或起动)时的正常方式保留与绕组相接。

7.5.1.6　对无刷励磁机和同步电机磁场绕组进行耐电压试验时，电路中的电子元件(二极管、晶闸管)应先自身短接且不接地。

7.5.1.7　试验时，电机中的空间加热器和测温装置，均应与机壳地相接。

7.5.1.8　对额定电压 1 000 V 及以下的电机，每 1 kV 试验电压，试验变压器的容量应不小于 1 kVA。

7.5.1.9　对额定电压 1 000 V 以上的电机，每 5 kV 试验电压，试验变压器的容量应不小于 1 kVA。

7.5.1.10　试验电压应在试验变压器的高压侧用静电电压表或电压互感器或用试验变压器的专用测量绕组测量，应不用变压器低压侧电压通过变比换算。

7.5.1.11　被试电机的试验电流应在试验变压器高压侧测量和判断。

a)　对额定电压交流 1 000 V 及以下、直流 1 500 V 及以下电机，试验所用高压变压器的过电流继电器的脱扣电流应为 100 mA，当试验电流大于或等于 100 mA 时，则判该电机击穿。

b)　对额定电压交流 1 000 V 以上、直流 1 500 V 以上电机，试验结果的判别，按相关产品标准。

7.5.2　冲击耐电压试验

7.5.2.1　电机绕组、接线板和其他绝缘件对机壳(地)都应进行冲击耐电压试验。

7.5.2.2　对于在 JB/T 8158 范围内的笼型感应电动机，按 GB 755—2000。

7.5.2.3　对于高压交流电动机，按 JB/T 10098—2000。

7.6　防护试验

外壳防护试验认可条件应按 GB/T 4942.1 的规定。

7.7　湿热试验

7.7.1　电机应能经受正常使用中可能出现的潮湿条件。

7.7.2　电机是否符合要求，除另有规定外，应按 GB/T 2423.4—1993 所规定的 40℃ 交变湿热试验方法进行 6 周期试验，试验后电机热态绝缘电阻应不低于 7.4 规定，并应通过 7.5.1 规定的工频耐电压试验，其试验电压值应为 7.5.1.1 规定值的 80%。

7.8　机械强度试验

7.8.1　超速

电机的旋转部件应按 GB 755—2000 的 8.5 的规定进行超速试验，试验后应无永久性的异常变形和不产生妨碍电机正常运行的其他缺陷，转子绕组在试验后应能满足耐电压试验的要求。

7.8.2　短时过转矩

电机应能承受 GB 755—2000 的 8.3 规定的短时过转矩试验而不发生转速突变、停转或有害变形。

7.8.3　撞击试验

7.8.3.1　电机的非金属材料外壳，其外表面的任何一点都应能承受一个直径为 51 mm，重 0.53 kg 的钢球从高 1 300 mm 落下所产生的 6.78 J 能量的撞击试验。

7.8.3.2　7.8.3.1 中的试验应在室温下完成。

7.8.3.3　非金属材料外壳在 7.8.3.1 的试验后应无影响其继续使用的损坏，或不减小电气间隙与爬电距离。

7.8.4　接线盒静压力试验

7.8.4.1　电机接线盒应坚实耐用且安装牢固，应无有害变形和松动。电机接线盒是否符合要求，应按如下方法进行试验判定。

7.8.4.2　机座号大于 H90 的电机接线盒，其水平表面应能承受 1 060 N 的垂直静压力作用历时 1 min，此垂直静压力与电机预定的安装位置无关。机座号 H90 及以下的电机，接线盒水平表面应能承受压强为 0.135 N/mm^2(135 kPa)的垂直静压力,最大值为 1 060 N。

7.8.4.3 此静压力应通过一个直径 50.8 mm 的平坦的金属面施加,试验后接线盒的有效性没有损伤及电气间隙和爬电距离不小于表 4 或表 13 的规定。

7.8.5 导线管螺纹开孔试验

刚性金属导线管的穿线开孔应能承受下列试验而不破损,施加于旋入开孔的刚性金属短导线管上的试验扭矩值,在表 10 中规定。

a) 在任意方向短时间的弯曲;

b) 施加拧紧导线管方向的扭矩。

7.8.6 接线端子强度

接线板和接线端子应具有足够的机械强度和刚度,在承受表 11 的紧固扭矩时应不损坏。

7.8.7 吊运装置

电机及其部件用于吊运的吊环或类似装置应具有足够的机械强度,进行轴向保证载荷试验时,不会因负载产生永久变形或转动。吊环允许轴向保证载荷试验方法按 GB/T 825—1988 规定。

7.9 引接软电缆(电线)夹紧装置

7.9.1 引接软电缆(电线)夹紧装置是否符合要求,应进行检查,并通过拉力和扭转试验判定。试验时将引接软电缆(电线)在离线夹 100 mm 处断开,在软电缆(电线)上施加表 12 规定的静拉力,历时 1 min,试验时电机应置于其结构允许的任意位置,使夹紧装置能受到拉力作用。

试验后,软电缆(电线)被夹持部位与夹紧位置的相对位移应不大于 1 mm。

7.9.2 在夹紧装置外壳和电缆间施加 0.28 N·m 的力矩,历时 1 min,电缆应无转动现象。

7.10 绝缘结构评定

7.10.1 低压散嵌绕组电机绝缘结构应按 GB/T 17948.1—2000 或 IEC 60034-18-22:2000 进行耐热性评定,成型绕组电机绝缘结构应按 IEC 60034-18-31:1992 或 JB/T 7589—1994 进行耐热性评定,电机绝缘结构在对应的温度等级下,其耐热寿命应大于 20 000 h。

7.10.2 高压成型绕组电机的绝缘结构应按 IEC 60034-18-32:1995 进行电寿命评定,在室温下绝缘结构在对应的电压等级下,其电寿命不低于 100 000 h。

7.10.3 未经绝缘结构试验评定的组分材料要应用于已评定的绝缘结构时,应按 IEC 60034-18-22:2000 标准进行组分替代试验。

7.10.4 整体绝缘

7.10.4.1 对于额定电压 750 V 及以下电机,用整体绝缘(如环氧涂覆)代替槽衬的绕组、定子或转子绕组试样应进行 7.10.4.2～7.10.4.7 的试验。

7.10.4.2 试样应进行 1 500 V,1 min 的耐电压强度试验;但应用于 250 V 以上电机的绕组试样应进行 2 U_N+1 000 V,1 min 的耐电压强度试验,应不击穿。

7.10.4.3 试样的老化处理周期应是:A 级绝缘——175℃,24 h;B 级绝缘——200℃,24 h;F 级绝缘——220℃,24 h。然后在温度 30℃,相对湿度 80%～90%时处理 24 h,允许±2℃的温度偏差。

7.10.4.4 试样应按 7.10.4.3 的老化周期进行第二次处理,然后在 25±0.5℃的硬水溶液中浸渍 24 h,此溶液是每升蒸馏水加 0.5 g $CaSO_4$。

7.10.4.5 试样应在基本无气流场合中,并在正常室温下,空气干燥不少于 7 h。

7.10.4.6 试样的绝缘电阻应在室温下用 500 V 兆欧表测量,绝缘电阻应不低于 0.5 MΩ。

7.10.4.7 所有试样应按 7.10.4.2 再次进行耐电压强度试验,应通过试验,不击穿。

7.11 非金属材料的老化试验

7.11.1 电机中非金属材料及其制成的电机外壳零部件,例如:塑料风扇、塑料风罩、塑料接线盒等应按 GB/T 16422.2—1999 进行耐气候老化试验,老化后的材料,其机械性能(拉伸强度或冲击强度或弯曲强度)应不低于未老化的材料的 50%。

7.11.2 电机中由橡胶或类似材料制成的弹性部件(例如衬垫,密封圈等)应能耐老化。并按下述方法试验评定:

7.11.2.1 将弹性部件置于70℃±2℃的加热室中240 h,室内大气压力和成分同周围空气,且有自然循环通风;

7.11.2.2 再将试品放在室温和相对湿度45%～55%环境中不少于24 h;

7.11.2.3 试验后目测试品应无表面龟裂,收缩,变粘或出油现象。

7.12 耐热变形性

7.12.1 电机中非金属材料(除陶瓷材料以外)及其制成的零部件应具有足够的耐热变形性。

7.12.2 对由非金属材料制成的电机外部零件,例如接线盒、冷却风扇、外风罩等应能通过75 ℃的球面压力试验。

7.12.3 对接线板、塑料换向器、塑料集电环等安装或支撑载流零部件的绝缘材料,应能通过125℃的球面压力试验。

7.12.4 球面压力试验装置如图所示。

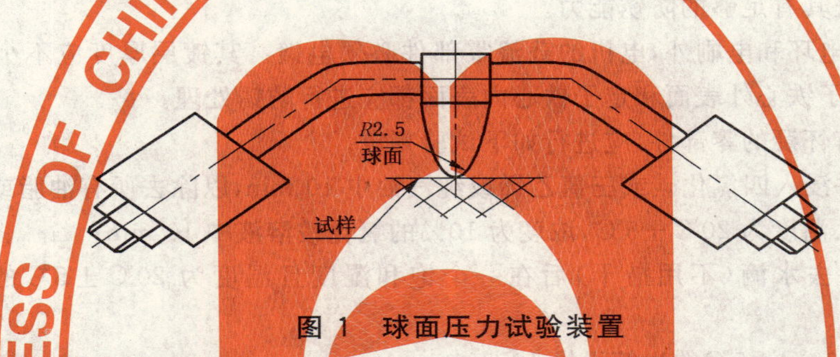

图1 球面压力试验装置

7.12.5 球面压力试验方法

开始试验之前,试样先要在温度为15℃至35℃之间,相对湿度为45%到75%之间的大气环境中,保持24 h。

将试样水平放置于厚度不小于5 mm的钢板上,用直径5 mm的钢球,以20 N的力垂直压向试样的试验平面,将试样连同试验装置放入75℃±2℃或125℃±2℃的烘箱中,历时1 h后移去试验装置并将试样立即浸入水中冷却,要求在10 s内使试样冷却至接近室温。测量试样上的钢球压痕,直径应不大于2 mm。

试样厚度应不小于2.5 mm。对厚度小于2.5 mm的试样允许以多层试样叠至2.5 mm后试验。

7.13 燃烧试验

7.13.1 电机中非金属材料(陶瓷材料除外)及其制成的零部件应具有阻燃性。

7.13.2 阻燃性是否符合要求,应分别按下述方法试验和判定。

7.13.2.1 对安装接线端子的绝缘部件,如接线板等,应按GB/T 5169.11—1997进行灼热丝试验,试验温度为960℃±15℃,试验持续时间为30 s±1 s。

7.13.2.2 对换向器、集电环、刷握装置、离心开关等零部件中有可能要承受电机正常或不正常状态下产生的接触火花的绝缘零部件,应按GB/T 5169.11—1997进行灼热丝法试验,其中安装支撑载流零部件的试验温度为960℃±15℃,支撑非载流零部件的试验温度为650℃±10℃,试验持续时间均为30 s±1 s。

7.13.2.3 对由非金属材料制成的风扇,外风罩,接线盒等电机外部零件,应按GB/T 11020—1989中FH法进行着火危险试验,其结果应能达到FH2—40 mm级。或用GB/T 5169.12—1999的灼热丝试验代替,试验温度为650℃±10℃,持续时间为30 s±1 s。

7.13.2.4 对电机引接电缆(电线)应按GB/T 18380.1—2001、GB/T 18380.2—2001、GB/T 18380.3—2001的规定进行燃烧试验。

7.14 耐漏电起痕性

7.14.1 电机中安装带电零部件的绝缘材料，带电零部件和相邻不带电的金属零部件之间的绝缘材料（如电机绕组的浸渍漆、襄封树脂、涂敷材料等）应具有耐漏电起痕性。

7.14.2 电机接线板、塑料换向器、塑料集电环按 GB/T 4207—2003 的规定测定其相比漏电起痕指数 CTI 应不小于 175 V。

7.14.3 如果电机与整机配套使用时，整机有关标准要求有更高的耐漏电起痕能力，则应按整机标准要求试验。

7.14.4 试验时若试样着火，则判试验不通过。

7.15 元件试验

7.15.1 电机所使用的配套元件，例如离心开关、辅助开关、电容器、电源插头等应符合该元件的产品标准。

7.15.2 电机中元件除另有规定外，应作为电机的一部分经受本标准规定的试验。

7.16 防锈

7.16.1 若电机的金属零件的锈蚀可能导致电机着火、触电或伤害人身，则这些零件应采用油漆、涂敷、电镀或其他措施以保证其有足够的防锈能力。

7.16.2 除换向器、集电环和电刷外，电机的载流零部件必须电镀。其镀层厚度应不小于 5 μm。电机的外部金属零部件、转子铁心外表面和定子铁心内表面都应进行防锈处理。

7.16.3 对防锈能力有怀疑的零部件，应进行如下试验判定。

a) 把试验零部件浸入四氯化碳或三氯乙烯或纯汽油中 10 min，以除去所有油脂或杂质；

b) 将该零件浸入温度为 20℃±5℃，浓度为 10%的氯化铵溶液中 10 min；

c) 取出零件，抖去水滴（不用揩干）后在一个饱和湿度且温度为 20℃±5℃的试验箱中存放 10 min；

d) 将零件放入 100℃±5℃的烘箱干燥 10 min；

e) 经 a)～d)项处理和试验后，零件表面应无生锈痕迹，但在零件锐边上的锈迹和任何可以擦除的淡黄色膜可以忽略不计。

8 额定电压 1 000 V 及以下低压交流电机（包括交直流两用电动机）

8.1 范围

本章适用于额定电压 1 000 V 及以下的交流电机（包括交直流两用电动机）。

8.2 结构

8.2.1 总则

除了在本 8.2 条中的修改或另有规定外，第 5 章的要求均适用。

8.2.2 埋置式检温计

埋置式检温计的引线绝缘，对温度与所涉及的电压，应与电机的其他部件所要求的绝缘等级相同。

8.2.3 电气间隙和爬电距离（对机座号≤H80 电机的补充要求）

额定电压 30 V 及以下的电机，两个相反极性的裸带电部件之间的电气间隙和爬电距离至少为 1.6 mm，裸带电部件与接地金属间的电气间隙和爬电距离至少为 1.2 mm。

8.2.4 机械强度（对机座号≥H315 电机的补充要求）

8.2.4.1 线圈端部应能承受正常起动和操作浪涌而不位移。

8.2.4.2 线圈端部固定支撑端环的地方，导体与电机机座间的绝缘应适合相应电压的要求。

8.3 标志

第 6 章的要求均适用。

8.4 试验

第 7 章的要求均适用。

9 额定电压 1 000 V 以上高压交流电机

9.1 范围

本章适用于额定电压 1 000 V 以上高压交流电机。

9.2 结构

9.2.1 总则

除了在本 9.2 条中的修改或另有规定外，第 5 章的要求均适用

9.2.2 外壳

9.2.2.1 除了开启式电机之外，不应有可触及到 1 000 V 以上带电部件的开孔，除非这些带电部件已被安全绝缘，否则应防止人身意外接触。

9.2.2.2 对 1 000 V 以上带电部件的防护面板或罩盖应按 9.3.2 的要求标识，除非：

a) 此面板或罩盖是开启式电机的部件；

b) 暴露的带电部件已按电压要求安全绝缘。

9.2.2.3 在空-水闭式自循环的电机上，应有防止水可能落到带电部件上的措施，这种措施包括水箱、水管及防护罩或绕组的密封。

9.2.3 机械强度

本标准的 8.2.4.1、8.2.4.2 适用。

9.2.4 内部布线(1 000 V 以上)

9.2.4.1 在单导体通过磁性材料壁处，此壁应开槽口，足以通过此导体，以使导体绕此开口的循环电流最小。

9.2.4.2 在单导体通过金属壁的地方，要求用绝缘套管，这种绝缘套管应能减小在靠近套管的导体绝缘中的电气和机械应力到一个可接受的水平。

9.2.4.3 如果 9.2.4.2 中的绝缘套管也用作增加引线的绝缘(如：引线的额定电压比电机的额定电压低)，则套管的厚度应是确定其是否适用的检查的主要内容。

9.2.4.4 如果用绝缘材料支撑一些通过金属壁的高压引线，则在导体和安装时可能接地的金属之间的绝缘材料的横向间距应是检查的主要内容。

9.2.5 电气间隙和爬电距离

9.2.5.1 接线盒内裸露的不同的带电部件或不同极性部件之间及裸露的带电部件(包括：电磁线)和非载流金属或可移动的金属外壳之间的电气间隙和爬电距离应不小于表 13 的规定。

9.2.5.2 当适用时，将非载流金属部件与固体部件隔开的绝缘应可靠地固定，所用纯云母的厚度应不小于 0.25 mm，或是等效的绝缘，且其爬电距离应不小于表 13 的规定。

9.2.5.3 当适用时，作为 9.2.5.2 的另一种情况，如果用散热片支撑固体部件，则散热片应被作为裸露带电部件，其电气间隙和爬电距离应按照表 13 的规定。

9.3 标志

9.3.1 除了 9.3.2 中的规定之外，第 6 章的要求均适用。

9.3.2 靠近高电压部件(1 000 V 以上)的面板、接线盒罩盖和刷握罩盖，除非高压部件按电压所需已绝缘，否则应标以："危险：高压"或等效的标示，或按 GB/T 5465.2—1996 标出№5036 图示符号的黑边、黄底、黑色闪电符号。

9.4 试验

第 7 章的要求均适用

10 直流电机

10.1 范围

本章适用于直流电动机和发电机，包括由静止整流电源供电的直流电动机(不包括交直流两用电动机)。

10.2 结构

10.2.1 总则

除了在本 10.2 条中的修改或另有规定外，第 5 章的要求均适用。

10.2.2 外壳

10.2.2.1 除了开启式电机之外，电机上不应有开口可以进入电机内接触到可能带有 1 500 V 以上的带电部件，除非这些部件已按电压要求绝缘，否则应防止人体的意外接触。

10.2.2.2 靠近 1 500 V 以上带电部件的面板或罩盖应按 9.3.2 的要求标识，除非：

a) 面板或罩盖是开启式电机的部件；

b) 暴露的部件已按电压要求绝缘。

10.2.3 内部布线

10.2.3.1 内部引线包括温度传感器和电枢及励磁回路引线应该符合第 4 章～第 6 章的要求。

10.2.3.2 对温度传感器引线和其他的与高压电机引线接触的低压部件应以高电压同样的方式绝缘。

10.2.4 电气间隙与爬电距离

10.2.4.1 当额定电压为 1 500 V 及以下时，应符合 5.8；当额定电压为 1 500 V 以上时，在不同极性的带电部件之间及带电部件与非载流金属之间的电气间隙和爬电距离的最小值应为 0.012 7 mm/V。

10.2.4.2 对 1 500 V 以上电路，最小隔板厚度应为 1.6 mm；

10.2.4.3 对 1 500 V 以上电路，对于有碳刷灰沉积的静止表面，爬电距离应至少比 10.2.4.1 规定值大 50%。其他可供选择的措施是采用合适的隔板、档圈或等效物。

10.2.5 起吊支架

10.2.5.1 对轴承通过端盖或其他固定方式整体安装在机座上的电机，起吊支架应能安全吊起整台电机。

10.2.5.2 按 6.9 标识且轴承通过轴承座或其他方式直接安装于地基或底座上的电机，起吊支架应至少能安全地吊起装在一起的部分，分体机座顶部起吊支架仅需足以吊起顶上部分。

10.3 标志

10.3.1 除 10.3.2 和 10.3.3 的规定外，第 6 章的要求均适用。

10.3.2 除 6.1 的要求之外，当适用时，电机应将下列信息标示在铭牌上，或模压在机座或外壳易见的部位上，或以类似的永不磨灭的方法标注。

a) 带有水-空热交换器的直流电机，进口冷却水最高温度和最小的流速。

b) 独立管道通风电机每分钟冷却空气量。

10.3.3 可以进到可能带有 1 500 V 以上电压的带电部件的面板或罩盖应按 9.3.2 的要求标识，除非：

a) 此面板或罩盖是开启式电机的部件；

b) 暴露的部件已按电压要求绝缘。

10.4 试验

10.4.1 总则

除 10.4.2 到 10.4.3 的规定之外，第 7 章的要求均适用。

10.4.2 耐电压试验

7.5 的要求适用，或可以采用直流电压等于$\sqrt{2}$乘 7.5.1 规定的交流电压。

10.4.3 防水试验

如果通过电机实物或外形图观察，就能明显判别符合防滴型外壳的试验要求，则 7.6 的试验可以不进行。

11 便携式和备用发电机

11.1 范围

本章适用于额定电压 240 V 及以下，功率为 12 kW 及以下的便携式发电机和备用发电机。

11.2 结构

11.2.1 总则

除11.2.2至11.2.4外，第5章的要求均适用。

11.2.2 外壳或盖板

11.2.2.1 可直接触及到发电机内交流电压有效值30 V以上或直流电压50 V以上的裸露带电部件的开孔所用的盖板或罩盖，应确保用工具或钥匙才能被打开。

11.2.2.2 发电机壳、罩上的开口尺寸和形状应当能防止一根末端直径为11.7 mm的探针通过，触及裸露的带电部件或旋转部件。如果裸露的带电部件或旋转部件与外壳开口之间的最小距离超过100 mm，探针的直径应为19 mm。探针应当按11.4.3的要求使用。

11.2.2.3 如果外壳和风扇罩为非金属材料，应符合5.3.2的要求。

11.2.3 接线盒(750 V及以下电机)

11.2.3.1 接线盒面板或外壳应由阻燃、耐潮、耐油的材料制成。如为金属，其厚度应符合表2的规定。接线盒面板或外壳应满足7.8.4的静压力试验要求。

11.2.3.2 非金属材料的接线盒面板或外壳应满足7.8.3的撞击试验和7.13的燃烧试验。

11.2.4 引线

11.2.4.1 引线应有合适的载流量和长度。

11.2.4.2 电枢、励磁、转子和定子绕组等与电源连接的引线的截面积至少应为0.3 mm^2。

11.2.4.3 绕组、刷握等引线，如不能刚性定位以确保维持其具有合适的电气间隙，应该是绝缘导体或在二个支撑点之间用耐热和耐潮绝缘材料连续包扎，这些材料如：绝缘垫、软绝缘管或其他合适的材料。

11.2.4.4 引线绝缘应能承受正常使用中可能出现的最高温度。

11.2.4.5 引线应有足够的稳定性，或采取机械方式固定，以防与活动部件接触。

11.2.4.6 在引线通过金属的地方，或者金属有光滑的边缘，应采取防止绝缘磨损的措施。仅对于便携式发电机而言，发电机内部件之间的引线应当通过垫圈、套管或其他具有等同温度定额的设施来防止磨损。

11.3 标志

11.3.1 根据GB 4706.1—1998和GB 755—2000对标志的要求，当适用时，每台发电机的铭牌上应清晰地显示如下信息，或将信息模压在机座、外壳上易于见到的部位，或以其他类似的永久性的方式标识在电机上。

a) 制造厂名称，商标，商标名称，或者其他识别符号；

b) 型号，类别，型式或者其他命名型号；

c) 以伏安，瓦或者千瓦为单位的额定输出功率，额定输出以VA、W或kW为单位；

d) 时间定额(如不是连续工作制)；

e) 额定转速或者同步转速，(r/min)；

f) DC(适用直流发电机)；

g) Hz(适用交流发电机)；

h) 相数(适用交流发电机)，单相发电机可不标；

i) 最高环境温度(℃)；

j) 对于备用发电机，注明“备用”；

k) 对连续定额且符合11.4.1.3的交流发电机，应标明“在24 h的周期内可过载10%，运行2 h”；

l) 如使用系数大于1.0，须标明使用系数；

m) 制造时间，日期代码、序号，或者使用其他类似的方式。

11.4 试验

对便携式和备用发电机，本11.4代替第7章。

11.4.1 发热试验

11.4.1.1 标以使用系数的发电机应当连续加载，直到输出(电流或功率)等于额定输出乘以使用系数。

11.4.1.2 具有多种定额(如：交流和直流)的发电机，应当用能产生最高温度的定额试验。

11.4.1.3 按照 11.3.1k)标示的连续定额发电机的最高允许温度，当过载 10%运行 2 h(在 24 h 周期内)，不应超过以下允许值，A 级绝缘≤125℃；B 级绝缘≤145℃；F 级绝缘≤170℃；H 级绝缘≤190℃。

11.4.2 接线板

11.4.2.1 接线板上或接线盒内以及在电源线表面的温度值应不超过表 1 规定。

11.4.2.2 仅对备用发电机而言，在下列条件下，应满足 11.4.2.1 的要求：

a) 100%的发电机额定电流；

b) 接线盒外电源线长度应不少于 1.22 m；

c) 电源线应通过导线管穿入；

d) 所有不用的接线盒开孔应封闭。

11.4.3 发电机探针测试

发电机静止不转安装就位，用符合 11.2.2.2 要求的探针，用 26.5 N 的轴向力从各个方向测试。在探针测试过程中发电机应当保持在安装位置上。

11.4.4 撞击试验

11.4.4.1 发电机的非金属外壳和面板的表面上任何点，应能承受由一个直径 51 mm、质量 0.53 kg 的钢球从 1 300 mm 的高度落下产生的冲击力而不损坏。该试验在室温下进行。

11.4.4.2 在 11.4.4.1 试验后，非金属外壳和面板应当满足 11.2.2.2 的要求。

12 变频调速电机

12.1 范围

本章仅适用于与变频器联接在一起使用的交流电机。

12.2 结构

12.2.1 第 5 章和第 8 章、第 9 章的基本要求均适用。

12.2.2 机座号大于 H280 的且以变频器为供电电源运行的电机应采取相应措施防止产生轴电流。

12.3 标志

12.3.1 除了第 6 章和第 8 章、第 9 章要求的标志之外，变频电机还应当标注以下信息：

a) 电机适用范围(如变频电机)；

b) 电机设计的转速范围；

c) 电机设计的转矩适用类型(如可变的转矩，恒转矩，恒功率或类似的标注)；

12.3.2 带整体变频器的电机不必按照 12.3.1 中 c)的要求标识。

12.4 试验

12.4.1 总则

除了 12.4.2 到 12.4.3 规定外，第 7 章～第 9 章的要求适用。

12.4.2 电源

试验电压和频率应当是与电机的运行范围相符的变频器的输出电压和频率，变频器的型号按制造商规定。

12.4.3 发热试验

按照 7.3 的要求，电机在整个规定的速度范围内进行试验时，电机各部分的温升和温度均应符合 GB 755—2000 及产品标准的规定。

表 1 接线盒的最高允许温度(基于 30℃的环境温度)

电机绝缘结构耐热等级		A、E	B	F	H
接线盒内腔、接线板及引接软电缆上允许最高温度/℃	除了全封闭无通风之外的所有外壳	75	75	90	110
	全封闭无通风外壳	75	90	110	110
注:最高温度是基于 30℃的环境温度下确定的。发热试验可以在 0～40℃的任何室温下进行,所测得的温度加上或减去试验室温低于或高于 30℃的差值即为试验最高温度。					

表 2 金属接线盒的厚度

金 属 类 型		最小厚度*/mm
薄钢板		1.1
铸铁		3.2
锻铁		2.4
压铸金属	对一个大于 15 500 mm^2 的区域面或者任一边尺寸大于 150 mm	2.4
	对一个 15 500 mm^2 及以下的区域面或任一边尺寸不大于 150 mm	1.6
* 如果经检验显示其提供了等效刚度,则除了导线管入口处之外,可采用稍薄的钢板。		

表 3 导线管最小直径(对 750 V 及以下电机和铜导体)

单相交流和直流电机		多相交流电机	
满载电流/A	导线管最小直径/mm	满载电流/A	导线管最小直径/mm
16	12.7	12	12.7
24	12.7	16	12.7
36	19.1	24	12.7
52	25.4	36	19.1
80	31.8	52	25.4
104	38.1	68	25.4
120	38.1	80	31.8
140	38.1	92	31.8
160	50.8	104	38.1
184	50.8	120	38.1
228	63.5	140	50.8
248	63.5	160	50.8
280	38.1(2)*	184	50.8
320	50.8(2)*	204	63.5
368	50.8(2)*	228	63.5
408	50.8(2)*	248	63.5
456	63.5(2)*	280	50.8(2)*

表 3(续)

单相交流和直流电机		多相交流电机	
满载电流/A	导线管最小直径/mm	满载电流/A	导线管最小直径/mm
496	63.5(2)*	320	50.8(2)*
552	50.8(3)*	368	50.8(2)*
612	50.8(3)*	408	63.5(2)*
684	63.5(3)*	456	63.5(2)*
744	63.5(3)*	480	50.8(3)*
804	63.5(3)*	552	50.8(3)*
912	76.2(3)*	612	63.5(3)*

* 二或三根并联的电源线进入接线盒需要二或三根导线管,也可提供数量少但较大的导线管作为替代。

表 4 裸带电部件的最小间距

相关部件	涉及到的最高电压 V	最小的间距/mm					
		不同电压的裸带电件之间		非载流金属与裸带电件之间		可移动的金属罩与裸带电件之间	
		电气间隙	爬电距离	电气间隙	爬电距离	电气间隙	爬电距离
机座号 H90 及以下的电机							
接线端子	31～375	6.3	6.3	3.2	6.3	3.2	6.3
	376～750	6.3	6.3	6.3	6.3	9.8	9.8
除接线端子外的其他零件,包括与这类端子联接的板和棒	31～375	1.6	2.4	1.6	2.4	3.2	6.3
	376～750	3.2	6.3	3.2+	6.3+	6.3	6.3
机座号大于 H90 的电机							
接线端子	31～375	6.3	6.3	6.3	6.3	6.3	6.3
	376～750	9.5	9.5	9.5	9.5	9.8	9.8
除接线端子外的其他零件,包括与这类端子联接的板和棒	31～375	3.2	6.3	3.2+	6.3+	6.3	6.3
	376～750	6.3	9.5	6.3+	9.5+	9.8	9.8

注:固体带电器件(例如在金属盒子中的二极管和可控硅)与支撑的金属面之间的爬电距离,可以是表 4 规定值的一半,但不得小于 1.6 mm。

+:电磁线被认为是一个非绝缘的带电部件。然而,在电压不超过 375 V 的地方,被牢固支撑并保持就位在线圈上的电磁线与不带电的金属部件之间,通过空气或表面的最小间距为 2.4 mm 是合格的。在电压不超过 750 V的地方,当线圈已进行适当浸漆处理或被囊封,2.4 mm 的间距是合格的。

表 5 保护接地螺钉最小直径

电机额定电流/A	保护接地螺钉最小直径/mm
≤20	4
＞20～200	6
＞200～630	8
＞630～1 000	10
＞1 000	12

表 6　导电连接螺栓型

允许持续电流/A	螺栓最小直径/mm	螺　栓　材　料
10	3.5	黄铜(H 62)
16	4	
25	5	
63	6	
100	8	
160	10	
250	12	
315	16	
400	20	
200	10	铜
315	12	
400	16	
630	20	
800	24	
1 000	30	
1 250	33	
1 600	36	
25	5	钢(镀锌)
63	6	
100	8	
200	10	
400	12	
630	16	

表 7　片 状 端 子 型

紧固螺栓最小直径/mm		8	10	12	16	20
允许持续电流/A	铜排单面接触	160	315	500	1 000	1 600
	铜排双面接触	315	630	1 000	2 000	3 200
铜排最小宽度/mm		20	25	30	35	50

表 8　散放引出线型

允许持续电流/A	8	12	20	25	32	50	65	85
电缆推荐截面积/mm^2	1.0	1.5	2.5	4	6	10	16	25
允许持续电流/A	115	150	175	225	250	275	350	400
电缆推荐截面积/mm^2	35	50	70	95	120	150	185	240
允许持续电流/A	500			630			800	
电缆推荐截面积/mm^2	150			185			240	
引接电缆根数	2			2			2	

表 9 绝缘电阻测量电压

电机绕组额定电压/V	<500	500～3 300	>3 300
绝缘电阻测量电压/V	500	1 000	≥2 500

注：对于埋有检温计的电机，测量检温计对绕组和机壳的绝缘电阻时测量电压应不大于 250 V。

表 10 弯曲和紧固扭矩

进线导线管螺纹规格	紧固扭矩/(N·m)
M12×1.5	34
M20×1.5	57
M24×1.5	80
M30×2	113
M36×2	136
M52×2 及以上	181

表 11 接线端子的紧固扭矩

接线端子直径/mm	3.5	4	5	6	8	10	12	16	20	24
紧固扭矩/(N·m)	0.8	1.2	2.0	3.0	6.0	10.0	15.5	30.0	52.0	80.0

表 12 引接软电缆(电线)的耐受静拉力

软电缆(电线)类型	静拉力/N
连接电源的软电缆(电线)	157
连接元件的软电缆(电线)	88

表 13 电压 1 000 V 及以上的裸带电部件的最小间距

相关部件	额定电压 V	最小间距/mm					
		不同极性的裸带电件之间		带电部件与非载流金属之间		带电部件与可移动金属罩壳之间	
		电气间隙	爬电距离	电气间隙	爬电距离	电气间隙	爬电距离
接线端子	1 000	11	16	11	16	11	16
	1 500	13	24	13	24	13	24
	2 000	17	30	17	30	17	30
	3 000	26	45	26	45	26	45
	6 000	50	90	50	90	50	90
	10 000	80	160	80	160	80	160

注 1：当电机通电时，由于受机械或电气应力作用，刚性结构件的间距减少量应不大于规定值的 10%。

注 2：表中电气间隙值是按电机工作地点海拔不超过 1 000 m 规定的，当超过海拔 1 000 m 时，每上升 300 m，表格中的电气间隙增加 3%。

注 3：仅对中性线而言，表中的进线电压除以$\sqrt{3}$。

注 4：对 750 V 及以下电机见表 4。

注 5：在此表中的电气间隙值可以通过使用绝缘隔板的方式而减小，采用这种防护的性能可以通过耐电压强度试验来验证。

ICS 11.180
C 45

中华人民共和国国家标准

GB/T 14728.1—2006/ISO 11199-1:1999
代替 GB/T 14728—1993

双臂操作助行器要求和试验方法 第1部分:框式助行架

Walking aids manipulated by both arms—Requirements and test methods—Part 1:Walking frames

(ISO 11199-1:1999,IDT)

2006-06-25 发布　　2006-12-01 实施

中华人民共和国国家质量监督检验检疫总局
中国国家标准化管理委员会　发布

前言

GB/T 14728《双臂操作助行器要求和试验方法》分为三个部分：

——第1部分：框式助行架；

——第2部分：轮式助行架；

——第3部分：台式助行架。

本部分为GB/T 14728第1部分。

本部分等同采用ISO 11199-1:1999《双臂操作助行器要求和试验方法　第1部分：框式助行架》(英文版)。

本标准代替GB/T 14728—1993。

本标准与1993年版相比做了以下修改：

本标准按不同类型的助行架化分为三个部分；

增加了部分术语定义；

删除了第4章型号；

针对不同类型提出各自检验项目，并细化、规范了试验方法；

增加了腿强度要求和试验方法；

删除了第7章检验规则。

本部分为推荐性标准。自实施之日起，建议从事与框式助行架有关的研究、设计、制造、销售、服务等工作的厂商、部门和有关人员按本标准的规定执行。

本部分的附录A为资料性附录。

本部分由中华人民共和国民政部提出。

本部分由全国残疾人康复和专用设备标准化技术委员会(SAC/TC 148)归口。

本部分由中华人民共和国国家质量监督检验检疫总局和国家标准化管理委员会批准。

本部分起草单位：国家康复器械质量监督检验中心、佛山东方医疗设备厂有限公司。

本部分主要起草人：贾亚玲、王保华、张红涛、曲京仓、蓝江。

双臂操作助行器要求和试验方法 第1部分:框式助行架

1 范围

GB/T 14728 的本部分规定了框式助行架(以下简称助行架)的要求、试验方法(特殊试验过程除外)、标志和标签、试验报告。

本部分规定的要求和试验方法是以体重不少于 35 kg 的使用者实际使用情况为依据制定的。

注:附录A对要求作了进一步介绍。

本部分适用于双臂操作的框式助行架。

2 规范性引用文件

下列文件中的条款通过 GB/T 14728 的本部分的引用而成为本部分的条款。凡是注日期的引用文件,其随后所有的修改单(不包括勘误的内容)或修订版均不适用于本部分,然而,鼓励根据本部分达成协议的各方研究是否可使用这些文件的最新版本。凡是不注日期的引用文件,其最新版本适用于本部分。

GB/T 16432 残疾人辅助器具 分类和术语

GB/T 16886.1 医疗器械生物学评价 第1部分:评价与试验

3 术语和定义

下列术语和定义适用于 GB/T 14728 的本部分。

3.1

折叠尺寸 folded dimensions

将助行架高度调至最小,手柄位置按 5.1 条规定,不使用工具将其折叠后的长、宽、高。

3.2

框架高度 frame height

从手柄套后部参考点到地面的垂直距离(见图 2)。

3.3

手柄套前部参考点 front handgrip reference point

沿手柄套长度方向,上表面距前端点 30 mm 处(见图 3)。

3.4

手柄套 handgrip

使用助行架时,手握持的部件。

3.5

手柄套长度 handgrip length

手柄套纵向长度尺寸(见图 3)。

注:当手柄套前、后端点的位置不明确时,支撑使用者体重的手握持的长度定义为手柄套长度。

3.6

手柄套宽度 handgrip width

手柄套最大截面处的水平外形尺寸(见图 3)。

3.7

手柄　handle

助行架安装手柄套的部分。

3.8

最大长度　maximum length

助行架调至最高时,其纵向(正常使用前进方向)最大外部尺寸(见图 2)。

3.9

最大宽度　maximum width

助行架调至最高时,其横向(与正常使用前进方向成直角的水平面内)最大外部尺寸(见图 2)。

3.10

手柄套后部参考点　rear handgrip reference point

沿手柄套长度方向,上表面距后端点 30 mm 处(见图 3)。

注:如果抓握部分比手柄长,这个尺寸由手柄末端算起。

3.11

支脚垫　tip

助行架与地面接触的部件。

3.12

回转直径　turning diameter

将助行架调至最高,围绕其垂直中心轴旋转 360°所绘出的最大圆直径(见图 2)。

3.13

使用者体重　user weight

助行架使用者的重量。

注:使用者的标准体重成人为 100 kg,儿童为 35 kg。

3.14

框式助行架　walking frame

没有轮子,手柄和支脚提供支撑的助行器。

注:按 GB/T 16432 分类,分类编号 12 06 03

4　要求

4.1　机械强度

4.1.1　按 5.3 条疲劳试验后,助行架各部件应不产生裂纹和断裂。

4.1.2　按 5.4 条静载试验后,助行架应不产生裂纹和断裂。

4.1.3　按 5.5 条腿静载试验后,助行架所有腿部件应不产生裂纹、断裂或大于 15 mm 的永久变形。

4.2　稳定性

4.2.1　按 5.6 条做前倾稳定性试验时,助行架前倾翻角度≥10°。

4.2.2　按 5.7 条做后倾稳定性试验时,助行架后倾翻角度≥7°。

4.2.3　按 5.8 条做侧倾稳定性试验时(左右两侧),助行架侧倾翻角度≥3.5°。

4.2.4　往复式助行架没有侧倾稳定性要求。因此,厂商应分析评估侧倾稳定性风险,并提供限制使用的指导和警示。

4.3　参考指标

4.3.1　室内使用的助行架最大宽度应≤650 mm。如图 1 和图 2 所示。

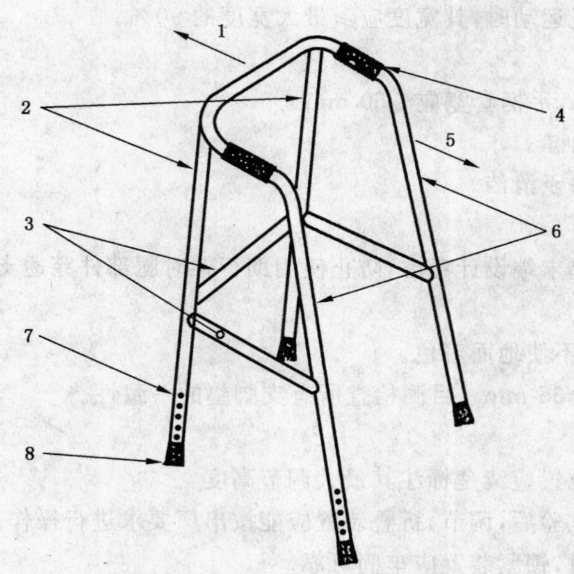

1——前；
2——前腿；
3——拉杆；
4——手柄套；
5——后；
6——后腿；
7——调节装置；
8——支脚垫。

图 1 助行架结构图

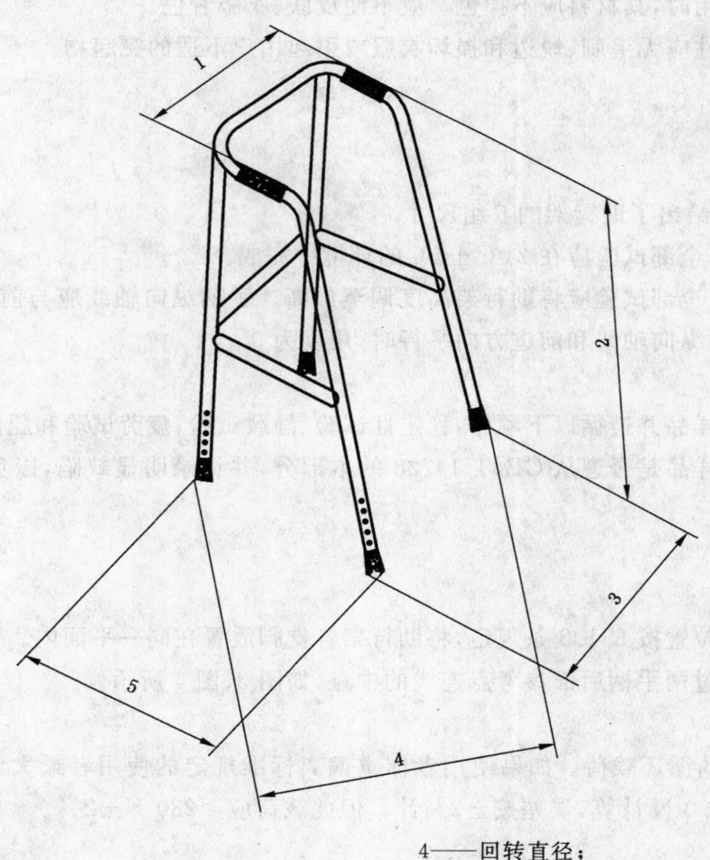

1——手柄间距；
2——高；
3——宽；
4——回转直径；
5——长。

图 2 助行架外形尺寸图

4.3.2 往复式助行架作往复运动时,其宽度应≥最大宽度的90%。

4.4 手柄套

4.4.1 手柄套宽应≥20 mm,手柄套宽应≤50 mm。

注:此要求不适用于仿形手柄套。

4.4.2 手柄套应可更换或易于清洁。

4.5 腿部件和支脚垫

4.5.1 生产厂家应从支脚垫末端设计考虑,防止使用助行架时腿部件穿透支脚垫。

4.5.2 支脚垫应可更换。

4.5.3 目测检查,支脚垫应不使地面着色。

4.5.4 支脚垫底部直径应≥35 mm。目测检查所有支脚垫的一致性。

4.6 调节装置

4.6.1 高度调节的每一个位置应清楚标注其最大调节高度。

4.6.2 按5.3条规定疲劳试验后,调节、折叠装置应能按出厂要求进行操作。

4.6.3 折叠式助行架打开时,锁紧装置应牢固可靠。

4.7 材料和成品

4.7.1 从助行架的使用、管理、运输、储存考虑,其与人体接触的材料应按GB/T 16886.1中给出的生物兼容性实验说明进行评估。

4.7.2 助行架正常使用时,其材料应不掉色。应不使皮肤、衣服着色。

4.7.3 助行架所有部件应无毛刺、锐边和损坏衣服或引起用户不适的突起物。

5 试验方法

5.1 一般要求

5.1.1 附录表A.1中给出了助行架的6组尺寸。

5.1.2 除非另有说明,全部试验应在21℃±5℃的环境中完成。

5.1.3 除非另有说明,全部试验应将助行架高度调至最高。手柄纵向轴线应与前进方向成最大角,并记录该角度。当手柄的纵向轴线和前进方向平行时,角度为0°。

5.2 抽样及检查

5.2.1 试验用同一件样品并遵循以下顺序,稳定性试验、静载试验,疲劳试验和腿静载试验。

5.2.2 试验前先检查样品是否遵从GB/T 14728的本部分,并记录明显缺陷,以免将其作为试验后所产生的缺陷被记录。

5.3 疲劳试验

5.3.1 几何载荷

高度调节、手柄的位置按5.1.3条规定,将助行架各支脚放置在同一平面内。对助行架施加一个垂直载荷,载荷作用线通过两手柄后部参考点连线的中点,如图3、图4所示。

5.3.2 载荷

施加800 N±2%的循环载荷。如果使用者体重偏离标准规定的使用者最大体重100 kg时,则施加载荷按每千克体重8.0 N计算,误差按±2%计。但此载荷应≥280 N±2%。

5.3.3 加载频率

循环载荷的频率应不超过1 Hz。

5.3.4 循环次数

循环次数为200 000次。

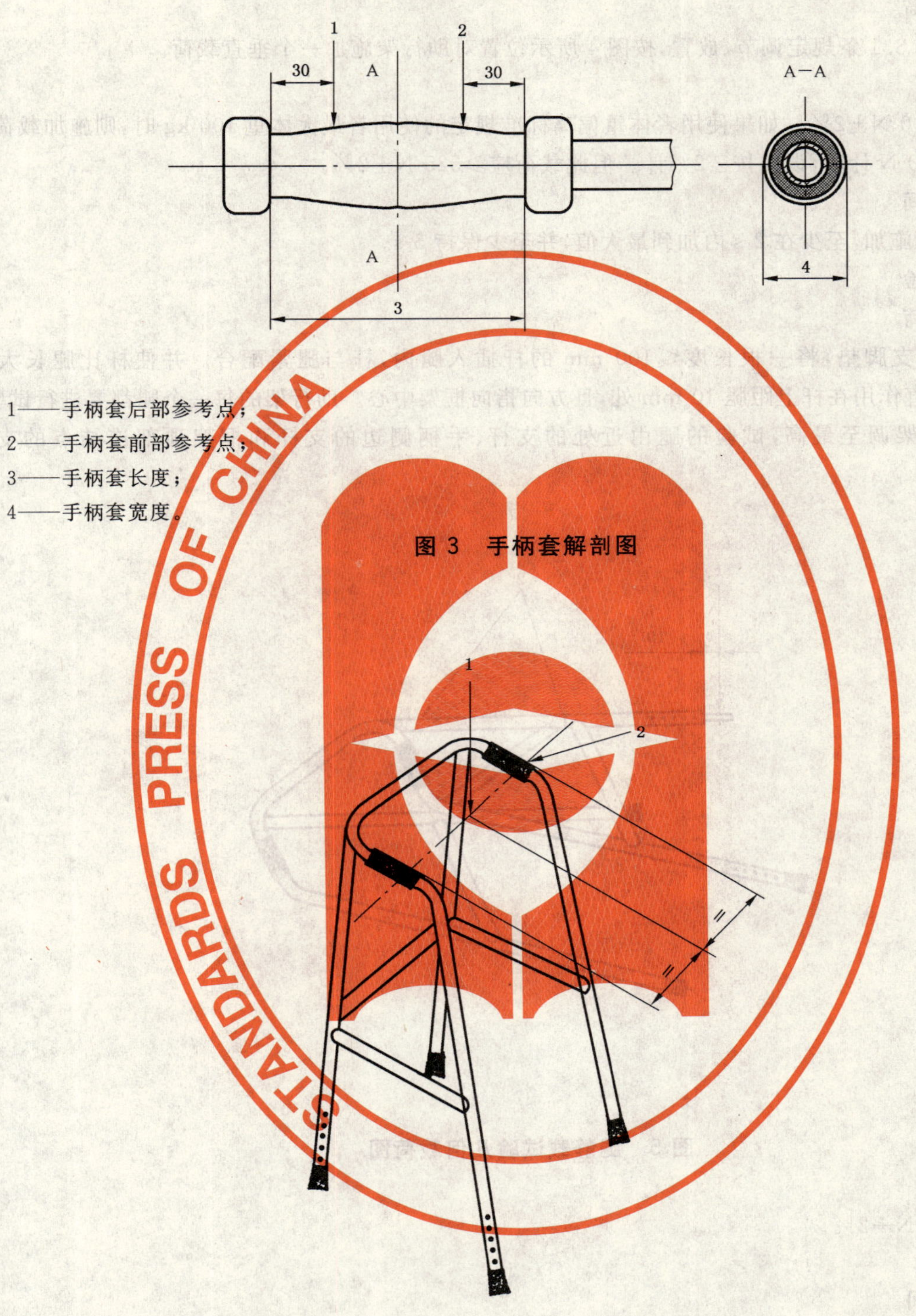

1——手柄套后部参考点；

2——手柄套前部参考点；

3——手柄套长度；

4——手柄套宽度。

图 3 手柄套解剖图

1——载荷；

2——手柄后部参考点。

图 4 疲劳、静载试验几何载荷图

5.4 静载试验

5.4.1 几何载荷

助行架按5.3.1条规定调节、放置,按图4所示位置对助行架施加一个垂直载荷。

5.4.2 载荷

载荷为1 500 N±2%。如果使用者体重偏离标准规定的使用者最大体重100 kg时,则施加载荷按每千克体重15.0 N计算,误差按±2%计。但此载荷应≥525 N±2%。

5.4.3 加载时间

载荷应逐渐施加,至少在2 s内加到最大值,并至少保持5 s。

5.5 腿静载试验

5.5.1 几何载荷

5.5.1.1 拔下支脚垫,将一根长度≤100 mm的杆插入腿内,杆与腿紧配合。并使杆比腿长大于10 mm。载荷垂直作用在杆上距腿10 mm处,且方向指向框架中心。助行架的每一个腿都要进行试验。

5.5.1.2 助行架调至最高,试验的腿由近处的支杆、手柄侧边的支杆和框架顶部连结点的支撑(见图5)。

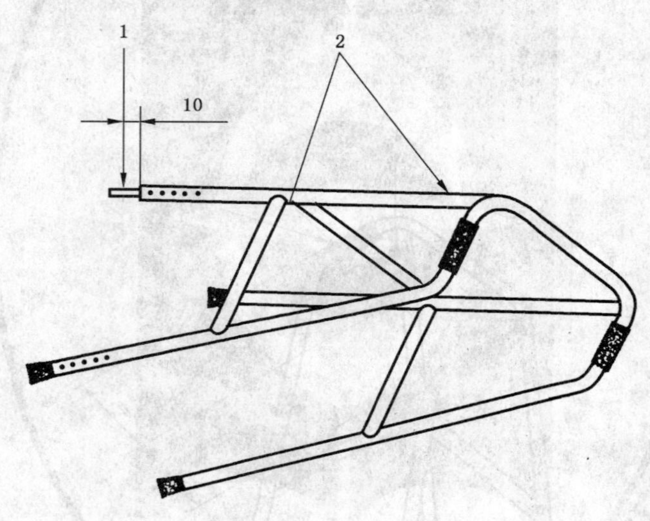

1——载荷;

2——支撑杆。

图5 腿静载试验几何载荷图

5.5.2 载荷

载荷为300 N+2%。

注:见A.2.1。

5.5.3 加载时间

载荷应逐渐施加,至少2 s内加到最大值,并至少保持5 s。

5.6 前倾稳定性试验

5.6.1 几何载荷

5.6.1.1 助行架高度调节和手柄位置按5.1.3条规定。往复式助行架应处于最稳定的位置。

5.6.1.2 将助行架放置在试验台上,四个支脚应在同一平面内,前两支脚的连线平行于试验台倾翻轴线并与其前进方向垂直(如图6所示)。

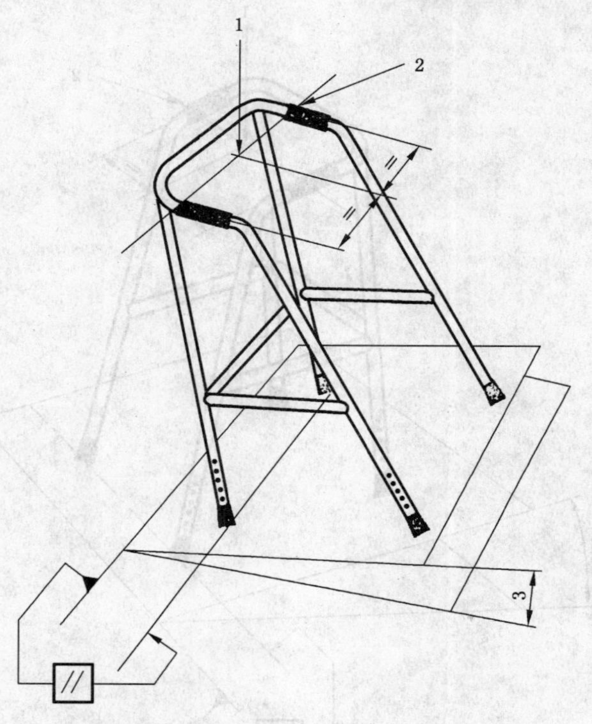

1——载荷；

2——手柄套前部参考点；

3——倾翻角。

图 6 前倾稳定性试验几何载荷图

5.6.1.3 对助行架施加一个垂直载荷，载荷的作用线应保持垂直并通过两手柄前部参考点连线的中点。

5.6.2 **步骤**

施加 250 N±2%的静载荷，操作试验台使其倾翻，记录助行架倾翻时的倾翻角度并精确到 0.1°。

5.7 后倾稳定性试验

5.7.1 几何载荷

5.7.1.1 助行架高度调节和手柄位置按 5.1.3 条规定。往复式助行架应处于最稳定的位置。

5.7.1.2 将助行架放置在试验台上，四个支脚应在同一平面内，两后支脚的连线平行于试验台倾翻轴线并与其前进方向成直角(如图 7 所示)。

5.7.1.3 对助行架施加一个垂直载荷，载荷的作用线应保持垂直并通过两手柄后部参考点连线的中点。

5.7.2 步骤

施加 250 N±2%的静载荷，操作试验台使之倾翻，记录助行架倾翻时的倾翻角度并精确到 0.1°。

5.8 侧倾稳定性试验

5.8.1 几何载荷

5.8.1.1 助行架高度调节和手柄位置按 5.1.3 条规定，往复式助行架应处于最稳定的位置。

5.8.1.2 将助行架放置在试验台上，四个支脚应在同一平面内，同侧腿支脚的连线平行于倾翻轴线。

5.8.1.3 对助行架施加一个垂直载荷，载荷的作用线通过靠近倾翻侧手柄前、后部参考点的中间位置(如图 8 所示)。

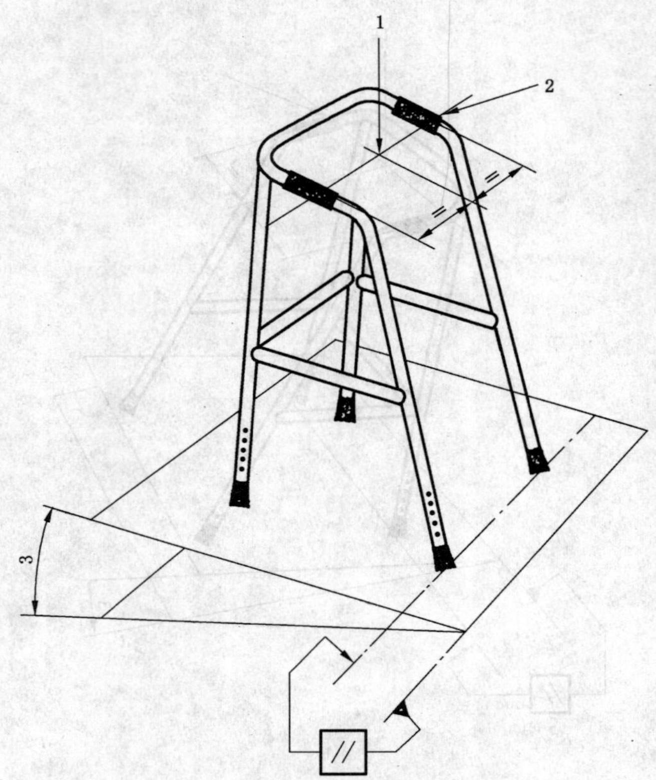

1——加载力；

2——手柄后部参考点；

3——倾翻角。

图 7　后倾稳定性试验几何载荷图

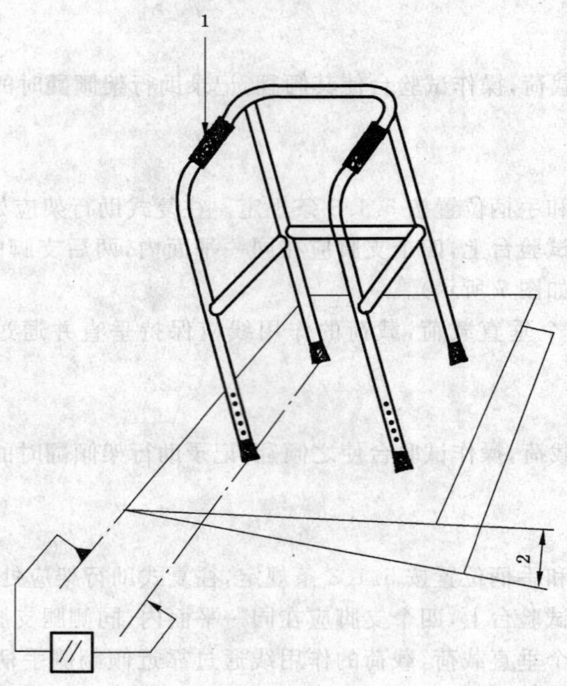

1——载荷；

2——倾翻角。

图 8　侧倾稳定性试验几何载荷图

5.8.2 步骤

施加 250 N±2%的静载荷，操作试验台使其倾翻，记录助行架倾翻时的倾翻角度并精确到 0.1°。此步骤进行两次，左右各一次，并找出最小值精确到 0.1°，作为该助行架侧倾倾翻角度并记录。

6 标志和标签

每个助行架应有清晰、永久的标志并包括以下信息：

1) 使用者最大体重；
2) 如果助行架手柄侧向可调，手柄纵向中心线和运动方向之间的最大允许调节角度；
3) 生产厂家名称和地址；
4) 产品名称和型号；
5) 生产日期；
6) 在调节件上标注最大调节高度。

7 试验报告

试验报告应包含以下信息：

1) 生产厂家名称和地址；
2) 供应商名称和地址；
3) 试验单位的名称和地址；
4) GB/T 16432 标准中的名称和分类编号；
5) 使用者最大体重；
6) 如果助行架手柄侧向可调，手柄纵向中心线和运动方向之间的最大允许调节角度；
7) 生产厂家提供的产品名称、规格型号及编号；
8) 供应商提供的产品名称、规格型号及编号；
9) 助行架照片；
10) 试验日期；
11) 产品是否遵守 GB/T 14728 本部分要求；
12) 支脚垫底部直径。

附 录 A
（资料性附录）
建　　议

A.1　范围

本附录给出了指导助行架设计、生产、试验的详细要求和补充资料。

A.2　建议

A.2.1　机械强度

A.2.1.1　按5.3或5.4条规定试验后，助行架应不产生永久变形以至影响使用或调节装置。

A.2.1.2　按5.5条规定试验时，为不可避免的误使用提供一个安全系数，推荐加载力为500 N±2%。

A.2.2　稳定性

A.2.2.1　按5.6条前稳定性试验时，助行架前倾翻角应≥15.0°。

A.2.2.2　按5.8条侧稳定性试验时，助行架侧倾翻角应≥6.0°。

A.2.3　手柄和手柄套

A.2.3.1　手柄可调节，但使用时应固定可靠。

A.2.3.2　手柄套的形状、材料应防止手抓握时滑脱。

A.2.3.3　手柄套应采用不吸水材料。

A.2.4　腿部件和支脚垫

A.2.4.1　支脚垫应柔软、耐磨、与地面接触时有较高磨擦系数。

A.2.4.2　支脚垫底面应避免吸附现象。

A.2.4.3　支脚垫与腿配合应安全可靠。

A.2.5　调节和折叠装置

不使用工具可进行高度调节和折叠。

A.2.6　材料和成品

A.2.6.1　助行架使用时不应有异响。

A.2.6.2　为了便于清洁，材料及表面处理的选用应耐碱性清洁剂或酒精并清洁后易于。所使用的清洁剂不应加速材料的腐蚀和老化。

A.2.7　反光材料

反光材料应尽量垂直安置，与行进方向成直角。且在不高于800 mm的位置。

A.3　标志和标签

每个助行架除按第6章的要求标注外，还应有以下标志：

1)　助行架尺寸见表A.1；

2)　供应商名称；

3)　供应商提供样品的名称、型号和编号。

A.4　试验报告

试验报告除按第7章的要求外，还应包含以下信息：

1)　按5.2条所述审查试验报告；

2)　按5.3条描述试验结果；

3） 按5.4条描述试验结果；

4） 按5.5条描述试验结果；

5） 按5.6条描述试验结果；

6） 按5.7条描述试验结果；

7） 按5.8条描述试验结果；

8） 助行架最大高度；

9） 助行架最小高度；

10） 助行架最大宽度；

11） 助行架最大长度；

12） 助行架最大回转直径；

13） 手柄套中心线间的距离(长度)；

14） 手柄套宽度；

15） 助行架折叠尺寸；

16） 助行架重量(不含附件)；

17） 高度调节和折叠是否用工具操作；

18） 其他相关信息。

表 A.1

编号 (与最大高度有关)	使用者高度 最大 mm	框架高度 mm	
		最小	最大
1	900	350	550
2	1 100	450	650
3	1 300	550	750
4	1 550	650	850
5	1 800	750	950
6	2 050	850	1 100

注：一个助行架可能包含更多的尺寸，参照图3。

ICS 83.180
G 39

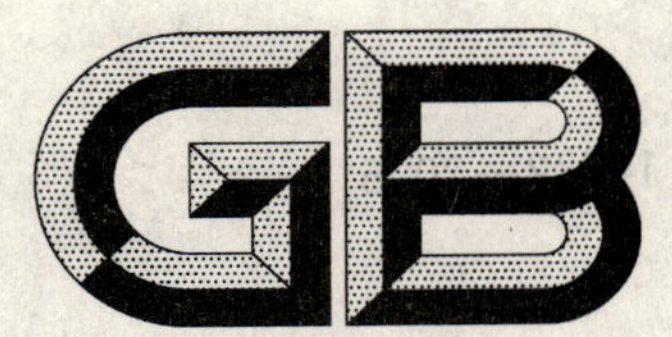

中华人民共和国国家标准

GB/T 14732—2006
代替 GB/T 14732—1993

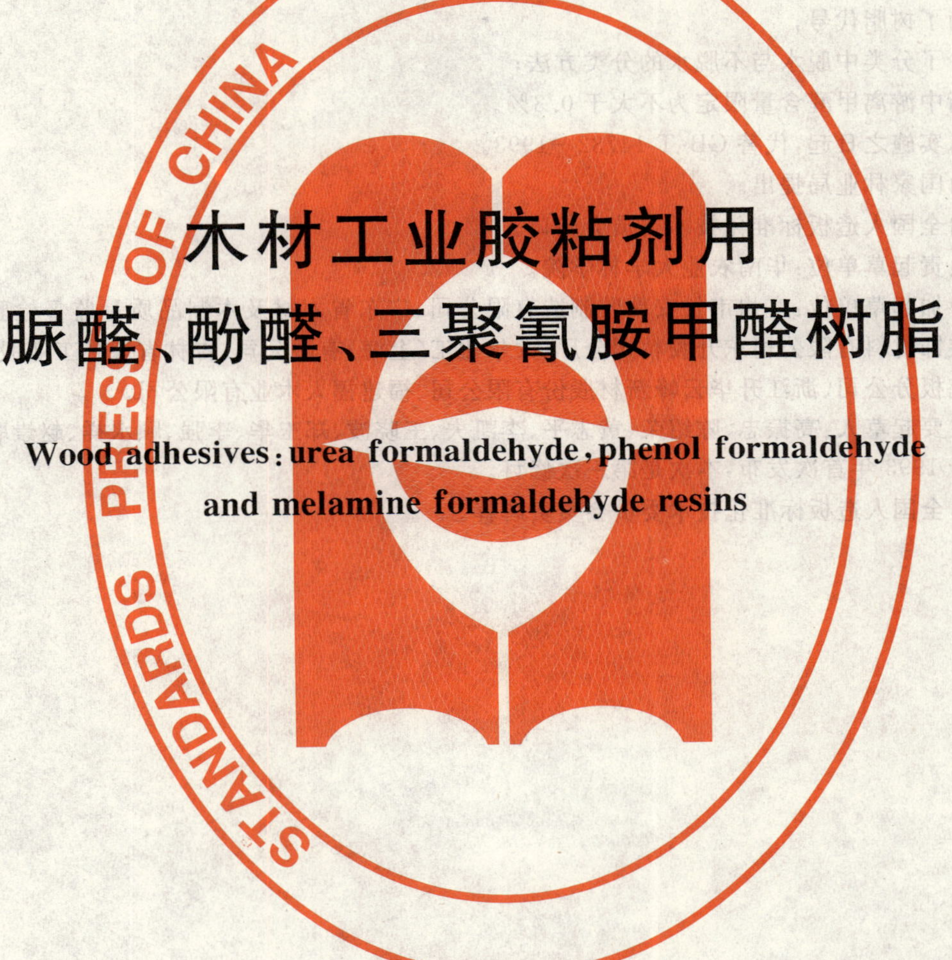

木材工业胶粘剂用脲醛、酚醛、三聚氰胺甲醛树脂

Wood adhesives: urea formaldehyde, phenol formaldehyde and melamine formaldehyde resins

2006-05-18 发布　　　　2006-10-15 实施

中华人民共和国国家质量监督检验检疫总局
中国国家标准化管理委员会　发布

前　言

本标准是对 GB/T 14732—1993《木材工业胶粘剂用脲醛、酚醛、三聚氰胺甲醛树脂》的修订。

本标准与 GB/T 14732—1993 相比主要技术内容变化如下：

——树脂的羟甲基含量、可被溴化物含量、水混合性、贮存稳定性等不再列为要求项目；

——增加了胶合板用热固性树脂胶合强度和刨花板与中密度纤维板用热固性树脂内结合强度要求；

——取消了树脂代号；

——减少了分类中脱水与不脱水的分类方法；

——树脂中游离甲醛含量限定为不大于 0.3%。

本标准自实施之日起，代替 GB/T 14732—1993。

本标准由国家林业局提出。

本标准由全国人造板标准化技术委员会归口。

本标准负责起草单位：华南农业大学林学院。

本标准参加起草单位：广州市长安粘胶制造有限公司、广东省木材及木制品质量监督检验中心、广州市好上好装饰材料有限公司东升胶粘剂分厂、太尔化工（上海）有限公司、吉林省森林工业股份有限公司露水河刨花板分公司、浙江升华云峰新材股份有限公司、福建福人木业有限公司。

本标准主要起草人：高振忠、陈绍荣、黄志平、李凯夫、王晓波、郑玉华、李强、顾水祥、赵崇联、王旭。

本标准于 1993 年首次发布，本次是第一次修订。

本标准由全国人造板标准化技术委员会负责解释。

木材工业胶粘剂用
脲醛、酚醛、三聚氰胺甲醛树脂

1 范围

本标准规定了木材工业胶粘剂和纸张浸渍用脲醛、酚醛、三聚氰胺甲醛树脂的分类、技术要求、试验方法、检验规则及标志、包装、运输和贮存。

本标准适用于以尿素、苯酚、三聚氰胺与甲醛为主要原料，经缩聚反应合成的各种木材胶粘剂和纸张浸渍用合成树脂；本标准也适用于用三聚氰胺、苯酚、尿素的部分互相替代及用间苯二酚替代部分苯酚共缩聚的合成树脂。

本标准不适用于乳液酚醛树脂。

2 规范性引用文件

下列文件中的条款通过本标准的引用而成为本标准的条款。凡是注日期的引用文件，其随后所有的修改单(不包括勘误的内容)或修订版均不适用于本标准。然而，鼓励根据本标准达成协议的各方研究是否可使用这些文件的最新版本。凡是不注日期的引用文件，其最新版本适用于本标准。

GB/T 4897.3—2003　刨花板　第3部分：在干燥状态下使用的家具及室内装修用板要求

GB/T 9846.3—2004　胶合板　第3部分：普通胶合板通用技术条件

GB/T 11718—1999　中密度纤维板

GB/T 14074—2006　木材胶粘剂及其树脂检验方法

GB 18580—2001　室内装饰装修材料　人造板及其制品中甲醛释放限量

3 术语和定义

下列术语和定义适用于本标准。

3.1

胶粘剂　adhesive；bonding agent

在一定条件下，通过粘附作用，能使被粘物结合在一起的物质。

3.2

粘附　adhesion

两个表面依靠化学力、物理力或两者兼有的力使之结合在一起的状态。

3.3

合成树脂胶粘剂　resin adhesive

以合成树脂为原料制成的胶粘剂。

3.4

热固性树脂　thermosetting resin

通过加热能固化成不溶不熔性物质的树脂。

3.5

脲醛树脂　urea formaldehyde resin

尿素(脲)与甲醛经缩聚反应制得的树脂。属于氨基树脂。

3.6

酚醛树脂　phenolic resin

酚类与醛类经缩聚反应制得的树脂。常用的是苯酚甲醛树脂。

3.7

三聚氰胺甲醛树脂　melamine formaldehyde resin

三聚氰胺与甲醛经缩聚反应制得的树脂。属于氨基树脂。

3.8

尿素-三聚氰胺-甲醛树脂　urea melamine formaldehyde resin

尿素和三聚氰胺与甲醛经缩聚反应制得的树脂。

3.9

室温固化胶粘剂　room-temperature setting adhesive

在室温(通常指 20℃～30℃)下能固化的胶粘剂。

3.10

粘度　viscosity

液体流动时内摩擦力的度量,用液体流动时的剪切应力与剪切速率之比表示。单位为帕·秒。

注:对牛顿流体,剪切应力与剪切速率之比为常数,称牛顿粘度。对非牛顿流体,剪切应力与剪切速率之比随剪切应力而变化,所得粘度称为在相应剪切下的表观粘度。

3.11

固体含量　solids content

常规固体含量

在规定的测试条件下,树脂(或胶粘剂)中非挥发性物质的质量占总质量的百分数。

3.12

pH 值　pH value

溶液中氢离子浓度的负对数。表示物质呈酸性或碱性及其强弱的程度。

3.13

水混合性　water miscibility;miscibility with water

在规定的测试条件下,树脂在水中出现微细不溶物时,所加水的质量与树脂质量之比,以倍数表示。

3.14

游离甲醛含量　free formaldehyde content

以游离态如甲醛、甲醛水合物等形式存在于缩聚树脂中的甲醛质量占树脂总质量的百分数。

3.15

游离酚含量　free phenol content

酚醛树脂中未参加反应的酚的质量占树脂总质量的百分数。

3.16

可被溴化物含量　brominable substance content

酚醛树脂中能发生溴化反应的活性基团的质量换算成苯酚质量占树脂总质量的百分数。

3.17

羟甲基含量　hydroxymethyl group content;methylol content

树脂中以羟甲基($-CH_2OH$)形式存在的活性基团的质量占树脂总质量的百分数。

3.18

适用期　pot life;working life

配制好的胶粘剂或具有活性的树脂,在规定条件下维持其可使用性能的最长时间。

3.19

贮存期 storage life

树脂在给定条件下存放时，仍能保持其性能在规定指标内的时间。

3.20

沉析温度 precipitation temperature

在规定的测试条件下，树脂在水中出现浑浊或微细不溶物时的温度。

3.21

酚醛树脂的凝胶时间 gel time of phenolic resin

在规定的试验条件下，一定量的可溶性和低熔点酚醛树脂从加热开始至凝胶所需的时间。

3.22

固化 curing；cure；solidification

胶粘剂通过化学反应使树脂交联，形成不溶不熔物的过程。

3.23

固化剂 curing agent；hardener

能直接参与化学反应，可加速树脂固化速度的物质。

3.24

固化时间 curing time

在一定的测试条件下，胶粘剂固化所用的时间。

3.25

胶合强度 bonding strength；bond strength

使胶接件中胶粘剂与被粘物界面或其邻近处发生破坏时单位胶接面所能承受的力。

3.26

干强度 dry strength

胶接件在规定的干状条件下所测得的胶合强度。

3.27

湿强度 wet strength

胶接件在规定温度的水中浸泡一定时间后所测得的胶合强度。

3.28

改性剂 modifier；modifying agent

加入树脂或胶粘剂内用以提高或改善其某种性能的物质。

3.29

浸渍 impregnating

使树脂或胶粘剂渗入多孔材料(如纺织品、纸张、木材等)内部的过程。

3.30

内结合强度 internal bond strength

垂直于板面使试件破坏的最大拉力与试件材料面积之比。

4 分类

4.1 按主要合成原料分：

——脲醛树脂；

——酚醛树脂；

——三聚氰胺甲醛树脂。

4.2 按被胶合单元分：

——单板类，如胶合板和细木工板用；

——纤维类，如中密度纤维板用；

——刨花类，如刨花板用。

4.3 按树脂使用工艺分：

——热压用树脂；

——冷压用树脂。

4.4 按树脂用途分：

——胶合用树脂；

——浸渍用树脂。

5 要求

5.1 脲醛树脂技术要求见表1。

表1 脲醛树脂技术要求

<table>
<tr><th colspan="2">指标名称</th><th>单位</th><th>冷压用</th><th>胶合板和细木工板用</th><th>刨花板用</th><th>中、高密度纤维板用</th><th>浸渍用</th></tr>
<tr><td colspan="2">外观[a]</td><td>—</td><td colspan="4">无色、白色或浅黄色无杂质均匀液体</td><td>无杂质透明液体</td></tr>
<tr><td colspan="2">pH值[a]</td><td>—</td><td colspan="5">7.0～9.5</td></tr>
<tr><td colspan="2">固体含量</td><td>%</td><td>≥55.0</td><td colspan="3">≥46.0</td><td>40.0～50.0</td></tr>
<tr><td colspan="2">游离甲醛含量</td><td>%</td><td>≤2.0</td><td colspan="3">≤0.3</td><td>≤0.8</td></tr>
<tr><td colspan="2">粘度</td><td>mPa·s</td><td>≥300</td><td colspan="2">≥60</td><td colspan="2">≥20</td></tr>
<tr><td colspan="2">固化时间[a]</td><td>s</td><td>≤50.0</td><td colspan="3">≤120.0</td><td>—</td></tr>
<tr><td colspan="2">适用期</td><td>min</td><td colspan="5">≥120</td></tr>
<tr><td colspan="2">胶合强度</td><td>MPa</td><td>≥1.9</td><td>符合 GB/T 9846.3—2004</td><td>—</td><td>—</td><td>—</td></tr>
<tr><td colspan="2">内结合强度[b]</td><td>MPa</td><td>—</td><td>—</td><td>符合 GB/T 4897.3—2003 中3.3的规定</td><td>符合 GB/T 11718—1999 中5.4的规定</td><td>—</td></tr>
<tr><td rowspan="2">板材甲醛释放量</td><td>干燥器法</td><td>mg/L</td><td>—</td><td colspan="3" rowspan="2">符合 GB 18580—2001 中第5章的规定</td><td>—</td></tr>
<tr><td>穿孔法</td><td>mg/100 g</td><td>—</td><td>—</td></tr>
</table>

a 改性脲醛树脂的外观、pH值、固化时间不受此表限制，可由供需双方协商确定。

b 用脲醛树脂生产高密度纤维板的内结合强度指标可由供需双方协商确定。

5.2 酚醛树脂技术要求见表2。

表2 酚醛树脂技术要求

<table>
<tr><th>指标名称</th><th>单 位</th><th>浸渍用</th><th>胶合用</th></tr>
<tr><td>外观</td><td>—</td><td>无机械杂质，金黄或浅红色透明液体</td><td>无机械杂质，红褐色到暗红色的透明液体</td></tr>
<tr><td>pH值</td><td>—</td><td colspan="2">≥7.0</td></tr>
<tr><td>固体含量</td><td>%</td><td colspan="2">≥35.0</td></tr>
<tr><td>粘度</td><td>mPa·s</td><td>20.0～300.0</td><td>≥60.0</td></tr>
</table>

表 2(续)

指标名称	单 位	浸渍用	胶合用
游离甲醛含量	%	≤0.3	
游离苯酚含量	%	≤6	
胶合强度	MPa	—	≥0.7
注：本表也适用于改性酚醛树脂。			

5.3 三聚氰胺甲醛树脂技术要求见表 3。

表 3 三聚氰胺甲醛树脂技术要求

指标名称	单 位	浸渍用树脂
外观	—	无色或浅黄色透明液体
密度	g/cm^3	1.00～1.25
粘度	mPa·s	15.0～80.0
pH 值	—	8.5～10.5
固体含量	%	≥30.0
游离甲醛含量	%	≤0.3

5.4 其他性能

树脂的其他性能指标，如水混合性、羟甲基含量、沉析温度、含水率、贮存稳定性、凝胶时间、可被溴化物含量、碱量，本标准不作具体要求。如有需要，由供需双方商定。

6 试验方法

按 GB/T 14074—2006 的相应测定方法进行测定。

7 检验规则

7.1 检验分类

检验分出厂检验和型式检验。

7.1.1 出厂检验

外观、pH 值、固体含量、粘度、游离甲醛含量。

7.1.2 型式检验

包括技术指标中全部项目。

7.1.3 型式检验时机

当有下列情况之一时，应进行型式检验：

a) 试制新品种；

b) 原材料发生变化或生产工艺变动时；

c) 长期停产后恢复生产时；

d) 正常生产时，每月应不少于两次；

e) 国家质量检验机构提出要求时。

7.2 检验

检验应在树脂合成后 24 h～48 h 内进行。

7.3 抽样

7.3.1 工厂生产树脂时的抽样，应以釜为单位，可在反应结束，搅拌均匀的情况下进行。

7.3.2 已被分装的树脂，视分装单元数量，按表 4 规定进行随机抽样。

表 4 抽样表

总体物料单元数	选取的最少单元数
1～10	全部单元
11～49	11
50～64	12
65～81	13
82～101	14

7.3.3 抽样时一定要将试样搅拌均匀，以保证样品的代表性。各单元被抽数量应基本相同，总抽样数量应不少于三次检验所需的量，若需留样则再增加留样量。

7.4 结果的判定

7.4.1 出厂检验各项性能均符合该类型树脂标准规定指标要求，判为合格。有任何一项性能指标不符合要求均判为不合格。

型式检验各项性能均符合该类型树脂标准规定指标要求，方可判为合格；有任何一项指标不符合要求时，则判为不合格。

7.4.2 需方对成批发出的产品要求检验时，应在双方协定的产品贮存期内提出，并按 7.4.1 规定进行判断。

8 标志、包装、运输和贮存

8.1 包装标志

8.1.1 树脂的包装上应有如下内容：产品名称、生产厂名、厂址、商标、数量（净重及毛重）、生产日期或批号。

8.1.2 每批产品应有产品质量证书，内容包括：游离甲醛含量、标准号、检验人员、工厂印章或检验部门印章。

8.2 包装

树脂应装在符合质量要求的密封容器内。

8.3 运输及贮存

8.3.1 产品贮存和运输前应验明容器包装完整不漏。

8.3.2 运输、装卸时应轻拿轻放。

8.3.3 装有树脂的容器应贮存在干燥、通风处，脲醛树脂和酚醛树脂贮存温度为 10℃～30℃，三聚氰胺甲醛树脂贮存温度为 15℃～30℃，不能靠近热源，防止日晒。

ICS 97.190
Y 57

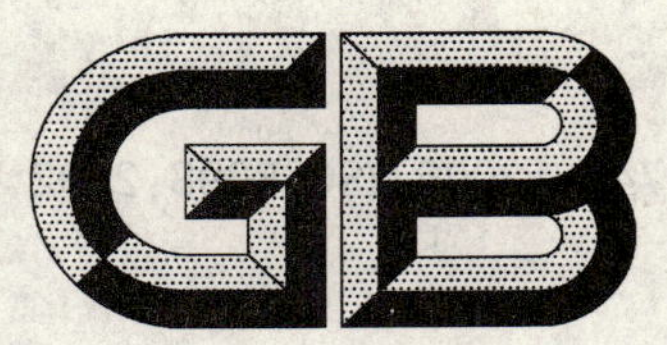

中华人民共和国国家标准

GB 14746—2006/ISO 8098:2002
代替 GB 14746—1993,GB 13472—1992

儿童自行车安全要求

Safety requirements for bicycles for young children

(ISO 8098:2002,IDT)

2006-02-21 发布　　　　2007-01-01 实施

中华人民共和国国家质量监督检验检疫总局
中国国家标准化管理委员会　发布

前　言

本标准的第3章技术性条款为强制性条款，其余条款为推荐性条款。

本标准等同采用国际标准ISO 8098:2002《儿童自行车安全要求》。

本标准适用于四岁至八岁的儿童骑行的儿童自行车（鞍座高度在435 mm和635 mm之间）。这类自行车不能用于公路骑行，因此不应推定它须要具有适用于作公路骑行用的装备（鞍座高度小于435 mm的玩具自行车应符合GB 6675《国家玩具安全技术规范》的要求）。

凡符合本标准要求的儿童自行车就不是玩具自行车，因此也不属于玩具安全的范畴。

本标准不适用于进行特技骑行的儿童自行车。

本标准与GB 14746—1993相比主要变化如下：

——对突出物给予更详尽的说明，并配图示例；(3.1.2)

——增加了有关紧固件的安全要求；(3.1.3)

——提高了制动系统的要求；(3.2.1.1)

——增加对于把套的要求；(3.3.2)

——提高了车架/前叉组合件的强度要求；(3.4)

——提高车轮转动精度的要求；(3.6.1.2;3.6.1.3)

——加大车轮装配后，轮胎与车架、前叉、泥板或泥板附件间的间隙，免遭手指夹入；(3.6.2)

——增加车轮夹持力的要求；(3.6.4)

——增加鞍座强度要求。(3.9.4)

本标准自实施之日起，代替GB 14746—1993《儿童自行车安全要求》、GB 13472—1992《BMX儿童自行车安全要求》。

本标准由中国轻工业联合会提出。

本标准由全国玩具标准化技术委员会归口。

本标准起草单位：北京中轻联认证中心、上海自行车研究所、广州出入境检验检疫局工业品检测技术中心、好孩子儿童用品有限公司、广东省佛山市南海区永华车业有限公司。

本标准主要起草人：阮志诚、李炳忠、李骏奇、张承斌、王旭华。

本标准所代替标准的历次版本发布情况为：

——GB 14746—1993、GB 13472—1992。

儿童自行车安全要求

1 范围

本标准规定了四岁至八岁年龄段的儿童自行车的术语和定义，及其部件在设计、装配和测试方面的安全和性能的要求，以及试验方法。也对儿童自行车的使用和维护说明提出了一些指导准则。

本标准适用于鞍座的最大高度大于435 mm而小于635 mm的、凭借作用于后轮的驱动机构骑行的儿童自行车。

本标准不适用于进行特技骑行的自行车。

2 术语和定义

下列术语和定义适用于本标准。

2.1

自行车 cycle

仅借骑行者的人力，主要以脚蹬驱动、至少有两个车轮的车辆。

2.2

两轮自行车 bicycle

两个车轮的自行车。

注：本标准中的儿童自行车是指两轮自行车。

2.3

鞍座高度 saddle height

从地平面到鞍座面的高度。测量时鞍座处于水平位置、鞍管应调节到最小插入深度的位置。

2.4

制动力 braking force

制动时，阻止车轮转动的、沿轮胎的切向力。

2.5

(脚蹬)脚踩面 (pedal) tread surface

位于(骑行者)脚下的脚蹬表面。

2.6

最大充气压力 maximum inflation pressure

由制造厂推荐的、能达到安全和发挥有效性能的最大轮胎压力。

2.7

平衡轮 stabilizers

可取下的辅助轮，装上后有助于骑行者保持平衡。

2.8

外露突出物 exposed protrusion

是指这样的一种突出物体，由于其位置和刚性，当骑行者在正常骑行时若与它大力碰撞，或者当骑行者意外地跌倒在它上面，会对骑行者造成伤害。

3 技术要求

3.1 总则

3.1.1 锐利边缘

在正常的骑行、搬运和维修时，凡骑行者的身体部分，如手和腿，可能触及的外露边缘，均不应有锐利边缘。

3.1.2 突出物

3.1.2.1 外露突出物

除了a)～f)所列举的部件外，经组装后凡长度(见图1的L)大于8 mm的刚性外露突出物，其尾端均应倒圆，倒圆半径R应大于或等于6.3 mm。这类突出物的尾端较大尺寸A应大于或等于12.7 mm，较小尺寸B应大于或等于3.2 mm，见图1。

a) 链轮上的前拨链机构；

b) 平叉下面的后拨链机构；

c) 前、后轮上的轮缘闸；

d) 前管上装有的灯架；

e) 反射器；

f) 足尖套和足尖绑带。

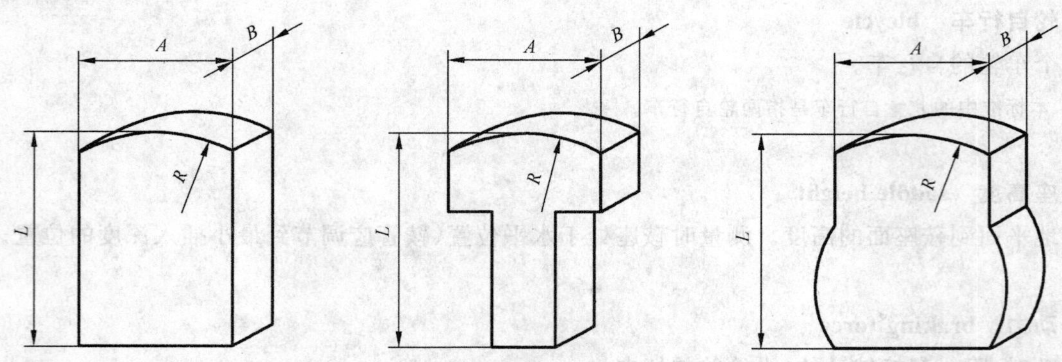

注：当L尺寸大于8 mm时应符合图示的这些尺寸要求。

图1 突出物的最小尺寸示例

3.1.2.2 突出物禁区、保护装置和螺钉

在儿童自行车的鞍座到鞍座前300 mm处之间车架上管的上表面不应有突出物，但上直径小于或等于6.4 mm的控制钢绳套管和材料厚度小于或等于4.8 mm的套管夹可系结在上管。

作为起保护作用的泡沫缓冲衬垫允许系结在车架上，在衬垫除去之后，儿童自行车仍应符合关于突出物的要求。

螺钉的螺纹突出与它配合的内螺纹部件的长度应小于或等于螺钉的一个外径尺寸。

3.1.2.3 外露突出物的确定

采用尺寸如图2所示的测试圆柱棒(它模拟骑行者的肢体)来确定是否外露突出物。

单位为毫米

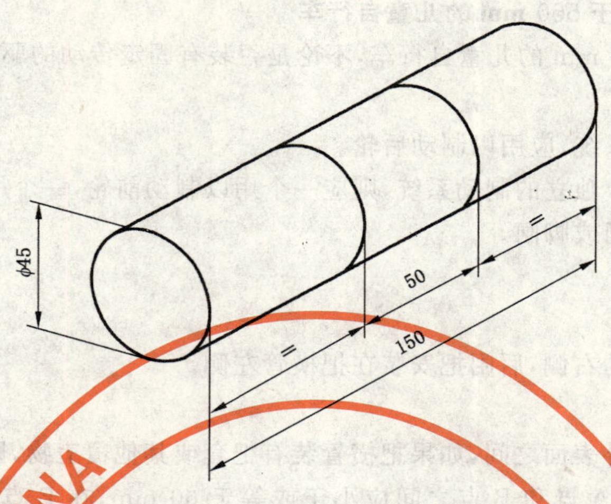

图2　外露突出物测试圆柱棒

3.1.2.4　操纵测试圆柱棒以任意姿态靠向儿童自行车上的任何刚性突出物。如果测试圆柱棒中间50 mm长的部分与任何突出物接触，则该突出物应视作外露突出物，并应符合3.1.2.1(外露突出物)的要求。

需要和不需要符合3.1.2.1(外露突出物)的要求的外露突出物，见图3的示例。

注：图中1为测试圆棒。

图3　外露突出物示例

3.1.3　有关安全的紧固件的紧固和强度

3.1.3.1　螺钉的紧固

用于支承系统的装配螺钉，或者用于摩电机、制动机构、泥板与车架、前叉或车把的连接螺钉，应具有可靠的锁紧装置(即锁紧垫圈、锁紧螺母、加强螺母)。

3.1.3.2　最小断裂扭矩

用于紧固把横管、把立管、把芯丝杆、鞍座和鞍管的螺栓，它们的最小断裂扭矩应大于制造厂商标称的旋紧扭矩的50%。

3.2　车闸

3.2.1　制动系统

3.2.1.1　最大鞍座高度大于或等于560 mm的儿童自行车

最大鞍座高度大于或等于560 mm的儿童自行车，不论是否装有固定传动的驱动装置，都应装有两个独立的制动系统，一个制动前轮，一个制动后轮。

后制动系统可采用手闸或脚闸。

3.2.1.2 最大鞍座高度小于 560 mm 的儿童自行车

最大鞍座高度小于 560 mm 的儿童自行车，不论是否装有固定传动的驱动装置，应至少装有一个制动系统。

如果只装有一个制动系统，应用以制动后轮。

如儿童自行车装有两个独立的制动系统，则应一个用以制动前轮，一个用以制动后轮。

后制动系统可采用手闸或脚闸。

3.2.2 手闸

3.2.2.1 闸把的位置

前闸把安装在把横管的右侧，后闸把安装在把横管左侧。

3.2.2.2 闸把尺寸

闸把和把横管两者的外表面之间，如果把横管装有把套或其他覆盖物，则和把套或覆盖物的外表面之间的最大握闸尺寸 d，在 A 点和 B 点之间应小于或等于 60 mm，在 B 点和 C 点之间应小于或等于 75 mm，见图 4。

闸把若可调节，则应能调节到这些尺寸。

单位为毫米

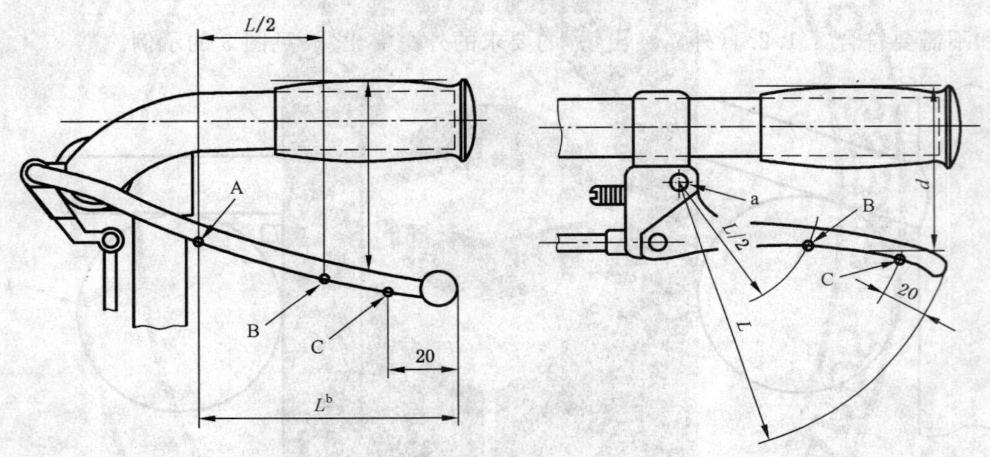

a——支点 A；

b L——水平长度（=80 mm）。

图 4 手闸闸把尺寸

3.2.2.3 线闸部件

制动系统应操纵灵活、无阻滞。

按制造厂说明书安装时，紧固闸线的螺钉不应割坏闸线的丝股。

钢绳应予以保护，以免内部锈蚀（如对套管加装合适的密封衬垫）。

闸线的尾端应装有一个能承受 20 N 拉脱力的防护套。

3.2.2.4 闸皮和闸盒部件

闸皮应牢固地安装在闸盒上，按 4.2（闸皮试验）规定方法试验时，闸皮和闸盒部件应无损坏。在做完试验之后，制动系统应能符合 3.2.5（制动性能）之制动性能的要求。

3.2.2.5 车闸的调整

闸皮在磨损到按制造厂说明书中建议的、需要更换的程度之前，车闸应能调整到有效的操纵位置。

车闸经正确调整后，闸皮除了指定的受闸表面外，不能与其他部位相碰。

3.2.3 脚闸

脚闸应在骑行者用脚对脚蹬施以与驱动方向相反的力时得以制动。制动机构应独立有效，与驱动齿轮位置或调整无关。曲柄的驱动位置和制动位置之间的位差应小于或等于60°(测量时，对曲柄每个位置施加的扭矩应为14 N·m)。

3.2.4 制动系统的强度

3.2.4.1 手闸

按4.3.1(手闸)规定之方法试验时，手闸制动系统及其任何零部件均不应有损坏。

3.2.4.2 脚闸

按4.3.2(脚闸)规定之方法试验时，脚闸制动系统及其任何零部件均不应有损坏。

3.2.5 制动性能

3.2.5.1 手闸性能试验

手闸按4.4(手闸性能试验)进行试验时，手闸系统的平均制动力应随着握闸力由50 N增大到90 N时，逐渐增大。

对前闸而言，相应于表1中的各握闸力，其最大和最小的制动力应与表1相一致。

对后闸而言，相应于表1中的各握闸力，其最小制动力应与表1相一致。

表1 施于闸把上的握闸力和轮胎上的制动力

施于闸把上的握闸力/N	轮胎上的制动力/N	
	最小	最大(仅对前闸)
50	40	120
90	60	200

3.2.5.2 脚闸性能试验

脚闸按4.5(脚闸性能试验)进行试验时，脚闸系统传递到后轮上的平均制动力，应随着脚蹬力由20 N增大到100 N时，逐渐增大。脚蹬力对于制动力的比率不应大于2。

注：从理论上讲，以儿童自行车和骑行者的总质量为30 kg，车速为10 km/h时，与46.3 N的制动力相当的制动距离将小于2.5 m。

3.3 车把

3.3.1 把横管

把横管的总宽度应在300 mm至550 mm之间。处于最高位置时的把横管的把套上端面至处于最低位置时的鞍座面之间的垂直距离应小于或等于250 mm。

3.3.2 把横管的把套

把横管的两端应装有把套，并能承受70 N的拉脱力。把套应由弹性材料制成并应具有扩大的尾端，包合管端。把横管的把套不应妨碍闸把的操作。

注：扩大的把套尾端，是为了使对于骑行者可能造成的戳伤，其危害为最小。

将装上把套的把横管浸没在室温的水中1 h，然后再将把横管置入冷冻室内，直至把横管的温度低于－5℃。将把横管取出来，让它温度升到－5℃，然后在把套松脱的方向上施加70 N的力，保持该力直至把横管的温度达到＋5℃。

3.3.3 把立管

把立管上应有一永久性标记，清楚地指示把立管插入前叉立管中的最小深度，或者采用一个可靠的永久性装置来保证其最小插入深度。插入标记，或插入深度，从把立管底部量起应大于或等于2.5倍的管径长度，且在标记下面至少应有一个管径长度的管子材料为完整的圆柱形。

3.3.4 车把稳定性

车把经正确调整后，应在正前方位置的左右两侧至少各60°的范围内转向灵活，轴承处经正确调整后不应出现紧点、僵呆或松弛现象。

当骑行者坐在鞍座上，双手握住车把把套，鞍座和骑行者尽量处于后靠位置时，整车和骑行者的总质量至少应有25%是作用在前轮上。

3.3.5 车把部件的强度

3.3.5.1 按4.6.1.1（扭矩试验）和4.6.1.2（静负荷试验）规定之方法试验时，把立管不应断裂，且每100 mm长度的把立管经受的永久变形应小于或等于20 mm。

3.3.5.2 按4.6.2（把横管和把立管的扭矩试验）规定之方法试验时，把横管相对于把立管应无位移。

3.3.5.3 按4.6.3（把立管和前叉立管的扭矩试验）规定之方法试验时，车把相对于前叉立管应无转动。

3.4 车架/前叉组合件

3.4.1 冲击试验（重物落下）

按4.7.1（落重试验）规定之方法试验时，车架/前叉组合件不应断裂，或者经受的永久变形应小于或等于10 mm（由两轴中心线间的距离测得）。

3.4.2 冲击试验（车架/前叉组合件落下）

按4.7.2（车架/前叉组合件落下试验）规定之方法试验时，车架/前叉组合件不应断裂，试验前和试验后的（两轴）中心线间的永久变形应小于或等于10 mm。

3.5 前叉

前叉上安装前轴的槽口或其他的前轴定位装置应当是：当前轴或轴档紧贴在槽口的顶部时，前轮应位于前叉的正中位置。

3.6 车轮

3.6.1 转动精度

3.6.1.1 总则

本标准中之圆跳动公差代表车轮经组装完成后，在没有轴向窜动的情况下转动一周，轮辋位置的最大允许变动量（即指示器的最大行程）。

3.6.1.2 径向圆跳动量

在轮辋上的适当一点沿轮辋作径向测量时，其跳动量应小于或等于2 mm。

3.6.1.3 轴向圆跳动量

在轮辋上的适当一点沿轮辋作轴向测量时，其跳动量应小于或等于2 mm。

3.6.2 间隙

车轮部件正确安装后，轮胎与车架、前叉、泥板或泥板附件之间的间隙应大于或等于6 mm。

3.6.3 静负荷

车轮组装完成后按4.8（车轮静负荷试验）规定之方法试验时，其任何零部件不应损坏，轮辋上挂重点的永久变形应小于或等于1.5 mm。

3.6.4 车轮夹持力

3.6.4.1 总则

车轮应用螺母紧固在车架和前叉上，并按制造厂推荐的方法经调整后，应符合3.6.4.2（前轮夹持力）和3.6.4.3（后轮夹持力）的要求。

车轮轮轴螺母的最小拆卸扭矩应为制造厂标称的旋紧扭矩的70%。

3.6.4.2 前轮夹持力

沿前轮的拆卸方向，在前轴两侧对称地施加一个500 N的力，保持30 s，前轴和前叉之间应无相对位移。

3.6.4.3 后轮夹持力

沿后轮的拆卸方向，在后轴两侧对称地施加一个1 000 N的力，保持30 s，后轴和车架之间应无相对位移。

3.7 外胎和内胎

3.7.1 最大充气压力

制造厂标称的最大充气压力值应永久性地标记在外胎的侧面,轮胎装上车轮后应易于被看到。

非充气轮胎无此要求。

3.7.2 充气轮胎和轮辋的配合

外胎和内胎应与轮辋的设计相匹配,将轮胎充气到制造厂标称的最大充气压力的110%时,保持5 min后,外胎仍应包合在轮辋上。

3.8 脚蹬和脚蹬/曲柄部件

3.8.1 脚蹬的脚踩面

3.8.1.1 脚蹬的脚踩面应安装牢靠,相对于脚蹬部件应无移动。脚蹬应能绕脚蹬轴转动自如。

3.8.1.2 脚蹬应:

a) 在脚蹬的上、下面都有脚踩面,或者

b) 有一个认定的脚踩面,并能将脚踩面自动地翻转在骑行者的脚底下。

3.8.2 脚蹬间隙

3.8.2.1 地面间隙

3.8.2.1.1 儿童自行车上无负荷,卸下平衡轮,脚蹬处于其最低位置且脚踩面与地面平行(如果只有一个脚踩面,则该脚踩面应朝上),儿童自行车应能由垂直位置倾斜20°而脚蹬不碰及地面。

3.8.2.1.2 (如果装有)弹簧避震的儿童自行车,应将儿童自行车直立并在鞍座上加一30 kg的质量使弹簧压缩。将弹簧夹紧在这一位置上,地面间隙应符合3.8.2.1.1的要求。

3.8.2.2 足尖间隙

儿童自行车的脚蹬和前轮胎或前泥板(在转到任意位置时)之间的间隙至少应为89 mm。间隙的测量方法应是从任一脚蹬的中心向前平行于儿童自行车的纵轴线,量到轮胎或泥板扫过的弧线,取其最小者(见图5)。

前叉预定可安装前泥板而并未安装前泥板者,则其测得的足尖间隙至少应为100 mm。

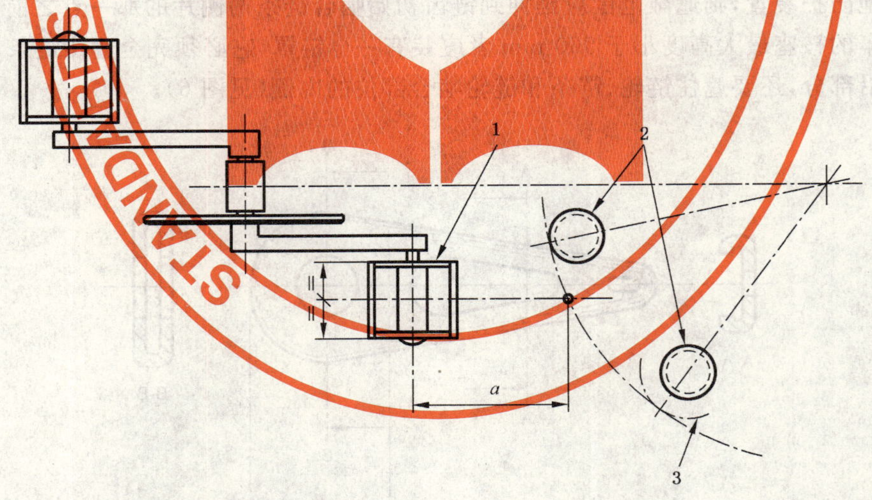

1——儿童自行车脚蹬;

2——轮胎;

3——泥板;

a——最小间隙。

图5 足尖间隙

3.8.3 脚蹬/曲柄部件动态试验

按4.9(脚蹬/曲柄组合件动态试验)规定之方法进行试验时,脚蹬和曲柄的螺纹应不断裂。

3.9 鞍座

3.9.1 限制尺寸

鞍座、鞍座支架或鞍座附件的任何部分,从鞍座面与鞍管轴线之交点起,都不能超过鞍座面以上125 mm。

3.9.2 鞍管

鞍管上应有一永久性标记,清楚地表示鞍管插入车架的最小深度。插入标记从鞍管底部的全直径处量起应大于或等于鞍管直径的两倍。

3.9.3 鞍座调节夹紧装置

按4.10(静负荷试验——鞍座和鞍管)规定之方法试验时,鞍座部件对于鞍管或鞍管对于车架应无永久性的位移。

鞍座设计应在鞍管的垂直平面内用轴销连接的非夹紧式的鞍座部件,则允许在设计参数范围内相对于鞍管稍有转动,并应通过4.10(静负荷试验——鞍座和鞍管)规定之方法的试验而无其他明显的永久性位移。

3.9.4 鞍座的强度

按4.14(鞍座强度试验)规定之方法试验时,鞍座面或塑料底板不应与钢质鞍梁分离,鞍座部件也不应有破裂或出现永久性扭曲。

3.10 驱动系统静负荷试验

按4.11(驱动系统静负荷试验)规定之方法试验时,驱动系统的任何零部件都不应有断裂或永久变形。其驱动功能亦不能受到影响。

3.11 链罩

儿童自行车的鞍座最大高度等于或大于560 mm者,应装有一个盘链罩或其他的防护装置,用以遮住链条和链轮啮合部的外表面。在链条置于链轮上时,盘链罩应在直径方向上超出链条的外侧面。除盘链罩外的其他防护装置,则遮蔽范围应延伸到链齿初始啮合链条两侧片的那一点之前至少25 mm处。

儿童自行车的鞍座最大高度小于560 mm者应装有一全链罩,它必须完全遮住链条、链轮和飞轮的外表面及其边沿部分,还要遮住链轮、链条和链轮啮合部位的内侧(见图6)。

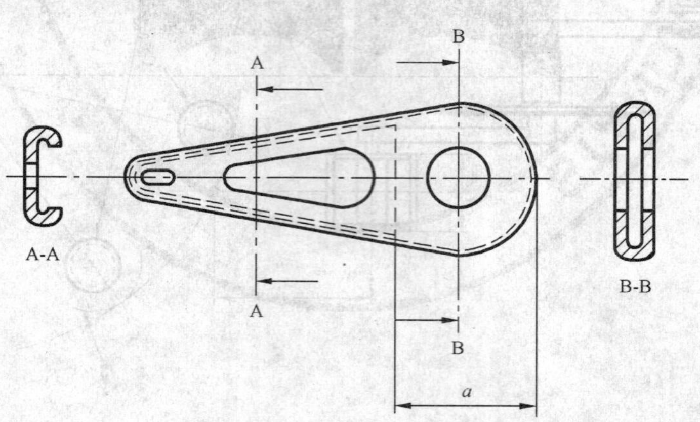

a——链罩内侧的覆盖范围。

图6 链罩

3.12 平衡轮

3.12.1 尺寸

按制造厂的说明书将平衡轮安装到儿童自行车上后:

a) 通过儿童自行车车架中心线的垂直平面至每个平衡轮的垂直平面的水平距离应大于或等于175 mm；

b) 儿童自行车垂直放置在水平地面上时，每个平衡轮与地面间的间隙，应小于或等于25 mm。

3.12.2 垂直负荷试验

按4.12(平衡轮垂直负荷试验)规定之方法试验时，平衡轮在负荷作用下所产生的挠曲和永久变形应分别小于或等于25 mm和15 mm。

3.12.3 纵向负荷试验

按4.13(平衡轮纵向负荷试验)规定之方法试验时，其永久变形应小于或等于15 mm。

在试验过程中，平衡轮部件的任何零件均不应断裂。

3.13 说明书

每辆儿童自行车应附有一套中文说明书，并应包含如下内容：

a) 骑行前的准备——说明怎样调节鞍座和车把的高度，使之适合于儿童骑行者，对于鞍管和把立管上的警示标记也应予以说明；

b) 告知怎样将把横管、把立管、鞍座、鞍管和车轮的紧固件旋紧；

c) 润滑——润滑部位、润滑周期以及推荐润滑用油；

d) 告知怎样调节链条或其他驱动机构；

e) 车闸的调整以及闸皮更换的建议；

f) 变速器的调整；

g) 平衡轮的安装、调整和拆卸；

h) 常用配件——即外胎、内胎和车闸的闸皮部件；

i) 安全骑行须知——戴上头盔、定期检查车闸、轮胎和气压，以及车把；

j) 如提供需自行安装的部件，则应说明装配方法；

k) 紧固件扭矩要求(制造商标称的内容)。

产品名称、产品型号、年龄范围、制造商或经销商的名称地址以及制造商需作说明的其他事项。

3.14 标志

应在每辆儿童自行车上醒目而持久地标出：

a) 凡符合本标准的儿童自行车，可标注标准号；

b) 制造商或经销商的名称或商标；

c) 生产厂的儿童自行车序列号或型号。

4 试验方法

4.1 总则

除非另有说明，所有试验均不应装有平衡轮。

4.2 闸皮试验

闸皮试验应在成车上进行，须将车闸调整正确，并在鞍座上放置30 kg之质量。对每个闸把施加130 N的力，并在试验过程中保持这个力。

将儿童自行车向前、向后推拉各五次，每次推拉距离应大于或等于75 mm。

4.3 制动系统负荷试验

4.3.1 手闸

手闸负荷试验应在成车上进行，制动系统应予正确调整。以如下方法，在闸把动作的平面内，于离闸把末端25 mm处，垂直于把横管的把套对闸把施加一个力，见图7。该力应符合下列条件之一：

a) 300 N；

b) 虽然小于300 N，但已使线闸的闸把碰到把横管的把套；或

c) 虽然小于300 N,但已使杆闸的闸把与把横管的把套上表面等平。

须对每个闸把做十次试验。

单位为毫米

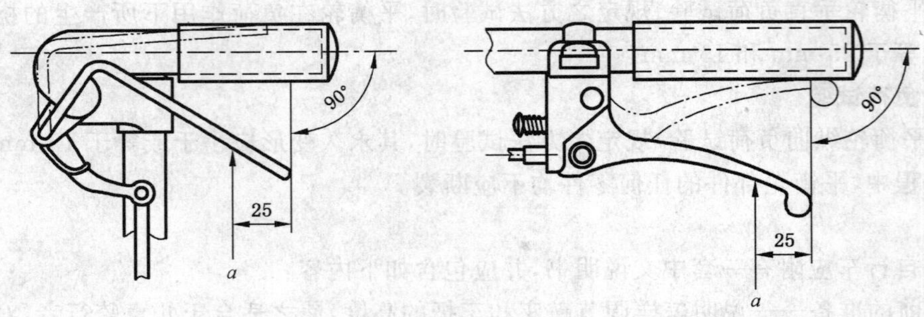

a——施加力。

图7 在手闸闸把上施力

4.3.2 脚闸

该试验应在成车上进行。确认制动系统已调整正确,并将右脚蹬曲柄置于水平位置。对右脚蹬轴之中心逐渐施加一600 N之垂直力,保持15 s。

该试验做十次。

4.4 手闸性能试验

该手闸性能试验应在成车上进行,将鞍座和鞍管卸下,但其他部件应予完全装配,并将车闸调整正确。

将儿童自行车固定,并将制动力的测量装置安装在被测车轮上,如图8所示。

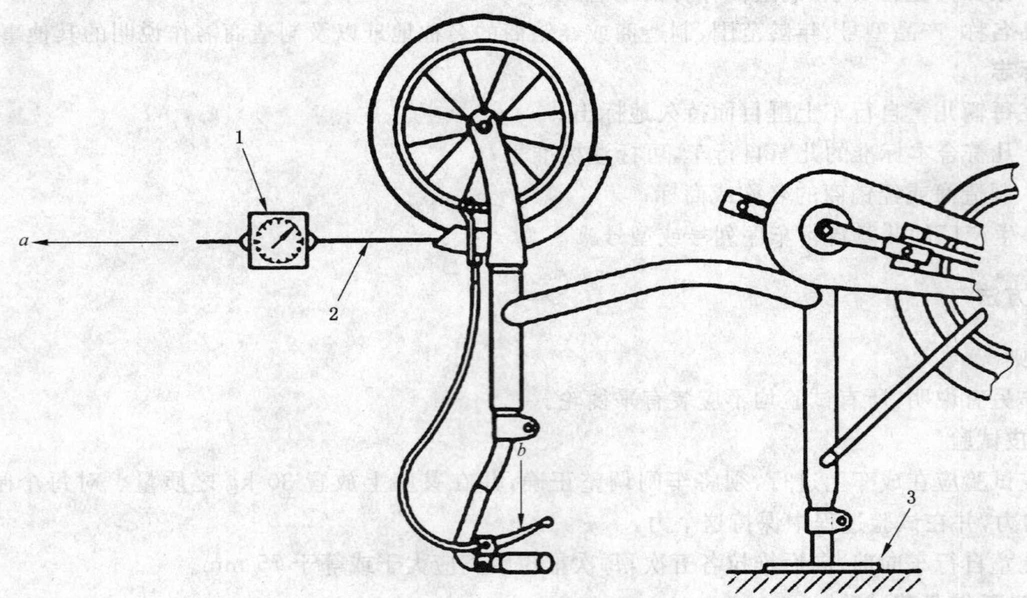

1——测力装置;

2——缠绕在车轮周边上的带子;

3——夹具台;

a——施加在车轮上的力(制动力);

b——施加在闸把上的力。

图8 手闸制动力的测量

在被测闸把的动作平面内,离闸把末端 25 mm 处垂直于把横管把套的方向施加 50 N 至 90 N 的力(见图 7)。

通过测力装置,沿轮胎圆周的切向和车轮前行的方向上对车轮施加一稳定的拉力。

将车轮拉转一周半以后,当车轮的轮胎表面的线速度稳定为 0.5 m/s 至 2 m/s 时,再拉转一圈,记录其平均制动力。

对闸把每次施加的力,要读取三个读数,取其平均值。重复进行试验,至少要对闸把施加五次不同的力。

4.5 脚闸性能试验

该脚闸性能试验应在成车上进行,并应将车闸调整正确。

如图 9 所示,将儿童自行车固定并在后轮上连接一制动力的测力装置。

1——测力装置;
2——右曲柄;
3——缠绕在车轮周边上的带子;
a——施加在脚蹬上的力的方向;
b——施加在车轮上的力(制动力)。

图 9 脚闸制动力的测量

在脚蹬上施加一 20 N 至 100 N 的力,该力与曲柄相垂直,并施加在制动方向上。

通过测力装置,沿轮胎圆周的切向和车轮前行的方向上对车轮施加一稳定的拉力。

将车轮拉转一周半以后,当车轮的轮胎表面的线速度稳定为 0.5 m/s 至 2 m/s 时,再拉转一圈,记录其平均制动力。

对脚蹬每次施加的力,要取三个读数,取其平均值。重复进行试验,至少要对脚蹬施加五次不同的力。

4.6 车把部件的试验

4.6.1 把立管

4.6.1.1 扭矩试验

将把立管夹紧在最小插入深度处(见 3.3.3 把立管),再将一根试棒或把横管装紧在把立管上,借助于试棒或把横管部件在平行于把立管的平面内并沿把立管中心线的方向对把立管施加一个 30 N·m 的扭矩(见图 10)。

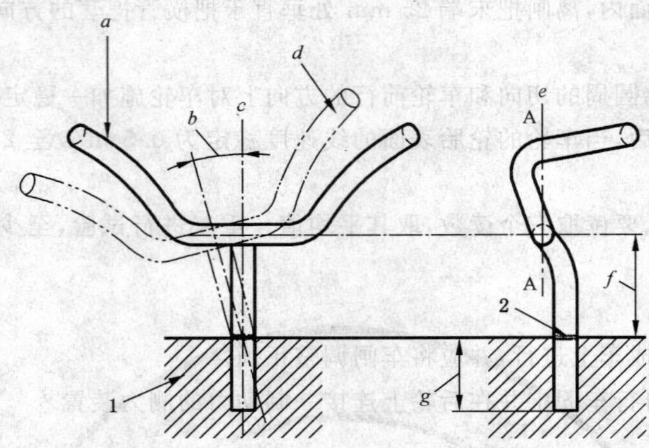

1——夹具；
2——极限(插入深度的)标记；
a——施加的扭矩；
b——永久变形；
c——把立管中心线；
d——偏斜的形状；
e——在 A-A 平面内施加的扭矩；
f——把立管自由端长度；
g——最小插入深度。

图 10　把立管的力矩试验

4.6.1.2　静负荷试验

将把立管夹紧在最小插入深度处(见 3.3.3 把立管)，在把立管体的 A-A 平面内，向前与把立管的轴线成 45°角的方向上，通过把接头对把立管施加一个 500 N 的力(见图 11)。

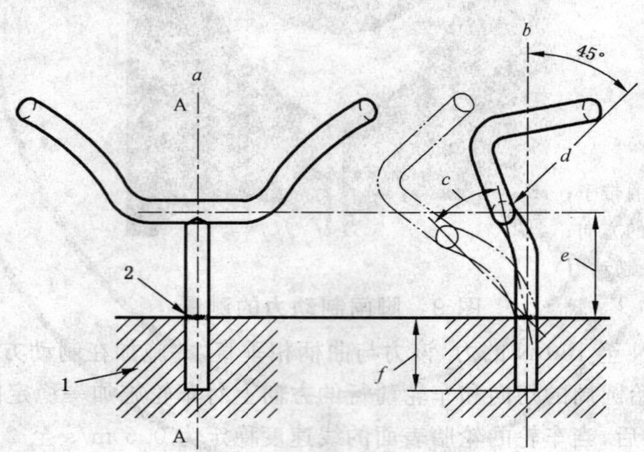

1——夹具；
2——极限(插入深度的)标记；
a——在 A-A 平面内施加的力；
b——把立管体的轴线；
c——永久变形；
d——施加的力；
e——把立管自由端长度；
f——最小插入深度。

图 11　把立管静负荷试验

4.6.2 把横管和把立管的扭矩试验

将车把部件的把立管夹紧到最小深度处(见 3.3.3),在把横管的两端同时施加 130 N 的力,其方向和施力点务必使把横管和把立管的结合处受到的扭矩为最大。如果该施力点在把横管的末端,则应尽实际的可能将力尽量施加在把横管的末端处,但施力点离末端应小于或等于 15 mm(见图 12)。

因把横管的形状各不相同,所加之力也可取不同于图 12 所示之方向。

如果把横管/把立管组合件是采用夹紧装置者,则对夹紧装置的紧固件上施加的旋紧扭矩应小于或等于制造厂推荐的最小扭矩。

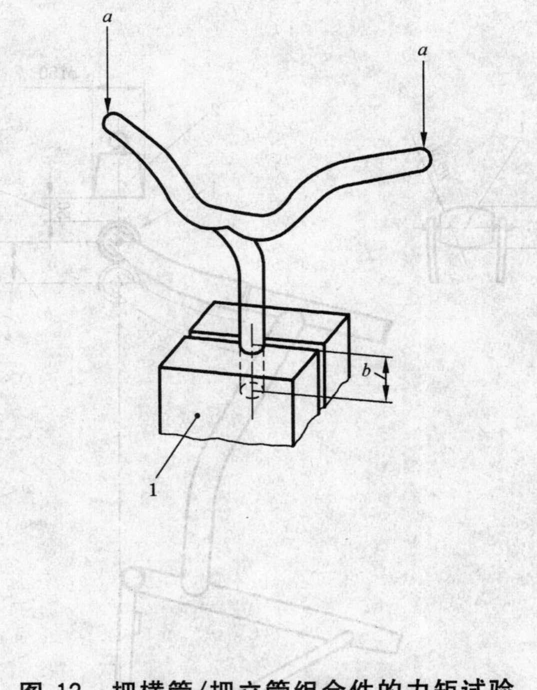

1——夹具;

a——施加力;

b——最小插入深度。

图 12 把横管/把立管组合件的力矩试验

4.6.3 把立管和前叉立管的扭矩试验

将把立管正确地装配到车架和前叉立管内,并按制造厂推荐的最小扭矩将夹紧装置旋紧,对车把/前叉夹紧装置施加 15 N·m 的扭矩,如图 13 所示。

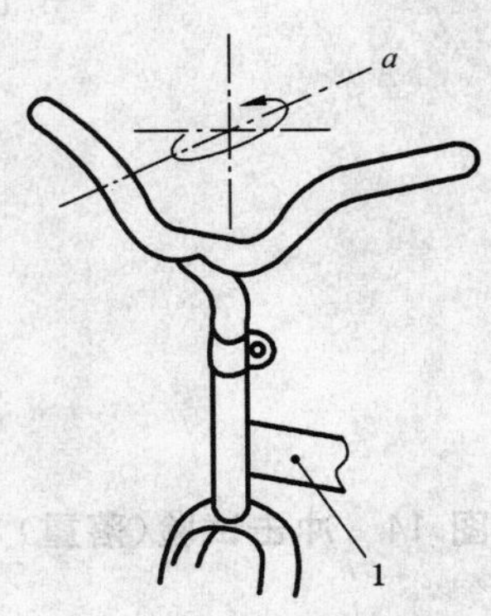

1——车架和前叉部件;

a——施加扭矩。

图 13 车把/前叉夹紧装置扭矩试验

4.7 车架/前叉组合件的冲击试验

4.7.1 落重试验

如果车架拆下一根管子就能由男车改为女车，则应将这根管子拆下来再行试验。

测定两轴中心线间的距离。在前叉上装上一只轻质滚轮，将车架/前叉组合件垂直夹紧在后轴刚性夹具上，如图14所示。

将一个22.5 kg的质量从50 mm高处对准滚轮中心并与前叉翘度相反的方向跌落到轻质滚轮上。

单位为毫米

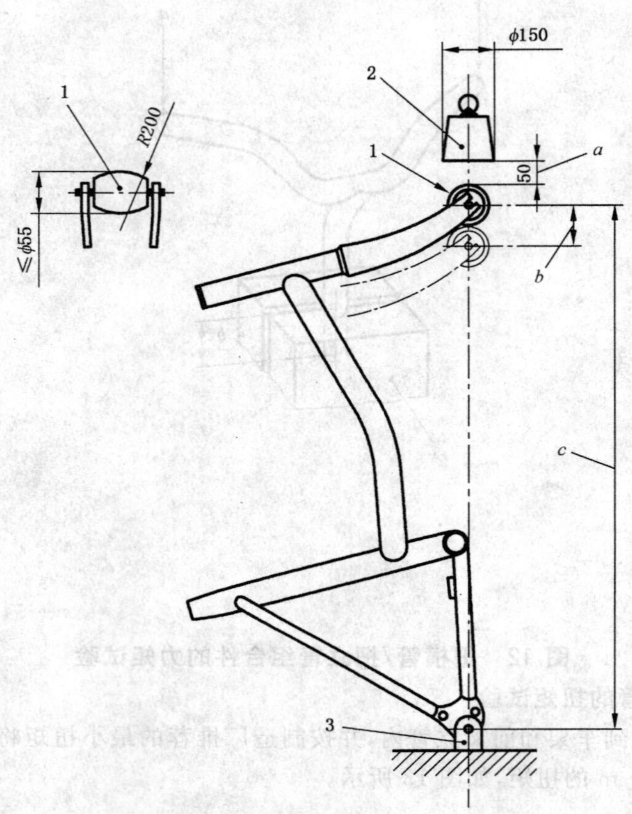

1——轻质滚轮；
2——22.5 kg的质量；
3——后轴连接的刚性夹具；
a——落下高度；
b——永久变形；
c——两轴中心线之间的距离。

图14 冲击试验(落重)

4.7.2 车架/前叉组合件落下试验

车架/前叉组合件落下试验用做过4.7.1(落重试验)试验的车架/前叉/滚轮组合件来进行。

将组合件支承在后轴连接点处，使它可以绕其后轴在垂直平面内自由转动。将前叉搁在一平钢砧上，使车架处于其正常使用位置。在其鞍管上紧固一个30 kg之质量，并使其重心处在鞍管轴线上，且位于立管顶面以上75 mm处。将组合件绕后轴转动，使30 kg质量的重心置于后轴的正上方，再让组合件自由地跌落在钢砧上(见图15)。

这项试验要做两次。

单位为毫米

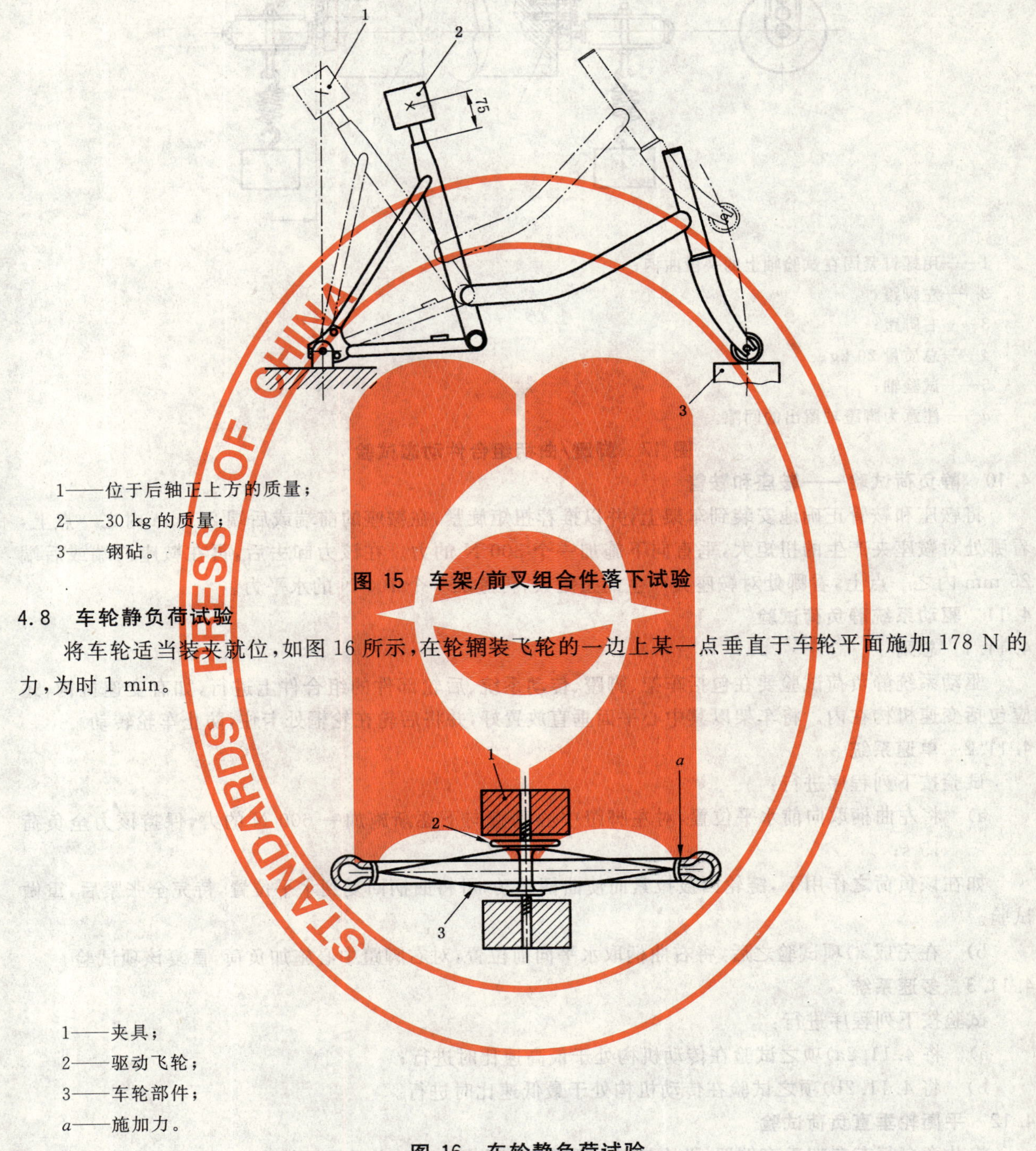

1——位于后轴正上方的质量；

2——30 kg 的质量；

3——钢砧。

图 15 车架/前叉组合件落下试验

4.8 车轮静负荷试验

将车轮适当装夹就位，如图 16 所示，在轮辋装飞轮的一边上某一点垂直于车轮平面施加 178 N 的力，为时 1 min。

1——夹具；

2——驱动飞轮；

3——车轮部件；

a——施加力。

图 16 车轮静负荷试验

4.9 脚蹬/曲柄组合件动态试验

从一对曲柄上各切下一段，并紧固在试验轴上，然后将一对脚蹬装到曲柄上。分别用弹簧将质量为 20 kg 之重物悬挂在每一个脚蹬上，以尽量减少负荷的振动，如图 17 所示。

将试验轴以与其轴承的表面材料相适配的速率(以避免过热)转动 100 000 次。

如脚蹬有两个脚踩面，则在旋转 50 000 次之后，应将脚蹬翻转 180°再转动 50 000 次。

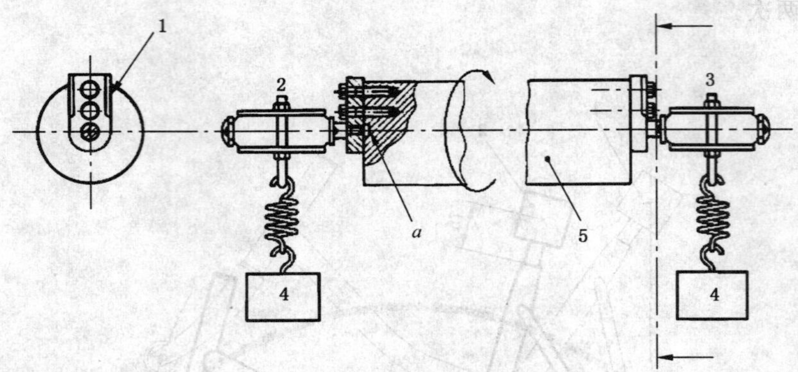

1——用螺钉紧固在试验轴上的一段曲柄；
2——左脚蹬；
3——右脚蹬；
4——总质量 20 kg；
5——试验轴；
a——注意为脚蹬轴留出的间隙。

图 17　脚蹬/曲柄组合件动态试验

4.10　静负荷试验——鞍座和鞍管

将鞍座和鞍管正确地安装到车架上，并以推荐扭矩旋紧，在鞍座的前端或后端 25 mm 内之一点上，看哪处对鞍座夹产生的扭矩大，垂直向下施加一个 300 N 的力。在该力卸去后，再在鞍座前端或后端 25 mm 内之一点上，看哪处对鞍座夹产生的扭矩大，再施加一个 100 N 的水平力。

4.11　驱动系统静负荷试验

4.11.1　总则

驱动系统静负荷试验要在包括车架、脚蹬、传动系统、后轮部件的组合件上进行，如有变速机构，还应包括变速机构在内。将车架以其中心平面垂直放置好，并将后轮在轮辋处卡住，防止车轮转动。

4.11.2　单速系统

试验按下列程序进行：

a)　将左曲柄取向前水平位置，对左脚蹬中心垂直向下逐渐施加一 600 N 的力，保持该力全负荷 15 s；

如在该负荷之作用下，链轮因被拉紧而使曲柄转动，可将曲柄回复到水平位置，待完全张紧后，重做试验。

b)　在完成 a)项试验之后，将右曲柄取水平向前位置，对右脚蹬中心施加负荷，重复该项试验。

4.11.3　多速系统

试验按下列程序进行：

a)　将 4.11.2a)项之试验在传动机构处于最高速比时进行；

b)　将 4.11.2b)项之试验在传动机构处于最低速比时进行。

4.12　平衡轮垂直负荷试验

将儿童自行车车架垂直倒置，并在鞍管处固紧，然后将 30 kg 之质量悬挂在一平衡轮上，为时3 min (见图 18)。

测量平衡轮圆周上的某一点在该负荷作用下的位移。

卸下负荷，经 1 min 后，测量该点的永久变形。

在另一只平衡轮上重复上项试验。

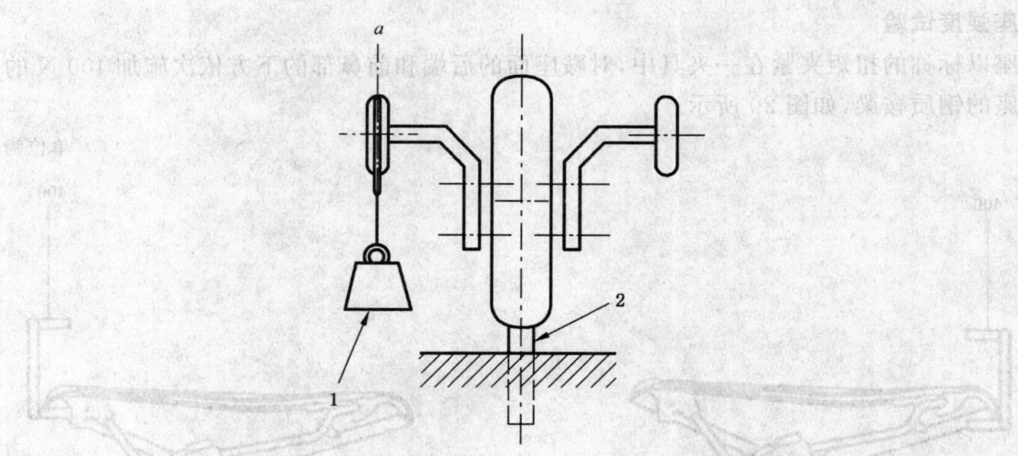

1——通过轮胎中心线的 30 kg 质量挂重；

2——紧固在试验台上的鞍管；

a——(平衡轮)轮胎的中心线。

图 18 垂直负荷试验

4.13 平衡轮纵向负荷试验

将儿童自行车车架直立，使前轮轴处于后轮轴之正上方位置并固紧，将一 30 kg 之质量悬挂在一平衡轮上，为时 3 min，如图 19 所示。

卸下负荷，1 min 后测量该平衡轮圆周上某一点的永久变形。

在另一只平衡轮上重复上项试验。

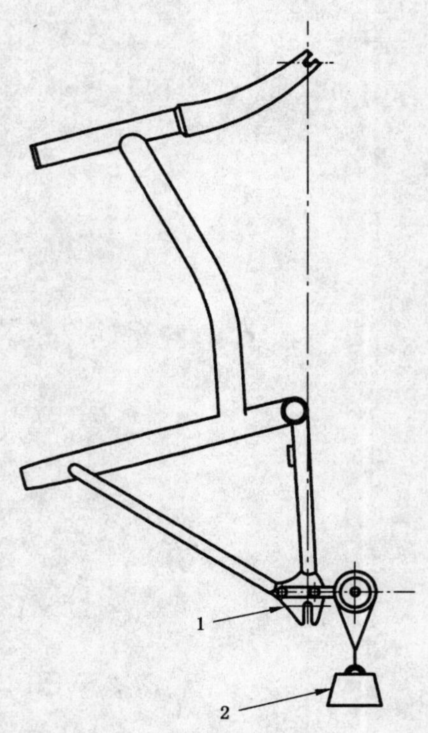

1——车架以垂直姿态刚性固紧；

2——通过平衡轮中心线的 30 kg 质量挂重。

图 19 纵向负荷试验

4.14 鞍座强度试验

将鞍座以标称的扭矩夹紧在一夹具中，对鞍座面的后端和前鼻部的下方依次施加 400 N 的力，但不应碰到鞍座的钢质鞍梁，如图 20 所示。

单位为牛顿

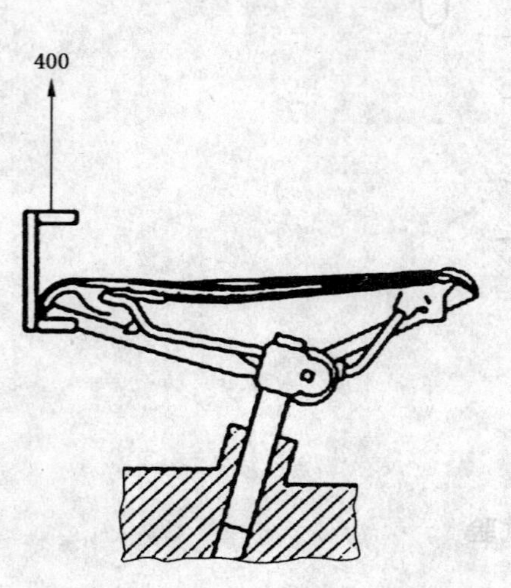

a） 在鞍座的前鼻部下方施力

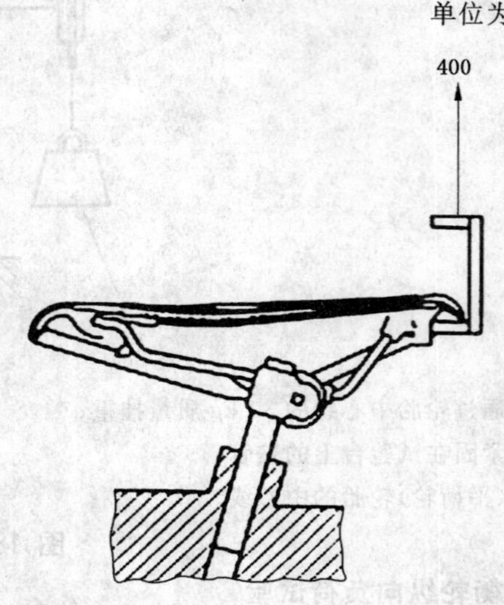

b） 在鞍座的后下方施力

图 20 鞍座的强度试验